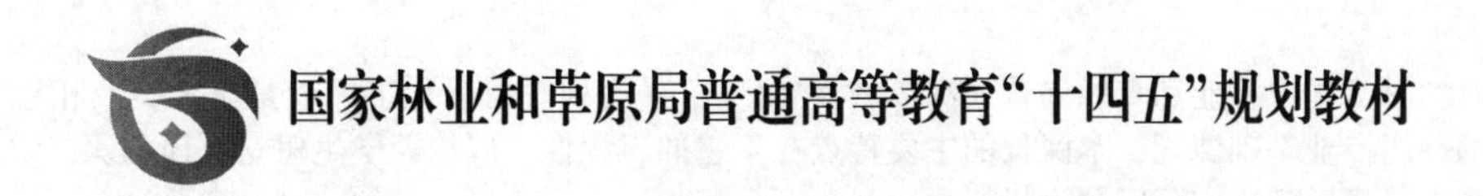

国家林业和草原局普通高等教育“十四五”规划教材

化工原理

（第2版）

王铭琦　王艳力　主编

中国林业出版社
China Forestry Publishing House

内 容 简 介

本教材为国家林业和草原局普通高等教育“十四五”规划教材。化工原理是化工类及相近专业必修的一门专业基础课程，本课程的主要特点在于它的工程性。以培养学生树立工程意识，学会用工程观点分析并解决实际问题为目标。

本教材重点介绍化工单元操作的基本原理、计算方法和典型设备。除绪论外全书共9章，包括流体流动、流体输送机械、沉降与过滤、传热、吸收、蒸馏、萃取、膜分离、干燥，每章章首有与该章节相关的典型工程案例，章末附有思考题和习题，书中重要的动画、视频和思政元素可通过扫描二维码观看。

本教材可作为高等院校与化工相关专业(包括应用化学、食品科学与工程、制药、材料、生物化工、环境工程、造纸等)的化工原理教材，也可作为从事上述专业的工程技术人员的学习参考书。

图书在版编目(CIP)数据

化工原理 / 王铭琦，王艳力主编. -- 2版.
北京：中国林业出版社，2024.6. --（国家林业和草原局普通高等教育“十四五”规划教材）. -- ISBN 978-7-5219-2742-9

Ⅰ. TQ02

中国国家版本馆 CIP 数据核字第 2024LW2718 号

策划编辑：高红岩
责任编辑：高红岩
责任校对：苏 梅
封面设计：北京时代澄宇科技有限公司

出版发行：中国林业出版社
（100009，北京市西城区刘海胡同7号，电话 83143554）
电子邮箱：cfphzbs@163.com
网址：www.cfph.net
印刷：北京中科印刷有限公司
版次：2017年4月第1版(共印2次)
2024年6月第2版
印次：2024年6月第1次
开本：787mm×1092mm 1/16
印张：25
字数：570千字
定价：65.00元

《化工原理》(第2版)
编写人员

主　编　王铭琦　王艳力

副主编　王　伟　田亚新　安晓鑫　曲　斌

编　者　(按姓氏笔画排序)

王　伟(黑龙江科技大学)
王艳力(哈尔滨工程大学)
王铭琦(东北农业大学)
冯成杰(东北农业大学)
田亚新(黑龙江大学)
安晓鑫(内蒙古农业大学)
曲　斌(东北农业大学)
常　剑(东北农业大学)

主　审　高爱丽(东北农业大学)

第2版前言

本教材为国家林业和草原局普通高等教育“十四五”规划教材，是依据高等院校少学时“化工原理”课程教学需要而完成编写的。

第1版教材经教学实践表明，章节体系与内容尚能满足教学需要。本次修订基本上保持第1版的原有框架，对部分内容做了删除、修改或增补，在文字叙述及公式推导方面力求语言精练、简洁易懂。

本版的重要改动在于在每章的开头增加了与该章节相关的典型工程案例，以强化学生工程意识，突出理论知识与工程实际的结合，培养其分析和解决工程问题的能力；结合使用者的学习需求，增加了二维码形式的数字资源(包括视频、动画等)和思政元素，读者可以扫码观看，以加深对单元操作过程和设备的理解。

参加本版教材编写工作的有：东北农业大学王铭琦(编写绪论、第1章)，哈尔滨工程大学王艳力(编写第5章)，黑龙江科技大学王伟(编写第6章、第9章)，黑龙江大学田亚新、东北农业大学曲斌(编写第2章、第4章)，内蒙古农业大学安晓鑫(编写第7章、第8章)，东北农业大学常剑、冯成杰(编写第3章)。书中二维码链接的动画素材由北京东方仿真软件技术有限公司提供。

感谢东北农业大学高爱丽老师对本书的审阅，同时也感谢东北农业大学化学系同行在本书修订过程中给予的支持和帮助。

限于编者学识水平，书中难免有不妥之处，恳请读者批评指正。

编　者

2023年12月

第1版前言

“化工原理”是化学工程与工艺及相近专业必修的一门专业基础课程，在培养从事化工科学研究和工程技术人才过程中发挥着重要的作用。本课程的主要特点在于它的工程性，对于从未走进过化工企业的青年学生，普遍感到该学科的理论知识抽象、计算公式多、不易理解、学习起来比较困难。编者在多年教学经验积累的基础上，根据本学科的特点和学生学习现状，在本教材编写过程中，通过结合日常现象和对典型工程案例的剖析，努力培养学生的学科兴趣、工程意识以及经济分析观点。编者力求使教材基本概念准确，基本理论阐述清晰，注意汲取本学科发展的新成果和现代技术。编写由浅入深，易于学生的理解和自学。根据各单元操作原理，每章都配有适当数量的例题和习题，以加深学生对基本原理的理解，同时有利于理论联系实际，提高分析和解决工程实际问题的能力。

本教材为国家林业局普通高等教育“十三五”规划教材，重点介绍化工单元操作的基本原理、计算方法和典型设备，全书共包括流体流动、流体输送机械、沉降与过滤、传热、吸收、蒸馏、萃取、膜分离、干燥等单元操作。

本教材主编王铭琦、王艳力，副主编王艳红、曲斌、武光。参加编写工作的有：王铭琦、曲斌(绪论、第1章)，王艳力(第5章)，王艳红(第7章、第8章)，武光(第3章、第9章)，李冬梅、徐国强(第4章)，王铭琦、邢志勇(第6章)，田亚新(第2章)。全书由东北农业大学高爱丽老师审阅，并提出了许多宝贵意见。本教材在编写过程中得到了编者同事们的热情帮助，在此向他们表示深切的谢意。

限于编者水平，书中难免有不当之处，恳请读者批评指正。

编　者

2016年12月

目　录

绪 论

0.1 化工生产过程与单元操作

化学工程以化学工业的生产过程为研究对象。在化学工业中，对原料进行大规模的加工处理，使其不仅在状态与物理性质上发生变化，而且在化学性质上也发生变化，成为合乎要求的产品的过程称为**化工过程**。化工过程包括许多步骤，原料在各步骤中依次通过若干个或若干组设备，经历各种方式的处理之后才成为产品。化工过程的特点之一是步骤多，而且因为不同的化学工业所用的原料与所得的产品不同，所以各种化工过程的差别很大。

一个化工过程中所包括的步骤可以分成两类。一类以进行化学反应为主，通常是在反应器中进行。用于不同化学工业中的反应器在构造与操作原理上有很大差别，主要是因为所进行的化学反应不同，反应的机理相差很大。例如，石油裂解用的裂解炉、氨合成用的合成塔、高分子合成用的反应釜，在各方面都很不相同。化工过程中还有另一类很重要的并不进行化学反应的步骤。例如，乙醇生产与石油加工中都要进行蒸馏操作；尿素、聚氯乙烯及染料等的生产中都有干燥操作；而合成氨、硝酸和硫酸的生产过程中都需要通过吸收操作分离气体混合物，这些基本操作过程称为**单元操作**。单元操作有下列特点：①它们都是物理性操作，这些操作只改变物料的状态或其物理性质，并不改变其化学性质。②它们都是化工生产过程中共有的操作。化工过程虽然差别很大，但它们都是由若干个单元操作适当地串联而组成的。③某单元操作用于不同的化工过程，其基本原理并无不同，进行该操作的设备往往也是通用的。当然，具体运用时也要结合各化工过程的特点来考虑，如原料与产品的物理、化学性质，生产规模大小等。

图 0-1 所示为柠檬酸的生产工艺流程，它利用糖质原料，在多种霉菌的作用下，控制较低的温度和 pH 值，用发酵法制得。在反应前，将白薯干粉碎，补充水分，送入发酵室，在黑曲霉等作用下进行发酵反应。反应后，产物经过滤除去菌体和残渣后，加入

碳酸钙和石灰乳中和，柠檬酸与碳酸钙形成难溶性的柠檬酸钙，从发酵液中分离沉淀出来，达到与其他可溶性杂质(废糖液)分离的目的。将柠檬酸钙用水稀释成糊状，慢慢加入硫酸，酸解达到终点后，放入过滤槽过滤。在所得清液中，加入活性炭净化脱色，过滤后，将所得清液用减压法浓缩，柠檬酸结晶后，用离心机将母液脱净，然后用冷水洗涤晶体，最后用干燥箱除去晶体表面的水，获得精制的柠檬酸。

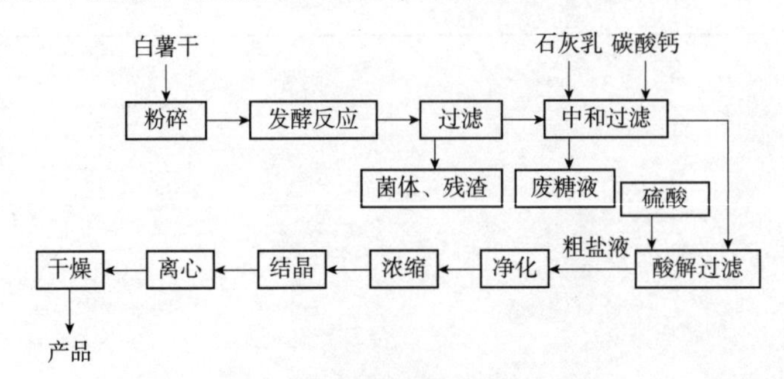

图 0-1　柠檬酸的生产工艺流程

上述生产过程除发酵属化学反应过程外，其余的步骤都是在对原料、反应物进行预处理和对产物进行提纯、精制分离，均为物理加工过程，流程中包括流体输送、沉降、过滤、干燥等单元操作。据资料报道，化学与石油化学、制药等工业中，物理加工过程的设备投资约为全厂设备投资的 90%，可见它们在化工生产中的重要地位。

本书的内容就是讨论化工生产中比较重要且较常用的一些单元操作。单元操作按其内在理论基础，又可以进一步划分为 3 类：

①流体流动过程　包括流体的输送、悬浮物的沉降和过滤、颗粒状物料的流态化等。

②热量传递过程　包括加热、冷却、蒸汽的冷凝、溶液的蒸发等。

③质量传递过程　包括液体混合物的蒸馏、气体混合物的吸收、固体物料的干燥等。

流体流动时，流体内部由于流体质点(或分子)的速度不同，它们的动量也就不同，在流体质点随机运动和相互碰撞过程中，动量从速度大处向速度小处传递，称为动量传递。所以，流体流动过程也称为动量传递过程。

动量传递与热量传递和质量传递类似，热量传递是流体内部因温度不同，热量从高温处向低温处传递；质量传递是因物质在流体内存在浓度差，物质将从浓度高处向浓度低处传递。在流体中的这 3 种传递现象，都是由于流体质点(或分子)的随机运动所产生的。

0.2　化工原理课程的性质与任务

“化工原理”是化工及其相关专业学生必修的一门专门基础课程，它是利用数学手段，研究化学领域中的物理现象，涉及数、理、化三大学科，主要研究物理定律，属于物理类课程，是自然科学领域的基础课向工程科学的专业课过渡的入门课程。其主要任务是介绍流体流动、传热和传质的基本原理及主要单元操作的典型设备构造、操作原理、过程计算、设备选型及实验研究方法等。这些都密切联系生产实际，以培养学生运用基础理论分析和解决化工生产中有关实际问题的能力，特别是要培养学生的工程观点、定量计算、设计开发能力和创新理念。具体要求有以下几点：

①选型　根据生产工艺要求，以及物料特性和技术、经济特点，进行“过程和设备”的选择，经济而有效地满足工艺要求。

②设计计算　根据选定的单元操作进行过程的计算和设备的设计。在缺乏数据的情况下，通过实验以取得必要的设计数据。

③操作　熟悉操作原理和操作方法，以适应生产的不同要求。在操作发生故障时，寻找故障的缘由，分析和解决问题。

0.3 物理量的单位与量纲

0.3.1 国际单位制与法定计量单位

长期以来，工程计算中存在多种单位制度并用的局面，而同一物理量在不同单位制度中又具有不同的单位与数值，致使计算与交流极不方便，而且易引起错误。鉴于此，1960 年国际计量会议制定了一种国际上统一的国际单位制，其国际代号为 SI。国际单位制的单位由 7 个基本单位[长度，米(m)；质量，千克(kg)；时间，秒(s)；热力学温度，开尔文(K)；物质的量，摩尔(mol)；电流，安培(A)；发光强度，坎德拉(cd)]、2 个辅助单位[平面角，弧度(rad)；立体角，球面度(sr)]和一些重要的导出单位构成。1984 年我国发布命令，确定我国统一实行以国际单位为基础，包括由我国指定的若干非国际单位在内的法定单位制。本书采用法定单位制，但在一些化学基础数据及化工参考书中可能会遇到非法定计量单位，需要进行换算。

0.3.2 量纲

量纲是将一个物理导出量用若干个基本量的幂的乘积表示出来的表达式。在国际单位制中，7 个基本物理量——长度、质量、时间、电流、热力学温度、物质的量、发光强度的量纲符号分别为 L、M、T、I、Θ、N、J。

导出量 Q 的量纲的一般表达式为

$$\dim Q = \mathrm{L}^{\alpha}\mathrm{M}^{\beta}\mathrm{T}^{\gamma}\mathrm{I}^{\delta}\Theta^{\zeta}\mathrm{N}^{\xi}\mathrm{J}^{\eta}$$

式中，dim 为量纲符号，指数 α，β，γ，…称为量纲指数。

例如，速度、加速度、力、压强、功和功率的量纲分别为

$$\dim u = \mathrm{LT}^{-1} \qquad \dim a = \mathrm{LT}^{-2}$$

$$\dim F = \mathrm{MLT}^{-2} \qquad \dim p = \mathrm{MT}^{-2}\mathrm{L}^{-1}$$

$$\dim W = \mathrm{ML}^{2}\mathrm{T}^{-2} \qquad \dim P = \mathrm{ML}^{2}\mathrm{T}^{-3}$$

若 $\alpha=\beta=\gamma=\delta=\zeta=\xi=\eta=0$，$\dim Q=L^0M^0T^0\cdots=1$

Q 为量纲为1的量或称为无量纲的量。需要注意的是，无量纲的量不一定是无单位的量。

0.3.3　量纲一致性方程

在化工研究中，如果涉及的过程较复杂，仅知道影响这一过程的物理量，而不能列出该过程的微分方程时，我们可以利用量纲分析法建立一个变量较少的关联式，再通过实验的方法求出式中的系数、指数等常数，就可得到一个经验公式。利用此方法，可以有效地减少实验工作量，尽快地得到一个经验关联式。

量纲分析法的基础之一是量纲一致性原则，即每一个物理方程式的两边不仅数值相等，而且量纲也必须相等。

例如，理想气体状态方程式为

$$pV=nRT$$

其中，压强、体积、物质的量、温度的量纲分别为

$$\dim p=ML^2T^{-3}\quad \dim V=L^3\quad \dim n=N\quad \dim T=\Theta$$

根据量纲一致性原则，摩尔气体常数 R 的量纲应为 $\dim R=ML^2T^{-2}N^{-1}\Theta^{-1}$。

0.4　单元操作中常用的基本概念和观点

在对化工单元操作进行分析和计算时，不同的单元操作采用的处理方法各有特点，但是不管何种方法都是以质量守恒、能量守恒、平衡关系、速率关系和经济核算观点为基础的，它们贯穿于整个课程的始终，在这里仅做简要说明。

(1)物料衡算

物料衡算的理论基础是质量守恒定律。即进入任何过程的物料质量，必须等于从该过程离开的物料质量与积存于该过程中的物料质量之和：

$$输入=输出+积存$$

对于连续操作的过程，任一点物理量(如温度、压力、流量)都不随时间变化，此种过程属于稳定过程，过程中物料的积存量为零，则物料衡算关系可简化为

$$输入=输出$$

利用物料衡算式可由过程的已知量求出未知量。物料衡算的基本步骤如下：

①选定适当的衡算系统　上述关系可在微元体上使用，也可在整个过程的范围内使用，或在一个或几个设备的范围内使用。计算时应画出流程图，将所有原始数据标在图的相应位置，并标出未知量。

②选定计算基准　一般选不再变化的量作为衡算的标准。例如，用物料的总质量或物料中某一组分的质量作为标准，对于间歇操作，常取一批原料为基准，对于连续操作，通常取单位时间内处理的物料量为基准。

③列出物料衡算式，用数学方法求解未知量。

(2)能量衡算

在许多单元操作(如传热、蒸发、吸收、蒸馏、干燥等)过程中，涉及物料的温度或聚集状态的变化以及能量的传递，其间的关系可通过能量衡算确定。能量衡算的理论基础是能量守恒定律。对于稳定过程，有“输入=输出”。

(3)物系的平衡关系

平衡状态是指物系的传热或传质过程进行的方向和所能达到的极限。例如，当两物体间有温度差存在，即温度不平衡时，热量就会从高温物体传向低温物体，直至温度相等为止，此时传热过程达到平衡，两物体间不再有热量的净传递。

在传质过程中，如用碱性吸收剂(如石灰浆液)吸收工业尾气中的SO_2，当SO_2在两相间的分布不平衡时，尾气中的SO_2将进入碱液中，直至其含量增至饱和浓度时，SO_2在气液两相间平衡，即不再有质量的净传递。

(4)传递过程速率

任何一个物系，如果不是处于平衡状态，必然存在一个趋向平衡的过程。所谓的过程速率是指过程进行的快慢。过程速率的大小直接影响到设备的大小、工厂占地及经济效益等。过程速率与过程推动力成正比，与过程阻力成反比，即

$$传递速率=\frac{推动力}{阻力}$$

过程推动力是该过程距离平衡的差额，它可以是压力差、温度差或浓度差等。如流体流动时加大压差，热交换时提高温差，传质、反应时提高浓度差，均可增大过程推动力，从而提高过程速率。提高过程速率也可通过减少过程阻力来实现，如流体输送时加大管径，对流传热时附加搅拌，传质时提高流体的湍动程度，反应时用催化剂降低反应的活化能等。

(5)经济核算

在设计具有一定生产能力的设备时，根据设备的型式和材料的不同，可以有若干设计方案。对于同一设备，所选用的操作参数不同，会影响到设备费和操作费，因此，不仅要考虑技术先进，还要通过经济核算来确定最经济的设计方案，此外，还要同时兼顾节能、环保及资源回收等因素。通过本课程的学习，使学生逐步树立工程观念，学会运用综合基础知识，有目的地解决工程实际问题。

第 1 章

流体流动

图 1-1 为杀虫剂敌敌畏的合成工艺流程图，将亚磷酸三甲酯和三氯乙醛经转子流量计计量后同时从下部喷入带夹套和盘管冷冻盐水的搪瓷反应釜中，氯甲烷的回收阀门需在亚磷酸三甲酯加入时打开，加完后关闭。在一定条件下进行合成反应，反应产物由反应釜上部流出，从下部进入搪瓷保温釜中，保温釜用独立的热水保温系统保温在 70~75℃，反应好的敌敌畏原油，经不锈钢冷却器冷却到 40℃以下流入敌敌畏原油储罐。

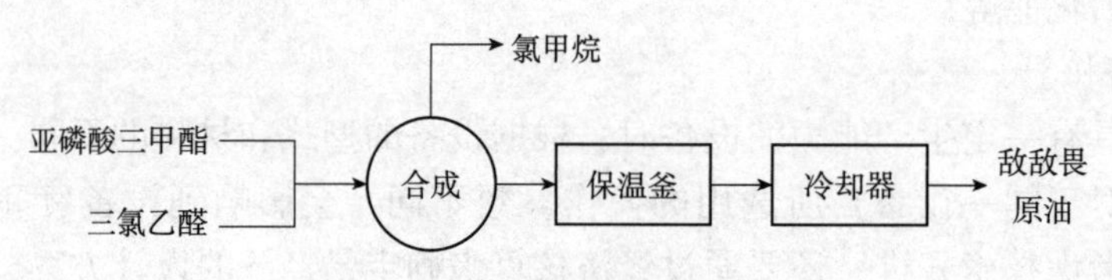

图 1-1　杀虫剂敌敌畏合成工艺流程

从上述介绍可知，在化学工业生产中其所处理的原料及产品有很多是流体，流体是气体与液体的总称，原来是固体的物料，也要制成溶液以便于输送或处理。为满足生产工艺需求，常常需要将流体按照一定的比例通过管路输送到反应容器中，这就涉及流量的测定及管路设计等问题，因此，需要掌握流体流动的基本原理等知识。

连续介质假定　从微观讲，流体是由大量的彼此之间有一定间隙的单个分子所组成，流体是一种非连续介质。在研究流体流动时，考虑的是由大量分子所组成的流体质点的宏观运动规律，将流体视为由无数流体质点(或微团)组成，质点在流体内部紧紧相连，彼此间没有间隙的连续介质。

流体主要特征　具有流动性；无固定形状，随容器形状而变化；受外力作用时内部产生相对运动。

流体种类　如果流体的体积不随压力变化而变化，该流体称为**不可压缩性流**

体；若随压力发生变化，则称为**可压缩性流体**。一般液体的体积随压力变化很小，可视为不可压缩性流体；而对于气体，当压力变化时，体积会有较大的变化，常视为可压缩性流体，但如果压力或温度的变化率很小时，该气体也可当作不可压缩性流体处理。

1.1　流体静力学

流体静力学是研究流体在外力作用下的平衡规律，也就是说，研究流体在外力作用下处于静止或相对静止的规律。本节主要讨论流体静力学的基本原理及其应用。

1.1.1　流体的主要物理性质

1.1.1.1　密度

单位体积流体的质量，称为流体的密度，以符号 ρ 表示，其表达式为

$$\rho=\frac{m}{V} \tag{1-1}$$

式中　ρ——流体的密度，kg/m^3；

m——流体的质量，kg；

V——流体的体积，m^3。

密度是流体的物理性质。一般来说，其值随压强和温度的变化而改变，可表示为

$$\rho=f(p,\ T) \tag{1-2}$$

式中　p——流体的压强，kPa；

T——流体的热力学温度，K。

液体的密度几乎不随压强而变化，而温度对液体密度有一定影响。流体的密度一般可在物理化学手册或有关资料中查到，一般给出的是**相对密度**，即液体密度与4℃水的密度之比值，4℃水的密度为1 000kg/m^3。

气体的密度随温度和压强的变化较大，当压强不太高、温度不太低时，气体的密度可按理想气体状态方程计算

$$pV=nRT=\frac{m}{M}RT \tag{1-3}$$

得

$$\rho=\frac{m}{V}=\frac{pM}{RT} \tag{1-4}$$

式中　p——气体的绝对压强，kPa；

M——气体的摩尔质量，g/mol；

T——气体的热力学温度，K；

R——摩尔气体常数，8. 314J/(mol · K)。

理想气体的标准状况($T^{\ominus}$=273. 15K，$p^{\ominus}$=101. 325kPa)下的摩尔体积和密度为

$$V^{\ominus}=22.4\text{m}^3/\text{kmol},\quad \rho^{\ominus}=\frac{M}{22.4} \tag{1-5}$$

已知标准状况下的气体密度，可按下式计算出其他温度 T 和压强 p 下该气体的密度：

$$\rho=\rho^{\ominus}\frac{T^{\ominus}p}{Tp^{\ominus}} \tag{1-6}$$

化工生产中遇到的流体，大多为几种组分构成的混合物，而通常手册中查得的是纯组分的密度，混合物的平均密度 ρ_{m} 可以通过纯组分的密度进行计算。

气体混合物的密度　对于气体混合物，以 1m^3 混合物为基准，若各组分在混合前后总质量不变，则 1m^3 气体混合物的质量等于各组分的质量之和：

$$\rho_{\text{m}} = \sum_{i=1}^{n}(\rho_i y_i) \tag{1-7}$$

式中　ρ_{m}——混合气体的密度，kg/m^3；

ρ_i——同温同压下组分 i 的密度，kg/m^3；

y_i——混合气体中组分 i 的体积分数。

气体混合物的平均密度 ρ_{m} 也可利用式(1-4)计算，但式中的摩尔质量 M 应用混合气体的平均摩尔质量 M_{m} 代替，即

$$\rho_{\text{m}}=\frac{pM_{\text{m}}}{RT} \tag{1-8}$$

液体混合物的密度　假设混合液为理想溶液，以 1kg 混合液体为基准，若各组分在混合前后其体积不变，则 1kg 混合物的体积等于各组分单独存在时的体积之和：

$$\frac{1}{\rho_{\text{m}}} = \sum_{i=1}^{n}\frac{\omega_i}{\rho_i} \tag{1-9}$$

式中　ω_i——混合液中组分 i 的质量分数。

1.1.1.2　压力

流体垂直作用于单位面积上的力，称为流体的压强，习惯上又称为**压力**。在静止流体中，从各方向作用于某一点的压力大小均相等。

压力的单位　在 SI 单位中，压力的单位是 N/m^2，称为帕斯卡，以 Pa 表示。

标准大气压有如下换算关系：

1 标准大气压 $=1.013\times10^5\text{Pa}=760\text{mmHg}=10.33\text{mH}_2\text{O}$

压力的表示方法　压力的大小常以两种不同的基准来表示：一是绝对真空；二是大气压力。以绝对真空为基准测得的压力称为绝对压力，是流体的真实压力；以大气压为基准测得的压力称为表压或真空度。

表压=绝对压力-大气压力

表压为正值时，通常称为正压；为负值时，则称为负压，通常把其负值改为正值，称为**真空度**。真空度与绝对压力的关系为

真空度=大气压力-绝对压力

测量负压的压力表，又称为真空表。

绝对压力、表压和真空度的关系如图1-2所示。为了避免混淆，在写流体压力时要注明是绝对压力还是表压或真空度。由于大气压力随其温度、湿度和所在地区的海拔高度而变，因此还应指明当地大气压力，若没有注明，则认为是1atm，即101.3kPa。

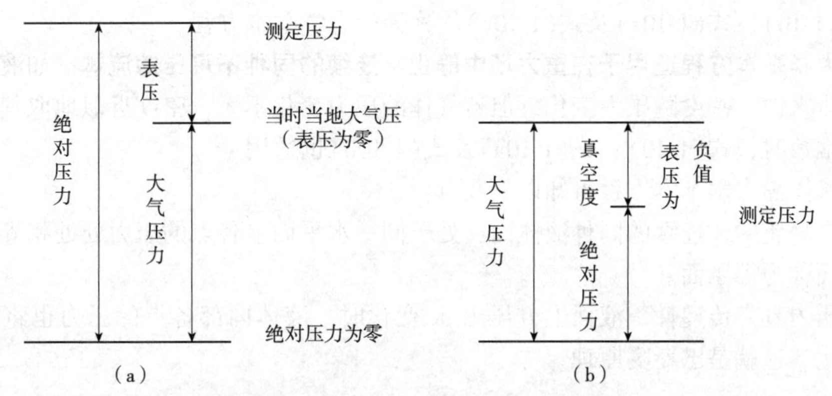

图1-2　绝对压力、表压和真空度的关系

(a)测定压力>大气压力　(b)测定压力<大气压力

【例1-1】 用真空表测量某台离心泵进口的真空度为30kPa，出口用压力表测量的表压为170kPa。若当地大气压力为101kPa，试求进口和出口的绝对压力。

解： 泵进口绝对压力　　$p_1=101-30=71\quad kPa$

泵出口绝对压力　　$p_2=170+101=271\quad kPa$

1.1.2　流体静力学基本方程式

如图1-3所示，容器内装有密度为ρ的液体，液体可认为是不可压缩流体，其密度不随压力变化。在静止液体中取一段液柱，其截面积为A，以容器底面为基准水平面，液柱的上、下端面与基准水平面的垂直距离分别为z_1和z_2，作用在上、下两端面的压力分别为p_1和p_2。

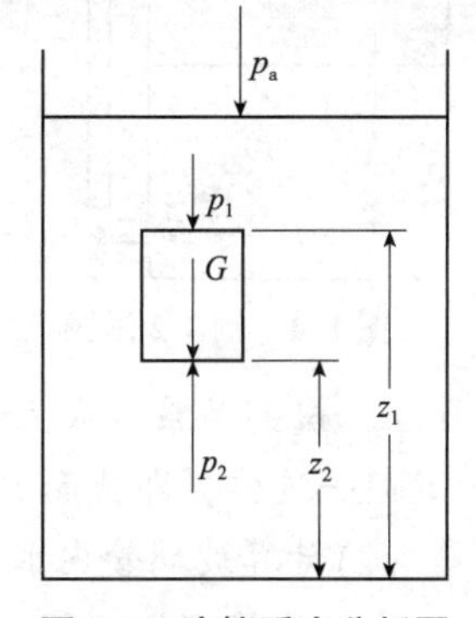

图1-3　液柱受力分析图

重力场中在垂直方向上对液柱进行受力分析：

①上端面所受总压力$F_1=p_1A$，方向向下。

②下端面所受总压力$F_2=p_2A$，方向向上。

③液柱的重力$G=\rho gA(z_1-z_2)$，方向向下。

液柱处于静止时，上述3项力的合力应为零，即

$$p_2A-p_1A-\rho gA(z_1-z_2)=0$$

整理得

$$p_2=p_1+\rho g(z_1-z_2)\qquad 压力形式 \tag{1-10}$$

变形得

$$\frac{p_1}{\rho}+z_1g=\frac{p_2}{\rho}+z_2g \qquad 能量形式 \tag{1-10a}$$

若将液柱的上端面取在容器内的液面上，设液面上方的压力为 p_0，液柱高度为 h，则式(1-10)可改写为

$$p=p_0+\rho gh \tag{1-10b}$$

式(1-10)、式(1-10a)及式(1-10b)均称为静力学基本方程。

静力学基本方程适用于在重力场中静止、连续的同种不可压缩流体，如液体。而对于气体来说，密度随压力变化，但若气体的压力变化不大，密度近似地取其平均值而视为常数时，式(1-10)、式(1-10a)及式(1-10b)也适用。

由流体静力学基本方程可知以下几点：

①在静止的、连续的同种液体内，处于同一水平面上各点的压力处处相等。压力相等的面称为等压面。

②压力具有传递性。液面上方压力 p_0 变化时，液体内部各点的压力也将发生相应的变化。这就是巴斯噶原理。

③式(1-10a)中，zg、$\frac{p}{\rho}$分别为单位质量流体所具有的位能和静压能，此式反映出在同一静止流体中，处在不同位置流体的位能和静压能各不相同，但总和恒为常量。因此，静力学基本方程也反映了静止流体内部能量守恒与转换的关系。

④式(1-10b)可改写为$\frac{p-p_0}{\rho g}=h$，说明压力或压力差的大小可用某种液体的液柱高度表示，但需注明液体的种类。

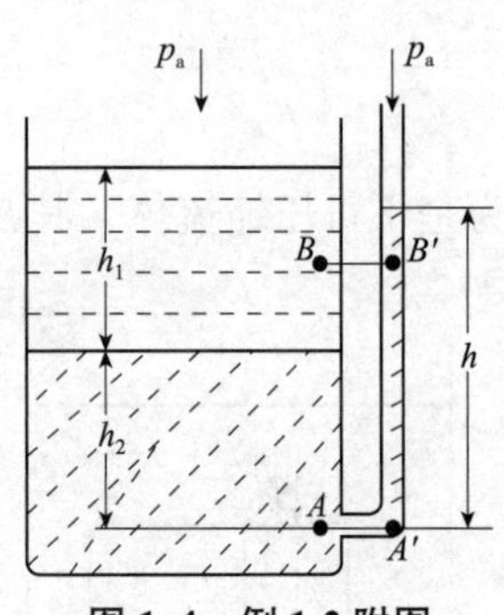

图1-4　例1-2附图

【**例1-2**】　如图1-4所示的开口容器内盛有油和水，油层高度 $h_1=0.8$m，密度 $\rho_1=800$kg/m^3，水层高度 $h_2=0.6$m、密度 $\rho_2=1\ 000$kg/m^3。

(1)判断下列关系是否成立，即：$p_A=p'_A$，$p_B=p'_B$；

(2)计算水在玻璃管内的高度 h。

解：(1)判断题中所给两关系式是否成立

$p_A=p'_A$的关系成立。因 A 及 A' 两点在静止的连通着的同一种流体内，并在同一水平面上。所以，截面 A-A' 称为等压面。

$p_B=p'_B$的关系不成立。因 B 及 B' 两点虽在静止流体的同一水平面上，但不是连通着的同一流体，即截面 B-B' 不是等压面。

(2)计算玻璃管内水的高度 h

由流体静力学方程，可得

$$p_A=p_a+\rho_1gh_1+\rho_2gh_2 \qquad p'_A=p_a+\rho_2gh$$

因为

$$p_A=p'_A$$

所以

$$h=h_2+\frac{\rho_1}{\rho_2}h_1=0.6+\frac{800}{1\ 000}\times0.8=1.24 \quad \text{m}$$

奋斗者号
载人潜水器

1.1.3 静力学基本方程的应用

静力学基本方程式有着广泛的应用，本节介绍它在测量液体的压力和确定液封高度等方面的应用。

1.1.3.1 压力及压力差的测量

(1) U形管压差计

U形管压差计的结构如图1-5所示。它是一根U形玻璃管，内装指示液。要求指示液与被测流体不互溶，不起化学反应，且其密度大于被测流体密度。

将U形管两端与被测的两点连通，若作用于U形管两端的压力不等，则指示液在U形管两侧臂上便显示出高度差R。

令指示液的密度为ρ_0，被测流体的密度为ρ。

如图1-5所示，取水平面3-3′。因3-3′面以下的流体连续，根据静力学方程可知其为等压面，即

$$p_3=p_3'$$

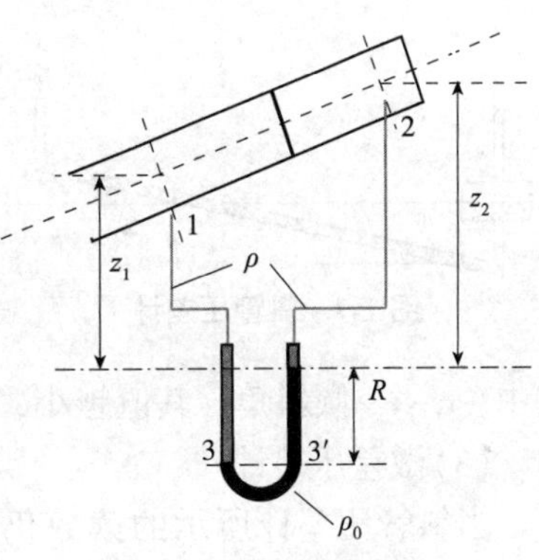

图1-5 U形管压差计

考虑U形管左侧臂，根据静力学基本方程，可得

$$p_3=p_1+\rho g(z_1+R)$$

同样，考虑U形管右侧臂可得

$$p_3'=p_2+\rho g z_2+\rho_0 gR$$

因$p_3=p_3'$，故

$$(p_1+\rho g z_1)-(p_2+\rho g z_2)=(\rho_0-\rho)gR$$

化简得

$$p_1-p_2=\rho g(z_2-z_1)+(\rho_0-\rho)gR \tag{1-11}$$

若被测两点在同一水平面上，流体是气体，由于气体的密度远小于指示剂的密度，即$\rho_0-\rho\approx\rho_0$，则上式可简化为

$$p_1-p_2\approx Rg\rho_0 \tag{1-11a}$$

U形管压差计也可测量流体的压力，测量时将U形管一端与被测点连接，另一端与大气相通，此时测得的是流体的表压或真空度。

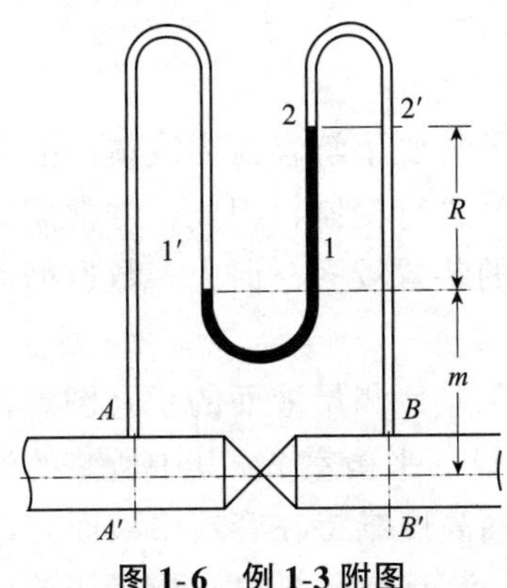

图1-6 例1-3附图

【例1-3】 如图1-6所示，水在管道中流动。为测得A-A'、B-B'截面的压力差，在管路上方安装一U形管压差计，指示液为汞。已知压差计的读数$R=150$mm，试计算A-A'、B-B'截面的压力差。已知水与汞的密度分别为1 000kg/m^{3}和13 600kg/m^3。

解： 图1-6中，1-1′面与2-2′面间为静止、连续的同

种流体，且处于同一水平面，因此为等压面，即

$$p_1 = p_1' \qquad p_2 = p_2'$$

又

$$p_1' = p_A - \rho g m$$

$$p_1 = p_2 + \rho_0 g R = p_2' + \rho_0 g R$$
$$= p_B - \rho g(m+R) + \rho_0 g R$$

所以

$$p_A - \rho g m = p_B - \rho g(m+R) + \rho_0 g R$$

整理得

$$p_A - p_B = (\rho_0 - \rho) g R$$

代入数据：

$$p_A - p_B = (13\,600 - 1\,000) \times 9.81 \times 0.15 = 18\,540 \quad \text{Pa}$$

(2)斜管压差计

当所测量的流体压力差较小时，可将压差计倾斜放置，即为斜管压差计，用以放大读数，提高测量精度，如图1-7所示。

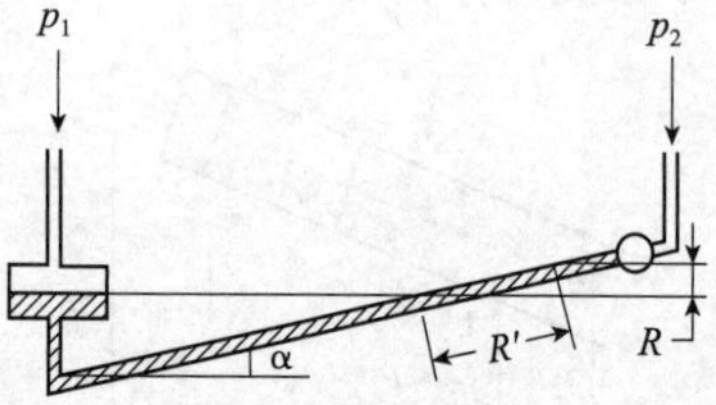

图1-7　斜管压差计

此时，R与R'的关系为

$$R' = \frac{R}{\sin\alpha} \tag{1-12}$$

式中　α——倾斜角，其值越小，则读数放大倍数越大。

(3)微差压差计

当斜管压差计所示的读数仍然很小，则可采用微差压差计，其构造如图1-8所示。在U形管两侧臂的上端装有扩张室，在扩张室及U形管内装有内装密度接近但不互溶的两种指示液1和2，扩大室的截面积比U形管截面积大得多，当读数R变化时，两扩张室中液面不致有明显的变化。

按静力学基本方程式，可推出

$$p_1 - p_2 = (\rho_2 - \rho_1) g R \tag{1-13}$$

式中　ρ_1、ρ_2——两种指示液的密度，kg/m^3。

从式(1-13)可看出，对于一定的压差，$(\rho_2 - \rho_1)$越小则读数R越大，所以应该使用两种密度接近的指示液。

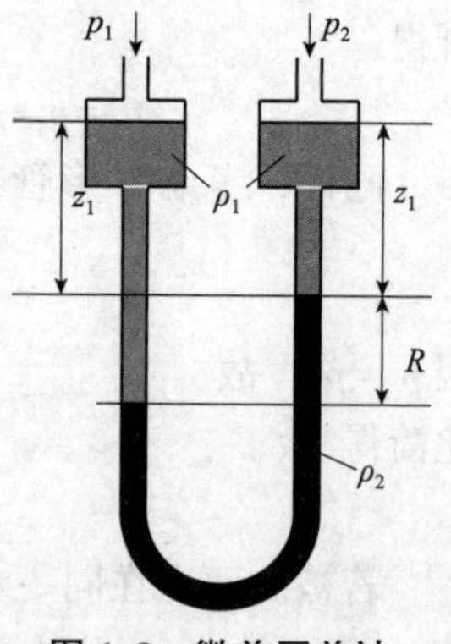

图1-8　微差压差计

1.1.3.2　液位测量

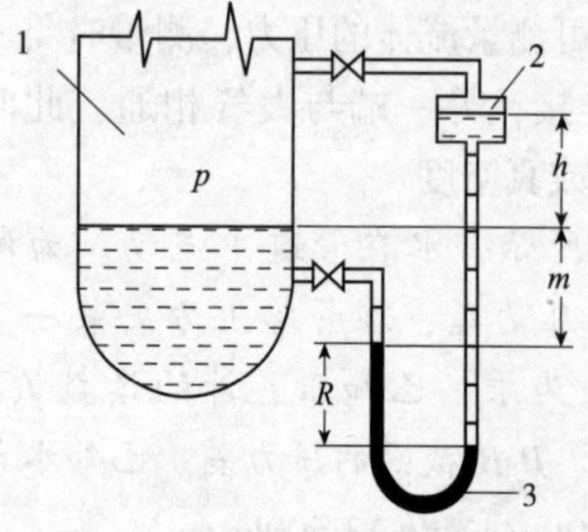

图1-9　压差计测量液面示意

1-容器；2-平衡室；3-U形管压差计

在化工生产中，经常要了解容器内液体的贮存量，或对设备内的液位进行控制，因此，常常需要测量液位。测量液位的装置较多，但大多数遵循流体静力学基本原理。

图1-9为用液柱压差计测量液面的示意图。在容器或设备1的外边设一平衡室2，其中所装的液体与容器中相同，液面高度维持在容器中液面允许到达的最高位置。用一装有指示剂的U形管压差计

3 把容器和平衡室连通起来，压差计读数 R 即可指示出容器内的液面高度，关系为

$$h=\frac{\rho_0-\rho}{\rho}R \tag{1-14}$$

容器的液面越低，读数越大。当液面达到最高容许液位时，压差计的读数为零。

1.1.3.3　确定液封高度

在化工生产中，为了控制设备内气体压力不超过规定的数值，常常使用安全液封(或称水封)装置，如图 1-10 所示。

当设备内气体压力超过规定值时，气体就会从水层中逸出，使设备内压力仍然减到规定值，以确保设备操作的安全。

液封高度可根据静力学基本方程计算。若要求设备内的压力不超过 p(表压)，则水封管的插入深度 h 为

$$h=\frac{p}{\rho_{H_2O}g} \tag{1-15}$$

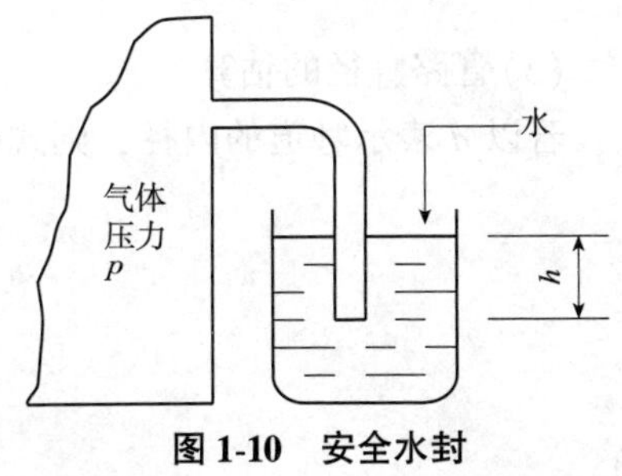

图 1-10　安全水封

1.2　管内流体流动的基本方程

化工厂中流体的输送多在密闭的管道内进行，因此，了解流体在管内流动的规律十分必要。反映管内流体流动规律的基本方程式有连续性方程式与伯努利方程式，本节主要围绕这两个方程式进行讨论。

1.2.1　基本概念

1.2.1.1　流量与流速

(1)流量

体积流量　单位时间内流体流经管路任一截面的体积，称为体积流量，以 q_V 表示，单位为 m^3/s。

质量流量　单位时间内流体流经管路任一截面的质量，称为质量流量，以 q_m 表示，单位为 kg/s。体积流量与质量流量的关系为

$$q_m=\rho q_V \tag{1-16}$$

(2)流速

平均流速　流速是指单位时间内流体质点在流动方向上所流经的距离。实验表明，流体在管路内流动时，由于流体具有黏性，管路横截面上各点的速度是不同的。在工程计算中，为简便起见，定义平均流速为流体的体积流量与管道截面积之比，简称流速，以 u 表示，单位为 m/s。设管路的横截面积为 $A(m^2)$，若已知流体的体积流

量 q_V，则流体的流量与流速关系为

$$u=\frac{q_V}{A} \tag{1-17}$$

$$q_m=\rho q_V=\rho Au \tag{1-18}$$

质量流速　单位时间内流体流经管路单位截面积的质量，称为质量流速，以 ω 表示，单位为 $kg/(m^2 \cdot s)$。它与流速及流量的关系为

$$\omega=\frac{q_m}{A}=\frac{\rho Au}{A}=\rho u \tag{1-19}$$

(3)管路直径的估算

若以 d 表示管道的内径，则式(1-17)可写成

$$u=\frac{q_V}{\frac{\pi}{4}d^2}=\frac{q_V}{0.785d^2}$$

则

$$d=\sqrt{\frac{q_V}{0.785u}} \tag{1-20}$$

流量一般由生产任务决定，而合理的流速则应根据经济核算决定，一般液体流速为 0.5~3m/s，气体为 10~30m/s。

【例 1-4】　某厂要求安装一根输水量为 $30m^3/h$ 的管道，试选择一合适的管子。

解：取水在管内的流速为 1.8m/s，由式(1-20)得

$$d=\sqrt{\frac{30/3\,600}{0.785\times1.8}}=0.077\quad m=77\quad mm$$

查附录低压流体输送用焊接钢管规格，确定选用 ϕ89mm×4mm(外径 89mm，壁厚 4mm)的管子，其内径为

$$d=89-(4\times2)=81\quad mm=0.081\quad m$$

水在管中的实际流速为

$$u=\frac{q_V}{\frac{\pi}{4}d^2}=\frac{30/3\,600}{0.785\times0.081^2}=1.62\quad m/s$$

1.2.1.2　稳定流动与不稳定流动

流体在管路中流动时，若各截面上的温度、压力、流速等物理量仅随位置变化，而不随时间变化，这种流动称为稳定流动。若流体在各截面上的有关物理量既随位置变化，也随时间变化，则称为不稳定流动。例如，水从变动水位的贮水槽中经小孔流出，则水的流出速度依槽内水面的高低而变化。

在化工厂中，连续生产的开、停车阶段，属于非稳定流动，而正常连续生产时，均属于稳定流动。本章重点讨论稳定流动问题。

1.2.2　连续性方程式

如图 1-11 所示的定态流动系统，流体连续地从 1-1′截面进入，2-2′截面流出，且充满全部管道。以 1-1′、2-2′截面以及管内壁为衡算范围，在管路中流体没有增加和漏失的情况下，根据物料衡算，单位时间进入截面 1-1′的流体质量流量与单位时间流出截面 2-2′的流体质量流量必然相等，即

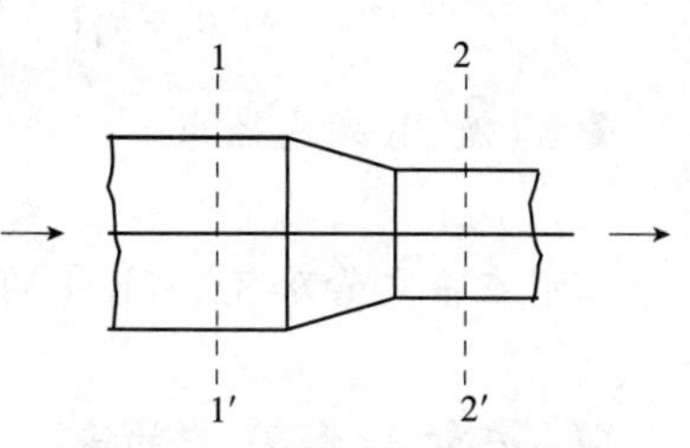

图 1-11　连续性方程的推导

$$q_{m_1}=q_{m_2} \tag{1-21}$$

或
$$\rho_1 u_1 A_1=\rho_2 u_2 A_2 \tag{1-21a}$$

推广至任意截面
$$\rho u A=常数 \tag{1-21b}$$

式(1-21)、式(1-21a)和式(1-21b)均称为连续性方程，表明在稳定流动系统中，流体流经各截面时的质量流量恒定。

对不可压缩流体，ρ=常数，连续性方程可写为

$$uA=常数 \tag{1-21c}$$

式(1-21c)表明不可压缩性流体流经各截面时的体积流量也不变，流速 u 与管截面积 A 成反比，截面积越小，流速越大；反之，截面积越大，流速越小。

对于圆形管道，式(1-21c)可变形为

$$\frac{u_1}{u_2}=\frac{A_2}{A_1}=\left(\frac{d_2}{d_1}\right)^2 \tag{1-21d}$$

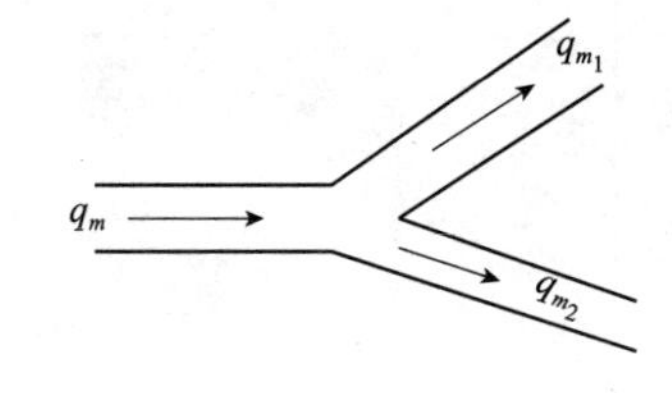

式(1-21d)说明不可压缩流体在圆形管道中，任意截面的流速与管内径的平方成反比。

思考：如果管道有分支，则稳定流动时的连续性方程又如何？

$$q_m=q_{m_1}+q_{m_2}$$

$$uA=u_1A_1+u_2A_2$$

【例 1-5】　如图 1-12 所示，管路由一段 ϕ89mm×4mm 的管 1、一段 ϕ108mm×4mm 的管 2 和两段 ϕ57mm×3.5mm 的分支管 3a 及 3b 连接而成。若水以 9×10^{-3}m/s 的体积流量流动，且在两段分支管内的流量相等，试求水在各段管内的速度。

解：管 1 的内径为

$$d_1=89-2\times4=81\quad \text{mm}$$

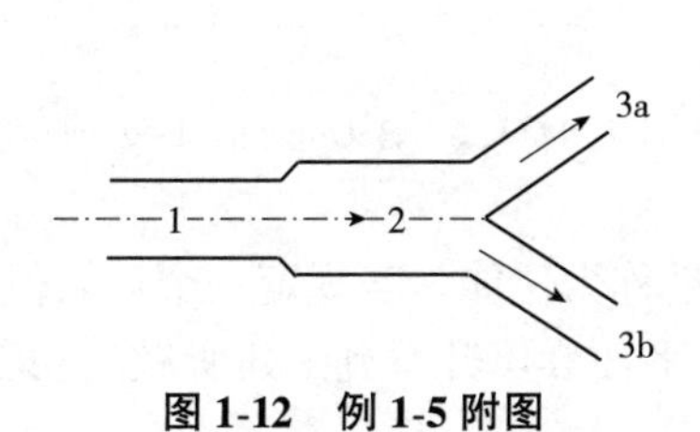

图 1-12　例 1-5 附图

则水在管 1 中的流速为

$$u_1=\frac{q_V}{\frac{\pi}{4}d_1^2}=\frac{9\times10^{-3}}{0.785\times0.081^2}=1.75\quad \text{m/s}$$

管 2 的内径为

$$d_2 = 108-2\times4 = 100 \quad \text{mm}$$

由式(1-21d)，则水在管2中的流速为

$$u_2 = u_1\left(\frac{d_1}{d_2}\right)^2 = 1.75\times\left(\frac{81}{100}\right)^2 = 1.15 \quad \text{m/s}$$

管3a及3b的内径为

$$d_3 = 57-2\times3.5 = 50 \quad \text{mm}$$

又水在分支管路3a、3b中的流量相等，则有

$$u_2A_2 = 2u_3A_3$$

即水在管3a和3b中的流速为

$$u_3 = \frac{u_2}{2}\left(\frac{d_2}{d_3}\right)^2 = \frac{1.15}{2}\times\left(\frac{100}{50}\right)^2 = 2.30 \quad \text{m/s}$$

1.2.3 伯努利方程式

伯努利方程反映了流体在流动过程中，各种形式机械能的相互转换关系。伯努利方程的推导方法有多种，以下介绍较简便的机械能衡算法。

1.2.3.1 伯努利方程式

(1)总能量衡算

如图1-13所示的稳定流动系统中，流体从1-1′截面流入，2-2′截面流出。

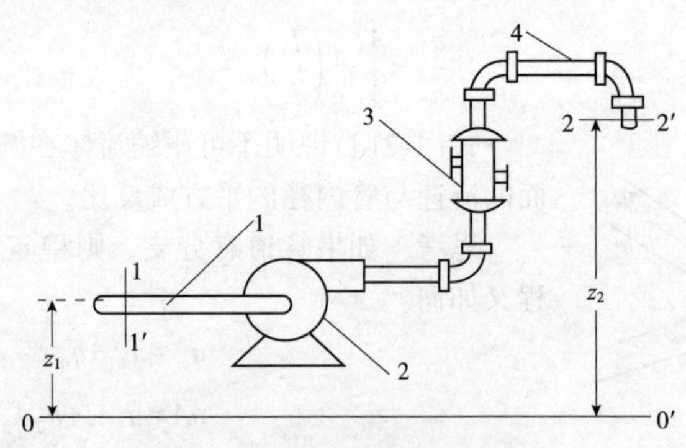

图1-13 稳定流动的管路系统

衡算范围：1-1′、2-2′截面以及管内壁所围成的空间。

衡算基准：1kg流体。

基准水平面：0-0′水平面。

流体的机械能有以下几种形式：

①内能 贮存于物质内部的能量，主要与流体的温度有关。用U表示1kg流体具有的内能，其单位为J/kg。

②位能 流体受重力作用在不同高度所具有的能量称为位能。若规定一个计算位能起点的基准水平面，将质量为$m$kg的流体自基准水平面0-0′升举到z处所做的功，即为位能。

$$位能=mgz$$

1kg 的流体所具有的位能为 zg，其单位为 J/kg。

③动能　因流体运动而具有的能量，等于将流体从静止状态加速到流速 u 所做的功。1kg 的流体所具有的动能为 $\frac{1}{2}u^2$，其单位为 J/kg。

④静压能　在静止流体内部，任一处都有静压力，同样，在流动着的流体内部，任一处也有静压力。如果在一内部有液体流动的管壁面上开一小孔，并在小孔处装一根垂直的细玻璃管，液体便会在玻璃管内上升，上升的液柱高度即是管内该截面处液体静压力的表现，如图 1-14 所示。对于图 1-13 的流动系统，由于在 1-1′截面处流体具有一定的静压力，流体要通过该截面进入系统，就需要对流体做一定的功，以克服这个静压力。换句话说，进入截面后的流体，也就具有与此功相当的能量，这种能量称为静压能或流动功。

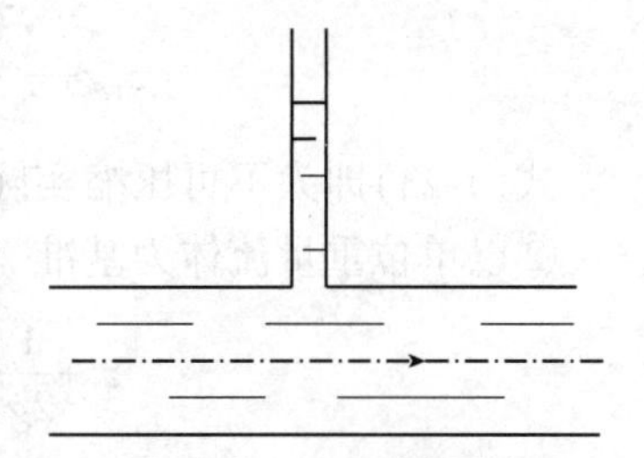

图 1-14　流动液体存在静压力的示意

质量为 m、体积为 V_1 的流体，通过 1-1′截面所需的作用力 $F_1=p_1A_1$，流体推入管内所走的距离 V_1/A_1，故与此功相当的静压能为

$$静压能=p_1A_1\ \frac{V_1}{A_1}=p_1V_1$$

1kg 的流体所具有的静压能为 $\frac{p_1V_1}{m}=\frac{p_1}{\rho_1}$，其单位为 J/kg。

动能、位能、静压能均为流体在截面处所具有的机械能，三者之和称为某截面上的总机械能。

此外，流体在流动过程中，还有通过其他外界条件与衡算系统交换的能量。

⑤热　若管路中有加热器、冷却器等，流体通过时必与之换热。设换热器向 1kg 流体提供的热量为 q_e，其单位为 J/kg。

⑥外功　在图 1-13 的流动系统中，还有流体输送机械(泵或风机)向流体做功，1kg 流体从流体输送机械所获得的能量称为外功或有效功，用 W_e 表示，其单位为 J/kg。

根据能量守恒原则，对于划定的流动范围，其输入的总能量必等于输出的总能量。在图 1-13 中，在 1-1′截面与 2-2′截面之间的衡算范围内，有

$$U_1+z_1g+\frac{1}{2}u_1^2+\frac{p_1}{\rho_1}+W_e+q_e=U_2+z_2g+\frac{1}{2}u_2^2+\frac{p_2}{\rho_2} \tag{1-22}$$

或

$$W_e+q_e=\Delta U+\Delta zg+\frac{1}{2}\Delta u^2+\Delta\ \frac{p}{\rho} \tag{1-22a}$$

在以上能量形式中，可分为两类：一是机械能，即位能、动能、静压能及外功，可直接用于输送流体；二是内能与热，即不能直接转变为输送流体的机械能。

(2)实际流体的机械能衡算

①以单位质量流体为基准　假设流体不可压缩，则 $\rho_1=\rho_2=\rho$；流动系统无热交

换，则 $q_e=0$；流体温度不变，则 $U_1=U_2$。

因实际流体具有黏性，在流动过程中必消耗一定的能量。根据能量守恒原则，能量不可能消失，只能从一种形式转变为另一种形式，这些消耗的机械能转变成热能，使流体的温度升高。从流体输送角度来看，这些能量是“损失”掉了。将1kg流体损失的能量用$\sum h_f$表示，其单位为J/kg。

式(1-22)可简化为

$$z_1g+\frac{1}{2}u_1^2+\frac{p_1}{\rho}+W_e=z_2g+\frac{1}{2}u_2^2+\frac{p_2}{\rho}+\sum h_f \tag{1-23}$$

式(1-23)即为不可压缩实际流体的机械能衡算式，其中每项的单位均为J/kg。

②以单位重量流体为基准　将式(1-23)各项均除以重力加速度g

$$z_1+\frac{1}{2g}u_1^2+\frac{p_1}{\rho g}+\frac{W_e}{g}=z_2+\frac{1}{2g}u_2^2+\frac{p_2}{\rho g}+\frac{\sum h_f}{g}$$

令

$$H_e=\frac{W_e}{g},\quad \sum H_f=\frac{\sum h_f}{g}$$

则

$$z_1+\frac{1}{2g}u_1^2+\frac{p_1}{\rho g}+H_e=z_2+\frac{1}{2g}u_2^2+\frac{p_2}{\rho g}+\sum H_f \tag{1-23a}$$

上式中各项的单位均为m，表示单位重量(1N)流体所具有的能量。虽然各项的单位均与长度的单位相同，但在这里应理解为液柱高度，其物理意义是指单位重量的流体所具有的机械能。习惯上将z、$\frac{u^2}{2g}$、$\frac{p}{\rho g}$分别称为位压头、动压头和静压头，三者之和称为总压头，$\sum H_f$称为压头损失，H_e为单位重量的流体从流体输送机械所获得的能量，称为外加压头或有效压头。

(3)理想流体的机械能衡算

理想流体是指没有黏性(即流动中没有摩擦阻力)的不可压缩流体。这种流体实际上并不存在，是一种假想的流体，但这种假想对解决工程实际问题具有重要意义。对于理想流体又无外功加入时，式(1-23)、式(1-23a)可分别简化为

$$z_1g+\frac{1}{2}u_1^2+\frac{p_1}{\rho}=z_2g+\frac{1}{2}u_2^2+\frac{p_2}{\rho} \tag{1-24}$$

$$z_1+\frac{1}{2g}u_1^2+\frac{p_1}{\rho g}=z_2+\frac{1}{2g}u_2^2+\frac{p_2}{\rho g} \tag{1-24a}$$

通常式(1-24)、式(1-24a)称为**伯努利方程式**，式(1-23)、式(1-23a)是伯努利方程的引申，习惯上也称为伯努利方程式。

1.2.3.2　伯努利方程式的讨论

①如果系统中的流体处于静止状态，则$u=0$，没有流动，自然没有能量损失$\sum h_f$，当然也不需要外加功，$W_e=0$，则伯努利方程变为

$$z_1g+\frac{p_1}{\rho}=z_2g+\frac{p_2}{\rho}$$

上式即为流体静力学基本方程式。由此可见，伯努利方程除表示流体的运动规律外，还表示流体静止状态的规律，而流体的静止状态只不过是流体运动状态的一种特殊形式。

②伯努利方程式(1-24)、式(1-24a)表明理想流体在流动过程中任意截面上总机械能、总压头为常数，即

$$zg+\frac{1}{2}u^2+\frac{p}{\rho}=\text{常数} \tag{1-24b}$$

$$z+\frac{1}{2g}u^2+\frac{p}{\rho g}=\text{常数} \tag{1-24c}$$

但各截面上每种形式的能量并不一定相等，它们之间可以相互转换。

③若流动系统无外加功，即 $W_e=0$，则机械能衡算方程可写为

$$z_1g+\frac{1}{2}u_1^2+\frac{p_1}{\rho}=z_2g+\frac{1}{2}u_2^2+\frac{p_2}{\rho}+\sum h_f \tag{1-23b}$$

由于$\sum h_f>0$，故式(1-23b)表明，在无外加功的情况下，流体将自动从总能位(总机械能)较高处流向较低处，据此可以判定流体的流动方向。

1.2.3.3　伯努利方程式的应用

伯努利方程与连续性方程是解决流体流动问题的基础，应用伯努利方程，可以解决流体输送与流量测量等实际问题。在用伯努利方程解题时，一般应先根据题意画出流动系统的示意图，标明流体的流动方向，定出上、下游截面，明确流动系统的衡算范围。解题时须注意以下几个问题：

①输入、输出面的选取　输入、输出面(即流通截面)应与流动方向相垂直，两者之间的流体必须连续不断，且面上的已知条件应最多，并包含要求的未知数在内。通常选取系统进、出口处截面作为输入、输出面。

②基准水平面的选取　基准面是用以衡量位能大小的基准。通常将选定的截面之中较低的一个水平面作为基准水平面。

③压力　伯努利方程式中的压力 p_1 与 p_2 只能同时使用表压或绝对压力，不能混合使用。

④大口截面的流速为零。

⑤水平管截面确定基准面时，一般取通过管中心的水平面为基准面。

(1)容器间相对位置的计算

【例1-6】　如图1-15所示，从高位槽向塔内进料，高位槽中液位恒定，高位槽和塔内的压力均为大气压。送液管为 ϕ45mm×2.5mm 的钢管，要求送液量为3.6m^3/h。设料液在管内的压头损失为1.2m(不包括出口能量损失)，试问高位槽的液位要高出进料口多少米？

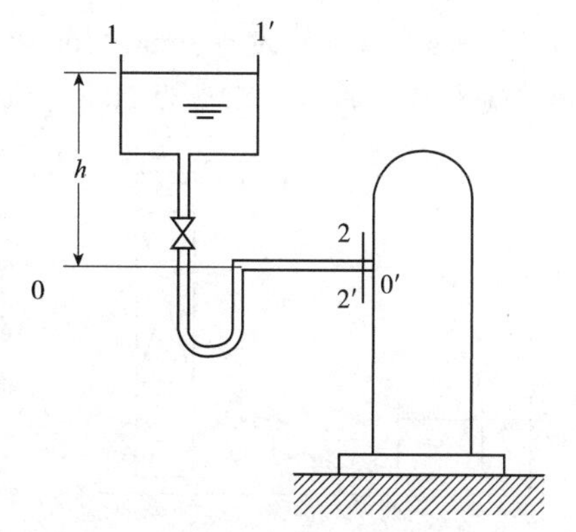

图1-15　例1-6附图

解：如图1-15所示，取高位槽液面为1-1′截面，

进料管出口内侧为2-2′截面，以过2-2′截面中心线的水平面0-0′为基准面。在1-1′和2-2′截面间列伯努利方程[由于题中已知压头损失，用式(1-23a)以单位重量流体为基准计算比较方便]：

$$z_1+\frac{1}{2g}u_1^2+\frac{p_1}{\rho g}+H_e=z_2+\frac{1}{2g}u_2^2+\frac{p_2}{\rho g}+\sum H_f$$

其中：$z_1=h$；因高位槽截面比管道截面大得多，故槽内流速比管内流速小得多，可以忽略不计，即 $u_1\approx 0$；$p_1=0$(表压)；$H_e=0$　$z_2=0$；$p_2=0$(表压)；$\sum H_f=1.2\text{m}$。

$$u_2=\frac{q_V}{\frac{\pi}{4}d^2}=\frac{3.6/3\ 600}{0.785\times 0.04^2}=0.796\quad \text{m/s}$$

将以上各值代入可确定高位槽液位的高度

$$h=\frac{1}{2\times 9.81}\times 0.796^2+1.2=1.23\quad \text{m}$$

计算结果表明，动能项数值很小，流体位能主要用于克服管路阻力。

解本题时注意，因题中所给的压头损失不包括出口能量损失，因此2-2′截面应取管出口内侧。若选2-2′截面为管出口外侧，计算过程有所不同。

(2)流体输送机械功率的计算

机械能衡算式中的 W_e 或 H 是输送机械对单位质量流体或单位重量流体所做的有效功。如果需要计算单位时间的动力消耗(功率)，则再乘以质量流量 q_m 或 $q_V\rho g$，即

$$P_e=W_e q_m \quad 或 \quad P_e=Hq_V\rho g$$

式中　P_e——输送机械的有效功率，W。

实际上，输送机械本身还有能量转换效率，如取其效率 η 的定义为有效功率与轴功率之比，则

$$\eta=P_e/P$$

式中　P——输送机械的轴功率；

　　　η——输送机械的效率。

【例1-7】　某化工厂用泵将敞口碱液池中的碱液(密度为1 100kg/m^3)输送至吸收塔顶，经喷嘴喷出，如图1-16所示。泵的入口管为 ϕ108mm×4mm 的钢管，管中的流速为1.2m/s，出口管为 ϕ76mm×3mm 的钢管。贮液池中碱液的深度为1.5m，池底至塔顶喷嘴入口处的垂直距离为20m。碱液流经所有管路的能量损失为30.8J/kg，在喷嘴入口处的压力为29.4kPa(表压)。设泵的效率为60%，试求泵所需的功率。

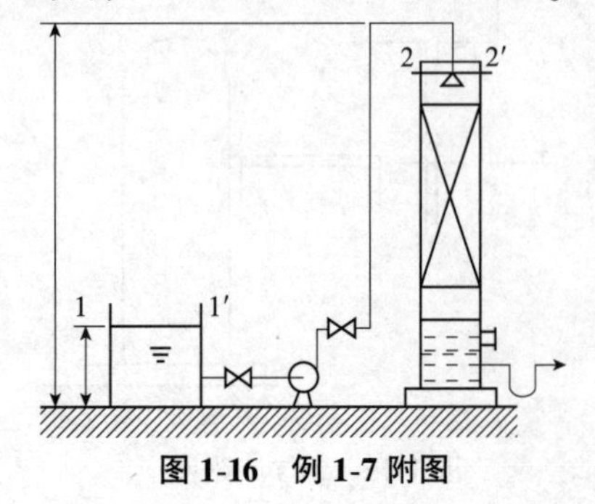

图1-16　例1-7附图

解：如图1-16所示，取碱液池中液面为1-1′截面，塔顶喷嘴入口处为2-2′截面，并且以1-1′截面为基准水平面。

在1-1′和2-2′截面间列伯努利方程

$$z_1 g+\frac{1}{2}u_1^2+\frac{p_1}{\rho}+W_e=z_2 g+\frac{1}{2}u_2^2+\frac{p_2}{\rho}+\sum h_f \qquad \text{(a)}$$

或
$$W_e=(z_2-z_1)g+\frac{1}{2}(u_2^2-u_1^2)+\frac{p_2-p_1}{\rho}+\sum h_f \tag{b}$$

其中：$z_1=0$；$p_1=0$(表压)；$u_1\approx 0$；$z_2=20-1.5=18.5\text{m}$；$p_2=29.4\times 10^3\text{Pa}$(表压)。

已知泵入口管的尺寸及碱液流速，可根据连续性方程计算泵出口管中碱液的流速：

$$u_2=u_{入}\left(\frac{d_{入}}{d_2}\right)^2=1.2\left(\frac{100}{70}\right)^2=2.45\quad \text{m/s}$$

$$\rho=1\ 100\quad \text{kg/m}^3,\ \sum h_f=30.8\quad \text{J/kg}$$

将以上各值代入式(b)，可求得输送碱液所需的外加能量

$$W_e=18.5\times 9.81+\frac{1}{2}\times 2.45^2+\frac{29.4\times 10^3}{1\ 100}+30.8=242.0\quad \text{J/kg}$$

碱液的质量流量

$$q_m=\frac{\pi}{4}d_2^2u_2\rho=0.785\times 0.07^2\times 2.45\times 1\ 100=10.37\quad \text{kg/s}$$

泵的有效功率

$$P_e=W_eq_m=242\times 10.37=2\ 510\text{W}=2.51\quad \text{kW}$$

泵的效率为60%，则泵的轴功率

$$P=\frac{P_e}{\eta}=\frac{2.51}{0.6}=4.18\quad \text{kW}$$

1.3　管内流体流动现象

由前述可知，在使用伯努利方程式进行管路计算时，必须先知道机械能损失的数值。本节将讨论产生机械能损失的原因及其影响因素。

1.3.1　流体的黏性

站在松花江公路大桥上，人们可以看到，江中心水急浪大，江岸两边水流平缓，说明在流动着的流体截面方向上速度分布是不均匀的。

1.3.1.1　牛顿黏性定律

平行作用于流体微团表面的力称为剪力。流体单位面积上所受的剪力叫作剪应力。设有上下两块平行放置而相距很近的平板，两板间充满着静止的液体，如图 1-17 所示。若将下板固定，对上板施加一恒定的外力，使上板做平行于下板的匀速直线运动，则板间的液体也随之移动。紧靠上层平板的液体，因附着在板面上，具有与平板相同的速度；而紧靠下层板面的液体也因附着于板面而静止不动；在两层平板之间的液体中形成上大下小的流速分布。此两平板间的液体可看成是许多平行于平板的流体层，层与层之间存在速度差。对于任意相邻两流体层而言，上层流体速度较大，对下层

流体起带动作用，而下层流体速度较小，对上层流体起拖曳作用。运动着的流体内部相邻两流体层间由于分子运动而产生的相互作用力称为流体的内摩擦力或黏滞力。

流体流动时的内摩擦是流动阻力产生的依据，流体流动所表现出的黏性，是由于分子间的内摩擦力引起的，流体黏性越大，流动时的内摩擦力越大。

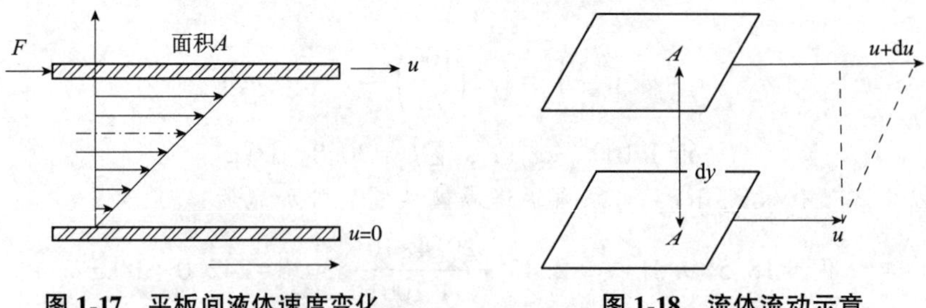

图 1-17　平板间液体速度变化　　　　图 1-18　流体流动示意

如图 1-18 所示，内摩擦力 F 与相邻两流体层的速度差 $\mathrm{d}\dot{u}$ 成正比，与两层之间的垂直距离 $\mathrm{d}y$ 成反比，与两层间的接触面积 A 成正比，即

$$F=\mu A\frac{\mathrm{d}\dot{u}}{\mathrm{d}y} \tag{1-25}$$

式中　F——内摩擦力，N；

$\frac{\mathrm{d}\dot{u}}{\mathrm{d}y}$——法向速度梯度，即在与流体流动方向相垂直的 y 方向流体速度的变化率，1/s；

μ——比例系数，称为流体的黏度或动力黏度，Pa·s。

一般，单位面积上的内摩擦力(剪应力)以 τ 表示，单位为 Pa，则式(1-25)变为

$$\tau=\mu\frac{\mathrm{d}\dot{u}}{\mathrm{d}y} \tag{1-25a}$$

式(1-25)、式(1-25a)称为**牛顿黏性定律**，表明流体层间的内摩擦力或剪应力与法向速度梯度成正比。

剪应力与速度梯度的关系符合牛顿黏性定律的流体称为**牛顿型流体**，包括所有气体和大多数液体；不符合牛顿黏性定律的流体称为**非牛顿型流体**，如泥浆、血浆、油漆、油脂、悬浮液等。本章讨论的均为牛顿型流体。

1.3.1.2　液体的黏度

由式(1-25a)可知，当$\frac{\mathrm{d}\dot{u}}{\mathrm{d}y}=1$时，$\mu=\tau$，所以黏度的物理意义：促使流体流动时在与流动方向垂直的方向上产生单位速度梯度所需的剪应力。

黏度是反映流体黏性大小的物理量，它是流体的物性常数。黏度的数值因流体不同而异，其值由实验测定，常见气体的黏度远小于液体的黏度。流体的黏度随温度而变，温度升高，液体的黏度减小，气体的黏度增大。这是因为液体的黏度是由分子间

的吸引力所引起的，气体的黏度是分子热运动时互相碰撞的体现。压力对液体黏度的影响很小，可忽略不计，对气体黏度的影响一般情况下也可忽略，但在极高或极低的压力条件下需考虑其影响。

在SI制中黏度的单位为

$$[\mu]=\frac{[\tau]}{\left[\frac{du}{dy}\right]}=\frac{N/m^2}{\frac{m/s}{m}}=\frac{N\cdot s}{m^2}=Pa\cdot s$$

在一些工程手册中，黏度的单位常常用cgs制下的cP(厘泊)表示，它们的换算关系为$1cP=10^{-3}Pa\cdot s$。流体的黏性还可用黏度μ与密度ρ的比值表示，称为运动黏度，以符号ν表示，即

$$\nu=\frac{\mu}{\rho} \tag{1-26}$$

其单位为m^2/s。显然运动黏度也是流体的物理性质。

1.3.2　流体的流动类型与雷诺数

1.3.2.1　雷诺实验与流动类型

生活中我们常会看到：当水管中水压高、流速大时，会激起白色水花，四处飞溅；而水压低、流速小时，会静静流淌。古人描述庐山瀑布留下了“飞流直下三千尺”的佳句，而对于山间小溪常形容为涓涓细流。由此可见，流动条件不同时，流体会呈现不同的流动型态。

为研究流体流动时内部质点的运动情况及影响因素，1883年英国力学家、物理学家雷诺设计了“雷诺实验装置”，如图1-19所示，有一入口为喇叭状的玻璃管浸没在透明的水槽内。管出口有调节水流量用的阀门，水槽上方装有带颜色的小瓶，有色液体经细管注入玻璃管内。

从实验中观察到，当水的流速从小到大时，有色液体变化，如图1-20所示。实验表明，流体在管道中流动存在两种截然不同的流型。

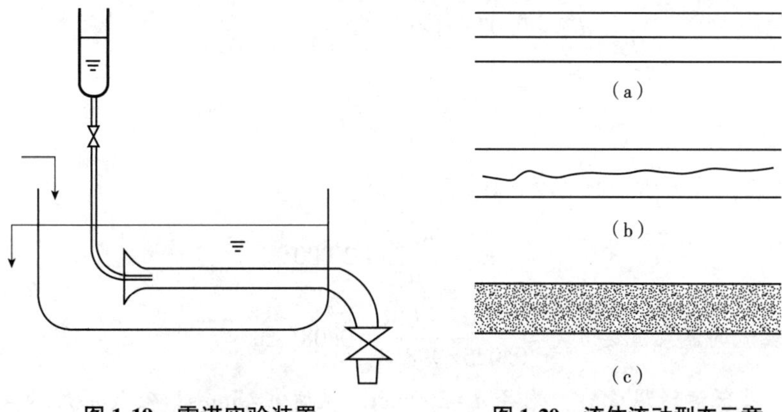

图1-19　雷诺实验装置

图1-20　流体流动型态示意

①层流（或滞流）　如图1-20（a）所示，流速小时，管中心的有色液体在管内沿轴线方向成一条轮廓清晰的细直线，平稳地流过整根玻璃管，与旁侧的水丝毫不相混合。此实验现象表明，流体质点仅沿着与管轴平行的方向做直线运动，质点无径向脉动，质点之间互不混合。

②湍流（或紊流）　如图1-20（c）所示，当流速逐渐增大到某一临界值时，有色细流一出管嘴便立即被打散，与水完全混在一起，无法分辨，最后可使整个玻璃管中的水呈现均匀的颜色。此现象表明，流体质点除了沿管轴方向向前流动外，还有径向脉动，各质点的速度在大小和方向上都随时变化，质点互相碰撞和混合。

③如图1-20（b）所示，流动处于一种过渡状态，可能是层流，也可能是湍流。

1.3.2.2　雷诺数

根据不同的流体和不同的管径，所获得的实验结果表明，影响流体流动类型的因素除了流体的流速 u 外，还有管径 d、流体密度 ρ 和流体的黏度 μ。流动类型由这几个因素同时决定。雷诺得出结论：上述4个因素所组成的复合数群 $\frac{du\rho}{\mu}$ 是判断流体流动类型的准则。这个数群称为**雷诺数**，用 Re 表示。

Re 是量纲为1的量。不管采用何种单位制，只要 Re 中各物理量采用同一单位制的单位，所求得的 Re 的数值必相同。大量的实验结果表明，流体在直管内流动时：

①当 $Re \leqslant 2\,000$ 时，流动为层流，此区称为层流区。

②当 $Re \geqslant 4\,000$ 时，一般出现湍流，此区称为湍流区。

③当 $2\,000 < Re < 4\,000$ 时，流动处于一种过渡状态，可能是层流，也可能是湍流，受外界干扰所左右。在管入口处，流道弯曲或截面突然改变、有障碍物存在、外来的轻微震动等，都会导致出现湍流。

Re 标志流体流动的湍动程度。其值越大，流体的湍动越剧烈，内摩擦力也越大。

【例1-8】　有一内径为25mm的水管，如管中流速为1.0m/s，水温为20℃。求：(1)管路中水的流动类型；(2)管路内水保持层流状态的最大流速。

解：(1)20℃时水的黏度为 10^{-3} Pa·s，密度为998.2kg/m^3。管中雷诺数为

$$Re=\frac{du\rho}{\mu}=\frac{0.025\times1\times998.2}{\frac{1}{1\,000}}=2.5\times10^4>4\,000$$

故管中为湍流。

(2)因层流最大雷诺数为2 000，即

$$Re=\frac{du_{max}\rho}{\mu}=2\,000$$

故水保持层流的最大流速 $u_{max}=\frac{2\,000\times0.001}{0.025\times998.2}=0.08\quad \text{m/s}$

【例1-9】　某低速送风管路，内径 $d=200$mm，风速 $u=3$m/s，空气温度为40℃。求：(1)风道内气体的流动类型；(2)该风道内空气保持层流的最大流速。

解：(1)40℃空气的运动黏度为 $16.96\times10^{-6}\mathrm{m^2/s}$，管中 Re 为

$$Re=\frac{ud}{\nu}=\frac{3\times0.2}{16.96\times10^{-6}}=3.54\times10^4>4\,000$$

故管中为湍流。

(2)空气保持层流的最大流速为

$$u_{\max}=\frac{Re\nu}{d}=\frac{2\,000\times16.96\times10^{-6}}{0.2}=0.17\quad \mathrm{m/s}$$

1.3.3 流体在圆管内的速度分布

流体在圆管内的速度分布是指流体流动时管截面上质点的速度随半径的变化关系。无论是层流或是湍流，管壁处质点速度均为零，越靠近管中心流速越大，到管中心处速度为最大。但两种流型的速度分布却不相同。

1.3.3.1 流体在圆管中层流时的速度分布

由实验可以测得层流时的速度分布为抛物线形状，如图 1-21 所示，平均速度 u 为最大速度 $u_{\max}$ 的 1/2，即 $u=u_{\max}/2$。

理论推导如下：

如图 1-22 所示，流体在半径为 R 的水平管中做定态层流流动。以管轴为中心在流体中取一段长为 l、半径为 r 的流体柱作为研究对象。

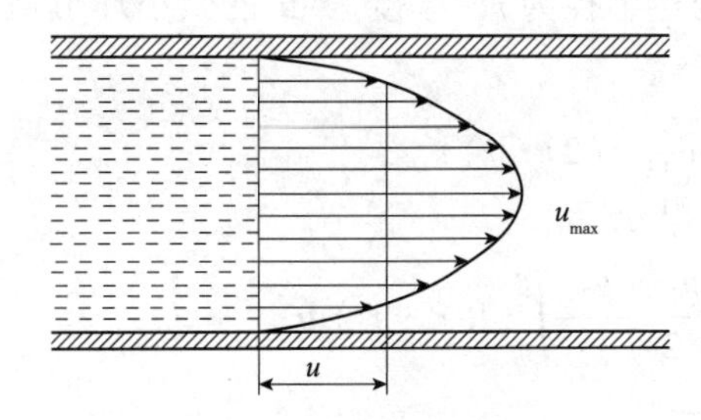

图 1-21 层流时的速度分布

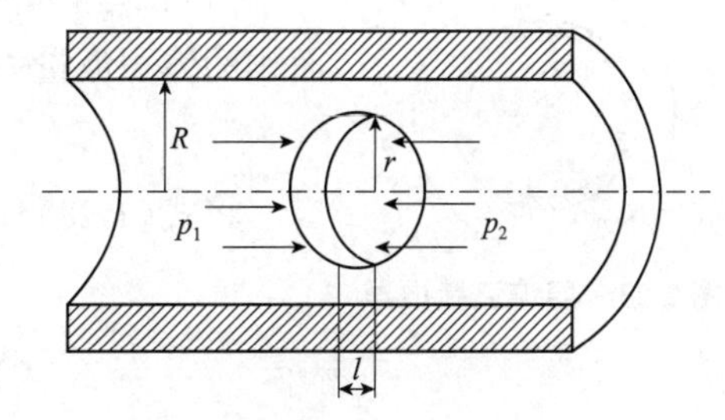

图 1-22 速度分布方程式推导

在水平方向作用于圆柱体两端的总压力分别为

$$F_1=\pi r^2p_1$$

$$F_2=\pi r^2p_2$$

流体做层流流动时内摩擦力服从牛顿黏性定律：

$$F=-(2\pi rl)\mu\frac{\mathrm{d}\dot{u}}{\mathrm{d}r}$$

式中，负号表示流速沿半径增加的方向而减小。

流体在管内做定态流动，根据牛顿第二定律，在流动方向上所受合力必定为零。即有

$$(p_1-p_2)\pi r^2=-\mu(2\pi rl)\frac{\mathrm{d}\dot{u}}{\mathrm{d}r}$$

整理得

$$\frac{\mathrm{d}\dot{u}}{\mathrm{d}r}=-\frac{p_1-p_2}{2\mu l}r \tag{1-27}$$

在一定条件下，式中$\frac{p_1-p_2}{2\mu l}$=常数，故可积分如下

$$\dot{u}=-\left(\frac{p_1-p_2}{2\mu l}\right)\frac{r^2}{2}+C$$

利用管壁处的边界条件，$r=R$ 时，$\dot{u}=0$，可得 $C=\frac{p_1-p_2}{4\mu l}R^2$

故
$$\dot{u}=\frac{p_1-p_2}{4\mu l}(R^2-r^2) \tag{1-28}$$

由式(1-28)可知，层流时的速度分布为抛物线形状。

管中心流速为最大，即 $r=0$ 时，$\dot{u}=u_{\max}$，由式(1-28)得

$$u_{\max}=\frac{p_1-p_2}{4\mu l}R^2 \tag{1-29}$$

将式(1-29)代入式(1-28)，并经整理可得

$$\dot{u}=u_{\max}\left[1-\left(\frac{r}{R}\right)^2\right] \tag{1-30}$$

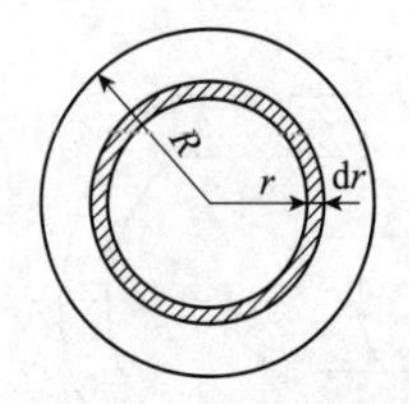

图 1-23　层流流量推导

由图 1-23 可知，通过半径为 r，厚度为 dr 的微小环形截面积的体积流量为

$$\mathrm{d}q_V=(2\pi r\mathrm{d}r)\,\dot{u}$$

将式(1-28)代入并积分

$$q_V=\frac{\pi(p_1-p_2)}{2\mu l}\int_0^R(R^2r-r^3)\,\mathrm{d}r$$

积分后，得体积流量为
$$q_V=\frac{p_1-p_2}{8\mu l}\pi R^4$$

平均速度
$$u=\frac{q_V}{\pi R^2}=\frac{\frac{\pi R^4(p_1-p_2)}{8\mu l}}{\pi R^2}=\frac{(p_1-p_2)}{8\mu l}R^2 \tag{1-31}$$

比较式(1-31)与式(1-29)，得

$$u=\frac{1}{2}u_{\max} \tag{1-32}$$

即流体在圆管内做层流流动时的平均速度为管中心最大速度的1/2。

以管径 d 代替式(1-31)中的半径 R，并改写为

$$\Delta p=32\frac{\mu l u}{d^2} \tag{1-33}$$

式(1-33)称为**哈根-泊谡叶方程式**。

1.3.3.2　流体在圆管中湍流时的速度分布

湍流时流体质点的运动状况较层流要复杂得多，截面上某一固定点的流体质点在沿管轴向前运动的同时，还有径向上的运动，使速度的大小与方向都随时变化。湍流的基本特征是出现了径向脉动速度，使得动量传递较层流大得多。

湍流时速度分布目前还不能利用理论推导求得，只能用实验方法得到。由实验测得速度分布如图 1-24 所示。

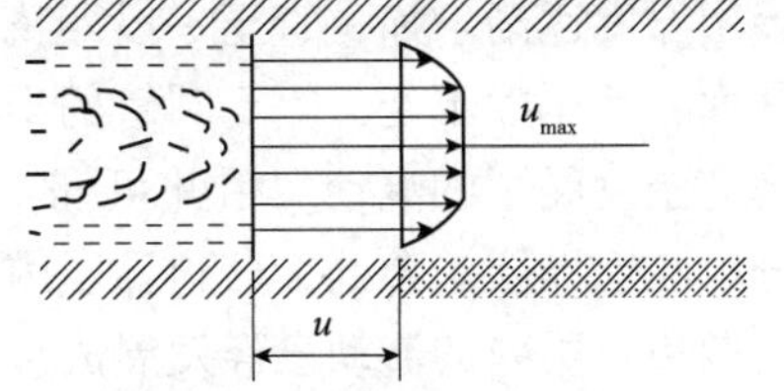

图 1-24　湍流时的速度分布

其分布方程通常表示成以下形式：

$$\dot{u}=u_{max}\left(1-\frac{r}{R}\right)^{n} \tag{1-34}$$

式(1-34)中 n 与 Re 有关，取值如下：

$$4\times10^{4}<Re<1.1\times10^{5},\quad n=\frac{1}{6}$$

$$1.1\times10^{5}<Re<3.2\times10^{6},\quad n=\frac{1}{7}$$

$$Re>3.2\times10^{6},\quad n=\frac{1}{10}$$

当 $n=\frac{1}{7}$时，推导可得流体的平均速度约为管中心最大速度的 0.82 倍，即 $u\approx 0.82u_{max}$。

1.3.4　流体流动边界层

1.3.4.1　边界层的形成

当一个流速均匀的流体与一个固体壁面相接触时，由于壁面对流体的阻碍，与壁面相接触的流体速度降为零。由于流体的黏性作用，紧连着这层流体的另一流体层速度也有所下降。随着流体的向前流动，流速受影响的区域逐渐扩大，即在垂直于流体流动方向上产生了速度梯度。流速降为主体流速的 99%以内的区域称为边界层，边界层外缘与壁面间的垂直距离称为边界层厚度。如图 1-25 所示，由于边界层的形成，把沿壁面的流动分为两个区域：边界层区和主流区。

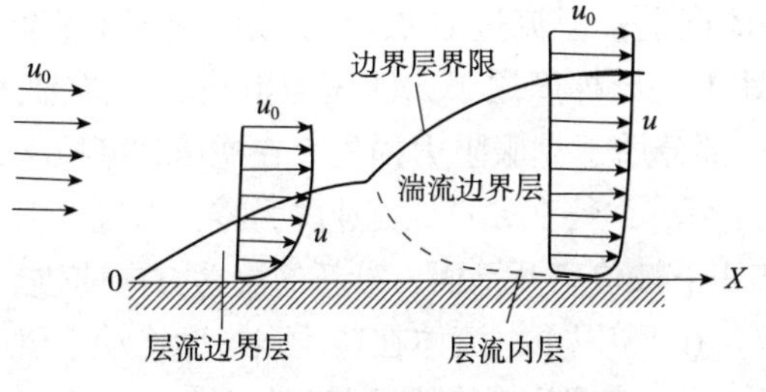

图 1-25　平板壁面上的边界层

边界层区(边界层内)：沿板面法向的速度梯度很大，需考虑黏度的影响，剪应力不可忽略。

主流区(边界层外)：速度梯度很小，剪应力可以忽略，可视为理想流体。

边界层按流体的流型也分为层流边界层与湍流边界层。在平板的前段，边界层厚度较小，流体的流动为层流，称为层流边界层。随着流动距离的增加，边界层内的流型转为湍流，称为湍流边界层。

如图 1-26 所示。流体进入圆管后在入口处形成边界层，随着流体向前流动，边界层厚度逐渐增加，直至一段距离(进口段)后，边界层在管中心汇合，占据整个管截面，其厚度不变，等于圆管的半径，管内各截面速度分布曲线形状也保持不变，此为完全发展了的流动。由此可知，对于管流来说，只在进口段内才有边界层内外之分。在边界层汇合处，若边界层内流动是层流，则以后的管内流动为层流；若在汇合之前边界层内的流动已经发展成湍流，则以后的管内流动为湍流。

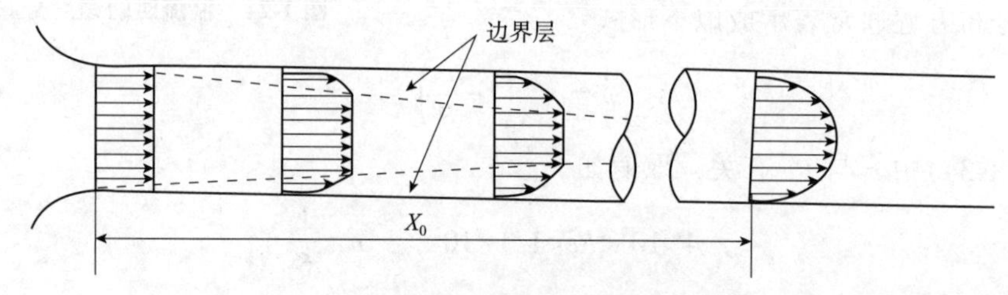

图 1-26　圆管入口段中边界层的发展

进口段长度：层流　$X_0/d=0.05Re$；湍流　$X_0/d=40\sim50Re$。

当管内流体处于湍流流动时，由于流体具有黏性和壁面的约束作用，紧靠壁面处仍有一薄层流体做层流流动，称其为**层流内层**(或**层流底层**)，如图 1-27 所示。

在层流内层与湍流主体之间还存在一个过渡层，即当流体在圆管内做湍流流动时，从壁面到管中心分为层流内层、过渡层和湍流主体 3 个区域。层流内层的厚度与流体的湍动程度有关，流体的湍动程度越高，即 Re 越大，层流内层越薄。在湍流主体中，径向的传递过程因速度的脉动而大大强化，而在层流内层中，径向的传递只能依靠分子运动，因此层流内层成为传递过程主要阻力。层流内层虽然很薄，但却对传热和传质过程都有较大的影响。

1.3.4.2　边界层的分离

流体流过平板或在圆管内流动时，流动边界层是紧贴在壁面上。如果流体流过曲面，如球体或圆柱体，则边界层的情况有显著不同。如图 1-28 所示，流体以均匀流速绕过圆柱体，当流体到达 A 点时，受到壁面的阻滞，流速降为零，动能全部转化成压强能，此处压强最大。流体自点 A 流至点 C，流体因流道逐渐缩小而加速，压强逐渐降低，流体处于顺压梯度之下，即压力推动流体向前。但流过 C 点以后，由于流道逐渐扩大，流速逐渐降低，压强逐渐升高，流体处于逆压梯度之下，即压力阻止流体向前，此时，流体的动能一部分转化为压强能，另一部分用于克服阻力损失。在逆压和摩擦阻力的双重作用下，壁面附近的流体速度将迅速下降，最终在 S 点处流速降为零，形成停滞点，此处压强最大，后继而来的液体在高压作用下被迫离开壁面，沿新的流动方向前进。这种边界层脱离壁面的现象称为边界层的分离。在 SS'以下，流体在逆压强梯度推动下倒流。在柱体的后部产生大量旋涡，造成机械能耗损，表现为流体的阻力损失增大。

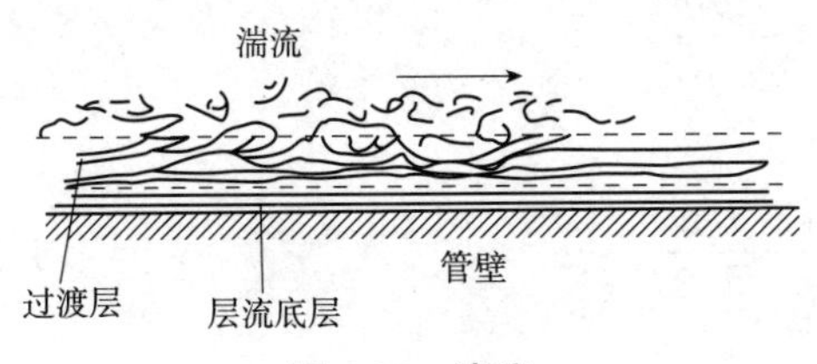

图 1-27　湍流

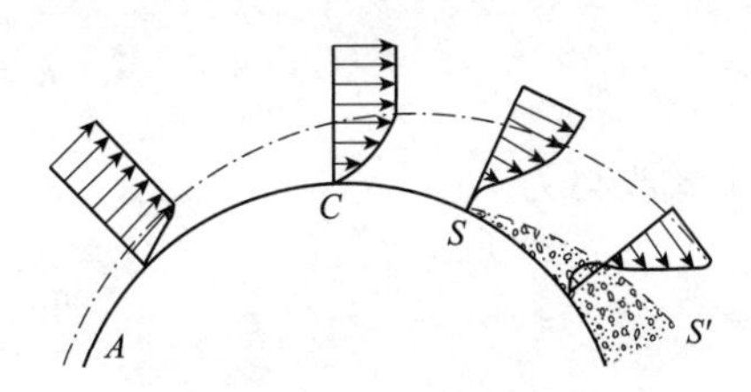

图 1-28　边界层分离示意

1.4　流体在管内的流动阻力

通常把流体的机械能损失称为摩擦阻力损失，简称摩擦损失，摩擦损失的大小与流体本身的物理性质、流动状况及壁面的形状等因素有关。

工程上的管路输送系统主要由两种部件组成：一是等径直管；二是弯头、阀门及流体输送机械等。管径以 $\phi A\times B$ 表示，A 为管外径，B 为管壁厚度。例如，ϕ108mm×4mm 表示管外径为 108mm，壁厚为 4mm。

流体流经直管时的机械能损失称为直管摩擦阻力损失或沿程阻力损失。流体流经管件、阀门及设备进出口时，由于流速大小或方向突然改变，从而产生大量旋涡，导致很大的机械能损失，这种损失属于形体阻力损失，称为局部摩擦阻力损失。直管摩擦阻力损失与局部摩擦阻力损失之和称为总摩擦阻力损失。

1.4.1　直管中流体摩擦阻力损失测定

当流体流经等直径的直管时，动能没有改变。由伯努利方程式可知，此时流体的摩擦阻力损失应为

$$h_f=\left(z_1g+\frac{p_1}{\rho}\right)-\left(z_2g+\frac{p_2}{\rho}\right)$$

对于水平等直径管路，流体的摩擦阻力损失应为

$$h_f=\frac{p_1-p_2}{\rho}=\frac{\Delta p}{\rho} \tag{1-35}$$

由此可见，无论是水平安装，还是倾斜安装，流体的流动阻力均表现为静压能的减少，仅当水平安装时，流动阻力恰好等于两截面的静压能之差。

应该注意以下两点：①对于同一根直管，不管是垂直或水平安装，所测得的摩擦阻力损失应该相同。②只有水平安装时，摩擦损失等于两截面上的静压能之差。

1.4.2　层流的摩擦阻力损失计算

流体层流时摩擦损失的计算式，可由前面介绍的式(1-33)哈根–泊谡叶方程式导出，即 $\Delta p=32\frac{\mu lu}{d^2}$。故摩擦阻力损失为

$$h_{\mathrm{f}}=\frac{\Delta p}{\rho}=\frac{32\mu lu}{d^{2}\rho}$$

将上式改写为

$$h_{\mathrm{f}}=\frac{64}{\frac{du\rho}{\mu}}\frac{l}{d}\frac{u^{2}}{2} \tag{1-36}$$

得流体摩擦阻力损失计算式

$$h_{\mathrm{f}}=\lambda\frac{l}{d}\frac{u^{2}}{2} \tag{1-37}$$

式(1-37)为流体在直管内流动阻力的通式，称为范宁公式。式中，λ 为无因次系数，称为**摩擦系数或摩擦因数**，与流体流动的 Re 及管壁状况有关。

式中

$$\lambda=\frac{64}{\frac{du\rho}{\mu}}=\frac{64}{Re} \tag{1-38}$$

式(1-37)的流体摩擦阻力损失计算式对流体湍流时也适用，只是摩擦系数 λ 的计算式不同。

1.4.3　湍流的摩擦阻力损失

1.4.3.1　管壁粗糙度的影响

化工生产所铺设的管路，按其管材的性质和加工情况大致可分为光滑管与粗糙管。通常把玻璃管、铜管、铅管及塑料管等称为光滑管；把钢管和铸铁管称为粗糙管。实际上，即使是同一材料制造的管路，由于使用时间的不同、腐蚀及结垢程度的不同，管壁的粗糙度也会产生很大的差异。

在湍流流动的条件下，管壁粗糙度对摩擦损失有影响。管道壁面凸出部分的平均高度，称为**绝对粗糙度**，以 ε 表示。绝对粗糙度与管径的比值即 ε/d，称为**相对粗糙度**。表1-1列出某些工业管路的绝对粗糙度。

表1-1　某些工业管路的绝对粗糙度

管材类别		粗糙度 ε/mm	管材类别		粗糙度 ε/mm
金属管	无缝黄铜管、铜管及铅管	0.01~0.05	非金属管	干净玻璃管	0.001 5~0.01
	钢管、锻铁管	0.046		橡皮软管	0.01~0.03
	新的无缝钢管、镀锌铁管	0.1~0.2		木管道	0.25~1.25
	新的铸铁管	0.3		陶土排水管	0.45~6.0
	具有轻度腐蚀的无缝钢管	0.2~0.3		很好整平的水泥管	0.33
	具有显著腐蚀的无缝钢管	0.5以上		石棉水泥管	0.03~0.8
	旧的铸铁管	0.8以上			
	铆钢	0.9~9			

管壁粗糙度对流动阻力或摩擦系数的影响，主要是由于流体在管道中流动时，流体质点与管壁凸出部分相碰撞而增加了流体的能量损失，其影响程度与管径的大小有关，因此在摩擦系数图中用相对粗糙度 ε/d，而不是绝对粗糙度 ε。

流体做层流流动时，流体层平行于管轴流动，层流层掩盖了管壁的粗糙面，同时流体的流动速度也比较缓慢，对管壁凸出部分没有什么碰撞作用，所以层流时的流动阻力或摩擦系数与管壁粗糙度无关，只与 Re 有关。

流体做湍流流动时，靠近壁面处总是存在着层流底层。如果层流底层的厚度 δ_b 大于管壁的绝对粗糙度 ε，即 $\delta_b>\varepsilon$ 时，如图 1-29(a)所示，此时管壁粗糙度对流动阻力的影响与层流时相近，此为**水力光滑管**。随 Re 的增加，层流底层的厚度逐渐减薄，当 $\delta_b<\varepsilon$ 时，如图 1-29(b)所示，壁面凸出部分伸入湍流主体区，与流体质点发生碰撞，阻挡流体的流动，产生旋涡，使摩擦阻力损失增加。当 Re 大到一定程度时，层流底层很薄，壁面的凸出部分全部伸入湍流主体中，流动进入了完全湍流区，此为完全湍流粗糙管。在一定的 Re 条件下，管壁粗糙度越大，则流体的摩擦阻力损失就越大。

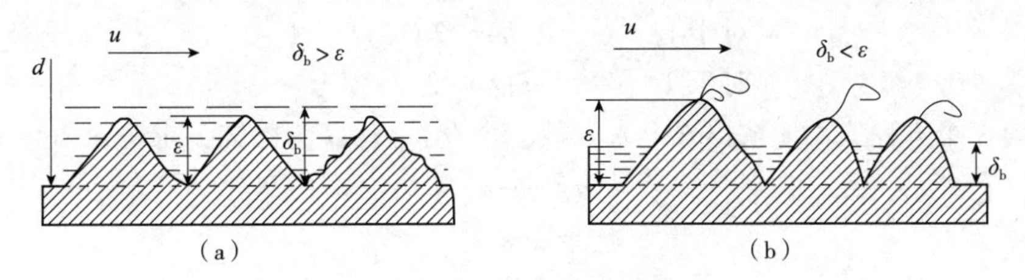

图 1-29　流体流过管壁面的情况

1.4.3.2　量纲分析法

层流时摩擦损失的计算式是根据理论推导所得，湍流时由于情况要复杂得多，目前尚不能得到理论计算式，但通过实验研究，可获得经验关系式，这种实验研究方法是化工中常用的方法。在实验时，每次只能改变一个变量，而将其他变量固定，如过程涉及的变量很多，工作量必然很大，而且将实验结果关联成形式简单便于应用的公式也很困难。若采用化工中常用的工程研究方法——**量纲分析法**，可将几个变量组合成一个无量纲数群(如雷诺数 Re 即是由 d、ρ、u、μ 4 个变量组成的无量纲数群)，用无量纲数群代替个别的变量进行实验，由于数群的数目总是比变量的数目少，就可以大大减少实验的次数，关联数据的工作也会有所简化。

量纲分析法的基础是量纲的一致性，即每一个物理方程式的两边不仅数值相等，而且量纲也必须相等。

量纲分析法的基本定理是白金汉的 π 定理：设该现象所涉及的物理量数为 n 个，这些物理量的基本量纲数为 m 个，则该物理现象可用 $N=(n-m)$ 个独立的无量纲数群表示。

根据对摩擦损失性质的理解和实验研究的综合分析，认为流体在湍流流动时，由于内摩擦力而产生的压力损失 Δp 与流体的密度 ρ、黏度 μ、平均速度 u、管径 d、管长 l 及管壁的粗糙度 ε 有关，以函数形式表示为

$$\Delta p=f(d, l, u, \rho, \mu, \varepsilon) \tag{1-39}$$

这7个物理量的量纲(dim)分别为

$$\begin{aligned} &\dim p = MT^{-2}L^{-1} && \dim\varepsilon = L \\ &\dim d = L && \dim\rho = ML^{-3} \\ &\dim l = L && \dim\mu = MT^{-1}L^{-1} \\ &\dim u = LT^{-1} \end{aligned} \tag{1-40}$$

其中，共有M、T、L 3个基本量纲。根据π定理，量纲为一的量有$N=4$：将式(1-39)写成下列幂函数形式

$$\Delta p = Kd^a l^b u^c \rho^d \mu^e \varepsilon^f \tag{1-41}$$

式中的常数K和指数a，b，c…等待决定。将式(1-40)代入式(1-41)得

$$ML^{-1}T^{-2} = L^a L^b (LT^{-1})^c (ML^{-3})^d (ML^{-1}T^{-1})^e L^f$$

$$ML^{-1}T^{-2} = M^{d+e} L^{a+b+c-3d-e+f} T^{-c-e}$$

根据量纲的一致性原则，得

对于M　　$d+e=1$

对于L　　$a+b+c-3d-e+f=-1$

对于T　　$-c-e=-2$

上面3个方程式不能解出6个未知数，今设b、e、f为已知，求解a、c、d得

$$a=-b-e-f$$

$$c=2-e$$

$$d=1-e$$

将解得结果代入式(1-41)得　$\Delta p = Kd^{-b-e-f} l^b u^{2-e} \rho^{1-e} \mu^e \varepsilon^f$

把指数相同的物理量合并，求得下列4个量纲为一的量之间的关系式为

$$\frac{\Delta p}{\rho u^2} = K\left(\frac{l}{d}\right)^b \left(\frac{du\rho}{\mu}\right)^{-e} \left(\frac{\varepsilon}{d}\right)^f \tag{1-42}$$

式(1-42)括号中所示者均为无量纲数群。$\frac{du\rho}{\mu}$就是前面所提到的雷诺数Re；$\frac{\Delta p}{\rho u^2}$称为欧拉数，用$Eu$表示，其中包括需要计算的参数$\Delta p$，$\frac{l}{d}$、$\frac{\varepsilon}{d}$均为简单的无量纲比值，前者与管子的几何尺寸有关，后者与管壁的绝对粗糙度有关。

根据实验得知，Δp与l成正比，$b=1$。则式(1-42)可写成

$$\frac{\Delta p}{\rho} = 2K\phi\left(Re,\ \frac{\varepsilon}{d}\right)\left(\frac{l}{d}\right)\left(\frac{u^2}{2}\right)$$

或

$$h_f = \frac{\Delta p}{\rho} = \psi\left(Re,\ \frac{\varepsilon}{d}\right)\left(\frac{l}{d}\right)\left(\frac{u^2}{2}\right)$$

上式与式(1-37)比较可知，对于湍流有

$$\lambda = \psi\left(Re,\ \frac{\varepsilon}{d}\right) \tag{1-43}$$

通过上述量纲分析过程，将原来含有7个物理量的函数关系式(1-39)转换成了只含有3个量纲为1的量之间的函数关系式(1-43)。湍流时摩擦系数λ是Re和相对粗糙度

$\frac{\varepsilon}{d}$的函数，具体关系需由实验确定。有了摩擦系数，则湍流流动也可以用式(1-37)计算摩擦损失了。

1.4.3.3　湍流时的摩擦系数

(1) λ 与 Re 及$\frac{\varepsilon}{d}$的关联图

摩擦系数 λ 与 Re 及$\frac{\varepsilon}{d}$的函数关系，由实验确定。为使用方便，将其实验结果与层流的 $\lambda=\frac{64}{Re}$一并绘在图上，如图 1-30 所示，称为莫狄(Moody)摩擦系数图。图上依雷诺数范围可分为如下 4 个区域：

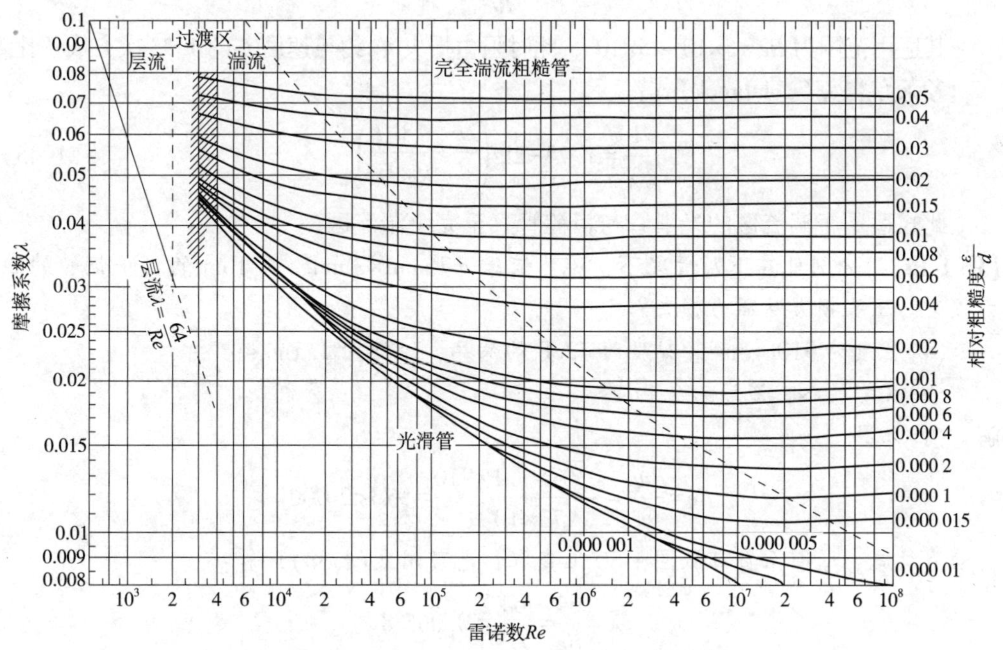

图 1-30　摩擦系数 λ 与雷诺数 Re 及相对粗糙度$\frac{\varepsilon}{d}$的关系

①层流区($Re\leqslant 2\ 000$)　λ 与$\frac{\varepsilon}{d}$无关，与 Re 为直线关系，即 $\lambda=\frac{64}{Re}$，此时 $h_f \propto u$，即 h_f 与 u 的一次方成正比。

②过渡区($2\ 000<Re<4\ 000$)　在此区域内层流或湍流的 λ-Re 曲线均可应用，对于摩擦损失计算，宁可估计大一些，一般将湍流时的曲线延伸，以查取 λ 值。

③湍流区($Re\geqslant 4\ 000$ 以及虚线以下的区域)　此时 λ 与 Re、$\frac{\varepsilon}{d}$都有关，当$\frac{\varepsilon}{d}$一定时，λ 随 Re 的增大而减小，Re 增大至某一数值后，λ 下降缓慢；当 Re 一定时，λ 随$\frac{\varepsilon}{d}$

的增加而增大。

④完全湍流区(虚线以上的区域)　此区域内各曲线都趋近于水平线，即 λ 与 Re 无关，只与 $\frac{\varepsilon}{d}$ 有关。对于特定管路 $\frac{\varepsilon}{d}$ 一定，λ 为常数。根据直管阻力通式可知，$h_f \propto u^2$，所以此区域又称为阻力平方区。从图1-30中也可以看出，相对粗糙度 $\frac{\varepsilon}{d}$ 越大，达到阻力平方区的 Re 值越低。

(2) λ 与 Re 及 $\frac{\varepsilon}{d}$ 的关联式

对于湍流时的摩擦系数 λ，除了用Moody图查取外，还可以利用一些经验公式计算。这里介绍适用于光滑管的柏拉修斯式：

$$\lambda = \frac{0.3164}{Re^{0.25}} \tag{1-44}$$

其适用范围为 $Re = 5\times10^3 \sim 5\times10^5$。此时阻力损失 h_f 约与速度 u 的1.75次方成正比。

考莱布鲁克(Colebrook)式：

$$\frac{1}{\sqrt{\lambda}} = 1.74 - 2\lg\left(\frac{2\varepsilon}{d} + \frac{18.7}{Re\sqrt{\lambda}}\right) \tag{1-45}$$

此式适用于湍流区的光滑管与粗糙管直至完全湍流区。

【例1-10】　分别计算下列情况下，流体流过 $\phi76\text{mm}\times3\text{mm}$、长10m的水平钢管的阻力损失、压头损失及压力损失。

(1)密度为 910kg/m^3、黏度为72cP的油品，流速为1.1m/s；

(2)20℃的水，流速为2.2m/s。

解：(1)油品

$$Re = \frac{du\rho}{\mu} = \frac{0.07\times1.1\times910}{72\times10^{-3}} = 973 < 2000$$

流动为层流。摩擦系数可从图1-30上查取，也可用式(1-38)计算：

$$\lambda = \frac{64}{Re} = \frac{64}{973} = 0.0658$$

所以，阻力损失　$h_f = \lambda\frac{l}{d}\frac{u^2}{2} = 0.0658\times\frac{10}{0.07}\times\frac{1.1^2}{2} = 5.69\quad \text{J/kg}$

压头损失　$H_f = \frac{h_f}{g} = \frac{5.69}{9.81} = 0.58\quad \text{m}$

压力损失　$\Delta p_f = \rho h_f = 910\times5.69 = 5178\quad \text{Pa}$

(2)20℃水的物性：$\rho = 998.2\ \text{kg/m}^3$，$\mu = 1.005\times10^{-3}\text{Pa}\cdot\text{s}$

$$Re = \frac{du\rho}{\mu} = \frac{0.07\times2.2\times998.2}{1.005\times10^{-3}} = 1.53\times10^5$$

流动为湍流。求摩擦系数尚需知道相对粗糙度 $\frac{\varepsilon}{d}$，查表1-1，取钢管的绝对粗糙度 ε

为 0.2mm，则

$$\frac{\varepsilon}{d}=\frac{0.2}{70}=0.00286$$

根据 $Re=1.53\times10^5$ 及 $\varepsilon/d=0.00286$ 查图 1-30，得 $\lambda=0.027$

所以，阻力损失　$$h_f=\lambda\frac{l}{d}\frac{u^2}{2}=0.027\times\frac{10}{0.07}\times\frac{2.2^2}{2}=9.33\quad \text{J/kg}$$

压头损失　$$H_f=\frac{h_f}{g}=\frac{9.33}{9.81}=0.95\quad \text{m}$$

压力损失　$$\Delta p_f=\rho h_f=998.2\times9.33=9313\quad \text{Pa}$$

1.4.4 非圆形管道的当量直径

前面计算 Re 和阻力损失 h_f 的公式中的 d 都是圆形管直径，对于非圆形管内的湍流流动，仍可用在圆形管内流动阻力的计算式，但需用非圆形管道的当量直径代替圆管直径。当量直径定义为

$$d_e=4\times\frac{\text{流通截面积}\,A}{\text{润湿周边长度}\,\Pi}\tag{1-46}$$

式中　润湿周边长度 Π——管壁与流体接触的周边长度。

对于套管环隙，当内管的外径为 d_1，外管的内径为 d_2 时，其当量直径为

$$d_e=4\times\frac{\frac{\pi}{4}(d_2^2-d_1^2)}{\pi d_2+\pi d_1}=d_2-d_1$$

对于边长分别为 a、b 的矩形管，其当量直径为

$$d_e=4\times\frac{ab}{2(a+b)}=\frac{2ab}{a+b}$$

流体在非圆形管中湍流流动时，采用当量直径计算摩擦阻力损失较为准确，而层流流动时不够准确。需要对摩擦系数计算式 $\lambda=\frac{64}{Re}$中的 64 进行修正，改写为

$$\lambda=\frac{C}{Re}\tag{1-47}$$

式中　C——无因次常数。

注意：当量直径只用于非圆形管道流动阻力的计算，而不能用于流通面积及流速的计算。

【例 1-11】 有正方形管路、宽为高的 3 倍的矩形管路和圆形管路，横截面积 A 均为 0.48m^2，试分别求出它们的湿润周边长度和当量直径。

解：(1) 正方形管路

边长　$$a=\sqrt{A}=\sqrt{0.48}=0.693\quad \text{m}$$

湿润周边长度　$$\Pi=4a=4\times0.693=2.77\quad \text{m}$$

当量直径 $$d_e=\frac{4A}{\Pi}=\frac{4\times0.48}{2.77}=0.693\quad \text{m}$$

(2)矩形管路

边长 $$a\times b=a\times3a=3a^2=A=0.48\quad \text{m}^2$$

所以 $$a=\sqrt{\frac{0.48}{3}}=0.4\quad \text{m}$$

湿润周边长度 $$\Pi=2(a+b)=2\times(0.4+1.2)=3.2\quad \text{m}$$

当量直径 $$d_e=\frac{4A}{\Pi}=\frac{4\times0.48}{3.2}=0.6\quad \text{m}$$

(3)圆形管路

管径 $$\frac{\pi}{4}d^2=A=0.48\quad \text{m}^2$$

$$d=\sqrt{\frac{4\times0.48}{\pi}}=0.78\quad \text{m}$$

湿润周边长度 $$\Pi=\pi d=3.14\times0.78=2.45\quad \text{m}$$

当量直径 $$d_e=\frac{4A}{\Pi}=\frac{4\times\left(\frac{\pi}{4}d^2\right)}{\pi d}=d=0.78\quad \text{m}$$

上述计算结果表明，流体流经截面的面积虽然相等，但因形状不同，湿润周边长度不等。湿润周边长度越短，当量直径越大。摩擦损失随当量直径加大而减小。因此，当其他条件相同时，方形管路比矩形管路摩擦损失少，而圆形管路又比方形管路摩擦损失少。从减少摩擦损失的观点来看，圆形截面是最佳的。

1.4.5 局部摩擦阻力损失

管路上的流动阻力除了管壁所引起的摩擦阻力外，还包括管路局部位置(如进口、出口、弯头、阀门等处)额外出现的阻力。流体流过这些位置时，速度的大小与方向都发生变化，并受到阻碍和干扰，出现涡流，湍流程度增大，使摩擦阻力损失显著增大。这种由阀门和管件所产生的流体摩擦阻力损失称为局部摩擦阻力损失。

局部摩擦阻力损失有两种计算方法：局部阻力系数法和当量长度法。

1.4.5.1 局部阻力系数法

克服局部阻力所消耗的机械能，可以表示为动能的某一倍数，即

$$h_f'=\zeta\frac{u^2}{2} \tag{1-48}$$

式中 ζ——**局部阻力系数**，一般由实验测定；

u——小管中的流速。

常用阀门和管件的 ζ 值列于表1-2中。

表1-2　管件和阀件的局部阻力系数与当量长度值(用于湍流)

名称	阻力系数ξ	当量长度与管径之比l_e/d	名称	阻力系数ξ	当量长度与管径之比l_e/d
弯头，45°	0.35	17	闸阀		
弯头，90°	0.75	35	全开	0.17	9
三通	1	50	半开	4.5	225
回弯头	1.5	75	截止阀		
管接头	0.04	2	全开	6.0	300
活接头	0.04	2	半开	9.5	475
止逆阀			角阀，全开	2	100
球式	70	3 500	水表，盘式	7	350
摇板式	2	100			

流体从小管径管路流进大管径管路的突然扩大或从大管径管路流进小管径管路的突然缩小，这两种流动的情况如图1-31所示。其ζ值可分别用下列二式计算。

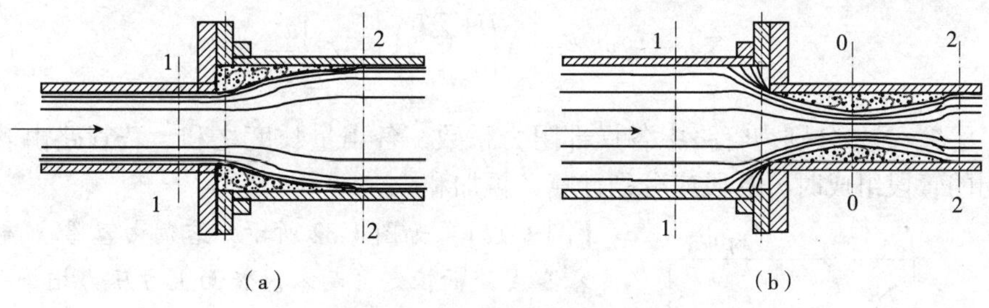

图1-31　突然扩大或突然缩小

(a)突然扩大　(b)突然缩小

突然扩大时
$$\zeta=\left(1-\frac{A_1}{A_2}\right)^2 \tag{1-49a}$$

突然缩小时
$$\zeta=0.5\left(1-\frac{A_2}{A_1}\right)^2 \tag{1-49b}$$

流体自管出口进入容器，可看作自很小的截面突然扩大到很大的截面，相当于突然扩大时$A_1/A_2\approx0$的情况，按式(1-49a)计算，管出口的阻力系数应为：$\zeta=1$。

流体自容器流进管的入口，是自很大的截面突然收缩到很小的截面，相当于突然缩小时$A_2/A_1\approx0$。由式(1-49b)可知，管入口的阻力系数应为：$\zeta=0.5$。

当流体从管子直接排放到管外空间时，若截面取管出口内侧，则表示流体并未离开管路，此时截面上仍有动能，系统的总能量损失不包含出口阻力；若截面取管出口外侧，则表示流体已经离开管路，此时截面上动能为零，而系统的总阻力损失中应包含出口阻力。由于出口阻力系数$\zeta_{出口}=1$，两种选取截面方法计算结果相同。

1.4.5.2　当量长度法

此法将流体流过管件或阀门所产生的局部摩擦阻力损失折合成直径相同、长度为 l_e 的直管的摩擦阻力损失。l_e 称为管件或阀门的**当量长度**，l_e 值由实验测定。

$$h_f' = \lambda \frac{l_e}{d}\frac{u^2}{2} \tag{1-50}$$

管件与阀门的当量长度有时也以管道直径的倍数 l_e/d 表示，表 1-2 列出了某些管件和阀门的 l_e/d 值。另外，ζ 值乘以 50 可以换算成 l_e/d 值。

1.4.6　管内流体流动的总摩擦阻力损失计算

前已说明，化工管路系统是由直管和管件、阀门等构成，因此流体流经管路的总摩擦阻力损失应是直管摩擦阻力损失和所有局部摩擦阻力损失之和。计算摩擦阻力损失时，可用局部阻力系数法，也可用当量长度法。对同一管件，可用任一种计算，但不能用两种方法重复计算。

当管路直径相同时，总摩擦阻力损失：

$$\sum h_f = h_f + h_f' = \left[\lambda\left(\frac{l+\sum l_e}{d}\right) + \sum\zeta\right]\frac{u^2}{2} \tag{1-51}$$

式中，$\sum\zeta$、$\sum l_e$ 分别为管路中各局部阻力系数、各当量长度之和。若管路由若干直径不同的管段组成时，各段应分别计算，再加和。

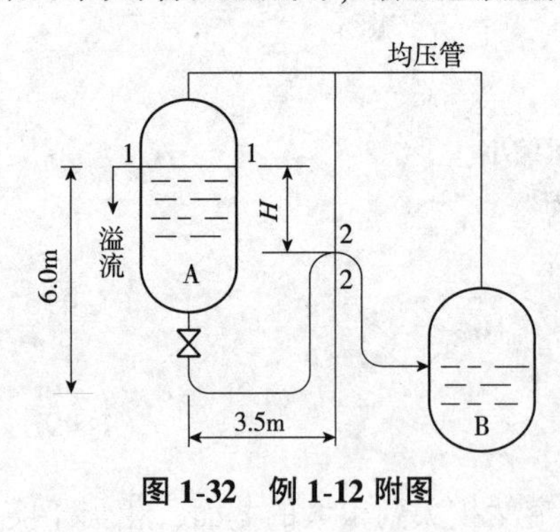

图 1-32　例 1-12 附图

【例 1-12】　如图 1-32 所示，溶剂由容器 A 流入 B。容器 A 液面恒定，两容器液面上方压力相等。溶剂由 A 底部倒 U 形管排出，其顶部与均压管相通。容器 A 液面距排液管下端 6.0m，排液管为 ϕ60mm×3.5mm 钢管（ε=0.3mm），由容器 A 至倒 U 形管中心处，水平管段总长 3.5m，有球阀 1 个（全开），90°标准弯头 3 个。试求：要达到 12m^3/h 的流量，倒 U 形管最高点距容器 A 内液面的高度差 H。（$\rho=900\text{kg/m}^3$，$\mu=0.6\times10^{-3}\text{Pa}\cdot\text{s}$）

解： 溶剂在管中的流速

$$u = \frac{12/3\,600}{0.785\times0.053^2} = 1.51\quad \text{m/s}$$

$$Re = \frac{du\rho}{\mu} = \frac{0.053\times1.51\times900}{0.6\times10^{-3}} = 1.20\times10^5$$

取钢管绝对粗糙度

$$\varepsilon=0.3\text{mm} \quad 则\frac{\varepsilon}{d}=\frac{0.3}{53}=5.66\times10^{-3}$$

由莫狄图(图 1-30)查得，$\varepsilon/d=5.66\times10^{-3}$，$Re=1.2\times10^{5}$ 时，$\lambda=0.032$

管进口突然缩小 $\zeta=0.5$

90°的标准弯头 $\zeta=0.75$

球心阀(全开) $\zeta=6.4$

以容器 A 液面为 1-1 截面，倒 U 形管最高点处为 2-2 截面，并以该截面处管中心线所在平面为基准面，列伯努利方程有

$$H=(z_1-z_2)=\frac{u_2^2}{2g}+\frac{\sum h_{f1-2}}{g} \qquad \sum h_{f1-2}=\left[\lambda\frac{3.5+(6-H)}{d}+\sum\zeta\right]\frac{u^2}{2}$$

$$u_2=u$$

$$H=\frac{1+\lambda\dfrac{9.5}{d}+\sum\zeta}{\dfrac{2g}{u^2}+\dfrac{\lambda}{d}}=\frac{1+0.032\times\dfrac{9.5}{0.053}+0.5+0.75\times2+6.4}{\dfrac{2\times9.81}{1.51}+\dfrac{0.032}{0.053}}=1.54 \quad \text{m}$$

【例 1-13】 如图 1-33 所示，料液由敞口高位槽流入精馏塔中。塔内进料处的压力为 30kPa(表压)，输送管路为 ϕ45mm×2.5mm 的无缝钢管，直管长为 10m。管路中装有 180°回弯头一个、90°标准弯头一个、标准截止阀(全开)一个。若维持进料量为 $5\text{m}^3/\text{h}$，问高位槽中的液面至少高出进料口多少米？(操作条件下料液的物性：$\rho=890\ \text{kg/m}^3$，$\mu=1.2\times10^{-3}\text{Pa}\cdot\text{s}$)

解： 如图 1-33 取高位槽中液面为 1-1′面，管出口内侧为 2-2′截面，且以过 2-2′截面中心线的水平面为基准面。在 1-1′与 2-2′截面间列伯努利方程：

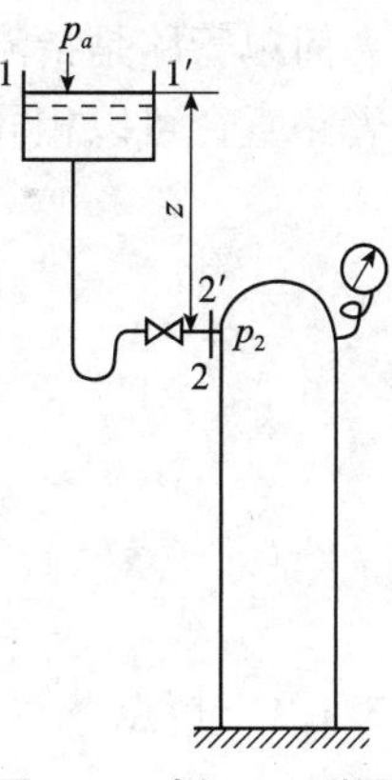

图 1-33 例 1-13 附图

$$z_1g+\frac{1}{2}u_1^2+\frac{p_1}{\rho}=z_2g+\frac{1}{2}u_2^2+\frac{p_2}{\rho}+\sum h_f$$

其中：$z_1=h$；$u_1\approx0$；$p_1=0$ (表压)

$z_2=0$；$p_2=30\text{kPa}$ (表压)

$$u_2=\frac{q_V}{\dfrac{\pi}{4}d^2}=\frac{5/3\,600}{0.785\times0.04^2}=1.1 \quad \text{m/s}$$

管路总阻力 $\sum h_f=h_f+h_f'=\left(\lambda\dfrac{l}{d}+\sum\zeta\right)\dfrac{u^2}{2}$

$$Re=\frac{d\rho u}{\mu}=\frac{0.04\times890\times1.1}{1.2\times10^{-3}}=3.26\times10^{4}$$

取管壁绝对粗糙度 $\varepsilon=0.3\text{mm}$，则$\dfrac{\varepsilon}{d}=\dfrac{0.3}{40}=0.007\,5$

从图 1-30 中查得摩擦系数 $\lambda=0.036$

由表 1-2 查得各管件的局部阻力系数：

进口突然缩小　　　　$\zeta=0.5$

180°回弯头　　　　$\zeta=1.5$

90°标准弯头　　　　$\zeta=0.75$

标准截止阀(全开)　　　　$\zeta=6.4$

$$\sum\zeta=0.5+1.5+0.75+6.4=9.15$$

$$\sum h_f=\left(\lambda\ \frac{l}{d}+\sum\zeta\right)\frac{u^2}{2}=\left(0.036\times\frac{10}{0.04}+9.15\right)\frac{1.1^2}{2}=10.98\quad \text{J/kg}$$

所求位差

$$h=\left(\frac{p_2}{\rho}+\frac{u_2^2}{2}+\sum h_f\right)/g=\left(\frac{30\times10^3}{890}+\frac{1.1^2}{2}+10.98\right)/9.81=4.62\quad \text{m}$$

本题也可将截面2-2′取在管出口外侧，此时流体流入塔内，2-2′截面速度为零，无动能项，但应计入出口突然扩大阻力，又$\zeta_{出口}=1$，所以两种方法的结果相同。

1.5　管路计算

化工厂中的流体输送管路，根据其连接与铺设情况，可分为简单管路和复杂管路。

1.5.1　简单管路

简单管路是指流体从入口到出口是在一条管路中流动，无分支或汇合的情形。整个管路直径可以相同，也可由内径不同的管子串联组成，如图1-34所示。

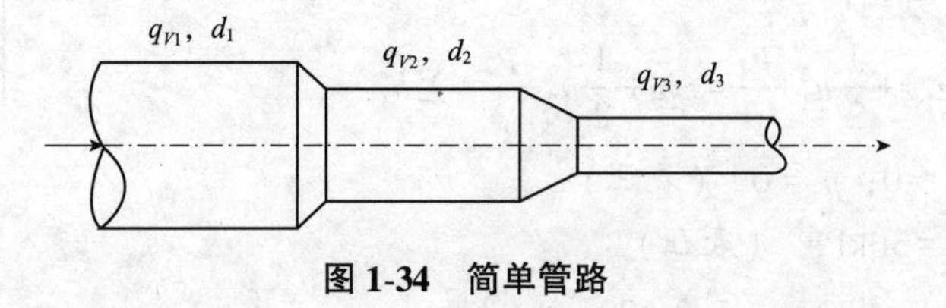

图1-34　简单管路

1.5.1.1　特点

①流体通过各管段的质量流量不变，对于不可压缩流体，则体积流量也不变，即

$$q_{V1}=q_{V2}=q_{V3}=\cdots$$

②整个管路的总能量损失等于各段能量损失之和，即

$$\sum h_f=h_{f1}+h_{f2}+h_{f3}$$

1.5.1.2　管路计算

管路计算就是应用流体流动的连续性方程、伯努利方程和流体流动阻力损失计算式3个基本关系式，解决实际工作中常遇到的流体输送的设计问题和操作问题。

根据计算目的，管路计算通常可分为设计型和操作型两类。

(1) 设计型计算

设计型计算一般是管路尚未存在时给定输送任务，要求设计经济且合理的管路。在这类计算中，流速的选择是十分重要的。在流量一定的前提下，流速 u 越小，管径越大，设备费用就越大；反之，流速越大，所需的管径越小，管路设备费用固然减小，但流动阻力增大，使动力费用增大。因此，最经济合理的管径或流速的选择应使动力费和设备费之和为最小，如图 1-35 所示。

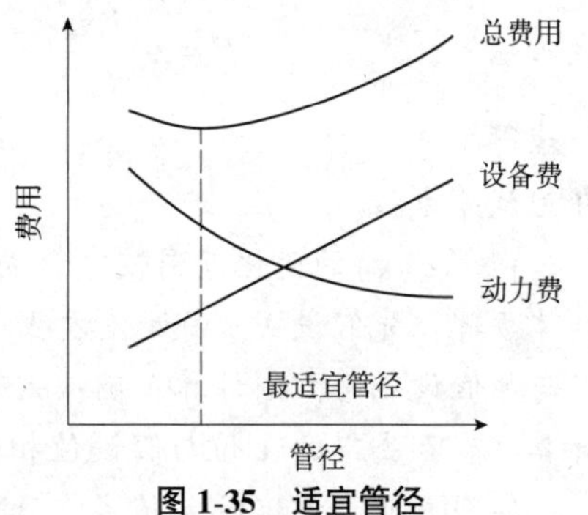

图 1-35　适宜管径

管子都有一定规格，根据所选择流速计算出管径后，还需根据管道标准规格进行圆整，以选定确切的管径。在选择流速时，应考虑流体的性质。黏度较大的流体(如油类、浓酸及浓碱)流速应取得低些；含有固体悬浮物的液体，为防止管路的堵塞，流速则不能取得太低。密度较大的液体，流速应取得低，而密度很小的气体，流速则可比液体取的大得多。

(2) 操作型计算

操作型计算是指管路系统已固定，要求核算在某给定条件下管路的输送能力或某项技术指标。

以上两类计算总结起来可以归纳为下述 3 种情况的计算：

①已知流量、管径、管长和管件的设置，计算管路系统的阻力损失。

②已知管径、管长和管件的设置及允许压降，求管道中流体的流速或流量。

③给定流量、管长、所需管件和允许压降，计算管路直径。

对于第一种情况，根据已知条件和基本关系式，可以直接计算得到结果。而后两种情况都存在着共同性问题，即流速 u 或管径 d 为未知，因此不能计算 Re 值，则无法判断流体的流型，所以也不能确定摩擦系数 λ，在这种情况下，工程上常采用试差法求解。若已知流动处于阻力平方区或层流区，则无需试差，可直接由解析法求解。

由于 λ 值变化范围不大，一般采用试差法计算时以 λ 为试差变量，其初值的选取可采用流动已进入阻力平方区的 λ 值。

试差法计算流速的步骤：

①根据伯努利方程列出试差等式。

②试差：

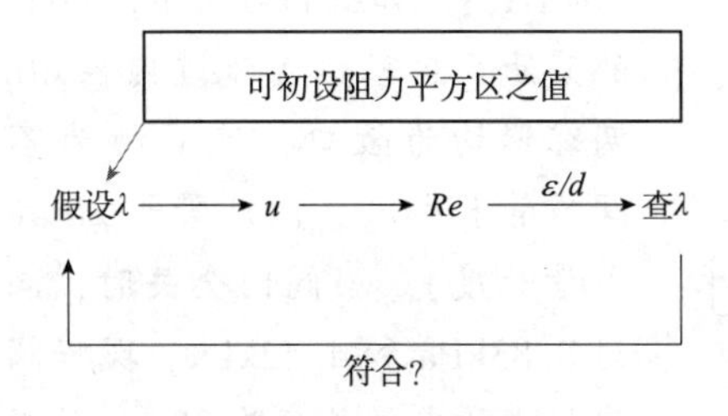

【例1-14】　常温水在一根水平钢管中流过，管长为80m，要求输水量为$40m^3/h$，管路系统允许的压头损失为4m，取水的密度为1 000 kg/m^3，黏度为1×10^{-3}Pa·s，试确定合适的管子。（设钢管的绝对粗糙度为0.2mm）

解：水在管中的流速
$$u=\frac{q_V}{\frac{\pi}{4}d^2}=\frac{40/3\ 600}{0.785d^2}=\frac{0.014\ 15}{d^2}$$

代入范宁公式
$$H_f=\lambda\frac{l}{d}\frac{u^2}{2g}\qquad 4=\lambda\frac{80}{d}\frac{1}{2\times9.81}\left(\frac{0.014\ 15}{d^2}\right)^2$$

整理得
$$d^5=2.041\times10^{-4}\lambda$$
即为试差方程。

由于$d(u)$的变化范围较宽，而λ的变化范围小，试差时宜先假设λ进行计算。具体步骤：先假设λ，由试差方程求出d，然后计算u、Re和ε/d，由图1-30查得λ，若与原假设相符，则计算正确；若不符，将所查得的λ值作为下一次的假设值重新计算，直至查得的λ值与假设值相符为止。

实践表明，湍流时λ值多在0.02~0.03，可先假设$\lambda=0.023$，由试差方程解得
$$d=0.086\quad m$$

校核λ：
$$u=\frac{0.014\ 15}{d^2}=\frac{0.014\ 15}{0.086^2}=1.91\quad m/s$$
$$Re=\frac{d\rho u}{\mu}=\frac{0.086\times1\ 000\times1.91}{1\times10^{-3}}=1.64\times10^5$$
$$\frac{\varepsilon}{d}=\frac{0.2\times10^{-3}}{0.086}=0.002\ 3$$

查图1-30，得$\lambda=0.025$，与原假设不符，因此λ值应重新试算，得
$$d=0.087\ 4\quad m,\ u=1.85\quad m/s,\ Re=1.62\times10^5$$
查得$\lambda=0.025$，与假设相符，试差结束。

由管内径$d=0.087\ 4$m，查附录9，选用ϕ114mm×4mm的低压流体输送用焊接钢管，其内径为106mm，比所需略大，则实际流速会更小，压头损失不会超过4m，可满足要求。

试差法不但可用于管路计算，而且在以后的一些单元操作计算中也经常会用到。在试差之前，应对要解决的问题进行分析，确定一些变量的可变范围，以减少试差的次数。

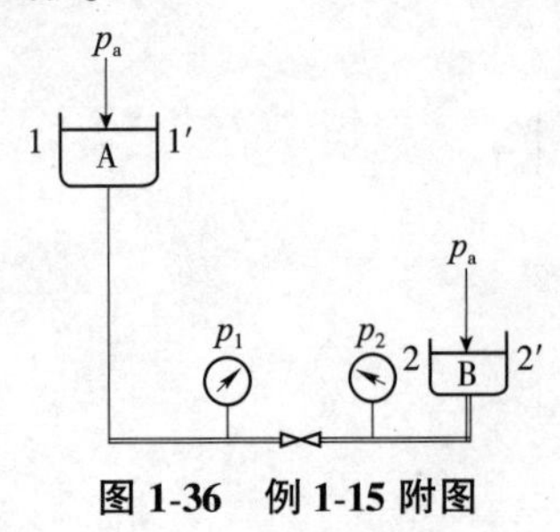

图1-36　例1-15附图

【例1-15】　如图1-36所示，黏度为30cP、密度为$900kg/m^3$的某油品自容器A流过内径40mm的管路进入容器B。两容器均为敞口，液面视为不变。管路中有一阀门，阀前管长50m，阀后管长20m（均包括所有局部阻力的当量长度）。当阀门全关时，阀前后的压力表读数分别为8.83kPa和4.42kPa。现将阀门打开至1/4开度，阀门阻力的当量长度为30m。试求：管路中油品的流量。

解：阀门关闭时流体静止，由静力学基本方程可得

$$z_A=\frac{p_1-p_a}{\rho g}=\frac{8.83\times10^3}{900\times9.81}=10\quad \text{m}$$

$$z_B=\frac{p_2-p_a}{\rho g}=\frac{4.42\times10^3}{900\times9.81}=5\quad \text{m}$$

当阀打开 1/4 开度时，在 1-1′与 2-2′截面间列伯努利方程：

$$z_A g+\frac{1}{2}u_A{}^2+\frac{p_A}{\rho}=z_B g+\frac{1}{2}u_B{}^2+\frac{p_B}{\rho}+\sum h_f$$

其中 $$p_A=p_B=0(\text{表压}),\ u_A=u_B=0$$

则有 $$(z_A-z_B)g=\sum h_f=\lambda\ \frac{l+\sum l_e}{d}\frac{u^2}{2}\tag{a}$$

由于该油品的黏度较大，可设其流动为层流，则

$$\lambda=\frac{64}{Re}=\frac{64\mu}{du\rho}$$

代入式(a)，有 $$(z_A-z_B)g=\frac{64\mu}{du\rho}\frac{l+\sum l_e}{d}\frac{u^2}{2}=\frac{32\mu(l+\sum l_e)u}{d^2\rho}$$

故 $$u=\frac{d^2\rho(z_A-z_B)g}{32\mu(l+\sum l_e)}=\frac{0.04^2\times900\times(10-5)\times9.81}{32\times30\times10^{-3}\times(50+30+20)}=0.736\quad \text{m/s}$$

校核： $$Re=\frac{du\rho}{\mu}=\frac{0.04\times900\times0.736}{30\times10^{-3}}=883.2<2\ 000$$

假设成立。

油品的流量： $q_V=\frac{\pi}{4}d^2u=0.785\times0.04^2\times0.736=9.244\times10^{-4}\quad \text{m}^3/\text{s}=3.328\quad \text{m}^3/\text{h}$

1.5.2　复杂管路

1.5.2.1　并联管路

并联管路如图 1-37 所示，是在主管某处分成几支，然后又汇合到一根主管。并联管路的特点：

①主管中的流量为并联的各支路流量之和，对于不可压缩性流体，则有

$$q_V=q_{V1}+q_{V2}+q_{V3}\tag{1-52}$$

②并联管路中各支路的阻力损失均相等，即

$$\sum h_{f1}=\sum h_{f2}=\sum h_{f3}=\sum h_{fAB}\tag{1-53}$$

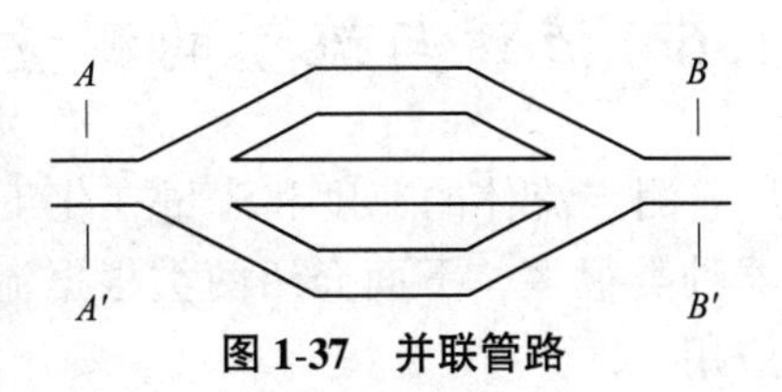

图 1-37　并联管路

图 1-37 中，A-A'与 B-B'两截面之间的机械能差是由流体在各个支路中克服阻力造成的，因此，对于并联管路而言，单位质量的流体无论通过哪一根支路，阻力损失都相等。所以，计算并

联管路阻力时，可任选一支路计算，而绝不能将各支管阻力加和在一起作为并联管路的阻力。

并联管路各支管流量是依据阻力损失相等的原则进行分配的，根据阻力损失和流速计算表达式：

$$h_{fi}=\lambda_i\frac{(l+\sum l_e)_i}{d_i}\frac{u_i^2}{2}\qquad u_i=\frac{4q_{Vi}}{\pi d_i^2}$$

可将阻力损失改写为

$$h_{fi}=\lambda_i\frac{(l+\sum l_e)_i}{d_i}\frac{1}{2}\left(\frac{4q_{Vi}}{\pi d_i^2}\right)^2=\frac{8\lambda_i q_{Vi}^2(l+\sum l_e)_i}{\pi^2 d_i^5}$$

因此，各支管的流量应满足：

$$q_{V1}:q_{V2}:q_{V3}=\sqrt{\frac{d_1^5}{\lambda_1(l+\sum l_e)_1}}:\sqrt{\frac{d_2^5}{\lambda_2(l+\sum l_e)_2}}:\sqrt{\frac{d_3^5}{\lambda_3(l+\sum l_e)_3}}\tag{1-54}$$

由式(1-54)可知，各支管中的流量根据支管对流体的阻力自行调整，粗而短的支管，流体阻力小，通过的流量大，细而长的支管则通过的流量小。

1.5.2.2　分支管路和汇合管路

分支或汇合管路是指流体由一条总管分流为几条支管，或由几条支管汇合于一条总管。分支或汇合管路的特点：

①总管流量等于各支管流量之和，对于不可压缩性流体，有 $q_V=q_{V1}+q_{V2}$。

②不论是分支还是汇合，在其交叉点都会产生动量交换。在动量交换过程中，一方面造成局部能量损失，同时在各流股之间还有机械能的转移。

在机械能衡算式的推导过程中，两截面之间是没有分流或合流的，但机械能衡算式是对单位质量流体而言的，若能弄清因动量交换而引起的能量损失和转移，则机械能衡算式仍可用于分流或合流。在如图1-38所示的管路中，单位质量流体在 O 点的机械能为定值，根据机械能衡算式可得以下方程：

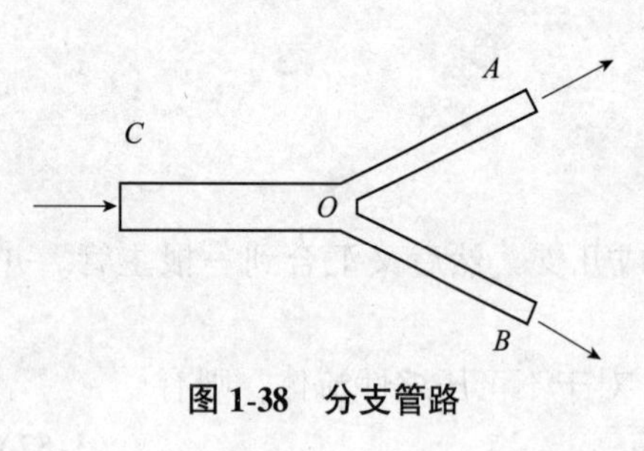

图1-38　分支管路

$$\frac{p_A}{\rho}+z_Ag+\frac{1}{2}u_A^2+\sum h_{fOA}=\frac{p_B}{\rho}+z_Bg+\frac{1}{2}u_B^2+\sum h_{fOB}$$

1.6　流速与流量的测量

测定流体的速度和流量在化工生产中是一个重要的测量项目，测量流量的仪器种类很多，下面介绍两类根据流体力学原理而设计的流量计测量原理、构造及应用。

1.6.1　变压头的流量计

1.6.1.1　测速管

小皮托管酿大事故

(1)测速管的结构与测量原理

测速管又称皮托管，是用来测量管路中流体的点速度的。如图 1-39 所示，是由两根弯成直角的同心套管组成，内管管口是敞开的，正对着管道中流体流动方向，外管的管口是封闭的，在外管前端壁面四周开有若干测压小孔，流体在小孔旁流过。测速管内管与外管的另一端都露在管道外边，各与压差计的一个接口相连。

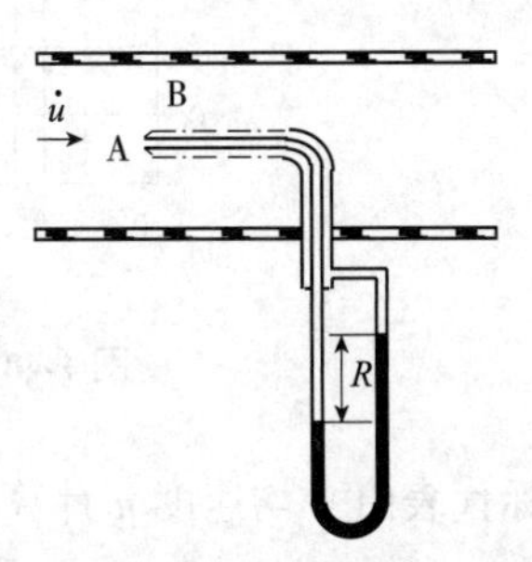

图 1-39　测速管

设在测速管前端一小段距离处流体的流速为 $\dot{u}$，压力为 p，因内管中原已充满被测流体，故流速 $\dot{u}$ 降到 0，于是动能在 A 处转变为静压能。故内管所测得的是流体在 A 点处的动压能与静压能之和，称为冲压能，即

$$\frac{p_A}{\rho}=\frac{p}{\rho}+\frac{1}{2}\dot{u}^2$$

由于外管壁上的测压小孔与流体流动方向平行，所以外管仅测得流体的静压能，即

$$\frac{p_B}{\rho}=\frac{p}{\rho}$$

U 形管压差计实际反映的是内管冲压能和外管静压能之差，即

$$\frac{\Delta p}{\rho}=\frac{p_A}{\rho}-\frac{p_B}{\rho}=\left(\frac{p}{\rho}+\frac{1}{2}\dot{u}^2\right)-\frac{p}{\rho}=\frac{1}{2}\dot{u}^2$$

故得

$$u=\sqrt{2\Delta p/\rho} \tag{1-55}$$

若 U 形管压差计的读数为 R，指示液的密度为 ρ_0，流体密度为 ρ，将 U 形管压差计公式 $\Delta p=R(\rho_0-\rho)g$ 代入式(1-55)，得

$$\dot{u}=\sqrt{\frac{2Rg(\rho_0-\rho)}{\rho}} \tag{1-55a}$$

若被测的流体为气体，因 $\rho_0 \gg \rho$，式(1-55a)可简化为

$$\dot{u}=\sqrt{\frac{2gR\rho_0}{\rho}} \tag{1-55b}$$

测速管测得的是流体的点速度。因此，利用测速管可以测定管道截面上流体的速度分布。若要测量流量，可将皮托管口置于管道中心处，测出最大速度 u_{max}，计算 $Re_{max}=\frac{du_{max}\rho}{\mu}$，然后利用图 1-40 的曲线，查得$\frac{u}{u_{max}}$的比值后，即可求出平均流速，进而求出流量。

在图 1-40 中，横坐标的下坐标代表由最大速度 u_{max} 计算的 Re_{max}，横坐标的上坐

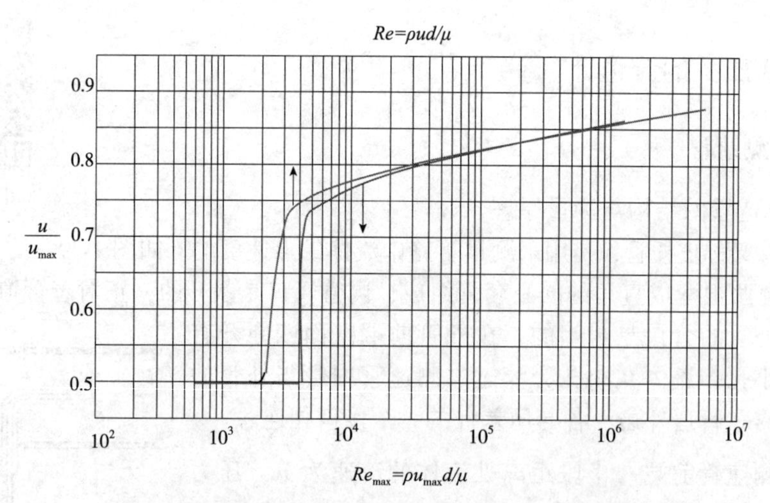

图 1-40　平均速度与管中心速度之比随 *Re* 而变的关系

标代表由平均速度 u 计算的平均 Re，上面的曲线表示$\frac{u}{u_{max}}$与平均 Re 之间关系，下面的曲线表示$\frac{u}{u_{max}}$与 Re_{max} 之间关系，若用皮托管测得管中心最大速度 u_{max}，计算出 Re_{max}，通过下面的曲线即可查得$\frac{u}{u_{max}}$，由此算出平均速度 u。

(2)测速管加工及使用注意事项

①测速管的尺寸不可过大，一般测速管直径不应超过管道直径的 1/50。

②测速管安装时，必须保证安装点位于充分发展流段，一般测量点的上、下游最好各有 $50d$ 以上的直管段作为稳定段。

③测速管管口截面要严格垂直于流动方向。

测速管的优点是结构简单、阻力小、使用方便，尤其适用于测量气体管道内的流速。其缺点是不能直接测出平均速度，且压差计读数小，常须放大才能读准确。

1.6.1.2　孔板流量计

(1)孔板流量计的结构与测量原理

在管内垂直于流动方向插入一片中央开有圆孔的板，如图 1-41 所示，即构成孔板流量计。板上的孔口经精细加工，其侧边与管轴成 45°，称为锐孔。流体流经孔板时，因流道缩小，动能增加，且由于惯性作用，从孔口流出后，继续收缩形成一最小截面，该处流股截面最小，流速最大，称为缩脉。再继续往前流动，流股截面又逐渐扩大到充满整个管截面。孔板前后动能的变化必引起静压能的变化。在孔板之后，会出现边界层分离现象，产生大量旋涡，消耗大量机械能中的静压能，这种压力损失称为永久损失。因此，当流体流至原有管道截面积处，其静压能仍不能恢复到最初值，且流速越大，该静压能损失越大。图 1-41 所示为孔板前后各处截面上静压变化的情况。用压差计测量孔板前后压力变化大小，即可计量出流量的大小。

(2)孔板流量计的流量方程

管内流速与孔板前后压力变化的关系可由连续性方程和伯努利方程导出。先忽略阻力损失，对图 1-41 中的孔板前后的 1-1′截面与 2-2′截面间列伯努利方程，可得

$$\frac{p_1}{\rho}+\frac{1}{2}u_1^2=\frac{p_2}{\rho}+\frac{1}{2}u_2^2$$

$$\frac{u_2^2-u_1^2}{2}=\frac{p_1-p_2}{\rho} \tag{1-56}$$

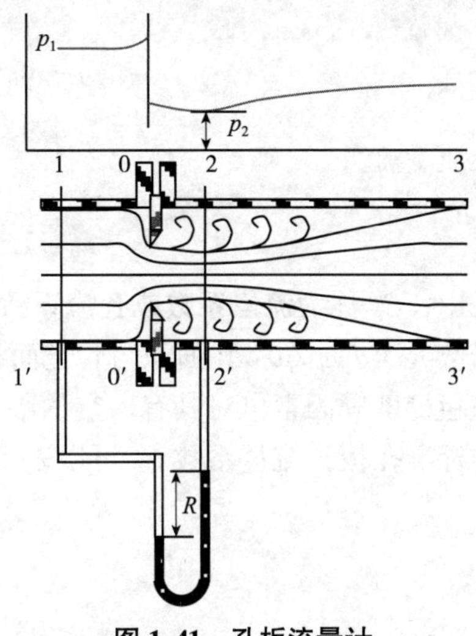

图 1-41　孔板流量计

根据不可压缩流体的连续性方程得

$$u_1=\frac{A_2}{A_1}u_2$$

将上式代入式(1-56)经整理后可得

$$u_2=\frac{1}{\sqrt{1-\left(\frac{A_2}{A_1}\right)^2}}\sqrt{\frac{2\Delta p}{\rho}}$$

由于上式未考虑能量损失，实际上流体流经孔板的能量损失不能忽略不计；另外，缩脉位置不定，A_2 未知，但孔口面积 A_0 已知，为便于使用，可用孔口速度 u_0 替代缩脉处速度 u_2，所以引入一校正系数 C 来校正上述各因素的影响，则上式变为

$$u_0=\frac{C}{\sqrt{1-\left(\frac{A_0}{A_1}\right)^2}}\sqrt{\frac{2\Delta p}{\rho}}$$

令

$$u_0=C_0\sqrt{\frac{2\Delta p}{\rho}} \tag{1-57}$$

则

$$C_0=\frac{C}{\sqrt{1-\left(\frac{A_0}{A_1}\right)^2}}$$

设 U 形管压差计中的指示液密度为 ρ_0，压差计读数为 R。根据静力学原理，有

$$p_1-p_0=R(\rho_0-\rho)g$$

代入式(1-57)得

$$u_0=C_0\sqrt{\frac{2Rg(\rho_0-\rho)}{\rho}} \tag{1-57a}$$

根据 u_0 即可计算流体的体积流量

$$q_V = u_0 A_0 = C_0 A_0 \sqrt{\frac{2Rg(\rho_0 - \rho)}{\rho}} \tag{1-58}$$

及质量流量

$$q_m = C_0 A_0 \sqrt{2Rg\rho(\rho_0 - \rho)} \tag{1-59}$$

式中，C_0 称为**流量系数**或**孔流系数**，其值由实验测定。C_0 主要取决于管道流动的雷诺数 $Re = d_1 u\rho/\mu$、孔面积与管道面积比 A_0/A_1，同时孔板的取压方式、加工精度、管壁粗糙度等因素也对其有一定的影响。对于取压方式、结构尺寸、加工状况均已规定的标准孔板，流量系数 C_0 可以表示为

$$C_0 = f\left(Re_1, \frac{A_0}{A_1}\right) \tag{1-60}$$

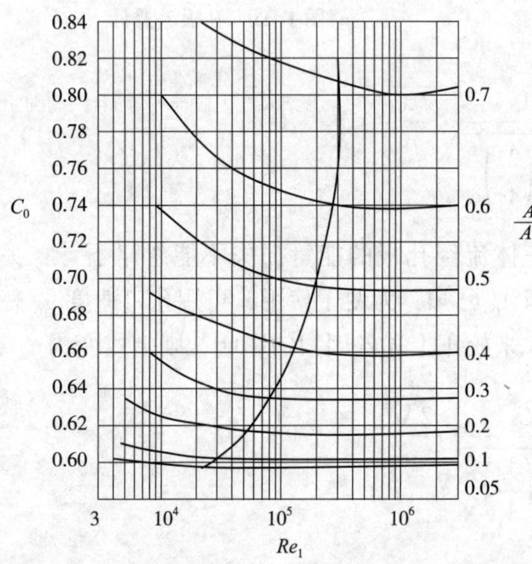

图1-42 孔流系数 C_0 与 Re_1 及 A_0/A_1 的关系

图1-42所示为实验测得的 C_0 值，由此图可见，Re_1 超过某界限值之后，C_0 不再随 Re_1 而变，成为常数，于是流量与差压计读数的平方根成正比。选用或设计孔板流量计时，应尽量使常用流量在此范围内。常用的 C_0 值为0.6~0.7。

用式(1-58)或式(1-59)计算流体的流量时，必须先确定流量系数 C_0，但 C_0 又与 Re 有关，而管道中的流体流速又是未知，故无法计算 Re 值，此时可采用试差法。即先假设 Re 超过界限值 Re_c，由 A_0/A_1 从图1-42中查得 C_0，然后根据式(1-58)或式(1-59)计算流量，再计算管道中的流速及相应的 Re。若所得的 Re 值大于界限值 Re_c，则表明原来的假设正确，否则需重新假设 Re，重复上述计算，直至计算值与假设值相符为止。

(3)孔板流量计的安装与优缺点

孔板流量计安装时应在其上、下游各有一段直管段作为稳定段，上游长度至少应为 $10d_1$，下游为 $5d_1$。

孔板流量计的优点：构造简单，制造和安装都很方便。其缺点：机械能损失大，这主要是由于流体流经孔板时，截面的突然缩小与扩大形成大量涡流所致。

1.6.1.3 文丘里流量计

孔板流量计的主要缺点是能量损失较大，其原因在于孔板前后的突然缩小与突然扩大。若用一段渐缩、渐扩管代替孔板，所构成的流量计称为文丘里流量计或文氏流量计，如图1-43所示。

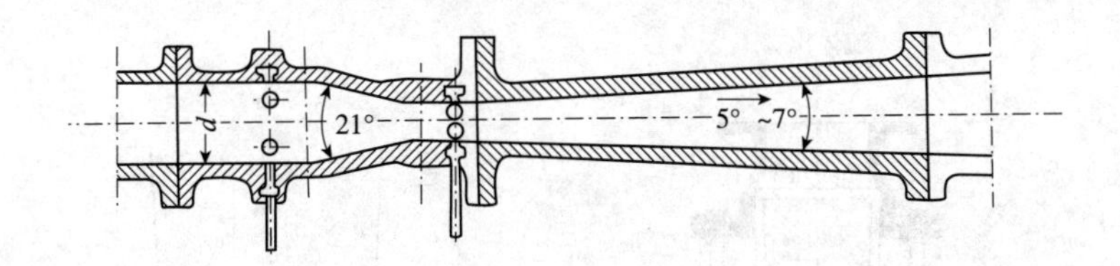

图1-43 文丘里流量计

当流体经过文丘里管时，由于均匀收缩和逐渐扩大，流速变化平缓，涡流较少，故能量损失比孔板大大减少。文丘里流量计的测量原理与孔板流量计相同，也属于差压式流量计。其流量公式也与孔板流量计相似，即

$$q_V=C_VA_0\sqrt{\frac{2\Delta p}{\rho}}=C_VA_0\sqrt{\frac{2Rg(\rho_0-\rho)}{\rho}} \tag{1-61}$$

式中 C_V——文丘里流量计的流量系数；

A_0——喉管处截面积，m^2。

文丘里流量计的能量损失较小，相同压差计读数时流量比孔板大。文丘里流量计的缺点是加工较难、精度要求高，因而造价高，安装时需占去一定管长位置。

1.6.2 变截面的流量计

1.6.2.1 转子流量计的结构与测量原理

在一根截面积自上而下逐渐缩小的垂直锥形玻璃管内装有一个用金属(或其他材料)制成的浮子，浮子的上部平面略大，流体流过时可以上下移动、发生旋转，故又称转子。转子材料的密度大于被测流体，所以转子平时沉在管下端，有流体自下而上流动时即被推而悬浮在管内的流体中，随流量的不同，转子将悬浮在不同位置上(图1-44)。如果在每一高度刻上体积流量数值，那么由转子的停留位置可直接读出体积流量。

1.6.2.2 转子流量计的流量方程

转子流量计的流量方程可通过对转子的受力分析导出。

在图1-45中，取转子下端截面为1-1，上端截面为0-0，用 V_f、A_f、ρ_f 分别表示转子的体积、最大截面积和密度，ρ 表示流体的密度。先忽略阻力损失当转子处于平衡位置时，作用于转子的上升力(即作用于转子下端与上端的压力差)应等于转子的净重力(转子的重力 $V_f\rho_fg$ 与流体对转子的浮力 $V_f\rho g$ 之差)，即

$$(p_1-p_0)A_f=V_f(\rho_f-\rho)g \tag{1-62}$$

或

$$\Delta p=V_fg(\rho_f-\rho)/A_f \tag{1-63}$$

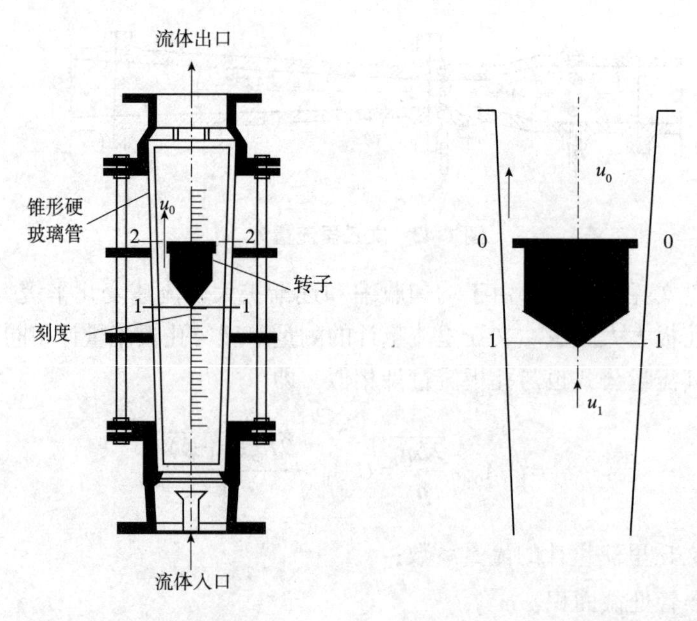

图1-44 转子流量计　　图1-45 转子受力分析

从式(1-63)可知，对于一定的转子和流体，其 V_f、A_f、ρ_f 和 ρ 均有固定值，所以无论转子停在什么位置，其 Δp 值总是恒定的，与流量无关。当转子停留在某固定位置时，转子与玻璃管之间的环隙面积是固定值，此时流体流经该环隙截面的流量和压强差的关系与流体通过孔板流量计小孔的情况类似，因此可仿照孔板流量计的流量公式写出转子流量计的流量公式

$$q_V = C_R A_R \sqrt{\frac{2(\rho_f-\rho)V_f g}{\rho A_f}} \tag{1-64}$$

式中 A_R——转子上端面与玻璃管间的环隙面积，m^2；

C_R——转子流量计的流量系数，量纲为1，与 Re 值和转子的形状有关，由实验测定。

由式(1-64)可知，对于一定的转子和被测流体，V_f、A_f、ρ_f 均为常数，若在流量测量范围内，其流量系数 C_R 也为常数，则流量与环隙面积成正比，即 $q_V \propto A_R$，A_R 越大，即转子停止的位置越高，流体的流量就越大；反之，转子停止的位置越低，流体的流量就越小。当被测流体流量增大时，升力随速度增大而变大，而转子的净重力保持不变，转子的受力平衡被打破，转子上浮。随着转子的上浮，环隙面积逐渐增大，环隙内的流速 u_0 将减小，于是升力也随之减小。当转子上浮至某一高度时，转子所受升力又与净重力相等，转子受力重新达到平衡，并停留在这一高度上。转子计就是依据这一原理，用转子的位置来指示流量的大小。

1.6.2.3 转子流量计的刻度换算

转子流量计上的刻度是在出厂前用某种流体进行标定的。一般液体流量计用

20℃的水（密度为 1 000kg/m^3）标定，而气体流量计则用 20℃和 101.3kPa 下的空气（密度为 1.2kg/m^3）标定。当用于测定其他流体的流量时，必须对原有的流量刻度进行校正。

设流量系数 C_R 相同，由式(1-64)可得下列流量校正式

$$\frac{q_{V2}}{q_{V1}}=\sqrt{\frac{\rho_1(\rho_f-\rho_2)}{\rho_2(\rho_f-\rho_1)}} \tag{1-65}$$

式中，下标 1 表示标定用流体的参数，下标 2 表示实际被测流体的参数。

转子流量计必须垂直安装在管路上，且应安装旁路以便于检修。

转子流量计的优点：读取流量方便，流体阻力小，测量精确度较高，能用于腐蚀性流体的测量，流量计前后无须保留稳定段。其缺点：流体只能垂直向上流动，玻璃管易碎，且不耐高温、高压。

孔板或文丘里流量计与转子流量计的主要区别在于：前面两种的收缩口面积是固定的，流体流经收缩口所产生的压强差随流量不同而变化，因此可通过测量计的压差计读数来反映流量的大小，它们属变压头流量计。后者是使流体流经收缩口所产生的压强差保持恒定，而收缩口的面积随流量而改变，由变动的截面积反映流量的大小，即根据转子所处位置的高低来读取流量，故此种流量计又称变截面流量计。

思考题

1-1　什么是连续性假定？

1-2　何谓绝对压力、表压和真空度？表压与绝对压力、大气压力之间有什么关系？真空度与绝对压力、大气压力有什么关系？

1-3　黏性的物理本质是什么？为什么温度上升，气体黏度上升，而液体黏度下降？

1-4　流体静力学方程式有几种表达形式？应用静力学方程分析问题时如何确定静压面？

1-5　伯努利方程的应用条件有哪些？

1-6　层流与湍流的本质区别是什么？

1-7　流体在圆管内湍流流动时，在径向上从管壁到管中心可分为哪几个区域？

1-8　雷诺数的物理意义是什么？

1-9　何谓泊谡叶方程？其应用条件有哪些？

1-10　何谓水力光滑管？何谓完全湍流粗糙管？

1-11　非圆形管的水力当量直径是如何定义的？能否按 $u\pi d_e^2/4$ 计算流量？

1-12　一定量的液体在圆形直管内做滞流流动。若管长及液体物性不变，而管径减至原来的 1/2，问因流动阻力而产生的能量损失为原来的几倍？

1-13　摩擦系数 λ 与雷诺数 Re 及相对粗糙度 ε/d 的关联图分为 4 个区域。每个区域中，λ 与哪些因素有关？哪个区域的流体摩擦损失 h_f 与流速 u 的一次方成正比？

哪个区域的 h_f 与 u^2 成正比？光滑管流动时的摩擦损失 h_f 与 u 的几次方成正比？

1-14　在用皮托测速管测量管内流体的平均流速时，需要测量管中哪一点的流体流速，然后如何计算平均流速？

习　题

1-1　已知 20℃ 时苯和甲苯的密度分别为 879kg/m^3 和 867kg/m^3，试计算含苯 65%和含甲苯 35%(质量分数)的混合液密度。

1-2　某气柜内压强为 0.075MPa(表压)，温度为 40℃，混合气体中各气体组分的体积分数如下表所示

组分	H_2	N_2	CO	CO_2	CH_4
体积分数(%)	40	20	32	7	1

试计算混合气体的密度。当地大气压强为 100kPa。

1-3　在大气压为 760mmHg 的地区，某真空蒸馏塔塔顶真空表的读数为 738mmHg。若在大气压为 655mmHg 的地区使塔内绝对压力维持相同的数值，则真空表读数应为多少？

1-4　某设备进、出口的表压分别为-10kPa 和 165kPa，当地大气压为 101.3kPa，试求此设备的进、出口的绝对压力及进、出的压力差各为多少？

1-5　用水银压强计(如附图)测量容器内水面上方压力 p_0，测压点位于水面以下 0.2m 处，测压点与 U 形管内水银界面的垂直距离为 0.3m，水银压强计的读数 R=300mm。试求：(1)容器内压强 p_0 为多少？(2)若容器内表压增加 1 倍，压差计的读数 R 为多少？

1-6　如附图所示的密闭容器 A 与 B 内，分别盛有水和密度为 810kg/m^3 的某溶液，A、B 间由一水银 U 形管压差计相连。试求：(1)当 $p_A=29\times10^3$Pa(表压)时，U 形管压差计读数 R=0.25m，h=0.8m，试求容器 B 内的压强 p_B；(2)当容器 A 液面上方的压强减小至 $p'_A=20\times10^3$Pa(表压)，而 p_B 不变时，U 形管压差计的读数为多少？

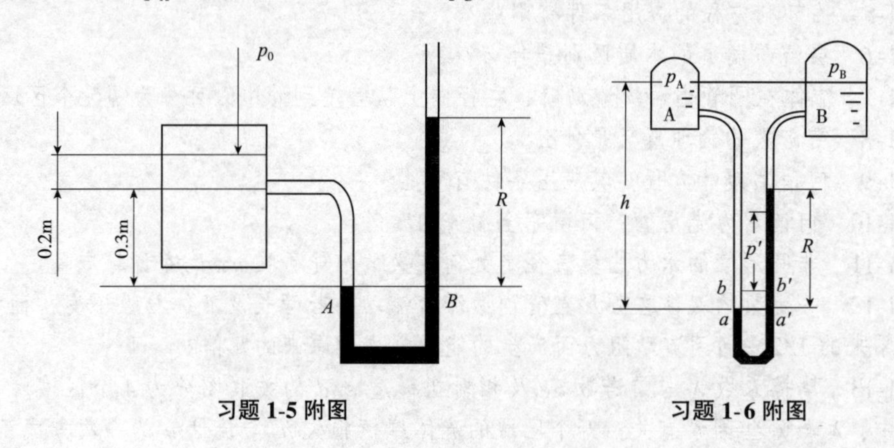

习题 1-5 附图　　习题 1-6 附图

1-7 如附图所示的U形管压差计测量管路A点的压强，U形管压差计与管路的连接导管中充满水。指示剂为汞，读数$R=120\text{mm}$，当地大气压p为101.3kPa。试求：(1)A点的绝对压强；(2)A点的表压。

1-8 水从倾斜直管中流过，在断面A和断面B接一空气压差计，其读数$R=10\text{mm}$，两测压点垂直距离$a=0.3\text{m}$。试求：(1)A、B两点的压差等于多少？(2)若采用密度为780kg/m^3的某液体作指示液，压差计读数为多少？(3)管路水平放置而流量不变，压差计读数及两点的压差有何变化？

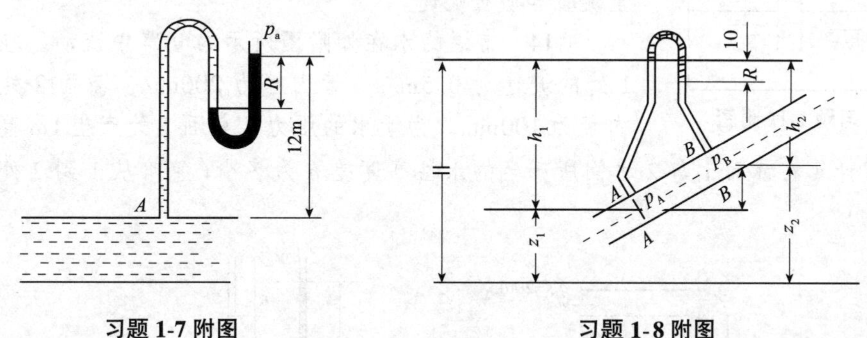

习题1-7附图　　　习题1-8附图

1-9 如附图所示，容器内贮液为水，液面高度为3.2m。容器侧壁上有两根测压管线，距容器底的高度分别为2m及1m，容器上部空间的压力(表压)为25.8kPa。试求：(1)压差计读数(指示液为水银)；(2)A、B两个弹簧压力表的读数。

1-10 测量气体的微小压强差，可用附图所示的双液杯式微差压计。量杯中放有密度为ρ_1的液体。U形管下部指示液密度为ρ_2，管与杯的直径之比d/D。试证气罐中的压强p_B可用下式计算：$p_B=p_a-hg(\rho_2-\rho_1)-hg\rho_1\dfrac{d^2}{D^2}$。

1-11 如附图所示，有一端封闭的管子，装入若干水后，倒插入常温水槽中，管中水柱较水槽液面高出2m，当地大气压力为101.2kPa。试求：(1)管子上端空间的绝对压力；(2)管子上端空间的表压；(3)若将水换成煤油，管中煤油液柱较槽的液面高出多少米？

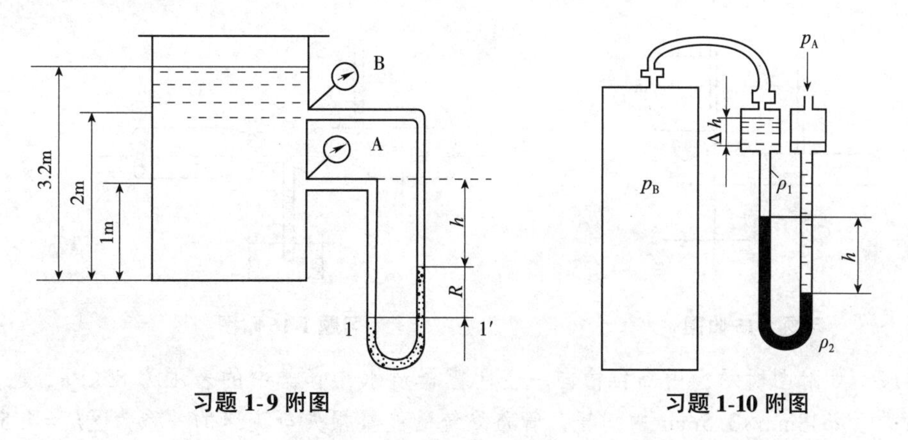

习题1-9附图　　　习题1-10附图

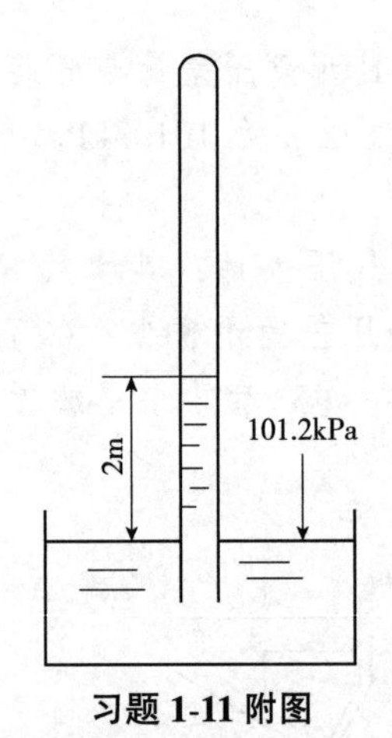

习题1-11附图

1-12　如附图所示，从一主管向两支管输送20℃的水，主管内水的流速为1.06m/s，支管1与支管2的水流量分别为20t/h与10t/h，支管为ϕ89mm×3.5mm的无缝钢管。试求：(1)主管的内径；(2)支管1内水的流速。

1-13　某厂用ϕ114mm×4.5mm的钢管输送压强(绝压)p=2MPa、温度为20℃的空气，流量(标准状态：0℃，101.325kPa)为5 400m^3/h。试求空气在管道中的流速、质量流量和质量流速。

1-14　常温的水在如附图所示的管路中流动。在截面1处的流速为0.5m/s，管内径为200mm，截面2处的管内径为100mm。由于水的压力，截面1处产生1m高的水柱。试计算在截面1与2之间所产生的水柱高度差h为多少(忽略从1到2处的压头损失)？

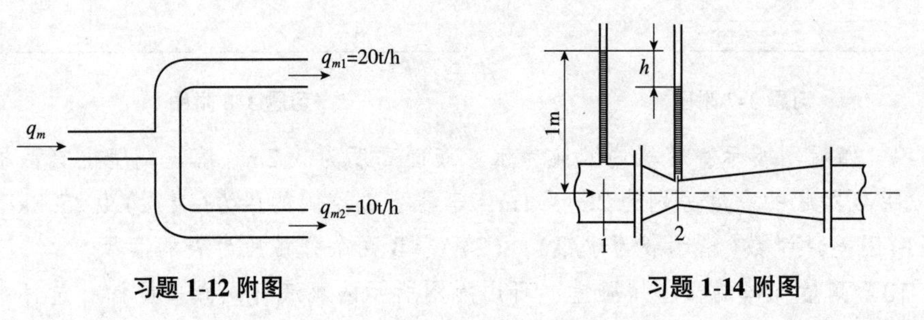

习题1-12附图　　习题1-14附图

1-15　一水平管由内径分别为33mm及47mm的两段直管组成，水在小管内以2.5m/s的速度流向大管，在接头两侧相距1m的1、2两截面处各接一测压管，已知两截面间的压头损失为70mmH_2O，问两测压管中的水位哪一个高，相差多少？并做分析。

1-16　在水平管道中，水的流量为2.5×$10^{-3}$$m^3$/s，已知管内径$d_1$=5cm，$d_2$=2.5cm，$h_1$=1m。若忽略能量损失，问连接于该管收缩断面上的水管，可将水自容器内吸上高度h_2为多少？

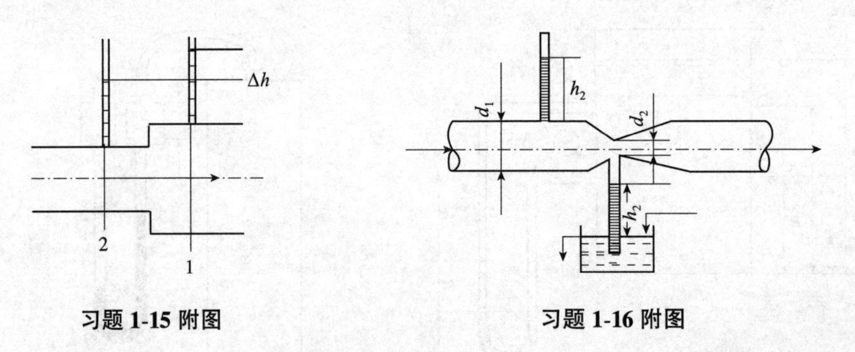

习题1-15附图　　习题1-16附图

1-17　如附图所示，用高位槽向一密闭容器送水，容器中的表压为85kPa。已知输送管路为ϕ48mm×3.5mm的钢管，管路系统的能量损失与流速的关系为$\sum h_f$=4.5u^2

(不包括出口能量损失)。试求：(1)水的流量；(2)若需将流量增加20%，高位槽应提高多少米？

1-18　水以60m^3/h的流量在一倾斜管中流过，此管的内径由100mm突然扩大到200mm，如附图。A、B两点的垂直距离为0.2m。在此两点间连接一U形管压差计，指示液为四氯化碳，其密度为1 630kg/m^3。若忽略阻力损失，试求：(1)U形管两侧的指示液液面哪侧高，相差多少毫米？(2)若将上述扩大管道改为水平放置，压差计的读数有何变化？

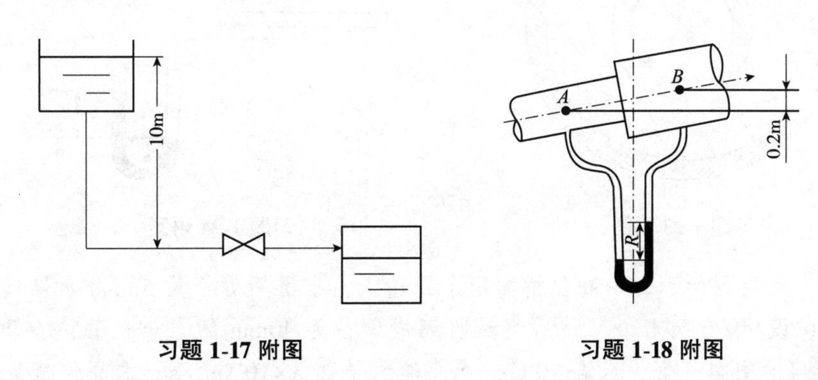

习题1-17附图　　　习题1-18附图

1-19　如附图，水经由ϕ89mm×3.5mm的无缝钢管流出，管线的阻力损失(不包括出管子出口阻力)可以用以下公式表示：$h_f=5.6u^2$，式中u是管内的平均速度。试求：(1)水在截面A-A'处的流速；(2)水的体积流量为多少(m^3/h)？

1-20　如附图所示常温下操作的水槽，下面的出水管直径为ϕ57mm×3.5mm。当出水阀全关闭时，压力表读数为30.4kPa。而阀门开启后，压力表读数降至20.3kPa。设压力表之前管路中的压头损失为0.35m水柱，试求水的流量为多少(m^3/h)？

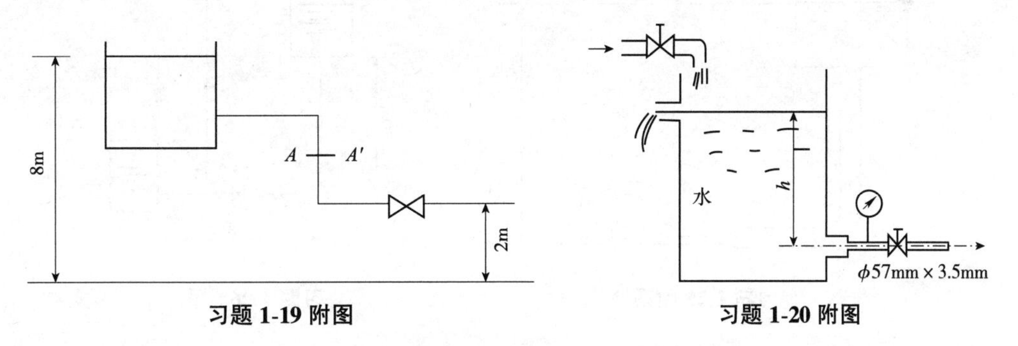

习题1-19附图　　　习题1-20附图

1-21　25℃水以15m^3/h的流量在ϕ76mm×3mm的管道中流动，试判断水在管内的流动类型。

1-22　20℃水在ϕ219mm×6mm的直管内流动。试求：(1)管中水的流量由小变大，当达到多少(m^3/s)时，能保证开始转为稳定湍流？(2)若管内改为运动黏度为0.14 cm^2/s的某种液体，为保持层流流动，管中最大平均流速应为多少？

1-23　如附图所示，套管换热管由无缝钢管ϕ76mm×3.5mm和ϕ25mm×2.5mm组成。今有50℃、流量为2 000kg/h的水在套管环隙中流过，试判断水的流动类型。

1-24　如附图所示，用U形管液柱压差计测量等直径管路从截面A到截面B的摩擦损失$\sum h_f$。若流体密度为ρ，指示液密度为ρ_0，压差计读数为R。试推导出用读数R计算摩擦损失$\sum h_f$的计算式。

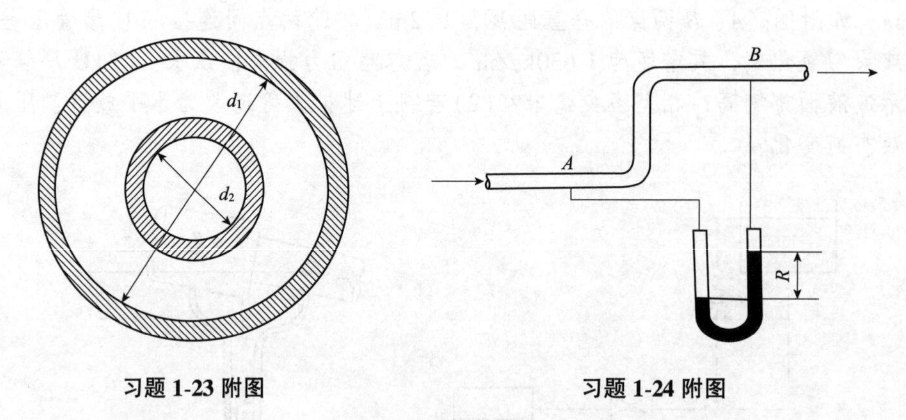

习题1-23附图　　习题1-24附图

1-25　如附图所示。一高位槽向用水处输水，上游用管径为50mm水煤气管，长80m，途中设90°弯头1个。然后突然收缩成管径为40mm的水煤气管，长20m，设有1/2开启的闸阀一个。水温20℃，为使输水量达$3\times10^{-3}m^3/s$，求高位槽的液位高度z。

1-26　如附图所示，将乙醇(黏度为1.15mPa·s、密度为789kg/m^3)从高位槽经直径为ϕ114mm×4mm的钢管流入表压为0.16MPa的密闭低位槽中。液体在钢管中的流速为1m/s，钢管的相对粗糙度$\varepsilon/d=0.002$，管路上的阀门当量长度$l_e=50d$。两液槽的液面保持不变，试求两槽液面的垂直距离H。

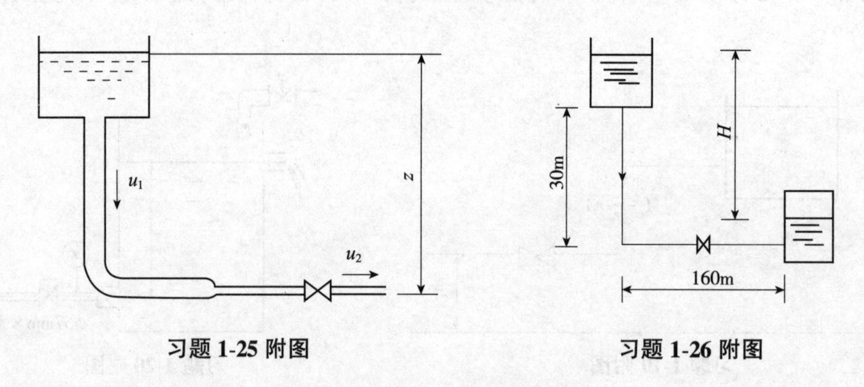

习题1-25附图　　习题1-26附图

1-27　如附图，某液体(密度为900kg/m^3，黏度为30cP)通过内径为44mm的管线从罐1流到罐2。当阀门关闭时，压力计A和B的读数分别为$8.82\times10^4N/m^2$和$4.41\times10^4N/m^2$，当阀门打开时，总管长(包括管长与所有局部阻力的当量长度)为100m，假设两个罐的液面高度恒定，试求：(1)液体的体积流量(m^3/h)；(2)当阀门打开后，压力表的读数如何变化，并解释。

提示：对于层流，$\lambda=64/Re$

对于湍流，$\lambda=0.3145/Re^{0.25}$

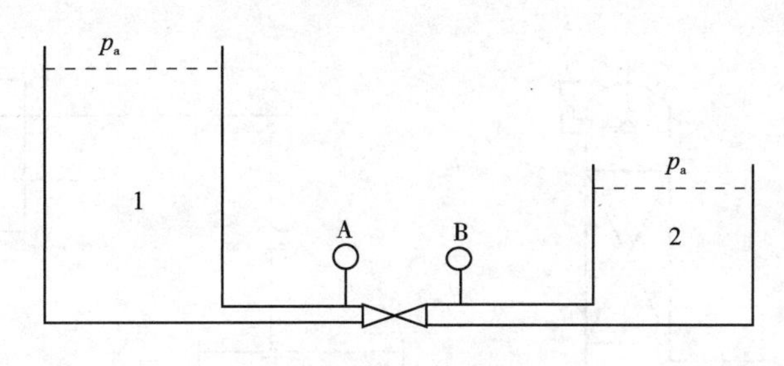

习题 1-27 附图

1-28　内截面为 1 000mm×1 200mm 的矩形烟囱的高度为 30m。平均摩尔质量为 30kg/kmol、平均温度为 400℃的烟道气自下而上流动。烟囱下端维持 49Pa 的真空度。在烟囱高度范围内大气的密度可视为定值，大气温度为 20℃，地面处的大气压强为 101.33×10^3Pa。流体流经烟囱时的摩擦系数可取为 0.05，试求烟道气的流量为多少(kg/h)？

1-29　某油品的密度为 $800kg/m^3$，黏度为 41cP，由附图中所示的 A 槽送至 B 槽，A 槽比 B 槽的液面高 1.5m。输送管径为 ϕ89mm×3.5mm、长 50m(包括阀门的当量长度)，进、出口损失可忽略。试求：(1)油的流量(m^3/h)；(2)若调节阀门的开度，使油的流量减少 20%，此时阀门的当量长度为多少米?

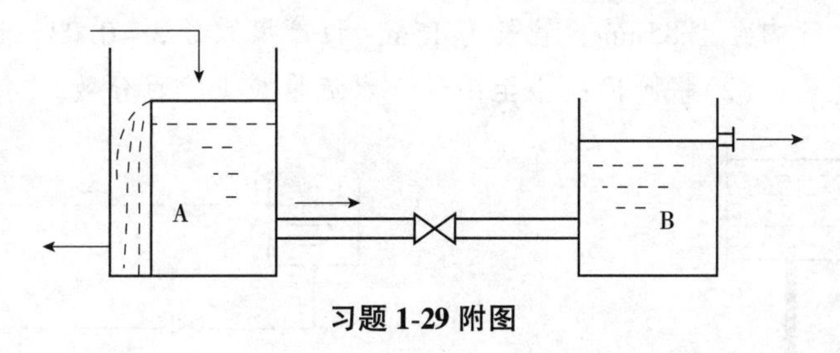

习题 1-29 附图

1-30　密度为 $850kg/m^3$ 的溶液，在内径为 0.1m 的管路中流动。当流量为 $3.4\times10^{-3}m^3/s$ 时，溶液在 6m 长的水平管段上产生 480Pa 的压力损失，试求该溶液的黏度。

1-31　从设备排出的废气在放空前通过一个洗涤塔，以除去其中的有害物质，流程如附图所示。气体流量为 3 $600m^3/h$，废气的物理性质与 50℃的空气相近，在鼓风机吸入管路上装有 U 形管压差计，指示液为水，其读数为 60mm。输气管与放空管的内径均为 250mm，管长与管件、阀门的当量长度之和为 55m(不包括进、出塔及管出口阻力)，放空口与鼓风机进口管水平面的垂直距离为 15m，已估计气体通过洗涤塔填料层的压力降为 2.45kPa。管壁的绝对粗糙度取为 0.15mm，大气压力为 101.3kPa。试求鼓风机的有效功率。

1-32　如附图所示，管路用一台泵将苯从低位槽送往高位槽。输送流量要求为 $2.3\times10^{-3}m^3/s$。高位槽上方气体压强为 0.2MPa(表压)，两槽液面高差为 6m，苯密度为 $879kg/m^3$。管道 ϕ40mm×3mm，总长(包括局部阻力)为 42m，摩擦系数 λ 为 0.024。求泵给每牛顿苯提供的能量为多少?

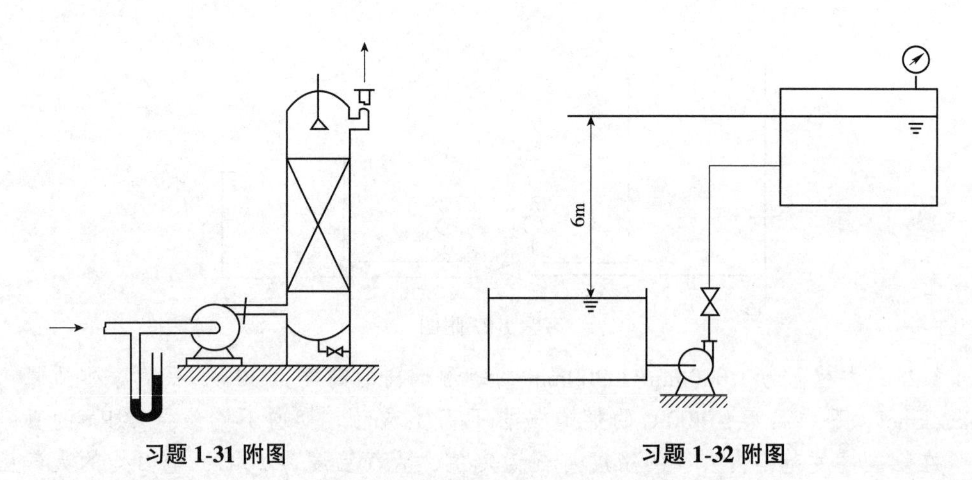

习题 1-31 附图　　　　习题 1-32 附图

1-33　有一输水管系统如附图所示，出水口处管子直径为 ϕ55mm×2.5mm，设管路的压头损失为 $12u^2/2$（u 指出水管的水流速，未包括出口损失）。试求：(1) 水的流量为多少（m^3/h）？(2) 由于工程上的需要，要求水流量增加 20%，此时，应将水箱的水面升高多少米？假设管路损失仍可以用 $12u^2/2$（u 指出水管的水流速，未包括出口损失）表示。

1-34　如附图所示，水从高位槽流向低位贮槽，管路系统中有两个 90° 标准弯头及一个截止阀，管内径为 85mm，管长为 15m。设摩擦系数 $\lambda=0.03$，试求：(1) 截止阀全开时水的流量；(2) 将阀门关小至半开，水流量减少的百分数。

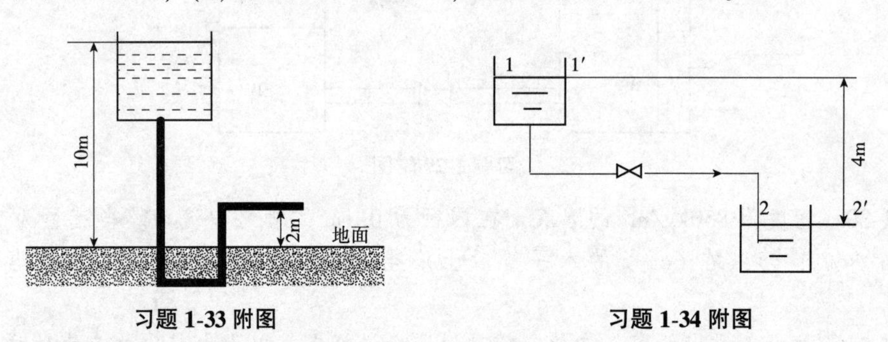

习题 1-33 附图　　　　习题 1-34 附图

1-35　如附图所示，某一输油管路未装流量计，但在 A 与 B 点压力表读数分别为 $p_A=1.47$MPa，$p_B=1.43$MPa。试估计管路中油流量。已知管路尺寸为 ϕ89mm×4mm 的无缝钢管，A、B 两点间长度为 40m，其间还有 6 个 90° 弯头，油的密度为 820kg/m^3，黏度为 121mPa·s。

1-36　在附图所示并联管路中，支路 ADB 长 20m，支路 ACB 长 5m（包括管件但不包括阀门的当量长度），两支管直径皆为 80mm，直管阻力系数皆为 0.03。两支路各装有闸门阀一个、换热器一个，换热器的局部阻力系数皆等于 5。试求当两阀门全开时，两支路的流量之比。

1-37　如附图所示，水槽中的水由管 C 与 D 放出，两根管的出水口位于同一水平面，阀门全开。各段管内径及管长（包括管件的当量长度）分别为

	AB	BC	BD
d	40mm	20mm	20mm
$l+l_e$	15m	5m	7m

试求阀门全开时，管C与管D的流量之比值，摩擦系数均取0.03。

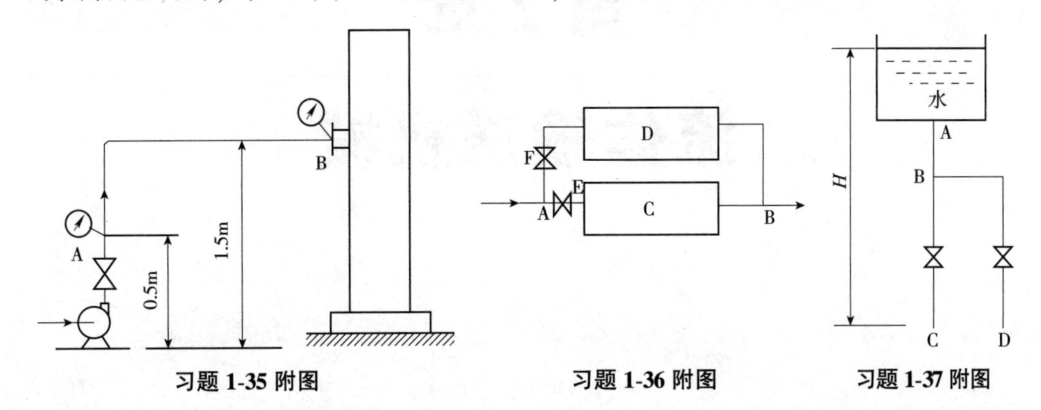

习题1-35附图　　习题1-36附图　　习题1-37附图

1-38　在一内径为300mm的管道中，用皮托管来测定空气的流速。管内空气的温度为40℃，压强为101.3kPa，黏度19.1×10^{-6}Pa·s。已知在管道同一横截面上测得皮托管水柱最大读数为30mm。问此时管道内空气的平均速度为多少？

1-39　在ϕ108mm×4mm的管路上安装角接取压的孔板流量计测量流量，孔板的孔径为50mm，U形管压差计指示液为汞，读数R=200mm。若管内液体的密度为1 050kg/m^3，黏度为0.06mPa·s，试计算液体的质量流量。

1-40　有一测空气的转子流量计，其流量刻度范围为400~4 000L/h，转子材料用铝制成($\rho_{铝}$=2 670kg/m^3)，今用它测定常压、20℃的氨气，试问能测得的最大流量为多少(L/h)？

第 2 章

流体输送机械

合成氨的原料是 H_2 和 N_2，N_2 来源于空气，如图 2-1 所示，工业上采用焦炭与水蒸气作用的汽化法制得 H_2，然后经过脱硫、变换、脱碳、气体精制等过程除去 H_2S、有机硫化物、CO、CO_2 等有害杂质，以获得符合氨合成要求的洁净的 1∶3 的氮氢混合气，经过六段压缩提高工艺气体压力，将符合要求的 N_2、H_2 混合气输送到氨合成塔，在金属铁催化剂存在下，经高温合成氨。由于合成氨反应为可逆反应，未反应的 N_2、H_2 可循环使用，生成的氨经冷却降温，以液态氨形式分离出系统。

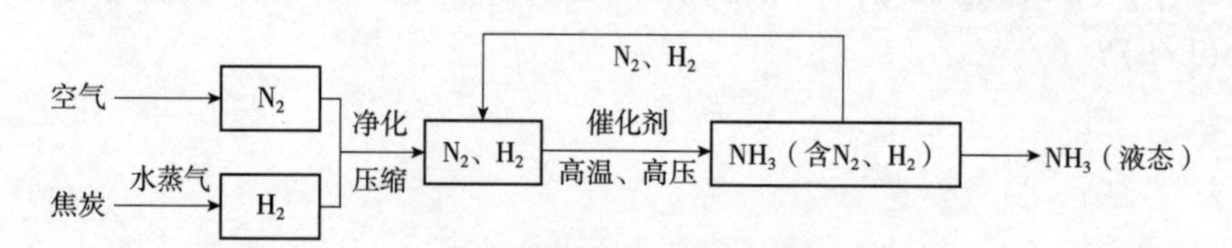

图 2-1　合成氨生产工艺流程

从以上工艺流程可以看出，该反应的原料和产品都是流体(气体和液体)，为满足生产工艺要求，需要将物料以流体的形式从一个设备输送到另一个设备，从一道工序送到另一道工序，为实现这一生产过程，需要用到流体输送机械，这就涉及流体输送机械的选择等问题，因此，必须掌握流体输送机械的结构特点等知识。

化工生产过程中，对流体做功以完成输送任务的机械称为流体输送机械。用于输送液体的机械称为泵；用于输送气体的机械称为风机及压缩机。

化工生产涉及的流体种类繁多，有强腐蚀性、高黏度的，易燃易爆、有毒的，或为易挥发、含有悬浮物的，为了适应生产上各种不同的要求，所以输送机械的形式是多种多样的。依工作原理的不同，流体输送机械通常分为 4 类，即离心式、往复式、旋转式和流体动力作用式。

2.1　离心泵

离心泵(图 2-2)结构简单，流量大且均匀，操作方便，易于控制，而且能适用于多种特殊性质的物料，因此成为化工生产中应用最广泛的泵，占化工用泵的 80%~90%。

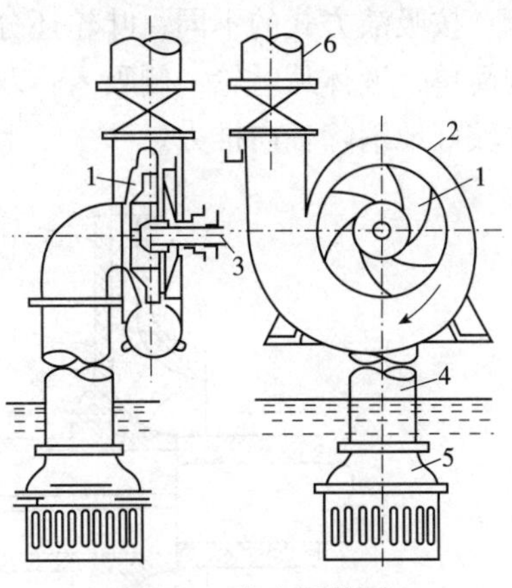

图 2-2　离心泵装置

1-叶轮；2-泵壳；3-泵轴；4-吸入管；5-底阀；6-压出管

2.1.1　离心泵的主要部件与工作原理

2.1.1.1　离心泵的主要部件

(1)叶轮

离心泵最基本的部件为叶轮与泵壳。叶轮是离心泵的心脏部件。普通离心泵的叶轮如图 2-3 所示，它分为闭式、开式与半开式 3 种。有些离心泵的叶轮没有前、后盖板，轮叶完全外露，称为开式[图 2-3(a)]，有些只有后盖板，称为半开式[图 2-3(b)]，开式和半开式叶轮由于流道不易堵塞，适用于输送浆料、黏性大或有固体颗粒悬浮物的液体，但液体在叶片间运动时易发生倒流，故效率也较低。图 2-3 中(c)为闭式，前后两侧有盖板。叶轮上有 4~12 片弯曲的叶片(叶片弯曲方向与旋转方向相反，其目的是为了提高静压能)，液体从叶轮中央口进入后，经叶片间的流道流向叶轮的周边。在此过程，机械能从叶轮传给液体，成为液体的动能。

IS 型离心泵动画

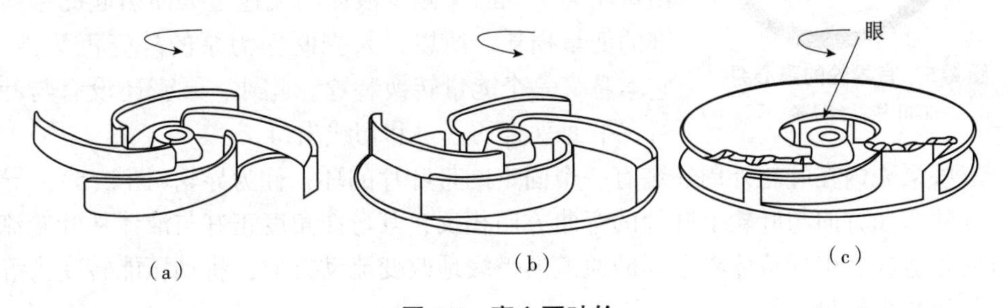

图 2-3　离心泵叶轮

(a)开式　(b)半开式　(c)闭式

闭式或半开式叶轮在工作时，离开叶轮周边的液体压力已增大，有一部分会渗到叶轮后侧，而叶轮前侧液体入口处为低压，故液体作用于叶轮前后两侧的压力不等，产生了轴向推力，将叶轮推向泵入口一侧，会引起叶轮与泵壳接触处的磨损，严重时会发生振动，为了减小轴向推力，可在叶轮的后盖板上钻有小孔，称为平衡孔。平衡孔能使一部分高压液体泄露到低压区，减轻叶轮两侧的压力差，从而起到平衡轴向推力的作用，但也会降低泵的效率。

按吸液方式的不同，叶轮还分为单吸和双吸两种，如图2-4所示。单吸式叶轮结构简单，液体从叶轮一侧吸入；双吸式叶轮可从两侧同时吸入液体，因而吸液量大，并较好地消除轴向推力。

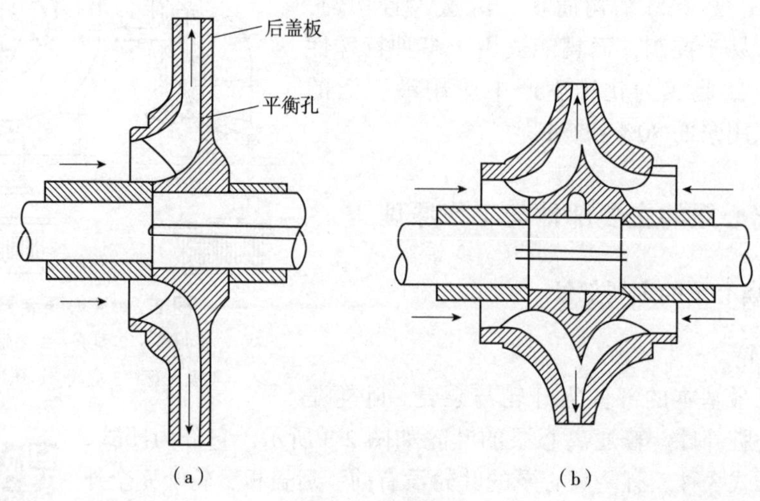

图2-4　吸液方式

(a)单吸式　(b)双吸式

(2)泵壳

泵壳就是泵体的外壳，它在叶轮四周形成一个截面积逐步扩大的蜗牛壳形通道，故常称为蜗壳，如图2-5所示。从叶轮四周以高速抛出的液体在通道内逐渐降低速度，相当大一部分动能转变为静压能，既提高流体的出口压力，同时又减少液体因流速过大而引起的泵体内部的能量损耗。所以，泵壳既作为泵的外壳汇集液体，它本身又是个能量转换装置。此外，泵壳还设有与叶轮所在平面垂直的入口和切线出口。

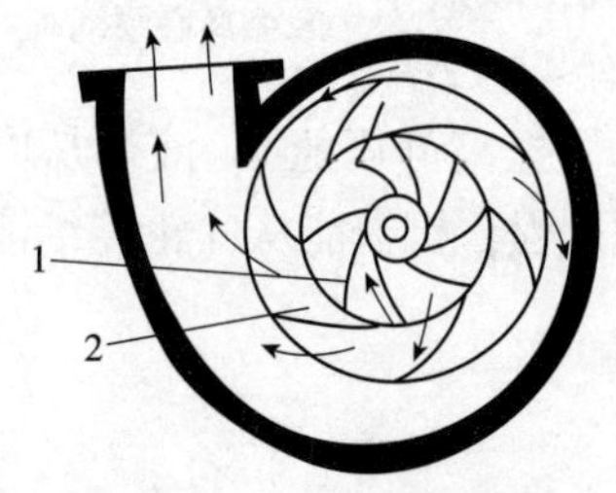

图2-5　有导轮的离心泵

1-叶轮；2-导轮

有些泵壳内在叶轮外周还装有一个固定的带叶片的环，称为导轮(图2-5)。导轮上叶片的弯曲方向与叶轮上叶片的弯曲方向相反，其弯曲角度正好与液体从叶轮流出的方向相适应，引导液体在泵壳的通道内平缓地改变流动方向，将动压能转变为静压能，从而减少能量损耗。

(3)轴封装置

离心泵在工作时泵轴旋转而壳不动，其间的环隙如果不加以密封或密封不好，则泵壳内高压液体可能会沿轴漏出或外界的空气会渗入叶轮中心的低压区，使泵的流量、效率下降。通常，可以采用机械密封或填料密封来实现轴与壳之间的密封。

2.1.1.2　离心泵的工作原理

①叶轮被泵轴带动旋转，对位于叶片间的流体做功，流体受离心力的作用，由叶轮中心被抛向外围。当流体到达叶轮外周时，流速非常高。

②泵壳汇集从各叶片间被抛出的液体，这些液体在壳内顺着蜗壳形通道逐渐扩大的方向流动，使流体的动能转化为静压能，减小能量损失。所以，泵壳的作用不仅在于汇集液体，它更是一个能量转换装置。

③液体吸上原理 依靠叶轮高速旋转，迫使叶轮中心的液体以很高的速度被抛开，从而在叶轮中心形成真空，吸入管路一端与叶轮中心相通，另一端则浸没在输送的液体内，在液面压力(常为大气压)与泵内压力(负压)的压差作用下，液体便经吸入管路进入泵内，填补了被排出的液体的位置。只要叶轮的转动不停，液体便被源源不断地吸上。

气缚现象：离心泵开动时如果泵壳内和吸入管路内没有充满液体，它便没有抽吸液体的能力，这是因为空气的密度比液体小得多，叶轮带动空气旋转所产生的离心力不足以造成吸上液体所需的真空度。这一现象称为气缚，这说明离心泵无自吸能力。因此，在启动前必须灌泵。

气缚现象动画

若离心泵的吸入口位于贮槽液面的上方，在吸入管路的进口处应安装带滤网的底阀，该底阀为止逆阀，可防止吸入管路中的液体从泵内漏失，滤网可以阻拦液体中固体物质被吸入而堵塞管道和泵壳。如果泵的吸入口低于槽内液面，则启动时无须灌泵。

2.1.2 离心泵的性能参数与特性曲线

2.1.2.1 离心泵的性能参数

离心泵的性能参数有流量、扬程(压头)、功率、效率、转速和汽蚀余量等。这些参数是评价其性能和正确选择离心泵的主要依据。

(1)流量

离心泵的流量表示泵输送液体的能力，通常是指在单位时间内离心泵输送到管路系统的液体体积，以 q_V 表示，其单位为 m^3/s 或 m^3/h。其大小取决于泵的结构、尺寸(主要为叶轮的直径与叶片的宽度)、转速以及所输送液体的黏度。

(2)扬程

离心泵的扬程又称压头，是指单位重量的液体经离心泵后所获得的有效能量，以 H 表示，其单位是 J/N 或 m。其值取决于泵的结构(如叶轮直径、叶片的弯曲方向等)、转速和流量，也与液体的黏度有关。

对于一定的泵，在指定转速下，扬程与流量之间有确定的关系。但由于流体在泵内的流动情况比较复杂难以定量计算，致使二者的关系只能通过实验测定。需要注意的是扬程并不代表升举高度，升举高度是指离心泵将液体从低位输送至高位时两液面间的高度差，而扬程则代表能量。

(3)功率

功率分为轴功率和有效功率。轴功率是指电动机传给泵轴的功率，以 N 表示，单位为 W 或 kW。有效功率是指单位时间内液体从泵中叶轮所获得的有效能量，以符

号 N_e 表示为

$$N_e = q_V H \rho g \tag{2-1}$$

式中　N_e——有效功率，W 或 kW；

q_V——泵的流量，m^3/s；

H——泵的扬程或压头，m；

ρ——被输送液体的密度，kg/m^3；

g——重力加速度，m/s^2。

(4)效率

离心泵在输送液体过程中，由电动机提供给泵轴的能量不能全部被液体所获得，致使泵的有效压头和流量都较理论值低，通常用效率来反映能量损失。离心泵的能量损失包括以下 3 个方面：

①容积损失　叶轮出口处高压液体由于机械泄漏返回叶轮入口造成泵实际排液量减少。

②水力损失　由于实际流体在泵内流动时有摩擦损失，液体与叶片及液体与壳体的冲击也会造成能量损失，从而使泵实际压头减少。

③机械损失　泵运转时，机械部件接触处(如泵轴与轴承之间、泵轴与填料密封中的填料之间或机械密封中的密封环之间等)由于机械摩擦造成的能量损失。

以上 3 种损失通过离心泵的总效率 η 反映：

$$\eta = \frac{N_e}{N} \tag{2-2}$$

若离心泵轴功率的单位以 kW 表示，则由式(2-1)和式(2-2)可得

$$N = \frac{q_V H \rho \times 9.81}{1\,000\eta} = \frac{q_V H \rho}{102\eta} \tag{2-3}$$

离心泵的总效率与泵的大小、类型、制造精密程度及其所输送的液体性质有关。

2.1.2.2　离心泵的特性曲线

离心泵的特性曲线表示泵的扬程 H、轴功率 N、效率 η 与流量 q_V 之间的关系曲线，通常由实验测得。离心泵在出厂前均由生产厂家测定了该泵的特性曲线，附于泵的样本或说明书中，供用户参考。

如图 2-6 所示，型号为 IS100-80-160B 的离心泵在转速为 2 900r/min 时的特性曲线，其中包括 3 条线，即：

①**H-q_V 曲线**　离心泵的扬程一般是随流量的增大而减少。不同型号的离心泵，H-q_V 曲线的形状有所不同。

②**N-q_V 曲线**　离心泵的轴功率随着流量的增大而增大，流量为零时轴功率最小。所以，离心泵启动时，应关闭泵的出口阀门，使启动电流最小，以保护电机。

③**η-q_V 曲线**　由图 2-6 所示的特性曲线可看出，当 $q_V=0$ 时，$\eta=0$；随着流量增大，泵的效率随之增大并达到一最大值，此后随流量再增大时效率下降，说明离心泵在一定转速下有一最高效率点，通常称为设计点。泵在与最高效率相对应的流量及压头下工作最为经济，所以与最高效率点对应的 q_V、H、N 值称为最佳工况参数。离心

泵的铭牌上标出的性能参数均为最高效率点下之值。离心泵往往不可能正好在最佳工况下运转，因此一般只能规定一个工作范围，称为泵的高效率区，通常为最高效率的92%左右。选用离心泵时，应尽可能使泵在此范围内工作。

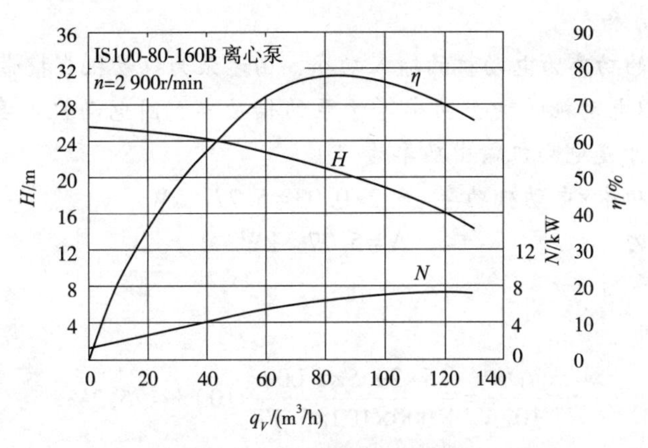

图 2-6 离心泵的特性曲线

【例 2-1】 采用图 2-7 所示的实验装置来测定离心泵的性能。泵的吸入管内径 d_1 为 100mm，排出管内径 d_2 为 80mm，两测压口间垂直距离为 0.5m。泵的转速为 2 900r/min，以 20℃清水为介质测得以下数据：

流量：15L/s；泵出口处表压：2.55×10^5Pa；泵入口处真空度：2.67×10^4Pa。功率表测得电动机所消耗的功率：6.2kW。泵由电动机直接带动，电动机的效率为 93%。试求该泵在输送条件下的压头、轴功率和效率。

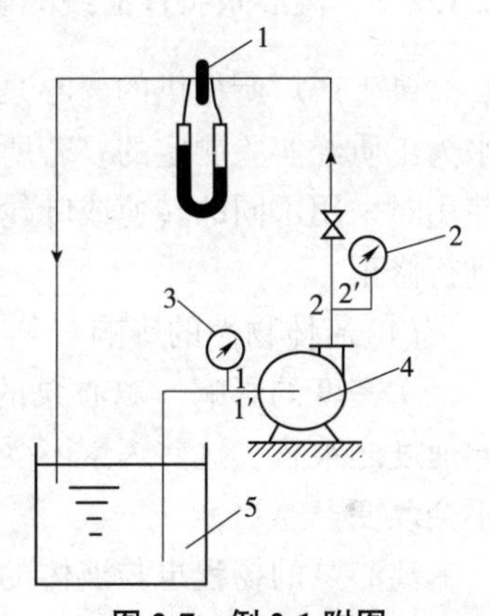

图 2-7 例 2-1 附图

1-流量计；2-压强表；3-真空计；4-离心泵；5-贮槽

解：(1) 泵的压头

真空计和压强表所在截面分别以 1-1′和 2-2′表示，在两截面间列以单位重量液体为衡算基准式的伯努力方程式，即

$$z_1+\frac{p_1}{\rho g}+\frac{u_1^2}{2g}+H=z_2+\frac{p_2}{\rho g}+\frac{u_2^2}{2g}+H_{f,1-2}$$

其中

$$z_1=z_2=0.5\quad \text{m}$$

$$p_1=-2.67\times10^4\text{Pa}(\text{表压})$$

$$p_2=2.55\times10^5\text{Pa}(\text{表压})$$

$$d_1=0.1\quad \text{m}\quad d_2=0.08\quad \text{m}$$

$$u_1=\frac{4q_V}{\pi d_1^2}=\frac{4\times15\times10^{-3}}{\pi\times0.1^2}=1.91\quad \text{m/s}$$

$$u_2=\frac{4q_V}{\pi d_2^2}=\frac{4\times15\times10^{-3}}{\pi\times0.08^2}=2.98\quad \text{m/s}$$

两测压口间的管路很短，其间流动阻力可忽略不计，即 $H_{f,1-2}=0$

故泵的压头为

$$H=0.5+\frac{2.55\times10^5+2.67\times10^4}{1\,000\times9.81}+\frac{2.98^2-1.91^2}{2\times9.81}=29.5\quad \text{m}$$

(2)泵的轴功率

功率表测得的功率为电动机的输入功率，由于泵为电动机直接带动，传动效率可视为100%，所以电动机的输出功率等于泵的轴功率。因电动机本身消耗部分功率，其效率为93%，于是电动机输出功率为

电动机输入功率×电动机功率$=6.2\times0.93=5.77\quad \text{kW}$

泵的轴功率为 $N=5.77\quad \text{kW}$

(3)泵的效率

由式(2-3)知

$$\eta=\frac{q_V H\rho}{102N}=\frac{15\times29.5\times1\,000}{1\,000\times102\times5.77}\times100\%=75.2\%$$

2.1.2.3 离心泵特性曲线的影响因素

泵生产厂所提供的离心泵特性曲线一般都是在一定转速和常压下，以20℃的清水为工质经实验测定的。若所输送液体的性质(密度及黏度)与水相差较大，或者泵使用时采用不同的转速或叶轮直径，泵的性能也会发生变化，应对离心泵原特性曲线进行修正。

(1)流体物性的影响

①密度的影响　离心泵的流量 q_V 等于叶轮周边出口截面积与液体在周边处的径向速度之乘积，这些因素不受液体密度影响，所以同一种液体的密度变化，泵的流量不会改变。

离心泵的扬程也与液体的密度无关。这是因为液体在一定转速下产生的离心力与液体的质量成正比，而液体的密度为单位体积液体的质量，所以液体离心力与液体密度成正比。

泵内液体在离心力的作用下从低压 p_1 变为高压 p_2 而排出，所以(p_2-p_1)与液体密度成正比，因为(p_2-p_1)及 ρg 分别与密度 ρ 成正比，所以$\frac{(p_2-p_1)}{\rho g}$与密度无关。因泵的扬程 $H\propto\frac{(p_2-p_1)}{\rho g}$，所以扬程与液体密度无关。当被输送液体的密度变化时，离心泵的 $H-q_V$ 曲线不变。

离心泵的效率也不随液体的密度而改变，所以离心泵特性曲线中的 $\eta-q_V$ 曲线保持不变。但是泵的轴功率随液体密度而改变。由式(2-3)可知 $N=\frac{q_V H\rho}{102\eta}$，故轴功率随液体密度增大而增大。

②黏度的影响　若被输送液体的黏度增加，则液体在泵内部的能量损失增大，导致泵的扬程、流量都减小，效率下降，而轴功率增大，从而使泵的特性曲线发生改

变。当液体的运动黏度 ν 大于 $2\times10^{-5}\text{m}^2/\text{s}$ 时，需对泵的特性曲线进行修正。具体方法可参考有关离心泵方面专著。

(2)离心泵转速的影响

离心泵的特性曲线都是在一定转速下测定的，当泵的转速改变时，泵的压头、流量、效率和轴功率也随之改变。当液体的黏度不大，泵的转速变化小于±20%，且假设泵的效率不变时，不同转速下泵的流量、压头、轴功率与转速的近似关系为

$$\frac{q_{V_1}}{q_{V2}}=\frac{n_1}{n_2} \qquad \frac{H_1}{H_2}=\left(\frac{n_1}{n_2}\right)^2 \qquad \frac{N_1}{N_2}=\left(\frac{n_1}{n_2}\right)^3 \tag{2-4}$$

式中　q_{V1}、H_1、N_1——转速为 n_1 时泵的性能；

q_{V2}、H_2、N_2——转速为 n_2 时泵的性能。

式(2-4)称为离心泵的比例定律。据此式可将某一转速下的特性曲线转换为另一转速下的特性曲线。

(3)离心泵叶轮直径的影响

当离心泵的转速一定时，对同一型号的泵，切割叶轮直径也会改变泵的特性曲线。当叶轮直径的变化量不超过5%时，认为泵的效率不变，叶轮直径和泵的流量、压头、轴功率之间的近似关系为

$$\frac{q_V'}{q_V}=\frac{D'}{D} \qquad \frac{H'}{H}=\left(\frac{D'}{D}\right)^2 \qquad \frac{N'}{N}=\left(\frac{D'}{D}\right)^3 \tag{2-5}$$

式中　q_V'、H'、N'——叶轮直径为 D' 时泵的性能；

q_V、H、N——叶轮直径为 D 时泵的性能。

式(2-5)称为离心泵的切割定律。

2.1.3　离心泵的工作点和流量调节

2.1.3.1　管路的特性曲线

当离心泵安装在特定的管路系统中工作时，实际的工作压头和流量不仅与离心泵本身的性能有关，还与管路的特性有关，即由泵本身的特性和管路的特性共同决定。因此，在讨论泵的工作情况前，应先了解泵所在管路的状况。

在图2-8所示的管路系统中，若贮槽与高位槽的液面均保持恒定，液体流过管路系统时所需的压头(即要求泵提供的压头)，可由图2-8中所示的截面1-1′与2-2′间列伯努利方程式求得，即

$$H=\Delta z+\frac{\Delta p}{\rho g}+\frac{\Delta u^2}{2g}+\sum H_f \tag{2-6}$$

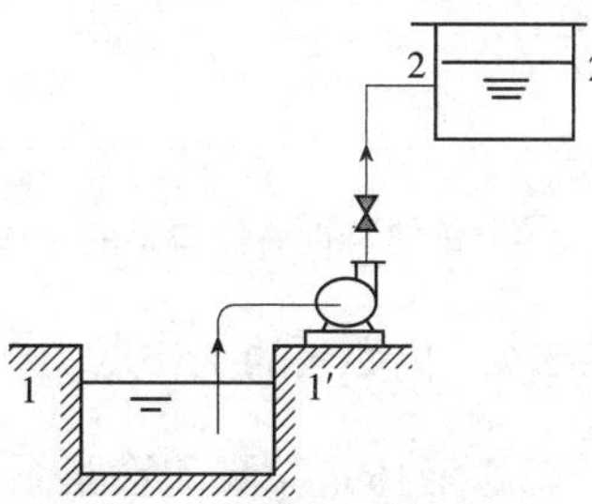

图2-8　管路输送系统

对于特定的管路系统，式(2-6)中的 Δz 与 $\frac{\Delta p}{\rho g}$ 均为定值，与管路中液体流量 q_V 无关。

令
$$H_0=\Delta z+\frac{\Delta p}{\rho g}$$

因贮槽与高位槽的截面比管路截面大很多，该处流速与管路的相比可以忽略不计，则$\frac{\Delta u^2}{2g}\approx 0$。式(2-6)可简化为

$$H=H_0+\sum H_f \tag{2-7}$$

式中的压头损失为

$$\sum H_f=\left(\lambda\frac{l+\sum l_e}{d}+\sum\zeta\right)\frac{u^2}{2g}=\left(\lambda\frac{l+\sum l_e}{d^5}+\frac{\sum\zeta}{d^4}\right)\frac{8}{\pi^2 g}q_V^2 \tag{2-8}$$

式中　q_V——管路中液体流量，m^3/s；

d——管子直径，m；

$l+\sum l_e$——管路中的直管长度与局部阻力的当量长度之和，m；

ζ——局部阻力系数；

λ——摩擦系数。

对于一定的管路系统，式(2-8)中的d、l、$\sum l_e$及ζ均为定值，λ是Re的函数，也是q_V的函数。当Re较大时，λ随Re的变化很小，可视为常数。

令
$$k=\left(\lambda\frac{l+\sum l_e}{d^5}+\frac{\sum\zeta}{d^4}\right)\frac{8}{\pi^2 g} \tag{2-9}$$

则式(2-8)可简化为
$$\sum H_f=kq_V{}^2$$

代入式(2-7)，得管路特性方程为

$$H=H_0+kq_V^2 \tag{2-10}$$

若将此关系标绘在如图2-9所示的H-q_V坐标图上，得到管路特性曲线。它表示在特定管路系统中，输液量与所需压头的关系，反映了被输送液体对输送设备的能量要求。管路特性曲线仅与管路的布局与操作条件有关，而与泵的性能无关。式(2-10)中k为管路特性系数，在其他条件一定时，若改变管路中的调节阀开关程度，其局部阻力系数必将改变，因而管路特性系数k和管路特性曲线的斜率也随着改变。高阻管路，其特性曲线较陡；低阻管路，其特性曲线较平缓。

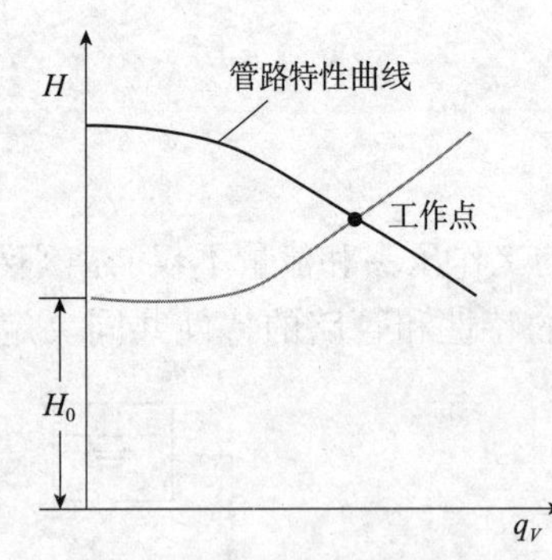

图2-9　管路特性曲线与泵的工作点

2.1.3.2　离心泵的工作点

输送液体是靠泵和管路系统相互配合完成的，故当离心泵安装在一定管路中工作，包括阀门开度也一定时，就有一定的压头和流量。若将离心泵的特性曲线与其所在管路的特性曲线绘于一坐标图上，如图2-9所示，两线交点称为该泵在该管路上的工作点。显然，该点所表示的压头和流量既是管路系统所要求的，又是离心泵所能提供的。若该点所对应的效率在离心泵的高效率区，则该工作点是适宜的。

工作点所对应的流量与压头，可利用上述图解法求取，也可将管路特性方程与泵特性方程联立求解。

【例 2-2】 在一化工生产车间，要求用离心泵将冷却水从贮水池经换热器送到一敞口高位槽中。已知高位槽中液面比贮水池中液面高出 8m，管路总长为 350m(包括所有局部阻力的当量长度)。管内径为 75mm，换热器的压头损失为 $32\dfrac{u^2}{2g}$，摩擦系数可取为 0.027。此离心泵在转速为 2 900r/min 时的性能如下表所示：

$q_V/(\mathrm{m^3/s})$	0	0.001	0.002	0.003	0.004	0.005	0.006	0.007	0.008
H/m	26	25.5	24.5	23	21	18.5	15.5	12	8.5

试求：(1)管路特性方程；(2)泵工作点的流量与压头。

解：(1)管路特性曲线方程

$$H=\frac{\Delta p}{\rho g}+\Delta z+\frac{1}{2g}\Delta u^2+\sum H_{\mathrm{f}}=\Delta z+\sum H_{\mathrm{f}}$$

$$=\Delta z+\left(\lambda\ \frac{l+\sum l_{\mathrm{e}}}{d}+32\right)\frac{u^2}{2g}$$

$$=8+\left(0.027\times\frac{350}{0.075}+32\right)\times\frac{1}{2\times 9.81}\times\left(\frac{q_V}{0.785\times 0.075^2}\right)^2$$

$$=8+4.13\times 10^5 q_V{}^2$$

(2)在坐标纸中绘出泵的特性曲线与管路特性曲线的交点，即工作点

$$q_V=0.005\quad \mathrm{m^3/s}\quad H=18.33\quad \mathrm{m}$$

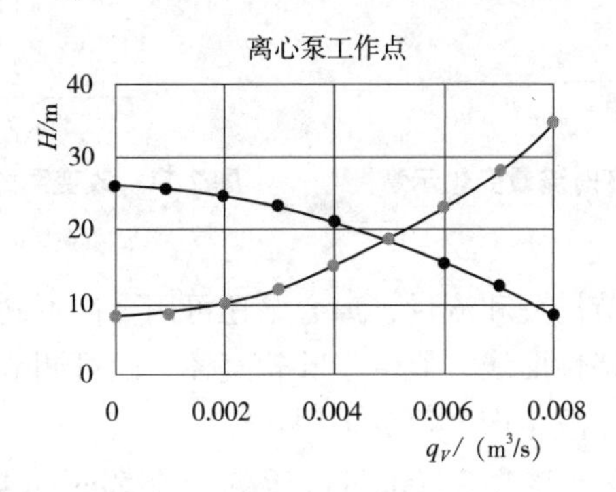

2.1.3.3 离心泵的流量调节

离心泵在实际操作过程中，经常需要调节流量。从泵的工作点可知，调节流量实质上是改变泵的特性曲线或管路特性曲线，从而改变泵的工作点的问题。所以，离心泵的流量调节应从两方面考虑：其一是在排出管线上装适当的调节阀，以改变管路特性曲线；其二是改变离心泵的转速，以改变泵的特性曲线，两者均可以改变泵的工作点，以调节流量。

(1)改变阀门的开度

出口阀开度与管路局部阻力当量长度有关，后者与管路的特性有关。所以，改变

出口阀的开度实际上是改变管路特性曲线。当阀门关小时，管路的局部阻力加大，管路特性曲线变陡，如图2-10中曲线Ⅰ所示，工作点由M点移至M_1点，流量由q_{V_M}降到$q_{V_{M1}}$。当阀门开大时，管路局部阻力减小，管路特性曲线变得平坦，如图2-10中曲线Ⅱ所示，工作点移至M_2，流量加大到$q_{V_{M2}}$。

这种流量调节方法简便灵活，且流量可以连续变化，适合化工连续生产的特点，因此应用十分广泛。其缺点是当阀门关小时，因流动阻力加大需要额外多消耗一部分能量，很不经济。一般只在较小流量的离心泵管路系统中使用。

(2)改变泵的转速

改变泵的转速，实质上是改变泵的特性曲线。如图2-11所示，泵原来的转速为n、工作点为M，若将泵的转速提高到n_1，泵的特性曲线$H-q_V$向上移，工作点由M变至M_1，流量由q_{V_M}加大到$q_{V_{M_1}}$；若将泵的转速降至n_2，$H-q_V$曲线便向下移，工作点移至M_2，流量减少至$q_{V_{M_2}}$。这种调节方法能保持管路特性曲线不变。由式(2-4)可知，流量随转速下降而减小，动力消耗也相应降低，因此从能量消耗来看是比较合理的。但是改变泵的转速需要变速装置或价格昂贵的变速原动机，且难以做到流量连续调节，因此至今化工生产中较少采用。

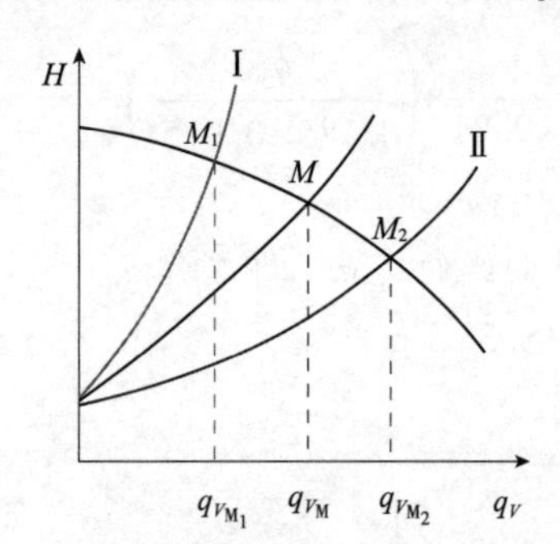

图2-10 改变阀门开度时流量变化示意

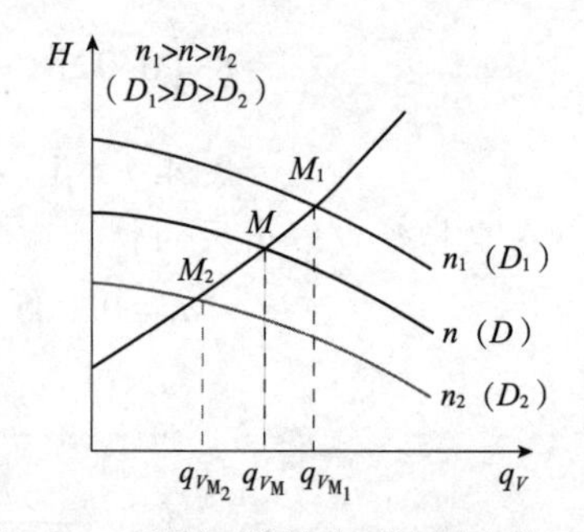

图2-11 改变泵的转速时流量变化示意

(3)车削叶轮直径

在较小的范围内调节扬程和流量，离心泵还可用更换不同直径的叶轮和切削叶轮外径的办法来改变泵的特性曲线，但由于叶轮直径一般可调节范围不大，且直径减小不当还会降低泵的效率，故生产上很少采用。

【例2-3】 某离心水泵在转速为2 900r/min下流量为50m³/h时，对应的压头为32m，当泵的出口阀门全开时，管路特性方程为$H=20+0.4\times10^5q_V^2$(q_V的单位为m³/s)，为了适应泵的特性，将管路上泵的出口阀门关小而改变管路特性。试求：(1)关小阀门后的管路特性方程；(2)关小阀门造成的压头损失占泵提供压头的百分数。

解：(1)关小阀门后的管路特性方程

管路特性方程的通式为

$$H=H_0+kq_V^2$$

式中的$H_0=\Delta z+\Delta p/\rho g$不发生变化，关小阀门后，管路的流量与压头应与泵提供的流量和压头分别相等，而k值则不同，以k'表示，则有

$$32 = 20 + k'\left(\frac{50}{3\ 600}\right)^2$$

解得

$$k' = 6.22\times10^4$$

关小阀门后管路特性方程为

$$H = 20 + 6.22\times10^4 q_V^2$$

(2) 关小阀门后的压头损失

关小阀门前管路要求的压头为

$$H = 20 + 0.4\times10^5\times\left(\frac{50}{3\ 600}\right)^2 = 27.7\quad \text{m}$$

因关小阀门而多损失的压头为

$$H_f = 32 - 27.7 = 4.3\quad \text{m}$$

则该损失的压头占泵提供压头的百分数为

$$\frac{4.3}{32}\times100\% = 13.4\%$$

2.1.3.4　离心泵的组合操作

在实际工作中，如果单台离心泵不能满足输送任务的要求，可将几台泵加以组合。组合的方式通常有两种，即并联和串联。

(1) 离心泵的并联

对于一定的管路系统，使用一台泵流量太小，不能满足要求时，可采用两台型号相同的离心泵并联操作，即两台泵排出的液体汇合送入同一管路系统，如图 2-12(a) 所示。在同样的压头下，并联泵的流量为组合中单台泵的 2 倍。依据单台泵的特性曲线 A 上一系列坐标点，将单台泵特性曲线 A 的横坐标(q_V)加倍，纵坐标(H)保持不变，由此得到的一系列坐标点即可求得两泵并联后的合成特性曲线 B，如图 2-12(b) 所示。两泵并联后，流量与压头均有所提高，由于管路阻力损失的增加，两台泵并联的总输液量 $q_{V并}$ 小于原单泵输送量 q_V 的 2 倍。

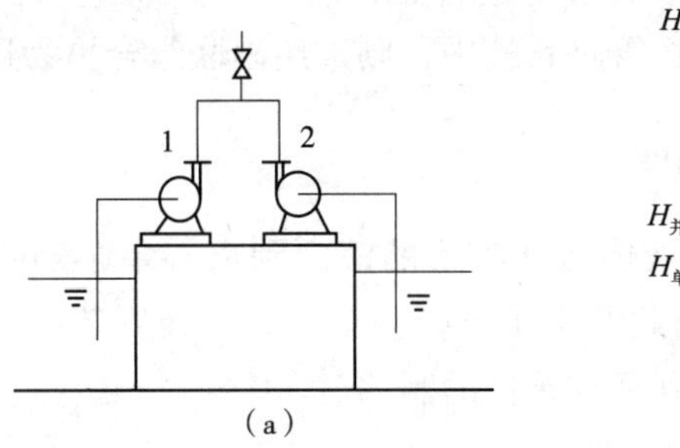

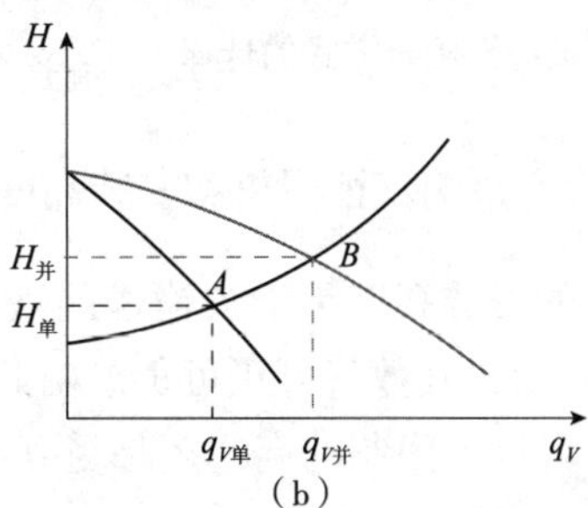

图 2-12　离心泵的并联操作

(2) 离心泵的串联

为了能使管路系统的输液距离增大、流量增多，需要提高泵的扬程。为此，可采用两台型号相同的离心泵串联操作，即第一台泵排出的液体进入第二台泵，然后排入管路系统，如图2-13(a)所示。显然，两台泵的流量相同，总扬程为组合中单台泵扬程的2倍。据此，可由单台泵的$H-q_V$曲线A画出两台泵串联时的$H-q_V$曲线B，如图2-13(b)所示。两泵串联后，流量与压头均有所提高，但总压头低于单台泵压头的2倍。如果管路特性方程中的$H_0=\Delta z+\dfrac{\Delta p}{\rho g}$大于单泵所提供的最大压头，则必须采用串联运转。

多台泵串联操作相当于一台多级泵。多级泵的结构紧凑，安装、维修也方便，因此应选多级泵代替多台泵串联使用。

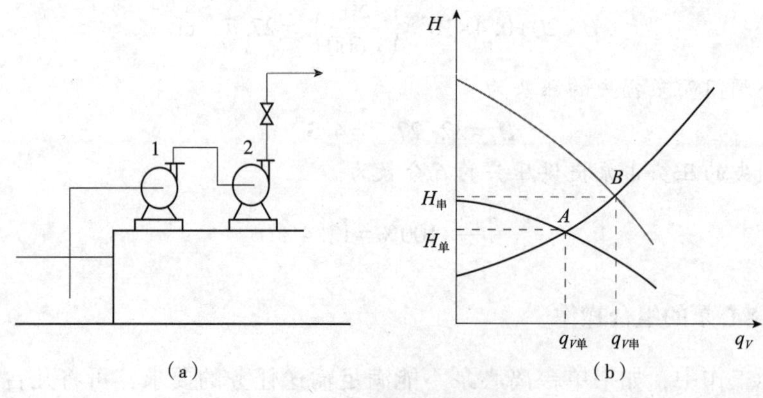

图2-13　离心泵的串联操作

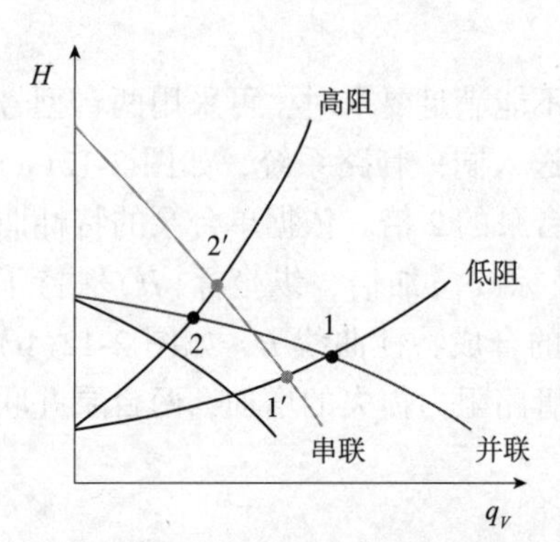

图2-14　离心泵组合方式的选择

(3)离心泵组合方式的选择

在各泵性能曲线一定的条件下，究竟是采用哪一种组合方式更为有利，这还要看管路特性曲线所处的位置和形状。如图2-14所示，对于低阻输送管路，其管路特性较平坦，泵并联操作的流量和压头大于泵串联操作的流量和压头；对于高阻输送管路，其管路特性较陡峭，泵串联操作的流量和压头大于泵并联操作的流量和压头。因此，对于低阻输送管路，应选用并联组合，而在高阻输送管路系统中，则选用串联组合更为适宜。

2.1.3.5　离心泵的汽蚀现象和安装高度

离心泵的安装高度是指被输送的液体所在贮槽的液面到离心泵泵轴间的垂直距离，用H_g表示，其数值可正可负。由此产生了这样一个问题，在安装离心泵时，安装高度是否可以无限制的高，还是受到某种条件的制约。

(1)离心泵的汽蚀现象

离心泵的吸液管路如图2-15所示。以贮液槽的液面为基准面，列出槽液面0-0′与泵入口1-1′截面间的伯努利方程，得

$$\frac{p_1}{\rho g}=\frac{p_0}{\rho g}-H_g-\frac{u_1^2}{2g}-\sum H_f \tag{2-11}$$

由式(2-11)可知，贮槽液面上方 p_0 一定时，泵的安装高度 H_g 越高或吸液管路内液体流速 u_1 与压头损失 $\sum H_f$ 越大，则 p_1 就越小。由离心泵的工作原理可知，从整个吸入管路到泵的吸入口直至叶轮内缘，液体的压强是不断降低的。当安装高度达到一定值，叶轮最低压力点处的压强低至该处温度下的液体饱和蒸气压时部分液体将汽化，产生的气泡被液流带入叶轮内高压区时，它们就会凝结或破裂。在凝结点处产生瞬间真空，周围的液体高速冲击该点，产生剧烈的水击，瞬间压力可高达数十个兆帕；另外，气泡中夹带的氧气等活泼气体对金属表面进行电化学腐蚀，长期下去就会使叶片出现斑痕而过早损坏，日久叶轮呈海绵状，以致成小块脱落，这种现象称为离心泵的汽蚀。

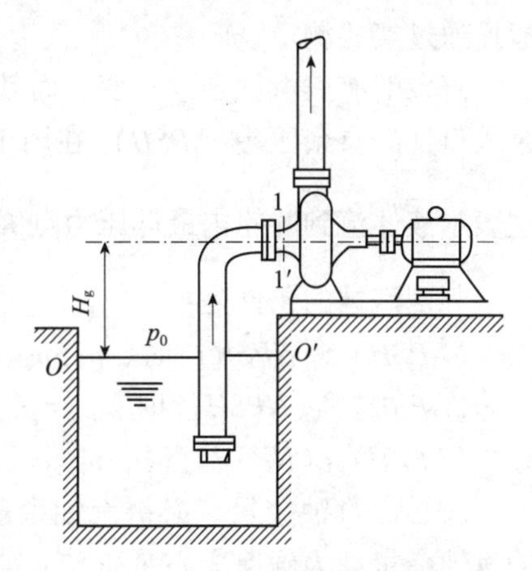

图 2-15 离心泵吸液示意

汽蚀现象动画

离心泵一旦发生汽蚀，泵体强烈振动并发出噪声，液体流量、压头和效率都明显下降，严重时甚至吸不上液体。汽蚀是泵损坏的重要原因之一，在设计、选用和安装时需要特别注意。

(2)离心泵的汽蚀余量

为避免汽蚀，泵的安装高度必须小于某一值，以确保叶轮内最低压力点处压力高于操作温度下液体的饱和蒸气压。为此，可用汽蚀余量对泵的安装高度 H_g 加以限制。

①有效汽蚀余量　为了避免发生汽蚀现象，液体经吸入管到达泵入口处所具有的压头($p_1/\rho g+u_1^2/2g$)不仅能克服流体阻力使液体被推进叶轮入口，而且应大于液体在操作温度下的饱和蒸气压头 $p_V/\rho g$，其差值为有效富余压头，常称为**有效汽蚀余量**($NPSH$)$_a$，表达式为

$$(NPSH)_a=\frac{p_1}{\rho g}+\frac{u_1^2}{2g}-\frac{p_V}{\rho g} \tag{2-12}$$

式中 ($NPSH$)$_a$——离心泵的有效汽蚀余量，m；

p_V——操作温度下液体的饱和蒸气压，Pa。

有效汽蚀余量的大小与吸入管路高度、管径等有关，而与泵本身无关。

②临界汽蚀余量　当叶轮入口处的最低压力 p_K 等于操作温度下输送液体的饱和蒸气压 p_V 时，泵将发生汽蚀，相应泵入口处压力 p_1 存在一个最小值 $p_{1,\min}$，此条件下的汽蚀余量即为**临界汽蚀余量**($NPSH$)$_c$。

$$(NPSH)_c=\frac{p_{1,\min}}{\rho g}+\frac{u_1^2}{2g}-\frac{p_V}{\rho g} \tag{2-13}$$

临界汽蚀余量实际反映了泵入口处1-1′截面到叶轮入口处 k-k'截面(图2-15中未标出)的压头损失，其值大小与泵的结构尺寸及液体流量有关。临界汽蚀余量由泵制

造厂通过实验测定。

若泵的有效汽蚀余量不变，而其临界汽蚀余量越小，泵越不容易发生汽蚀。因为泵入口处的富余压头$(NPSH)_a$在用于压头损失$(NPSH)_c$之后，所剩余的压头就越多，这表示液体流到叶轮内最低压力点K时，其压头$\frac{p_K}{\rho g}>\frac{p_V}{\rho g}$就越多，所以不会发生汽蚀。

判别汽蚀的条件是：

$(NPSH)_a>(NPSH)_c$时，$p_K>p_V$，不汽蚀；

$(NPSH)_a=(NPSH)_c$时，$p_K=p_V$，开始发生汽蚀；

$(NPSH)_a<(NPSH)_c$时，$p_K<p_V$，严重汽蚀。

③必需汽蚀余量　**必需汽蚀余量**$(NPSH)_r$是指泵在给定的转速和流量下所必需的汽蚀余量。为确保离心泵工作正常，根据有关标准，将所测定的$(NPSH)_c$加上一定的安全量作为必需汽蚀余量$(NPSH)_r$，并列入泵产品样本。一般要求$(NPSH)_a$要比$(NPSH)_r$大0.5m以上，即$(NPSH)_a\geqslant(NPSH)_r+0.5\text{m}$。

(3)离心泵的最大安装高度和最大允许安装高度

将式(2-12)代入式(2-11)得

$$H_g=\frac{p_0}{\rho g}-\frac{p_V}{\rho g}-(NPSH)_a-\sum H_f \tag{2-14}$$

式中　p_0——贮槽液面上方的绝对压力（当贮槽敞口时，p_0为当地环境大气压），Pa；

p_V——操作温度下液体的饱和蒸气压，Pa；

$\sum H_f$——吸入管路的压头损失，m。

并且由式(2-12)与式(2-11)可知，随着泵安装高度H_g的增高，$\frac{p_1}{\rho g}$减小，$(NPSH)_a$将减小。当$(NPSH)_a$减小到与$(NPSH)_c$相等时，$p_K=p_V$，则是开始发生汽蚀的临界情况。此时的安装高度称为最大安装高度，以H_{gmax}表示。对于某一型号的离心泵，若流量一定，则$(NPSH)_c$为一定值，它是确定H_{gmax}的重要数据。将式(2-14)改写为

$$H_{gmax}=\frac{p_0}{\rho g}-\frac{p_V}{\rho g}-(NPSH)_c-\sum H_f \tag{2-15}$$

将式(2-15)中的$(NPSH)_c$用$(NPSH)_r$代替，则得最大允许安装高度计算式：

$$H_{允许}=\frac{p_0}{\rho g}-\frac{p_V}{\rho g}-(NPSH)_r-\sum H_f \tag{2-16}$$

离心泵的实际安装高度必须低于最大允许安装高度。离心泵在操作过程中，不产生汽蚀的条件是有效汽蚀余量不小于必需汽蚀余量。

【例2-4】　某台离心水泵，从样本上查得其汽蚀余量$(NPSH)_r=2\text{m}$(水柱)。现用此泵输送敞口水槽中65℃清水，若泵吸入口距水面以上4m高度处，吸入管路的压头损失为0.8m(水柱)，当地环境大气压为0.1MPa，如图2-16所示。试求该泵的安装高度是否合适。

解： 由附录查出65℃水的饱和蒸气压$p_V=2.554\times10^4\text{Pa}$，密度$\rho=980.5\text{kg/m}^3$

已知$p_0=100\text{kPa}$，$\sum H_f=0.8\text{m}$(水柱)，$(NPSH)_r=2\text{m}$(水柱)

代入式(2-16)中，可得泵的最大允许安装高度

$$H_{允许}=\frac{p_0}{\rho g}-\frac{p_V}{\rho g}-(NPSH)_r-\sum H_f$$
$$=\frac{(100-25.54)\times10^3}{980.5\times9.81}-2-0.8$$
$$=4.94\quad m$$

实际安装高度 $H_g=4m$，小于 4.94m，故合适。

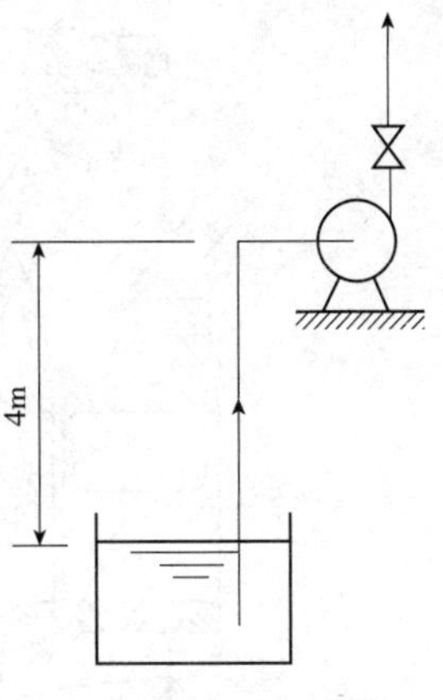

图 2-16　例 2-4 附图

【例 2-5】　用油泵将密闭容器内 30℃的丁烷抽出，要求输送量为 $9m^3/h$，容器液面上方的绝对压力为 345kPa。液面将降低到泵入口以下 3.2m。液体丁烷在 30℃下的密度为 $580kg/m^3$，饱和蒸气压为 304kPa。吸入管路为 ϕ50mm×3mm，估计吸入管路总长为 15m(包括所有局部阻力的当量长度)，摩擦系数为 0.03。所选油泵的必需汽蚀余量为 3m，问此泵能否正常工作？

解：判断泵能否正常工作，即比较实际安装高度与允许安装高度的相对大小

流速　$$u=\frac{q_V}{\frac{\pi}{4}d^2}=\frac{9/3\,600}{0.785\times0.044^2}=1.64\quad m/s$$

吸入管路阻力　$$\sum H_f=\lambda\frac{l+\sum l_e}{d}\frac{u^2}{2g}=0.03\times\frac{15}{0.044}\times\frac{1.64^2}{2\times9.81}=1.4\quad m$$

允许安装高度为　$$H_{允许}=\frac{p_0}{\rho g}-\frac{p_V}{\rho g}-(NPSH)_r-\sum H_f=\frac{(345-304)\times10^3}{580\times9.81}-3-1.4=2.8\quad m$$

液面降至最低时，安装高度为 3.2m，比允许安装高度大，说明实际安装位置太高，不能保证整个输送过程中不发生汽蚀现象。所以，应将泵的位置至少下降(3.2−2.8)=0.4m，或提升容器的位置。

2.1.3.6　离心泵的类型及选用

(1)离心泵的类型

离心泵的种类很多，常用的类型有清水泵、油泵、耐腐蚀泵和杂质泵等。以下仅对这些泵做简要介绍，详情可参阅泵的产品样本。

①清水泵(IS 型、D 型、Sh 型)　是应用最广的离心泵，在化工生产中用来输送各种工业用水以及物理、化学性质类似于水的其他液体。

最普通的清水泵是单级单吸泵，其系列代号为“IS”，结构如图 2-17 所示。全系列流量范围为 $4.5\sim360m^3/h$，扬程范围为 8~98m。以 IS100-80-160 为例说明型号中各项意义：IS——国际标准单级单吸清水离心泵；100——吸入管内径，mm；80——排出管内径，mm；160——泵叶轮的名义尺寸，mm。

如果要求的压头较高，可采用多级离心泵，其系列代号为“D”，结构如图 2-18 所示，叶轮的级数通常为 2~9 级，最多可达 12 级。

如要求的流量较大时，可采用双吸式离心泵，其系列代号为“Sh”。

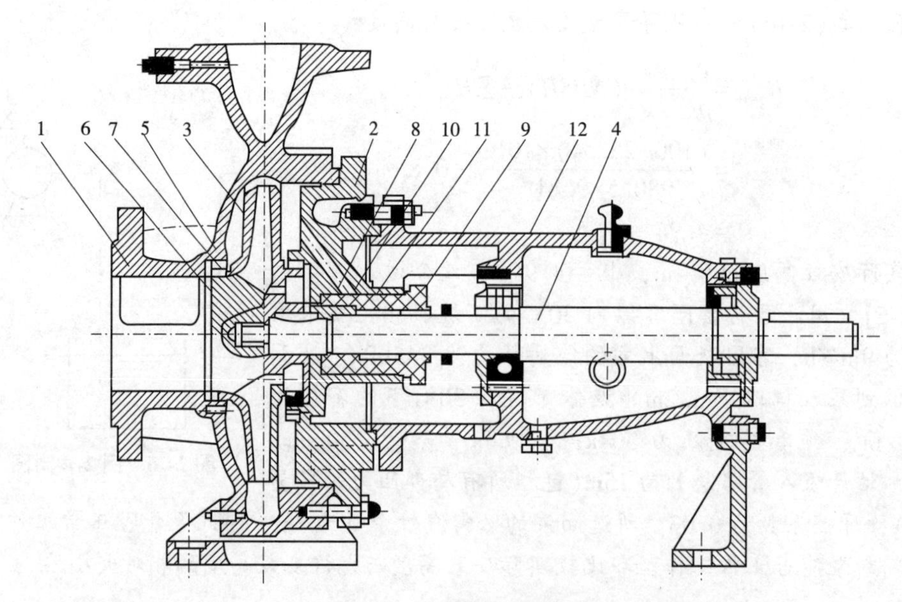

图 2-17　IS 型离心泵结构

1-泵体；2-泵盖；3-叶轮；4-轴；5-密封环；6-叶轮螺母；7-止动垫圈；8-轴盖；9-填料压盖；10-填料环；11-填料；12-悬架轴承部件

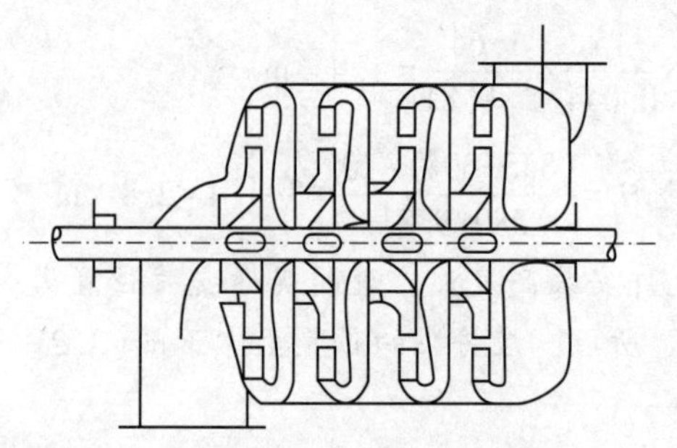

图 2-18　多级离心泵示意

②油泵(Y 型)　输送石油产品的泵称为油泵，因油品易爆易燃，因此要求油泵必须有良好的密封性能，输送高温油品(200℃以上)的热油泵还应具有良好的冷却措施，其轴承和轴封装置都带有冷却水夹套，运转时通冷水冷却。油泵分为单吸和双吸两种，系列代号为“Y”“YS”。

③耐腐蚀泵(F 型)　输送酸、碱和浓氨水等腐蚀性液体时，必须用耐腐蚀泵，耐腐蚀泵中所有与腐蚀性液体接触的各种部件都需要用耐腐蚀性材料制造，其系列代号为“F”。但是，用玻璃、陶瓷、橡胶等材料制造的耐腐蚀泵多为小型泵，不属于“F”系列。

④杂质泵(P 型)　用于输送悬浮液及稠厚的浆液等，其系列代号为“P”，又细分为污水泵 PW、砂泵 PS、泥浆泵 PN 等。对这类泵的要求是：不易被杂质堵塞，耐磨，容易拆洗。所以，它的特点是叶轮流道宽、叶片数目少，常采用半闭式或开式叶轮。有些泵壳内还衬以耐磨的铸钢护板。

(2)离心泵的选用

离心泵的选择是以能满足液体输送的工艺要求为前提，一般可按以下步骤进行。

①确定输送系统的流量与压头　液体的输送量一般为生产任务所规定，如果流量在一定范围内波动，应按最大流量选泵。并根据情况计算在最大流量下管路所需的压头。

②选择泵的类型与型号　根据输送液体的性质和操作条件确定泵的类型，按已确定的流量和压头，从泵的样本或产品目录中选出合适的型号。如果没有完全合适的型

号，则应选定泵的压头和流量都稍大的型号；如果同时有几个型号适合，应选择其中效率最高的泵。

③核算泵的轴功率　若输送液体的密度大于水的密度时，则要核算泵的轴功率，以选择合适的电机。

【例 2-6】　用离心泵将20℃河水送至一蓄水池中，要求输送量为$25m^3/h$。水由池底部进入，池中水面高出河面20m。其中吸入、压出管长均为25m(均包括所有局部阻力的当量长度)，管子均为ϕ68mm×4mm，摩擦系数为0.021。试选用一台合适的泵，并计算安装高度。

解： 流量 $q_V=25m^3/h$，20℃水的 $\rho=998.2kg/m^3$

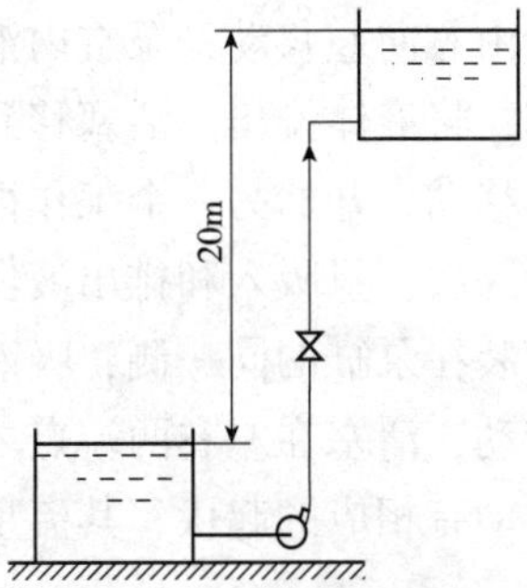

管内流速 $$u=\frac{q_V}{3\,600\times\frac{\pi}{4}d^2}=\frac{25}{3\,600\times\frac{\pi}{4}\times0.06^2}=2.46\quad m/s$$

在河水与蓄水池面间列伯努力方程，并简化：

$$H=\Delta z+\sum H_f=\Delta z+\lambda\frac{l+\sum l_e}{d}\frac{u^2}{2g}$$

$$=20+0.021\times\frac{25\times2}{0.06}\times\frac{2.46^2}{2\times9.81}=25.40\quad m$$

图 2-19　例 2-6 附图

根据流量 $q_V=25m^3/h$ 及扬程 $H=25.40m$，可从离心泵规格表中选用型号为IS65-50-160的离心泵，其流量为$25m^3/h$，扬程为32m，转速为2 900r/min，必需汽蚀余量为2.0m，效率为65%，轴功率为3.35kW。

确定安装高度：

20℃水，$\rho=998.2kg/m^3$　　$p_V=2.335kPa$

$$\sum H_{f吸入}=\lambda\frac{(l+\sum l_e)_{吸入}}{d}\frac{u^2}{2g}=0.021\times\frac{25}{0.06}\times\frac{2.46^2}{2\times9.81}=2.70\quad m$$

$$H_{g允}=\frac{p_0-p_V}{\rho g}-(NPSH)_r-\sum H_{f吸入}$$

$$=\frac{(101.3-2.335)\times10^3}{998.2\times9.81}-2.0-2.70=5.4\quad m$$

泵的实际安装高度应小于5.4m，可取4.9m。

2.2　其他类型化工用泵

2.2.1　往复泵

往复泵是往复工作的容积式泵，它是依靠活塞的往复运动周期性地改变泵腔容积的变化，依次开启吸入阀和排出阀，从而吸入和排出液体。

2.2.1.1　往复泵的构造与工作原理

图2-20为往复泵装置简图。泵主要部件有泵缸、活塞、活塞杆、吸入阀和排出阀。吸入阀和排出阀都是单向阀。活塞由电动的曲柄连杆机构带动，把电动机的旋转运动变为活塞的往复运动。

当活塞自左向右移动时，工作室的容积增大，形成低压，排出阀因受排出管内液体压力作用而关闭；吸入阀受贮槽液面与泵缸内的压差作用而打开，使液体吸入泵缸。当活塞移到右端点时，工作室的容积最大，吸入液体量也最多。此后，活塞便改为由右向左移动，泵缸内液体受到挤压而使其压强增大，致使吸入阀关闭而推开排出阀，将液体排出。活塞移到左端点后排液完毕，完成了一个工作循环。此后活塞又向右移动，开始另一个工作循环。活塞在泵缸内两端点间移动的距离称为冲程。活塞往复一次，只吸入和排出液体各一次的泵，称为单动泵。由于单动泵的吸入阀和排出阀均装在泵缸的同一侧，吸液时就不能排液，因此排液不连续，而且活塞由连杆和曲轴带动，活塞在左右两端点之间的往复运动也不是等速的，所以排液量也就随着活塞的移动有相应的起伏，其流量曲线如图2-21(a)所示。

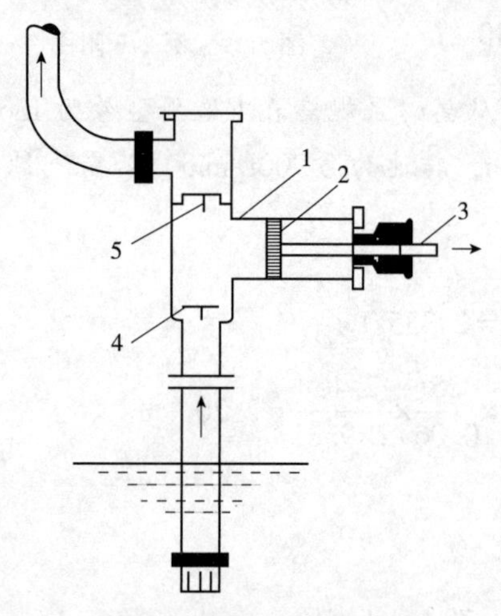

图2-20　往复泵装置示意

1-泵缸；2-活塞；3-活塞杆；4-吸入阀；5-排出阀

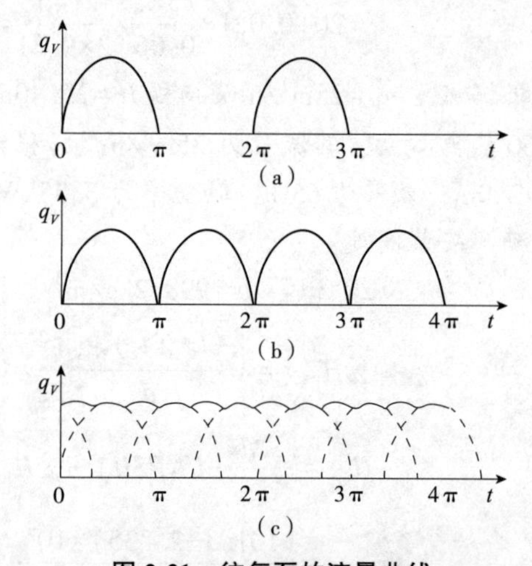

图2-21　往复泵的流量曲线

(a)单动泵的流量曲线　(b)双动泵的流量曲线　(c)三联泵的流量曲线

提高管路流量均匀性的常用方法有如下两种：

①采用双动泵或三联泵　双动泵的工作原理如图2-22所示，在活塞两侧的泵体内部都装有吸入阀和排出阀，因此无论活塞向哪一侧运动，总有一个吸入阀和排出阀打开，即活塞往复一次吸液和排液各两次，使吸入管路和排出管路总有液体流过，所以送液连续，但流量曲线仍有起伏，如图2-21(b)所示。三联泵是将3台单动泵连接在同一根曲轴的3个曲柄上，各台泵活塞运动的相位差为2π/3，其流量曲线如图2-21(c)所示，其排液量比较均匀。

②装置空气室　如图2-23所示，左右两排出阀的上方有两个空气室，对液流的

波动，可以起缓冲作用。在一个循环中，一侧的排出液量大时，一部分液体便被压入该侧的空气室，该侧排出量小时，空气室内一部分液体又可压到泵的排出口。此法，可以提高液体输送的均匀稳定程度。

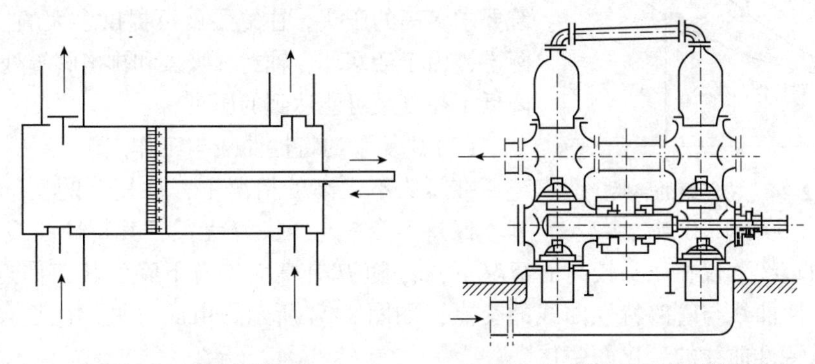

图 2-22　双动往复泵　　图 2-23　带有空气室的往复泵

往复泵启动前不用灌泵，能自动吸入液体，即有自吸能力。但在实际操作中，仍希望在启动前泵缸内有液体，这样不仅可以立即吸、排液体，而且可以避免活塞在泵缸内干摩擦以减少磨损。

2.2.1.2　往复泵的流量和压头

(1)流量

往复泵的流量取决于活塞所扫过的体积，而与管路特性无关。往复泵的理论流量可按下式计算。

①单动泵

$$q_{V_T}=ASn \tag{2-17}$$

式中　q_{V_T}——往复泵的理论流量，m^3/min；

A——活塞的截面积，m^2；

S——活塞的冲程，m；

n——活塞(或柱塞)往复频率，1/min。

②双动泵

$$q_{V_T}=(2A-a)Sn \tag{2-18}$$

式中　a——活塞杆的截面积，m^2。

在泵的操作中，由于吸入阀和排出阀开、闭滞后以及阀门、活塞填料函处泄漏，往复泵的实际流量低于理论流量。

往复泵的实际流量为

$$q_V=\eta_V q_{V_T} \tag{2-19}$$

式中　q_V——往复泵的实际流量，m^3/min；

η_V——往复泵的容积效率，由实验测定，一般为 0.9~0.97。

往复泵的实际流量一般为常数，只有在压头较高的情况下才随压头的升高略有下降，如图 2-24 所示。

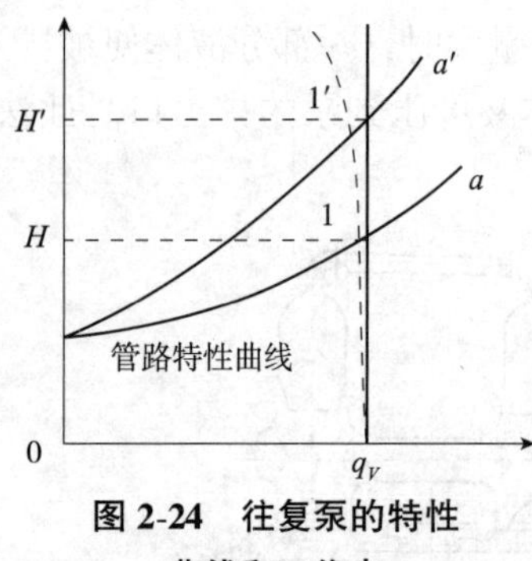

图 2-24 往复泵的特性曲线和工作点

(2)压头

往复泵的压头与泵的几何尺寸无关，与流量也无关。只要泵的机械强度及电动机的功率允许，管路系统要求多高的压头，往复泵就可提供多大的压头。实际上，由于活塞环、轴封、吸入和排出阀等处的泄露，降低了往复泵可能达到的压头。

(3)往复泵的特性曲线与工作点

在压头不太高的情况下，往复泵的实际流量 q_V 基本保持不变，与压头 H 无关，其特性曲线为 q_V 等于常数的直线。仅在压头较高的情况下，q_V 随 H 升高而略有下降。其工作点也是往复泵的特性曲线与管路特性曲线的交点，如图 2-24 所示。由此可见，往复泵的工作点随管路特性曲线的变化而变化。

往复泵的排液能力仅与泵特性有关，而提供的压头只取决于管路状况，这种性质称为正位移特性，具有这种特性的泵统称为正位移泵。往复泵是正位移泵之一。

2.2.1.3 往复泵的流量调节

离心泵的流量可用出口阀门来调节，但往复泵却不能采用此法，因为往复泵属于正位移泵，其流量与管路特性无关，安装调节阀非但不能改变流量，还会造成危险，一旦出口阀完全关闭，泵缸内的压强将急剧上升，导致泵缸损坏或电机烧毁。

往复泵的流量调节可采用以下方法。

(1)旁路调节

旁路调节如图 2-25 所示，泵的送液量不变，通过改变旁路阀的开度，以增减泵出口回到进口处的流量，以达到调节主管路系统流量的目的。当泵出口的压力超过规定值时，旁路管线上的安全阀会被高压液体顶开，液体流回进口处，使泵出口处减压，以保护泵和电机。显然，这种调节方法很不经济，只适用于流量变化幅度较小的经常性调节。

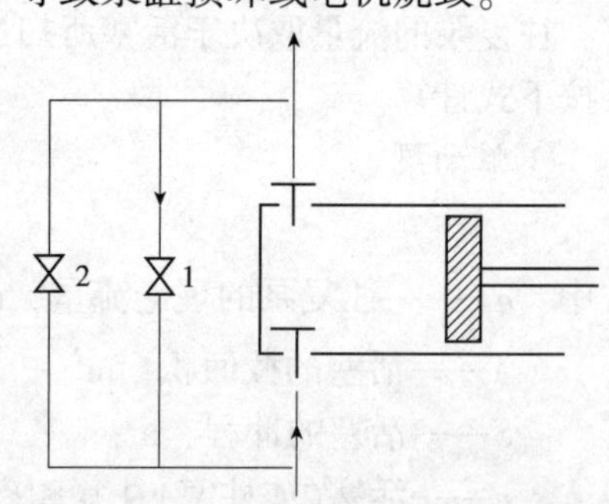

图 2-25 往复泵旁路调节流量示意

1-旁路阀；2-安全阀

(2)改变曲柄转速和活塞行程

由式(2-17)和式(2-18)可知，调节活塞的冲程 S 或往复次数 n，均可达到调节流量目的。因为电动机是通过减速装置与往复泵相连接，所以改变减速装置的传动比可以很方便地改变曲柄转速，从而改变活塞往复运动的频率，达到调节流量的目的。

往复泵的效率一般在 70% 以上，适用于输送小流量、高压头、高黏度的液体，但不适合输送腐蚀性液体及有固体颗粒的悬浮液。

2.2.2 计量泵

在化学工业生产中普遍使用的计量泵(或称比例泵)是往复泵的一种，其结构如

图2-26所示。它是通过偏心轮将电机的旋转运动变成柱塞的往复运动，偏心轮的偏心距可以调整，以改变柱塞的冲程，从而实现流量的调节。

计量泵主要应用在一些要求精确地输送液体至某一设备的场合，或将几种液体按精确的比例输送。如化学反应器一种或几种催化剂的投放，后者是靠分别调节多缸计量泵中每个活塞的行程来实现的。

2.2.3　隔膜泵

隔膜泵也是往复泵的一种，其结构如图2-27所示，它用弹性薄膜(耐腐蚀橡胶或弹性金属片)将泵分隔成互不相通的两部分，分别是被输送液体和活柱存在的区域，和液体接触的部分均由耐腐蚀材料制成或涂有耐腐蚀性物质，活柱不与输送的液体接触。活柱的往复运动通过同侧的介质传递到隔膜上，使隔膜也做往复运动，从而实现被输送液体经球形活门吸入和排出。在工业生产中，隔膜泵主要用于输送腐蚀性液体或含有固体悬浮物的液体。

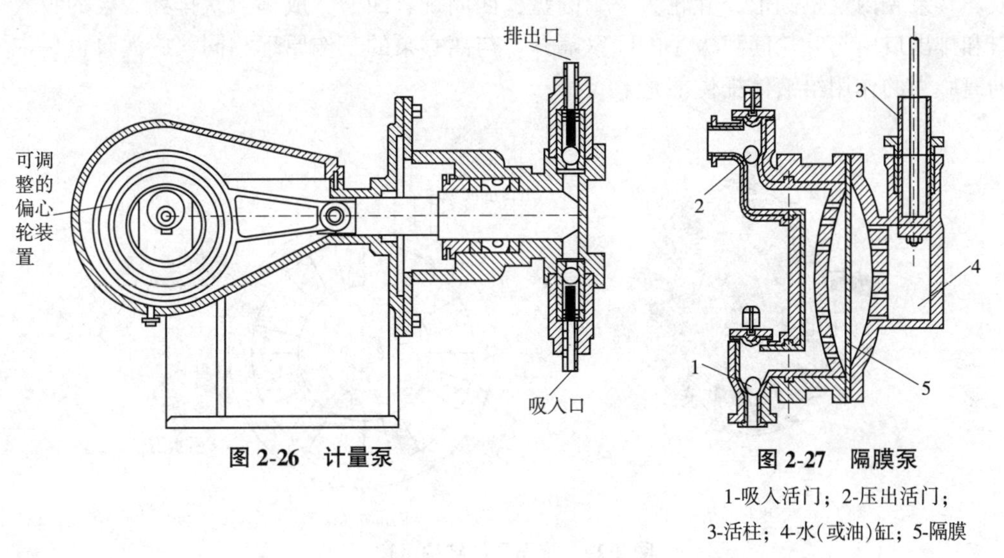

图2-26　计量泵

图2-27　隔膜泵

1-吸入活门；2-压出活门；3-活柱；4-水(或油)缸；5-隔膜

2.2.4　齿轮泵

齿轮泵是正位移泵的一种，其结构如图2-28所示。齿轮泵主要是由椭圆形泵壳和两个齿轮组成。其中一个齿轮为主动齿轮，由传动机构带动，另一个为从动齿轮，与主动齿轮相互啮合而随之做反方向旋转，将泵内空间分成互不相通的吸入腔和排出腔。当齿轮旋转时，因两齿轮的齿相互分开而形成低压，吸入液体，并沿壳壁把液体推送到排出腔。在排出腔内，两齿轮相互合拢使液体受挤形成高压而排出。如此靠齿轮的旋转位移吸入和排出液体。

齿轮泵的流量较小，但可产生较高的压头。化工厂中多用来输送涂料等黏稠液体甚至膏糊状物料，但不宜输送含有粗颗粒的悬浮液。

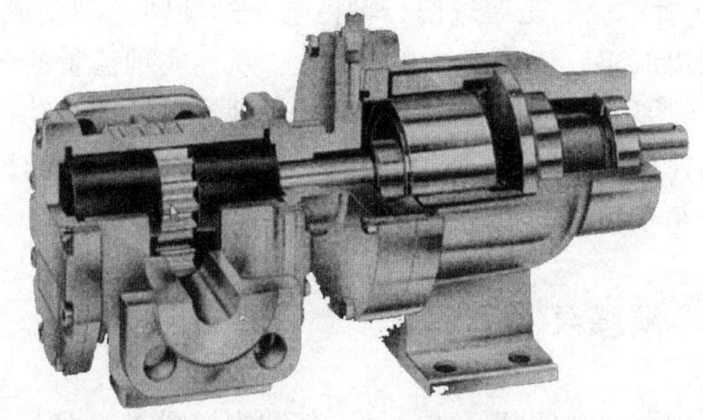

图 2-28　齿轮泵

2.2.5　旋涡泵

旋涡泵是一种特殊类型的离心泵，其结构如图 2-29 所示，也是由叶轮与泵壳组成。其泵壳内壁呈圆形，叶轮为一个圆盘，四周铣有凹槽，成辐射状排列。泵的吸入口和排出口由与叶轮间隙极小的间壁隔开。与离心泵的工作原理相同，旋涡泵也是借助离心力的作用给液体提供能量。

叶轮形状

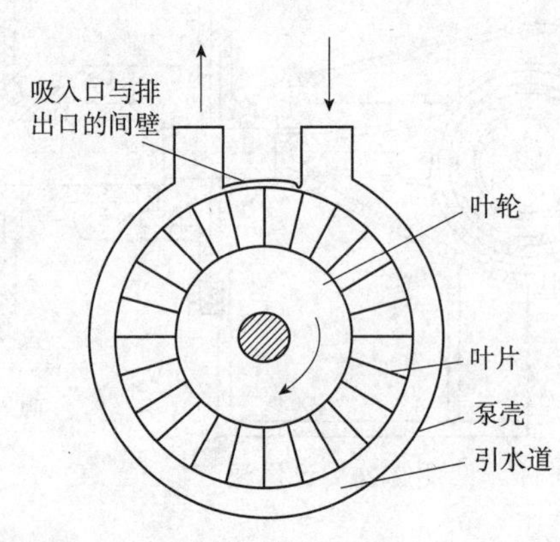

内部示意

图 2-29　旋涡泵的结构示意

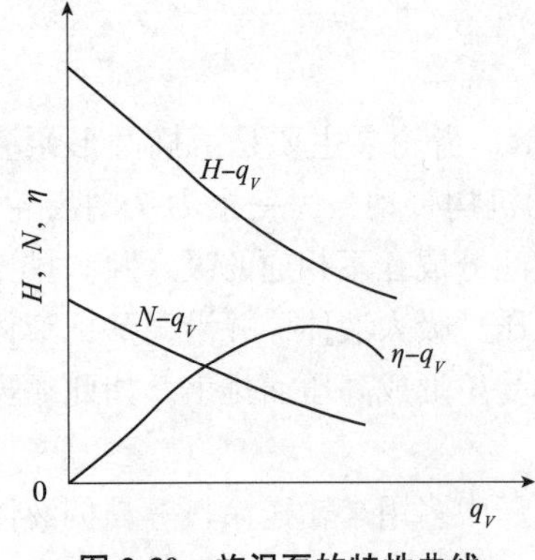

图 2-30　旋涡泵的特性曲线

叶轮旋转时，叶片凹槽中的液体被离心力甩向流道，一次增压；流道中液体又因槽中液体被甩出形成低压，再次进入凹槽，再次增压。多次的凹槽-流道-凹槽的旋涡运动，液体多次被做功，从而获得较高压头。

旋涡泵的特性曲线如图 2-30 所示，液体在旋涡泵中所获得的能量，与液体在流动过程中进入叶轮的次数有关，当流量减小时，流道内液体的运动速度减小，液体流入叶轮的平均次数增多，泵的扬程必然增大；当流量增大时扬程急剧下降。

因此，旋涡泵的 H-q_V 特性曲线呈陡降型。

因为流量小时功率大，所以旋涡泵在启动时应打开出口阀，并且流量调节应采用旁路回流调节法。在叶轮直径和转速相同的条件下，旋涡泵的压头比离心泵高出2~4倍。由于泵内流体的旋涡流作用，流动摩擦损失增大，所以旋涡泵的效率较低，一般为20%~50%。

旋涡泵适用于输送流量小、压头高且黏度不高的清洁液体。

2.3 气体输送机械

气体输送机械的结构和原理与液体输送机械大体相同，但是气体密度比液体小得多，同时气体具有可压缩性，当压力变化时，其体积和温度将随之发生变化。气体压力变化程度常用压缩比表示。压缩比为气体排出与吸入压力的比值。

气体输送机械按工作原理分为离心式、旋转式、往复式以及喷射式等。按出口压力(终压)和压缩比不同分为以下几类：

①通风机　出口表压不大于15kPa，压缩比为1~1.15；

②鼓风机　出口表压为15~300kPa，压缩比为1.15~4；

③压缩机　出口表压大于300kPa，压缩比大于4；

④真空泵　用于抽出设备内的气体，排到大气，使设备内产生真空，出口压力为大气压或略高于大气压力，压缩比由真空度决定。

2.3.1 离心式通风机

2.3.1.1 工作原理与基本结构

离心式通风机的工作原理与离心泵完全相同，气体被吸入通风机后，借助叶轮旋转时所产生的离心力将其压力提高而排出。根据所产生的风压大小，离心式通风机又分为低压、中压和高压离心式通风机。

离心式通风机的结构和单级离心泵相似，机壳也是蜗壳形，但壳内逐渐扩大的气体通道及出口截面有矩形和圆形两种，一般低压、中压通风机多用矩形(图2-31)，高压通风机多用圆形。通风机的叶轮直径一般比较大，叶轮上叶片的数目比较多而且长度短，其形状有前弯、平直、后弯3种。在不追求高效率，仅要求通风量大时，常采用前弯叶片；若要求高效率和高风压，则采用后弯叶片。

2.3.1.2 性能参数与特性曲线

(1)性能参数

①流量(风量)　是指单位时间内流过风机进口的气体体积，即体积流量，以 q_V 表示，单位为 m^3/s、m^3/min 或 m^3/h。

②全风压　单位体积的气体流经风机时所获得的能量，以 p_t 表示，单位为 J/m^3、Pa。离心式通风机的风压通常由实验测定。

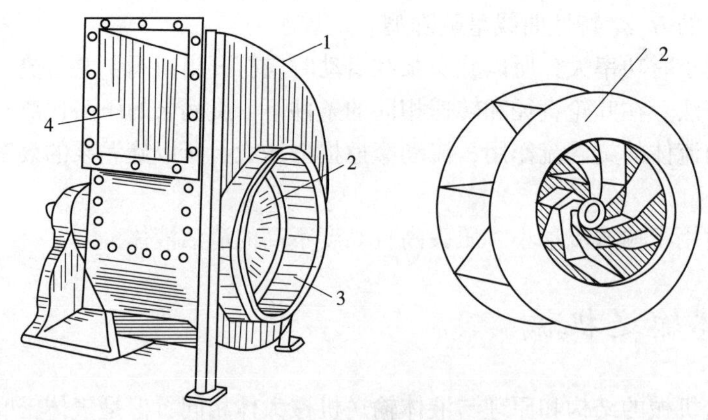

图 2-31　离心式通风机及叶轮

1-机壳；2-叶轮；3-吸入口；4-排出口

以单位质量的气体为基准，在风机进、出口截面 1-1′，2-2′间列伯努利方程，且气体密度取平均值，可得

$$z_1 g+\frac{p_1}{\rho}+\frac{1}{2}u_1^2+W_e=z_2 g+\frac{p_2}{\rho}+\frac{1}{2}u_2^2+\sum h_f$$

式中各项单位为 J/kg，将上式各项同乘以 ρ，并整理可得

$$p_t=\rho W_e=(z_2-z_1)\rho g+(p_2-p_1)+\frac{\rho}{2}(u_2^2-u_1^2)+\Delta p_f \tag{2-20}$$

式中各项的单位为 $J/m^3=N\cdot m/m^3=N/m^2=Pa$，各项意义为单位体积气体所具有的机械能。

由于(z_2-z_1)较小，气体 ρ 也较小，故$(z_2-z_1)\rho g$ 可以忽略，又因进、出口管段很短，Δp_f 项可忽略；当空气直接由大气进入通风机时，u_1 也可以忽略，则式(2-20)简化为

$$p_t=(p_2-p_1)+\frac{\rho u_2^2}{2}=p_s+p_k \tag{2-21}$$

从式(2-21)可以看出，通风机的全风压由两部分组成，其中压差(p_2-p_1)习惯上称为静风压 p_s，而$\frac{\rho u_2^2}{2}$称为动风压 p_k。在离心泵中，泵进出口处的动能差很小，可以忽略。但在离心通风机中，气体出口速度很高，动风压不仅不能忽略，且由于风机的压缩比很低，动风压在全压中所占比例较高。

③轴功率和效率

$$N=\frac{q_V p_t}{\eta\times 1\ 000} \tag{2-22}$$

式中　N——轴功率，kW；

　　　η——全风压效率。

（2）特性曲线

与离心泵一样，一定型号的离心通风机在出厂前必须通过实验测定其特性曲线（图2-32），通常是以1atm、20℃空气（$\rho_0=1.20\mathrm{kg/m^3}$）作为工作介质进行测定，相应的全风压和静风压分别记为p_{t0}和p_{st0}。离心通风机的特性曲线主要有p_t-q_V、p_s-q_V、$N-q_V$和$\eta-q_V$ 4条曲线。在选用通风机时，如所输送气体的密度与实验介质相差较大，应将实际所需全风压p_t换算成标定条件下的全风压p_{t0}，全风压换算可按式（2-23）进行。然后根据p_t'的数值来选用风机。

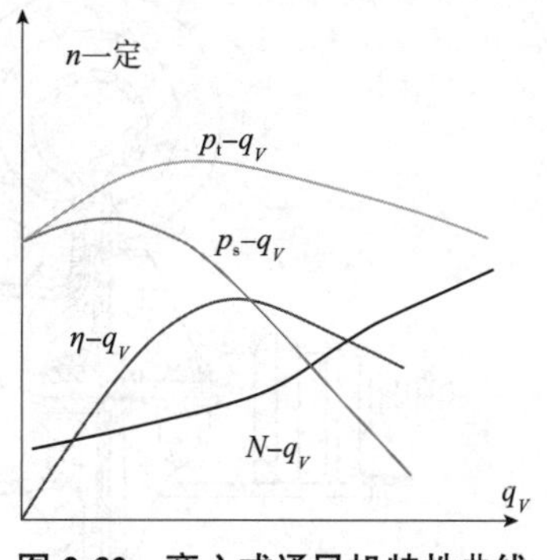

图2-32　离心式通风机特性曲线

$$p_{t0}=p_t\frac{\rho_0}{\rho}=p_t\frac{1.2}{\rho} \tag{2-23}$$

式中　ρ——实际输送气体的密度；

ρ_0——1atm、20℃空气的密度。

2.3.2　鼓风机

2.3.2.1　旋转式鼓风机

旋转式鼓风机类型很多，最常用的是罗茨鼓风机。罗茨鼓风机的结构如图2-33所示，其工作原理与齿轮泵极为相似。机壳内有两个特殊形状的转子，常为腰形或三角形，两转子之间、转子与机壳之间的缝隙很小，使转子能自由转动而无过多泄漏。两转子的旋转方向相反，使气体从机壳一侧吸入，另一侧排出。如改变转子的旋转方向，可使吸入口与排出口互换。罗茨鼓风机为容积式鼓风机，具有正位移特性，其风量与转速成正比，而与出口压力无关。一般采用旁路调节流量。

图2-33　罗茨鼓风机

罗茨鼓风机的出口应安装稳压气柜与安全阀，操作温度不能超过85℃，以免转子受热膨胀而卡住。

2.3.2.2　离心式鼓风机

离心式鼓风机又称透平鼓风机，离心式鼓风机的外形与离心泵相像，内部结构也有许多相同之处。如图2-34所示，离心式鼓风机的蜗壳形通道为圆形，但外壳直径与厚度之比较大，叶轮上叶片数目较多，转速较高，叶轮外周都装有导轮。单级出口压强不高，一般不超过30kPa，故压头较高的离心式鼓风机都是多级的，可达0.3MPa，其结构和多级离心泵类似，如图2-35所示。

离心式鼓风机的选型方法与离心式通风机相同。

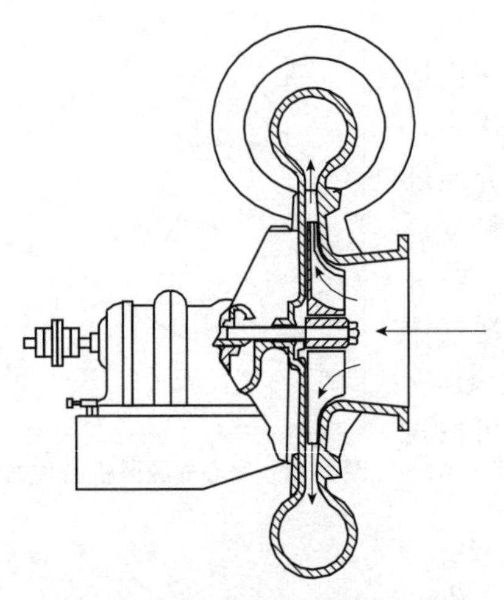

图2-34　离心式鼓风机结构示意

图2-35　多级低速离心式鼓风机

2.3.3　压缩机

往复式压缩机的基本结构和工作原理与往复泵相似，也是依靠活塞的往复运动而将气体吸入和排出，主要部件有气缸、活塞、吸气阀和排气阀。

因往复压缩机所处理的是可压缩的气体，压缩后气体的压强增高、体积缩小、温度升高，为移除气体压缩放出的热量，必须附设冷却装置。

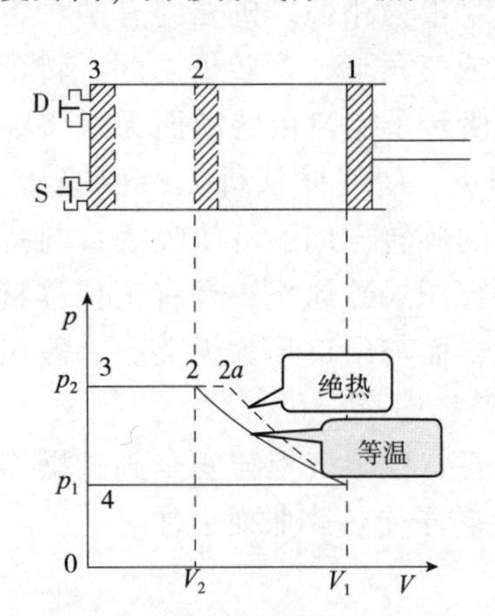

图2-36　理想压缩循环的p-V图

图2-36为单作用往复式压缩机的工作过程。①开始时刻：当活塞位于最右端时，缸内气体体积为V_1，压力为p_1，用图中1点表示。②压缩阶段：当活塞由右向左运动时，由于D活门所在管线有一定压力，所以D活门是关闭的，活门S受压也关闭。因此，在这段时间里气缸内气体体积下降而压力上升，所以是压缩阶段。直到压力上升到p_2，活门D被顶开为止。此时的缸内气体状态如2点表示。③排气阶段：活门D被顶开后，活塞继续向左运动，缸内气体被排出。这一阶段缸内气体压力不变，体积不断减小，直到气体完全排出体积减至零。这一阶段属恒压排气阶段。此时的状态用3点表示。④吸气阶段：活塞从最左端退回，缸内压力立刻由p_2降到p_1，状态达到4。此时D活门受压关闭，S活门受压打开，气缸又开始吸入气体，体积增大，压力不变，因此为恒压吸气阶段，直到1点为止。由此可见，往复压缩机的工作循环是由恒压下吸气过程、压缩过程、恒压下排气过程所组成，称为理想压缩循环，或称为理想工作循环。

上述压缩循环之所以称为理想压缩循环，除了假定过程皆属可逆之外，还假定了压缩阶段终了缸内气体一点不剩地排尽。实际上此时活塞与气缸盖之间必须留有一定的空隙，以免活塞杆受热膨胀后使活塞与气缸相撞。这个空隙就称为余隙。有余隙存在时的理想气体的压缩循环称为实际压缩循环。

2.3.4 真空泵

真空泵是从容器或系统中抽出气体，使其处于低于大气压状态的设备，其结构形式较多，下面仅就化工中常用的几种真空泵做简要介绍。

2.3.4.1 往复式真空泵

往复式真空泵的构造和作用原理与往复压缩机相同。当所需达到的真空度较高时，如95%的真空度，压缩比约为20，这样高的压缩比，使余隙中残留气体对真空泵的抽气速率影响很大。为了降低余隙的影响，在真空泵气缸左右两端之间设有平衡气道，活塞排气阶段终了时，平衡气道短时间连通，使残留于余隙中的气体可以从活塞一侧流到另一侧，以降低残余气体的压力，从而提高容积系数。往复式真空泵属于干式真空泵，所排放的气体不应含有液体，若其抽吸气体中含有大量蒸气，则必须将可凝性气体通过冷凝或其他方法除去之后再进入泵内。

2.3.4.2 水环真空泵

水环真空泵如图2-37所示，外壳呈圆形，其中有一叶轮偏心安装，叶轮上有辐射状叶片。水环泵工作时，泵内注入一定量的水，当叶轮旋转时，由于离心力的作用，将水甩至壳壁形成水环，此水环有密封作用，使叶片间的空隙形成许多大小不同的密封室，由于叶轮的旋转运动，在右半部，密封室体积由小变大形成真空，将气体从吸入口吸入；旋转到左半部，密封室体积由大变小，将气体由排出口排出。

水环真空泵的结构简单、紧凑，制造容易，维修方便，但效率低，一般为30%~50%，适用于抽吸有腐蚀性、易爆炸的气体。

2.3.4.3 喷射泵

喷射泵是利用流体流动时，静压能与动压能相互转换的原理来吸送流体的。它可用于吸送气体，也可吸送液体。在化工生产中，喷射泵用于抽真空时，称为喷射式真空泵。喷射泵的工作流体可以用蒸汽(称蒸汽喷射泵)，也可用于水(称水喷射泵)或其他流体。

如图2-38为一单级蒸汽喷射泵。当工作蒸汽在高压下以高速从喷射嘴喷出时，在喷嘴口处产生真空而将气体由吸入口吸入，吸入的气体与工作蒸汽混合后进入扩张管，速度逐渐降低，压强随之升高，最后从压出口排出。

单级蒸汽喷射泵仅能达到90%的真空度，为获得更高的真空度可采用多级蒸汽喷射泵。

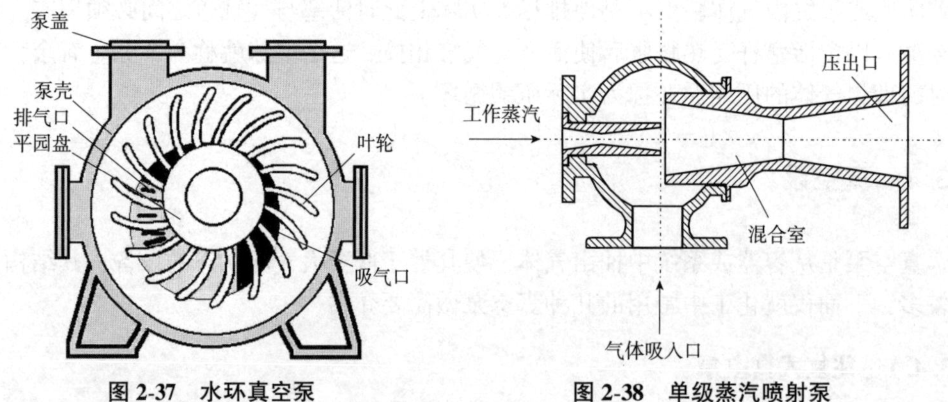

图2-37 水环真空泵

图2-38 单级蒸汽喷射泵

喷射泵的优点是结构简单，制造方便，无运动部件，抽气量大；缺点是工作流体消耗大，效率很低，一般只有10%~25%。因此，喷射泵多用于抽真空，很少用于输送目的。

思考题

2-1 离心泵在启动前，为什么泵壳内要灌满液体？

2-2 什么是“气缚”现象？产生的原因及如何预防“气缚”现象。

2-3 什么是流体输送机械的压头或扬程？

2-4 离心泵的压头受哪些因素影响？

2-5 离心泵特性曲线有哪几条？离心泵关闭前为什么要关闭出口阀门？

2-6 影响离心泵特性曲线的主要因素有哪些？

2-7 造成离心泵功率损失的因素有哪些？

2-8 离心泵的工作点是如何确定的？有哪些调节流量的方法？

2-9 离心泵的组合操作各适用于何种管路？

2-10 什么是泵的“汽蚀”？如何避免？往复泵有无“汽蚀”现象？

2-11 影响离心泵最大允许安装高度的因素有哪些？

2-12 为什么离心泵启动前应关闭出口阀，而旋涡泵启动前应打开出口阀？

2-13 启动往复泵时是否需要灌泵？启动往复泵时能否关闭出口阀门？往复泵的流量调节能否采用出口阀门调节？

2-14 齿轮泵适宜输送哪种液体？

2-15 简述通风机的全风压、动风压的含义。为什么离心泵的压头与密度无关，而风机的全风压与密度有关？

习 题

2-1 某离心泵以15.5℃水进行泵性能实验，体积流量为9.4m^3/h，泵出口压力表读数为81kPa，泵入口真空表读数为22.5kPa。若压力表和真空表测压截面间的垂直距离为250mm，吸入管和压出管内径分别为30mm及27mm，试求泵的扬程。

2-2　用泵将常压贮槽中的稀碱液送至蒸发器中浓缩，如附图所示。泵进口管为ϕ89mm×3.5mm，碱液在其中的流速为1.85m/s；泵出口管为ϕ76mm×3mm。贮槽中碱液的液面距蒸发器入口处的垂直距离为7m。碱液在管路中的能量损失为45J/kg(不包括出口)，蒸发器内碱液蒸发压力保持在20kPa(表压)，碱液的密度为1 100kg/m^3。设泵的效率为61%，试求该泵的轴功率。

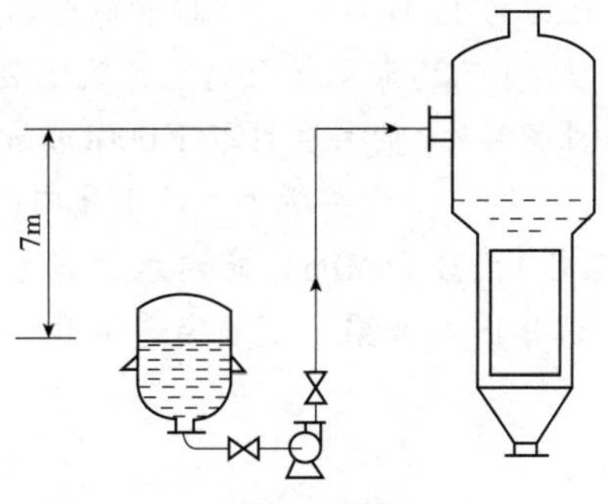

习题2-2附图

2-3　在用水测定离心泵性能的实验中，当流量为26m^3/h时，泵出口处压强表和入口处真空表的读数分别为152kPa和24.7kPa，轴功率为2.45kW，转速为2 900r/min，若真空表和压强表两测压口间的垂直距离为0.4m，泵的进出口管径相同，两测压口间管路流动阻力可忽略不计。试求该泵的效率，并列出该效率下泵的性能。

2-4　某离心水泵在转速为2 900r/min下流量为50m^3/h时，对应的压头为30m，当泵的出口阀门全开时，管路特性曲线方程为$H=18+0.4\times10^5 q_V{}^2$($q_V$的单位为m^3/s)，为了适应泵的特性，将管路上泵的出口阀门关小而改变管路特性。试求：(1)关小阀门后的管路特性方程；(2)关小阀门造成的压头损失占泵提供压头的百分数。

2-5　某型号的离心泵，其压头与流量的关系可表示为$H=18-0.6\times10^6 q_V{}^2$($H$单位为m，$q_V$单位为m^3/s)。若用该泵从常压贮水池将水抽到渠道中，已知贮水池截面积为80m^2，池中水深7m。输水之初，池内水面低于渠道水平面2m，假设输水渠道水面保持不变，且与大气相通。管路系统的压头损失为$H=0.4\times10^6 q_V{}^2$(H单位为m，q_V单位为m^3/s)。试求将贮水池内水全部抽出所需时间。

2-6　用两台离心泵从水池向高位槽送水，单台泵的特性曲线方程为$H=25-1\times10^6 q_V^2$，管路特性曲线方程可近似表示为$H=10+1\times10^5 q_V^2$(q_V的单位为m^3/s)，H的单位为m。试问两泵如何组合才能使输液量最大？

2-7　用离心泵向设备送水。已知泵的特性曲线方程为$H=40-0.02q_V^2$，管路特性曲线方程为$H=25+0.03q_V^2$，两式中q_V的单位均为m^3/h，H的单位为m。试求：(1)泵的输送量；(2)若有两台相同的泵串联操作，则泵的输送量为多少？若并联操作，输送量又为多少？

2-8　用型号为IS65-50-125的离心泵将敞口水槽中的水送出，吸入管路的压头损失为4m，当地环境大气的绝对压力为98kPa。试求：(1)水温20℃时泵的安装高度；(2)水温60℃时泵的安装高度。

2-9　用离心泵从真空度为200mmHg的容器中输送液体，所用泵的必需汽蚀余量为3m。该液体在输送温度下的饱和蒸汽压为320mmHg，密度为900kg/m^3，吸入管路的压头损失0.35m，试确定泵的安装位置。若将容器改为敞口，该泵又应如何安装？(当地大气压为100kPa)

2-10 欲用离心泵将20℃水以30m^3/h的流量由水池打到敞口高位槽，两液面均保持不变，液面高度差为18m，泵的吸入口在水池液面上方2m处。泵的吸入管路全部阻力为1mH_2O柱，出口管的全部阻力为3mH_2O，泵的效率为0.6。试求：(1)泵的轴功率；(2)若已知泵的允许吸上真空高度为6m，则上述安装高度是否合适？(动压力可忽略)水的密度可取1 000kg/m^3。

2-11 如附图所示，从水池向高位槽送水，要求送水量为20~25m^3/h，槽内压强(表压)为0.05MPa，槽内水面与水池内水面垂直距离16m，管路总阻力为4.1J/N，拟选用IS型水泵，试确定选用哪一种型号适宜？

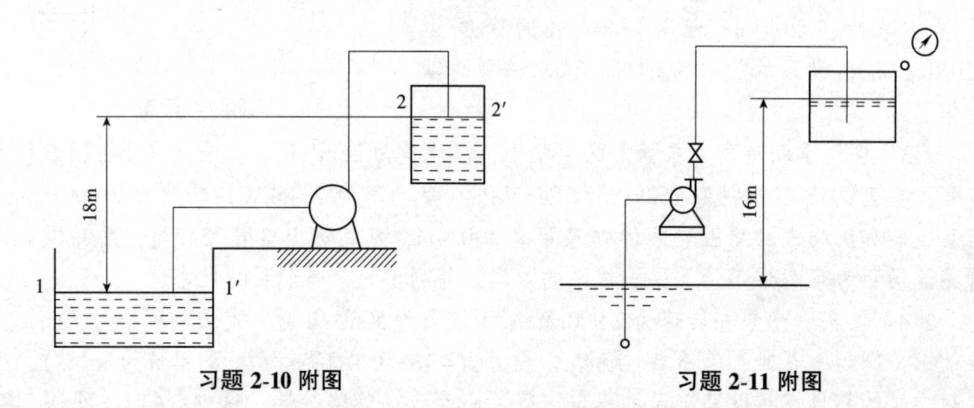

习题 2-10 附图　　习题 2-11 附图

2-12 如附图，用离心泵将30℃的水由水池送到吸收塔内。已知塔内操作压力为400kPa(表压)，要求流量为65m^3/h，输送管是ϕ108mm×4mm钢管，总长50m，其中吸入管路长6m，局部阻力系数总和$\sum\zeta_1=5$；压出管路的局部阻力系数总和$\sum\zeta_2=15$。试求：(1)通过计算选用合适的离心泵；(2)泵的安装高度是否合适？大气压为760mmHg。

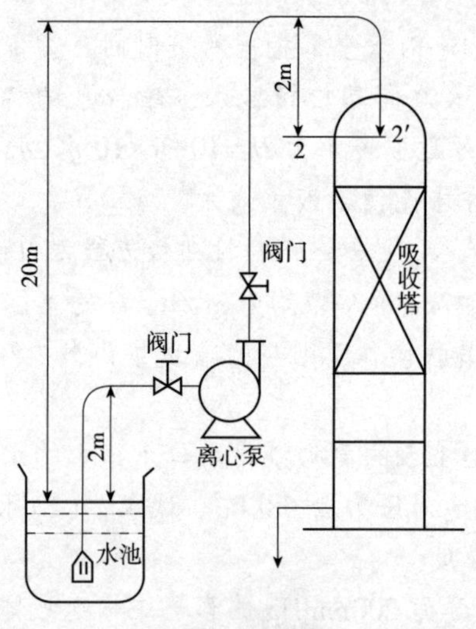

习题 2-12 附图

2-13 现采用一台三效单动往复泵，将敞口贮罐中密度为1 250kg/m^3的液体输送到表压强为1.28×10^6Pa的塔内，贮罐液面比塔入口低10m，管路系统的总压头损失为2m，已知泵活塞直径为70mm，冲程为225mm，每分钟活塞往复200次，泵的总效率和容积效率为0.9和0.95。试求泵的实际流量、压头和轴功率。

2-14　15℃的空气直接由大气通过风机进入内径为800mm的水平管道送到炉底，炉底表压为10kPa。空气输送量为20 000m/h(进口状态计)，管长为100m(包括局部阻力当量长度)，管壁绝对粗糙度可取为0.3mm。现库存一台离心通风机，其性能如下表所示。核算此风机是否合用？当地大气压为101.33kPa。

转速/(r/min)	风压/Pa	风量/(m^3/h)
1 450	12 650	21 800

第3章

沉降与过滤

如图3-1所示，水杨酸的制备是以苯酚为原料，先与氢氧化钠反应制成苯酚钠，常压下通入CO_2羧基化后制得水杨酸盐，反应完毕后加清水，使水杨酸钠溶解后进行脱色、过滤，再加H_2SO_4酸化，即析出水杨酸，经过滤、洗涤、干燥制得水杨酸粗产品，再经过升华制得水杨酸。

从以上流程中可以看出，某些化工生产过程需要进行液-固、气-固分离，即非均相物系分离操作，因此必须掌握非均相混合物分离的原理及相应设备的使用原理和方法。

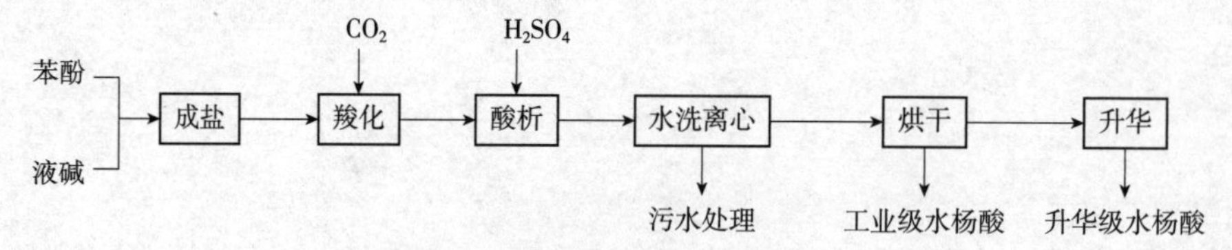

图3-1　水杨酸生产工艺流程

具有不同物理性质(如密度差别)的分散物质和连续介质所组成的物系称为非均相混合物系或非均相物系，如由固体颗粒与液体构成的悬浮液、由固体颗粒与气体构成的含尘气体等。这类混合物的分离就是将不同的相分开，通常采用机械分离的方法。例如，通过沉降的方法可将大小不等及密度不同的颗粒混合物分开，通过筛分的方法可将大小不同的颗粒分开，通过过滤的方法可将悬浮液分成固体与液体两部分等。本章主要介绍沉降与过滤两种机械分离的方法。

3.1　颗粒及颗粒床层的特性

3.1.1　单颗粒的特性参数

描述颗粒的特性参数主要是大小(尺寸)、形状和表面积(或比表面积)。

对于形状规则的颗粒来说，其大小可用某一个或某几个特征尺寸表示，则颗粒的体积和表面积等均可以用其特征尺寸表示，如球形颗粒的尺寸可用它的直径 d_s 表示，其体积为

$$V=\frac{\pi}{6}d^3 \tag{3-1}$$

单位体积颗粒所具有的表面积即为颗粒的比表面积，用 a_s 表示。球形颗粒比表面积的定义为

$$a_s=\frac{A}{V}=\frac{\pi d_s^2}{\frac{\pi}{6}d_s^3}=\frac{6}{d_s} \tag{3-2}$$

对于形状不规则的颗粒，通常比表面积也以 $V=\frac{\pi}{6}d^3$ 定义，但其形状与大小的表示需要人为加以定义，工程上采用颗粒的形状系数来表示颗粒的形状，以当量直径 d_e 来表示颗粒的尺寸大小。

最常采用的形状系数是球形度 Φ，即与球形的差异情况，它的定义式为

$$\Phi=\frac{\text{与颗粒等体积的球形颗粒的表面积}}{\text{颗粒的表面积}}=\frac{A_s}{A} \tag{3-3}$$

由于相同体积的不同形状颗粒中，球形颗粒的表面积最小，所以对非球形颗粒而言，总有 $\Phi<1$。对于球形颗粒，$\Phi=1$。

不规则颗粒的尺寸可用与其某种几何量相等的球形颗粒的直径表示，称为当量直径。根据所用几何量的不同，常用的当量直径有以下两种。

①等体积当量直径 d_V　即体积等于颗粒体积的球形颗粒的直径为非球形颗粒的等体积当量直径

$$d_V=\left(\frac{6V}{\pi}\right)^{1/3} \tag{3-4}$$

②等比表面积当量直径 d_s　使当量球形颗粒的比表面积等于真实颗粒的表面积定义为非球形颗粒的等比表面积当量直径，根据式(3-2)有

$$d_s=\frac{6}{a_s} \tag{3-5}$$

对同一个非球形颗粒，用上述两种定义所求出的当量直径的数值是不同的，它们之间的关系与颗粒的形状有关。一般等体积当量直径用得较多。

根据球形度的定义，等体积当量直径 d_V 和等比表面积当量直径 d_s 的关系为

$$d_s=\Phi d_V \tag{3-6}$$

3.1.2　混合颗粒的特性参数

化工生产中常遇到流体通过大小不等的混合颗粒群的流动，此时常认为这些颗粒的形状一致，只考虑大小不同，常用粒径分布来表示颗粒群的尺寸。

3. 1. 2. 1　粒径分布

粒径分布是指不同粒径范围内所含粒子的个数或质量。可采用多种方法测量多分散性粒子的粒度分布。对于大于 40μm 的颗粒，通常采用一套标准筛进行测量。这种方法称为筛分分析。泰勒标准筛的目数与对应的孔径见表 3-1 所列。

表 3-1　泰勒标准筛

目数	孔径		目数	孔径	
	in	μm		in	μm
3	0. 263	6 680	48	0. 011 6	295
4	0. 185	4 699	65	0. 008 2	208
6	0. 131	3 327	100	0. 005 8	147
8	0. 093	2 362	150	0. 004 1	104
10	0. 065	1 651	200	0. 002 9	74
14	0. 046	1 168	270	0. 002 1	53
20	0. 032 8	833	400	0. 001 5	38
35	0. 016 4	417			

当使用某一号筛子时，通过筛孔的颗粒量称为筛过量，截留于筛面上的颗粒量则称为筛余量。称取各号筛面上的颗粒筛余量即得筛分分析的基本数据。

3. 1. 2. 2　颗粒的平均直径

颗粒的平均直径的计算方法很多，其中最常用的是平均比表面积直径 d_a。设有一批大小不等的球形颗粒，其总质量为 G，经筛分分析得到相邻两号筛之间的颗粒质量为 G_i，筛分直径(即两筛号筛孔的算术平均值)为 d_i。根据比表面积相等的原则，颗粒群的平均比表面积直径可写为

$$\frac{1}{d_a}=\Sigma\frac{1}{d_i}\frac{G_i}{G}=\Sigma\frac{x_i}{d_i} \tag{3-7}$$

式中　x_i——d_i 粒径段内颗粒的质量分数。

3. 1. 3　颗粒与流体相对运动时所受阻力

如图 3-2 所示，当流体以一定速度绕过静止的固体颗粒流动时，由于流体的黏性，会对颗粒有作用力；反之，当固体颗粒在静止流体中移动时，流体同样会对颗粒有作用力。这两种情况的作用力性质相同，前者称为**曳力**，后者称为**阻力**。除了上述两种相对运动情况外，当颗粒在静止流体中做沉降时的相对运动，或运动着的颗粒与流动着的流体之间产生相对运动，均会有阻力产生。对于一定的颗粒和流体，不论哪一种相对运动，只要相对运动速度相同，流体对颗粒的阻力就一样。

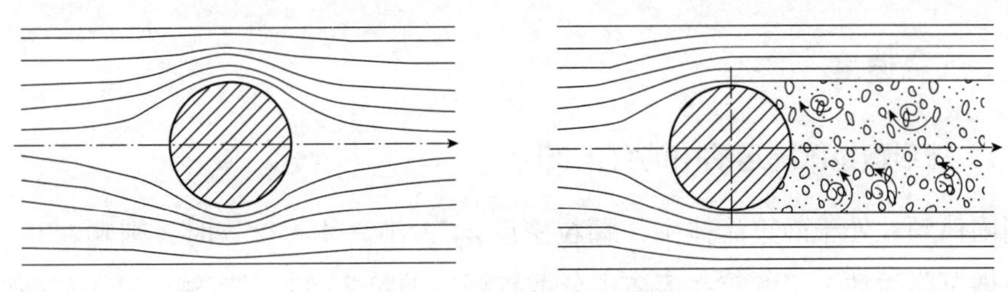

图 3-2　流体绕过颗粒的流动

当流体密度为ρ，黏度为μ，颗粒直径为d_P，颗粒在运动方向上的投影面积为A，颗粒与流体的相对运动速度为u，则颗粒所受的阻力F_d可按式(3-8)计算

$$F_d = \zeta A \rho \frac{u^2}{2} \tag{3-8}$$

式中，阻力系数ζ量纲为一，是流体相对于颗粒运动时的雷诺数$Re = d_P u\rho/\mu$的函数，即

$$\zeta = \phi(Re) = \phi(d_P u\rho/\mu) \tag{3-9}$$

此函数关系需由实验测定。球形颗粒的ζ实验数据如图 3-3 所示。图中曲线大致可分为 3 个区域，各区域的曲线可分别用不同的计算式表示为

层流区或斯托克斯(Stokes)区($10^{-4}<Re<2$)　　$\zeta = 24/Re$　　(3-10)

过渡区或阿仑(Allen)区($2<Re<500$)　　$\zeta = 10/\sqrt{Re}$　　(3-11)

湍流区或牛顿(Newton)区($500<Re<2\times10^5$)　　$\zeta = 0.44$　　(3-12)

其中斯托克斯区的计算是准确的，其他两个区域的计算式是近似的。

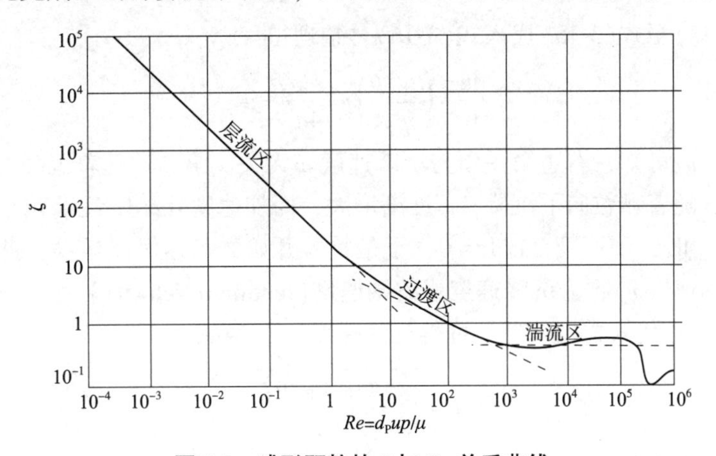

图 3-3　球形颗粒的ζ与Re关系曲线

3.2　重力沉降

沉降操作是指在某种力场中利用分散相和连续相之间的密度差异，使之发生相对运动而实现分离的操作过程。实现沉降操作的作用力可以是重力，也可以是惯性离心力。因此，沉降过程有重力沉降和离心沉降两种方式，首先介绍重力沉降。

3.2.1　沉降速度

3.2.1.1　球形颗粒沉降运动中的自由沉降

当固体颗粒处于静止流体中，颗粒密度 ρ_P 大于流体密度 ρ 时，则颗粒将在重力作用下做沉降运动。当颗粒在流体中分散较好，颗粒之间互不接触、互不碰撞的条件下沉降时，称为**自由沉降(free settling)**。

设颗粒的初速度为零，则颗粒最初只受到重力 F_g 与浮力 F_b 的作用，分别为

$$F_g=\frac{\pi}{6}d_P^3\rho_P g \tag{3-13}$$

$$F_b=\frac{\pi}{6}d_P^3\rho g \tag{3-14}$$

当颗粒开始下沉时，颗粒受到流体向上作用的阻力 F_d，令 u 为颗粒与流体的相对运动速度，由式(3-8)有

$$F_d=\zeta\frac{\pi d_P^2}{4}\times\frac{\rho u^2}{2} \tag{3-15}$$

在沉降的最初阶段，重力、浮力与阻力之和不等于零，因此颗粒为加速运动。根据牛顿第二定律，颗粒重力沉降运动的基本方程式为

$$F_g-F_b-F_d=m\frac{du}{d\tau} \tag{3-16}$$

将式(3-13)至式(3-15)代入式(3-16)，整理得

$$\frac{du}{d\tau}=\left(\frac{\rho_P-\rho}{\rho_P}\right)g-\frac{3\zeta\rho}{4d_P\rho_P}u^2 \tag{3-17}$$

由式(3-17)可知，右边第一项与沉降速度 u 无关，第二项随着沉降速度的增大而增大，因此，随着颗粒向下沉降，u 逐渐增大，而加速度 $du/d\tau$ 逐渐减小。当 u 增加到某一数值 u_t 时，加速度 $du/d\tau=0$，于是颗粒开始做匀速沉降运动，此时颗粒相对于流体的运动速度 u_t 称为**沉降速度或终端速度(terminal velocity)**。

将 $du/d\tau=0$ 代入式(3-17)，可得沉降速度 u_t 计算式

$$u_t=\sqrt{\frac{4gd_P(\rho_P-\rho)}{3\zeta\rho}} \tag{3-18}$$

式中　u_t——沉降速度，m/s；

d_P——颗粒直径，m；

ρ_P——颗粒密度，kg/m^3；

ρ——流体的密度，kg/m^3；

g——自由落体加速度，m/s^2；

ζ——阻力系数。

将不同 Re 范围的阻力系数 ζ 计算式(3-10)至式(3-12)代入式(3-18)，可得各区

域沉降速度的计算式如下：

层流区（$Re<2$）　　$u_t=gd_P^2(\rho_P-\rho)/18\mu$　　(3-19)

此式称为斯托克斯式或斯托克斯定律。

过渡区（$2<Re<500$）　　$u_t=\left[\dfrac{4g^2(\rho_P-\rho)^2}{225\mu\rho}\right]^{1/3}d_P$　　(3-20)

湍流区（$500<Re<2\times10^5$）　　$u_t=\sqrt{3.03g(\rho_P-\rho)d_P/\rho}$　　(3-21)

由式(3-19)至式(3-21)可知，沉降速度u_t与d_P、ρ_P及ρ有关。d_P及ρ_P越大，则u_t就越大。层流区和过渡区中，u_t还与流体黏度μ有关。液体黏度约为气体黏度的50倍，故颗粒在液体中的沉降速度比在气体中的小很多。

当已知球形颗粒直径，计算沉积速度时，需要根据Re值从式(3-19)至式(3-21)中选择一个计算式。但由于u_t是未知量，所以Re值是未知量，这就需要采用试差法来计算。当颗粒直径较小时，可先假设沉积属于层流区，用斯托克斯式(3-19)求出u_t。然后根据求出的u_t计算Re值，检验Re值是否小于2。如果Re值不在所假设的流型区域，则应另选其他区域的计算式求u_t，直到所求u_t与计算的Re值符合所采用的计算式的流型范围为止。

【例3-1】 密度为2 400kg/m³的玻璃球在20℃的水中沉降，其直径为1.0mm，试求其沉降速度。

解： 由于颗粒直径较大，先假设流型处于过渡区，用式(3-20)计算u_t。

$$u_t=\left[\frac{4g^2(\rho_P-\rho)^2}{225\mu\rho}\right]^{1/3}d_P=\left[\frac{4\times(9.81)^2\times(2\ 400-1\ 000)^2}{225\times10^{-3}\times10^3}\right]^{1/3}\times10^{-3}=0.150\quad \text{m/s}$$

校核流型，$Re=d_Pu_t\rho/\mu=10^{-3}\times0.150\times10^3/10^{-3}=150$

属于过渡区，与假设相符。

【例3-2】 已知塑料珠密度ρ_P为1 630kg/m³，在20℃的四氯化碳液体中的沉降速度为1.60×10^{-3}m/s，20℃时四氯化碳的密度$\rho=1\ 590$kg/m³，黏度$\mu=1.03\times10^{-3}$Pa·s。试求此塑料珠的直径。

解： 根据沉降速度，假设小球沉降处于斯托克斯区

按式(3-19)可得

$$d_P=\left[\frac{18\mu u_t}{g(\rho_P-\rho)}\right]^{1/2}=\left[\frac{18\times1.03\times10^{-3}\times1.60\times10^{-3}}{9.81\times(1\ 630-1\ 590)}\right]^{1/2}=2.75\times10^{-4}\quad \text{m}$$

校验Re，$Re=\dfrac{d_Pu_t\rho}{\mu}=\dfrac{2.75\times10^{-4}\times1.70\times10^{-3}\times1\ 590}{1.03\times10^{-3}}=0.722$

$Re<2$，小球处于斯托克斯区，计算有效，小珠直径0.275mm。

【例3-3】 使用光滑小球在黏性液体中的自由沉降可以测定液体的黏度，如图3-4所示。现有密度为7 900kg/m³、直径为0.15mm的钢球置于密度为980kg/m³的某液体中，盛放液体的玻璃管内径为20mm。测得小球的沉降速度为1.70mm/s，试验温度为20℃，试计算此液体的黏度。

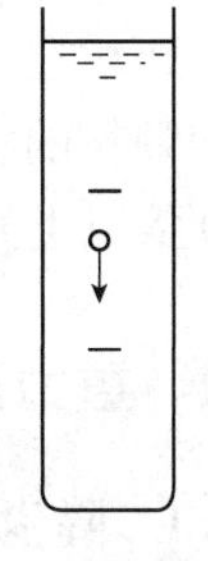

图3-4　落球黏度计

测量是在距液面高度1/3的中段内进行的，从而免除小球初期的加速及管底对沉降的影响。当颗粒直径d_P与容器直径D之比$d_P/D<1$、雷诺数在斯托克斯区时，器壁对沉降速度的影响可用下式修正：

$$u_t'=\frac{u_t}{1+2.104\left(\frac{d_P}{D}\right)}$$

式中　u_t'——颗粒的实际沉降速度；

u_t——斯托克斯区的计算值。

解： $\frac{d_P}{D}=\frac{0.15\times10^{-3}}{2\times10^{-2}}=7.5\times10^{-3}$

$$u_t=u_t'\left[1+2.104\left(\frac{d_P}{D}\right)\right]=1.70\times10^{-3}\times(1+2.104\times7.5\times10^{-3})=1.73\times10^{-3}\quad \text{m/s}$$

根据式(3-19)　$\mu=\frac{d_P^2(\rho_P-\rho)g}{18u_t}=\frac{(0.15\times10^{-3})^2\times(7900-980)\times9.81}{18\times1.73\times10^{-3}}=0.049\quad \text{Pa}\cdot\text{s}$

校核颗粒Re

$$Re=\frac{d_P u_t'\rho}{\mu}=\frac{0.15\times10^{-3}\times1.70\times10^{-3}\times980}{0.049}=5.10\times10^{-3}<2$$

上述计算有效。实际上，落球黏度计总是在斯托克斯区范围内使用。

3.2.1.2　影响沉降速度的因素

(1)干扰沉降

当流体中颗粒的浓度较大时，颗粒沉降时彼此影响，这种沉降称为干扰沉降(hindered settling)。与自由沉降不同，干扰沉降时，一方面，由于大量颗粒向下沉降而使流体被置换而产生显著的向上运动，造成颗粒沉降速度小于其自由沉降速度；另一方面，大量颗粒的存在，也使流体的表观密度和表观黏度(即混合物的密度和黏度)都增大，所有这些因素都使颗粒的沉降速度减小。

(2)颗粒形状

对于非球形颗粒，阻力系数比同体积球形颗粒大，颗粒的形状偏离球形越大，其阻力系数就越大，所以实际沉降速度比按等体积球形颗粒计算的沉降速度小。

(3)壁效应

当颗粒在靠近器壁的位置沉降时，由于容器的壁面和底面均增加颗粒沉降时的阻力，使颗粒的实际沉降速度较自由沉降速度低。当容器尺寸远远大于颗粒尺寸时(如在100倍以上)，器壁效应可忽略，否则需加以考虑。

3.2.2　重力沉降分离设备

3.2.2.1　降尘室

借重力沉降从气流中分离出尘粒的设备称为降尘室。如图3-5所示，气体进入降尘室后，因流通截面扩大而速度减慢。颗粒在降尘室中的运动情况示于图 3-6。气流中的尘粒一方面随气流沿水平方向运动，其速度与气流速度 u 相同；另一方面在重力作用下以沉降速度 u_t 垂直向下运动。只要气体在降尘室内的停留时间大于尘粒从室顶沉降到室底所用时间，尘粒便可分离出来。

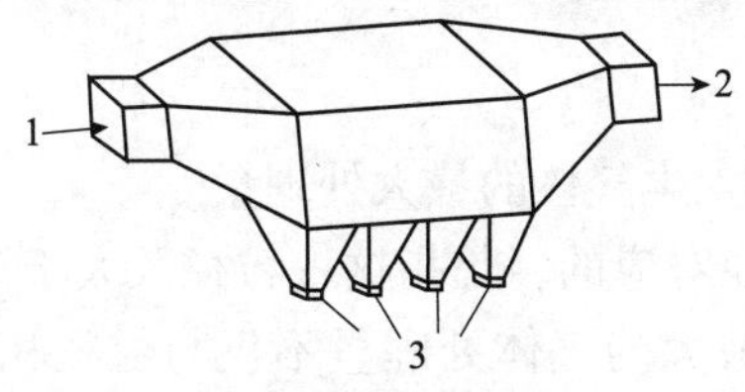

图 3-5 降尘室

1-气体入口；2-气体出口；3-集尘斗

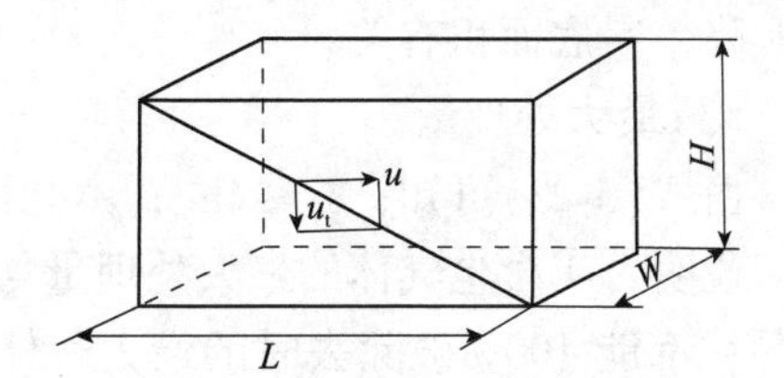

图 3-6 颗粒在降尘室中的运动

(1)停留时间

降尘室长度为 L，则颗粒在降尘室停留时间为 L/u；若降尘室高度为 H，则颗粒在降尘室中所需沉降时间为 H/u_t，故颗粒在降尘室中分离出来的条件是：

停留时间≥沉降时间

即
$$L/u \geqslant H/u_t \tag{3-22}$$

(2)能被除去的最小颗粒直径

显然，粒子直径越大，越容易被除去。下面考虑如何确定能被除去的最小颗粒直径。由式(3-22)可知，当 $u_t \geqslant \frac{Hu}{L}$ 时，颗粒在降尘室中可被分离出来。

若已知含尘气体的体积流量为 q_V(单位 m^3/s)，降尘室的高度和宽度分别为 H 和 B，则含尘气体在降尘室中的水平流速为

$$u = \frac{q_V}{HB}$$

此式代入式 $u_t \geqslant \frac{Hu}{L}$，则得到尘粒在降尘室中的沉降速度应满足的条件为

$$u_t \geqslant \frac{q_V}{BL} \tag{3-23}$$

含尘气体中的尘粒大小不一，颗粒大者沉降速度快，颗粒小者较慢。设其中有一种颗粒粒径恰好能满足式(3-23)的条件，则有

$$u_{tc} = \frac{q_V}{BL} \tag{3-24}$$

此粒径称为能 100%除去的最小粒径，或称为**临界粒径(critical particle diameter)**，以 d_{pc} 表示。u_{tc} 为临界粒径颗粒的沉降速度。只要粒径为 d_{pc} 的颗粒能够沉降下来，则比其大的颗粒均能够沉降下来。

将临界粒径 d_{pc} 所对应的沉降速度 u_{tc}，代入沉降速度计算式(3-19)至式(3-21)，可求出临界粒径 d_{pc}。

假如尘粒的沉降速度处于斯托克斯定律区，将式(3-24)代入式(3-19)，可得颗粒

的临界粒径计算式为

$$d_{pc}=\sqrt{\frac{18\mu}{g(\rho_P-\rho)}u_{tc}}=\sqrt{\frac{18\mu}{g(\rho_P-\rho)}\times\frac{q_V}{BL}} \tag{3-25}$$

显然，能被100%除去的最小颗粒尺寸不仅与颗粒和气体的性质有关，还与处理量和降尘室底面积有关。

(3) 最大处理量

由式(3-23)可知，$q_V \leqslant Au_{tc}$，由此可以计算含尘气体的最大处理量。

说明：①含尘气体的最大处理量与某一粒径对应的，是指这一粒径及大于该粒径的颗粒都能100%被除去时的最大气体量。②最大的气体处理量不仅与粒径相对应，还与降尘室底面积有关，底面积越大，处理量越大，但处理量与高度无关。为此，降尘室都做成扁平形。为提高气体处理量，室内以水平隔板将降尘室分割成若干层，称为多层降尘室，如图3-7所示。隔板的间距应考虑除灰的方便。

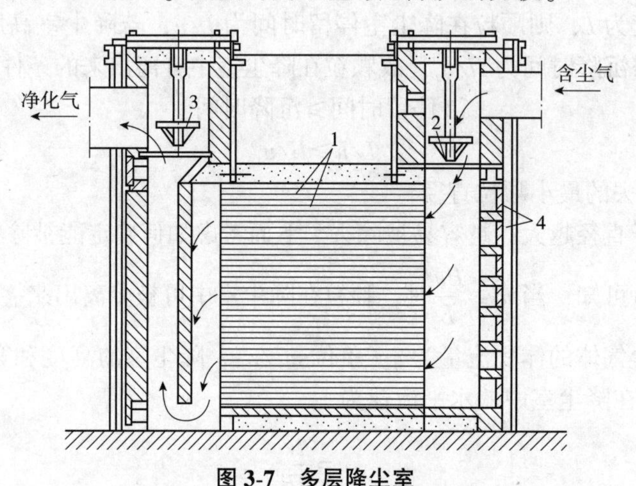

图3-7 多层降尘室

1-隔板；2和3-调节阀；4-除灰口

降尘室是一种庞大而低效的设备，通常只能捕获大于50μm的粗颗粒，为防止操作过程中已被除下的尘粒又被气流重新卷起，降尘室的操作气速往往很低，一般应控制在1.5~3m/s。

【例3-4】 用一多层降尘室以除去炉气中的矿尘。矿尘最小粒径为8μm，密度为4 000kg/m³。降尘室内长4.1m、宽1.8m、高4.2m，气体温度为427℃、黏度为3.4×10^{-5}Pa·s、密度为0.5kg/m³。若每小时的炉气量为2 160标准立方米，试求降尘室内的隔板间距及层数。

解： (1) 操作条件下炉气处理量为

$$q_V=\frac{2\ 160}{3\ 600}\times\frac{273+427}{273}=1.54\quad m^3/s$$

(2) 假设沉降在滞流区，按斯托克斯定律可求出 u_{tc}

$$u_{tc}=\frac{d_P^2(\rho_P-\rho)g}{18\mu}=\frac{(8\times10^{-6})^2\times(4\ 000-0.5)\times9.81}{18\times3.4\times10^{-5}}=4.1\times10^{-3}\quad m/s$$

而气体水平通过速度 $u_t = q_V/BH = 1.54/(1.8\times4.2) = 0.20$　m/s

(3) 层数 n

$$n = \frac{q_V}{BLu_{tc}} - 1 = \frac{1.54}{1.8\times4.1\times4.1\times10^{-3}} - 1 = 51 - 1 = 50$$

(4) 隔板间距 h

$$H = (n+1)h \quad 可得：h = \frac{H}{n+1} = \frac{4.2}{51} = 0.082 \text{ m}$$

(5) 核算颗粒沉降和气体流动是否都在滞流区

①$Re = \dfrac{d_P u_{tc}\rho}{\mu} = \dfrac{8\times10^{-6}\times4.1\times10^{-3}\times0.5}{3.4\times10^{-5}} = 4.8\times10^{-4} < 1$ 在滞流区

②$d_e = \dfrac{2bh}{b+h} = \dfrac{2\times1.8\times0.082}{1.8+0.082} = 0.157$　m

气体流动的 Re' 为：

$$Re' = \frac{d_e u\rho}{\mu} = \frac{0.157\times0.20\times0.5}{3.4\times10^{-5}} = 462 < 2\,000 \text{ 在滞流区}$$

故降尘室计算合理，结果有效。

3.2.2.2　沉降槽

沉降槽是利用重力沉降来提高悬浮液浓度同时得到澄清液体的设备。所以，沉降槽又称增浓器和澄清器。沉降槽可间歇操作也可连续操作。

连续沉降槽是底部略呈锥状的大直径浅槽，如图3-8所示。悬浮液经中央进料口送到液面以下0.3~1.0m处，在尽可能减小扰动的情况下，迅速分散到整个横截面上，液体向上流动，清液经由槽顶端四周的溢流堰连续流出，称为溢流；固体颗粒下沉至底部，槽底有徐徐旋转的耙将沉渣缓慢地聚拢到底部中央的排渣口连续排出，排出的稠浆称为底流。

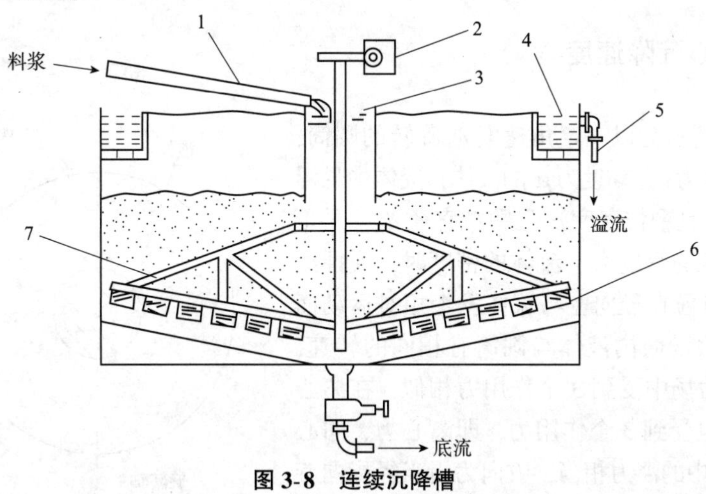

图3-8　连续沉降槽

1-进料槽道；2-转动机构；3-料井；4-溢流槽；5-溢流管；6-叶片；7-转耙

为了把沉渣增浓到指定的稠度，要求颗粒在槽中有足够的停留时间。所以，沉降槽的加料口以下的增浓段必须有足够的高度，以保证压紧沉渣所需要的时间。在沉降槽的增浓段中，大多发生颗粒的干扰沉降，所进行的过程称为沉聚过程。

连续沉降槽适合于处理量大、浓度不高、颗粒不太细的悬浮液。经沉降槽处理后的沉渣内仍有约50%的液体。

3.2.2.3 分级器

利用不同粒径或不同密度的颗粒在流体中的沉降速度不同这一原理来实现分离的设备称为分级器(图3-9)。它由几根柱形容器组成，悬浮液进入第一根柱子的顶部，水或其他密度适当的液体由各级柱子底部向上流动。控制悬浮液的加料速率，使柱中的固体含量在1%~2%，颗粒在柱子中做自由沉降，凡沉降速度较向上流动的液体速度大的颗粒，均沉于容器底部，而直径较小的颗粒则被带入后一级沉降柱中。适当安排各级沉降柱流动面积的相对大小，适当选择液体的密度并控制其流量，即可将悬浮液中不同大小的颗粒按指定的粒度范围加以分级。

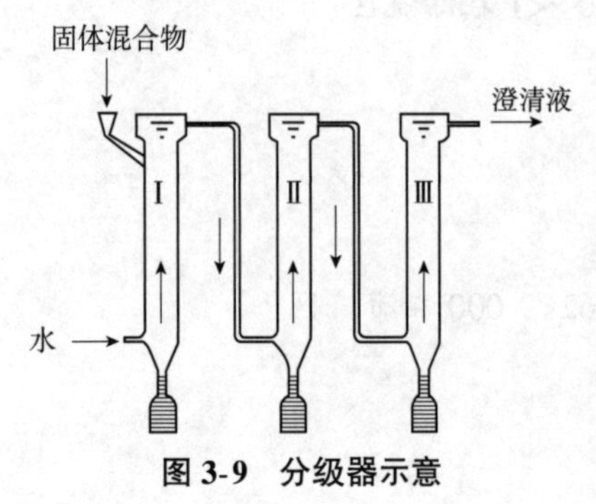

图3-9 分级器示意

3.3 离心沉降

依靠离心力的作用，使流体中的颗粒产生沉降运动，称为**离心沉降(centrifugal settling)**。利用离心力比利用重力要有效得多，因为颗粒的离心力由旋转而产生，转速越大，则离心力越大；而颗粒所受的重力却是固定的。因此，利用离心力作用的分离设备不仅可以分离出比较小的颗粒，而且设备的体积也可缩小很多。

3.3.1 离心沉降速度

图3-10所示为以一定角速度 ω 旋转的圆筒，筒内装有密度为 ρ、黏度为 μ 的液体，液体中悬浮有球形颗粒，且颗粒密度 ρ_P、颗粒直径 d_P、质量为 m。当颗粒的密度大于流体的密度时，惯性离心力将会使颗粒在径向上与流体发生相对运动而飞离中心。假设筒内液体与圆筒有相同的转速，和颗粒在重力场中受到3个作用力相似，在离心场中径向上也受到3个作用力，即离心力、向心力(与重力场中的浮力相当，方向为沿半径指向旋转中心)和阻力(与颗粒径向运动方向相反，其方

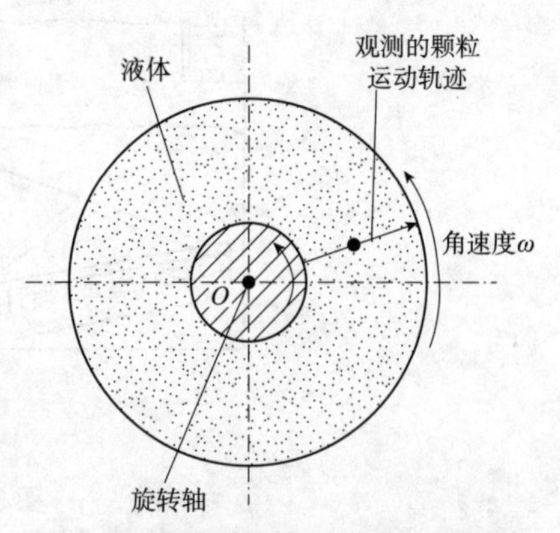

图3-10 转筒内颗粒在流体中的运动

向沿半径指向中心）。上述3个力分别为

$$离心力\quad Fc=mr\omega^2=\frac{\pi}{6}d_P^3\rho_P r\omega^2$$

$$浮力\quad F_b=\frac{\pi}{6}d_P^3\rho r\omega^2$$

$$阻力\quad F_d=\zeta\frac{\pi d_P^2}{4}\times\frac{\rho u_r^2}{2}$$

式中　r——颗粒到旋转轴中心的距离；

u_r——离心沉降速度，代表了颗粒在径向上相对于流体的运动速度。

当这3个力达到平衡，则有

$$\frac{\pi}{6}d_P^3 r\omega^2(\rho_P-\rho)-\zeta\frac{\pi d_P^2}{4}\times\frac{\rho u_r^2}{2}=0$$

由此式得出离心沉降速度

$$u_r=\sqrt{\frac{4d_P(\rho_P-\rho)}{3\zeta\rho}r\omega^2} \tag{3-26}$$

通常离心沉降设计计算的对象为小颗粒，小颗粒沉降时所受的流体阻力一般处于斯托克斯区，即阻力系数为$\zeta=24/Re$。代入式(3-26)，得

$$u_r=\frac{d_P^2(\rho_P-\rho)}{18\mu}r\omega^2 \tag{3-27}$$

式(3-27)也可以改用颗粒圆周运动线速度u表示离心加速度

$$u_r=\frac{d_P^2(\rho_P-\rho)u^2}{18\mu r} \tag{3-28}$$

同一颗粒所受的离心力与重力之比为

$$K_c=\frac{r\omega^2}{g}\approx\frac{rN^2}{900} \tag{3-29}$$

式中　N——转速，与角速度ω的关系为$\omega=2\pi N/60$。

K_c称为**离心分离因数(separation factor)**，是表示离心力大小的指标。对某些高速离心机，分离因数K_c值可高达数十万。旋风或旋液分离器的分离因数一般在5~2 500。

3.3.2　离心沉降设备

3.3.2.1　旋风分离器

(1)构造与工作原理

旋风分离器是利用离心沉降原理从气流中分离出颗粒的设备。如图3-11所示，上部为圆筒形、下部为圆锥形；含尘气体从圆筒上侧的矩形进气管以切线方向进入，借此来获得器内的旋转运动。气体在器内按螺旋形路线向器底旋转，到达底部后转变为上升气流，最后由顶部的中央排气管排出。气体中所夹带的尘粒在随气流旋转的过

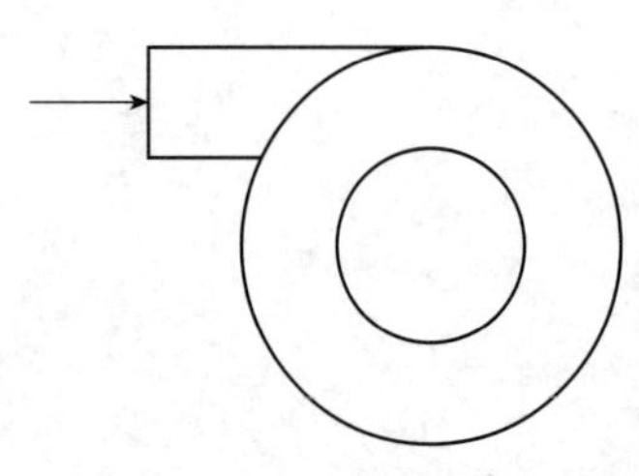

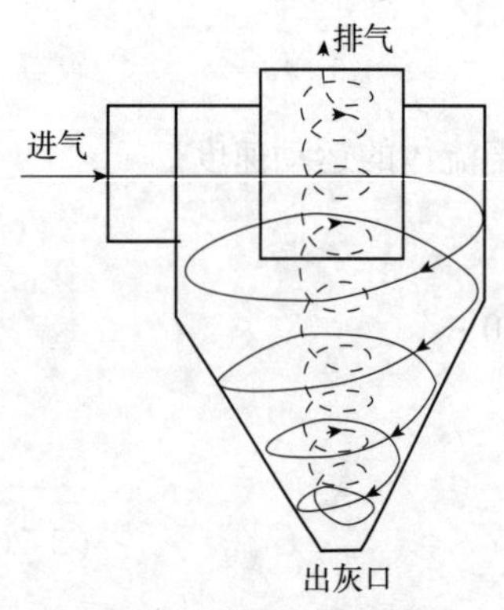

图 3-11　旋风分离器示意

程中，由于密度较大，受离心力的作用逐渐沉降到器壁，碰到器壁后落下，滑向出灰口。

(2)分离性能估计

①能被分离出的最小颗粒直径——临界直径 d_c
临界直径的大小是判断旋风分离器分离效率高低的重要依据。

采用式(3-28)计算沉降速度，由于气固相体系中，颗粒密度远大于气体密度，即 $\rho_P \gg \rho$，故式(3-28)中的气体密度 ρ 可忽略。以气体进口速度 u_i 和颗粒平均旋转半径 r_m 代入，可得

$$u_r = \frac{d_c^2 \rho_P u_i^2}{18\mu r_m} \tag{3-30}$$

式中　d_c——能被除去的最小颗粒直径，即临界直径，m。

颗粒到达器壁以前在径向上运行的最大距离等于进气口宽度 B，则颗粒的沉降时间为

$$\tau_t = \frac{B}{u_r} = \frac{18\mu r_m B}{d_c^2 \rho_P u_i^2} \tag{3-31}$$

令气体进入排气管以前在筒内旋转的圈数为 N，则运行的距离为 $2\pi r_m N$，气体在分离器内的停留时间为

$$\tau = \frac{2\pi r_m N}{u_i} \tag{3-32}$$

当沉降时间与停留时间恰好相等(即 $\frac{18\mu r_m B}{d_c^2 \rho_P u_i^2} = \frac{2\pi r_m}{u_i}$)时，理论上能被完全分离下来的最小颗粒直径即为该条件下的临界直径 d_c

$$d_c = 3\sqrt{\frac{\mu B}{\pi N u_i \rho_P}} \tag{3-33}$$

②分离效率　旋风分离器的分离效率有两种表示方法，即总效率 η 和粒级效率 η_i。总效率是指被除去的颗粒占气体进口总的颗粒的质量分数，即

$$\eta = \frac{C_{进} - C_{出}}{C_{进}} \tag{3-34}$$

式中　$C_{进}$ 与 $C_{出}$——分别为旋风分离器进、出口气体颗粒的质量浓度，g/m^3。

总效率相同的两台旋风分离器，其分离性能却可能相差很大，这是因为被分离的颗粒具有不同粒度分布的缘故，仿照式(3-34)，对指定粒径的颗粒定义其粒级效率为

$$\eta_i = \frac{C_{i进} - C_{i出}}{C_{i进}} \tag{3-35}$$

式中　$C_{i进}$ 与 $C_{i出}$——分别为旋风分离器进、出口气体中粒径为 d_{Pi} 的颗粒的质量浓度，g/m^3。

不同粒径的粒级分离效率不同，其典型关系如图3-12所示。

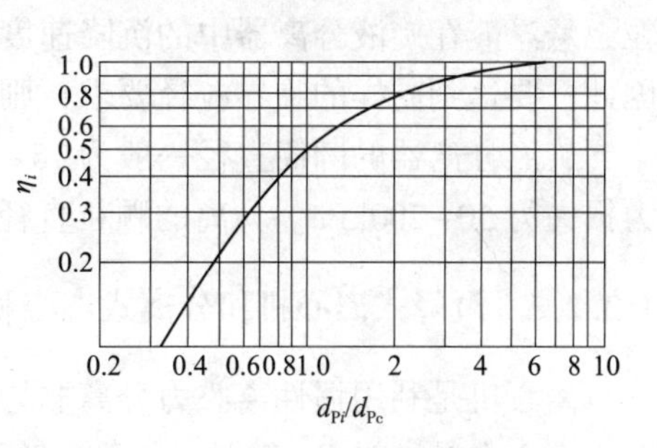

图3-12　旋风分离器的粒级效率

总效率与粒级效率的关系为

$$\eta=\sum\eta_i x_i \tag{3-36}$$

式中　x_i——进口气体中粒径为d_{Pi}的颗粒占全部颗粒的质量分数。

通常将经过旋风分离器后能被除去50%的颗粒直径称为分割直径d_{Pc}，某些高效旋风分离器的分割直径可小至3~10μm。

③压降　气体经过旋风分离器时，由于进气管和排气管及主体器壁所引起的摩擦阻力、流动时的局部阻力以及气体旋转运动所产生的能量损失等，都将造成气体的压力降。旋风分离器的压降大小是评价其性能好坏的重要指标。气体通过旋风分离器的压降应尽可能小。通常压降可用入口气体动能的倍数来表示：

$$\Delta p=\zeta\frac{\rho u_{\mathrm{i}}^2}{2} \tag{3-37}$$

式中　u_{i}——进口气速；

ζ——阻力系数。

ζ与旋风分离器的结构和尺寸有关，对于同一结构形式的旋风分离器，ζ为常数。如图3-11所示的标准型旋风分离器，其阻力系数$\zeta=8.0$。

通常旋风分离器的压降为500~2 000Pa。u_{t}越小，压降越小，虽然输送能耗降低，但分离效率也降低，从经济角度出发，一般可取旋风分离器进口气速为15~25m/s。此外，旋风分离器的压降还与其形状有关，一般来说，粗短型旋风分离器可在规定的压降下具有较大的处理能力，但分离效率低；细长型旋风分离器的压降较大，处理能力不大，但其分离效率较高。

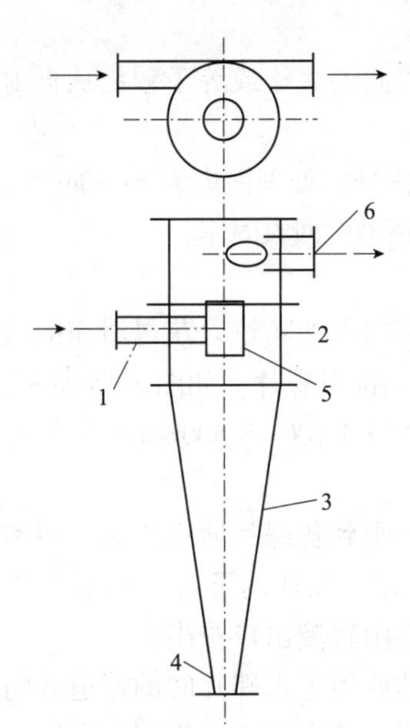

图3-13　旋液分离器

1-悬浮液入口管；2-圆筒；3-锥形管；4-底液出口；5-中心溢流管；6-溢流出口管

3.3.2.2　旋液分离器

旋液分离器用于从液体中分离出固体颗粒，其结构和操作原理与旋风分离器类似，如图3-13所示。悬浮液从圆筒上部的切向进口进入器内，旋转向下流动。液流中的颗粒受离心力作用，沉降到器壁，并随液流下降到锥形底的出口，成为较稠的悬浮液而排出，称为底流。澄清的液体或含有较小较轻颗粒的液体，则形成向上的内旋流，经上部中心管从顶部溢流管排出，称为溢流。

由于液体黏度约为气体的50倍，液体的$(\rho_{\mathrm{P}}-\rho)$比气体小，并且悬浮液的进口速度也比含尘气体小，由离心沉降速度的计算式(3-27)可知，同样大小和密度的颗粒，悬浮液在旋液分离器中的沉降速度远小于含尘气体在旋风分离器中的沉降速度。因此，要达到同样的临界粒径要求，则旋液分离器的直径要比旋风分离器小很多。

旋液分离器的圆筒直径一般为 75~300mm。悬浮液进口速度一般为 5~15m/s。压力损失为 50~200kPa。分离的颗粒直径为 10~40μm。

3.3.2.3 沉降式离心机和分离式离心机

离心机是利用惯性离心力分离非均相混合物的机械，它与旋液分离器的主要区别在于离心力是由设备(转鼓)本身旋转而产生的。由于离心机可产生很大的离心力，故可用来分离用一般方法难于分离的悬浮液或乳浊液。

沉降式或分离式离心机的鼓壁上没有开孔。若被处理物料为悬浮液，其中密度较大的颗粒沉积于转鼓内壁而液体集中于中央并不断引出，此种操作即为离心沉降；若被处理物料为乳浊液，则两种液体按轻重分层，重者在外，轻者在内，各自从适当的径向位置引出，此种操作即为离心分离。

根据转鼓和固体卸料机构的不同，离心机可分为无孔转鼓式、碟式、管式等类型。

离心机的操作方式也分为间歇操作与连续操作。此外，还可根据转鼓轴线的方向将离心机分为立式与卧式。

(1) 无孔转鼓式离心机

无孔转鼓式离心机的主体为一无孔的转鼓，如图 3-14 所示。由于扇形板的作用，悬浮液被转鼓带动做高速旋转。在离心力场中，固粒一方面向鼓壁做径向运动，同时随流体做轴向运动。上清液从撇液管或溢流堰排出鼓外，固体颗粒留在鼓内间歇或连续地从鼓内卸出。

颗粒被分离出去的必要条件是悬浮液在鼓内的停留时间要大于或等于颗粒从自由液面到鼓壁所需的时间。

无孔转鼓式离心机的转速大多在 450~3 500r/min 的范围内，处理能力为 6~10m^3/h，悬浮液中固相体积分率为 3%~5%，主要用于泥浆脱水和从废液中回收固体。

(2) 碟式分离机

碟式分离机可用作澄清悬浮液中少量粒径小于 0.5μm 的微细颗粒以获得清净的液体，也可用于乳浊液中轻、重两相的分离。机内装有许多倒锥形碟片，如图 3-15 所示，碟片直径一般为 0.2~0.6m，碟片数目为 50~100 片。转鼓以 4 700~8 500r/min 的转速旋转，分离因数可达 4 000~10 000。

用于分离操作时，碟片上带有小孔，料液通过小孔分配到各碟片通道之间。在离心力作用下，重液(及其夹带的少量固体杂质)逐步沉于每一碟片的下方并向转鼓外缘移动，经汇集后由重液出口连续排出。轻液则流向轴心由轻液出口排出。

用于澄清操作时，碟片上不开孔，料液从转动碟片的四周进入碟片间的通道并向轴心流动。同时，固体颗粒则逐渐向每一碟片的下方沉降，并在离心力作用下向碟片外缘移动。沉积在转鼓内壁的沉渣可在停车后通过人工卸除或间歇地用液压装置自动排除。重液出口用垫圈堵住，澄清液体由轻液出口排出。

碟式分离机广泛用于润滑油脱水、牛乳脱脂、饮料澄清等。

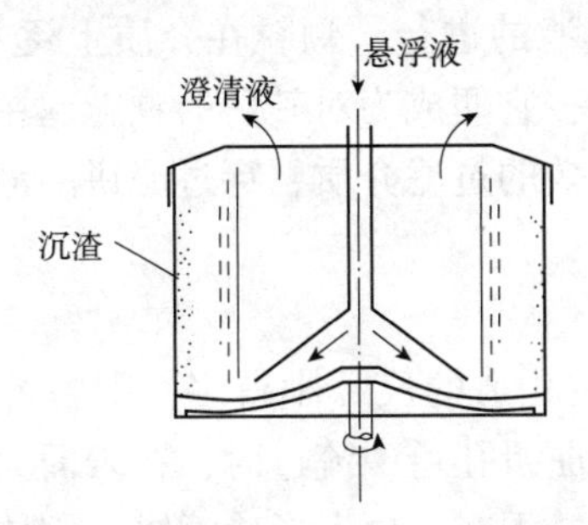

图 3-14　无孔转鼓式离心机示意

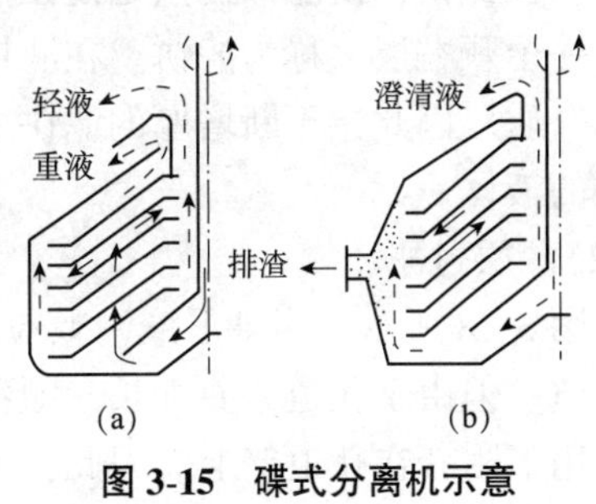

图 3-15　碟式分离机示意
(a)分离　(b)澄清

(3)管式高速离心机

管式高速离心机的结构特点是转鼓为细高的管式结构。管式高速离心机是一种能产生高强度离心力场的分离机，其转速高达 8 000~50 000r/min，具有很高的分离因数(K_c=15 000~60 000)，能分离普通离心机难以处理的物料，如分离乳浊液及含有稀薄微细颗粒的悬浮液。

乳浊液或悬浮液在表压 0.025~0.03MPa 下，由底部进料管送入转鼓，鼓内有径向安装的挡板，以便带动液体迅速旋转，料液自下而上流动的过程中将轻、重液体分成两个同心环状液层，如处理乳浊液，则轻液和重液分别在上部轻液及重液出口排出；如处理悬浮液，将重液出口用垫片堵住，此时细小颗粒附着于转鼓壁上，一定时间后停车取出。

3.4　过滤

3.4.1　过滤基本原理

过滤(filtration)是在外力作用下，使悬浮液中的液体通过多孔介质的孔道，而悬浮液中的固体颗粒被截留在介质上，从而实现固、液分离的操作。过滤用的多孔介质称为过滤介质；所处理的悬浮液称为滤浆；滤浆中被过滤介质截留的固体颗粒称为滤饼或滤渣；通过过滤介质后的液体称为滤液。

3.4.1.1　过滤的两种方式

工业上的过滤方式基本上有两种：滤饼过滤和深层过滤。

(1)滤饼过滤

如图 3-16 所示，悬浮液中颗粒的尺寸大多比介质的孔道大。过滤时悬浮液置于过滤介质的一侧，在过滤操作的开始阶段，会有部分小颗粒进入介质孔道内而发生“架桥现象”，如图 3-17 所示。也会有少量颗粒穿过

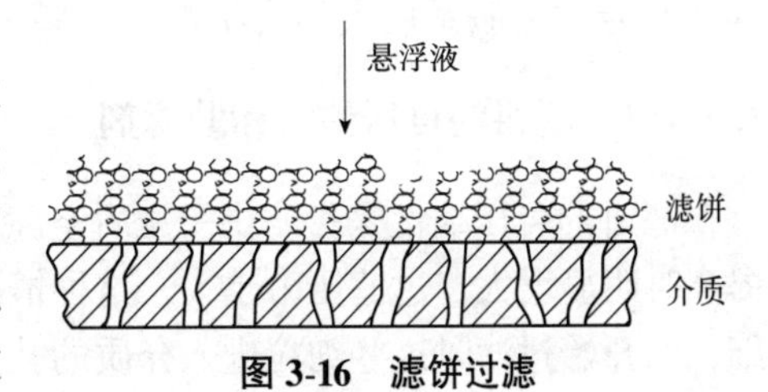

图 3-16　滤饼过滤

孔道而不被截留，使滤液仍然是混浊的。随着过滤的进行，颗粒在介质上逐步堆积，形成了一个颗粒层，称为滤饼。在滤饼形成之后，它便成为对其后的颗粒起主要截留作用的介质。因此，不断增厚的滤饼才是真正有效的过滤介质，穿过滤饼的液体则变为澄清的液体。

(2)深层过滤

如图 3-18 所示，当悬浮液中颗粒尺寸比介质孔道的尺寸小得多，颗粒容易进入介质孔道。但由于孔道弯曲细长，颗粒随流体在曲折孔道中流过时，在表面力和静电力的作用下附着在孔道壁上。因此，深层过滤时并不在介质上形成滤饼，固体颗粒沉积于过滤介质的内部。这种过滤适合于处理固体颗粒量极少的悬浮液(液体中颗粒的体积含量<0.1%)。

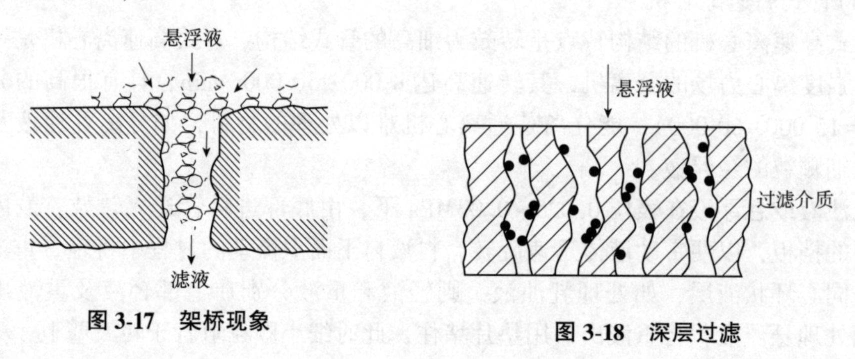

图 3-17 架桥现象

图 3-18 深层过滤

3.4.1.2 过滤介质

过滤介质起着支撑滤饼的作用，并能让滤液通过，对其基本要求是具有足够的机械强度和尽可能小的流动阻力，同时，还应具有相应的耐腐蚀性和耐热性。工业上常见的过滤介质有以下几种：

①织物介质　又称滤布，是用棉、毛、丝、麻等天然纤维及合成纤维织成的织物，以及由玻璃丝或金属丝织成的网。这类介质能截留颗粒的直径为 5~65μm。织物介质在工业上的应用最为广泛。

②堆积介质　由各种固体颗粒(沙、木炭、石棉、硅藻土)或非纺织纤维等堆积而成，多用于深床过滤中。

③多孔固体介质　具有很多微细孔道的固体材料，如多孔陶瓷、多孔塑料、多孔金属制成的管或板，能拦截 1~3μm 的微细颗粒。

④多孔膜　用于膜过滤的各种有机高分子膜和无机材料膜，广泛使用的是醋酸纤维素和芳香酰胺系两大类有机高分子膜，可用于截留 1μm 以下的微小颗粒。

3.4.1.3 滤饼的可压缩性和助滤剂

滤饼的可压缩性是指滤饼受压后空隙率明显减小的现象，它使过滤阻力在过滤压力提高时明显增大，过滤压力越大，这种情况会越严重。另外，悬浮液中所含的颗粒都很细，刚开始过滤时这些细粒进入介质的孔道中会将孔道堵死，即使未严重到这种程度，这些很细小颗粒所形成的滤饼对液体的透过性也很差，即阻力大，使过滤困难。

为解决上述问题，工业过滤时常采用助滤剂。常用的助滤剂有硅藻土、珍珠岩、石棉、炭粉和纸浆粉等。助滤剂的使用有两种方法，其一是先把助滤剂单独配成悬浮液，使其过滤，在过滤介质表面上先形成一层助滤剂层，然后进行正式过滤；其二是在悬浮液中加入助滤剂，一起过滤，这样得到的滤饼较为疏松，可压缩性减小，滤液容易通过。由于滤渣与助滤剂不易分开，如果过滤的目的是回收滤渣，则不能把助滤剂与悬浮液混合在一起。

3.4.2　过滤速率基本方程式

3.4.2.1　过滤速度的定义

过滤速度指单位时间内通过单位过滤面积的滤液体积。单位时间内滤过的滤液体积，称为过滤速率，单位为 m^3/s。若将滤液所通过的截面与管截面相比拟，则过滤速率即滤液流动的表观流速，二者的单位也是一致的，为 m/s。

$$u=\frac{dV}{Ad\tau} \tag{3-38}$$

式中　u——瞬时过滤速度，m/s；

V——滤液体积，m^3；

A——过滤面积，m^2；

τ——过滤时间，s。

随着过滤操作的进行，滤饼厚度逐渐增加，过滤的阻力将逐渐增加。如果在一定的压力差条件下操作，即恒压过滤时，过滤速度将逐渐减小。因此，上述定义为瞬时过滤速度。

过滤过程中，若要维持过滤速度不变，即维持恒速过滤，则必须逐渐增加过滤压力或压差。

3.4.2.2　过滤速度的表达

式(3-38)为过滤速度的定义式，为计算过滤速度，首先应该掌握过滤过程的推动力和阻力。

(1)过程的推动力

过滤过程中，需要在滤浆一侧和滤液透过一侧维持一定的压差，过滤过程才能进行。从流体力学的角度讲，这一压差用于克服滤液通过滤饼层和过滤介质层的微小孔道时的阻力，称为过滤过程的总推动力，以 Δp 表示。这一压差部分消耗在了滤饼层，部分消耗在了过滤介质层，即 $\Delta p=\Delta p_c+\Delta p_m$。其中，$\Delta p_c$ 为滤液通过滤饼层时的压力降，也是通过该层的推动力；Δp_m 为滤液通过介质层时的压力降，也是通过该层的推动力。

(2)滤液通过滤饼层时的阻力

滤液在滤饼层中流过时，由于通道的直径很小，阻力很大，因而流体的流速很

小，应该属于层流，压降与流速的关系服从第一章中流体在圆管内层流流动时的哈根-泊谡叶方程式，即

$$u_1=\frac{d\Delta p_c}{32\mu l} \tag{3-39}$$

式中 u_1——滤液在滤饼层毛细孔道内的流速，m/s；

μ——滤液黏度，Pa·s；

l——滤饼层中毛细孔道的平均长度，m；

d——滤饼层中毛细孔道的平均直径，m；

Δp_c——滤液通过滤饼层时的压力降。

讨论：

①u_1 与 u 的关系　滤液在滤饼层毛细孔到内的流速 u_1 与过滤速度$\frac{dV}{Ad\tau}$成正比，设比例系数为 β，则有

$$u_1=\beta\frac{dV}{Ad\tau} \tag{3-40}$$

②孔道的平均长度可以认为与滤饼的厚度 L 成正比；用 V_c 表示滤饼体积，由于滤饼厚度 L 与单位过滤面积的滤饼体积 V_c/A 成正比，所以 l 与 V_c/A 成正比，设比例系数为 α，则有

$$l=\alpha V_c/A \tag{3-41}$$

③对于一定性质的滤饼层，其中的毛细孔道平均直径 d 应为定值，因无法测量，将其并入常数项内。

根据以上 3 点讨论，将式(3-40)和式(3-41)代入式(3-39)，得到过滤速度的表达式

$$\frac{dV}{Ad\tau}=\frac{\Delta p_c}{\left(\frac{32\alpha\beta}{d^2}\right)\mu\frac{V_c}{A}}$$

令 $r=32\alpha\beta/d^2$，得出

$$\frac{dV}{Ad\tau}=\frac{\Delta p_c}{r\mu\frac{V_c}{A}} \tag{3-42}$$

式中，r 表示单位过滤面积上的滤饼为 1m^3(即 $V_c/A=1$)时的阻力，称为**滤饼的比阻**(**specific cake resistance**)，单位为 1/m^2。

滤饼体积 V_c 与滤液体积 V 之间的关系为

$$V_c=\upsilon V \tag{3-43}$$

式中 V_c——滤饼体积，m^3；

V——滤液体积，m^3；

υ——单位体积滤液所对应的滤饼体积，m^3 滤饼/m^3 滤液。

Δp_c 与 $R_c=r\mu v\dfrac{V}{A}$分别为通过滤饼层的压力降和滤饼层阻力。

(3)滤液通过过滤介质时的阻力

除滤饼层外，还要考虑滤液通过过滤介质的压力降 Δp_m 和过滤介质阻力 R_m。

对介质的阻力做如下近似处理：认为它的阻力相当于获得当量滤液量 V_e 时所形成的滤饼层的阻力，表示为

$$过滤介质阻力\ R_m=r\mu v\frac{V_e}{A} \tag{3-44}$$

由上述分析可知，滤液通过滤饼层及过滤介质的总压力降，即总推动力，过滤阻力为滤饼阻力与过滤介质阻力之和，可表示为

$$过滤推动力\ \Delta p=\Delta p_c+\Delta p_m \tag{3-45}$$

$$过滤阻力=R_c+R_m=r\mu v\frac{(V+V_e)}{A} \tag{3-46}$$

由式(3-42)、式(3-45)和式(3-46)得到过滤速度方程式

$$\frac{dV}{Ad\tau}=\frac{过滤推动力}{过滤阻力}=\frac{\Delta p}{r\mu v(V+V_e)/A} \tag{3-47}$$

3.4.3　恒压过滤

3.4.3.1　滤液体积与过滤时间的关系

过滤操作可以在恒压变速或恒速变压的条件下进行，但实际生产中还是恒压过滤占主要地位。

对式(3-42)进行积分，可得到 V 与 τ 的关系。恒压过滤时，Δp 为常数。对于一定的悬浮液和过滤介质，μ、r、v 和 V_e 均为常数。故式(3-42)的积分为

$$\int_0^{V_e}(V+V_e)\,d(V+V_e)=\frac{\Delta pA^2}{\mu rv}\int_0^{\tau}d\tau$$

积分，可得

$$V^2+2VV_e=\frac{2A^2\Delta p}{\mu rv}\tau$$

令 $K=\dfrac{2\Delta p}{\mu rv}$，称为过滤常数，$m^2/s$，得到**恒压过滤方程式**：

$$V^2+2VV_e=KA^2\tau \tag{3-48}$$

令 $q=\dfrac{V}{A}$，$q_e=\dfrac{V_e}{A}$，式(3-48)可写为 q 与 τ 的关系式

$$q^2+2qq_e=K\tau \tag{3-49}$$

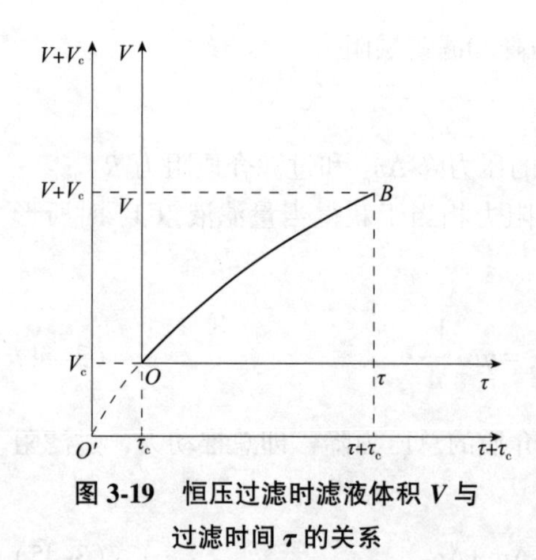

图 3-19 恒压过滤时滤液体积 V 与过滤时间 τ 的关系

式中 q——单位过滤面积获得的滤液体积，m^3/m^2；

q_e——过滤常数，为单位过滤面积获得的虚拟滤液体积（与过滤介质阻力对应），m^3/m^2；

K——过滤常数，m^2/s。

恒压过滤方程式给出了过滤时间与获得的滤液量之间的关系。这一关系为抛物线，如图 3-19 所示。曲线 OB 表示实际过滤操作的 V 与 τ 的关系，而曲线 OO' 表示与过滤介质阻力对应的虚拟滤液体积 V_e 与虚拟过滤时间 τ_e 的关系。

3.4.3.2 过滤常数的测定

恒压过滤方程式(3-49)中的过滤常数 q_e 和 K 由实验测定，通常通过小型实验设备进行测定。将式(3-49)改写成

$$\frac{\tau}{q}=\frac{1}{K}q+\frac{2}{K}q_e \tag{3-50}$$

由式(3-50)可见，恒压过滤时，τ/q 和 q 之间具有线性关系。直线斜率为 $1/K$，截距为 $2q_e/K$。实验时，测定不同过滤时间 τ 所获得的单位过滤面积的滤液体积 q 值，并将 τ/q 与 q 绘于图中，连成一条直线，即可得到 $1/K$ 与 $2q_e/K$ 值，进而得到过滤常数 q_e 和 K 值。

这里需要指出，$K=2\Delta p/\mu r v$，其值与悬浮液性质、温度及压力差有关。因此，只有在工业生产条件与实验条件完全相同时才能直接使用实验测定的过滤常数 q_e 和 K 值。

【例 3-5】 用板框压滤机在 9.81×10^4Pa 恒压差下过滤某种水悬浮液。要求每小时处理料浆 $8m^3$。已测得 $1m^3$ 滤液可得滤饼 $0.1m^3$，过滤方程式为：$V^2+V=5\times10^{-4}A^2\tau$（$\tau$ 单位为 s）。试求：过滤面积 A；恒压过滤常数 K、q_e。

解：(1)过滤面积 A

由题给：$v=0.1$，$V=V_F/(1+v)=8/(1+0.1)=7.273\quad m^3$

代入题给过滤方程：

$$(7.273)^2+7.273=5\times10^{-4}\times3\,600A^2$$

$$60.17=1.8A^2$$

求得 $A=5.782\quad m^2$。

(2)过滤常数 K、q_e

将题给过滤方程与恒压过滤方程 $V^2+2VV_e=KA^2\tau$ 进行比较，可得

$$K=5\times10^{-4}\quad m^3/s\quad 2V_e=1\quad m^3$$

故

$$V_e=0.5\quad m^3$$

$$q_e=\frac{V_e}{A}=\frac{0.5}{5.782}=0.0865\quad m^3/m^2$$

3.4.4 过滤设备

不同生产工艺形成的悬浮液的性质有很大差别，过滤的目、料浆的处理量也相差很大。长期以来，为适应各种不同要求而发展了多种形式的过滤机。按照产生的压强差可分为压滤式、吸滤式、离心式；按照操作方式可分为间歇式和连续式。下面介绍几种工业上常用的过滤设备。

3.4.4.1 板框压滤机

板框压滤机动画

卧式板框压滤机的结构如图3-20所示，板框压滤机由多块带凸起和凹槽的滤板和滤框交替排列组装于机架所构成。滤板和滤框的个数在机座长度范围内可自行调节，一般为10~60块不等，过滤面积约为$2\sim80m^2$。

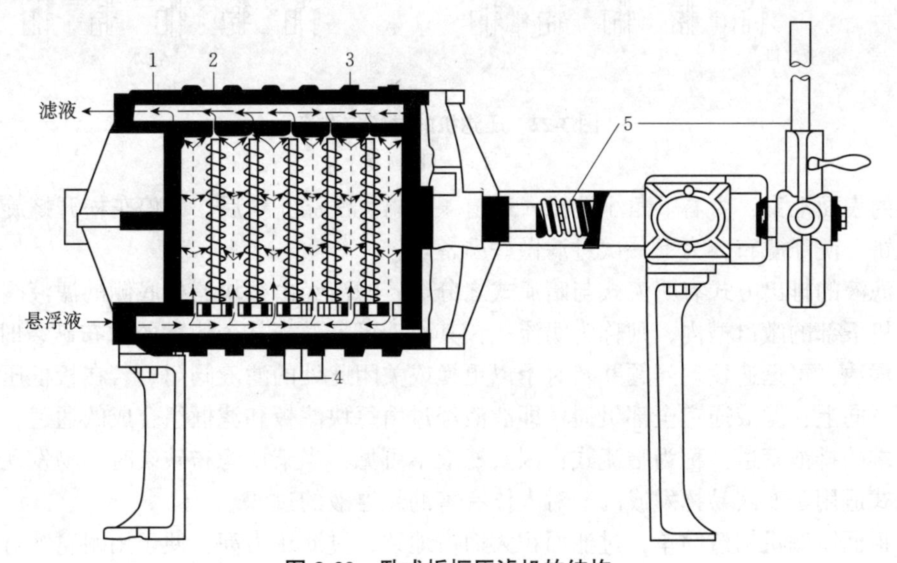

图3-20　卧式板框压滤机的结构

1-固定头；2-滤板；3-滤框；4-滤布；5-压紧装置

滤板和滤框一般制成正方形，结构如图3-21所示。板和框的四角开有圆孔，组装后构成供滤浆、滤液、洗涤液进出的通道(图3-22)。为了便于对板、框的区别，常在滤板、滤框外侧铸有小钮或其他标志，通常，非洗涤板为1钮，洗涤板为3钮，而滤框则为2钮，板框的组合方式服从1—2—3—2—1—2—3的规律。

操作开始前，先将四角开孔的滤布覆盖于板和框之间，借手动、电动或液压传动使螺旋杆转动压紧板和框。过滤时悬浮液从通道1进入滤框，滤液穿过框两边的滤布，由每块滤板的左下角进入滤液通道3排出机外。待框内充满滤饼，即停止过滤。若滤饼需要洗涤，洗涤液由通道2进入洗涤板的两侧，穿过整块框内的滤饼，在非洗

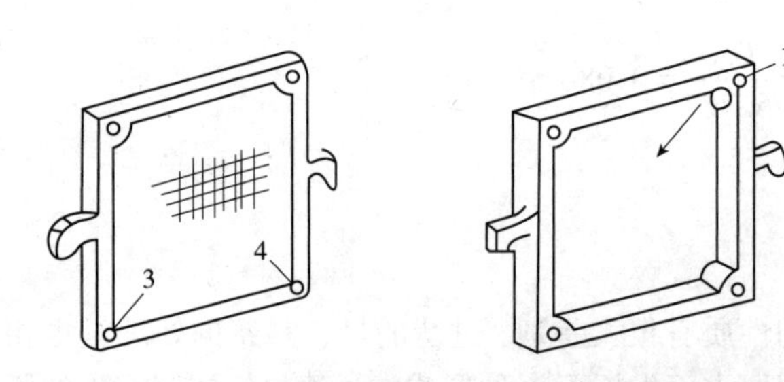

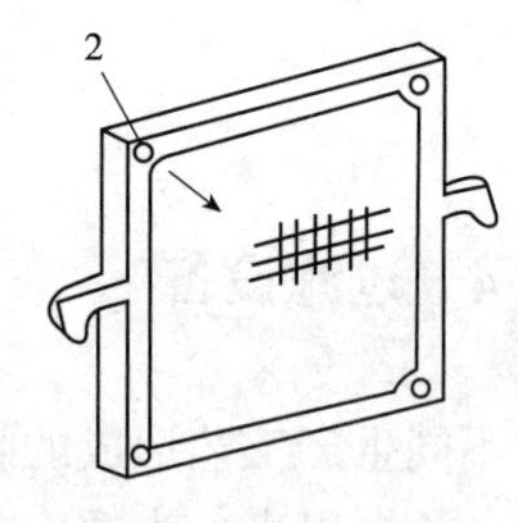

图 3-21 卧式板框压滤机的滤板、滤框

1-悬浮液通道；2-洗涤液入口通道；3-滤液通道；4-洗涤液出口通道

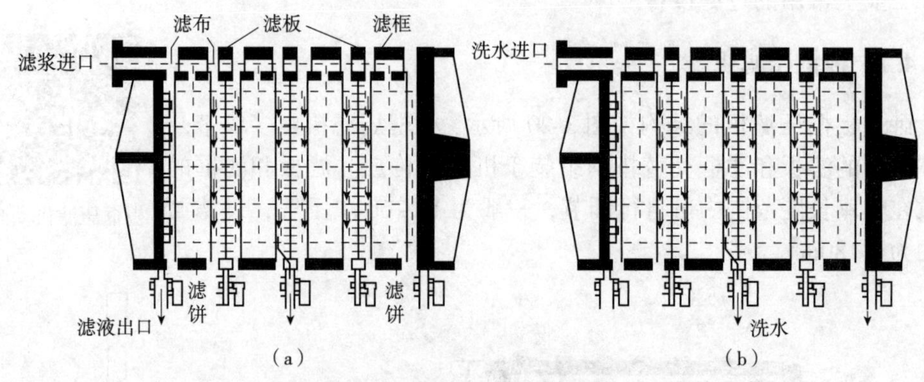

图 3-22 压滤机的过滤与洗涤

(a)过滤 (b)洗涤

涤板的表面汇集，由右下角小孔流入通道4排出。洗涤完毕后，即停车松开螺旋，卸除滤饼，洗涤滤布，为下一次过滤做好准备。

滤液的排出方式有明流式与暗流式之分。若滤液经由每块滤板底侧的滤液阀流到压滤机下部的敞口槽内，则称为明流式；其滤液可见，当某个滤室的**滤布**破裂时，则滤液浑浊，可迅速发现问题并及时予以更换或关闭此处的滤液阀门。若在板框压滤机长度方向上，滤液通道全部贯通，即滤液经过由每块滤板和滤框组合成的通道，并接入末端的排液管道，称为暗流式；因其滤液不可见，当某块**滤布**破裂时不易发现，但暗流式适用于滤液易挥发或滤液对人体有害的悬浮液的过滤。

板框压滤机构造简单，过滤面积大而占地省，过滤压力高，便于用耐腐蚀材料制造，操作灵活，过滤面积可根据产生任务调节。主要缺点是间歇操作，劳动强度大，生产效率低。

3.4.4.2 转筒真空过滤机

连续转筒真空过滤机动画

转筒真空过滤机(图3-23)是一种工业上应用较广的连续操作吸滤型过滤机械。设备的主要部件是水平安装的中空转筒，其表面有一层金属网，网上覆盖滤布，筒的下部浸入滤浆中，以0.1~3r/min的转速转动。圆筒沿周边分隔成若干独立的扇形格，在圆筒的一端于轴心处装有分配头(图3-24)，分配头由借弹簧压力紧密叠合的转动盘和固定

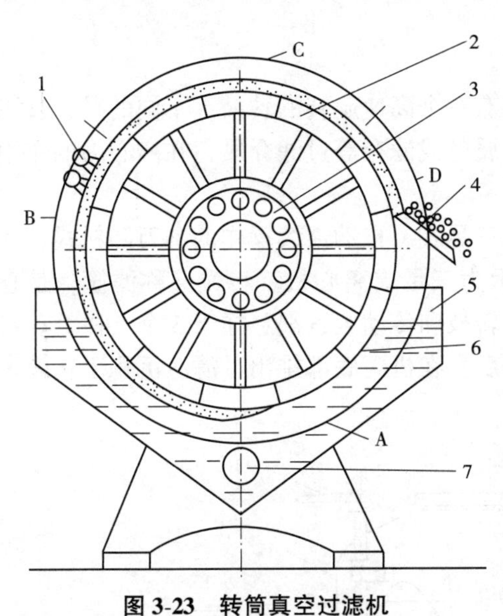

图 3-23　转筒真空过滤机

A-过滤区；B-脱液洗涤区；C-脱水区；D-滤渣剥离区

1-清水喷头；2-转筒；3-分配头；4-刮刀；5-滤浆槽；6-滤布；7-搅拌器

盘构成，转动盘随着筒体一起旋转，其上的每一孔与转筒表面的一段相通，固定盘上有3个凹槽与各种不同作用的管道相通。

当转筒上的某几格转入液面以下时，与这些格相通的转动盘上的小孔与固定盘上的槽1相通，滤液可以从这几格吸入，同时滤饼沉积于滤布上。当这几格离开液面，其内部的转动盘小孔与槽2相通，将滤饼中的液体吸干。当转筒继续旋转时，可在转筒表面喷洒洗涤液洗涤滤饼，此时，转动盘小孔与槽3相通，吸入洗涤液。随着转筒的转动，转筒内部小孔与孔4相通，有空气吹向这部分转筒的表面，将沉积于滤布上的滤饼吹松，滤饼被装在转筒右边的刮刀刮下。在再生区由固定盘的孔5吹入压缩空气，将残余滤渣从滤布上吹除。

转筒旋转一周，可按顺序完成过滤、脱水、洗涤、吹松、卸饼、再生等操作，连续旋转便构成了连续的过滤操作。转筒的过滤面积一般为5～40m^2，浸没部分占总面积的30%～40%。滤饼厚度一般保持在3～40mm。

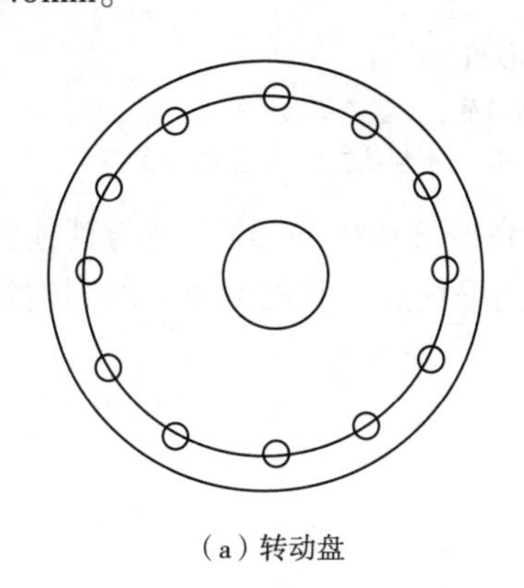

（a）转动盘

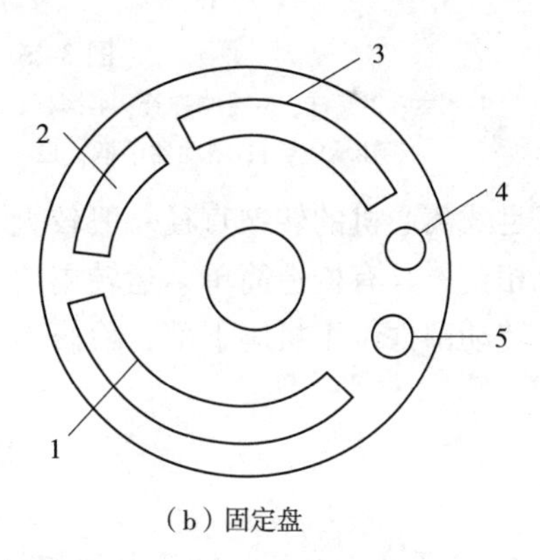

（b）固定盘

图 3-24　转筒真空过滤机的分配头

1-滤液出口凹槽；2-与真空管路相通凹槽；3-洗涤液出口凹槽；4和5-通压缩空气的孔

转筒真空过滤机的优点是连续自动操作，生产能力大，对处理量大而容易过滤的料浆特别适宜，对难以过滤的胶体物系或细微颗粒的悬浮液，若采用预涂助滤剂措施也比较方便。它的缺点是附属设备较多，过滤面积不大。此外，由于它是真空操作，因而过滤推动力有限，尤其不能过滤温度较高（饱和蒸气压高）的滤浆，滤饼的洗涤也不充分。

3.4.4.3 过滤离心机

过滤离心机与沉降离心机非常相似，都有一个高速旋转的转鼓。不同的是，过滤离心机的转鼓上开有许多小孔，内壁附以金属丝或滤布等过滤介质，在离心力的作用下进行过滤。

过滤离心机有多种形式，如间歇操作的三足式、自动连续操作的刮刀卸料式、活塞往复卸料式、螺旋卸料式等。图 3-25 所示为三足式离心机。转鼓又称滤筐，是直立的，开口向上，由底部带动。机的外壳、转鼓和传动装置都悬挂于 3 个支柱上。料液加入转鼓后，滤液从转鼓壁上的小孔甩出后，在机壳底部排出，滤渣沉积于转鼓内壁，待过滤完毕后取出。

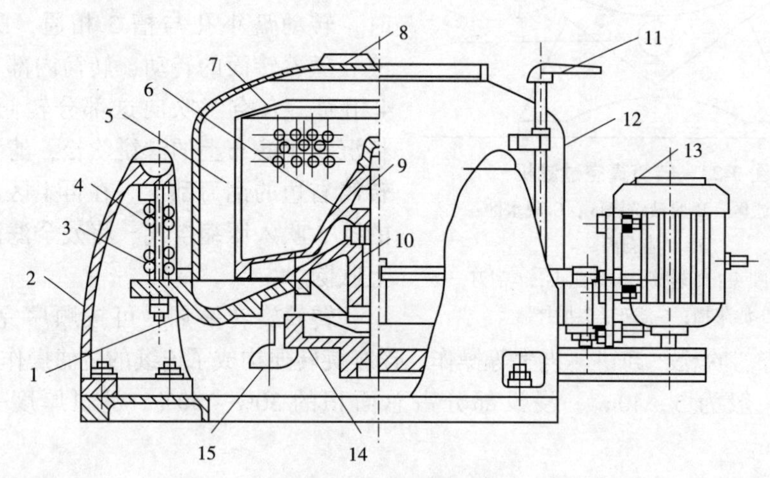

图 3-25 三足式离心机

1-底盘；2-支柱；3-缓冲弹簧；4-摆杆；5-鼓壁；6-转鼓底；7-拦液板；8-机盖；9-主轴；10-轴承座；11-制动器手柄；12-外壳；13-电动机；14-制动轮；15-滤液出口

三足式离心机的转鼓直径一般较大，转速不高（<2 000r/min），它与其他类型的离心机相比，具有构造简单、运转周期可灵活掌握等优点。它的缺点是卸料时需人工操作，转动部件位于机座下部，检修不方便。

思考题

3-1 何谓均相物系？何谓非均相物系？

3-2 简述固体颗粒与流体相对运动时的阻力系数 ζ 在层流区（斯托克斯区）和湍流区（牛顿区）的区别。

3-3 何谓重力沉降？何谓重力沉降速度？

3-4 在斯托克斯区域内，温度升高后，同一固体颗粒在液体和气体中的沉降速度增大还是减小？为什么？

3-5 何谓离心沉降速度？它与重力沉降速度相比有什么不同？离心沉降速度有哪几种主要类型？

3-6 何谓离心分离因数？离心分离因数的大小说明什么？

3-7 温度的变化对颗粒在气体中的沉降和液体中的沉降各有什么影响？

3-8 降尘室的生产能力与哪些因素有关？为什么降尘室通常制成扁平形或多层？降尘室适用于分离多大直径的颗粒？降尘室的高度如何确定？怎样理解降尘室的生产能力与降尘室的高度无关？

3-9 旋风分离器的性能主要用什么来衡量？

3-10 过滤速率是如何定义的？它与哪些因素有关？

3-11 过滤常数有哪些？它们的影响因素有哪些？在什么条件下可以为常数？

3-12 工业上常用的过滤介质有哪几种？分别适用于什么场合？

3-13 过滤得到的滤饼是浆状物质，使过滤很难进行，试讨论解决方法。

习 题

3-1 试求直径为70μm，相对密度为2.65的球形石英颗粒在20℃空气中的沉降速度，已知20℃时的空气密度为1.205kg/m^3，黏度为1.81×10^{-5}Pa·s。

3-2 一密度为7 800kg/m^3 的小钢球，在密度为1 200kg/m^3 的某液体中的自由沉降速度为在20℃水中沉降速度的1/4 000，20℃水的黏度为1mPa·s，求该溶液的黏度。

3-3 密度为2 500kg/m^3 的粒子在60℃的空气中沉降，已知60℃空气的密度为1.06kg/m^3，黏度为2×10^{-5}Pa·s，滞流区内$10^{-4}<Re\leq1$，求服从斯托克斯方程的最大颗粒直径。

3-4 某降尘室长3m，在常压下处理2 500m^3/h含尘气体，设颗粒为球形，密度为2 400kg/m^3，气体密度为1kg/m^3，黏度为2×10^{-5}Pa·s，如果该降尘室能够除去的最小颗粒直径为4×10^{-5}m，降尘室宽应为多少？

3-5 含尘气流中某粒径的尘粒在降尘室中的沉降速度为u_t，若使该含尘气流通入旋风分离器，上述的尘粒旋风分离器轴心为0.2m，其圆周速度u_r=10/s，假设粒子沉降运动属于滞流情况，则该尘粒在这两种设备中的沉降分离速度之比为多少？

3-6 用多层降尘室除去炉气中等矿尘。矿尘最小粒径为8μm，密度为4 000kg/m^3，降尘室长4.1m、宽1.8m、高4.2m，其他温度为427℃，黏度为3.4×10^{-5}Pa·s，密度为0.5kg/m^3。若每小时的炉气量为2 160m^3(标准态)，试确定降尘室内隔板间距及层数。

3-7 有一降尘室，长6m、宽3m，共20层，每层100mm，用以除去炉气中的矿尘，矿尘密度ρ_s=3 000kg/m^3，炉气密度0.5kg/m^3，黏度0.035Pa·s，现要除去炉气中10μm以上的颗粒，试求：(1)为完成上述任务，可允许的最大气流速度为多少？(2)每小时最多可送入多少炉气？(3)若取消隔板，为完成任务该降尘室的最大处理量为多少？

3-8 已知20℃时空气密度为1.2kg/m^3，黏度为1.81×10^{-5}Pa·s，欲用降尘室净化该温度下流量为2 500m^3/h的常压空气，空气中所含灰尘密度为1 800kg/m^3，要求净化后的空气不含有直径大于 10μm 的尘粒，试求：(1)所需沉降面积为多大？(2)若沉降室的底面宽为 2m、长为 5m，室内需要设多少块隔板？

3-9 板框压滤机过滤面积为 $0.2m^2$，过滤压差为 202kPa，过滤开始 2h 得滤液 $40m^3$，过滤介质阻力忽略不计，问：(1)若其他条件不变，面积加倍可得多少滤液？(2)若其他条件不变，过滤压差加倍，可得多少滤液？(3)若过滤 2h 后，在原压差下用 $5m^3$ 水洗涤滤饼，求洗涤时间为多少？

3-10 在 202.7kPa(2atm)操作压力下用板框过滤机处理某物料，操作周期为 3h，其中过滤 1.5h，滤饼不需洗涤。已知每获 $1m^3$ 滤液得滤饼 $0.05m^3$，操作条件下过滤常数 $K=3.3\times10^{-5}m^2/s$，介质阻力可忽略，滤饼不可压缩。试计算：(1)若要求每周期获 $0.6m^3$ 的滤饼，需多大过滤面积？(2)若选用板框长×宽的规格为 1m×1m，则框数及框厚分别为多少？

3-11 拟在 9.81kPa 的恒定压强下过滤某一悬浮液，过滤常数 K 为 $4.42\times10^{-3}m^2/s$。已知水的黏度为 $1\times10^{-3}Pa\cdot s$，过滤介质阻力可忽略不计。试求：(1)每平方米过滤面积上获得 $1.5m^3$ 滤液所需过滤时间；(2)若将此过滤时间延长 1 倍，可再得滤液多少？

3-12 某工业用板框压滤机过滤含 $CaCO_3$ 质量分数为 15.6%的水悬浮液，当过滤面积为 $0.1m^2$ 时，所用过滤介质的实验数据如下表。已知在 20℃、表压 9.46×10^4Pa 的条件下过滤 3.5h 得到了 $8m^3$ 的滤液。试求所需的过滤常数、q_e 和过滤面积。

表压/Pa	滤液量 V/dm^3	过滤时间 τ/s
9.46×10^4	2.86	98
	8.41	680

3-13 一板框压滤机有 26 个 810mm×810mm 的框，厚度为 45mm，用于过滤某悬浮液，过滤压力为 0.3MPa，过滤常数 $K=5.05\times10^{-5}m^2/s$，$q_e=0.012m^3/m^2$，滤渣体积与滤液体积之比为 0.065。操作时过滤一段时间后，用滤液体积 1/10 的清水进行横穿洗涤。已知洗涤压力与过滤时相同，洗涤液黏度与绿叶相同。若卸渣、清理等共需 40min，介质阻力忽略不计，试求：(1)若过滤进行到框内全部充满滤渣时为止，则过滤机的生产能力是多少？(2)该过滤机的最大生产能力是多少？

第4章

传　热

图4-1为解热镇痛药氨基比林的生产工艺流程图。在溶解罐中先加水，加热至50~60℃，搅拌下投入4-氨基安替比林，全溶后与镍催化剂搅匀，倒入氢化罐中。将氢化罐抽真空后通入氢气，开动搅拌，待压力升至0.245MPa时，停止通氢。加入甲醛，继续通入氢气。反应温度控制在60~85℃，甲醛加完后继续反应10min，测试终点。合格后压滤，滤液冷至25℃以下，析出结晶，甩滤得氨基比林粗品。将氨基比林粗品、乙醇、活性炭升温至75~80℃，搅拌脱色1h，压滤。滤液冷至10℃，析出结晶，甩滤，用乙醇洗涤，经气流干燥，得氨基比林。

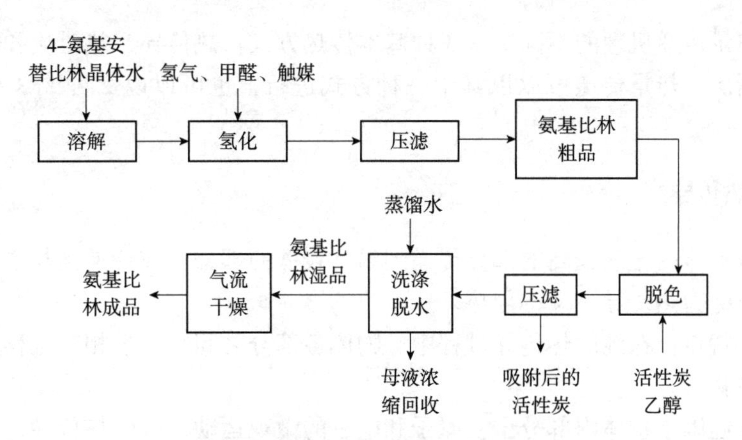

图4-1　氨基比林生产工艺流程

在氨基比林的生产过程中溶解、氢化、脱色、气流干燥过程都需要对物料进行加热，氨基比林粗品和终产品析出前都需要对滤液进行冷却，可见化工生产过程经常会涉及传热操作，根据换热情形的不同，需要用到各种类型的传热设备，因此，需要掌握传热单元操作的基本原理和典型换热设备的结构和特点。

传热是指以温度差为推动力的热量传递现象。由热力学第二定律可知，凡是有温度差的地方，热就必然从高温处传递到低温处。传热不仅是自然界普遍存在的现象，而且在科学技术、工业生产以及日常生活中都有很重要的地位。

4.1　概述

4.1.1　传热在化工生产中的应用

化学工业与传热的关系尤为密切，在化工生产中，传热过程所涉及的主要问题有3类：

①加热或冷却　使物料达到指定的温度。

②换热　以回收利用热量或冷量(热量或冷量都是能量)。

③设备与管路的保温　以减少热量或冷量的损失。

化工生产中对传热过程的要求主要有以下两种情况：

①强化传热过程　在传热设备中加热或冷却物料，希望以高传热速率来进行热量传递。

②削弱传热过程　如对高低温设备或管道进行保温，以减少热损失。

传热是化工过程中重要的单元操作之一，了解和掌握传热的基本规律，在化学工程中具有很重要的意义。

4.1.2　传热的3种基本方式

根据热量传递机理的不同，有3种基本传热方式：热传导、热对流和热辐射，但根据具体情况，热量传递可以以其中一种方式进行，也可以以2种或3种方式同时进行。

4.1.2.1　热传导

热量从物体内温度较高的部分传递到温度较低的部分，或传递到与之接触的另一物体的过程称为热传导，又称导热。

热传导特点：在纯的热传导过程中，物体各部分之间不发生相对位移，即没有物质的宏观位移。

热传导起因于物体内部分子、原子和电子的微观运动。气体热传导是气体分子做不规则热运动时相互碰撞的结果；导电固体的导热是依靠自由电子在晶格之间运动完成的；非导电体的导热是通过晶格结构的振动来实现的；有关液体的导热机理，存在两种不同的观点，类似于气体和类似于非导电固体。总之，热传导的机理相当复杂，目前人们的认识还很不完全。

4.1.2.2 热对流

在化工生产中常遇到的是流体流过固体表面时，热能由流体传到固体壁面，或者由固体壁面传入周围流体，这种由于流体内部质点发生相对位移而引起的热量传递过程称为热对流。

由于引起质点发生相对位移的原因不同，可分为自然对流和强制对流。自然对流：流体原来是静止的，但内部由于温度不同、密度不同，造成流体内部上升下降运动而发生对流。例如，靠近暖器片的空气受热膨胀而向上浮升，周围的冷空气流向暖气片，形成空气的对流，将热量带到房间内各处。强制对流：流体在某种外力(泵或搅拌器)的强制作用下运动而发生的对流。

4.1.2.3 热辐射

辐射是一种以电磁波传播能量的现象。物体会因各种原因发射出辐射能，其中物体因热的原因发出辐射能的过程称为热辐射。热辐射与热传导和热对流的最大区别就在于它可以在真空中传播而不需要任何物质作媒介。热辐射不仅是能量的转移，而且伴有能量形式的转化。物体放热时，热能变为辐射能，以电磁波的形式在空间传播，当遇到另一物体，则部分或全部被吸收，重新又转变为热能。任何物体只要在绝对零度以上，都能发射辐射能，但仅当物体间的温度差较大时，辐射传热才能成为主要的传热方式。

实际传热过程中，这3种传热方式很少单独存在，而往往是相互伴随着同时出现。

4.1.3 载热体及其选择

为了将冷流体加热或热流体冷却，必须用另一种流体供给或取走热量，此流体称为载热体。起加热作用的载热体称为加热剂；而起冷却作用的载热体称为冷却剂。

一定传热过程的基本费用与热量传递的数量密不可分，而单位热量的价格取决于载热体的温度，例如，当冷却时，冷却剂温度要求越低，费用越高；当加热时，加热剂温度要求越高，费用越高。因此，必须选择适当温位的载热体，选择载热体时应考虑以下原则：

①载热体的温度应易于调节。

②载热体的饱和蒸气压宜低，加热时不会分解。

③载热体的毒性要小，使用安全，对设备应基本上没有腐蚀。

④载热体应价格低廉而且容易得到。

4.1.4 间壁式换热器的传热过程

4.1.4.1 间壁式传热过程

工业生产中，冷、热两种流体的热交换大多数情况下采用间壁式换热器。如

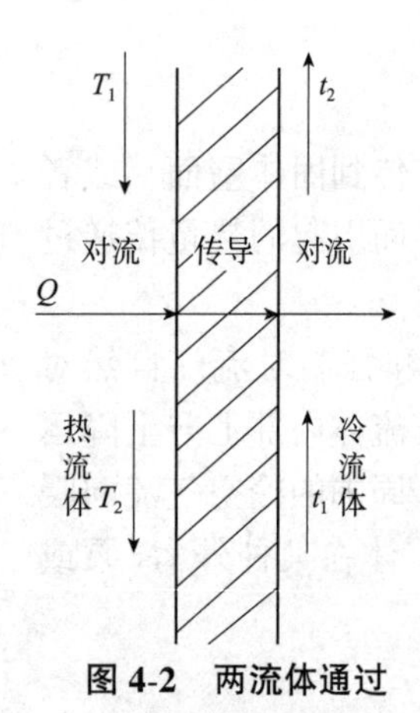

图 4-2　两流体通过间壁的传热过程

图4-2所示的套管换热器是其中最简单的一种。它是由两根不同直径的管子套在一起组成的，热冷流体分别通过内管和环隙，热量自热流体传给冷流体，热流体的温度从 T_1 降至 T_2，冷流体的温度从 t_1 上升至 t_2。换热器的传热一般是通过热传导和热对流等方式来实现的，这种热量传递过程包括3个步骤：

①热流体以对流方式把热量传递给管壁内侧。

②热量从管壁内侧以热传导方式传递给管壁的外侧。

③管壁外侧以对流方式把热量传递给冷流体。

4.1.4.2　传热速率和热流密度

传热速率 Q：又称热流量，单位时间内通过整个换热器的传热面传递的热量，单位为J/s或W。传热面是与热流方向垂直的。

热流密度 q：又称热通量，单位时间内通过单位传热面传递的热量，单位为 W/m^2。

$$q=\frac{Q}{A} \tag{4-1}$$

式中　A——总传热面积，m^2。

由于换热器的传热面积可以用圆管的内表面积、外表面积或平均面积表示，因此相应的热通量的数值各不相同，计算时应标明选择的基准面积。

4.1.4.3　稳态与非稳态传热

稳态传热(又称定态传热)：传热系统中各点的温度仅随位置变化而与时间无关，稳态传热时，在同一热流方向上的传热速率为常量。

非稳态传热：传热系统中各点的温度不仅随位置变化且随时间变化。

4.1.4.4　传热速率方程式

对于不同的传热方式，传热速率的表达式也不同，但一般可以用传热推动力/热阻来表示。传热过程的推动力是两流体的温度差，因沿传热管长度不同位置的温度差不同，通常在传热计算时使用平均温度差 Δt_m 表示，在稳态传热过程中，传热速率 Q 与传热面积 A 和 Δt_m 成正比。总传热速率方程为

$$Q=KA\Delta t_m=\frac{\Delta t_m}{1/KA}=\frac{总传热推动力}{总热阻} \tag{4-2}$$

式中　K——总传热系数或比例系数，$W/(m^2 \cdot ℃)$ 或 $W/(m^2 \cdot K)$；

Q——传热速率，W或J/s；

A——总传热面积，m^2；

Δt_m——两流体的平均温度差，℃或K。

4.2　热传导

热传导是物体内部无宏观运动时的一种传热方式，虽然其微观机理非常复杂，但热传导的宏观规律可用傅里叶定律来描述。

4.2.1　有关热传导的基本概念

4.2.1.1　温度场和等温面

物体或空间内各点间的温度差，是热传导的必要条件。由热传导方式引起的热传递速率(简称导热速率)决定于物体内温度的分布情况(图4-3)。某一瞬间，物体(或空间)各点的温度分布，称为温度场，可用下式表示：

$$t=f(x, y, z, \theta) \tag{4-3}$$

式中　t——某点的温度，℃；

x，y，z——某点的坐标；

θ——时间。

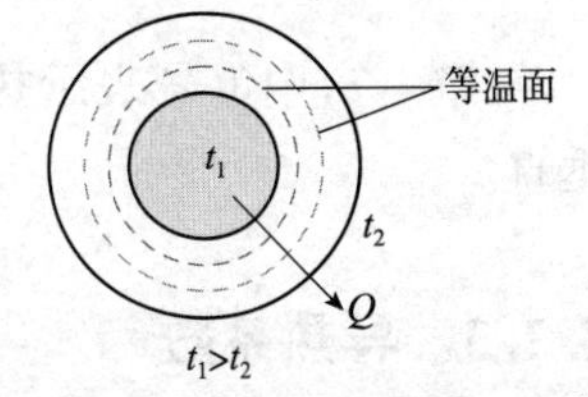

图4-3　圆筒壁内温度分布

物体内任一点的温度均不随时间而改变的温度场称为稳定温度场，稳定温度场的数学表达式为

$$t=f(x, y, z) \tag{4-4}$$

在同一时刻，温度场中所有温度相同的点组成的面，称为等温面。因为空间任一点不能同时有两个不同的温度，所以不同温度的等温面不会相交。

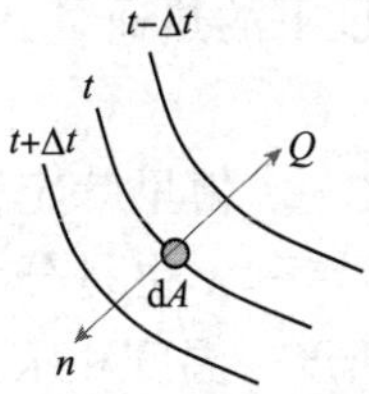

4.2.1.2　温度梯度

图4-4　温度梯度与热流方向的关系

如图4-4所示，两等温面的温度差Δt与其间的垂直距离Δn之比，称为温度梯度，某点的温度梯度为Δn趋于零时的极限值，即

$$\lim_{\Delta n \to 0} \frac{\Delta t}{\Delta n}=\frac{\partial t}{\partial n} \tag{4-5}$$

温度梯度是向量，其方向垂直于等温面，并以温度增加的方向为正。对于稳态的一维温度场，温度只沿x向变化，温度梯度可表示为$\frac{\mathrm{d}t}{\mathrm{d}x}$，当$x$坐标轴方向与温度梯度方向一致时，$\frac{\mathrm{d}t}{\mathrm{d}x}$为正值，反之则为负值。

4.2.2　傅里叶定律

描述热传导现象的物理定律为傅里叶定律，表示通过等温面的热传导速率与温度梯度及垂直于热流方向的导热面积成正比。

$$Q=-\lambda A\frac{\partial t}{\partial n} \tag{4-6}$$

式中 Q——热传导速率，W或J/s；

A——导热面积，m^2；

$\frac{\partial t}{\partial n}$——温度梯度，℃/m或K/m；

λ——导热系数，表征材料导热性能的物性参数，W/(m·℃)或W/(m·K)。

用热通量来表示：

$$q=-\lambda\frac{\partial t}{\partial n}$$

一维稳态热传导：

$$Q=-\lambda A\frac{dt}{dx} \tag{4-7}$$

式(4-7)中负号表示热流方向与温度梯度的方向相反，同时热流方向与等温面垂直。

4.2.3 导热系数

由傅里叶定律可以得出导热系数的定义式

$$\lambda=-\frac{Q}{A\frac{dt}{dx}} \tag{4-8}$$

由导热系数的定义式可知，导热系数在数值上等于单位温度梯度下的热通量，λ越大，导热性能越好。

导热系数λ表征了物质导热能力的大小，是物质的物理性质之一。傅里叶定律与牛顿黏性定律之间存在着明显的类似性，与黏度系数μ一样，热导率λ也是分子微观运动的一种宏观表现。其数值大小取决于物质的形态、组成、密度、温度和压力等因素。

各种物质的导热系数可用实验测定。一般来说，金属的导热系数最大，非金属固体次之，液体较小，气体最小。常见物质可查手册。

(1)固体的导热系数

在一定温度范围内(温度变化不太大)，大多数均质固体λ与t呈线性关系，可用下式表示：

$$\lambda=\lambda_0(1+\alpha t) \tag{4-9}$$

式中 λ——t℃时的导热系数，W/(m·℃)或W/(m·K)；

λ_0——0℃时的导热系数，W/(m·℃)或W/(m·K)；

α——温度系数，对大多数金属材料为负值($\alpha<0$)，对大多数非金属材料为正值($\alpha>0$)。

(2)液体的导热系数

液体分为金属液体和非金属液体两类，金属液体导热系数较高，非金属液体较低。

而在非金属液体中，水的导热系数最大。除水和甘油等少量液体物质外，绝大多数液体导热系数随温度升高略有减小。

(3)气体的导热系数

气体的导热系数随温度升高而增大。在通常压力范围内，压强对导热系数的影响甚微，一般不考虑。只有当压强很低或很高时，导热系数才随压强增加而增大。

与液体和固体相比，气体的导热系数最小，气体不利于导热，但可用来保温或隔热。固体绝热材料的导热系数之所以小，是因为其空隙率很大，孔隙中含有大量空气的缘故。

图4-5给出了几种液体的导热系数，图4-6给出了几种气体的导热系数。

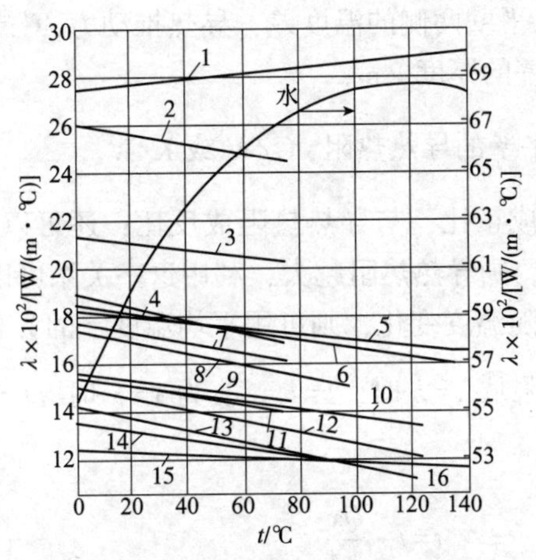

图4-5　几种液体的导热系数

1-无水甘油；2-甲酸；3-甲醇；4-乙醇；5-蓖麻油；6-苯胺；7-乙酸；8-丙酮；9-丁醇；10-硝基苯；11-异丙醇；12-苯；13-甲苯；14-二甲苯；15-凡士林；16-水(用右向的比例尺)

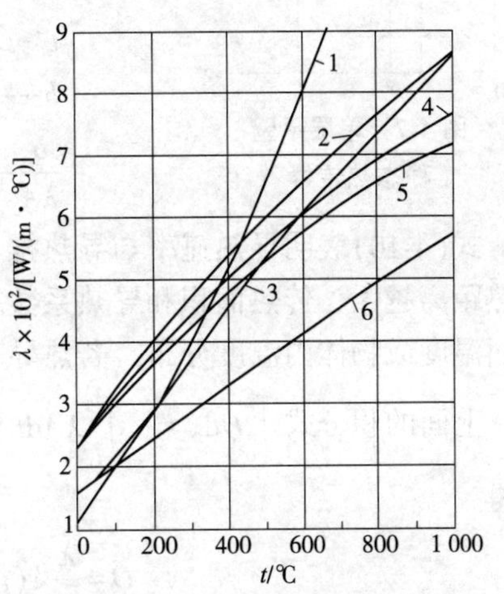

图4-6　几种气体的导热系数

1-水蒸气；2-氧；3-二氧化碳；4-空气；5-氮；6-氩

4.2.4　通过平壁的稳定热传导

4.2.4.1　通过单层平壁的稳定热传导

如图4-7所示，假设：①平壁材料均匀，导热系数 λ 不随温度变化，可视为常数；②平壁内温度只沿垂直于壁面的 x 方向变化，传热为稳态的一维热传导。则傅里叶定律可写为：

$$Q=-\lambda A\frac{\mathrm{d}t}{\mathrm{d}x}$$

若边界条件为：$x=0$ 时，$t=t_1$；$x=b$ 时，$t=t_2$

分离变量后积分：

$$\int_0^b Q\mathrm{d}x = -\int_{t_1}^{t_2} \lambda A \mathrm{d}t$$

设 λ 不随 t 而变，所以 λ 和 Q 均可提到积分号外，得

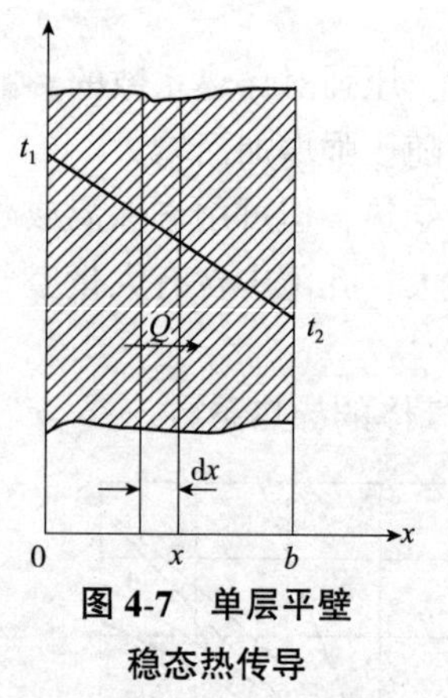

图 4-7　单层平壁稳态热传导

$$Q = \frac{\lambda}{b}A(t_1 - t_2) = \frac{t_1 - t_2}{\dfrac{b}{\lambda A}} \tag{4-10}$$

式中　Q——导热速率，即单位时间通过平壁的热量，W 或 J/s；

λ——导热系数；

A——平壁的面积，m^2；

$t_1 - t_2$——平壁两侧的温度差，导热推动力，℃或 K；

b——平壁的厚度，m；

$\dfrac{b}{\lambda A}$——平壁的导热热阻，℃/W 或 K/W。

式(4-10)表明导热速率与导热推动力成正比，与导热热阻成反比；还可以看出，导热距离越大，传热面积和导热系数越小，则导热热阻越大，利用这一关系可以计算界面温度或物体内温度分布。若热导率 λ 随温度变化，则可用平均温度下的 λ 值。

上面的积分式 $\int_0^b Q\mathrm{d}x = -\int_{t_1}^{t_2} \lambda A \mathrm{d}t$ 的上限从 $x=b$ 时，$t=t_2$，改为 $x=x$ 时，$t=t$；积分得

$$Q = \frac{\lambda}{x}A(t_1 - t) \quad \Rightarrow \quad t = t_1 - \frac{Qx}{\lambda A} \tag{4-11}$$

从式(4-11)可知，当 λ 不随 t 变化，$t \sim x$ 为直线关系；若 λ 随 t 变化关系为：$\lambda = \lambda_0(1+\alpha t)$，则 $t \sim x$ 为曲线关系。

4.2.4.2　通过多层平壁的稳定热传导

若平壁由多层不同厚度、不同导热系数的材料组成，如图 4-8(以 3 层平壁为例)所示，设各层的厚度分别为 b_1、b_2 和 b_3，导热系数分别为 λ_1、λ_2 和 λ_3，各表面温度为 t_1、t_2、t_3 和 t_4，壁的导热面积均为 A，假定各层接触良好，接触面两侧温度相同。在稳态导热过程中，通过各层的导热速率必相等，即

$$Q = Q_1 = Q_2 = Q_3$$

由式(4-10)可得

$$Q = \frac{t_1 - t_2}{\dfrac{b_1}{\lambda_1 A}} = \frac{t_2 - t_3}{\dfrac{b_2}{\lambda_2 A}} = \frac{t_3 - t_4}{\dfrac{b_3}{\lambda_3 A}} \tag{4-12}$$

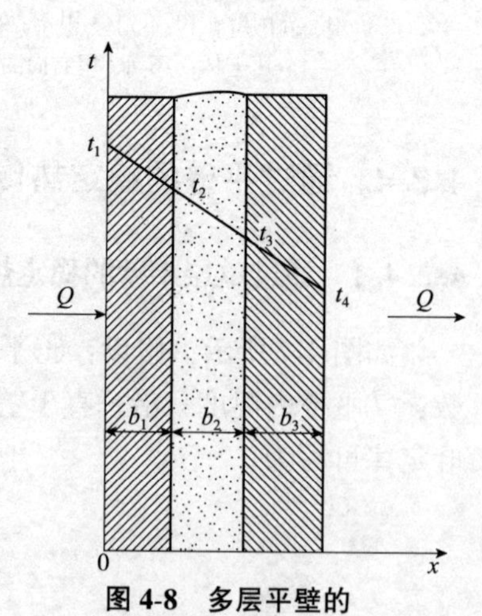

图 4-8　多层平壁的稳态热传导

应用合比定理可得

$$Q=\frac{\sum \Delta t_i}{\sum \frac{b_i}{\lambda_i A}}=\frac{t_1-t_4}{\sum_{i=1}^{3}\frac{b_i}{\lambda_i A}}=\frac{t_1-t_4}{\sum R_i}=\frac{\text{总推动力}}{\text{总热阻}} \tag{4-13}$$

推广至 n 层：

$$Q=\frac{t_1-t_{n+1}}{\sum_{i=1}^{n}\frac{b_i}{\lambda_i A}}=\frac{t_1-t_{n+1}}{\sum_{i=1}^{n}R_i} \tag{4-14}$$

式(4-14)表明，多层平壁稳态热传导的总推动力等于各层推动力之和，总热阻等于各层热阻之和。对于串联的多层热阻，各层温差的大小与其热阻成正比，热阻大的壁层，其温差也大。

【例4-1】 某平壁燃烧炉由一层100mm厚的耐火砖和一层80mm厚的普通砖砌成，其导热系数分别为1.0W/(m·℃)及0.8W/(m·℃)。操作稳定后，测得炉壁内表面温度为720℃，外表面温度为120℃。为减小燃烧炉的热损失，在耐火砖与普通砖之间增加一层厚为30mm，导热系数为0.03W/(m·℃)的保温砖。待操作稳定后，又测得炉壁内表面温度为800℃，外表面温度为80℃。设原有两层砖的导热系数不变，试求：(1)加保温砖后炉壁的热损失比原来减少的百分数；(2)加保温砖后各层接触面的温度。

解：(1)加保温砖后炉壁的热损失比原来减少的百分数

加保温砖前，为双层平壁的热传导，单位面积炉壁的热损失，即热通量 q_1 为

$$q_1=\frac{Q}{A}=\frac{t_1-t_3}{\frac{b_1}{\lambda_1}+\frac{b_2}{\lambda_2}}=\frac{720-120}{\frac{0.10}{1}+\frac{0.08}{0.8}}=3\ 000\quad \text{W/m}^2$$

加保温砖后，为3层平壁的热传导，单位面积炉壁的热损失，即热通量 q_2 为

$$q_2=\frac{Q}{A}=\frac{t_1-t_4}{\frac{b_1}{\lambda_1}+\frac{b_2}{\lambda_2}+\frac{b_3}{\lambda_3}}=\frac{800-80}{\frac{0.10}{1}+\frac{0.08}{0.8}+\frac{0.03}{0.03}}=600\quad \text{W/m}^2$$

加保温砖后热损失比原来减少的百分数为

$$\frac{q_1-q_2}{q_1}\times 100\%=\frac{3\ 000-600}{3\ 000}\times 100\%=80\%$$

(2)加保温砖后各层接触面的温度

已知 $q_2=600\text{W/m}^2$，且通过各层平壁的热通量均为此值。得

$$q_2=\frac{Q}{A}=\frac{\lambda_1(t_1-t_2)}{b_1}\quad(\text{耐火砖的热流密度})$$

$$t_2=t_1-\frac{q_2 b_1}{\lambda_1}=800-\frac{600\times 0.1}{1}=740\quad ℃$$

$$q_2=\frac{Q}{A}=\frac{\lambda_2(t_2-t_3)}{b_2}(\text{保温砖的热流密度})$$

$$t_3=t_2-\frac{q_2b_2}{\lambda_2}=740-\frac{600\times0.3}{0.3}=140\quad ℃$$

4.2.5 通过圆筒壁的稳定热传导

在化工生产中，所用设备、管路多为圆筒形，经常遇到圆筒壁的热传导问题，它与平壁热传导的不同之处在于圆筒壁的传热面积和热通量不再是常量，而是随半径而变，同时温度也随半径而变，但传热速率在稳态时依然是常量。

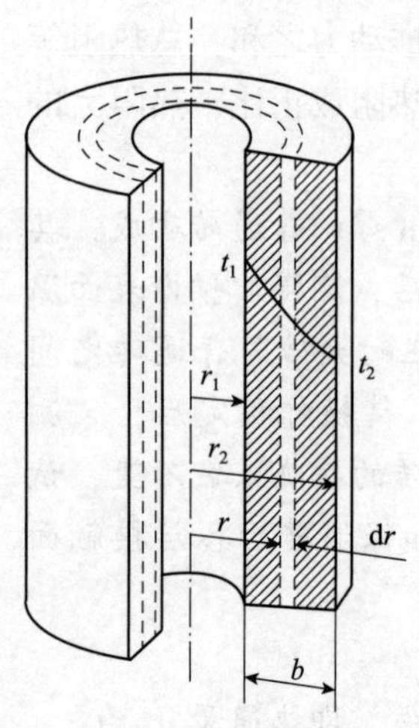

图 4-9 单层圆筒壁的稳态热传导

4.2.5.1 通过单层圆筒壁的稳定热传导

如图 4-9 所示，假设圆筒壁内各点温度只沿径向变化，即等温面垂直于传热方向，其热传导可视为一维温度场；圆筒的长度与半径相比很大，故可以忽略热损失。

根据傅里叶定律，通过该薄圆筒壁的导热速率可以表示为

$$Q=-\lambda A\frac{\mathrm{d}t}{\mathrm{d}r}$$

若在圆筒半径 r 处沿半径方向取微分厚度 $\mathrm{d}r$ 的薄壁圆筒，其传热面积可视为常量，等于 $2\pi rl$；通过该薄层的温度变化为 $\mathrm{d}t$。

代入上面的傅里叶公式中：

$$Q=-\lambda A\frac{\mathrm{d}t}{\mathrm{d}r}=-\lambda\cdot2\pi rl\frac{\mathrm{d}t}{\mathrm{d}r}$$

如果边界条件为：$r=r_1$ 时，$t=t_1$；$r=r_2$ 时，$t=t_2$

将上式分离变量，进行积分得

$$\int_{r_1}^{r_2}Q\mathrm{d}r=-\int_{t_1}^{t_2}\lambda\cdot2\pi rl\mathrm{d}t$$

设 λ 不随 t 而变，所以 λ 和 Q 均可提到积分号外，得

$$Q=\frac{2\pi\lambda l(t_1-t_2)}{\ln\frac{r_2}{r_1}}\tag{4-15}$$

式(4-15)也可写成与平壁热传导速率方程相类似的形式：

$$Q=\frac{2\pi\lambda l(t_1-t_2)(r_2-r_1)}{(r_2-r_1)\ln\frac{r_2}{r_1}}=\frac{\lambda\cdot(t_1-t_2)(A_2-A_1)}{b\ln\frac{A_2}{A_1}}=\frac{(t_1-t_2)}{\frac{b}{\lambda A_\mathrm{m}}}=\frac{\Delta t}{R}=\frac{推动力}{热阻}\tag{4-16}$$

式中，$A_\mathrm{m}=\frac{A_2-A_1}{\ln\frac{A_2}{A_1}}$，为对数平均面积，或用对数平均半径 $r_\mathrm{m}=\frac{r_2-r_1}{\ln\frac{r_2}{r_1}}$计算，$A_\mathrm{m}=2\pi r_\mathrm{m}l$。

对于$\frac{r_2}{r_1}<2$的圆筒壁，以算术平均值代替对数平均值导致的误差<4%。作为工程计算，这一误差可以接受，此时$A_m=\frac{A_1+A_2}{2}$，$r_m=\frac{r_1+r_2}{2}$。

上面积分式$\int_{r_1}^{r_2}Q\mathrm{d}r=-\int_{t_1}^{t_2}\lambda\cdot 2\pi r l\mathrm{d}t$的上限从$r=r_2$时，$t=t_2$改为$r=r$时，$t=t$，积分得

$$Q=-2\pi\lambda l(t-t_1)\ln\frac{r_1}{r}\quad\Rightarrow\quad t=t_1-\frac{Q}{2\pi\lambda l}\ln\frac{r}{r_1}\tag{4-17}$$

从式(4-17)可知，$t\sim r$成对数曲线变化(假设λ不随t变化)。

通过平壁的热传导，各处的Q和q均相等；而在圆筒壁的热传导中，圆筒的内外表面积不同，各层圆筒的传热面积不相同，所以在各层圆筒的不同半径r处传热速率Q相等，但各处热通量q却不等。因此，工程上为了计算方便，按单位圆筒壁长度计算导热速率，记为q_1，单位为W/m。

$$q_1=\frac{Q}{l}=2\pi\lambda\frac{t_1-t_2}{\ln\frac{r_2}{r_1}}\tag{4-18}$$

4.2.5.2 通过多层圆筒壁的稳定热传导

多层圆筒壁的热传导，如图4-10所示(以3层圆筒壁为例)。假设各层间接触良好，相互接触的表面温度相等，各层的导热系数分别为λ_1、λ_2、λ_3，厚度分别为$b_1=(r_2-r_1)$、$b_2=(r_3-r_2)$、$b_3=(r_4-r_3)$。

多层圆筒壁的稳态热传导过程中，通过各层的导热速率相等，即$Q=Q_1=Q_2=Q_3$，将式(4-15)代入得

$$Q=\frac{2\pi l\lambda_1(t_1-t_2)}{\ln\frac{r_2}{r_1}}=\frac{2\pi l\lambda_2(t_2-t_3)}{\ln\frac{r_3}{r_2}}=\frac{2\pi l\lambda_3(t_3-t_4)}{\ln\frac{r_4}{r_3}}\tag{4-19}$$

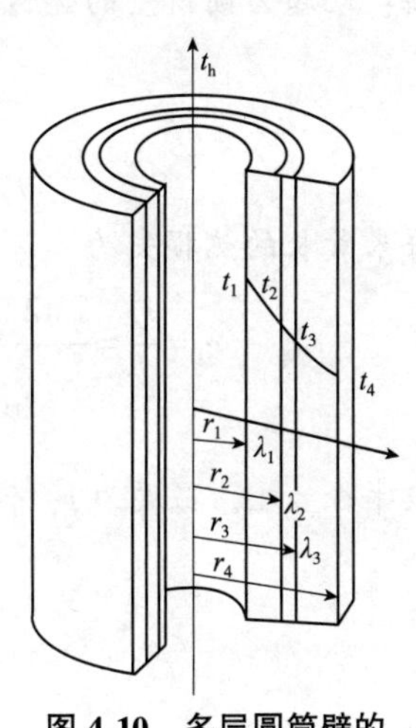

图4-10 多层圆筒壁的稳态热传导

单位圆筒壁长度的导热速率计算式为

$$q_1=\frac{Q}{l}=\frac{2\pi(t_1-t_4)}{\frac{1}{\lambda_1}\ln\frac{r_2}{r_1}+\frac{1}{\lambda_2}\ln\frac{r_3}{r_2}+\frac{1}{\lambda_3}\ln\frac{r_4}{r_3}}\tag{4-20}$$

对于n层圆筒壁：

$$Q=\frac{t_1-t_{n+1}}{\sum_{i=1}^{n}R_i}=\frac{2\pi l(t_1-t_{n+1})}{\sum_{i=1}^{n}\frac{1}{\lambda_i}\ln\frac{r_{i+1}}{r_i}}\tag{4-21}$$

也可写成与多层平壁类似的计算式：

$$Q=\frac{t_1-t_4}{\dfrac{b_1}{\lambda_1 A_{m1}}+\dfrac{b_2}{\lambda_2 A_{m2}}+\dfrac{b_3}{\lambda_3 A_{m3}}}=\frac{t_1-t_{n+1}}{\sum\limits_{i=1}^{n}\dfrac{b_i}{\lambda_i A_{mi}}} \tag{4-22}$$

多层圆筒壁导热的总推动力也为总温度差，总热阻也为各层热阻之和，但是计算时与多层平壁不同的是其各层热阻所对应的传热面积不相等，所以应采用每层各自的平均面积 A_{mi}。

由于各层圆筒的内外表面积均不相同，所以在稳定传热时，单位时间通过各层的传热量 Q 虽然相同，但单位时间通过各层内外壁单位面积的热通量 q 却不相同，其相互的关系为

$$Q=2\pi r_1 l q_1=2\pi r_2 l q_2=2\pi r_3 l q_3$$

或

$$r_1 q_1=r_2 q_2=r_3 q_3$$

式中 q_1、q_2、q_3——半径为 r_1、r_2、r_3 处的热通量。

【例4-2】 为了减少热损失和保证安全的工作条件，在外径为140mm的蒸气管道外包扎一层厚度为50mm的石棉层，石棉层的导热系数 $\lambda=0.2\text{W}/(\text{m}\cdot℃)$，蒸气管外壁温度为180℃，要求石棉层外侧温度为50℃。试求每米管长的热损失以及石棉层中的温度分布。

解： 此题为圆筒壁的热传导，已知

$$r_1=\frac{0.140}{2}=0.07\ \text{m}\qquad t_1=180℃$$

$$r_2=0.07+0.05=0.12\ \text{m}\qquad t_2=50℃$$

每米管长的热损失为

$$q_1=\frac{Q}{l}=\frac{2\pi\lambda(t_1-t_2)}{\ln\dfrac{r_2}{r_1}}=\frac{2\times3.14\times0.2\times(180-50)}{\ln\dfrac{0.12}{0.07}}=302.93\ \text{W/m}$$

设半径 r 处，温度为 t，代入上式

$$\frac{2\pi\times0.2\times(180-t)}{\ln\dfrac{r}{0.07}}=302.93\ \text{W/m}$$

整理得

$$t=-241\ln r-461.6$$

计算结果表明，圆筒壁的温度分布在导热系数取常数的情况下，不是直线，而是曲线。

4.3 对流传热

对流传热是指运动着的流体与固体壁面之间的热量传递过程，它是依靠流体质点的移动进行热量传递的，故对流传热与流体的流动状况密切相关。对流传热过程中，不仅要考虑通过固体间壁的导热，而且要考虑间壁两侧与流体的传热，因此实质上对流传热是流体的对流与热传导共同作用的结果。

4.3.1 对流传热过程分析

流体在平壁上流过时，流体和壁面间将进行传热，传热方向垂直于流体流动方向，引起壁面法线方向上温度分布的变化，形成一定的温度梯度，近壁处，流体温度发生显著变化的区域，称为热边界层或温度边界层。

流体平行于壁面做湍流流动时，靠近壁面处流体流动分别为层流底层、过渡层(缓冲层)、湍流核心。在层流底层中，在传热方向上无质点运动，此时主要依靠热传导方式进行热量传递，由于大多数流体的导热系数较小，该层热阻较大，因而温度梯度较大。远离壁面的湍流中心是湍流核心区，此处流体质点充分混合，温度趋于一致(热阻小)，传热主要以对流方式进行。质点相互混合交换热量，温差小。在过渡区域中，温度分布不像湍流主体那么均匀，也不像层流底层变化明显，传热以热传导和对流两种方式共同进行，质点混合、分子运动共同作用，温度变化平缓。

根据在热传导中的分析，流体做湍流流动时，热阻主要集中在层流底层中。

4.3.2 对流传热速率方程

对流传热大多是指流体与固体壁面之间的传热，其传热速率与流体性质及边界层的状况密切相关。如图 4-11 所示，在靠近壁面处引起温度的显著变化，即形成温度边界层。温度差主要集中在层流底层中，假设把过渡区和湍流主体的传热阻力全部叠加到层流底层的热阻中，则流体与固体壁面之间的传热阻力全部集中在厚度为 δ_t 有效膜中，在有效膜之外无热阻存在，在有效膜内传热主要以热传导的方式进行。该膜是集中了全部传热温差并以导热方式传热的虚拟膜。由此假定，此时的温度分布情况如图 4-11 所示。

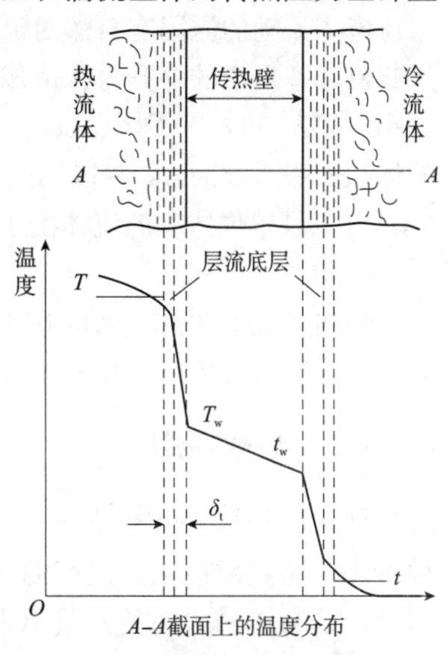

图 4-11 对流传热的温度分布

建立膜模型：

$$\delta_t=\delta_e+\delta$$

式中 δ_t——总有效膜厚度；

δ_e——湍流主体和过渡区的虚拟膜厚度；

δ——层流底层膜厚度。

使用傅里叶定律表示在虚拟膜内传热速率：

$$Q=\frac{\lambda}{\delta_t}A\Delta t$$

设 $\alpha=\dfrac{\lambda}{\delta_t}$，对流传热速率方程可用牛顿冷却定律来描述：

$$Q=\alpha A\Delta t \tag{4-23}$$

式中 Q——对流传热速率，W；

α——对流传热系数，W/(m^2·℃)；

Δt——对流传热温度差,℃[对热流体 $\Delta t=T-T_w$，对冷流体 $\Delta t=t_w-t$；T_w，t_w 为壁温,℃；T，t 为流体(平均)温度,℃]；

A——对流传热面积，m^2。

牛顿冷却定律也可写成传热推动力与热阻之间的关系式：

$$Q=\alpha A\Delta t=\frac{\Delta t}{\frac{1}{\alpha A}}=\frac{\Delta t}{R}=\frac{推动力}{热阻}$$

从上式可以看出，当 Δt 和 A 一定时，α 越大表示对流传热越快。

对流传热是一个非常复杂的物理过程，实际上由于有效膜厚度难以测定，牛顿冷却定律只是给出了计算传热速率简单的数学表达式，并未简化问题本身，只是把诸多影响过程的因素都归结到了 α 当中——复杂问题简单化表示。

4.3.3 影响对流传热系数的因素

对流传热系数 α 与导热系数 λ 不同，它不是流体的物理性质，而是受诸多因素影响的一个系数，反映对流传热热阻的大小。实验表明，影响对流传热系数 α 的因素有5个方面。

4.3.3.1 引起流动的原因

流体流动的原因有自然对流和强制对流两种。自然对流是由于流体内部存在温差引起密度差形成的浮升力，造成流体内部质点的上升和下降运动，一般 u 较小，α 也较小。设 ρ_1 和 ρ_2 分别代表温度为 t_1 和 t_2 两点流体密度，若 $t_2>t_1$，则 $\rho_2<\rho_1$。设流体的体积膨胀系数为 β，并以 Δt 代表温度差(t_2-t_1)，则 ρ_1 与 ρ_2 的关系为 $\rho_1=\rho_2(1+\beta\Delta t)$，于是单位体积的流体由于密度不同所产生的浮升力为

$$(\rho_1-\rho_2)g=\rho_2 g\beta\Delta t$$

强制对流是在泵、风机等外力作用下引起的流体运动，一般 u 较大，故 α 较大。通常，强制对流传热系数要比自然对流传热系数大数倍甚至几十倍。

4.3.3.2 流体的物性

对 α 影响较大的物性有：λ、ρ、μ、c_p 及对自然对流影响较大的 β，对于同一种流体，这些物性又是温度的函数，其中某些物性还与压强有关。λ 的影响：流体的导热系数 λ 越大对传热越有利，对流传热系数 α 越大；ρ 和 c_p 的影响：ρc_p 代表单位体积流体所具有的热容量，ρc_p 越大，意味着温度变化1℃所能吸收或放出的热量越大，对流传热系数 α 越大；μ 的影响：黏度大，Re 就小，对流动和传热都不利，故对流传热系数 α 小；β 的影响：β 越大的流体，所产生的密度差别越大，引起流动的推动力即单位体积流体的浮升力 $\rho\beta g\Delta t$ 也越大，有利于自然对流，因此对流传热系数 α 也越大。

4.3.3.3 流动型态

流体流动的状态分层流和湍流。层流时流体在热流方向上没有混杂运动，传热主要依靠热传导的方式来进行。由于流体的导热系数比金属的导热系数小得多，所以热阻大，α 较小。湍流时湍流主体的传热为涡流作用引起的热对流，在壁面附近的层流内层中仍为热传导。在其他条件相同时，增加流速，Re 增大，层流内层厚度 δ 变薄，传热系数 α 随之增大，所以，湍流流动时的对流传热效果强于层流流动状态。

4.3.3.4 传热面的形状、大小和位置

传热面的几何因素不同，如传热管、板、管束等不同的传热面的形状；管子的排列方式，水平或垂直放置；管径、管长或板的高度等都直接影响对流传热系数 α。通常采用对对流传热系数有决定性影响的特征尺寸 l 作为计算依据。

4.3.3.5 是否发生相变

在传热过程中，有相变发生时(如蒸汽在冷壁面上冷凝和液体在热壁面上的沸腾)，汽化或冷凝的潜热远大于温度变化的显热($r \gg c_p$)，因此其 α 值比无相变时大很多。

4.3.4 对流传热系数经验关联式的建立

本节采用白金汉法(也称 π 定理)，用量纲分析法将影响对流传热系数的诸因素归纳成若干个量纲为一的特征数，再借助实验确定这些特征数在不同情况下的相互关系，求算不同情况下 α 的关联式。

流体无相变时，影响对流传热系数 α 的因素有传热设备的特征尺寸 l、流体的密度 ρ、黏度 μ、比热 c_p、导热系数 λ、流速 u 及单位质量流体的浮升力 $g\beta\Delta t$ 等物理量，它们可用一般函数关系式来表达：

$$\alpha=f(u、l、\mu、\lambda、c_p、\rho、g\beta\Delta t)$$

流体无相变时的对流传热现象所涉及的物理量有8个，但这些物理量涉及的基本量纲却只有4个，即长度L，时间T，质量M，温度Θ。根据 π 定理：可将描述 n 个变量之间函数关系的物理方程转换成 π 个量纲为一的特征数群，特征数 π 的数目等于变量数 n 与基本量纲数 m 之差。因此，所得准数关联式中共有4个无量纲数群(由 π 定理 8-4=4)。

因次分析结果如下：

$$Nu=CRe^{a}Pr^{k}Gr^{g} \tag{4-24}$$

式中 $Nu=\dfrac{\alpha l}{\lambda}$，Nusselt(努塞尔数)待定准数(包含对流传热系数)；

$Re=\dfrac{du\rho}{\mu}$，Reynolds(雷诺数)表征流体流动型态对对流传热的影响；

$Pr=\frac{c_p\mu}{\lambda}$，Prandtl（普朗特数）反映流体物性对对流传热的影响；

$Gr=\frac{\beta g\Delta t l^3\rho^2}{\mu^2}$，Grashof（格拉斯霍夫数）表征自然对流对对流传热的影响。

$$\frac{\alpha l}{\lambda}=C\left(\frac{du\rho}{\mu}\right)^a\left(\frac{c_p\mu}{\lambda}\right)^k\left(\frac{\beta g\Delta t l^3\rho^2}{\mu^2}\right)^g \tag{4-25}$$

式(4-25)为无相变情况下对流传热的特征数关联式的一般形式，针对各种不同情况下的对流传热，式中的系数 C 和指数 a、k、g 需由实验来确定。在整理实验结果及使用关联式时必须注意以下问题：

(1)定性温度

由于沿流动方向流体温度逐渐变化，在处理实验数据时就要取一个有代表性的温度以确定物性参数的数值，这个确定物性参数数值的温度称为定性温度。

不同的关联式确定定性温度的方法往往不同，定性温度的取法有以下几种：①取流体进出口温度的平均值 $t_m=(t_1+t_2)/2$；②取壁面的平均温度 t_w；③取流体和壁面的平均温度(膜温) $(t_m+t_w)/2$。因此，在选用关联式时，必须依照该式的规定，计算定性温度。

(2)特征尺寸

Nu，Re 等准数中所包含的传热面尺寸 l 称为特征尺寸，通常选取对流体的流动与传热有决定性影响的尺寸作为特征尺寸。如流体在圆管内强制对流传热时，特征尺寸取为管内径 d，对非圆形管道的对流传热常取当量直径 d_e。

此外，在使用对流传热的关联式时，还应注意公式的应用条件，如 Re，Pr 准数等的数值范围。

4.3.5　流体无相变时对流传热系数的经验关联式

4.3.5.1　流体在管内的强制对流

(1)圆形直管内的强制湍流

强制湍流时的传热速率较大，自然对流的影响可忽略不计，式(4-24)中的 Gr 可以略去。

①对于低黏度流体，可采用下列关联式

$$Nu=0.023Re^{0.8}Pr^n \tag{4-26}$$

或

$$\alpha=0.023\frac{\lambda}{d}\left(\frac{du\rho}{\mu}\right)^{0.8}\left(\frac{c_p\mu}{\lambda}\right)^n \tag{4-27}$$

上两式适用范围：$Re>10\ 000$，$0.7<Pr<120$，$\mu<2\text{mPa}\cdot\text{s}$，$l/d\geqslant60$。

使用该公式的注意事项：

- 定性温度取流体进出口温度的算术平均值。

- 特征尺寸为管内径 d。
- 流体被加热时，$n=0.4$；流体被冷却时，$n=0.3$。

上述 n 取不同值的原因主要是考虑到温度对近壁层流底层中流体黏度和导热系数的影响。当管内流体被加热时，靠近管壁处层流底层的温度高于流体主体温度；而流体被冷却时，情况正好相反。对于液体，其黏度随温度升高而降低，液体被加热时层流底层减薄，大多数液体的导热系数随温度升高也有所减少，但不显著，总的结果使对流传热系数增大。液体被加热时的对流传热系数必大于冷却时的对流传热系数。大多数液体的 $Pr>1$，即 $Pr^{0.4}>Pr^{0.3}$。因此，液体被加热时，n 取 0.4；冷却时，n 取 0.3。对于气体，其黏度随温度升高而增大，气体被加热时层流底层增厚，气体的导热系数随温度升高也略有升高，总的结果使对流传热系数减少。气体被加热时的对流传热系数必小于冷却时的对流传热系数。由于大多数气体的 $Pr<1$，即 $Pr^{0.4}<Pr^{0.3}$，故同液体一样，气体被加热时 n 取 0.4，冷却时 n 取 0.3。

通过以上分析可知，温度对近壁层流底层内流体黏度的影响，会引起近壁流层内速度分布的变化，故整个截面上的速度分布也将产生相应的变化。

- 特征速度为管内平均流速。

【例 4-3】 有一列管换热器，由 60 根 ϕ25mm×2.5mm 钢管组成，通过该换热器用饱和蒸气加热管内流动的苯，苯由 20℃ 加热至 80℃，流量为 13kg/s。试求：(1) 苯在管内的对流传热系数；(2) 如苯流量加大 1 倍，对流传热系数如何变化。(假设物性不发生变化)

解：(1) 苯的定性温度 $t_m=\frac{1}{2}\times(20+80)=50℃$，查得苯的物性数据：

$\rho=860\text{kg/m}^3$，$c_p=1.80\text{kJ/(kg}\cdot℃)$，$\mu=0.45\text{mPa}\cdot\text{s}$，$\lambda=0.14\text{W/(m}\cdot℃)$

加热管内苯的流速为

$$u=\frac{q_V}{\frac{\pi}{4}d^2n}=\frac{\frac{13}{860}}{0.785\times0.02^2\times60}=0.80 \quad \text{m/s}$$

$$Re=\frac{du\rho}{\mu}=\frac{0.02\times0.80\times860}{0.45\times10^{-3}}=3.06\times10^4$$

$$Pr=\frac{c_p\mu}{\lambda}=\frac{1.8\times10^3\times0.45\times10^{-3}}{0.14}=5.79$$

以上计算表明本题的流动情况符合式(4-27)的实验条件，故

$$\begin{aligned}\alpha&=0.023\frac{\lambda}{d}\left(\frac{du\rho}{\mu}\right)^{0.8}\left(\frac{c_p\mu}{\lambda}\right)^{0.4}\\&=0.023\times\frac{0.14}{0.02}\times(3.06\times10^4)^{0.8}\times(5.79)^{0.4}=1\,260 \quad \text{W/(m}^2\cdot℃)\end{aligned}$$

(2)若忽略定性温度的变化，当苯的流量增加1倍时，传热系数为α'

$$\alpha'=\alpha\left(\frac{u'}{u}\right)^{0.8}=1\ 260\times2^{0.8}=2\ 194\quad W/(m^2\cdot ℃)$$

②对于高黏度流体，可采用下列关联式

$$\alpha=0.027\frac{\lambda}{d}\left(\frac{du\rho}{\mu}\right)^{0.8}\left(\frac{c_p\mu}{\lambda}\right)^{0.33}\left(\frac{\mu}{\mu_w}\right)^{0.14} \tag{4-28}$$

式(4-28)适用范围：$Re>10\ 000$，$0.7<Pr<16\ 700$，$\frac{l}{d}>60$。

使用该公式的注意事项：

• 定性温度，除黏度μ_w取壁温外，其余均取流体进出口温度的算术平均值。在实际中，由于壁温难以测得，计算时往往要用试差法，为了避免试差，工程上近似处理为：对于液体，加热时$\left(\frac{\mu}{\mu_w}\right)^{0.14}=1.05$，冷却时$\left(\frac{\mu}{\mu_w}\right)^{0.14}=0.95$。

• 特征尺寸为管内径d。

• 对于短管，当$l/d<60$时，由于管入口处的流体扰动较大，则α较大，需考虑短管效应，用式(4-27)、式(4-28)计算的α值，再乘上校正系数f。

$$f=1+\left(\frac{d}{l}\right)^{0.7}>1 \tag{4-29}$$

(2)圆形直管内过渡区时的对流传热系数

当$2\ 300<Re<10\ 000$时，流体流动处于过渡区，先按湍流计算α，然后乘以校正系数f。

$$f=1.0-\frac{6\times10^5}{Re^{0.8}} \tag{4-30}$$

过渡区内流体的Re比剧烈运动的湍流区内流体的Re小，流体流动的湍动程度减少，层流底层变厚，因此α减小。

(3)圆形直管内的层流

在管径小、水平管、壁面与流体间的温差比较小、流速比较低时，流体在圆形直管内做层流流动，如果传热不影响速度分布，则热量传递完全依靠导热的方式进行。但实际情况比较复杂，因为流体内部有温度差存在，必然附加有自然对流传热。

当$Gr<25\ 000$时，自然对流的影响可忽略不计，α的特征数关联式为

$$Nu=1.86\left(RePr\frac{d}{l}\right)^{1/3}\left(\frac{\mu}{\mu_w}\right)^{0.14} \tag{4-31}$$

式(4-31)适用范围：$Re<2\ 300$，$RePr\frac{d}{l}>10$。定性温度、特征尺寸取法与前相同，μ_w按壁温确定。

$Gr>25\ 000$时，自然对流的影响不能忽略，此时式(4-31)右端应乘以校正系数f：

$$f=0.8(1+0.015Gr^{1/3}) \tag{4-32}$$

在换热器设计中，应尽量避免在强制层流条件下进行传热，因为此时对流传热系

数小，从而使总传热系数也很小。

【例4-4】 机油（14号润滑油）在内径为12mm、长度为8m的管内流动，流速为0.31m/s，油的温度从90℃冷却到70℃，管内壁面温度为20℃，试求流体与管壁之间的对流传热系数。

解： 油在定性温度 $t_m=\frac{1}{2}\times(70+90)=80℃$ 下的物性数据为

$$\rho=857.5\text{kg/m}^3,\ c_p=2.194\text{kJ/(kg}\cdot℃),\ \mu=2.11\times10^{-2}\text{Pa}\cdot\text{s},$$

$$\lambda=0.1431\text{W/(m}\cdot℃),\ Pr=323,\ \beta=6.5\times10^{-4}\text{K}^{-1}$$

壁温 $t_w=20℃$，查得 $\mu_w=3.67\times10^{-1}\text{Pa}\cdot\text{s}$

已知 $d=0.012\text{m}$，$l=8\text{m}$，$u=0.31\text{m}$，则

$$Re=\frac{du\rho}{\mu}=\frac{0.012\times0.31\times857.5}{2.11\times10^{-2}}=151 \qquad \text{为层流流动}$$

$$RePr\frac{d}{l}=151\times323\times\frac{0.012}{8}=73.2(>10)$$

$$Gr=\frac{\beta g\Delta t d^3\rho^2}{\mu^2}=\frac{6.5\times10^{-4}\times9.81\times(80-20)\times0.012^3\times857.5^2}{(2.11\times10^{-2})^2}=1\,092$$

$Gr<25\,000$，因此可以忽略自然对流的影响。

$$\alpha=1.86\frac{\lambda}{d}\left(RePr\frac{d}{l}\right)^{1/3}\left(\frac{\mu}{\mu_w}\right)^{0.14}=1.86\times\frac{0.1431}{0.012}\times(73.2)^{1/3}\times\left(\frac{2.11\times10^{-2}}{3.67\times10^{-1}}\right)^{0.14}$$

$$=62.1\quad \text{W/(m}^2\cdot℃)$$

（4）弯曲管道中的对流传热系数

流体在弯管内流动时，由于受离心力的作用，使湍动程度加剧，其结果是使 α 增大。计算时先按直管计算，然后乘以校正系数 f：

$$f=1+1.77\frac{d}{R} \tag{4-33}$$

式中 d——管内径；

R——弯管的曲率半径。

（5）非圆形直管内强制对流

此时，仍采用圆形管内相应的公式计算，只是要将式中的管内径改为当量直径 d_e：

$$d_e=\frac{4\times\text{流通截面积}}{\text{润湿周边}}=\frac{4A}{\Pi} \tag{4-34}$$

用当量直径计算非圆形管内的对流传热系数是近似的计算，最好采用经验公式和专用式更为准确。例如，对套管的环隙，用空气和水做实验，在 $d_2/d_1=1.65\sim17$，$Re=1.2\times10^4\sim2.2\times10^5$ 的范围内获得如下经验关联式。

$$\alpha=0.02\frac{\lambda}{d_e}Re^{0.8}Pr^{1/3}\left(\frac{d_2}{d_1}\right)^{0.53} \tag{4-35}$$

式中　d_1、d_2——分别为套管内管外径和外管内径。

4.3.5.2　流体在管外的强制对流

流体在管外垂直流过时，分为流体垂直流过单管和管束两种情况。工业中所用的换热器多为流体垂直流过管束，由于管间的相互影响，其流动的特性及传热过程均较单管复杂得多。故在此仅介绍后一种情况的对流传热系数的计算。

(1)流体垂直流过管束

流体垂直流过管束时，管束的排列情况可以有直列和错列两种，如图4-12所示。对于第一排管子，不论直列还是错列都和单管差不多。从第二排开始，因为流体在错列管束间通过时受到阻拦，使湍动增强，故错列时的传热系数比直列时要大一些。从第三排以后，传热系数基本不再改变。

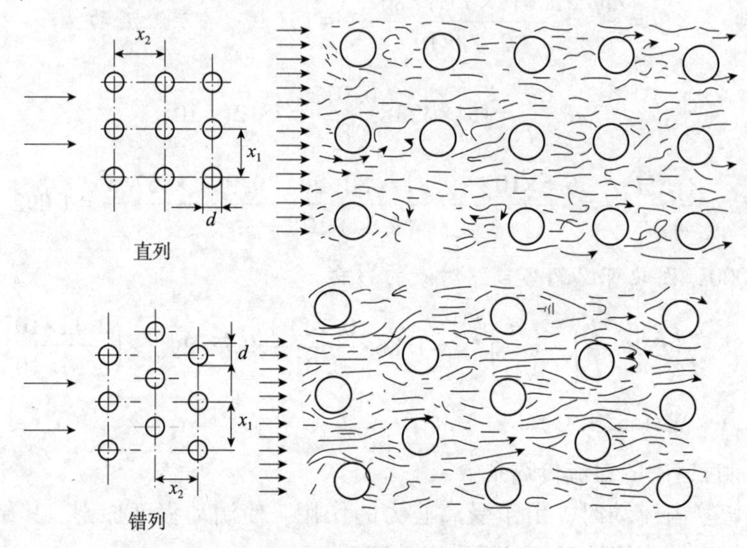

图4-12　换热管的排列

流体在管束外垂直流过的传热系数可用下式计算

$$Nu = C\varepsilon Re^n Pr^{0.4} \tag{4-36}$$

式中，C、ε、n 均由实验测定，其值见表4-1。

表4-1　流体垂直于管束流动时的 C、ε、n 值

排数	直列		错列		C
	n	ε	n	ε	
1	0.6	0.171	0.6	0.171	$x_1/d=1.2\sim3$ 时，
2	0.65	0.157	0.6	0.228	$C=1+0.1x_1/d$;
3	0.65	0.157	0.6	0.290	$x_1/d>3$ 时，
4	0.65	0.157	0.6	0.290	$C=1.3$

式(4-36)适用范围：$5\,000<Re<70\,000$，$x_1/d=1.2\sim5$，$x_2/d=1.2\sim5$。

使用该公式的注意事项：

- 定性温度为流体进、出口的平均温度。
- 特征尺寸为管外径。
- 流速取垂直于流动方向最狭窄通道处的速度。
- 由于各排的传热系数不同，整个管束的平均传热系数可按下式计算

$$\alpha_m = \frac{\alpha_1 A_1 + \alpha_2 A_2 + \alpha_3 A_3 + \cdots}{A_1 + A_2 + A_3 + \cdots} = \frac{\sum \alpha_i A_i}{\sum A_i} \tag{4-37}$$

式中 α_i——各排的对流传热系数；

A_i——各排传热管的外表面积。

(2)流体在换热器管壳间流动

在列管式换热器中，壳体是圆筒，管束中各列的管子数目不等，而且一般都装有折流挡板，使得流体的流向和流速不断地变化，因而在 $Re>100$ 时即可达到湍流。这时对流传热系数的计算，要根据具体结构选用相应的计算公式。

列管式换热器折流挡板的形式较多，如图 4-13 所示，其中以弓形(圆缺形)挡板最为常见，当换热器内装有圆缺形挡板(缺口面积约为 25%的壳体内截面积)时，壳程流体的对流传热系数的关联式如下：

$$Nu = 0.36 Re^{0.55} Pr^{1/3} \phi_\mu^{0.14} \tag{4-38}$$

或

$$\alpha = 0.36\left(\frac{\lambda}{d_e}\right)\left(\frac{d_e u_0 \rho}{\mu}\right)^{0.55} Pr^{1/3}\left(\frac{\mu}{\mu_w}\right)^{0.14} \tag{4-39}$$

该式适用范围：$Re = 2\times10^3 \sim 10^6$。

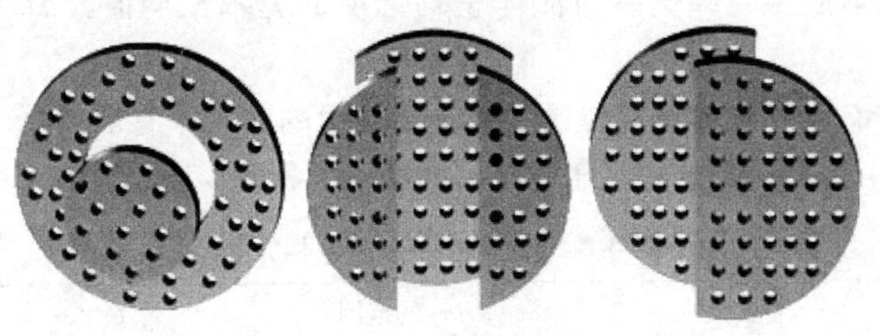

图 4-13 换热器折流挡板

定性温度取流体进出口温度的算术平均值，μ_w 是指壁温下的流体黏度。特征尺寸取壳程的当量直径 d_e，其值可根据图 4-14 所示的管子排列情况分别用不同的公式进行计算。

若管子为正方形排列：

$$d_e = \frac{4(t^2 - 0.785 d_0^2)}{\pi d_0} \tag{4-40}$$

若管子为正三角形排列：

$$d_e = \frac{4\left(\frac{\sqrt{3}}{2}t^2 - 0.785 d_0^2\right)}{\pi d_0} \tag{4-41}$$

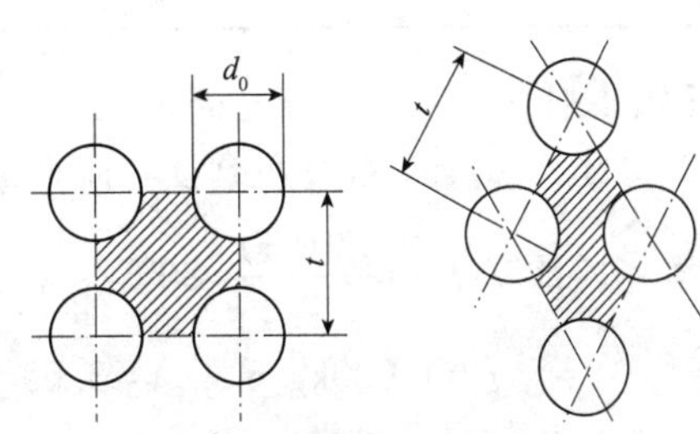

图 4-14 换热管的排列方式

式中　t——相邻两管之中心距，m；

d_0——换热管外径，m。

式(4-39)中的流速 u_0 可根据流体流过管间最大截面积 S_{max} 计算，即

$$S_{max}=hD\left(1-\frac{d_0}{t}\right) \tag{4-42}$$

式中　h——相邻两块折流挡板间的距离，m；

D——换热器的外壳内径，m。

如果换热器的管间没有折流挡板，则管外流体将沿管束平行流动，此时的 α 可用管内强制对流的公式计算，但特征尺寸要采用壳程的当量直径。

4.3.5.3　大空间的自然对流传热

所谓大空间自然对流传热是指传热面放置在大空间内，并且四周没有其他阻碍自然对流运动的物体存在，如沉浸式换热器的传热过程、换热设备或管道的热表面向周围大气的散热。

自然对流时的对流传热系数仅与反映流体自然对流状况的 Gr 准数和反映物性的 Pr 准数有关，其准数关系式为：

$$Nu=C(GrPr)^n \tag{4-43}$$

或

$$\alpha=C\frac{\lambda}{l}\left(\frac{c_p\mu}{\lambda}\cdot\frac{\beta g\Delta tl^3\rho^2}{\mu^2}\right)^n \tag{4-44}$$

使用该公式的注意事项：

- 定性温度取膜温，即壁温与流体平均温度的算术平均值，Δt 为壁温与流体主体温度之差。
- 特征尺寸 l 对于垂直板或垂直管取管长或板高，水平管取外径 d_0。
- 式中 C 和 n 由实验测定，具体数值列在表 4-2 中。

表 4-2　式(4-43)中的 C 和 n 值

传热面的形状	特征尺寸	$(GrPr)$的范围	C	n
水平圆管	外径 d_0	$10^4\sim10^9$	0.53	1/4
		$10^9\sim10^{12}$	0.13	1/3
垂直管或板	高度 l	$10^4\sim10^9$	0.59	1/4
		$10^9\sim10^{12}$	0.10	1/3

【例 4-5】　有一水平放置的蒸气管道，外径为 152mm，管外壁温度为 130℃，周围空气温度为 30℃，试计算单位时间内每米管子由于自然对流的散热量。

解： 定性温度 $t=\frac{130+30}{2}=80$℃，查 80℃时空气的物性数据为

$$\rho=1.000\text{kg/m}^3,\ \lambda=3.05\times10^{-2}\text{W/(m}\cdot℃),\ \mu=2.11\times10^{-5}\text{Pa}\cdot\text{s}$$

$$Pr=0.692,\ c_p=1.009\text{kJ/(kg}\cdot℃),\ \beta=\frac{1}{T}=\frac{1}{273+80}=2.83\times10^{-3}\text{K}^{-1}$$

所以
$$Gr=\frac{\beta g\Delta t d^3\rho^2}{\mu^2}=\frac{2.83\times10^{-3}\times9.81\times(130-30)\times0.152^3\times1.000^2}{(2.11\times10^{-5})^2}$$
$$=2.19\times10^7$$
$$GrPr=2.19\times10^7\times0.692=1.52\times10^7$$

由表4-3查得，$c=0.53$，$n=1/4$

$$Nu=0.53(GrPr)^{1/4}=0.53\times(1.52\times10^7)^{1/4}=33.09$$
$$\alpha=Nu\frac{\lambda}{d}=33.09\times\frac{3.05\times10^{-2}}{0.152}=6.64\quad \mathrm{W/(m^2\cdot ℃)}$$
$$Q=\alpha\pi d\Delta t=6.64\times3.14\times0.152\times(130-30)=317\quad \mathrm{W/m}$$

4.3.6　流体有相变时的对流传热

有相变的对流传热问题中以蒸气冷凝传热和液体沸腾传热最为常见，这类传热过程的特点是相变流体要放出或吸收大量的潜热，但流体的温度不发生变化。因此，在壁面附近流体层中的温度变化较大，其对流传热系数比无相变时要大。

4.3.6.1　蒸气冷凝

蒸气与低于其饱和温度的冷壁接触时，将释放出汽化潜热，并在壁面上凝结为液体。

(1)蒸气冷凝方式

蒸气冷凝有膜状冷凝和滴状冷凝两种方式。

①膜状冷凝　若冷凝液能润湿壁面，在壁面形成一层完整的液膜，称为膜状冷凝，如图4-15所示。在膜状冷凝过程中，固体壁面被液膜所覆盖，此时蒸气的冷凝只能在液膜的表面进行，即蒸汽冷凝放出的潜热必须通过液膜后才能传给冷壁面，由于蒸汽冷凝时有相的变化，一般热阻很小，因此这层冷凝液膜往往成为膜状冷凝的主要热阻。冷凝液膜在重力作用下沿壁面向下流动时，其厚度不断增加，故壁面越高或水平放置的管径越大，则整个壁面的平均对流传热系数也就越小。

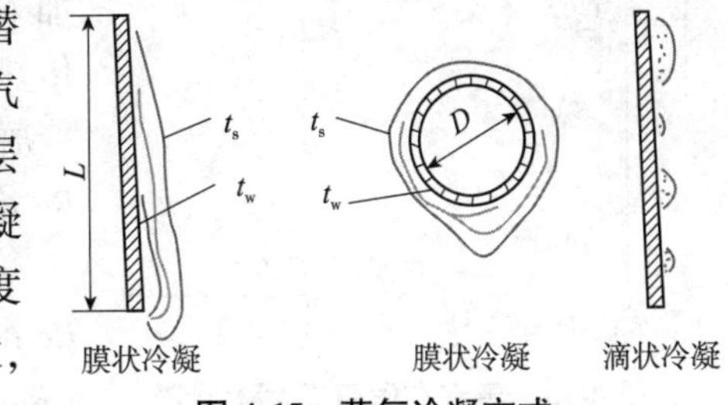

图4-15　蒸气冷凝方式

②滴状冷凝　若壁面上存在一层油类物质，或蒸汽中混有油类或脂类物质，冷凝液不能很好地润湿壁面，仅在其上凝结成许多分散的液滴，沿壁滚下，互相合并成更大的液滴，露出冷凝面，这种冷凝称为滴状冷凝。

通常滴状冷凝时蒸汽不必通过液膜传热，可直接在传热面上冷凝，其对流传热系数比膜状冷凝的对流传热系数大5~10倍。两种方式的冷凝通常会同时存在，但工业生产上大多以膜状冷凝为主，下面仅讨论膜状冷凝情况。

(2)蒸汽在水平管外冷凝

蒸汽在水平单管外冷凝的对流传热系数可用以下计算公式：

$$\alpha=0.725\left(\frac{r\rho^2 g\lambda^3}{d_0\mu\Delta t}\right)^{1/4} \tag{4-45}$$

式中　r——饱和蒸汽的冷凝热(t_s 下)，J/kg；

ρ——冷凝液的密度，kg/m^3；

λ——冷凝液的导热系数，W/(m・K)；

d_0——圆管外径，m；

μ——冷凝液的黏度，Pa・s；

Δt——液膜两侧的温差(t_s-t_w)，℃。

定性温度取膜温，即 $t=\frac{t_s+t_w}{2}$，用膜温查冷凝液的物性 ρ、λ 和 μ；潜热 r 按饱和温度 t_s 查取，此时认为主体无热阻，热阻集中在液膜中。

工业用冷凝器多半是由水平管束组成，管束中管子的排列无论是直列还是错列，就第一排管子而言，其冷凝情况与单根水平管相同。但是，对其他各排管子而言，冷凝情况必受到其上各排管流下的冷凝液的影响，其对流传热系数可用以下公式计算：

$$\alpha=0.725\left(\frac{r\rho^2 g\lambda^3}{n^{\frac{2}{3}} l\mu\Delta t}\right)^{1/4} \tag{4-46}$$

式中　n——水平管束在垂直列上的管子数；

l——特征尺寸。

(3)在竖直板或竖直管外的冷凝

如图 4-16 所示，当蒸气在垂直管或板上冷凝时，冷凝液在重力作用下沿壁面向下流动，同时由于蒸汽不断在液膜表面冷凝，新的冷凝液不断加入，使液膜厚度自上而下不断增加，局部对流传热系数 α 逐渐减小。当板或管足够高时，由于冷凝液的积累，流动从层流过渡到湍流，此时的 Re 增大，层流底层变薄，局部 α 值反而会增大。

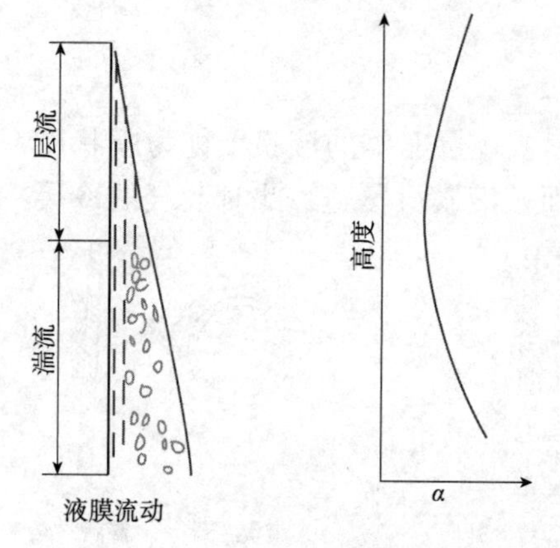

图 4-16　蒸汽在垂直壁面上冷凝

冷凝液的液膜流动有层流和湍流之分，可用 Re 准数作为确定层流和湍流的准则。液膜为层流($Re<1\,800$)时，α 的计算公式为

$$\alpha=1.13\left(\frac{r\rho^2 g\lambda^3}{\mu l\Delta t}\right)^{1/4} \tag{4-47}$$

式中，特征尺寸 l 取管长或板高 H；定性温度取膜温。

若冷凝液流过的截面积为 S，壁面的润湿周边长度为 b，则 Re 准数为

$$Re=\frac{d_e u\rho}{\mu}=\frac{(4S/b)u\rho}{\mu} \tag{4-48}$$

若冷凝液的质量流量为 q_m，并将单位长度润湿周边上冷凝液的质量流量称为冷凝负荷，用 M 表示($M=q_m/b$)，则

$$Re=\frac{d_e u\rho}{\mu}=\frac{(4S/b)(q_m/S)}{\mu}=\frac{4q_m/b}{\mu}=\frac{4M}{\mu} \tag{4-49}$$

蒸汽冷凝时放出的热量：

$$Q=q_m r$$

蒸气冷凝时，蒸气向壁面的对流传热速率为

$$Q=\alpha A\Delta t=\alpha bl\Delta t$$

式中 A——传热面积，$A=bl$；

l——壁面高度；

b——润湿周边长度；

Δt——蒸气的饱和温度 t_s 与壁面温度 t_w 之差。

对于垂直管，$Re=\frac{4q_m}{b\mu}=\frac{4Q}{b\mu r}=\frac{4Q}{\pi d_0\mu r}$，式中 d_0 为管径。

若液膜为湍流（Re>1 800）时，α 的计算公式为

$$\alpha=0.007\,7\left(\frac{\rho^2 g\lambda^3}{\mu^2}\right)^{1/3}Re^{0.4} \tag{4-50}$$

式中，Re 是指板或管最低处的值（此时 Re 为最大）。

【例4-6】 饱和温度为105℃的水蒸气，在外径为0.06m、管长为1.5m的单根管外冷凝，管外壁温度为95℃。试计算：(1)管子垂直放置时的水蒸气冷凝对流传热系数；(2)管子水平放置时的水蒸气冷凝对流传热系数。

解： 由附录1查得在105℃下饱和水蒸气的汽化热为2 245kJ/kg。

定性温度$=\frac{1}{2}(t_s+t_w)=\frac{1}{2}(105+95)=100$℃，查得100℃下水的物性参数为：$\rho=958.4\text{kg/m}^3$，$\lambda=0.683\text{W/(m·℃)}$，$\mu=28.4\times10^{-5}\text{Pa·s}$。

(1)管子垂直放置时，先假定液膜中液体作层流流动，由式(4-47)得

$$\alpha=1.13\left(\frac{r\rho^2 g\lambda^3}{\mu l\Delta t}\right)^{1/4}=1.13\left(\frac{2\,245\times10^3\times958.4^2\times9.81\times0.683^3}{28.4\times10^{-5}\times1.5\times10}\right)^{1/4}=7\,047\quad \text{W/(m}^2\text{·℃)}$$

检验 Re，$Re=\frac{d_e u\rho}{\mu}=\frac{(4S/b)(q_m/S)}{\mu}=\frac{4Q}{\pi d_0\mu r}$

$$Q=\alpha A\Delta t=7\,047\pi\times0.06\times1.5\times(105-95)=19\,915\quad \text{W}$$

因此

$$Re=\frac{4Q}{\pi d_0\mu r}=\frac{4\times19\,915}{\pi\times0.06\times28.4\times10^{-5}\times2\,245\times10^3}=663<1\,800$$

故假定为层流是正确的。

(2)管子水平放置时，由式(4-45)知

$$\alpha'=0.725\left(\frac{r\rho^2 g\lambda^3}{d_0\mu\Delta t}\right)^{1/4}$$

由式(4-45)和式(4-47)，可得长为1.5m、外径为0.06m的单管水平放置和垂直放置时的对流传热系数 α' 和 α 的比值为

$$\frac{\alpha'}{\alpha}=\frac{0.725}{1.13}\left(\frac{l}{d_0}\right)^{1/4}=\frac{0.725}{1.13}\left(\frac{1.5}{0.06}\right)^{1/4}=1.43$$

所以，单根管水平放置时的对流传热系数为

$$\alpha'=1.43\alpha=1.43\times7\ 047=10\ 077\quad W/(m^2\cdot ℃)$$

(4)冷凝传热的影响因素和强化措施

对一定的组分，液膜的厚度及其流动状况是影响冷凝传热的关键。所以，凡是有利于液膜变薄的因素都可提高冷凝传热系数。

①流体物性的影响　由膜状冷凝的传热系数计算式可知，液膜的密度、黏度、导热系数及蒸气的冷凝热，都影响冷凝传热系数。

②温度差影响　冷凝液膜两侧的温度差为$\Delta t=t_s-t_w$。当液膜做层流流动时，若温度差加大，则蒸汽冷凝速率增加，因而液膜层厚度增加，使冷凝传热系数降低。

③不凝气体的影响　如果蒸汽中常含有微量的不凝性气体，如空气，当蒸汽冷凝时，不凝气体会在液膜表面浓集形成气膜。这相当于额外附加了一热阻，而且由于气体的导热系数λ小，使蒸气冷凝的对流传热系数大大下降。实验可证明：当蒸汽中含空气量达1%时，α下降60%左右。因此，在冷凝器的设计中，在高处安装气体排放口；操作时，定期排放不凝气体，减少不凝气体对α的影响。

④蒸汽流速与流向的影响　前面讨论的冷凝传热系数中忽略了蒸汽流速的影响，故只适用于蒸汽流速较低的情况。当蒸汽流速较高时(对于水蒸气，$u>10m/s$时)，还要考虑蒸汽与液膜之间的黏滞摩擦力。

蒸汽与液膜流向相同时，会加速液膜流动，使液膜变薄，液膜的热阻减小。同时，由于蒸汽流速较高，液膜表面的不凝性气体会被吹散，气相热阻也减小。因此，冷凝过程的总热阻减小，α增大。蒸汽与液膜流向相反时，会阻碍液膜流动，使液膜变厚，α减小；但蒸汽速度很大时，不论是同向还是逆向流动，都会吹散液膜，使冷凝传热过程增强。一般蒸汽入口设在冷凝器的上部，此时蒸汽与液膜流向相同，有利于传热系数的提高。

⑤强化传热措施　冷凝传热过程的阻力主要集中于液膜，因此，设法减小液膜厚度是强化冷凝传热的有效措施。减小液膜厚度最直接的方法是从冷凝壁面的高度和布置方式入手。例如，在垂直壁面上开纵向沟槽，以减薄壁面上的液膜厚度；还可在壁面上安装金属丝或翅片，冷凝液在表面张力的作用下，有向金属丝附近集中并沿金属丝流下的趋势，从而使壁面上的液膜大为减薄，传热系数成倍增加。

4.3.6.2　液体沸腾时的对流传热系数

在液体的对流传热过程中，伴有液相变为气相产生气泡的过程称为沸腾。液体沸腾可分为两种：一种是将加热面浸于液层中，液体在加热面外的大容积内沸腾，此时，液体的运动只是由于自然对流和气泡的扰动所引起，称为大容积沸腾或池内沸腾；另一种是液体在管内流动的过程中在管内壁发生的沸腾，称为管内沸腾。管内沸腾传热机理要较池内沸腾复杂得多。

本节仅讨论液体在大容器内沸腾传热过程。

(1)气泡的生成和过热度

沸腾传热过程最主要的特征是液体内部有气泡生成。理论上液体沸腾时气、液两相处于平衡状态，即液体的沸点等于该液体所处压力下相对应的饱和温度 t_s。但实验测定表明，液体必须处于过热状态，即液体的主体温度 t_1 略高于饱和温度 t_s，才会有使气泡不断生成、长大。温度差 t_1-t_s 称为过热度。紧靠加热壁面处液体的温度最高(壁面温度 t_w)，此处的过热度最大，为 $\Delta t=t_w-t_s$，液体的过热是新相——小气泡生成的必要条件。

实际观察表明，液体沸腾时气泡只能在加热壁面上某些凹凸不平的点上形成，称为汽化核心。在沸腾传热过程中，气泡首先在汽化核心生成、长大，长大到一定大小后，在浮力作用下就会脱离壁面，气泡脱离壁面后，周围温度较低的液体便会涌来填补让出的空间，经过加热后产生新的气泡，气泡的不断形成，长大和脱离加热面，使靠近壁面的液体处于剧烈扰动状态，从而使液体沸腾时的对流传热系数比无相变化时的大得多。

(2)沸腾曲线

图4-17 给出了水在 101.325kPa 压力下饱和沸腾时 α 与 $\Delta t=t_w-t_s$ 的关系曲线，称为沸腾曲线。

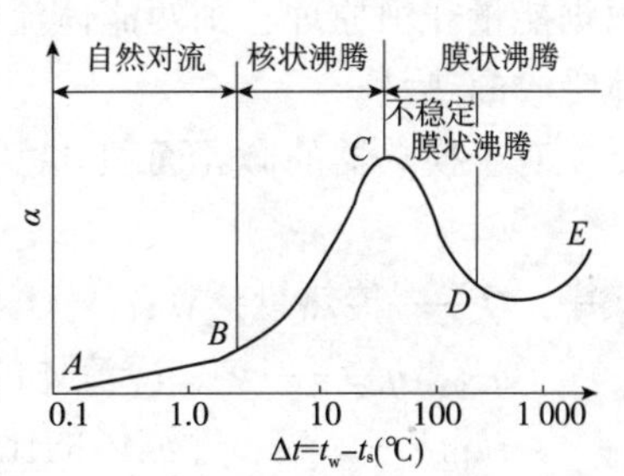

图 4-17 常压下水沸腾时 α 与 Δt 的关系

①*AB* 段为自然对流区 此时加热壁面的过热度 Δt 很小($\Delta t\leqslant 5$℃)，仅在加热面有少量汽化核心形成气泡，而且这些气泡不能脱离壁面，严格说还不是沸腾，而是表面汽化。加热面与液体之间的传热主要以自然对流为主。此阶段，α 较小，且随 Δt 升高缓慢增大。

②*BC* 段为核状沸腾区 随着加热壁面过热度 Δt 的加大，汽化核心数增多，气泡的生成、长大以及浮升的速度都加快，气泡的激烈运动对加热壁面附近的液体产生剧烈的扰动，使 α 值随 Δt 的增大而急剧增大。

③*CD* 段为过渡区 加热面上的汽化核心大大增多，气泡产生的速度进一步加快，气泡相连形成气膜，把加热面与液体隔开。开始形成的气膜是不稳定的，随时可能破裂变为大气泡离开加热面。随着 Δt 的进一步增大，气膜趋于稳定，因气体热导率远小于液体，故传热系数反而下降。此区域称为不稳定膜状沸腾。

④*DE* 段为稳定膜状沸腾区 加热表面上形成一层稳定的气膜，把液体和加热壁面完全隔开。但此时壁温较高，辐射传热的作用变得更加重要，故 α 再度随 Δt 的增加而迅速增加。

(3)沸腾传热系数的计算

关于沸腾传热至今尚没有可靠的一般关联式，但各种液体在特定表面状况、不同压强、不同温差下的沸腾传热已经积累了大量的实验资料。这些实验资料表明，核状沸腾传热系数的实验数据可按以下函数形式进行关联：

$$\alpha=C\Delta t^{m}p^{n} \tag{4-51}$$

对于水，在 $10^5\sim4\times10^6$Pa 压力(绝压)范围内有下列经验式：

$$\alpha=0.123\Delta t^{2.33}p^{0.5} \tag{4-52}$$

式中 p——沸腾绝对压力，Pa；

Δt——等于 $t_w - t_s$，t_w 为加热壁面温度，t_s 为沸腾液体的饱和温度。

4.4 传热过程的计算

在实际生产中，冷热两种流体普遍采用间壁式换热器进行热交换，这种热交换过程包括了固体壁内的导热和流体与固体壁面间的对流传热。本节主要讨论间壁式换热器的传热计算，它是以热量衡算和总传热速率方程为基础的。

4.4.1 热量衡算

换热器的传热量可通过热量衡算求得。假定换热器绝热良好，热损失可以忽略，根据能量守恒原理，则两流体流经换热器时，单位时间内热流体放出的热量等于冷流体吸收的热量。

对于换热器的微元面积 dA，其热量衡算式为

$$\mathrm{d}Q = -q_{m1}\mathrm{d}H = q_{m2}\mathrm{d}h \tag{4-53}$$

式中 Q——传热量，W；

q_{m1}，q_{m2}——热、冷流体的质量流量，kg/s；

H，h——热、冷流体的比焓，J/kg。

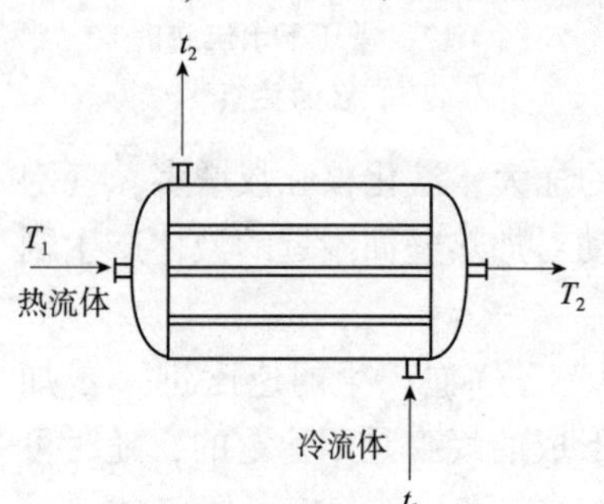

图 4-18 换热器热量衡算

对于整个换热器，如图 4-18 所示，其热量衡算式为

$$Q = q_{m1}(H_1 - H_2) = q_{m2}(h_2 - h_1) \tag{4-53a}$$

若换热器中两流体均无相变，且流体的比热容可视为不随温度变化时，式(4-53a)可表示为

$$Q = q_{m1}c_{p1}(T_1 - T_2) = q_{m2}c_{p2}(t_2 - t_1) \tag{4-54}$$

式中 c_{p1}，c_{p2}——热、冷流体的定压比热容，J/(kg·℃)；

T，t——热、冷流体的温度，℃。

若换热器中一侧流体有相变，如热流体为饱和蒸汽冷凝，而冷流体无相变化，则式(4-53a)可表示为

$$Q = q_{m1}r = q_{m2}c_{p2}(t_2 - t_1) \tag{4-55}$$

式中 r——饱和蒸汽的比汽化热，J/kg。

若冷凝液的出口温度 T_2 低于饱和温度时 T_s，则有

$$Q = q_{m1}[r + c_{p1}(T_s - T_2)] = q_{m2}c_{p2}(t_2 - t_1) \tag{4-56}$$

式中 T_s——冷凝液的饱和温度。

4.4.2 总传热系数和总传热速率方程

根据热传导速率方程和对流传热速率方程可进行换热器的传热计算。但利用上述

方程计算传热速率时，必须已知壁温，而实际上壁温往往是未知的。为了避开壁温，而直接用已知的冷、热流体的温度进行计算，就需要建立以冷、热流体温度差为传热推动力的传热速率方程，该方程即为总传热速率方程。

4.4.2.1 总传热系数

(1)总传热系数计算

如图4-19所示的套管换热器中，冷、热流体分别从在固体壁面(小管)的两侧流过，热流体把热量传到壁面的一侧，通过管壁后，再从壁面的另一侧把热量传给冷流体。图4-19中，冷流体走管外，其温度沿壁面由 t_1 逐渐上升到 t_2；热流体走管内，其温度由 T_1 逐渐下降到 T_2。

图4-19 套管式换热器示意

通过以上分析可知，冷、热流体通过间壁的传热过程由对流传热、热传导、对流传热3个过程串联而成。流体在微元段中的温度分布如图4-20所示，微元的传热面积为 dA，微元壁内、外流体温度分别为 T、t(平均温度)，则单位时间通过 dA 冷、热流体交换的热量 dQ 应正比于壁面两侧流体的温差，即

$$dQ=KdA(T-t)$$

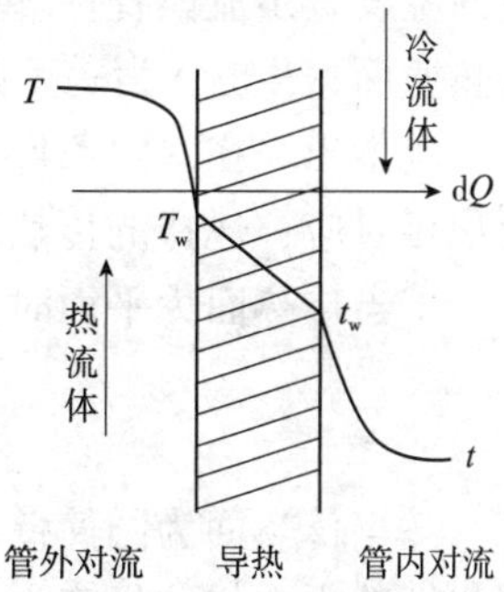

前已述及，两流体的热交换过程由3个串联的传热过程组成：

管外对流 导热 管内对流

图4-20 微元段上冷热流体传热的温度分布

热流体一侧的对流传热速率：

$$dQ_1=\alpha_1 dA_1(T-T_w)$$

间壁的导热速率：

$$dQ_2=\frac{\lambda}{b}dA_m(T_w-t_w)$$

冷流体一侧的对流传热速率：

$$dQ_3=\alpha_2 dA_2(t_w-t)$$

对于稳定传热，两侧的对流传热速率和间壁的导热速率相等，即

$$dQ=dQ_1=dQ_2=dQ_3$$

所以

$$dQ=\frac{T-T_w}{\dfrac{1}{\alpha_1 dA_1}}=\frac{T_w-t_w}{\dfrac{b}{\lambda dA_m}}=\frac{t_w-t}{\dfrac{1}{\alpha_2 dA_2}}=\frac{T-t}{\dfrac{1}{\alpha_1 dA_1}+\dfrac{b}{\lambda dA_m}+\dfrac{1}{\alpha_2 dA_2}} \tag{4-57}$$

与 $dQ=KdA(T-t)$，即 $dQ=\dfrac{T-t}{\dfrac{1}{KdA}}$ 对比，得

$$\frac{1}{KdA}=\frac{1}{\alpha_1 dA_1}+\frac{b}{\lambda dA_m}+\frac{1}{\alpha_2 dA_2} \tag{4-58}$$

式中 K——总传热系数，W/(m²·℃)；

α_1，α_2——热、冷流体的对流传热系数，W/(m²·℃)；

λ——管壁的导热系数，W/(m·℃)；

b——管壁的厚度，m；

dA_1，dA_2——热、冷流体侧的微元段传热面积，m²；

dA_m——以管内、外平均面积表示的微元段传热面积，m²。

式(4-58)中总传热系数 K 和对流传热系数 α 的单位相同，但 α 只表示传热壁面与流体间的传热，传热推动力为壁面与流体之间的温度差；而 K 则表示两流体之间通过传热壁面的整个传热过程，传热推动力为两流体间的温差。

在推导总传热系数 K 的计算式(4-58)时，虽然在传热管长上取了一微元段 dA，但用该式计算的 K 值对整个传热管长都适用。因为在计算对流传热系数 α 时，是用定性温度查出流体物性参数，是计算流体流过整个传热管长的平均值，所以对于某一传热壁面，K 也认为是不随壁面位置而变化的常数。

应指出，在一定条件下，乘积 KdA 是一定值，总传热系数必须和所选择的传热面积相对应，选择的传热面积不同，总传热系数的数值也不同。

①当传热面为平面时，$dA=dA_1=dA_2=dA_m$，则

$$\frac{1}{K}=\frac{1}{\alpha_1}+\frac{b}{\lambda}+\frac{1}{\alpha_2} \tag{4-59}$$

②当传热面为圆筒壁时，两侧的传热面积不等，如以外表面为基准(在换热器系列化标准中常如此规定)，即取上式中 $dA=dA_2$，因 $dA_1=(\pi d_1)dL$，$dA_2=(\pi d_2)dL$，$dA_m=(\pi d_m)dL$，则

$$\frac{1}{K_2}=\frac{1}{\alpha_2}+\frac{b}{\lambda}\frac{dA_2}{dA_m}+\frac{1}{\alpha_1}\frac{dA_2}{dA_1} \quad 或 \quad \frac{1}{K_2}=\frac{1}{\alpha_2}+\frac{b}{\lambda}\frac{d_2}{d_m}+\frac{1}{\alpha_1}\frac{d_2}{d_1} \tag{4-59a}$$

式中 K_2——以换热管的外表面为基准的总传热系数；

d_m——换热管的对数平均直径，$d_m=(d_2-d_1)/\ln\dfrac{d_2}{d_1}$。

以内表面为基准：

$$\frac{1}{K_1}=\frac{1}{\alpha_2}\frac{d_1}{d_2}+\frac{b}{\lambda}\frac{d_1}{d_m}+\frac{1}{\alpha_1} \tag{4-59b}$$

以壁表面为基准：

$$\frac{1}{K_m}=\frac{1}{\alpha_1}\frac{d_m}{d_1}+\frac{b}{\lambda}+\frac{1}{\alpha_2}\frac{d_m}{d_2} \tag{4-59c}$$

对于薄层圆筒壁 $\dfrac{d_1}{d_2}<2$，近似用平壁计算(误差<4%，工程计算可接受)。

式(4-59)、式(4-59a)、式(4-59b)、式(4-59c)为总传热系数的计算式。总传热

系数的倒数 $1/K$ 代表间壁两侧流体传热的总热阻。

(2)污垢热阻

换热器使用一段时间后，传热速率 Q 会下降，这往往是由于传热表面有污垢积存的缘故，污垢的存在增加了传热热阻。虽然此层污垢不厚，但其导热系数小，热阻大，在计算 K 值时不可忽略。污垢的存在相当于在壁面两侧各增加了一层热阻，将其考虑在 K 中，即

$$\frac{1}{K_1}=\frac{1}{\alpha_1}+R_{S1}+\frac{b}{\lambda}\frac{d_1}{d_m}+R_{S2}\frac{d_1}{d_2}+\frac{1}{\alpha_2}\frac{d_1}{d_2} \tag{4-60}$$

式中 R_{S1}，R_{S2}——传热面两侧的污垢热阻，$m^2 \cdot ℃/W$。

表 4-3 给出某些工业上常见流体的污垢热阻的大致范围以供参考。

表 4-3 常用流体的污垢热阻

流 体	污垢热阻/($m^2 \cdot ℃/kW$)	流 体	污垢热阻/($m^2 \cdot ℃/kW$)
水(速度<1m/s, t<47℃)		不含油(劣质)	0.09
蒸馏水	0.09	往复机排出	0.176
海水	0.09	液体	
清净的河水	0.21	处理过的盐水	0.264
未处理的凉水塔用水	0.58	有机物	0.176
已处理的凉水塔用水	0.26	燃料油	1.056
已处理的锅炉用水	0.26	焦油	1.76
硬水、井水	0.58	气体	
水蒸气		空气	0.26~0.53
不含油(优质)	0.052	溶剂蒸气	0.14

(3)提高总传热系数的途径

在工业生产中经常需要强化传热，为此需设法增大传热系数 K，由式(4-60)可知，间壁两侧流体间传热总热阻等于两侧流体的对流传热热阻、污垢热阻及管壁导热热阻之和，减小其中任何一个分热阻，均可提高传热系数 K。

若传热面为平壁或薄管壁时，d_1、d_2、d_m 相等或接近相等，则式(4-60)可简化为

$$\frac{1}{K_1}=\frac{1}{\alpha_1}+R_{S1}+\frac{b}{\lambda}+R_{S2}+\frac{1}{\alpha_2} \tag{4-61}$$

当管壁热阻和污垢热阻均可忽略时，式(4-61)可简化为

$$\frac{1}{K_1}=\frac{1}{\alpha_1}+\frac{1}{\alpha_2} \tag{4-62}$$

若 $\alpha_1 \gg \alpha_2$，则 $1/K \approx 1/\alpha_2$，由此可知，K 值总是接近于 α 小的流体的对流传热系数值，且永远小于 α 的值，即总热阻是由热阻大的那一侧的对流传热所控制。当两个对流传热系数相差较大时，欲提高 K 值，关键在于提高对流传热系数较小一侧的 α。若两侧的 α 相差不大，则必须同时提高两侧的对流传热系数，才能提高 K 值。若

污垢热阻为控制热阻，则必须设法减慢污垢形成速率或及时清除污垢。

(4) 总传热系数的经验值

在工艺设计时，往往要初步估算换热器的传热面积，这需要参考总传热系数的经验值，这些推荐的经验值是从实践中积累或通过实验测定获得的。列管式换热器总传热系数的大致范围见表 4-4。

表 4-4　列管式换热器中的总传热系数 *K* 的经验值

冷流体	热流体	总传热系数 $K/[W/(m^2 \cdot ℃)]$
水	水	850~1 700
水	气体	17~280
水	有机溶剂	280~850
水	轻油	340~910
水	重油	60~280
有机溶剂	有机溶剂	115~340
水	水蒸气冷凝	1 420~4 250
气体	水蒸气冷凝	30~300
水	低沸点烃类冷凝	455~1 140
水沸腾	水蒸气冷凝	2 000~4 250
轻油沸腾	水蒸气冷凝	455~1 020

从表 4-4 可以看出，推荐值的范围较大，设计时可根据实际情况选取中间的某一数值。若为降低设备费，可选取较大的 *K* 值；若为降低操作费，可选取较小的 *K* 值。

【例 4-7】 有一套管式换热器，由 $\phi 25mm \times 2.5mm$ 的钢管组成。热空气在管内流动，冷却水在管外流动。已知管内侧空气的 $\alpha_1 = 50W/(m^2 \cdot ℃)$，管外侧水的 $\alpha_2 = 3\,000W/(m^2 \cdot ℃)$。试求：(1) 总传热系数 *K*；(2) 若管内空气的对流传热系数增大 1 倍，总传热系数有何变化；(3) 若管外水的对流传热系数增大 1 倍，总传热系数有何变化？

解： (1) 以外表面积为基准时的总传热系数

取钢的热导率 $\lambda = 45W/(m \cdot ℃)$；从表 4-4 查空气侧的污垢热阻取 $R_{S1} = 0.5 \times 10^{-3} m^2 \cdot ℃/W$，冷却水侧污垢热阻：

$$R_{S2} = 0.21 \times 10^{-3} \quad m^2 \cdot ℃/W$$

$$\frac{1}{K_2} = \frac{1}{\alpha_1}\frac{d_2}{d_1} + R_{S1}\frac{d_2}{d_1} + \frac{b}{\lambda}\frac{d_2}{d_m} + R_{S2} + \frac{1}{\alpha_2}$$

$$= \frac{25}{50 \times 20} + \frac{0.5 \times 10^{-3} \times 25}{20} + \frac{0.002\,5 \times 25}{45 \times 22.5} + 0.21 \times 10^{-3} + \frac{1}{3\,000}$$

$$= 0.025 + 0.000\,625 + 0.000\,062 + 0.000\,21 + 0.000\,333$$

$$= 0.026\,2 \quad m^2 \cdot ℃/W$$

$$K_2 = 38.2 \quad W/(m^2 \cdot ℃)$$

以内表面积为基准时的总传热系数：

$$\frac{1}{K_1}=\frac{1}{\alpha_1}+R_{S1}+\frac{b}{\lambda}\frac{d_1}{d_m}+R_{S2}\frac{d_1}{d_2}+\frac{1}{\alpha_2}\frac{d_1}{d_2}$$

$$=\frac{1}{50}+0.5\times10^{-3}+\frac{0.0025\times20}{45\times22.5}+0.21\times10^{-3}\times\frac{20}{25}+\frac{20}{3000\times25}$$

$$=0.02+0.0005+0.0000494+0.000168+0.000267$$

$$=0.0209\quad m^2\cdot ℃/W$$

$$K_1=47.8\quad W/(m^2\cdot ℃)$$

若传热管长为 L，则管内表面积 $A_1=\pi d_1L=\pi\times0.02\times L=6.28\times10^{-2}L$

外表面积 $A_2=\pi d_2L=\pi\times0.025\times L=7.85\times10^{-2}L$。则 $K_1A_1=K_2A_2=3.00W/℃$，即以内、外表面积计算的总传热系数与传热面积的乘积相等。

(2) α_1 增大 1 倍，即 $\alpha_1'=100W/(m^2\cdot ℃)$ 时的传热系数 K_2'，则 $\frac{1}{\alpha_1'}\frac{d_2}{d_1}=0.0125$

$$\frac{1}{K_2'}=0.0125+0.000625+0.000062+0.00021+0.000333=0.0137$$

$$K_2'=73.0\quad W/(m^2\cdot ℃)$$

K 值增加的百分率 $=\frac{K_2'-K_2}{K_2}\times100\%=\frac{73.0-38.2}{38.2}\times100\%=91.09\%$，明显增大。

(3) α_2 增大 1 倍，即 $\alpha_2'=6000W/(m^2\cdot ℃)$ 时的传热系数 K_2''，则 $\frac{1}{\alpha_2'}=\frac{1}{6000}$

$$\frac{1}{K_2''}=0.025+0.000625+0.000062+0.00021+0.000167=0.0260\quad m^2\cdot ℃/W$$

$$K_2''=38.5\quad W/(m^2\cdot ℃)$$

K 值增加的百分率 $=\frac{K_2''-K_2}{K_2}\times100\%=\frac{38.5-38.2}{38.2}\times100\%=0.79\%$，几乎没有增大。

计算结果表明，K 值总是接近热阻大的流体侧的 α 值，因此欲提高 K 值，必须对影响 K 值的各因素进行分析，如本题中提高空气侧的 α，才有效果。

4.4.2.2 总传热速率方程

若想求出整个换热器的总传热速率 Q，需要对式 $dQ=KdA(T-t)$ 进行积分，因为传热系数 K 和两流体的温差 $(T-t)$ 均具有局部性，因此积分有困难。为此，可以将该式中 K 取整个换热器的平均值，$(T-t)$ 也取为整个换热器上的平均值 Δt_m，则积分结果为

$$Q=KA\Delta t_m \tag{4-63}$$

式(4-63)为整个换热器的总传热速率方程；式中 Δt_m 为平均温度差。

4.4.3 平均温差的计算

通常，间壁两侧冷热流体的温度沿传热壁面而变，使得冷、热流体的温度差随换热

器位置不同而发生变化，本节讨论如何计算其平均值 Δt_m。就冷、热流体的相互流动方向而言，可以有不同的流动形式，传热平均温度差 Δt_m 的计算方法因流动形式而异。

4.4.3.1 恒温差传热

恒温差传热是指两侧流体均发生相变，且温度不变，则冷热流体温差处处相等，不随换热器位置而变的情况。如间壁的一侧液体保持恒定的沸腾温度 t 下蒸发；而间壁的另一侧饱和蒸汽在温度 T 下冷凝，此时传热面两侧的温度差保持均一不变，称为恒温差传热。

$$\Delta t = T - t$$

4.4.3.2 变温差传热

变温差传热是指间壁两侧冷热流体传热温度差随换热器位置而变的情况，该过程可分为单侧变温和双侧变温两种情况。

(1) 单侧变温

如间壁一侧为饱和蒸汽冷凝，冷凝温度 T 不变，而另一侧冷流体的温度从 t_1 上升到 t_2；或者间壁一侧热流体温度从 T_1 下降到 T_2，另一侧为在较低温度 t 下沸腾的液体。

(2) 双侧变温

换热器间壁两侧流体的温度均发生变化的情况。若两流体的相互流向不同，则对温度差的影响也不相同，下面分别予以讨论。

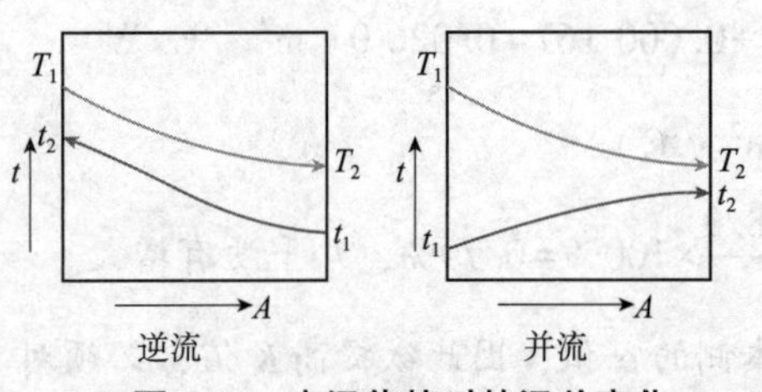

图 4-21　变温传热时的温差变化

①逆流和并流　在换热器中，两流体若以相反的方向流动，称为逆流；若以相同的方向流动称为并流，如图 4-21 所示。

由图 4-21 可见，沿传热面的局部温度差 $(T-t)$ 是变化的，所以在计算传热速率时必须用积分的方法求出整个传热面上的平均温度差 Δt_m。下面以逆流操作（两侧流体无相变）为例，推导 Δt_m 的计算式。在推导时，需对传热过程做以下简化假定：

- 传热为稳态操作过程，热、冷流体的质量流量 q_{m1} 与 q_{m2} 均为常数。
- 热、冷流体的定压比热容 c_{p1} 与 c_{p2} 均为常量（可取换热器进、出口温度下的平均值）。
- 总传热系数 K 沿传热面为定值。
- 忽略热损失。

现取换热器中一微元段为研究对象，其传热面积为 dA，在 dA 内热流体因放出热量温度下降 dT，冷流体因吸收热量温度升高 dt，传热量为 dQ。则 dA 段热量衡算的微分式：

$$dQ = -q_{m1}c_{p1}dT = -q_{m2}c_{p2}dt \tag{4-64}$$

式中取负号是因为 dT、dt 皆为负值。

因此，得

$$dQ=-\frac{dT}{1/q_{m1}c_{p1}}=-\frac{dt}{1/q_{m2}c_{p2}}=-\frac{d(T-t)}{1/q_{m1}c_{p1}-1/q_{m2}c_{p2}}$$

dA 段传热速率方程的微分式：

$$dQ=K(T-t)\,dA$$

因而有
$$K(T-t)\,dA=-\frac{d(T-t)}{(1/q_{m1}c_{p1}-1/q_{m2}c_{p2})}$$

分离变量，得
$$KdA=-\frac{d(T-t)}{(T-t)(1/q_{m1}c_{p1}-1/q_{m2}c_{p2})} \tag{4-65}$$

如图4-22所示，对于逆流操作，在 $A=0$（热流体入口处截面）时，$\Delta t_1=T_1-t_2$；$A=A$（热流体出口处截面）时，$\Delta t_2=T_2-t_1$。

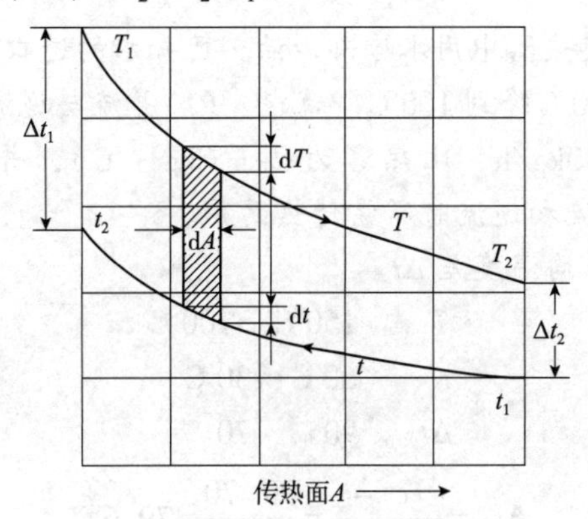

图4-22 逆流时平均温度差的推导

将 Δt_1、Δt_2 代入式(4-65)中并积分：

$$\int_0^A KdA=\int_{\Delta t_1}^{\Delta t_2}-\frac{d(T-t)}{(T-t)(1/q_{m1}c_{p1}-1/q_{m2}c_{p2})}$$
$$=\int_{\Delta t_1}^{\Delta t_2}-\frac{d\Delta t}{\Delta t(1/q_{m1}c_{p1}-1/q_{m2}c_{p2})}$$

得
$$KA=\frac{1}{(1/q_{m1}c_{p1}-1/q_{m2}c_{p2})}\ln\frac{\Delta t_1}{\Delta t_2} \tag{4-66}$$

对整个换热器做热量衡算：

$$Q=q_{m1}c_{p1}(T_1-T_2)=q_{m2}c_{p2}(t_2-t_1)$$

得
$$\frac{1}{q_{m1}c_{p1}}=\frac{T_1-T_2}{Q};\quad \frac{1}{q_{m2}c_{p2}}=\frac{t_2-t_1}{Q}$$

代入式(4-66)中

$$\ln\frac{\Delta t_1}{\Delta t_2}=KA\,\frac{(T_1-T_2)-(t_2-t_1)}{Q}=KA\,\frac{(T_1-t_2)-(T_2-t_1)}{Q}=KA\,\frac{\Delta t_1-\Delta t_2}{Q}$$

移项得
$$Q=KA\frac{\Delta t_1-\Delta t_2}{\ln\dfrac{\Delta t_1}{\Delta t_2}}$$

与式(4-63) $Q=KA\Delta t_m$ 比较，得

$$\Delta t_{\mathrm{m}}=\frac{\Delta t_1-\Delta t_2}{\ln\dfrac{\Delta t_1}{\Delta t_2}} \tag{4-67}$$

式中，Δt_{m} 称为对数平均温度差。

讨论：

- 上式虽然是从逆流推导来的，但也适用于并流。
- 习惯上将较大温差记为 Δt_1，较小温差记为 Δt_2。
- 当 $\dfrac{\Delta t_1}{\Delta t_2}<2$ 时，则可用算术平均值代替 $\Delta t_{\mathrm{m}}=(\Delta t_1+\Delta t_2)/2$（误差<4%，工程计算可接受）。

【例 4-8】 在一列管式换热器中用水冷却原油，已知水的进口温度为 30℃，出口温度为 60℃，油的温度由 150℃降到 100℃。试求：(1)并流与逆流的平均温度差；(2)若原油的质量流量为 2 000kg/h，比热容为 2kJ/(kg · ℃)，并流和逆流时的 K 均为 100W/(m^2 · ℃)，求并流和逆流时所需传热面积。

解： (1)逆流时的对数平均温度差 Δt_{m}

热流体	T	150℃→100℃
冷流体	t	60℃←30℃
	Δt	90　　70

$$\Delta t_{\mathrm{m}}=\frac{\Delta t_1-\Delta t_2}{\ln\dfrac{\Delta t_1}{\Delta t_2}}=\frac{90-70}{\ln\dfrac{90}{70}}=79.6℃$$

又因

$$\frac{\Delta t_1}{\Delta t_2}=\frac{90}{70}=1.29<2$$

故

$$\Delta t_{\mathrm{m}}=\frac{\Delta t_1+\Delta t_2}{2}=\frac{90+70}{2}=80℃$$

并流时的对数平均温度差 Δt_{m}：

热流体	T	150℃→100℃
冷流体	t	30℃→60℃
	Δt	120　　40

$$\Delta t_{\mathrm{m}}=\frac{\Delta t_1-\Delta t_2}{\ln\dfrac{\Delta t_1}{\Delta t_2}}=\frac{120-40}{\ln\dfrac{120}{40}}=72.8℃$$

(2)热负荷

原油 $q_{m2}=2\ 000$kg/h，$c_{p2}=2\times10^3$J/(kg · ℃)，$T_1=150$℃，$T_2=100$℃

$$Q=q_{m2}c_{p2}(T_1-T_2)=\frac{2\ 000}{3\ 600}\times2\times10^3\times(150-100)=5.6\times10^4\mathrm{W},\ K=100\mathrm{W/(m^2\cdot℃)}$$

传热面积

$$A_{逆}=\frac{Q}{K\Delta t_{\mathrm{m}逆}}=\frac{5.6\times10^4}{100\times80}=7\quad \mathrm{m^2}$$

$$A_{并}=\frac{Q}{K\Delta t_{m并}}=\frac{5.6\times10^4}{100\times72.8}=7.69\quad m^2$$

②错流和折流　在大多数的列管换热器中，两流体并非简单的逆流或并流，而是比较复杂的多程流动，或是相互垂直的交叉流动，如图4-23所示。在图4-23(a)中，两流体的流向互相垂直，称为错流；在图4-23(b)中，一流体沿一个方向流动，而另一流体反复折流，称为简单折流。若两流体均做折流，或既有折流又有错流，则称为复杂折流或混合流。

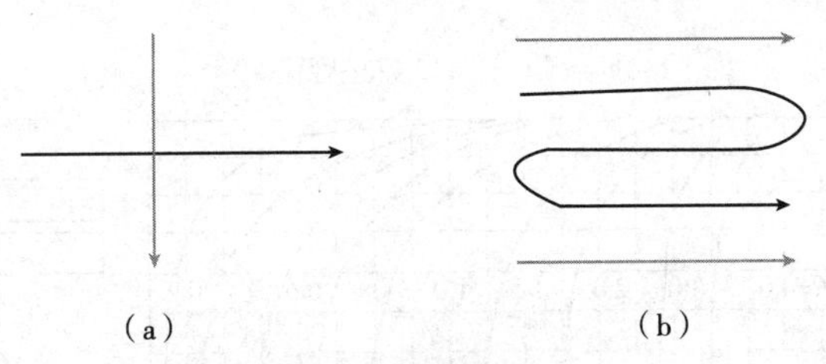

图4-23　错流和折流示意

(a)错流　(b)折流

对于错流和折流的平均温度差计算，是先按逆流计算出对数平均温差 $\Delta t_{m逆}$，再根据实际流动情况乘以温差校正系数 φ，即

$$\Delta t_m=\varphi\Delta t_{m逆} \tag{4-68}$$

校正系数 φ 是两个辅助量 P、R 的函数，即

$$\varphi=f(P、R)$$

$$P=\frac{t_2-t_1}{T_1-t_1}=\frac{冷流体温升}{两流体最初温差}$$

$$R=\frac{T_1-T_2}{t_2-t_1}=\frac{热流体温降}{冷流体温升}$$

根据 P、R 的数值，可从图4-24中查出 φ 值。流体从换热器的一端流到另一端，称为一个流程。管内的流程称为管程，管外的流程称为壳程。图4-24所示为温度差校正系数图，其中(a)(b)(c)分别适用于单壳程、二壳程、单壳程3程管，图(d)适用于错流。

由图4-24可知 $\varphi<1$，这是由于在列管式换热器内增设了折流挡板及采用多管程，使得冷、热流体的流动同时存在并流和逆流，导致实际平均传热温差恒低于纯逆流时的平均传热温差。在换热器的设计中应注意使 $\varphi\geqslant0.9$，至少不应小于0.8，否则 Δt_m 值太小，经济上不合理。若低于此值，则应考虑增加壳程数，或将多台换热器串联使用，使传热过程接近于逆流。

【例4-9】　在一单壳程、双管程的列管式换热器中，冷热流体进行热交换。两流体的进、出口温度与例4-8的相同，试求此时的对数平均温度差。

解：由例4-8知逆流时对数平均温差为

$$\Delta t_{m逆}=79.6℃$$

$$R=\frac{T_1-T_2}{t_2-t_1}=\frac{150-100}{60-30}=1.67\quad P=\frac{t_2-t_1}{T_1-t_1}=\frac{60-30}{150-30}=0.25$$

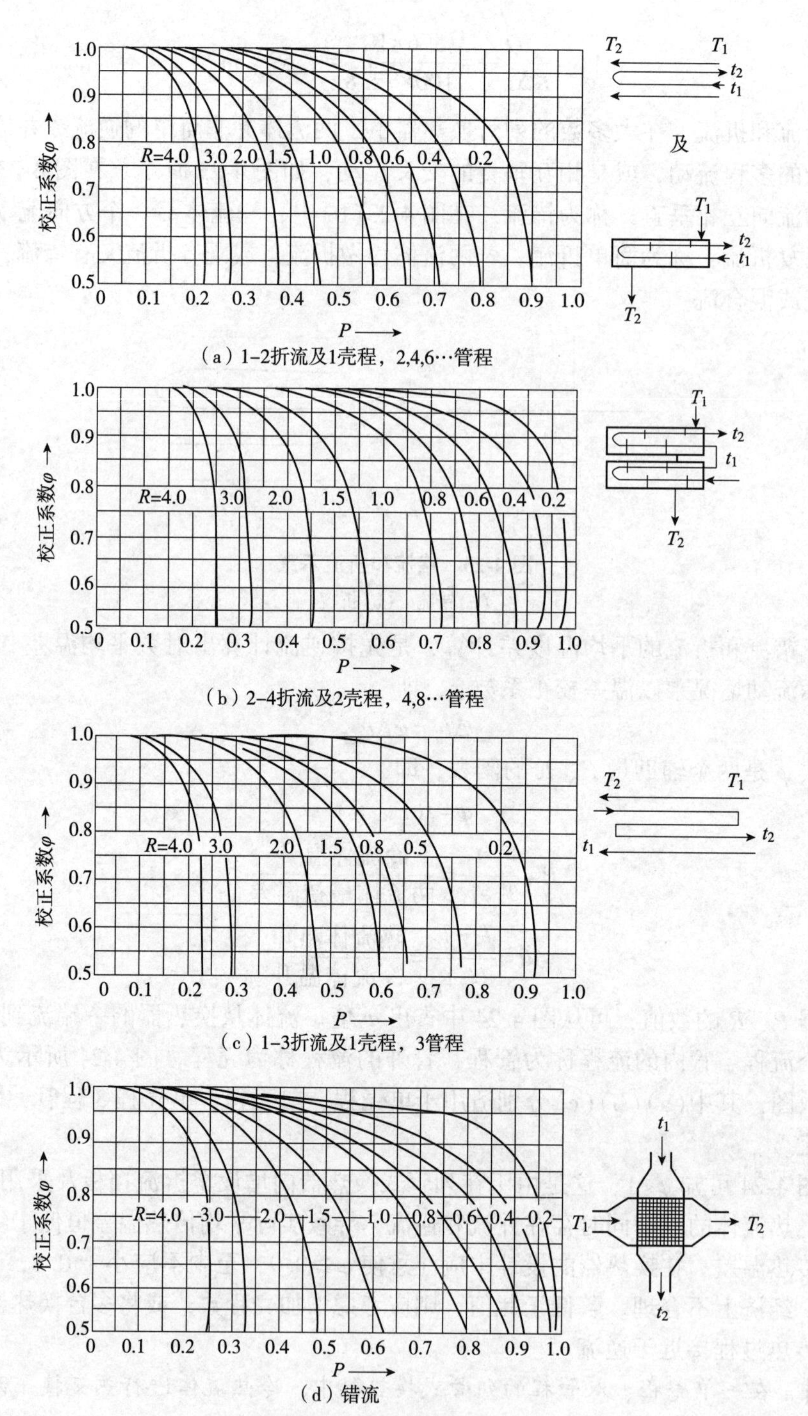

图 4-24　温度差校正系数 φ

由图 4-24(a)查得 $\varphi=0.957$，故

$$\Delta t_m=\varphi\Delta t_{m逆}=0.957\times79.6=76.2 \quad ℃$$

由此可知，折流时的 Δt_m 值介于逆流时的 Δt_m 和并流时的 Δt_m 之间，温差校正系数 φ 越大，其值越接近逆流时的 Δt_m。

③流向的选择　由例4-8和例4-9可知，若两流体均为变温传热时，且在两流体进、出口温度各自相同的条件下，逆流时的平均温差最大，并流时的平均温差最小，其他流向的平均温度差介于逆流和并流之间。从提高传热推动力来看，采用逆流最佳。

当换热器的热负荷 Q 及总传热系数 K 一定时，采用逆流操作，所需的换热器传热面积较小。

当热负荷 Q 和传热面积 A 相同时，可以节省加热或冷却介质的用量。这是因为逆流操作时，热流体的出口温度 T_2 不仅可以降低至冷流体的出口温度 t_2，而且如果传热面积 $A_{逆}$ 足够大，则 T_2 可以低于 t_2；而采用并流操作时，热流体的出口温度 T_2 只能大于或等于冷流体的出口温度 t_2，即逆流时热流体的温降较并流时的大，因此逆流时加热介质用量较少。同理，逆流时冷流体的出口温度 t_2 可以升高到大于热流体的出口温度 T_2，即逆流时冷流体的温升较并流时大，故冷却介质用量可少些。

逆流操作时，传热面上冷热流体间的温度差较为均匀。

由以上分析可知，换热器应尽可能采用逆流操作。但是在某些生产工艺要求下，若对流体的温度有所限制，如冷流体被加热时不得超过某一温度，或热流体被冷却时不得低于某一温度，则宜采用并流操作。

采用折流或其他流动形式的原因除了为满足换热器的结构要求外，就是为了提高传热系数 α，从而提高总传热系数 K 来减小传热面积。φ 用来表示某种流动形式在给定工况下接近逆流的程度，其值不宜过低，一般设计时应取 $\varphi \geqslant 0.9$，至少不能低于0.8，否则另外选其他流动形式。

当换热器一侧流体发生相变而温度保持不变，此时就无所谓逆流、并流，不论何种流动形式，只要流体的进、出口温度各自相同，则 Δt_m 均相等。

4.4.4 壁温的计算

在热损失和某些对流传热系数的计算中都需要知道壁温。此外，选择换热器类型和管材时，也需要知道壁温。

对于稳态传热过程：

$$Q = KA\Delta t_m = \frac{T - T_w}{\dfrac{1}{\alpha_1 A_1}} = \frac{T_w - t_w}{\dfrac{b}{\lambda A_m}} = \frac{t_w - t}{\dfrac{1}{\alpha_2 A_2}}$$

式中　A_1、A_2、A_m——热、冷流体侧传热面积及平均传热面积；

T_w、t_w——热、冷流体侧的壁温；

α_1、α_2——热、冷流体侧的对流传热系数。

整理上式可得

$$T_w = T - \frac{Q}{\alpha_1 A_1} \tag{4-69}$$

$$t_w = T_w - \frac{bQ}{\lambda A_m} \tag{4-70}$$

$$t_w = t + \frac{Q}{\alpha_2 A_2} \tag{4-71}$$

讨论：

①因一般换热器金属壁的 λ 较大，即热阻$\frac{b}{\lambda A_m}$较小，故内、外壁温可视为相同。

②若管壁的内、外壁温相同，可得$\frac{T-T_w}{T_w-t}=\frac{1/\alpha_1 A_1}{1/\alpha_2 A_2}$，说明传热面两侧的温度差之比等于两侧热阻之比，即热阻大的一侧，流体与壁面的温差也大；如果 $\alpha_1 \gg \alpha_2$，得$(T-T_w) \ll (T_w-t)$，即壁温总是接近 α 较大一侧流体的温度。

③如果两侧有污垢，还应考虑污垢热阻的影响。

$$Q = KA\Delta t_m = \frac{T-T_w}{\left(\frac{1}{\alpha_1}+R_{d1}\right)\frac{1}{A_1}} = \frac{T_w-t_w}{\frac{b}{\lambda A_m}} = \frac{t_w-t}{\left(\frac{1}{\alpha_2}+R_{d2}\right)\frac{1}{A_2}} \tag{4-72}$$

【例4-10】 在一由 ϕ25mm×2.5mm 碳钢管构成的废热锅炉中，管内通入高温气体，进口温度550℃，出口温度460℃，管外为沸腾的水，压力为2.22MPa。已知高温气体对流传热系数 $\alpha_1=350\text{W}/(\text{m}^2\cdot℃)$，沸腾水的对流传热系数 $\alpha_2=10\,000\text{W}/(\text{m}^2\cdot℃)$。若忽略污垢热阻，试求平均壁温 T_w 和 t_w。

解：(1) 总传热系数：以管外表面 A_2 为基准

碳钢的 $\lambda=45\text{W}/(\text{m}\cdot\text{K})$，$d_1=20\text{mm}$，$d_2=25\text{mm}$，$d_m=22.5\text{mm}$，$b=0.002\,5\text{m}$

$$\frac{1}{K_2}=\frac{1}{\alpha_2}+\frac{b}{\lambda}\frac{d_2}{d_m}+\frac{1}{\alpha_1}\frac{d_2}{d_1}$$

$$=\frac{1}{10\,000}+\frac{0.002\,5}{45}\times\frac{25}{22.5}+\frac{1}{350}\times\frac{25}{20}$$

$$=0.000\,1+0.000\,062+0.003\,6$$

$$=0.003\,8$$

$$K_2=263\quad \text{W}/(\text{m}^2\cdot℃)$$

(2) 平均温度差

水在压力2.22MPa即绝压2.32MPa下的饱和温度为220℃，$T_1=550℃$，$T_2=460℃$

$$\Delta t_1=T_1-t=550-220=330\quad ℃,\quad \Delta t_2=T_2-t=460-220=240\quad ℃$$

$$\Delta t_m=\frac{330+240}{2}=285\quad ℃$$

(3) 求传热量

$$Q=K_2A_2\Delta t_2=263\times285A_2=74\,955A_2$$

(4) 平均壁温

热流体的平均温度　　$T=(550+460)/2=505\quad ℃$

管内壁温度　　$T_w=T-\frac{Q}{\alpha_1 A_1}=505-\frac{74\,955A_2}{350A_1}=237.3\quad ℃$

管外壁温度　$t_w=T_w-\frac{bQ}{\lambda A_m}=237.3-\frac{0.002\,5}{45}\times\frac{74\,955A_2}{A_m}=232.7\quad ℃$

由此可见，由于水沸腾一侧的 α_2 比高温气体一侧的 α_1 大得多，所以内壁温度接近于水的温度。同时，由于管壁热阻很小，所以管壁两侧温度比较接近。

4.4.5 传热计算示例

【例 4-11】 一碳钢制造的套管换热器，管规格为 ϕ180mm×10mm，流量为 3 600kg/h 的甲苯在内管中从 100℃冷却到 70℃。冷却水在环隙中从 15℃升到 35℃。甲苯的对流传热系数 $\alpha_1=230\text{W}/(\text{m}^2\cdot℃)$，水的对流传热系数 $\alpha_2=290\text{W}/(\text{m}^2\cdot℃)$。忽略污垢热阻。试求：(1) 冷却水消耗量；(2) 并、逆流时所需传热面积；(3) 如果逆流操作时所用的传热面积与并流时相同，计算冷却水出口温度与消耗量。

解： (1) 冷却水消耗量

甲苯定性温度 $T=(100+70)/2=85℃$ $\quad c_{p甲苯}=1.88\times10^3\text{J}/(\text{kg}\cdot℃)$

水的定性温度 $t=(35+15)/2=25℃$ $\quad c_{p水}=4.178\times10^3\text{J}/(\text{kg}\cdot℃)$

热负荷 Q(甲苯放出的热量)

$$Q=q_{m甲苯}\,c_{甲苯}(T_1-T_2)=\frac{3\,600}{3\,600}\times1.88\times10^3\times(100-70)$$

$$=5.64\times10^4\quad\text{W}$$

冷却水消耗量

$$q_{m水}=\frac{Q}{c_{p水}(t_2-t_1)}=\frac{5.64\times10^4\times3\,600}{4.178\times10^3\times(35-15)}=2\,430\quad\text{kg/h}$$

(2) 并、逆流操作时所需传热面积

以外表面 A_2 为基准的总传热系数 K_2，查出碳钢的热导率 $\lambda=45\text{W}/(\text{m}\cdot℃)$

$$\frac{1}{K_2}=\frac{1}{\alpha_2}+\frac{b}{\lambda}\frac{d_2}{d_\text{m}}+\frac{1}{\alpha_1}\frac{d_2}{d_1}=\frac{1}{290}+\frac{0.01}{45}\times\frac{180}{170}+\frac{1}{230}\times\frac{180}{160}$$

$$=3.45\times10^{-3}+2.35\times10^{-4}+4.89\times10^{-3}=8.57\times10^{-3}\quad\text{m}^2\cdot℃/\text{W}$$

$$K_2=116.7\quad\text{W}/(\text{m}^2\cdot℃)$$

并流操作的传热面积：

热流体 $\quad T\quad 100℃\rightarrow70℃$

冷流体 $\quad t\quad 15℃\rightarrow35℃$

$\Delta t\quad 85℃\quad 35℃$

$$\Delta t_{\text{m}并}=\frac{85.35}{\ln\dfrac{85}{35}}=56.4\quad℃$$

$$A_{2并}=\frac{Q}{K_2\Delta t_{\text{m}并}}=\frac{5.64\times10^4}{116.7\times56.4}=8.57\quad\text{m}^2$$

逆流操作的传热面积：

热流体 $\quad T\quad 100℃\rightarrow70℃$

冷流体　　　　t　35℃←15℃

　　　　　　　Δt　65℃　55℃

$$\Delta t_{m逆}=\frac{65+55}{2}=60\quad ℃$$

$$A_{2逆}=\frac{Q}{K_2\Delta t_{m逆}}=\frac{5.64\times10^4}{116.7\times60}=8.05\quad m^2$$

因 $\Delta t_{m逆}>\Delta t_{m并}$，所以 $A_{2逆}<A_{2并}$。

(3) 如果逆流操作时所用的传热面积与并流时相同，计算冷却水出口温度与消耗量

$$A_2=8.57\quad m^2,\ \Delta t_m=\frac{Q}{K_2A_2}=\frac{5.64\times10^4}{116.7\times8.57}=56.4\quad ℃$$

假定冷却水的出口温度为 t_2'，则

热流体　　　　T　100℃→70℃

冷流体　　　　t　t_2' ←15℃

　　　　　　　Δt　$\Delta t'$　55℃

$$\Delta t_m=\frac{\Delta t'+55}{2}=56.4\quad ℃,\ \Delta t'=57.8\quad ℃$$

冷却水的出口温度　　$t_2'=100-57.8=42.2\quad ℃$

水的平均温度　　$t'=\frac{15+42.2}{2}=28.6\quad ℃$

水的比热容　　$c'_{p水}=4.176\times10^3\quad J/(kg\cdot ℃)$

冷却水消耗量

$$q'_{m水}=\frac{Q}{c'_{p水}(t_2'-t_1)}=\frac{5.64\times10^4\times3\ 600}{4.176\times10^3\times(42.2-15)}=1\ 788\quad kg/h$$

由此可知，在热负荷相同的情况下，采用逆流操作，可以节省冷却介质的用量。

【例 4-12】 在套管式油冷却器里，热油在 ϕ25mm×2.5mm 的金属管内流动，冷却水在套管环隙内流动，油和水的质量流量皆为 216kg/h，油的进、出口温度分别为 150℃和 80℃，水的进口温度为 20℃。油侧对流传热系数为 1.5kW/(m^2·℃)，水侧的对流传热系数为 3.5kW/(m^2·℃)，油的比热为 2.0kJ/(kg·℃)，试分别计算逆流和并流操作所需要的管长。忽略污垢热阻及管壁导热热阻。

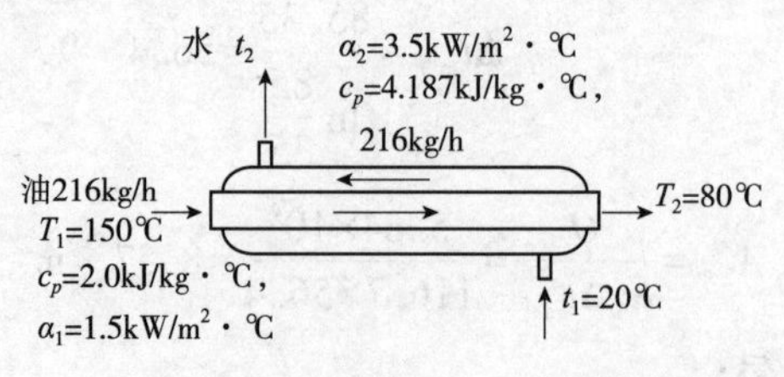

解： 逆流操作时，热负荷 Q，热油放出的热量：

$$Q=q_m c_p(T_1-T_2)$$
$$=\frac{216}{3\ 600}\times 2.0\times(150-80)=8.4\quad \text{kJ/s}$$

以外表面 A_2 为基准的总传热系数 K_2：

$$\frac{1}{K_2}=\frac{A_2}{\alpha_1 A_1}+\frac{1}{\alpha_2}=\frac{d_2}{\alpha_1 d_1}+\frac{1}{\alpha_2}=\frac{0.025}{1.5\times 0.02}+\frac{1}{3.5}=1.12$$
$$K_2=0.893\quad \text{W/(m}^2\cdot℃)$$

根据热量衡算式，得

$$2.0\times(150-80)=4.187\times(t_2-20)$$
$$t_2=53.4\quad ℃$$

平均温差：

$$\Delta t_{m逆}=\frac{\Delta t_1-\Delta t_2}{\ln\dfrac{\Delta t_1}{\Delta t_2}}=\frac{(T_1-t_2)-(T_2-t_1)}{\ln\dfrac{T_1-t_2}{T_2-t_1}}=\frac{(150-53.4)-(80-20)}{\ln\dfrac{150-53.4}{80-20}}=76.9\quad ℃$$

逆流操作所需要的管长：

由 $Q=K_2\pi d_2 L_{逆}\ \Delta t_{m逆}$，得

$$L_{逆}=\frac{Q}{K_2\pi d_2\Delta t_{m逆}}=\frac{8.4}{0.893\times 3.14\times 0.025\times 76.9}=1.56\quad \text{m}$$

并流操作时，Q、t_2、K_2 与逆流时相同。

平均温差：

$$\Delta t_{m并}=\frac{\Delta t_1-\Delta t_2}{\ln\dfrac{\Delta t_1}{\Delta t_2}}=\frac{(T_1-t_1)-(T_2-t_2)}{\ln\dfrac{T_1-t_1}{T_2-t_2}}=\frac{(150-20)-(80-53.4)}{\ln\dfrac{150-20}{80-53.4}}=65.2\quad ℃$$

并流操作所需要的管长：

$$L_{并}=\frac{Q}{K_2\pi d_2\Delta t_{m并}}=\frac{8.4}{0.893\times 3.14\times 0.025\times 65.2}=1.84\quad \text{m}$$

【例 4-13】 有一台现成的卧式列管冷却器，想把它改为氨冷凝器，让氨蒸气走管间，其质量流量 950kg/h，冷凝温度为 40℃，冷凝传热系数 $\alpha_2=7\ 000\text{kW/(m}^2\cdot℃)$。冷却水走管内，其进、出口温度分别为 32℃和 36℃，污垢及管壁热阻取为 $0.000\ 9\text{m}^2\cdot℃/\text{W}$（以外表面计）。假设管内外流动可近似视为逆流。试问校核该换热器传热面积是否够用？

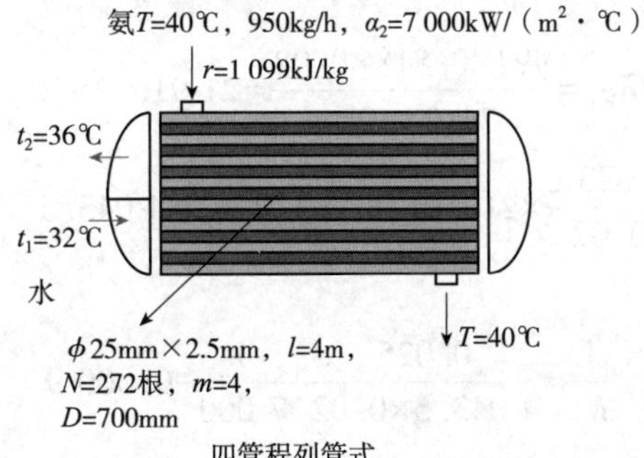

四管程列管式

列管式换热器基本尺寸如下：

换热管规格　ϕ25mm×2.5mm

管长　$l=4$m

管程数　$m=4$

附：氨冷凝潜热　$r=1\ 099$kJ/kg

34℃下水的物性：

$$\rho_1=994\text{kg/m}^3,\ c_{p1}=4.174\text{kJ/(kg}\cdot℃)$$

$$\mu_1=74.2\times10^{-5}\text{Pa}\cdot\text{s},\ \lambda_1=0.623\ 6\text{W/(m}\cdot℃),\ Pr_1=4.97$$

解：比较满足操作所需要的面积和实际面积

$$A_{需}=\frac{Q}{K\Delta t_m}$$

$$A_{实}=\pi d_{外}lN=\pi\times0.025\times4\times272=85.4\quad \text{m}^2$$

氨蒸气放出的热量　$$Q=q_{m2}r=\frac{950}{3\ 600}\times1\ 099=290.0\quad \text{kW}$$

根据热量衡算式　$$Q=q_{m2}r=q_{m1}c_{p_1}(t_2-t_1)$$

$$q_{m1}=17.37\quad \text{kg/s}$$

逆流平均温差　$$\Delta t_{m逆}=\frac{\Delta t_1-\Delta t_2}{\ln\dfrac{\Delta t_1}{\Delta t_2}}=\frac{t_2-t_1}{\ln\dfrac{T-t_1}{T-t_2}}=\frac{36-32}{\ln\dfrac{40-32}{40-36}}=5.77\quad ℃$$

以外表面A_2为基准的总传热系数K_2

$$\frac{1}{K_2}=\frac{A_2}{\alpha_1A_1}+\frac{1}{\alpha_2}+R_{d2}=\frac{d_2}{\alpha_1d_1}+\frac{1}{\alpha_2}+R_{d2}$$

式中，$\alpha_2=7\ 000\text{kW/(m}^2\cdot℃)$。

因　$$Nu=0.023Re^{0.8}Pr^{0.4}\quad (0.7<Pr_1<160)$$

所以　$$\alpha_1=0.023\frac{\lambda_2}{d_1}Re_1^{0.8}Pr_1^{0.4}$$

计算管内液体流速以判断流体流动类型

$$u_1=\frac{q_{m1}}{\rho_1\dfrac{1}{4}\pi d_1^2\cdot\dfrac{N}{m}}=\frac{17.37}{994\times\dfrac{1}{4}\pi\times0.02^2\times\dfrac{272}{4}}=0.818\quad \text{m/s}$$

$$Re_1=\frac{994\times0.818\times0.02}{74.2\times10^{-5}}=21\ 916.2>10^4$$

所以　$$\alpha_1=0.023\times\frac{0.623\ 6}{0.02}\times21\ 916.2^{0.8}\times4.97^{0.4}=4\ 043.5\quad \text{W/(m}^2\cdot\text{K)}$$

代入传热系数表达式得

$$\frac{1}{K_2}=\frac{0.025}{4\ 043.5\times0.02}+\frac{1}{7\ 000}+0.000\ 9$$

解得　$$K_2=739.6\quad \text{W/(m}^2\cdot℃)$$

满足操作所需要的面积：

$$A_{需}=\frac{Q}{K\Delta t_m}=\frac{290.0\times10^3}{739.6\times5.77}=68.0\quad m^2$$

得 $A_{需}<A_{实}$，所以该换热器传热面积够用。

4.5 热辐射

当物体温度较高时，辐射往往成为主要传热方式。在日常生活和工程技术中，辐射是常见的现象。最常见的辐射现象是太阳对大地的照射，近年来，人类对太阳能的利用促进了人们对辐射传热的研究。

4.5.1 基本概念

自然界中的所有物体，只要其热力学温度高于零度，都会不停地向四周辐射能量，这些能量以电磁波的形式在空间传播，物体在向外辐射能量的同时，也不断地吸收周围其他物体发射来的辐射能，当某物体向外界辐射的能量与其从外界吸收的辐射能不相等时，该物体就与外界产生热量传递，这种传热方式称为热辐射，其净结果是高温物体向低温物体传递了能量。

热辐射线可以在真空中传播，无须任何介质，这是热辐射与热传导和对流的主要区别。

物体对热辐射线具有反射、折射和吸收的特性。如图 4-25 所示，假设外界投射到物体表面上的总能量为 Q，其中一部分能量 Q_A 被物体吸收，一部分能量 Q_R 被物体反射，其余部分能量 Q_D 透过物体。根据能量守恒定律，有

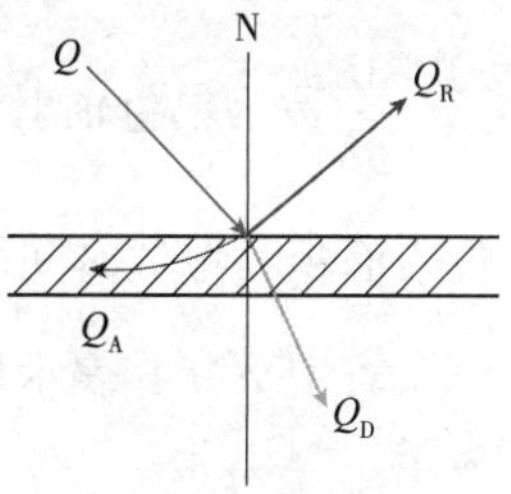

图 4-25 辐射能的吸收、反射和透过

$$Q=Q_A+Q_R+Q_D$$

即

$$\frac{Q_A}{Q}+\frac{Q_R}{Q}+\frac{Q_D}{Q}=1$$

或

$$A+R+D=1$$

式中 A——吸收率，等于$\frac{Q_A}{Q}$；

R——反射率，等于$\frac{Q_R}{Q}$；

D——透过率，等于$\frac{Q_D}{Q}$。

能全部吸收辐射能，即吸收率 $A=1$ 的物体称为黑体或绝对黑体。自然界中不存在绝对的黑体，实际物体只能或多或少地接近黑体，如没有光泽的黑漆表面，其吸收率为 $A=0.96\sim0.98$。黑体是一种理想化物体，引入黑体的概念可以使实际物体辐射

传热的计算简化。

能全部反射辐射能，即反射率 $R=1$ 的物体称为镜体或绝对白体。实际上白体也是不存在的，实际物体也只能或多或少地接近白体，如表面磨光的铜，其反射率 $R=0.97$。

能全部透过辐射能，即透过率 $D=1$ 的物体称为透热体。一般来说，单原子和由对称双原子构成的气体，如 He、O_2、N_2 和 H_2 等，可视为透热体。而多原子气体和不对称的双原子气体则只能有选择地吸收和发射某些波段范围的辐射能。

4.5.2 辐射能力和辐射基本定律

物体在一定温度下，单位表面积、单位时间内所发射的全部辐射能(波长从 0 到 ∞)，称为该物体在该温度下的辐射能力，以 E 表示，单位 W/m^2。辐射能力表征物体发射辐射能的本领。

在一定温度下，设在波长 λ 至$(\lambda+\Delta\lambda)$范围内的辐射能力为 ΔE，则

$$\lim_{\Delta\lambda\to 0}\frac{\Delta E}{\Delta\lambda}=\frac{dE}{d\lambda}=E_\lambda \tag{4-73}$$

$\frac{dE}{d\lambda}$称为单色辐射能力，以 E_λ 表示。所谓单色辐射能力是物体在一定温度下，单位表面积、单位时间内发射的某一特定波长的能量。显然，$E=\int_0^\infty E_\lambda d\lambda$。

若用下标 b 表示黑体，则黑体的辐射能力和单色辐射能力分别用 E_b 和 $E_{b\lambda}$ 来表示。

黑体的单色辐射能力 E_λ 随波长变化的规律，已经由普朗克根据量子理论得出下列关系式：

$$E_{b\lambda}=\frac{c_1\lambda^{-5}}{e^{\frac{c_2}{\lambda T}}-1} \tag{4-74}$$

式中 $E_{b\lambda}$——黑体的单色辐射能力，$W/(m^2 \cdot m)$；

T——黑体的热力学温度，K；

e——自然对数的底数；

c_1——常数，其值为 $3.743\times10^{-16}W\cdot m^2$；

c_2——常数，其值为 $1.4387\times10^{-2}m\cdot K$。

式(4-74)称为普朗克定律。若在不同的温度下，以黑体的单色辐射能力 $E_{b\lambda}$ 与波长进行标绘，可得到如图 4-26 所示的黑体辐射能力按波长的分布规律曲线。

由图 4-26 可知，每一等温曲线在 λ 从零增大时，$E_{b\lambda}$ 也从零迅速增加，达到一最高值后，随 λ 的继续增大而减小。在温度不太高时，辐射能主要集中在波长为 0.8~10μm 的范围内；温度高于 4 000K 后，可见光(波长为 0.4~0.7μm)所占的比例才较大。

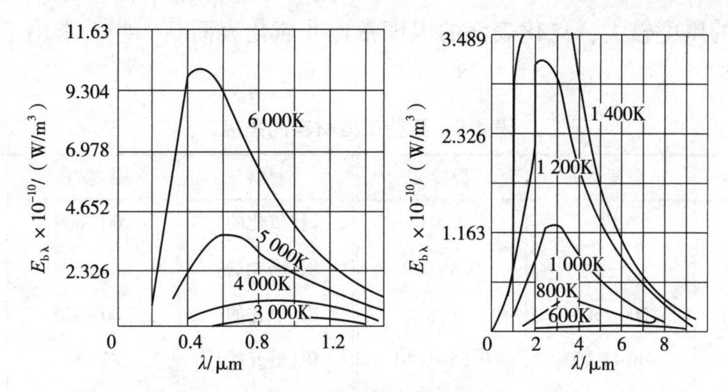

图4-26 黑体单色辐射能力按波长的分布规律

4.5.2.1 黑体的辐射能力与斯蒂芬-波尔茨曼定律

黑体的辐射能力 E_b 可由式(4-74)所示的 $E_{b\lambda}$ 对波长 λ 在0～∞的全部范围内积分而得

$$E_b = \int_0^\infty E_{b\lambda}\mathrm{d}\lambda = \int_0^\infty \frac{c_1\lambda^{-5}}{e^{\frac{c_2}{\lambda T}}-1}\mathrm{d}\lambda$$

积分上式并整理得

$$E_b = \sigma_0 T^4 = C_0\left(\frac{T}{100}\right)^4 \tag{4-75}$$

式中 σ_0——黑体辐射常数，其值为5.67×10^{-8}W/(m^2·K^4)；

C_0——黑体的辐射系数，其值为5.67W/(m^2·K^4)。

式(4-75)称为斯蒂芬-波尔茨曼定律，表明黑体的辐射能力与其表面的绝对温度的四次方成正比，也称为四次方定律。显然热辐射与对流和传导遵循完全不同的规律。斯蒂芬-波尔茨曼定律表明辐射传热对温度异常敏感，低温时热辐射往往可以忽略，而高温时则成为主要的传热方式。

4.5.2.2 实际物体的辐射能力与灰体

黑体是一种理想化的物体，在同一温度下，实际物体的辐射能力恒小于同温度下黑体的辐射能力。不同物体的辐射能力也有较大的差别。为了说明实际物体在某一温度下辐射能力的大小，引入物体黑度的概念，用 ε 表示，即

$$\varepsilon = \frac{E}{E_b} \tag{4-76}$$

物体的黑度 ε 为实际物体的辐射能力与黑体的辐射能力之比。由于实际物体的辐射能力小于同温度下黑体的辐射能力，故 $\varepsilon<1$。黑度表示实际物体接近黑体的程度。

黑度是物体的一种性质，它取决于物体的种类、表面温度、表面状况(如粗糙度、表面氧化程度等)，其值可用实验测定。同一金属材料，磨光表面的黑度较小，

而粗糙表面的黑度较大；氧化表面的黑度常比非氧化表面高一些。常用工业材料的黑度列于表4-5。

表4-5 某些工业材料的黑度

材料	温度/℃	黑度 ε	材料	温度/℃	黑度 ε
红砖	20	0.93	铜(氧化的)	200~600	0.57~0.87
耐火砖	—	0.8~0.9	铜(磨光的)	—	0.03
钢板(氧化的)	200~600	0.8	铝(氧化的)	200~600	0.11~0.19
钢板(磨光的)	940~1 100	0.55~0.61	铝(磨光的)	225~575	0.039~0.057
铸铁(氧化的)	200~600	0.64~0.78	银(磨光的)	200~600	0.012~0.03

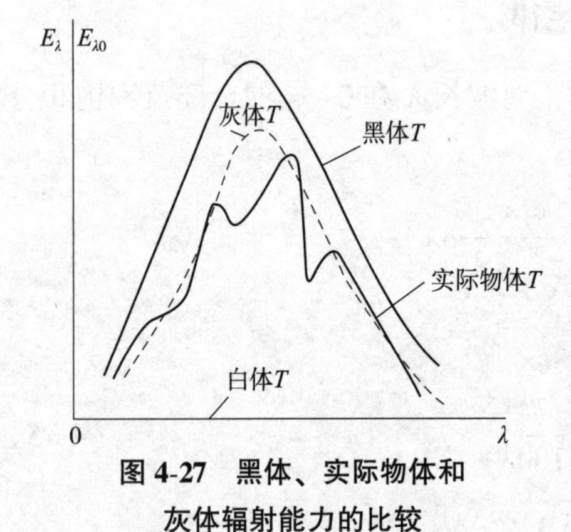

图4-27 黑体、实际物体和灰体辐射能力的比较

实际物体与黑体辐射特性的差异，不仅在于前者的单色辐射能力 E_λ 必小于黑体的 $E_{b\lambda}$，而且比值 $E_\lambda/E_{b\lambda}$ 随波长而变动，如图4-27所示。为了衡量实际物体的辐射能力，前面已引入了黑度的定义，使图中实际物体的曲线变成了灰体的光滑曲线，该曲线表示灰体的辐射光谱分布是连续的，并且单色辐射能力分布曲线与同温度下的黑体单色辐射能力分布曲线相似。灰体也是一种理想化物体，工业上遇到的多数物体都可近似视为灰体。

图4-27中，灰体的曲线下面到横轴之间的面积为灰体在该温度下的辐射能力 E。灰体曲线下面的面积与黑体曲线下面的面积之比，为该灰体的黑度值。对任一波长，灰体的单色辐射能力 E_λ 与黑体的单色辐射能力 $E_{b\lambda}$ 之比值均等于灰体的黑度 ε，即灰体的黑度不随波长而变化。

灰体的辐射能力 $E(\mathrm{W/m^2})$，可根据上述的 $E_\lambda=\varepsilon E_{b\lambda}$ 对波长 λ 积分而得

$$E=\int_0^\infty E_\lambda \mathrm{d}\lambda=\varepsilon\int_0^\infty E_{b\lambda}\mathrm{d}\lambda=\varepsilon C_0\left(\frac{T}{100}\right)^4=C\left(\frac{T}{100}\right)^4 \tag{4-77}$$

式中 C——灰体的辐射系数。

不同物体的辐射系数 C 值不相同，其值与物质的性质、表面状况和温度等有关，C 值恒小于同温度下的 C_0，在0~5.67范围内变化。

4.5.2.3 克希霍夫定律

克希霍夫定律揭示了物体的辐射能力 E 和吸收率 A 之间的关系。

如图4-28所示，设有两块很大，且相距很近的平行平板，两板间为透热体，一板为黑体，一板为灰体。现以单位表面积、单位时间为基准，讨论两物体间的热量平衡。设灰

E_1　E_b　A_1E_b　$(1-A_1)E_b$

Ⅰ 灰体　Ⅱ 黑体

图4-28 黑体与灰体的辐射传热

体的吸收率、辐射能力及表面的热力学温度为 A_1、E_1、T_1；黑体的吸收率、辐射能力及表面的热力学温度为 A_2、E_2(即 E_b)、T_2；且 $T_1>T_2$。灰体Ⅰ所发射的能量 E_1 投射到黑体Ⅱ上被全部吸收；黑体Ⅱ所发射的能量 E_b 投射到灰体Ⅰ上只能被部分吸收，即 A_1E_b 的能量被吸收，其余部分$(1-A_1E_b)$被反射回黑体后被黑体Ⅱ吸收。因此，两平板间热交换的结果，以灰体Ⅰ为例，发射的能量为 E_1，吸收的能量为 A_1E_b，两者的差为

$$Q=E_1-A_1E_b$$

当两平壁间的热交换达到平衡时，温度相等 $T_1=T_2$，且灰体所发射的辐射能与其吸收的能量必然相等，即 $E_1=A_1E_b$ 或$\frac{E_1}{A_1}=E_b$。

把上面这一结论推广到任一平壁，得

$$\frac{E}{A}=\frac{E_1}{A_1}=E_b \tag{4-78}$$

式(4-78)称为克希霍夫定律，它说明任何物体的辐射能力与其吸收率的比值恒等于同温度下黑体的辐射能力，故其数值仅与物体的绝对温度有关。与式(4-76)相比较，得

$$\frac{E}{E_b}=A=\varepsilon$$

此式说明在同一温度下，物体的吸收率与其黑度在数值上相等。但是 A 和 ε 两者的物理意义则完全不同。前者为吸收率，表示由其他物体发射来的辐射能可被该物体吸收的分数；后者为发射率，表示物体的辐射能力占黑体辐射能力的分数。实际物体难以确定的吸收率可用其黑度的数值表示。

4.5.3 两固体间的相互辐射

工业上常遇到两固体间的相互辐射传热，一般可视为灰体间的热辐射。两灰体间由于热辐射而进行热交换时，从一个物体发射出来的能量只能部分到达另一物体，而达到另一物体的这部分能量由于还反射出一部分能量，从而不能被另一物体全部吸收。同理，从另一物体反射回来的能量，也只有一部分回到原物体，而反射回的这部分能量又部分地反射和部分地吸收，这种过程被反复进行，直到继续被吸收和反射的能量变得微不足道。因此，在计算两固体间的辐射传热时，必须考虑它们的吸收率和反射率、形状和大小以及相互间的位置和距离等因素的影响。

两固体间的辐射传热总的结果是热量从高温物体传向低温物体。工业上常遇到以下几种固体之间的相互辐射情况。

(1)两无限大平行灰体壁面间的相互辐射

如图 4-29 所示，假定壁面 1 和壁面 2 之间的距离相当小，两板间介质为透热体，则从一板发射出的辐射能可以认为全部投射到另一板上。

设两壁面的温度、辐射能力和吸收率分别为 T_1、E_1、A_1 和 T_2、E_2、A_2，且 $T_1>T_2$。

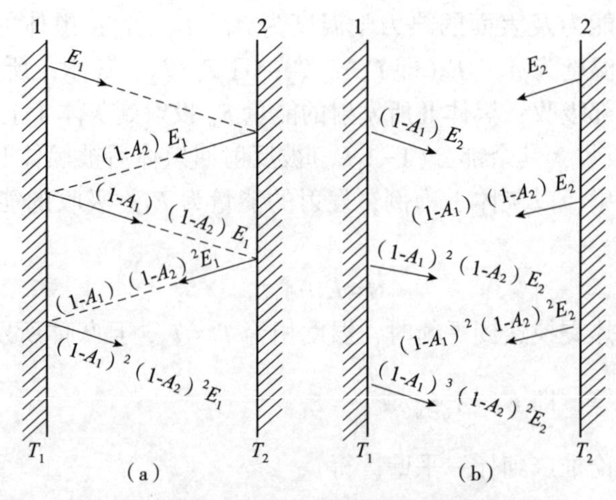

图 4-29　两平行灰体间的相互辐射

对壁面 1 来说，其自身发出的辐射能为 E_1，同时从壁面 2 辐射到壁面 1 的总能量为 E_2'，其中被壁面 1 吸收的辐射能为 $E_2'A_1$，反射的辐射能为 $E_2'(1-A_1)$。

因此，从壁面 1 辐射和反射的能量之和 E_1' 为

$$E_1'=E_1+E_2'(1-A_1) \tag{4-79}$$

同理，若壁面 2 自身发出的辐射能为 E_2，则壁面 2 辐射和反射的能量之和 E_2' 为

$$E_2'=E_2+E_1'(1-A_2) \tag{4-80}$$

单位时间内、单位面积上两平行壁面间净的辐射传热量为两者有效辐射之差，即

$$q_{1-2}=E_1'-E_2'$$

由式(4-79)和式(4-80)解得 E_1' 和 E_2' 后，代入上式得

$$q_{1-2}=\frac{E_1A_2-E_2A_1}{A_1+A_2-A_1A_2} \tag{4-81}$$

再将 $E_1=\varepsilon_1C_0\left(\frac{T_1}{100}\right)^4$、$E_2=\varepsilon_2C_0\left(\frac{T_2}{100}\right)^4$ 和 $A_1=\varepsilon_1$、$A_2=\varepsilon_2$ 等代入式(4-81)，整理得

$$q_{1-2}=\frac{C_0}{\frac{1}{\varepsilon_1}+\frac{1}{\varepsilon_2}-1}\left[\left(\frac{T_1}{100}\right)^4-\left(\frac{T_2}{100}\right)^4\right] \tag{4-82}$$

令 $C_{1-2}=\frac{C_0}{\frac{1}{\varepsilon_1}+\frac{1}{\varepsilon_2}-1}=\frac{1}{\frac{1}{C_1}+\frac{1}{C_2}-\frac{1}{C_0}}$，称为总发射系数，则式(4-82)可改写为

$$q_{1-2}=C_{1-2}\left[\left(\frac{T_1}{100}\right)^4-\left(\frac{T_2}{100}\right)^4\right] \tag{4-83}$$

于是，在面积均为 A 的两无限大平行面间的辐射传热速率为

$$Q_{1-2}=C_{1-2}A\left[\left(\frac{T_1}{100}\right)^4-\left(\frac{T_2}{100}\right)^4\right] \tag{4-84}$$

式中，Q_{1-2} 的 SI 单位为 W。

当平行壁面间距离与壁面面积相比不是很小时，从一个壁面所发射的辐射能只有一部分到达另一壁面上，则式(4-84)中引进角系数 φ，得到如下普遍适用的形式：

$$Q_{1-2}=C_{1-2}\varphi A\left[\left(\frac{T_1}{100}\right)^4-\left(\frac{T_2}{100}\right)^4\right] \tag{4-85}$$

式中 φ——几何因子或角系数，角系数表示从一个物体表面所发出的能量被另一物体表面所截获的分数，其数值与两物体表面的形状、大小、距离及相互位置有关。

φ 值一般利用模型通过实验方法测出。几种简单情况下的 φ 值和总发射系数 C_{1-2} 值见表4-6和图4-30。

表4-6 角系数与总发射系数计算式

序号	辐射情况	面积 A	角系数 φ	总发射系数 C_{1-2}
1	极大的两平行面	A_1 或 A_2	1	$\dfrac{C_0}{\dfrac{1}{\varepsilon_1}+\dfrac{1}{\varepsilon_2}-1}$
2	面积有限的两相等平行面	A_1	$<1^*$	$\varepsilon_1\varepsilon_2C_0$
3	很大的物体2包住物体1	A_1	1	ε_1C_0
4	物体2恰好包住物体1 $A_2\approx A_1$	A_1	1	$\dfrac{C_0}{\dfrac{1}{\varepsilon_1}+\dfrac{1}{\varepsilon_2}-1}$
5	在3、4两种情况之间	A_1	1	$\dfrac{C_0}{\dfrac{1}{\varepsilon_1}+\dfrac{A_1}{A_2}\left(\dfrac{1}{\varepsilon_2}-1\right)}$

注：* 值由图4-30查得。

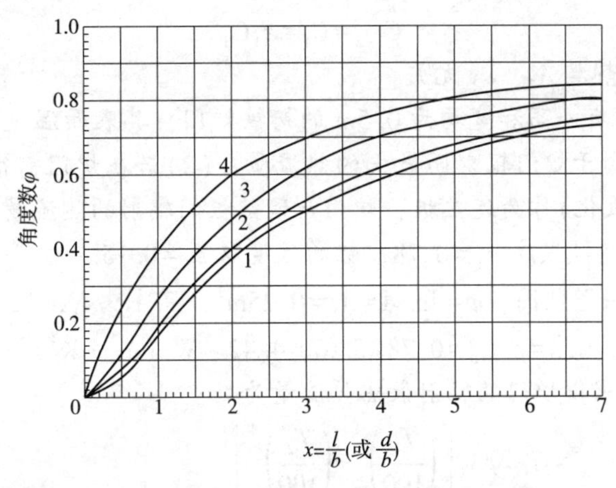

图4-30 平行面间直接辐射传热的角系数

1-圆盘形；2-正方形；3-长方形(边长之比为2∶1)；4-长方形(狭长)

(2)一物体被另一物体所包围时的辐射

工程上经常会遇到室内的散热体、加热炉中的被加热物体、同心圆球或无线长的同心圆筒之间的辐射等。如图 4-31 所示，设被包围物体和外围物体的辐射面积、黑度和温度分别为 A_1、ε_1、T_1 和 A_2、ε_2、T_2，此时被包围物体的角系数 $\varphi=1$，总发射系数为

$$C_{1-2}=\frac{C_0}{\dfrac{1}{\varepsilon_1}+\dfrac{A_1}{A_2}\left(\dfrac{1}{\varepsilon_2}-1\right)}=\frac{1}{\dfrac{1}{C_1}+\dfrac{A_1}{A_2}\left(\dfrac{1}{C_2}-\dfrac{1}{C_0}\right)} \tag{4-86}$$

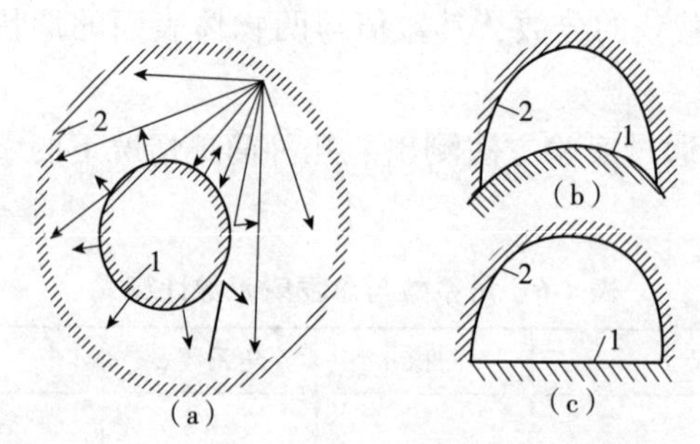

图 4-31　一物体被另一物体所包围时的辐射

于是两物体间的辐射传热速率为

$$Q_{1-2}=C_{1-2}A_1\left[\left(\frac{T_1}{100}\right)^4-\left(\frac{T_2}{100}\right)^4\right] \tag{4-87}$$

若 $T_2>T_1$，则求 Q_{2-1} 时可按

$$Q_{2-1}=-Q_{1-2}=-C_{1-2}A_1\left[\left(\frac{T_1}{100}\right)^4-\left(\frac{T_2}{100}\right)^4\right] \tag{4-88}$$

计算表明，热量是从表面 2 向表面 1 传递的。

若外围物体可作为黑体，或被包围物的表面积 A_1 与外围物体的表面积 A_2 相比很小，则 $A_1/A_2\approx 0$，式(4-86)可简化为

$$C_{1-2}=C_1=\varepsilon_1 C_0$$

此时，辐射传热与 A_2、ε_2 无关。

【例 4-14】　车间内有一高和宽均为 0.5m 的铸铁炉门，其表面温度为 600℃，室温为 27℃。试求：(1)由于炉门辐射而散失的热流量；(2)若在炉门前很近处放置一块同样大小的铝板(已氧化)作为遮热板，炉门与遮热板间辐射的热流量为多少？

解： 由表 4-6 查得铸铁黑度 $\varepsilon_1=0.78$，铝的黑度取 $\varepsilon_3=0.15$。

(1)因炉门为四壁包围，$\varphi=1$，$A=A_1=0.25\text{m}^2$，且 $A_2\gg A_1$，故

$$C_{1-2}=\varepsilon_1 C_0=0.78\times 5.67=4.42\quad \text{W/(m}^2\cdot\text{K}^4)$$

由式(4-85)可求得炉门的辐射散热热流量为

$$\begin{aligned}Q_{1-2}&=C_{1-2}\varphi A_1\left[\left(\frac{T_1}{100}\right)^4-\left(\frac{T_2}{100}\right)^4\right]\\&=4.42\times 1\times 0.25\times\left[\left(\frac{600+273}{100}\right)^4-\left(\frac{27+273}{100}\right)^4\right]=6\ 350\quad \text{W}\end{aligned}$$

(2)放置铝板后，炉门的辐射热流量可视为炉门对铝板的辐射传热流量。则当传热达稳态时，炉门对铝板的辐射传热流量必等于铝板对房间的辐射传热流量。以下标

1、2和3分别表示炉门、房间和铝板，则有

$$Q_{1-3}=Q_{3-2}$$

$$Q_{1-3}=C_{1-3}\varphi_{1-3}A_1\left[\left(\frac{T_1}{100}\right)^4-\left(\frac{T_3}{100}\right)^4\right]$$

$$Q_{3-2}=C_{3-2}\varphi_{3-2}A_3\left[\left(\frac{T_3}{100}\right)^4-\left(\frac{T_2}{100}\right)^4\right]$$

因 $A_1=A_3$，且两者间距很小，可认为是两个极大平行面间的相互辐射，此时，$\varphi_{1-3}=1$，故

$$C_{1-3}=\frac{C_0}{\frac{1}{\varepsilon_1}+\frac{1}{\varepsilon_3}-1}=\frac{5.67}{\frac{1}{0.78}+\frac{1}{0.15}-1}=0.816$$

又铝板为四壁所包围，$A_2 \gg A_3$，$\varphi_{3-2}=1$，$C_{3-2}=\varepsilon_3 C_0=0.15\times5.67=0.851\text{W}/(\text{m}^2\cdot\text{K}^4)$。

将已知数据代入得

$$0.816\times1\times0.25\times\left[\left(\frac{873}{100}\right)^4-\left(\frac{T_3}{100}\right)^4\right]=0.851\times1\times0.25\times\left[\left(\frac{T_3}{100}\right)^4-\left(\frac{300}{100}\right)^4\right]$$

解得 $T_3=733\quad\text{K}，t_3=460\quad℃$

炉门与遮热板间辐射的热流量为

$$Q_{1-3}=0.816\times1\times0.25\times\left[\left(\frac{873}{100}\right)^4-\left(\frac{733}{100}\right)^4\right]=596\quad\text{W}$$

此结果说明，放置遮热板是减少辐射散热量的有效措施。

4.5.4 辐射和对流的联合传热

在化工生产中设备或管道的外壁温度常高于周围环境的温度，其高温设备的外壁一般会以自然对流和辐射两种形式向外散热。

以对流方式损失的热量为

$$Q_\text{C}=\alpha_\text{C}A_\text{w}(t_\text{w}-t)\tag{4-89}$$

以辐射方式损失的热量为

$$Q_\text{R}=C_{1-2}\varphi A_\text{w}\left[\left(\frac{T_\text{w}}{100}\right)^4-\left(\frac{T}{100}\right)^4\right]\tag{4-90}$$

因设备向周围环境辐射传热时角系数 $\varphi=1$，将式(4-90)写为对流传热的形式，则

$$Q_\text{R}=C_{1-2}A_\text{w}\left[\left(\frac{T_\text{w}}{100}\right)^4-\left(\frac{T}{100}\right)^4\right]\frac{t_\text{w}-t}{t_\text{w}-t}=\alpha_\text{R}A_\text{w}(t_\text{w}-t)\tag{4-91}$$

其中

$$\alpha_\text{R}=\frac{C_{1-2}\left[\left(\frac{T_\text{w}}{100}\right)^4-\left(\frac{T}{100}\right)^4\right]}{t_\text{w}-t}$$

式中 α_C——空气的对流传热系数，W/(m^2·K)；

α_R——辐射传热系数，W/(m^2·K)；

T_w，t_w——设备或管道外壁的热力学温度和摄氏温度；

T，t——周围环境的热力学温度和摄氏温度；

A_w——设备或管道的外壁面积或散热的表面积，m^2。

设备或管道总的热量损失为

$$Q=Q_C+Q_R=(\alpha_C+\alpha_R)A_w(t_w-t)=\alpha_T A_w(t_w-t) \tag{4-92}$$

式中，$\alpha_T=\alpha_C+\alpha_R$，称为对流-辐射联合传热系数，W/(m^2·K)。

对于有保温层的设备，设备外壁对周围环境散热的联合传热系数 α_T，可用下列近似公式估算：

在平壁保温层外

$$\alpha_T=9.8+0.07(t_w-t) \tag{4-93}$$

在管道及圆筒壁保温层外

$$\alpha_T=9.4+0.052(t_w-t) \tag{4-94}$$

以上两式适用于 $t_w<150$℃的场合。

4.6 换热器

换热器是化工、石油、食品及其他许多工业部门的通用设备。由于生产规模、物料的性质、传热的要求等各不相同，故换热器的类型也是多种多样。

本节先介绍换热器分类及各种换热器的结构、特点与用途，进而介绍常用的列管式换热器在设计和选用时应考虑的事项，并简要介绍传热过程的强化。

4.6.1 换热器的分类

4.6.1.1 按用途分类

换热器按用途不同可分为加热器、冷却器、冷凝器、蒸发器和再沸器等。

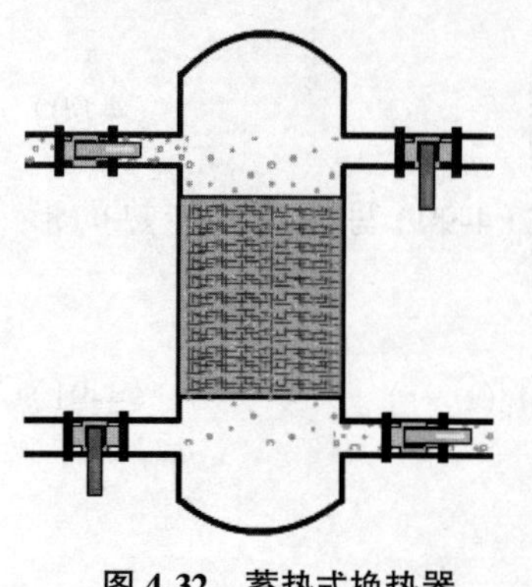

图 4-32 蓄热式换热器

4.6.1.2 按冷、热流体的热交换方式分类

(1) 直接接触式换热器

在这类换热器中，冷、热两流体是通过直接接触进行热量传递的。直接接触式换热器常用于气体的冷却或水蒸气的冷凝。

(2) 蓄热式换热器

蓄热式换热器通常简称蓄热器，它主要由热容量较大的蓄热室构成，室中充填耐火砖等作为填料，如图4-32所示。冷、热两种流体交替地通过同一蓄热室。当热流体通过蓄热室时，将热量传给填料；当冷流体通过蓄热室时，填料将热量传给冷流体。冷、热流体交替时，会有一定程度的混合。当不允许混合时，不能使用蓄热式换热器。

(3)间壁式换热器

冷、热两种流体用固体间壁隔开，热流体的热量通过间壁传给冷流体，两种流体在不相混合的情况下进行热量传递。

以上换热器中间壁式换热器应用最多，下面重点讨论此类换热器的类型、计算等。

4.6.2 间壁式换热器的类型

4.6.2.1 夹套式换热器

如图4-33所示，换热器的夹套安装在容器外部，在夹套和容器壁之间形成密闭的空间，为加热介质或冷却介质的通道。夹套式换热器主要应用于反应过程的加热或冷却。在用蒸汽进行加热时，蒸汽由上部接管进入夹套，冷凝水则由下部接管流出。作为冷却器时，冷却介质(如冷却水)由夹套下部的接管进入，而由上部接管流出。为了提高其传热系数，可在容器内安装搅拌器，使液体做强制对流；为了弥补传热面的不足，还可在容器内安装蛇管，使加热介质和冷却介质在蛇管中通过。

4.6.2.2 沉浸式蛇管换热器

如图4-34所示，蛇管一般由金属管子弯绕而成，或制成适应容器所需要的形状，沉浸在容器中所充满的液体内，冷、热两种流体分别在管内外流动而进行热量交换。这种换热器的优点是结构简单，价格低廉，适用于管内流体为高压或腐蚀性流体。其主要缺点是传热面积有限，蛇管外流体的对流传热系数小，为了强化传热，可在容器内安装搅拌器，增大液体的湍动程度。

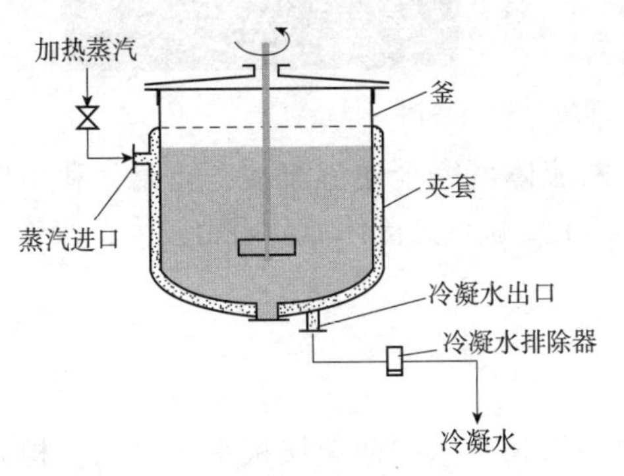

图4-33 夹套式换热器

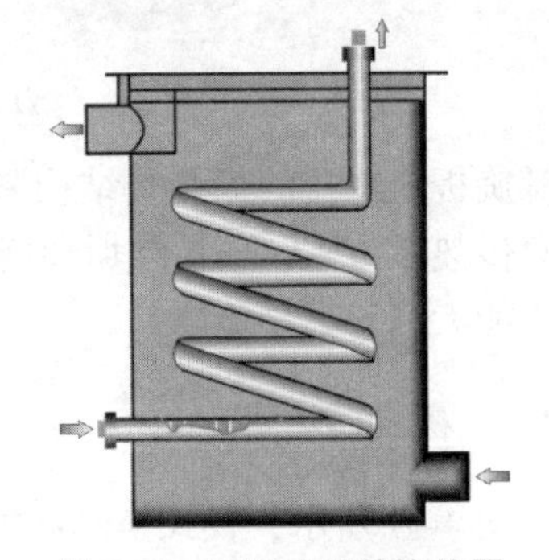

图4-34 沉浸式蛇管换热器

4.6.2.3 套管式换热器

套管式换热器(图4-35)是由直径不同的金属管装配成的同心套管，可根据换热要求，将几段套管用U形管连接，目的是增加传热面积。进行热交换时一种流体在内管

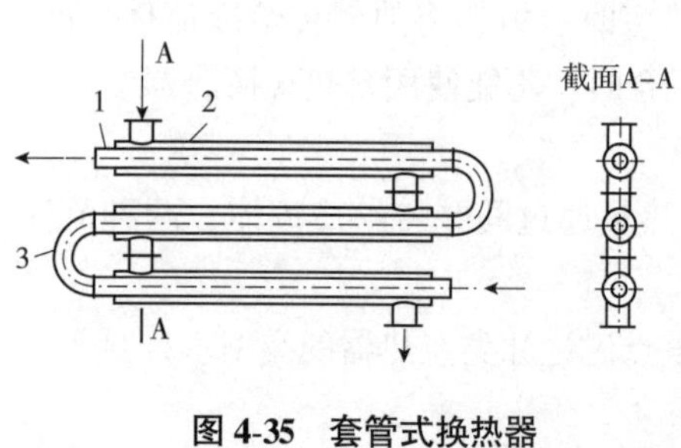

图 4-35 套管式换热器

1-内管；2-外管；3-U 形肘管

中流动，另一种流体则在套管间的环隙中流动。这种换热器的优点是结构简单，加工方便，能耐高压，传热面积可根据需要而增减；适当地选择内管和外管的直径，可使两种流体都达到较高的流速，从而提高传热系数，而且两流体可始终以逆流方向流动，使对数平均温差最大。其主要缺点是结构不紧凑，金属消耗量大，接头多而易漏，占地较大。因此，它较适用于流量不大，所需传热面积不多的场合。

4.6.2.4 螺旋板式换热器

如图 4-36 所示，螺旋板式换热器主要由两张平行的薄钢板卷制而成，构成一对互相隔开的螺旋形流道。冷热两流体以螺旋板为传热面分别在板两边的通道内做逆流流动，两板之间焊有定距柱以维持流道间距，同时也可增加螺旋板的刚度。在换热器中心设有中心隔板，使两个螺旋通道隔开。在顶部和底部分别焊有盖板或封头以及两流体的出入口接管。一般有一对进出口位于圆周边上，而另一对进出口则设在圆鼓的轴心上。

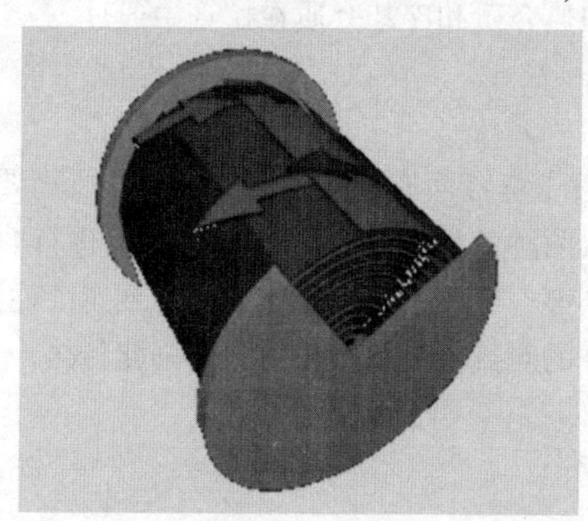

图 4-36 螺旋板式换热器

螺旋板换热器的优点是结构紧凑，两流体可完全逆流流动，能充分利用低温热源，总传热系数高，不易结垢和堵塞。其主要缺点是流体流动阻力较大，操作压力和温度不能太高，不易检修。

4.6.2.5 板式换热器

如图 4-37 所示，板式换热器主要由一组长方形的薄金属板平行排列，相邻薄板之间衬以密封垫片并用框架夹紧组装而成，可用垫片的厚度调节两板间流体通道的大小。金属板上四角开有圆孔，其中有两个圆孔和板面上的流道相通，另外两个圆孔则不相通，他们的位置在相邻板上是错开的，以分别形成两流体的通道。冷热流体交替地在板片的两侧流过，通过金属板片进行换热。板片通常压制成各种波纹形状，既可增加刚性和传热面积，又使流体分布均匀，增强湍动程度，提高传热系数。

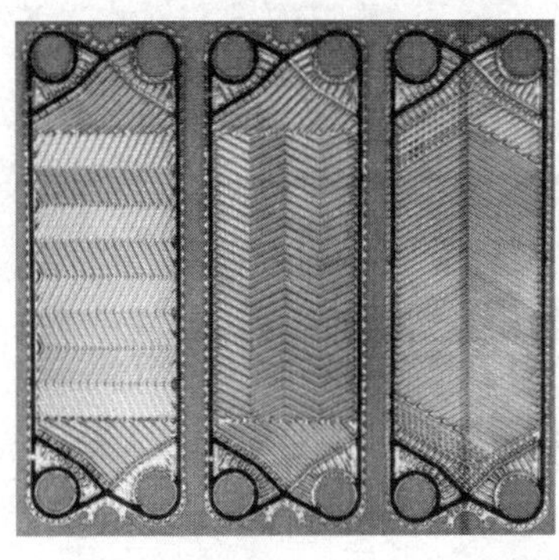

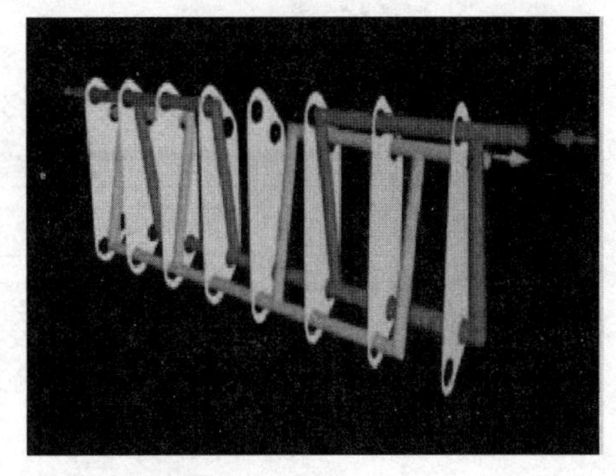

图 4-37　板式换热器

板式换热器的优点是结构紧凑，单位体积设备所提供的传热面积大；流体在板片间流动湍动程度高，总传热系数大；操作灵活，可根据需要调整板片数目以增减传热面积，安装和检修也很方便。其主要缺点是操作压力比较低，操作温度不能太高，板间距离小，流通截面较小，处理量不大。

传　热

4.6.2.6　热管式换热器

热管式换热器是一种新型高效换热器，它是在长方形壳体中安装许多热管，壳体中间有隔板将冷、热流体隔开，其结构如图 4-38 所示。

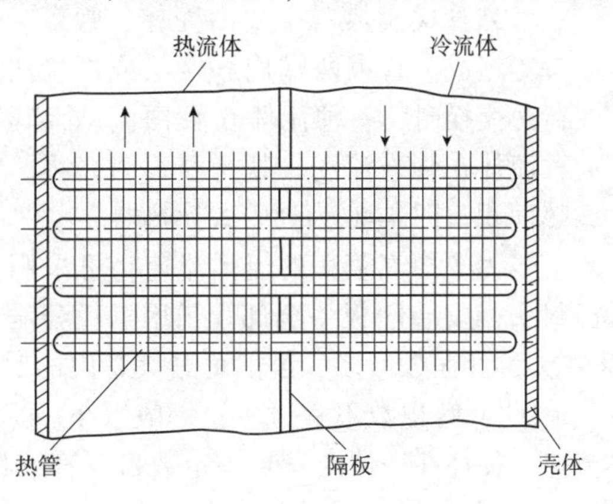

图 4-38　热管式换热器

热管是在金属管外表装有翅片的一种新型传热元件，如图 4-39 所示。它是将一根金属管的两端密封，在其内表面覆盖一层有毛细孔结构的吸液芯网，抽出不凝性气体，充以一定量的某种工作液，在毛细管力的作用下，工作液可渗到芯网中去。热管的一端为蒸发端，另一端为冷凝端。工作液体在蒸发端从热流体吸热而汽化，在蒸气压力差的作用下流向冷凝端，将热量传给冷流体，即放出冷凝热而凝结。此冷凝液在吸液芯网的毛细管作用下流回蒸发端，再次受热而汽化。如此反复循环，实现热量在冷热流体间的连续传递。

热管换热器具有传热能力大，应用范围广，结构简单等优点。

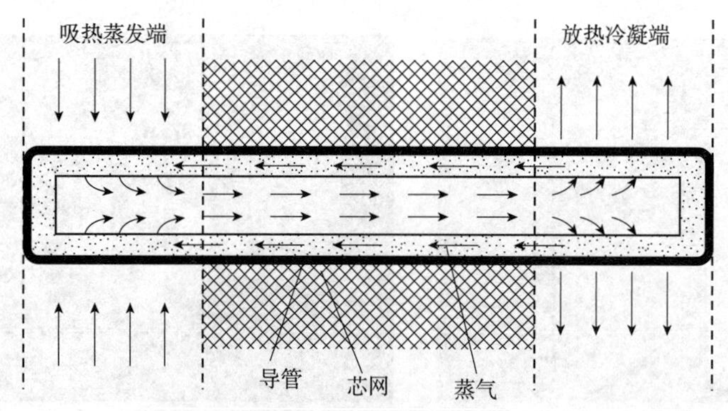

图 4-39 热管工作原理

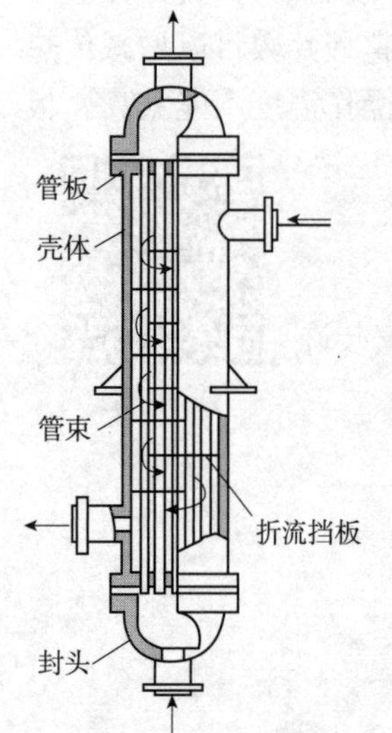

图 4-40 列管式换热器

4.6.2.7 列管式换热器

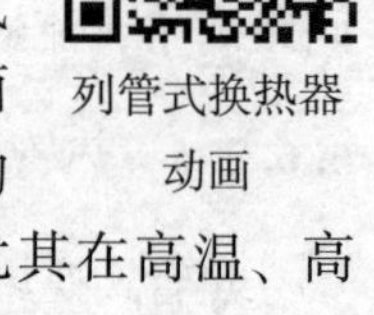

列管式换热器动画

列管式换热器又称管壳式换热器，在化工生产中被广泛使用。与前面提到的几种间壁式换热器相比，单位体积设备所能提供的传热面积要大得多，传热效果也较好。由于设备结构紧凑、坚固，制造较容易，故适应性较强，尤其在高温、高压和大型装置中得到普遍采用。

列管式换热器主要由壳体、管束、管板、折流挡板和封头等组成。管束两端用胀接法或焊接法固定在管板上。当进行热交换时，一种流体在管内流动，其行程称为管程；另一种流体在管外流动，其行程称为壳程。管束的表面积即为传热面积。图 4-40 为列管式换热器。

为了提高管程的流体流速，可采用多管程。即在换热器封头内安装隔板将全部管子用隔板分隔成若干组，流体依次流过各组管子，往返多次。管程数增多，虽然可增大管内的对流传热系数，但流体的机械能损失也增大，因此，管程数不宜过多，一般以 2、4、6 程最为常见。

为提高壳程流体流速，往往在壳体内安装一定数目与管束相互垂直的折流挡板。折流挡板不仅可防止流体短路、增加流体流速，还迫使流体按规定路径多次错流通过管束，使湍动程度大为增加，以提高管外对流传热系数。

常用的折流挡板有圆缺形和圆盘形两种，如图 4-41 所示。

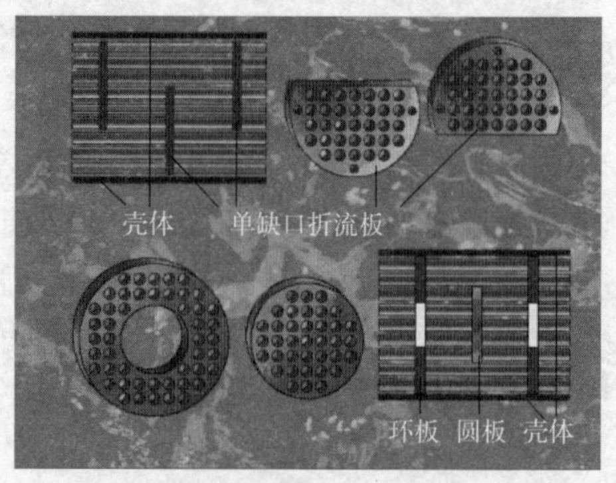

图 4-41 折流挡板

列管式换热器进行热交换时，由于冷、热两流体温度不同，壳体和管束受热不同，其膨胀程度也不同，如两者温差较大，管子会扭弯，从管板上脱落，甚至毁坏换热器。

所以，列管式换热器必须从结构上考虑热膨胀的影响，采取各种补偿的办法，消除或减小热应力，称为热补偿。根据所采取的热补偿方法不同，列管式换热器可分为以下几个形式。

(1)固定管板式

图 4-42 所示为在壳体上安装了补偿圈(也称膨胀节)的列管式换热器。当壳体与管束热膨胀不同时，依靠补偿圈的弹性变形以适应它们之间不同的热膨胀程度。这种热补偿方法结构简单、成本低，但壳程检修和清洗困难。

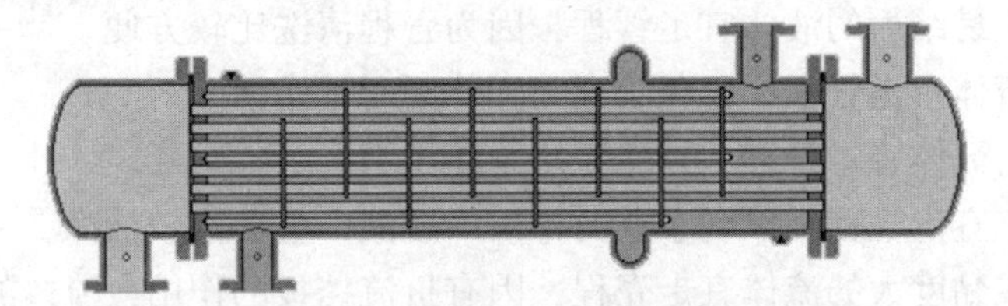

图 4-42 具有补偿圈的固定管板式换热器

(2)浮头式

浮头式换热器(图 4-43)两端管板之一不与外壳固定连接，该端称为浮头。当壳体与管束因温度不同而引起热膨胀时，管束连同浮头可在壳体内沿轴向自由伸缩。浮头式换热器不但可以解决热补偿问题，而且整个管束可以从壳体中拆卸出来，便于清洗和检修。故浮头式换热器的应用较为普遍。但其缺点是结构比较复杂，金属消耗量较多，造价也较高。

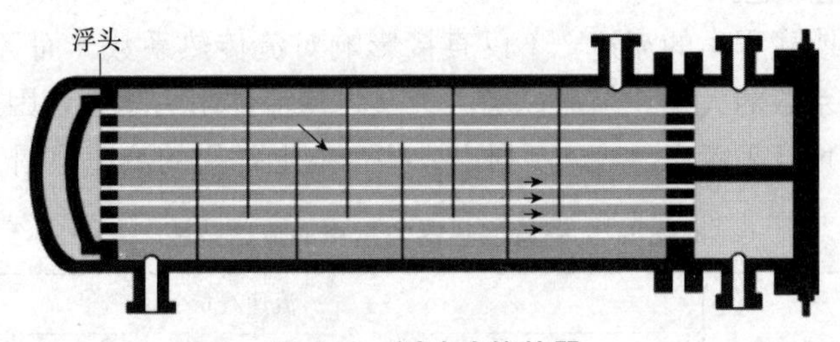

图 4-43 浮头式换热器

(3)U 形管式

U 形管换热器如图 4-44 所示。每根管子都弯成 U 形，两端固定在同一管板上，每根管子可自由伸缩，来解决热补偿问题，而与其他管子和外壳无关。这种结构比较简单，质量轻，适用于高温、高压条件。其缺点是管内不易清洗，因此管内流体必须洁净。

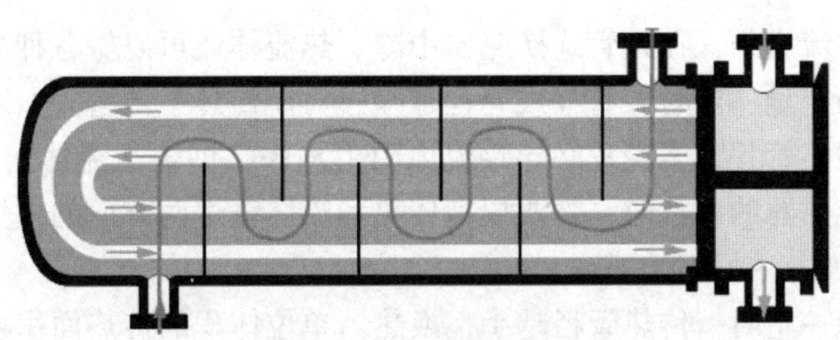

图 4-44 U 形管换热器

4.6.3 列管式换热器的设计和选用

列管式换热器设计和选型的核心是计算换热器的传热面积，进而确定换热器的其他尺寸或选择换热器的型号。

(1)流体流经管程或壳程的选择原则

原则：传热效果好，结构简单，清洗方便。

①不洁净或易结垢的液体宜走管程，因为管程清洗比较方便。

②腐蚀性流体宜走管程，以免管束和壳体同时被腐蚀。

③压力高的流体宜走管程，以免壳体承受压力。

④饱和蒸汽宜走壳程，以利于及时排出冷凝液，且蒸汽较洁净，一般不需清洗。

⑤流量小或黏度大的流体宜走壳程，因有折流挡板的作用，流体的流速和流向不断改变，在低 Re(Re>100)下即可达到湍流。

⑥若两流体温差较大，对于固定管板式换热器，宜将对流传热系数大的流体通入壳程，以减小管壁与壳体的温差，减小热应力。

⑦需要冷却的流体宜走壳程，便于外壳向周围的散热，增强冷却效果。

以上各点常常不可能同时满足，而且有时还会互相矛盾，故应根据具体情况，抓住主要方面，作出恰当的决定。

(2)流体流速的选择

流体在管程或壳程中的流速，不仅直接影响对流传热系数，而且影响污垢热阻，从而影响总传热系数的大小。但流速增大，又将使流体阻力增大。因此，流速的选择应从经济上优化角度来考虑。表4-7列出一些工业上常用的流速范围。

表4-7 列管换热器内常用的流速范围

流体种类	流速/(m/s)	
	管程	壳程
一般液体	0.5~3.0	0.2~1.5
宜结垢液体	>1	>0.5
气体	5~30	3~15

(3)流动方式的选择

除逆流和并流之外，在列管式换热器中冷、热流体还可以做各种多管程、多壳程的复杂流动。当流量一定时，管程或壳程越多，对流传热系数越大，对传热过程越有利。但是，采用多管程或多壳程必导致流体阻力损失，即输送流体的动力费用增加。因此，在决定换热器的程数时，需要权衡传热和流体输送两方面的损失。

(4)换热管规格和排列方式

当传热面积一定时，传热管径越小，换热器单位体积的传热面积越大。对于清洁的流体管径可取小些，但对于不洁净或易结垢的流体，考虑管束的清洗方便或避免管子堵塞，管径应取大些。目前，我国实行的系列标准采用 ϕ25mm×2.5mm 及 ϕ19mm×2mm 两种规格。

系列标准中推荐的换热管长度有 1.5m、2m、3m、4.5m、6m 和 9m 共 6 种，其中以 3m 和 6m 更为普通。

管板上管子的排列方式有正三角形、正方形直列和正方形错列等，如图 4-45 所示。与正方形相比，正三角形排列比较紧凑，对相同壳体直径的换热器而言，排列的管子较多，管外流体湍动程度高，传热效果较好，但管外清洗较困难；正方形排列则管外清洗方便，适用于壳程流体易结垢的情况，但其传热效果较差，若将管束斜转 45°安装，可适当增强传热效果。

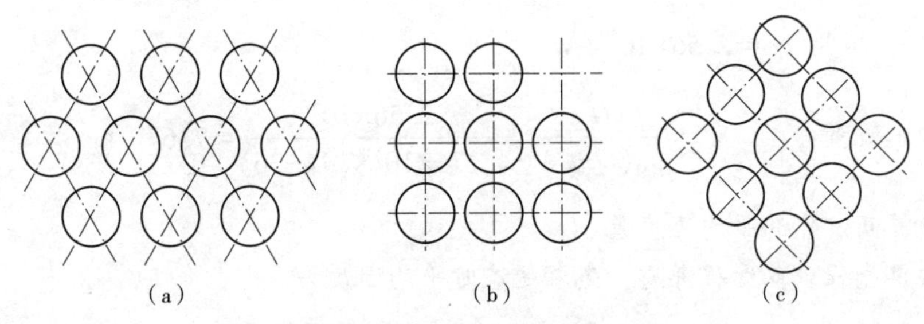

图 4-45　管子在管板上的排列

(a)正三角形排列　(b)正方形排列　(c)正方形错列

(5)折流挡板

安装折流挡板的目的是增加壳程流体的湍动程度，提高壳程对流传热系数，为取得良好的效果，挡板的形状和间距必须适当。对于常用的圆缺形挡板而言，弓形缺口的大小对壳程流体的流动情况有重要影响。弓形缺口太大或太小都会产生流动"死区"(图 4-46)，既不利于传热，又往往增加流体阻力。一般来说，弓形缺口的高度可取为壳体内径的 15%~45%，最常见的是 20%和 25%两种。挡板应按等间距布置，间距太大，不能保证流体垂直流过管束，使管外对流传热系数下降；间距太小，不便于制造和检修，流体阻力也大。一般取挡板间距为壳体内径的 0.2~1.0 倍，通常的挡板间距为 50mm 的倍数，但不小于 100mm。

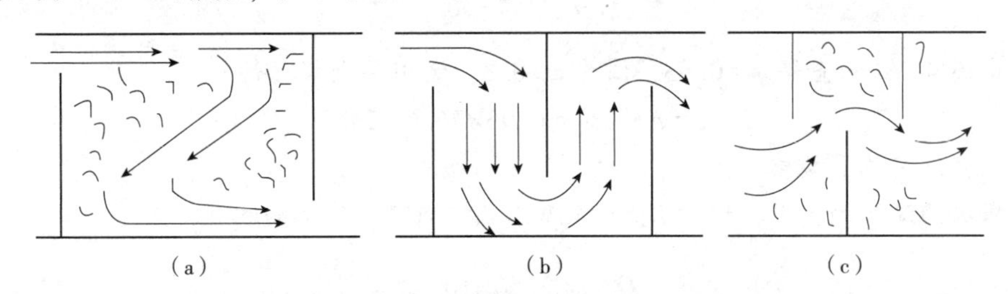

图 4-46　挡板缺口高度和挡板间距对流动的影响

(a)缺口过小，板间过大　(b)缺口适当　(c)缺口过大，板间过小

【例 4-15】　欲用循环水将流量为 20 000kg/h 的某有机溶液从 80℃冷却到 55℃，冷水进出口温度分别为 36℃和 44℃。试选用合适型号的换热器。定性温度下流体物性列于下表中：

流体物性	密度/(kg/m³)	比热容/[kJ/(kg·℃)]	黏度/(Pa·s)	导热系数/[kJ/(m·℃)]
有机溶液	828.6	1.841	3.52×10^{-4}	0.129
循环水	992.3	4.174	0.67×10^{-3}	0.633

解： (1)试算和初选换热器的型号

①计算热负荷和冷却水消耗量

热负荷：
$$Q=q_{m1}c_{p1}(T_1-T_2)=\frac{20\ 000\times1.841\times10^3\times(80-55)}{3\ 600}$$
$$=2.56\times10^5\quad \text{W}$$

冷却水流量：
$$q_{m2}=\frac{Q}{c_{p2}(t_2-t_1)}=\frac{2.56\times10^5}{4.174\times10^3\times(44-36)}=7.67\quad \text{kg/s}$$

②计算两流体的平均温度差

暂按单壳程、双管程考虑，先求逆流时平均温度差

$$\begin{array}{rcl}80 & \longrightarrow & 55\\ \underline{44} & \underline{\longrightarrow} & \underline{36}\\ 36 & & 19\end{array}$$

$$\Delta t_{\text{m}}=\frac{\Delta t_1-\Delta t_2}{\ln\dfrac{\Delta t_1}{\Delta t_2}}=\frac{36-19}{\ln\dfrac{36}{19}}=26.6\quad ℃$$

而
$$P=\frac{t_2-t_1}{T_1-t_1}=\frac{44-36}{80-36}=0.182$$
$$R=\frac{T_1-T_2}{t_2-t_1}=\frac{80-55}{44-36}=3.125$$

由图4-24(a)查得$\varphi=0.93$，因为$\varphi>0.8$，选用单壳程可行。

所以
$$\Delta t_{\text{m折}}=\varphi\cdot\Delta t_{\text{逆}}=0.93\times26.6=24.7\quad ℃$$

③初选换热器规格

根据两流体的情况，假设$K_{\text{估}}=450\text{W}/(\text{m}^2\cdot℃)$，传热面积$A_{\text{估}}$应为

$$A_{\text{估}}=\frac{Q}{K_{\text{估}}\ \Delta t_{\text{m}}}=\frac{2.56\times10^5}{450\times24.7}=23.0\quad \text{m}^2$$

本题为两流体均不发生相变的传热过程。为使有机溶液通过壳壁面向空气中散热，提高冷却效果，令有机溶液走壳程，水走管程。两流体平均温度差<50℃，可选用固定管板式换热器。由换热器系列标准，初选换热器型号为G400Ⅱ-1.6-22，有关参数如下：

壳径/mm	400	管长/m	3
公称压强/MPa	1.6	管子总数	102
管程数	2	管子排列方法	正三角形
壳程数	1	管中心距/mm	32
管子尺寸/mm	$\phi 25\times 2.5$	折流挡板间距/mm	150
实际传热面积/mm^2	23.2	折流板型式	圆缺型

(2)校核总传热系数 K

①管程对流传热系数 α_2

管程流通面积　　$A_2=0.016\text{m}^2$

管程冷却水流速　$u_2=\dfrac{q_{m2}}{\rho_2 A_2}=\dfrac{7.67}{992.3\times 0.016}=0.483\quad \text{m/s}$

$$Re_2=\frac{d_2 u_2 \rho_2}{\mu_2}=\frac{0.02\times 0.483\times 992.3}{0.67\times 10^{-3}}=1.43\times 10^4\text{(湍流)}$$

$$Pr_2=\frac{c_{p2}\mu_2}{\lambda_2}=\frac{4.174\times 10^3\times 6.7\times 10^{-4}}{0.633}=4.42$$

$$\alpha_2=0.023\frac{\lambda}{d_2}Re_2^{0.8}Pr_2^{0.4}$$

$$=0.023\times\frac{0.633}{0.02}\times(1.43\times 10^4)^{0.8}\times(4.42)^{0.4}=2\,783\quad \text{W/(m}^2\cdot ℃\text{)}$$

②壳程对流传热系数 α_1，按式(4-39)计算

$$\alpha_1=0.36\left(\frac{\lambda_1}{d_e}\right)\left(\frac{d_e u_1\rho_1}{\mu_1}\right)^{0.55}\left(\frac{c_{p1}\mu_1}{\lambda_1}\right)^{\frac{1}{3}}\left(\frac{\mu_1}{\mu_w}\right)^{0.14}$$

流体通过管间最大截面积为

$$S=hD\left(1-\frac{d_0}{t}\right)=0.15\times 0.4\times\left(1-\frac{0.025}{0.032}\right)=0.013\,1\quad \text{m}^2$$

苯的流速为

$$u_1=\frac{q_{m1}}{\rho_1 S}=\frac{20\,000/3\,600}{828.6\times 0.013\,1}=0.512\quad \text{m/s}$$

管子正三角形排列的当量直径

$$d_e=\frac{4\times\left(\frac{\sqrt{3}}{2}t^2-\frac{\pi}{4}d_1^2\right)}{\pi d_1}=\frac{4\times\left(\frac{\sqrt{3}}{2}\times 0.032^2-\frac{\pi}{4}\times 0.025^2\right)}{\pi\times 0.025}=0.02\quad \text{m}$$

$$Re_1=\frac{d_e u_1\rho_1}{\mu_1}=\frac{0.02\times 0.512\times 828.6}{0.352\times 10^{-3}}=2.41\times 10^4$$

$$Pr_1=\frac{c_{p1}\mu_1}{\lambda_1}=\frac{1.841\times 10^3\times 0.352\times 10^{-3}}{0.129}=5.02$$

壳程中有机溶液被冷却，取$\left(\dfrac{\mu_1}{\mu_w}\right)^{0.14}=0.95$

所以 $\alpha_1=0.36\times\dfrac{0.129}{0.02}\times(2.41\times10^4)^{0.55}\times(5.02)^{1/3}\times0.95=971.4\quad W/(m^2\cdot℃)$

③污垢热阻

管内、外侧污垢热阻分别取为

$$R_{d1}=1.72\times10^{-4}m^2\cdot℃/W,\ R_{d2}=2.00\times10^{-4}m^2\cdot℃/W$$

④总传热系数 K

管壁热阻可忽略，总传热系数 K 为

$$\frac{1}{K_1}=\frac{1}{\alpha_1}+R_{d1}+R_{d2}\frac{d_1}{d_2}+\frac{d_1}{\alpha_2 d_2}$$

$$=\frac{1}{971.4}+1.72\times10^{-4}+0.0002\times\frac{0.025}{0.02}+\frac{0.025}{2783\times0.02}$$

$$K=526.2\quad W/(m^2\cdot℃)$$

⑤传热面积 A

$$A=\frac{Q}{K\cdot\Delta t_{m折}}=\frac{2.56\times10^5}{526.2\times24.7}=19.7\quad m^2$$

安全系数为

$$\frac{23.2-19.7}{19.7}\times100\%=17.8\%$$

故所选择的换热器是合适的。选用固定管板式换热器，型号为 G400Ⅱ-1.6-22。

4.6.4 传热过程的强化措施

所谓强化传热就是力求提高换热器在单位时间内、单位面积上提供的热量，力图用较少的传热面积或体积较小的设备来完成同样的传热任务，以便在设备投资和输送功耗一定时，获得更多的传热量；在较小的设备上获得更大的生产能力和效益。传热速率方程为

$$Q=KA\Delta t_m$$

可见，为了提高传热效率，提高 K、A、Δt_m 3 项中的任意一项，均可达到强化传热的目的。

4.6.4.1 增大平均温度差 Δt_m

增大平均温度差，可以提高换热器的传热效率。Δt_m 的大小主要取决于两流体的温度条件和两流体在换热器中的流动形式。一般来说，物料的温度由生产工艺来决定，不能随意变动，而加热介质或冷却介质的温度由于所选介质不同，可以有很大的差异。应该注意的是，Δt_m 增大，会使有效能损失增大，因此，从节能的观点出发，应尽可能在低温差条件下进行传热。

当两边流体均为变温的情况下，应尽可能考虑从结构上采用逆流或接近于逆流的流向以得到较大的 Δt_m 值。

4.6.4.2 增大总传热系数 *K*

增大总传热系数 K 是强化传热的最有效途径。由总传热系数的计算公式：

$$K=\frac{1}{\left(\frac{1}{\alpha_1}+R_1\right)+\frac{b}{\lambda}\frac{d_1}{d_m}+\left(\frac{1}{\alpha_2}+R_2\right)\frac{d_1}{d_2}}$$

可知，传热系数 K 值取决于两流体的对流传热系数、污垢层的热阻和管壁热阻等。减小分母中的任一项，都可使 K 值增大。但因各项所占比重不同，要有效地增大 K 值，应设法减小对 K 值影响较大的项。一般来说，在金属材料换热器中，金属材料壁面较薄且导热系数高，不会成为主要热阻；污垢热阻是一个可变因素，在换热器刚投入使用时，污垢热阻很小，但随着使用时间的加长，垢层逐渐增厚，污垢热阻可能成为主要热阻，则应考虑如何防止或延缓垢层的形成或使污垢层清洗方便。

若两流体的对流传热系数相差较大，增大较小一侧的 α 值，对提高 K 值、强化传热最有效。为此可采取以下措施：

①加大流速，使流体的湍动程度增强，可减少传热边界层中层流底层的厚度，提高无相变化流体对流传热系数，从而达到增大 K 值的目的。例如，在管壳式换热器中增加管程数或在壳程中设置挡板，可分别提高管程和壳程的流速。

②管内插入麻花铁、纽带等扰流元件，它们能使管内流体的湍动程度增大，减小层流底层厚度，从而增大 α 值。这种方法能降低流体由层流向湍流过渡的 Re，以达到强化传热的目的。

③改变传热面形状和增加粗糙度　将传热面加工成波纹状、螺旋槽状、纵槽状、翅片状等，或挤压成皱纹、小凸起，或烧结一层多孔金属层，增加粗糙程度。它们能改变流体流动方向，增加流体湍动程度，产生涡流，减小层流底层厚度，以增大 α 值。改变传热面形状不仅增大 α 值，而且也扩展了传热面积，适用于管外热阻为主的单相流体强化传热。

4.6.4.3 增大单位体积的传热面积(A/V)

增大传热面积是强化传热的有效途径之一，但不能靠增大换热器的尺寸来实现，而是要从设备的结构入手，提高单位体积的传热面积。目前，工业上已经使用的各种新型高效能传热面不仅扩展了传热面积，还增强了传热面附近流体的湍动程度。最常见的扩展表面是在管外表面加装各种翅片，前面讨论的翅片管换热器就属此类，翅片结构通常用作传热系数较小一侧流体的传热面。此外，还可将传热面制成各种凹凸形、波纹型、扁平状，这样不仅使传热表面有所增加，还使流体在流道中的流动状态不断改变，增加扰动，减少边界层厚度，从而提高传热速率。

思考题

4-1 传热过程有哪 3 种基本方式？

4-2 传热按机理分为哪几种？

4-3 物体的导热系数与哪些主要因素有关？

4-4 比较固体、液体、气体三者的热导率，哪个大，哪个小？

4-5 绝热材料的热导率与哪些因素有关？

4-6 傅里叶定律 $Q=-\lambda A\dfrac{\mathrm{d}t}{\mathrm{d}x}$ 中为什么出现负号？

4-7 在定态的多步串联传热过程中，各步的温度降是如何分配的？

4-8 对流传热的主要影响因素有哪些？

4-9 在对流传热过程中，流体流动是如何影响传热的？

4-10 流动对传热的贡献主要表现在哪方面？

4-11 在对流传热系数的关联式中有哪些量纲为 1 的数？它们的物理意义各是什么？

4-12 为什么滴状冷凝的对流传热系数比膜状冷凝的大？影响膜状冷凝传热的因素有哪些？

4-13 蒸汽冷凝时为什么要定期排放不凝性气体？

4-14 液体沸腾的必要条件有哪两个？

4-15 为什么核状沸腾的对流传热系数比膜状沸腾的大？影响核状沸腾的主要因素有哪些？

4-16 工业沸腾装置应在什么沸腾状态下操作？为什么？

4-17 沸腾传热的强化可以从哪两个方面着手？

4-18 大容积沸腾按壁面与流体温差的不同可分为哪几个阶段？试分析各阶段的传热系数与温差的关系及内在原因。

4-19 为什么有相变时的对流传热系数大于无相变时的对流传热系数？

4-20 换热器中的冷热流体在变温条件下操作时，为什么多采用逆流操作？在什么情况下可以采用并流操作？

4-21 为什么逆流操作可以节约加热剂或冷却剂？

4-22 换热器在错流或折流操作时的平均温差如何计算？

4-23 在两流体通过间壁的换热过程中，一般来说总热阻包括哪些项？什么是控制热阻？

4-24 当间壁两侧流体的对流传热系数相差很大时，为提高总传热系数 K，应提高哪侧流体的对流传热系数更为有效？为什么？

4-25 何谓透热体、白体、黑体、灰体？

4-26 影响辐射传热的主要因素有哪些？

4-27 保温瓶的夹层玻璃表面为什么镀一层反射率很高的材料？夹层抽真空的目

的是什么？

4-28 为什么低温时热辐射往往可以忽略，而高温时热辐射则往往成为主要的传热方式？

4-29 为提高列管式换热器的总传热系数，在其结构方面可采取什么改进措施？

4-30 强化传热过程可以哪几方面入手？每一方面又包括哪些具体措施？

习 题

4-1 某加热器外面包了一层厚为300mm的绝缘材料，该材料的导热系数为0.13W/(m·℃)，已测得该绝缘层外缘温度为30℃，距加热器外壁180mm处为125℃，试求加热器外壁面温度为多少？

4-2 如附图所示。某工业炉的炉壁由耐火砖$\lambda_1=1.5$W/(m·K)、绝热层$\lambda_2=0.28$W/(m·K)及普通砖$\lambda_3=0.93$W/(m·K)3层组成。炉膛壁内壁温度1 100℃，普通砖层厚12cm，其外表面温度为50℃，通过炉壁的热损失为1 200W/m^2，绝热材料的耐热温度为850℃。求耐火砖层的最小厚度及此时绝热层厚度。设各层间接触良好，接触热阻可以忽略。

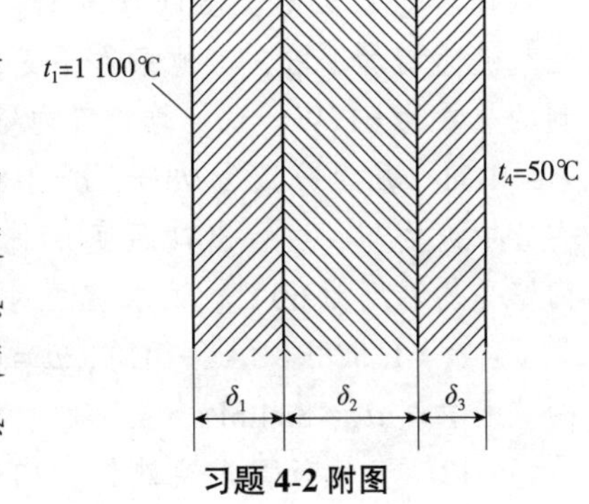

习题 4-2 附图

4-3 如附图所示。为测量炉壁内壁的温度，在炉外壁及距外壁1/3厚度处设置热电偶，测得$t_2=270$℃，$t_3=30$℃。求内壁温度t_1。设炉壁由单层均质材料组成。

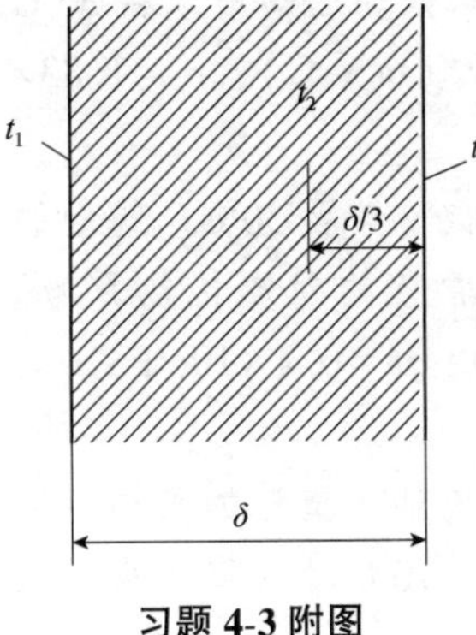

习题 4-3 附图

4-4 一根直径为ϕ60mm×3mm的铝铜合金钢管，导热系数为45W/(m·℃)。用30mm厚的软木包扎，其外又用30mm厚的保温灰包扎作为绝热层。现测得钢管内壁面温度为−110℃，绝热层外表面温度10℃。求每米管、每小时散失的冷量。如将两层绝热材料位置互换，假设互换后管内壁温度及最外保温层表面温度不变，则传热量为多少？已知软木和保温灰的导热系数分别为0.043W/(m·℃)和0.07W/(m·℃)。

4-5 某工厂用ϕ170mm×5mm的无缝钢管输送水蒸气。为了减少沿途的热损失，在管外包两层绝热材料：第一层为厚30mm的矿渣棉，其热导率为0.060W/(m·K)；第二层为厚40mm的石棉灰，其热导率为0.21W/(m·K)。管内壁温度为300℃，保温层外表面温度为30℃。管道长50m。试求该管道的散热量。无缝钢管热导率为45W/(m·K)。

4-6 ϕ50mm×5mm的不锈钢管，导热系数$\lambda_1=16$W/(m·K)，外面包裹厚度为30mm导热系数$\lambda_2=0.2$W/(m·K)的石棉保温层。若钢管的内表面温度为587K，保温层外表面温度为343K，试求每米管长的热损失及钢管外表面的温度。

4-7 在外径为140mm的蒸汽管道外包扎一层厚度为50mm的保温层，以减少热损失。蒸气管外壁温度为180℃。保温层材料的导热系数λ与温度t的关系为$\lambda=0.1+0.000\,2t$，t的单位为℃，λ的单位为W/(m·℃)。若要求每米管长热损失造成的蒸汽冷凝量控制在9.86×10^{-5}kg/(m·s)，试求保温层外侧面温度。

4-8 在长为5m，内径为53mm的管内加热苯溶液。苯的质量流速为172kg/(s·m^2)。苯在定性温度下的物性数据：$\mu=0.49$mPa·s；$\lambda=0.14$W/(m·K)；$c_p=1.8$kJ/(kg·℃)。试求苯对管壁的对流传热系数。

4-9 冷却水在ϕ19mm×2mm，长为2m的钢管中以1m/s的流速通过。水温由288K升至298K。求管壁对水的对流传热系数。

4-10 空气以4m·s^{-1}的流速通过一ϕ75.5mm×3.75mm的钢管，管长20m。空气入口温度为32℃，出口为68℃。(1)试计算空气与管壁间的对流传热系数；(2)如空气流速增加1倍，其他条件不变，对流传热系数又为多少；(3)若空气从管壁间得到的热量为617W，试计算钢管内壁平均温度。

4-11 质量分数为98%，$\rho=1\,800$kg/m^3的硫酸，以1m/s的流速在套管换热器的内管中被冷却，进、出口温度分别为90℃和50℃，内管直径为ϕ25mm×2.5mm。管内壁平均温度为60℃。试求硫酸对管壁的对流传热系数。已知70℃硫酸的物性参数如下：$c_p=1.528$kJ/(kg·℃)，$\mu=6.4$mPa·s，$\lambda=0.365$W/(m·℃)。壁温60℃时的硫酸黏度$\mu_w=8.4$mPa·s。

4-12 有一套管式换热器，内管为ϕ38mm×2.5mm，外管为ϕ57mm×3mm的钢管，内管的传热管长2m。质量流量为2 530kg/h的甲苯在环隙间流动，进口温度为72℃，出口温度为38℃。试求甲苯对内管外表面的对流传热系数。已知甲苯在55℃时的物性数据：$\rho=830$kg/m^3，$\mu=4.3\times10^{-4}$Pa·s，$\lambda=0.128$W/(m·℃)，$c_p=1.83\times10^3$J/(kg·℃)。

4-13 温度为90℃的甲苯以1 500kg/h的流量通过蛇管而被冷却至30℃。蛇管的直径为ϕ57mm×3.5mm，弯曲半径为0.6m。试求甲苯对蛇管壁的对流传热系数。60℃时甲苯的物性数据：$\rho=830$kg/m^3，$c_p=1\,840$J/(kg·℃)，$\mu=0.4\times10^{-3}$Pa·s，$\lambda=0.120\,5$W/(m·℃)。

4-14 在油罐中装有水平放置的水蒸气管，以加热罐中的重油。重油的平均温度为20℃，水蒸气管外壁的平均温度为120℃，管外径为60mm。70℃时的重油物性数据：$\rho=900$kg/m^3，$\lambda=0.175$W/(m·℃)，$c_p=1.88$kJ/(kg·℃)，$\nu=2\times10^{-3}m^2/s$，$\beta=3\times10^{-4}$/℃。试求水蒸气管对重油每小时每平方米的传热量[kJ/(m^2·h)]？

4-15 常压苯蒸气在ϕ25mm×2.5mm、长为3m、垂直放置的管外冷凝。冷凝温度为80℃，管外壁温度为60℃，试求苯蒸气冷凝时的对流传热系数。若此管改为水平放置，其对流传热系数又为多少？

4-16 载热体的流量为2 300kg/h，试计算下列过程中载热体放出或吸收的热量。(1)100℃的饱和水蒸气冷凝成100℃的水；(2)氯苯由363K降至283K；(3)常压下20℃的空气加热到150℃；(4)绝对压力为250kPa的饱和水蒸气冷凝成40℃的水。

4-17 在一套管式换热器中，用冷却水将3.65kg/s的苯由350K冷却至300K，冷却水进出口温度分别为290K和320K。试求冷却水消耗量。

4-18 在一列管式换热器中，将某溶液自15℃加热至40℃，载热体从120℃降至60℃。试计算换热器逆流和并流时的冷、热流体平均温度差。

4-19 重油和原油在单程套管换热器中呈并流流动，两种油的初温分别为243℃和128℃；终温分别为167℃和157℃。若维持两种油的流量和初温不变，而将两流体改为逆流，试求此时流体的平均温度差及它们的终温。假设在两种流动情况下，流体的物性和总传热系数均不变化，换热器的热损失可以忽略。

4-20 在一单壳程、四管程的列管式换热器中，用水冷却油。冷却水在壳程流动，进出口温度分别为15℃和32℃。油的进、出口温度分别为100℃和40℃。试求两流体间的温度差。

4-21 现测定套管式换热器的总传热系数，数据如下：苯胺在内管中流动，进口温度为70℃，出口温度为50℃；水在环隙中流动，质量流量为3 500kg/h，进口温度为25℃，出口为35℃，逆流流动。加热面积为2.5m^2。问所测得的总传热系数为多少？

4-22 在并流换热器中，用水冷却油。水的进、出口温度分别为15℃和40℃，油的进、出口温度分别为150℃和100℃。现因生产任务要求油的出口温度降至80℃，假设油和水的流量、进口温度及物性均不变，若原换热器的管长为1m，试求此换热器的管长增至多少米才能满足要求。设换热器的热损失可忽略。

4-23 某厂用0.2MPa（表压）的饱和蒸汽（冷凝热为2 169kJ/kg，温度为132.9℃）将乙二醇水溶液由105℃加热至115℃后送入再生塔。已知流量为180m^3/h，溶液的密度为1 103kg/m^3，比热容为2.18kJ/(kg·℃)，试求水蒸气消耗量，又设所用传热器的总传热系数为700W/(m^2·℃)，试求所需的传热面积。

4-24 在一套管式换热器中，内管为ϕ180mm×10mm的钢管，内管中热水被冷却，热水流量为3 000kg/h，进口温度为90℃，出口为60℃。环隙中冷却水进口温度为20℃，出口温度为50℃，总传热系数K=2 000W/(m^2·K)。试求：(1)冷却水用量；(2)并流流动时的平均温度差及所需的管子长度；(3)逆流流动时的平均温度差及所需的管子长度。

4-25 热气体在套管换热器中用冷水冷却，内管为ϕ25mm×2.5mm钢管，热导率为45W/(m·K)。冷水在管内湍流流动，对流传热系数α_1=2 000W/(m^2·K)。热气在环隙中湍流流动，α_2=50W/(m^2·K)。不计垢层热阻，试求：(1)管壁热阻占总热阻的百分数；(2)内管中冷水流速提高1倍，总传热系数有何变化？(3)环隙中热气体流速提高1倍，总传热系数有何变化？

4-26 在一内管为ϕ25mm×2.5mm的套管式换热器中，CO_2气体在管程流动，对流传热系数为40W/(m^2·℃)。壳程中冷却水的对流传热系数为3 000W/(m^2·℃)。试求：(1)总传热系数；(2)若管内CO_2气体的对流传热系数增大1倍，总传热系数增加多少？(3)若管外水的对流传热系数增大1倍，总传热系数增加多少？(以外表面积计)

4-27 一传热面积为50m^2的单程管壳式换热器中，用水冷却某种溶液。两流体呈逆流流动。冷水的流量为33 000kg/h，温度由20℃升至38℃。溶液的温度由110℃降至

60℃。若换热器清洗后，在两流体的流量和进口温度不变的情况下，冷水出口温度增到45℃。试估算换热器清洗前传热面两侧的总污垢热阻。假设：(1)两种情况下，流体物性可视为不变，水的平均比热容可取为4.187kJ/(kg·℃)；(2)可按平壁处理，两种工况下对流传热系数α_i和α_o分别相同；(3)忽略管壁热阻和热损失。

4-28　在列管换热器中，用饱和蒸汽加热原料油，温度为160℃的饱和蒸汽在壳程冷凝，原料油在管程流动并由20℃加热到106℃。操作温度下油的密度为920kg/m^3，油在管中的平均流速为0.75m/s，换热器热负荷为125kW。列管换热器共有25根ϕ19mm×2mm的管子，管长为4m。若已知蒸汽冷凝系数为7 000W/(m^2·K)，油侧污垢热阻为0.000 5m^2/(K·W)，管壁和蒸汽侧污垢热阻可忽略。试求管内油侧对流传热系数为多少？若油侧流速增加1倍，此时总传热系数为原来的1.75倍，试求油的出口温度。设油的物性常数不变。

4-29　某厂需用195kPa(绝)的饱和水蒸气将常压空气由20℃加热至90℃，标准状态下空气量为5 200m^3/h。今仓库有一台单程列管式换热器，内有ϕ38mm×3mm钢管151根，管长3m，若壳程水蒸气冷凝的对流传热系数α_2可取为10^{4}W/(m^2·K)，两侧污垢热阻及管壁热阻可忽略不计，试核算此换热器能否满足要求。

4-30　由ϕ25mm×2.5mm的锅炉钢管组成的废热锅炉，壳程为压力2 570kPa(表压)的沸腾水。管内为合成转化气，温度由596℃下降到482℃。已知转化气侧α_2=300W/(m^2·℃)，水侧α_1=10^{4}W/(m^2·℃)。忽略污垢热阻，试求平均壁温T_w和t_w。

4-31　液态氨贮存于壁面镀银的双层壁容器内，两壁间距较大。外壁表面温度为20℃，内壁外表面温度为-180℃，镀银壁的黑度为0.02，试求单位面积上因辐射而损失的冷量。

4-32　试计算一外径为50mm、长为10m的氧化钢管，其外壁温度为250℃时的辐射热损失。若将此管附设在：(1)与管径相比很大的车间内，车间内为石灰粉刷的壁面，壁面温度为27℃，壁面黑度为0.91；(2)截面为200mm×200mm的红砖砌的通道，通道壁温为20℃。

第5章

吸 收

现以气体脱碳为例，说明吸收操作的流程。随着我国碳达峰、碳中和目标的确定，含碳化合物的综合利用备受关注。在常规燃气、燃油、燃煤烟道气中常含有8%~15%(体积百分数)的 CO_2 气体，应予以脱除，并分离回收。吸收操作的简要流程如图5-1所示，所用的吸收溶剂为乙醇胺。脱碳的流程包括吸收和解吸两大部分。含碳气体从吸收塔底部进入，乙醇胺溶液从塔顶淋下，塔内装有填料以增大气液接触面积。在气体与液体充分接触的过程中，气体中的 CO_2 溶解于乙醇胺溶液，则离开吸收塔塔顶的气体中 CO_2 含量会降至某一允许值，而吸收 CO_2 后的溶液(称为富液)由吸收塔底排出。为了使乙醇胺溶液能够再次使用，需要将 CO_2 与乙醇胺溶液分离，这一过程称为溶剂的再生。解吸是溶剂再生的一种方法，富液经过加热后送入解吸塔，与上升的过热蒸汽接触，CO_2 从液相解吸至气相。因此，解吸与吸收过程相反。CO_2 被解吸后，再生后的乙醇胺溶液(称为贫液)经过冷却后再重新作为吸收剂送入吸收塔循环使用。

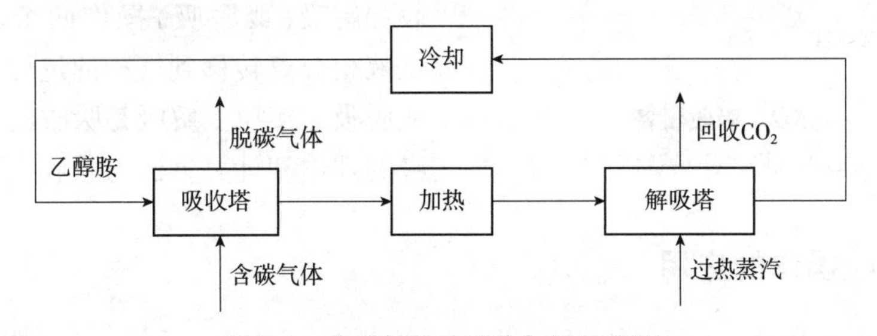

图5-1 含碳气体的吸收与解吸流程

由此可见，采用吸收操作能够实现气体混合物的分离必须解决以下3个问题：

①选择合适的溶剂，使其能选择性地溶解溶质。

②提供适当的传质设备以实现气液两相的充分接触，使溶质自气相转移至液相。

③溶剂的再生，即脱除溶解于溶剂中的溶质以便循环使用。

总之，多数的吸收操作过程中，吸收剂需要再生。因此，实际吸收操作的流程包括吸收和解吸(或脱吸)操作两个部分。溶质从液相分离转移到气相的过程，称为解吸或脱吸。实质上解吸是吸收的逆过程，解吸的理论和计算方法与吸收类似。

可见，在石油化工、精细化工、环境保护等领域，为了进一步净化原料气和废气，以及回收气体混合物中的有用组分等，需要对气体混合物加以分离，常常采用吸收操作来实现这一分离过程。吸收就是利用气体混合物中各组分在液体中溶解度的不同从而使气体混合物分离的单元操作，即将气体混合物与适当的液体接触，混合气中易溶的一个或几个组分便溶于该液体内形成溶液，而不能溶解的组分仍留在气体中，从而实现对气体混合物的分离。

吸收操作中所用的液体称为吸收剂或溶剂；气体混合物中被溶解吸收的组分称为吸收质或溶质。不被吸收的组分称为惰性组分或载体。所得到的溶液称为吸收液，其成分为溶剂和溶质。排出的气体称为吸收尾气。

5.1 概述

5.1.1 吸收设备及工业吸收过程

吸收设备有多种类型，其中填料塔和板式塔最常用，如图5-2所示。本章以填料塔为例介绍气体吸收的流程与计算。在填料塔内气液两相的接触方式分为逆流与并流，通常采用逆流操作。

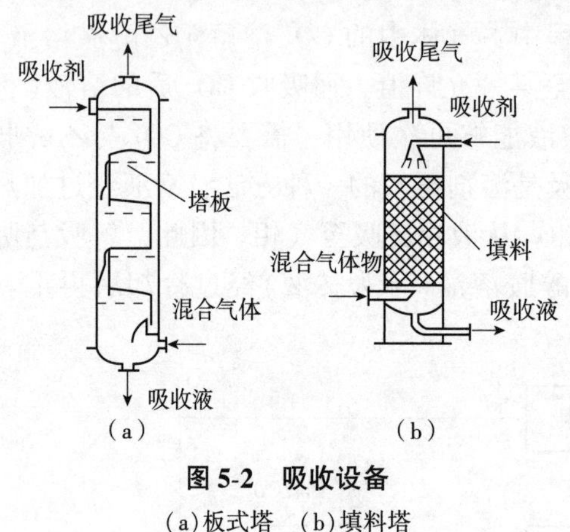

图5-2 吸收设备

(a)板式塔 (b)填料塔

对于逆流的吸收操作，混合气体从吸收塔塔底进入，从下向上进行流动，吸收剂从塔顶进入，从上向下进行流动，吸收液从塔底流出，吸收尾气从塔顶排出。

多数的吸收操作过程中，吸收剂需要再生。因此，实际吸收操作的流程包括吸收和解吸(或脱吸)操作两个部分。溶质从液相分离转移到气相的过程，称为解吸或脱吸。实质上解吸是吸收的逆过程，解吸的理论和计算方法与吸收类似。

5.1.2 吸收操作的应用

吸收单元操作是气体混合物分离的常用方法，在化工生产中应用比较广泛，主要包括以下几种：

①净化或精制原料气　例如，用水或碱液脱出合成氨原料气中的CO_2。

②制取化工产品　例如，用水吸收HCl制取盐酸，用水吸收NO_2制取硝酸。

③有用组分的回收 例如，用洗油从煤气中回收粗苯(包括苯、甲苯、二甲苯等)；用硫酸处理焦炉气回收氨等，以减少物料损失。

④废气的治理 例如，去除一些工业废气中SO_2和氮的氧化物等有害气体成分，保护环境。

5.1.3 吸收过程的分类

①物理吸收与化学吸收 若在吸收过程中，溶质与溶剂之间不发生明显化学反应，主要是由于溶解度的差异而实现分离的吸收，称为物理吸收。如果在吸收过程中，溶质与溶剂之间发生明显化学反应，则此吸收操作称为化学吸收。

②单组分吸收与多组分吸收 在吸收过程中，若混合气体中只有一个组分被吸收，其余组分可认为不溶于吸收剂，称为单组分吸收；如果混合气体中有两个或多个组分进入液相，则称为多组分吸收。

③等温吸收与非等温吸收 气体溶于液体中时常伴随热效应，若热效应很小，或被吸收的组分在气相中的浓度很低，而吸收剂用量很大，液相温度变化不显著，则可认为是等温吸收；若吸收过程中发生化学反应，其反应热很大，液相温度明显变化，则该吸收过程为非等温吸收过程。

④低浓度吸收与高浓度吸收 当溶质在气液两相中摩尔分数均小于0.1时，吸收称为低浓度吸收。通常根据生产经验，规定当混合气中溶质组分A的摩尔分数大于0.1，且被吸收的数量多时，称为高浓度吸收。

本章重点介绍单组分、低浓度、等温的物理吸收过程。基本内容包括气液相平衡、吸收过程的基本原理、低含量气体吸收的计算以及填料塔等。

5.1.4 吸收剂的选择

吸收剂性能是吸收操作好坏的关键。评价吸收剂性能优劣的主要依据分为以下几点：

①对所吸收的组分(溶质)有较高的溶解度，即在一定的温度和浓度下，溶质的平衡分压要低。也就是说在混合气体量一定的条件下，所需溶剂量较少，同时吸收尾气中溶质的残留量也很少。

②对所吸收的气体要有较好的选择性，对其他组分吸收很少或不吸收，以便实现对气体混合物高纯度的分离。

③吸收后的溶剂易于再生，即溶质在溶剂中的溶解度对压力、温度等操作条件敏感，如温度增加或压力减少时，溶解度迅速减少，便于解吸操作过程中溶剂再生。

④要有较低的蒸汽压，以减少吸收过程中溶剂的挥发损失。

⑤要有较好的化学稳定性，以免使用过程中变质。

⑥溶剂有较低的黏度，不易起泡，以实现吸收塔内气液两相良好的接触。

⑦吸收剂尽量价廉、易得、无毒、不易燃。

实际上很难找到一种能满足上述所有要求的吸收剂。因此，对可供选择的吸收剂做经济评价后再合理选择。

5.2　气液相平衡

气体吸收属于相际间的传质过程，溶质在气液两相的平衡关系是判断溶质在相间传递过程的方向、极限以及确定传质过程推动力大小的依据，该关系通常用气体在液体中的溶解度及亨利定律表示。

5.2.1　气体在液体中的溶解度

在一定的温度和压力下，使一定量的吸收剂与混合气体充分接触，气相中的溶质便向液相溶剂中转移，直到溶质在液相中的浓度不再增加，气液两相处于平衡状态。此时，气液两相达到平衡时，溶质在液相中的浓度称为溶解度（或饱和浓度）。溶解度随温度及溶质在气相中的分压的不同而不同。将平衡时溶质在气相中的分压称为平衡分压。平衡分压 p_e 与溶解度之间的关系曲线称为溶解度曲线。

如图5-3所示，当总压、温度和气相中的溶质组成一定时。不同气体在同一溶剂中的溶解度有很大差别，NH_3 在水中的溶解度>SO_2 在水中的溶解度>CO_2 在水中的溶解度>O_2 在水中的溶解度。因此，可以利用气体吸收操作过程分离混合气体。一般将溶解度大的气体称为易溶气体（如 NH_3），一般将溶解度小的气体称为难溶气体（如 SO_2、CO_2 等）。

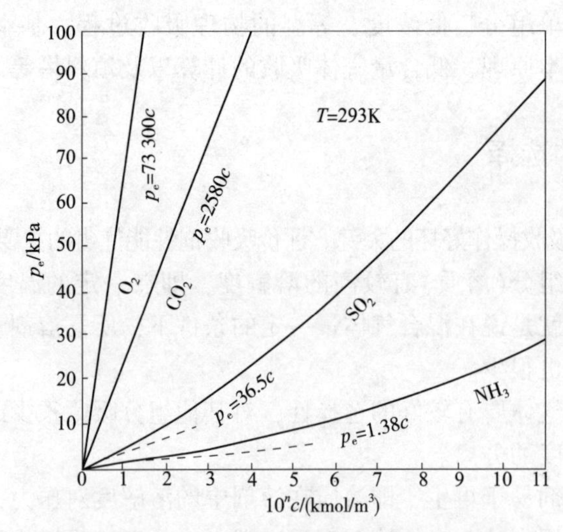

图5-3　293K下几种气体在水中的溶解度曲线

注：图中横坐标 $10^n c$ 中的指数 n 值如下：

气体	NH_3	SO_2	CO_2	O_2
n	0	1	2	3

从图 5-4 和图 5-5 可以看出，温度和压力对溶解度的影响很大。对于同一溶质，气相分压相同时，溶解度随温度的升高而减小；温度相同时，溶解度随压力的升高而增大。由此可见，加压、降温可以提高气体的溶解度，故加压、降温有利于吸收操作；反之，升温、减压有利于解吸操作。

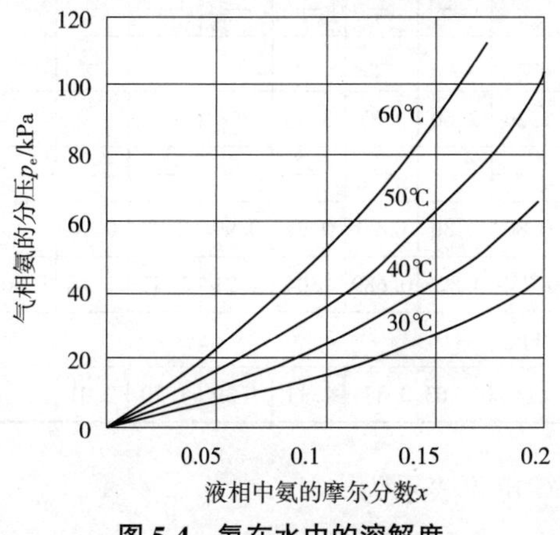

图 5-4 氨在水中的溶解度

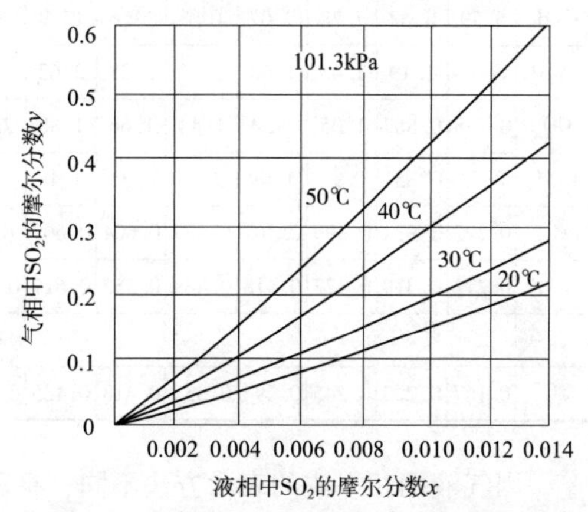

图 5-5 101. 3kPa 下 SO_2 在水中的溶解度

5. 2. 2 亨利定律

吸收操作常用于分离低浓度的气体混合物。对于稀溶液(或难溶气体)，在一定温度和总压不大(通常不高于 500kPa)的情况下，溶质在气相中的平衡分压 p_e 与它在液相中的溶解度成正比，服从亨利定律。其数学表达式如下：

$$p_e = Ex \tag{5-1}$$

式中 p_e——溶质在气相中的平衡分压，kPa；

x——溶质在液相中的摩尔分数；

E——亨利系数，与压力单位相同。亨利系数可由实验测定，也可从有关手册中查得。表 5-1 列出了一些气体水溶液的亨利系数。

表 5-1 一些气体在水中的亨利系数

气体	温度/℃															
	0	5	10	15	20	25	30	35	40	45	50	60	70	80	90	100
	$E\times10^{-6}$/kPa															
H_2	5. 87	6. 16	6. 44	6. 70	6. 92	7. 16	7. 39	7. 52	7. 61	7. 70	7. 75	7. 75	7. 71	7. 65	7. 61	7. 55
N_2	5. 35	6. 05	6. 77	7. 48	8. 15	8. 76	9. 36	9. 98	10. 5	11. 0	11. 4	12. 2	12. 7	12. 8	12. 8	12. 8
空气	4. 38	4. 94	5. 56	6. 15	6. 73	7. 30	7. 81	8. 34	8. 82	9. 23	9. 58	10. 2	10. 6	10. 8	10. 9	10. 8
CO	3. 57	4. 01	4. 48	4. 95	5. 43	5. 88	6. 28	6. 68	7. 05	7. 39	7. 71	8. 32	8. 57	8. 57	8. 57	8. 57
O_2	2. 58	2. 95	3. 31	3. 69	4. 06	4. 44	4. 81	5. 14	5. 42	5. 70	5. 96	6. 37	6. 72	6. 96	7. 08	7. 10
CH_4	2. 27	2. 62	3. 01	3. 41	3. 81	4. 18	4. 55	4. 92	5. 27	5. 58	5. 85	6. 34	6. 75	6. 91	7. 01	7. 10
NO	1. 71	1. 96	2. 21	2. 45	2. 67	2. 91	3. 14	3. 35	3. 57	3. 77	3. 95	4. 24	4. 44	4. 54	4. 58	4. 60
C_2H_6	1. 28	1. 57	1. 92	2. 90	2. 66	3. 06	3. 47	3. 88	4. 29	4. 69	5. 07	5. 72	6. 31	6. 70	6. 96	7. 01

（续）

气体	温度/℃															
	0	5	10	15	20	25	30	35	40	45	50	60	70	80	90	100
	$E\times10^{-5}$/kPa															
C_2H_4	5.59	6.62	7.78	9.07	10.3	11.6	12.9	—	—	—	—	—	—	—	—	—
N_2O	—	1.19	1.43	1.68	2.01	2.28	2.62	3.06	—	—	—	—	—	—	—	—
CO_2	0.738	0.887	1.05	1.24	1.44	1.66	1.88	2.12	2.36	2.60	2.87	3.46	—	—	—	—
C_2H_2	0.73	0.851	0.97	1.09	1.23	1.35	1.48	—	—	—	—	—	—	—	—	—
Cl_2	0.272	0.334	0.399	0.461	0.537	0.604	0.669	0.74	0.80	0.86	0.90	0.97	0.99	0.97	0.96	—
H_2S	0.272	0.319	0.372	0.418	0.489	0.552	0.617	0.686	0.755	0.825	0.689	1.04	1.21	1.37	1.46	1.50
	$E\times10^{-4}$/kPa															
SO_2	0.167	0.203	0.245	0.294	0.355	0.413	0.485	0.567	0.661	0.763	0.871	1.11	1.39	1.70	2.01	—

因气液两相组成的表示方法不同，亨利定律也可表示为

$$p_e=\frac{c}{H} \tag{5-2}$$

$$y_e=mx \tag{5-3}$$

式中　c——在溶液中溶质的摩尔浓度，$kmol/m^3$；

H——溶解度系数，$kmol/(m^3 \cdot kPa)$；

m——相平衡常数。

E 和 m 的数值越小，或者 H 值越大，表明溶解度越大。因此，对于一定的溶质和溶剂而言，难溶气体的 E 和 m 的值大，H 值小；易溶气体的 E 和 m 的值小，H 值大。此外，E、m 和 H 都是温度、溶质和溶剂的函数，随着温度的增加，E 和 m 的数值增加，H 值减少。

溶液中溶质的摩尔浓度 c 与摩尔分数 x 的关系为

$$c=c_M x \tag{5-4}$$

式中　c_M——溶液的总浓度，$kmol/m^3$。

把 $x=c/c_M$ 代入式(5-1)，并与式(5-2)比较可得

$$H=\frac{c_M}{E} \tag{5-5}$$

若系统总压为 p，由道尔顿分压定律可知，$p_e=py$，将其代入式(5-1)，并与式(5-3)比较可得

$$m=\frac{E}{p} \tag{5-6}$$

以 $1m^3$ 的溶液为基准计算溶液的总摩尔浓度 c_M 时，可得

$$c_M=\frac{\rho_M}{M_M} \tag{5-7}$$

式中 ρ_M——溶液的密度，kg/m^3；

M_M——溶液的平均相对分子质量，kg/kmol。

对于稀溶液，式(5-7)可近似为

$$c_M=\frac{\rho_S}{M_S} \tag{5-8}$$

式中 ρ_S——溶剂的密度，kg/m^3；

M_S——溶剂的摩尔质量，kg/kmol。

【例 5-1】 在总压 101.3kPa、温度为 25℃的条件下，测得气相中氨的平衡分压为 0.385kPa，液相中氨的摩尔分数为 0.004 01，若在此浓度范围内的相平衡关系符合亨利定律，试求其 E、H、m。

解： 已知 $p_e=0.385$kPa，$x=0.004\ 01$，由式(5-1)得

$$E=\frac{p_e}{x}=\frac{0.385}{0.004\ 01}=96.0\quad \text{kPa}$$

因为液相中氨的摩尔分数很低，溶液为稀溶液，所以溶液的密度和摩尔质量近似等于水的密度和摩尔质量：

$$c_M=\frac{\rho_M}{M_M}\approx\frac{\rho_S}{M_S}=\frac{997.05}{18.02}=55.33\quad \text{kmol/m}^3$$

由式(5-5)得

$$H=\frac{c_M}{E}=\frac{55.33}{96.0}=0.576\quad \text{kmol/(m}^3\cdot\text{kPa)}$$

由式(5-6)得

$$m=\frac{E}{p}=\frac{96.0}{101.3}=0.948$$

5.2.3 相平衡关系在吸收过程中的作用

(1)判断传质过程进行的方向

设在吸收塔内某截面处实际气相摩尔分数和液相摩尔分数分别为 y 和 x，其状态点如图 5-6(a)所示在平衡线的上方的点 A。由气液相平衡关系可计算出与实际气相摩尔分数 y 成平衡的液相摩尔分数 x_e，以及与实际液相摩尔分数 x 成平衡的气相摩尔分数 y_e。若 $y>y_e$(或 $x<x_e$)，不平衡的气液两相相接触后，溶质将由气相转移至液相，进行吸收过程操作；反之，如图 5-6(b)所示点 B(在平衡线的下方)，此时 $y<y_e$(或 $x>x_e$)，则溶质由液相转移至气相，进行解吸过程操作。

(2)明确传质过程进行的极限

平衡状态是传质过程进行的极限，如图 5-7 所示，设在逆流吸收塔中，气相进、出塔的摩尔分数分别为 y_1 和 y_2，液相进出塔的摩尔分数分别为 x_2 和 x_1。如果气液相平衡关系为

$$y_e=mx$$

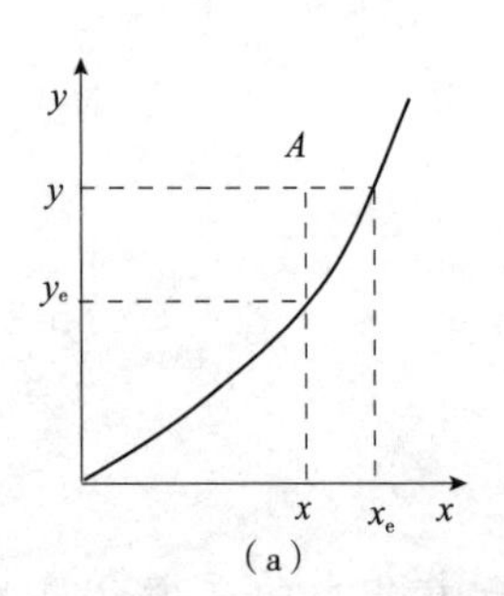

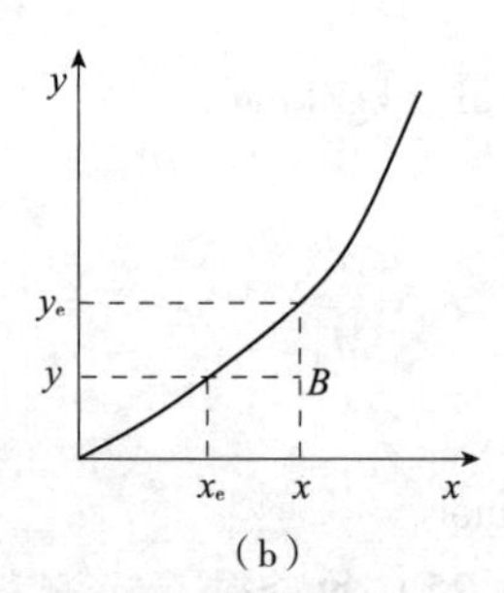

图 5-6 判别传质过程进行的方向

(a)吸收 (b)解吸

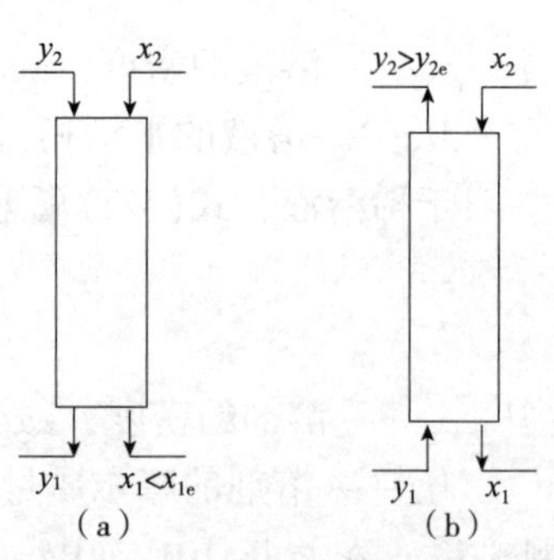

图 5-7 吸收过程的极限

则离塔气体混合物中溶质的最低含量为

$$y_{2,\min}=y_{2e}=mx_2$$

则离塔吸收剂中溶质的最高含量为

$$x_{1,\max}=x_{1e}=y_1/m$$

总之，气液相平衡关系限制了离塔时气体混合物中溶质的最低浓度和离塔时吸收剂中溶质的最高浓度。

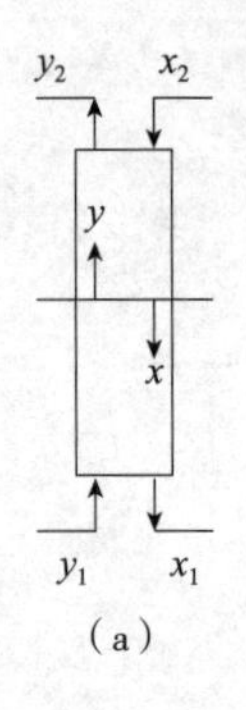

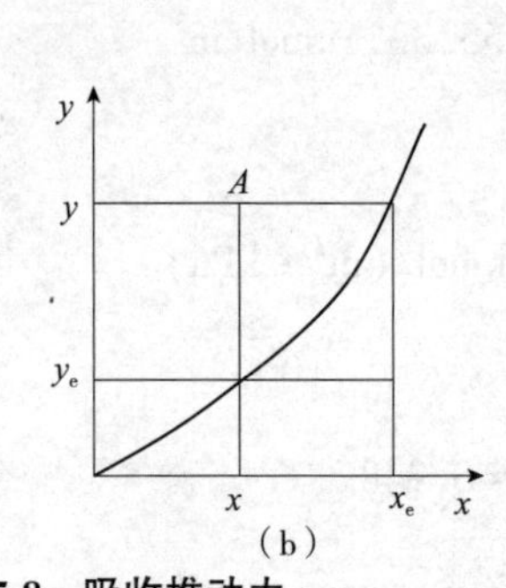

图 5-8 吸收推动力

(3)确定传质过程的推动力

通常采用气相(或液相)浓度与其平衡浓度偏离的程度来表示传质过程的推动力。如图 5-8 所示，$(y-y_e)$是以气相中溶质的摩尔分数差表示吸收过程的推动力，(x_e-x)是以液相中溶质的摩尔分数差表示吸收过程的推动力。由此可见，实际浓度偏离平衡浓度越大，过程的推动力越大，传质过程的速率也越快。

【例 5-2】 在总压 101.3kPa、温度为 20℃的条件下，含氨为 0.09(摩尔分数，下同)的混合气与含氨为 0.05 的氨水接触，已知操作条件下气液相平衡关系为 $y_e=0.94x$，试判断氨的传递方向。

解： 从气相分析，与实际液相摩尔分数 $x=0.05$ 成平衡的气相摩尔分数：

$$y_e=0.94x=0.94\times0.05=0.047<y=0.09$$

故该过程为氨由气相转入液相的吸收过程。

从液相分析，与实际气相摩尔分数 $y=0.09$ 成平衡的液相摩尔分数：

$$x_e=y/0.94=0.09/0.94=0.096>x=0.05$$

结论同上，即该过程为氨由气相转入到液相的吸收过程。

【例 5-3】 在一填料吸收塔内，用含苯摩尔分数为 0.005 的再生循环洗油逆流吸收煤气中的苯。进塔煤气中含苯摩尔分数为 0.02，要求出塔煤气中含苯不超过 0.001。已知气液平衡方程为 $y_e=0.065x$。试问：(1)塔顶处的推动力 Δx_2 和 Δy_2；(2)塔顶出口煤气中苯的浓度最低可降到多少；(3)塔底出口洗油中苯的摩尔分数最高可达到多少？

解：(1) $\Delta x_2 = x_{2e} - x_2 = y_2/m - x_2 = 0.001/0.065 - 0.005 = 0.0104$

$\Delta y_2 = y_2 - y_{2e} = y_2 - mx_2 = 0.001 - 0.065\times0.005 = 0.000675$

(2) $y_{2,\min} = y_{2e} = mx_2 = 0.065\times0.005 = 0.000325$

(3) $x_{2,\max} = x_{1e} = y_1/m = 0.02/0.065 = 0.308$

5.3 吸收过程的速率

吸收是溶质从气相转移到液相的传质过程，涉及两相间的物质传递。这一过程包括：

①溶质由气相主体传递到气液相界面，即气相内的物质传递。

②溶质在气液相界面上的溶解，溶质由气相转入液相，即溶质在相界面上的溶解过程。

③溶质由气液相界面传递到液相主体，即液相内的物质传递。

通常，气液相界面上的溶解过程很容易进行，其阻力很小。一般认为在相界面上气、液两相的溶质浓度满足相平衡关系。因此，总传质速率可由两个单相即气相与液相内的传质速率决定。

与热量的传递中的热传导和对流传热相似，物质传递的方式包括分子扩散和对流传质。

5.3.1 分子扩散与费克定律

扩散进行的快慢用扩散通量来衡量，分子扩散是因分子无规则热运动而形成的物质传递，是分子微观运动的宏观统计结果。只要物系中存在温度梯度、压强梯度及浓度梯度就会产生分子扩散。分子扩散的实质是分子的微观随机运动。

扩散进行的快慢用扩散通量来衡量，单位时间内通过垂直于扩散方向的单位截面积扩散的物质的量，称为扩散通量(或分子扩散速率)，以符号 J 表示，单位为 kmol/(m^2·s)。

实验表明，由两组分 A 和 B 组成的混合物，在温度和总压恒定条件下，某种组分的分子扩散速率与该组分扩散方向上的浓度梯度成正比，该关系称为费克定律。其数学表达式为

$$J_A = -D_{AB}\frac{dc_A}{dz} \tag{5-9}$$

$$J_B = -D_{BA}\frac{dc_B}{dz} \tag{5-9a}$$

式中 J_A——组分 A 的扩散通量，kmol/(m^2·s)；

$\dfrac{dc_A}{dz}$——组分 A 在扩散方向上的浓度梯度，kmol/m^4；

D_{AB}——组分 A 在组分 B 中的扩散系数，m^2/s；

J_B——组分 B 的扩散通量，kmol/(m^2·s)；

$\frac{dc_B}{dz}$——组分 B 在扩散方向上的浓度梯度，kmol/m^4；

D_{BA}——组分 B 在组分 A 中的扩散系数，m^2/s。

式中负号表示扩散方向与浓度梯度方向相反，扩散沿着浓度降低的方向进行。此形式与牛顿黏性定律、傅里叶定律相类似。费克定律、牛顿黏性定律和傅里叶定律构成了表征流体进行质量传递、动量传递和热量传递的三大基本定律。

对于两组分混合物的扩散体系，总浓度处处相等，即

$$c=c_A+c_B=常数 \tag{5-10}$$

对式(5-10)微分，可得

$$\frac{dc_A}{dz}=-\frac{dc_B}{dz} \tag{5-11}$$

同时，在两组分混合物内，产生组分 A 扩散流 J_A 的同时，必伴有相反方向组分 B 的扩散流 J_B，且二者大小相等。即

$$J_A=-J_B \tag{5-12}$$

将式(5-11)和式(5-12)代入费克定律式(5-9)，可得

$$D_{AB}=D_{BA}=D \tag{5-13}$$

由此可见，在双组分混合物中，组分 A 在组分 B 中的扩散系数等于组分 B 在组分 A 中的扩散系数。

扩散系数反映了某组分在介质(气相或液相)中的扩散能力，是物质一种传递属性。其值随物系种类、温度、浓度或总压的不同而变化。可通过手册、实验测定和资料获得。

5.3.2　等分子反向扩散及速率方程

分子扩散有两种典型情况：等分子反向扩散和一组分通过另一静止组分的扩散(即单向扩散)。

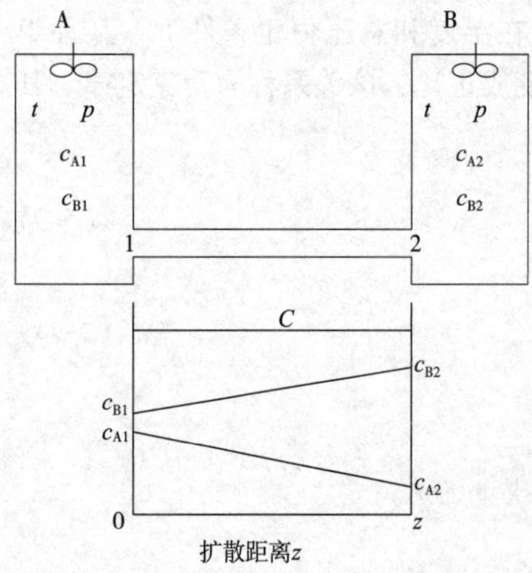

图 5-9　等分子反向扩散

如图 5-9 所示，有温度和总压都相同的两个很大的容器，即系统内总浓度处处相等，容器内分别装有搅拌器，以保持容器内气体浓度均匀，二容器之间用直径均匀的细管连通，两容器内分别装有不同浓度的 A、B 混合气，由于 $c_{A1}>c_{A2}$，$c_{B1}<c_{B2}$，在连通管内将发生分子扩散现象，由于连通管较细，因此扩散不会使两容器内的组分浓度发生明显的变化，组分 A 向右扩散的同时，必有组分 B 以同样相等的速率向左扩散，因此在截面 1 和截面 2 处组分的浓度仍然保持恒定，故该过程为稳态的一维分子扩散过程。当通过容器内任一截面处两个组分

的扩散速率大小相等时，此扩散称为等分子反向扩散。

通过气液界面单位时间、单位面积传递的物质的量称为传质速率，以 N 表示。在等分子反向扩散中，组分 A 的传质速率等于其扩散速率，即

$$N_A = J_A = -D\frac{dc_A}{dz} \tag{5-14}$$

因为该过程为稳态的操作过程，传质速率 N_A 为常数。从图 5-9 可知边界条件：$z=0$ 处，$c_A=c_{A1}$；$z=z$ 处，$c_A=c_{A2}$，对式(5-14)积分

$$\int_0^z N_A dz = \int_{c_{A1}}^{c_{A2}} -Ddc_A$$

$$N_A = \frac{D}{z}(c_{A1}-c_{A2}) \tag{5-15}$$

如果 A、B 组成的混合物为理想气体，则 $c_A=\frac{p_A}{RT}$，那么式(5-15)可表示为

$$N_A = \frac{D}{RTz}(p_{A1}-p_{A2}) \tag{5-16}$$

式(5-15)和式(5-16)为单纯等分子反向扩散速率方程积分式。从式(5-15)可以看出，在等分子反向扩散过程中，组分 A 的浓度沿扩散方向呈线性分布。

5.3.3　单向扩散及速率方程

吸收过程是单向扩散的例子。如图 5-10 所示的吸收过程，气相主体中的组分 A 扩散到界面，然后通过界面进入液相，而组分 B 由界面向气相主体反向扩散，但由于相界面不能提供组分 B(假设少量液体溶剂的汽化可忽略不计)，造成在界面左侧附近总压降低，使气相主体与界面间产生微小压差，促使 A、B 混合气体由气相主体向界面处流动，此流动称为总体流动。由此可见，在扩散的同时必伴有混合气体的总体流动，则组分 A 的传质速率 N_A 为分子扩散通量和总体流动通量之和。

若总体流动传质速率用 N_M 来表示，则组分 A 和 B 因总体流动而产生的传质速率分别为

$$N_{AM} = N_M\frac{c_A}{c_M},\quad N_{BM} = N_M\frac{c_B}{c_M}$$

由于总体流动的存在，传质速率为扩散速率与总体流动所产生的传质速率之和，对于组分 A，扩散方向与主体流动方向一致，因此组分 A 的传质速率 N_A 表示为

$$N_A = J_A + N_M\frac{c_A}{c_M} \tag{5-17}$$

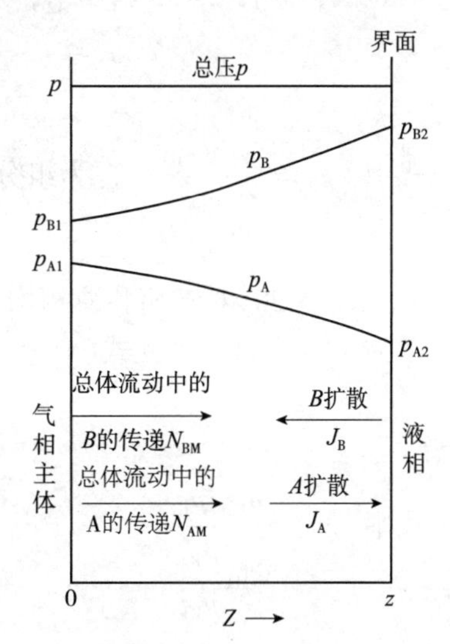

图 5-10　单向扩散

同理

$$N_B = J_B + N_M \frac{c_B}{c_M}$$

由于组分B不能通过气液界面扩散，则 $N_B = 0$，即 $0 = J_B + N_M \frac{c_B}{c_M}$

$$J_B = -N_M \frac{c_B}{c_M}$$

上式表明组分B的分子扩散与总体流动的作用相抵消。

因为
$$J_A = -J_B$$

所以
$$J_A = N_M \frac{c_B}{c_M}$$

将上式代入式(5-17)可得

$$N_A = N_M \frac{c_B}{c_M} + N_M \frac{c_A}{c_M} = N_M \frac{c_A + c_B}{c_M} = N_M$$

即

$$N_A = N_M \tag{5-18}$$

将式(5-18)及费克定律 $J_A = -D \frac{dc_A}{dz}$ 代入式(5-17)得

$$N_A = -D \frac{dc_A}{dz} + N_A \frac{c_A}{c_M}$$

即

$$N_A = -\frac{Dc_M}{c_M - c_A} \frac{dc_A}{dz} \tag{5-19}$$

对于稳态的吸收过程，N_A 为定值。当物系及操作条件一定时，利用边界条件：$z=0$，$c_A = c_{A1}$；$z=z$，$c_A = c_{A2}$，对式(5-19)进行积分得

$$N_A = \frac{Dc_M}{zc_{Bm}}(c_{A1} - c_{A2}) \tag{5-20}$$

式中，$c_{Bm} = \frac{c_{B2} - c_{B1}}{\ln \frac{c_{B2}}{c_{B1}}}$，$c_{Bm}$ 为组分B在气相主体和界面处浓度的对数平均值。

式(5-20)对气相和液相均适用。气相扩散时，混合物的总浓度 c_M 和总压 p 的关系为 $c_M = p/RT$，因此式(5-20)也可表示为

$$N_A = \frac{Dp}{RTzp_{Bm}}(p_{A1} - p_{A2}) \tag{5-21}$$

式中　$p_{Bm} = \frac{p_{B2} - p_{B1}}{\ln \frac{p_{B2}}{p_{B1}}}$；

$\frac{p}{p_{Bm}}$、$\frac{c_M}{c_{Bm}}$——“漂流因子”或“移动因子”，无量纲。

因 $p>p_{Bm}$ 或 $c_M>c_{Bm}$，故 $(p/p_{Bm})>1$ 或 $(c_M/c_{Bm})>1$。将式(5-15)与式(5-20)、式(5-16)与式(5-21)比较，可以看出，漂流因子的大小反映了总体流动对传质速率的影响程度，溶质的浓度越大，其影响越大。其值为总体流动使传质速率较单纯分子扩散增大的倍数。当混合物中溶质A的浓度较低时，即 c_A 或 p_A 很小时，$p\approx p_{Bm}$，$c_M\approx c_{Bm}$，漂流因子接近于1，总体流动可以忽略不计。

5.3.4 对流传质

通常在传质设备中流体均处于流动状态，流动流体与相界面之间的物质传递称为对流传质。与对流传热相类似，流体的流动加快了相内的物质传递。

在传质设备中，若流体的流动形态为层流流动，如图5-11所示，以气相与界面的传质为例，可溶组分A在垂直于流动方向上的传递机理仍为分子扩散，但流动改变了横截面 MN 上的浓度分布，组分A的浓度分布由静止流体时的直线变为层流时的曲线。

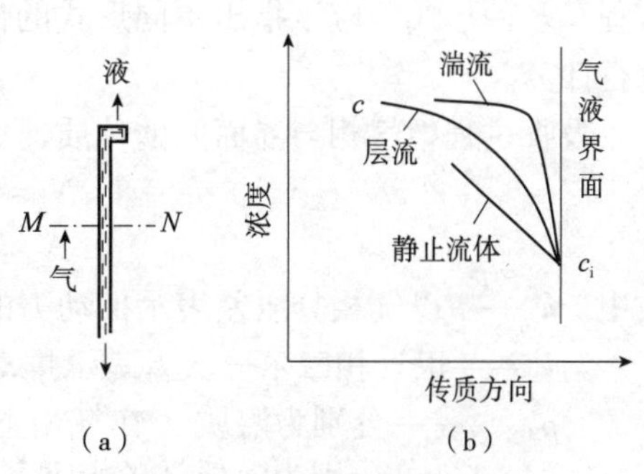

图5-11 *MN* 截面上对可溶组分A的浓度分布

在实际生产中，流体的流动形态大多为湍流，湍流的径向脉动促进了径向的物质传递，导致质点间的相互碰撞和混合，使流体主体的浓度分布被均化，如图5-11的湍流时的浓度曲线所示，界面处的浓度梯度进一步变大，提高了传质速率。虽然此时流体主体为湍流流动，但沿相界面附近的一薄层流体仍为层流流动，在该流体层中传质方式仍为分子扩散，因此，湍流条件下的传质阻力主要集中在层流底层中。

由于流体质点的宏观随机运动(或湍流流动)，使组分从浓度高处向浓度低处移动，这种现象称为湍流扩散。在湍流状态下，流体内部产生旋涡，又称为涡流扩散。

由此可见，在对流传质过程中，分子扩散和湍流扩散同时共存。

(1)单相内对流传质的有效膜模型

图5-12为气液相界面附近的气相浓度分布示意图，靠近相界面处有一厚度为 Z'_G 的层流底层，此时浓度分布为直线，对应传质方式为分子扩散；与之相邻为过渡层，传质方式包括分子扩散和涡流扩散；与过渡层相邻的是湍流区，主要靠涡流扩散进行传质，浓度变化很小，浓度分布近乎为水平直线。

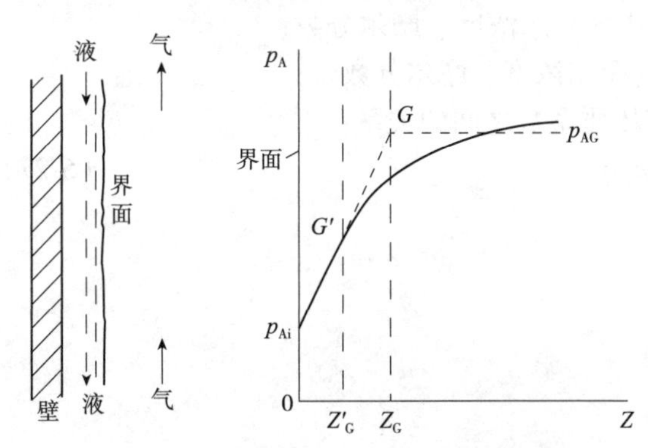

图5-12 对流传质的浓度分布

与对流传热的处理方法相同，将层流底层以外的涡流扩散等同于通过一定厚度静止气体的分子扩散。气相主体的平均分压用 p_{AG} 表示，设层流底层内分压梯度线段 $\overline{p_{Ai}G'}$ 的延长线与分压线 p_{AG} 相交于 G 点，G 与相界面的垂直距离为 Z_G，因此认为由气相主体到界面的对流扩散速率等于通过厚度为 Z_G 的膜层的分子扩散速率，厚度为 Z_G 的膜层称为有效层流膜或虚拟膜。有效膜厚 Z_G 显然是个虚拟的厚度，但它与层流底层厚度 Z'_G 存在一一对应关系。流体湍流程度越剧烈，层流底层厚度 Z'_G 越薄，相应的有效膜厚 Z_G 也越薄，对流传质阻力越小。

上述处理方法的实质是把对流传质阻力全部集中在一层虚拟的膜层内，这是双膜模型的基础。

(2)单相对流传质速率方程

与牛顿冷却定律的形式相似，流体与界面间组分 A 的传质速率 N_A 等于传质系数乘以吸收的推动力。因为吸收的推动力可以用不同的形式表示，所以吸收的传质速率方程有多种形式。应该指出不同形式的传质速率方程具有相同的意义，可用任意一个进行计算。

吸收过程中气相与界面间的传质速率方程，即吸收过程的气相传质速率方程：

$$N_A = k_G(p_A - p_i) \tag{5-22}$$

$$N_A = k_y(y - y_i) \tag{5-23}$$

式中 k_G——以气相分压差表示推动力的气相传质系数，kmol/(m² · s · kPa)；

k_y——以气相摩尔分数差表示推动力的气相传质系数，kmol/(m² · s)；

p_A、y——分别为溶质 A 在气相主体中的分压、摩尔分数；

p_i、y_i——分别为溶质 A 在相界面处的分压、摩尔分数。

各气相传质系数之间的关系可通过组成表示法间的关系推导，如当气相总压不太高时，气体按理想气体处理，根据道尔顿分压定律可知

$$p_A = py,\ p_i = py_i$$

代入式(5-22)并与式(5-23)比较得

$$k_y = pk_G \tag{5-24}$$

吸收过程中液相与界面间的传质速率方程，即吸收过程的液相传质速率方程：

$$N_A = k_L(c_i - c) \tag{5-25}$$

$$N_A = k_x(x_i - x) \tag{5-26}$$

式中 k_L——以液相摩尔浓度差表示推动力的液相对流传质系数，m/s；

k_x——以液相摩尔分数差表示推动力的液相传质系数，kmol/(m² · s)；

c、x——分别为溶质在液相主体中的摩尔浓度、摩尔分数；

c_i、x_i——分别为溶质在界面处的摩尔浓度、摩尔分数。

比较式(5-25)与式(5-26)可得液相传质系数之间的关系：

$$k_x = c_M k_L \tag{5-27}$$

5.4 吸收传质速率

5.4.1 相际间对流传质模型

由于相际间的对流传质的复杂性，工程上一般采用简化的传质模型解决对流传质

速率问题，典型的对流传质模型包括双膜模型、溶质渗透模型和表面更新模型。本章仅以双膜模型为例说明相际间的对流传质理论。

双膜模型是把复杂的对流传质过程描述为溶质以分子扩散形式通过两个串联的有效膜，认为扩散所遇到的阻力等于实际存在的对流传质阻力。其模型如图 5-13 所示。

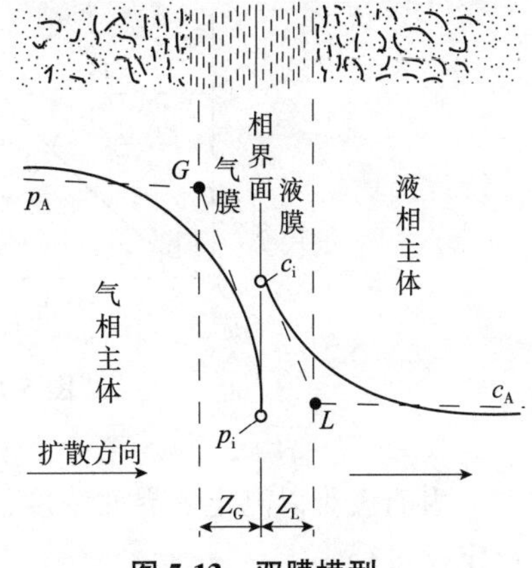

图 5-13 双膜模型

双膜模型的基本假设：

①相互接触的气液两相存在稳定的相界面，界面两侧分别存在着一层稳定的气膜和液膜，全部传质阻力集中在气膜和液膜中。

②溶质穿过相界面的阻力极小，在相界面处气液两相保持平衡，即所需的推动力为零。

③在气膜和液膜以外的气液主体处于湍流区，传质速率高，传质阻力可以忽略不计。

由此可见，吸收过程的相际传质包括气相与界面的对流传质、溶质组分在界面上的溶解以及界面与液相的对流传质。

5.4.2 吸收过程的总传质速率方程

吸收过程的相际传质速率可由单相传质速率方程式(5-22)至式(5-27)计算得出，但前提是获得传质分系数 k_x、k_y 的实验值和界面浓度，然而界面浓度难以测定。借用冷、热流体通过间壁的传热过程的处理方法，同时按照传递速率正比于传递推动力、反比于传递阻力这一物理量传递的共性规律，来推导相际传质速率方程，即总传质速率方程。

对于稳定的吸收过程，由式(5-23)和式(5-26)所得到的气相和液相传质速率相等。将两式写成[推动力/阻力]的形式：

$$N_A=\frac{y-y_i}{\frac{1}{k_y}}=\frac{x_i-x}{\frac{1}{k_x}} \tag{5-28}$$

即

$$y-y_i=-\frac{k_x}{k_y}(x-x_i) \tag{5-29}$$

根据双膜理论，在相界面处，气液两相达到平衡，根据亨利定律可知 $y_i=mx_i$。或在计算范围内，平衡线近似做直线处理，即 $y_i=mx_i+b$。如图 5-14(a)所示，点 A 表示气液两相的实际浓度，点 B 表示气液两相在界面处的浓度。由上述分析可知，当 k_x、k_y 为定值时，点 $B(x_i, y_i)$ 必然在通过点 $A(x, y)$、斜率为 $-k_x/k_y$ 的直线和相平衡线 OC 的交点上。

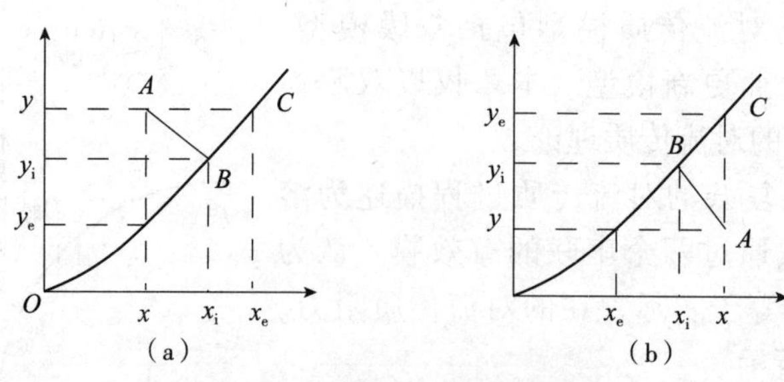

图 5-14　主体浓度和相界面浓度

（a）吸收　（b）解吸

为消去难以测定的界面浓度，将式(5-28)最右端分子分母同时乘以 m，并应用合比定律可得

$$N_A=\frac{y-y_i+m(x_i-x)}{\dfrac{1}{k_y}+\dfrac{m}{k_x}}=\frac{y-mx}{\dfrac{1}{k_y}+\dfrac{m}{k_x}}=\frac{y-y_e}{\dfrac{1}{k_y}+\dfrac{m}{k_x}} \tag{5-30}$$

因此，相际传质速率方程式可表示为

$$N_A=K_y(y-y_e) \tag{5-31}$$

则

$$\frac{1}{K_y}=\frac{1}{k_y}+\frac{m}{k_x} \tag{5-32}$$

式中　K_y——以气相摩尔分数差$(y-y_e)$表示推动力的总传质系数，kmol/(m²·s)。

从式(5-32)可知，以气相为基准的总传质阻力 $1/K_y$ 等于气膜传质阻力 $1/k_y$ 与液膜传质阻力 m/k_x 之和。为消去界面浓度，也可将式(5-28)中间项分子分母同时除以 m，并应用合比定律可得

$$N_A=\frac{(y-y_i)/m+x_i-x}{\dfrac{1}{mk_y}+\dfrac{1}{k_x}}=\frac{y/m-x}{\dfrac{1}{mk_y}+\dfrac{1}{k_x}}=\frac{x_e-x}{\dfrac{1}{mk_y}+\dfrac{1}{k_x}} \tag{5-33}$$

因此，相际传质速率方程也可写成

$$N_A=K_x(x_e-x) \tag{5-34}$$

则

$$\frac{1}{K_x}=\frac{1}{mk_y}+\frac{1}{k_x} \tag{5-35}$$

相际间传质总阻力=气膜阻力+液膜阻力

式中　K_x——以液相摩尔分数差(x_e-x)表示推动力的总传质系数，kmol/(m²·s)。

从式(5-35)可知，以液相为基准的总传质阻力 $1/K_x$ 等于气膜传质阻力 $1/mk_y$ 与液膜传质阻力 $1/k_x$ 之和。

比较式(5-32)和式(5-35)可知

$$K_y=K_x/m \tag{5-36}$$

由图 5-14 可知，解吸过程与吸收过程相比较，只是传质方向不同。因此，将各吸收速率方程中推动力一项乘以-1，即可得出解吸的速率方程：

$$N_A=K_y(y_e-y) \tag{5-37}$$

$$N_A=K_x(x-x_e) \tag{5-38}$$

由此可见，传质速率方程可用总传质系数或某一项的传质系数两种表示方法，相应的推动力也发生变化。此外，当气相和液相中溶质的浓度采用分压与物质的量浓度表示时，总传质速率方程式中的传质系数与推动力随之不同，即不同的推动力对应于不同的传质系数。不同形式的传质速率方程见表5-2。

表5-2 不同形式的传质速率方程

相平衡方程	$y=mx+a$	$p=Hc+b$
吸收速率方程	$N_A=k_y(y-y_i)$ $=k_x(x_i-x)$ $=K_y(y-y_e)$ $=K_x(x_e-x)$	$N_A=k_G(p_A-p_i)$ $=k_L(c_i-c)$ $=K_G(p_A-p_e)$ $=K_L(c_e-c)$
吸收或解吸的总传质系数	$\frac{1}{K_y}=\frac{1}{k_y}+\frac{m}{k_x}$ $\frac{1}{K_x}=\frac{1}{mk_y}+\frac{1}{k_x}$	$\frac{1}{K_G}=\frac{1}{k_G}+\frac{1}{Hk_L}$ $\frac{1}{K_L}=\frac{H}{k_G}+\frac{1}{k_L}$
不同基准的总传质系数间的换算	$mK_y=K_x$	$K_G=HK_L$
相同基准或单相传质系数间的换算	$k_y=pk_G$ $k_x=c_Mk_L$	$K_y=pK_G$ $K_x=c_MK_L$

通常传质速率可以用传质系数乘以推动力表达，也可用推动力与传质阻力之比表示。从以上总传质系数与单相传质系数关系式可以得出，总传质阻力等于两相传质阻力之和，这与两流体间壁换热时总传热热阻等于各项热阻加和相类似。

5.4.3 传质阻力分析

总传质阻力取决于气液两相的传质阻力。但在有些吸收过程中，气液两相传质阻力所占的比例相差甚远。例如，易溶或难溶气体的吸收就是典型的两种情况。

对于易溶气体来说，相平衡常数 m 值很小，则有 $1/k_y \gg m/k_x$，由式(5-32)可得

$$\frac{1}{K_y}\approx\frac{1}{k_y} \quad 或 \quad K_y\approx k_y \tag{5-39}$$

此时传质阻力主要集中在气相，此类传质过程称为气相阻力控制或气膜控制，如用水吸收氨、氯化氢等过程。要提高总传质系数 K_y，必须增大气体流率或设法增大气相湍动程度，可有效降低气膜阻力，加快吸收过程，而增加液体流率对吸收速率不会产生明显影响。

对于难溶气体来说，相平衡常数 m 值很大，则有 $1/mk_y \ll 1/k_x$，由式(5-35)可得

$$\frac{1}{K_x}\approx\frac{1}{k_x} \quad 或\ K_x\approx k_x \tag{5-40}$$

此时传质阻力主要集中在液相，此类传质过程称为液相阻力控制或液膜控制，如用水吸收氧、二氧化碳等过程。要提高总传质系数 K_x，必须增大液体流率或设法增大液相湍动程度，从而加快吸收过程。

【例5-4】 在常温常压下，用清水吸收混合气体中的氨，已知气相传质系数 $k_y=5.21\times10^{-4}\text{kmol/(m}^2\cdot\text{s)}$，液相传质系数 $k_x=0.93\times10^{-2}\text{kmol/(m}^2\cdot\text{s)}$，在此操作条件下的气液平衡关系为 $y=0.85x$，测得填料吸收塔内某一截面上气相摩尔分数 y 为 0.05、液相摩尔分数 x 为 0.014。试求：(1)该截面上的传质速率及气液界面上两相的摩尔分数；(2)分析该过程的控制因素。

解：(1)与实际液相组成平衡的气相组成

$$y_e=mx=0.85\times0.014=0.0119$$

总传质系数

$$K_y=\frac{1}{\dfrac{1}{k_y}+\dfrac{m}{k_x}}=\frac{1}{\dfrac{1}{5.21\times10^{-4}}+\dfrac{0.85}{0.93\times10^{-2}}}=4.97\times10^{-4}\quad\text{kmol/(m}^2\cdot\text{s)}$$

传质速率

$$N_A=K_y(y-y_e)=4.97\times10^{-4}\times(0.05-0.0119)=1.89\times10^{-5}\quad\text{kmol/(m}^2\cdot\text{s)}$$

由式(5-23) $N_A=k_y(y-y_i)$，得

$$y_i=y-\frac{N_A}{k_y}=0.05-\frac{1.89\times10^{-5}}{5.21\times10^{-4}}=0.0137$$

$$x_i=y_i/m=0.0137/0.85=0.0161$$

由此可见，界面气相摩尔分数与气相主体浓度($y=0.05$)相差较大，而界面浓度与液相主体浓度($x=0.014$)比较接近。

(2)气膜传质阻力占总阻力的比例为

$$\frac{\dfrac{1}{k_y}}{\dfrac{1}{K_y}}=\frac{\dfrac{1}{5.21\times10^{-4}}}{\dfrac{1}{4.97\times10^{-4}}}=95.4\%$$

可以看出 $K_y\approx k_y$，该吸收过程为气膜控制。

5.5　低浓度气体吸收操作过程的计算

对于大多数工业吸收过程，进塔混合气中溶质浓度较低(小于10%)，可作为低浓度气体吸收。吸收过程常用的设备有填料塔和板式塔，本节以填料塔为例，研究在稳定状态下低浓度气体在连续逆流吸收操作过程中的计算。

5.5.1　吸收过程的数学描述

对于一稳态逆流操作的微分接触式填料吸收塔，进、出塔的气、液流率和浓度如

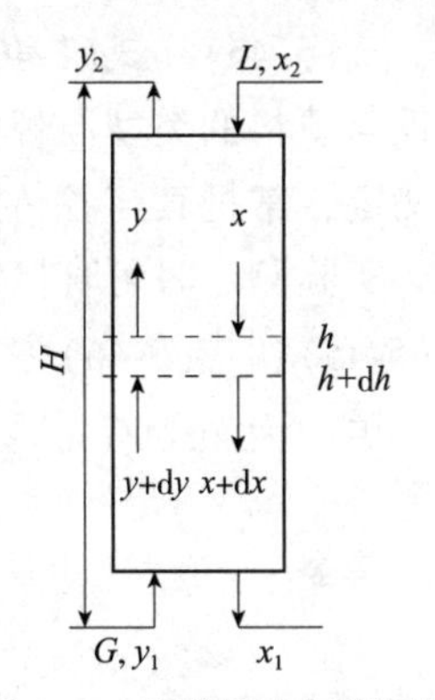

图5-15 吸收塔内气液两相浓度的变化

图5-15所示，其中，G为混合气体流率，kmol/(m^2·s)；L为液体流率，kmol/(m^2·s)；y_1，y_2为进塔气体、出塔气体中溶质的摩尔分数；x_1，x_2为出塔液体、进塔液体中溶质的摩尔分数。

对于低浓度气体吸收过程有以下特点：被吸收的溶质量少，气、液流率流经全塔后变化很小，因此G、L可视为常量；因溶质吸收量小，因此由溶解热引起的液体温度升高不明显，吸收过程可视为等温过程，不必进行热量衡算；因沿全塔的流率和物性均可视为常量，传质系数k_y、k_x也可视为常数。

低浓度气体吸收的以上特点使吸收计算过程大为简化。此外，对于较高浓度的溶质吸收过程，若其在塔内的吸收量不大，仍具有以上特点。所以，本节讨论的气体吸收虽然是一种简化的处理方法，但不仅仅局限于低浓度气体吸收的范围。

5.5.1.1 全塔物料衡算

对如图5-15所示的吸收塔内的溶质量做物料衡算，对稳定的吸收过程而言，气体中溶质的减少量等于液体中溶剂的增加量，即

$$G(y_1-y_2)=L(x_1-x_2) \tag{5-41}$$

5.5.1.2 填料层高度的计算

取吸收塔内高度为dh一微元段(图5-15)为控制体研究溶质的传质速率和物料衡算，若吸收塔的横截面为Ω，则微元的体积为Ωdh，气液两相传质面积为$a\Omega$dh，其中a为单位体积填料所具有的有效传质面积，单位为m^2/m^3。则单位时间内在此微元塔段内溶质由气相向液相传递量为$N_A a\Omega dh$(单位为kmol/s)，单位塔截面单位时间内溶质由气相向液相传递量为$N_A a dh$[单位为kmol/(m^2·s)]，气相减少的溶质量为$G dy$，液相增加的溶质量为$L dx$，根据物料衡算，三者相等，即

$$N_A a dh=G dy=L dx \tag{5-42}$$

将式(5-31)和式(5-34)分别代入式(5-42)

对气相可得 $$G dy=K_y a(y-y_e)dh \tag{5-43}$$

对液相可得 $$L dx=K_x a(x_e-x)dh \tag{5-44}$$

对于稳态操作的低浓度的气体吸收过程，气、液两相流率G、L，传质系数($k_x a$、$k_y a$)在全塔内也近似为常量；同时，在吸收操作范围内平衡线斜率近乎不变，$K_x a$、$K_y a$也可视为常数，于是对式(5-43)和式(5-44)沿塔高进行积分得

$$H=\int_0^H dh=\frac{G}{K_y a}\int_{y_2}^{y_1}\frac{dy}{y-y_e} \tag{5-45}$$

$$H=\int_0^H dh=\frac{L}{K_x a}\int_{x_2}^{x_1}\frac{dx}{x_e-x} \tag{5-46}$$

式(5-45)和式(5-46)为低浓度气体吸收填料层高度的基本计算公式。式中的 a 值不仅与填料的类型与规格有关，而且受流体特性及流动状况的影响，通常 a 值难以直接测定，常把其与各传质系数的乘积视为一体，作为一个物理量，称为体积传质系数。实验测定时可直接测定体积传质系数，即可直接计算所需填料层的体积或高度。式(5-45)和式(5-46)中 K_xa、K_ya 分别称为气相总体积传质系数和液相总体积传质系数，单位为 $kmol/(m^3 \cdot s)$。

若令

$$H_{OG}=\frac{G}{K_ya} \tag{5-47}$$

$$N_{OG}=\int_{y_2}^{y_1}\frac{dy}{y-y_e} \tag{5-48}$$

$$H_{OL}=\frac{L}{K_xa} \tag{5-49}$$

$$N_{OL}=\int_{x_2}^{x_1}\frac{dx}{x_e-x} \tag{5-50}$$

则填料层高度 H 可表示为

$$H=H_{OG}N_{OG}=H_{OL}N_{OL}$$

式中 N_{OG}——以$(y-y_e)$为推动力的气相传质单元数，无量纲；

H_{OG}——传质单元高度，m；

N_{OL}——以(x_e-x)为推动力的液相传质单元数，无量纲；

H_{OL}——与其对应的传质单元高度，m。

综上所述，可将这些填料层高度计算式表示如下：

填料层高度=传质单元高度×传质单元数

传质单元数 N_{OG} 和 N_{OL} 所含的变量只与物质的相平衡以及进、出塔的自变量条件有关，N_{OG} 和 N_{OL} 大小反映了吸收过程进行的难易程度。它与设备的型式以及设备中的操作条件(如流速)无关，因此在选型之前即可先计算 N_{OG} 和 N_{OL}。

传质单元高度 H_{OG} 和 H_{OL} 可理解为一个传质单元所需的填料层高度，与设备的型式及操作条件有关，是吸收设备效能高度的反映。$K_ya(K_xa)$ 反映了传质阻力的大小、填料性能的优劣及润湿情况的好坏。若吸收过程的传质阻力越大，填料的有效比表面积越小，则每个传质单元所对应的填料层高度就越大；$K_ya(K_xa)$ 越大，即吸收阻力越小，则传质单元高度越低，为达到一定分离要求所需的填料层高度越低。通常 K_ya (K_xa) 随流率 G(或 L)增加而增加，但 $\frac{G}{K_ya}\left(\frac{L}{K_xa}\right)$ 则与流率关系较小。常用吸收设备的传质单元高度为0.15~1.5m。

另外，若将传质速率 N_A 的其他表达形式代入式(5-42)并进行积分，可得类似的填料层高度计算式。这些填料层高度计算式及相应的传质单元数与传质单元高度列入表5-3。该表所列计算对解吸操作同样适用，只是传质单元数中的推动力与吸收刚好相反。

表 5-3　传质单元高度与传质单元数

塔高计算式	传质单元高度	传质单元数	相互关系
$H=H_{OG}N_{OG}$	$H_{OG}=\dfrac{G}{K_y a}$	$N_{OG}=\int_{y_2}^{y_1}\dfrac{dy}{y-y_e}$	$H_{OG}=H_G+\dfrac{mG}{L}H_L$
$H=H_{OL}N_{OL}$	$H_{OL}=\dfrac{L}{K_x a}$	$N_{OL}=\int_{x_2}^{x_1}\dfrac{dx}{x_e-x}$	$H_{OL}=\dfrac{L}{mG}H_G+H_L$
$H=H_G N_G$	$H_G=\dfrac{G}{k_y a}$	$N_G=\int_{y_2}^{y_1}\dfrac{dy}{y-y_i}$	$H_{OG}\dfrac{L}{mG}=H_{OL}$
$H=H_L N_L$	$H_L=\dfrac{L}{k_y a}$	$N_L=\int_{x_2}^{x_1}\dfrac{dx}{x-x_i}$	

5.5.2　传质单元数的计算

5.5.2.1　平衡线为直线时的对数平均推动力法

设逆流接触吸收塔内，一横截面上气液两相浓度分别为 y 与 x，取该截面至塔顶为控制体做物料衡算[图 5-16(a)]，可得

$$Gy+Lx_2=Gy_2+Lx$$

即

$$y=\frac{L}{G}(x-x_2)+y_2 \tag{5-51}$$

式(5-51)称为吸收操作线方程。在稳态吸收的条件下，L、G、y_2、x_2 均为定值，因此操作线方程在 y-x 图上为一条直线，如图 5-16(b)中所示，AB 称为吸收操作线。线上任一点 C 的坐标(x，y)代表塔内某一截面上液气两相的组成，吸收操作线上两端点坐标 $A(x_2, y_2)$代表塔顶的状态，$B(x_1, y_1)$代表塔底的状态。

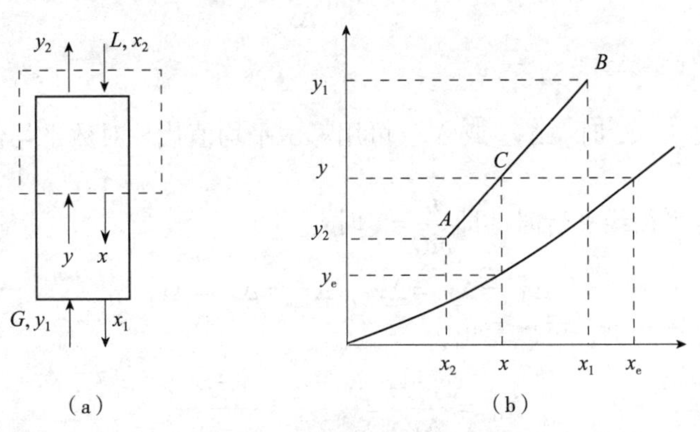

图 5-16　逆流吸收的操作线

吸收过程中，气相组成 y 总大于与液相组成 x 成平衡的气相组成 y_e，所以，操作线 AB 在平衡线上方。操作线上任一点 C 与平衡线的垂直距离($y-y_e$)及水平距离(x_e-x)为塔内该截面处的传质推动力。操作线与平衡线距离越远，传质推动力越大。由此可见，在吸收塔内推动力的大小由操作线平衡线共同决定。

若气液相平衡关系服从亨利定律时，平衡线可用 $y=mx$ 来表示，或在吸收塔操作范围内，平衡线可用 $y=mx+b$ 来表示，即平衡线为直线。类似于传热过程中平均温差，则传质推动力 $\Delta y=y-y_e$ 随 y 呈线性变化，即

$$\frac{d(\Delta y)}{dy}=\frac{\Delta y_1-\Delta y_2}{y_1-y_2}=\text{常数}$$

将上式代入式(5-48)得

$$N_{OG}=\int_{y_2}^{y_1}\frac{dy}{y-y_e}=\int_{y_2}^{y_1}\frac{dy}{\Delta y}=\frac{y_1-y_2}{\Delta y_1-\Delta y_2}\int_{\Delta y_2}^{\Delta y_1}\frac{d(\Delta y)}{\Delta y}=\frac{y_1-y_2}{\dfrac{\Delta y_1-\Delta y_2}{\ln\dfrac{\Delta y_1}{\Delta y_2}}}$$

式中

$$\Delta y_m=\frac{\Delta y_1-\Delta y_2}{\ln\dfrac{\Delta y_1}{\Delta y_2}} \tag{5-52}$$

其中，$\Delta y_1=y_1-y_{1e}$，$\Delta y_2=y_2-y_{2e}$。

则

$$N_{OG}=\frac{y_1-y_2}{\Delta y_m} \tag{5-53}$$

Δy_m 为气相对数平均推动力。

同理，可求

$$N_{OL}=\int_{x_2}^{x_1}\frac{dx}{x_e-x}=\int_{x_2}^{x_1}\frac{dx}{\Delta x}=\frac{x_1-x_2}{\Delta x_m} \tag{5-54}$$

液相对数平均推动力

$$\Delta x_m=\frac{\Delta x_1-\Delta x_2}{\ln\dfrac{\Delta x_1}{\Delta x_2}} \tag{5-55}$$

其中，$\Delta x_1=x_{1e}-x_1$，$\Delta x_2=x_{2e}-x_2$。

当$\dfrac{\Delta y_1}{\Delta y_2}<2$ 或$\dfrac{\Delta x_1}{\Delta x_2}<2$ 时，Δy_m 或 Δx_m 可用算术平均值代替对数平均值。

当操作线与平衡线平行时，即$\dfrac{L}{mG}=1$ 时：

$$\Delta y_m=\Delta y_1=\Delta y_2,\quad \Delta x_m=\Delta x_1=\Delta x_2$$

以 N_{OG} 的计算为例，可以写出：

$$N_{OG}=\frac{y_1-y_2}{\Delta y_2}=\frac{y_1-y_2}{y_2-y_{2e}}=\frac{y_1-y_2}{y_2-mx_2}$$

5.5.2.2 吸收因数法

若气液平衡关系在吸收过程所涉及的浓度范围内服从亨利定律，即平衡线为通过原点的直线，相平衡关系用 $y_e=mx$ 来表示。由操作线方程式(5-51)可知 $x=\dfrac{G}{L}(y-y_2)+$

x_2，因此 $y_e=mx=m\left[\frac{G}{L}(y-y_2)+x_2\right]$，将其代入传质单元数的定义式 $N_{OG}=\int_{y_2}^{y_1}\frac{dy}{y-y_e}$，积分可导出其解析式：

$$N_{OG}=\frac{1}{1-S}\ln\left[(1-S)\frac{y_1-mx_2}{y_2-mx_2}+S\right] \tag{5-56}$$

式中，$S=\frac{mG}{L}$为**解吸因数(脱吸因数)**，表示平衡线斜率 m 与操作线斜率 L/G 之比。

为方便计算，以 S 为参变量，$\frac{y_1-mx_2}{y_2-mx_2}$为横坐标，$N_{OG}$ 为纵坐标，得到图 5-17。

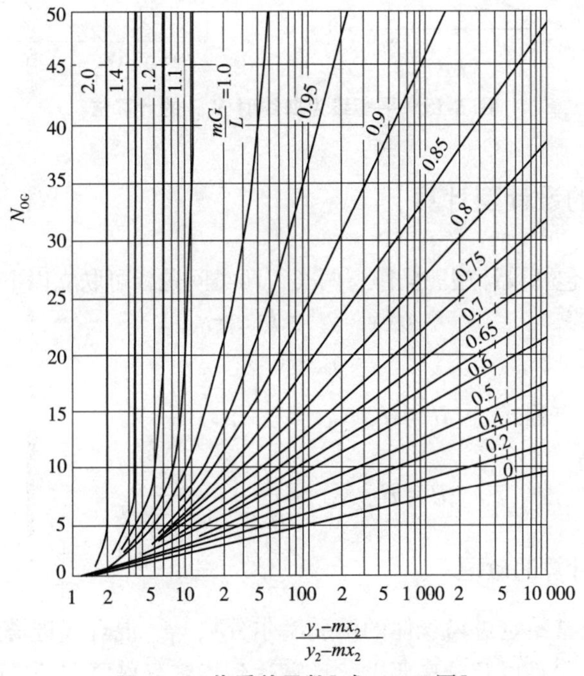

图 5-17 传质单元数[式(5-56)图]

同理，可以推出液相摩尔分数差为推动力的传质单元数：

$$N_{OL}=\frac{1}{1-A}\ln\left[(1-A)\frac{y_1-mx_2}{y_1-mx_1}+A\right] \tag{5-57}$$

式中，$A=\frac{L}{mG}$为**吸收因数**，表示解吸因数的倒数。以 A 为参变量，$\frac{y_1-mx_2}{y_1-mx_1}$为横坐标，$N_{OL}$ 为纵坐标，也服从图 5-17 的曲线。

5.5.2.3 数值积分法

如图 5-18 所示，当平衡线 $y_e=f(x)$ 为一曲线时，虽然操作线为直线，但两线间的距离处处不等。因而对于以气膜控制的吸收过程而言，$N_{OG}=\int_{y_2}^{y_1}\frac{dy}{y-y_e}$ 需通过图解积分求得。

具体求解过程如下：如图 5-18(a)所示，在 y_2 和 y_1 之间的操作线上选取 5~10 点为宜，每一点代表塔内某一截面上气液相的组成。分别从每一点做垂线，与平衡线相交，求出各点的传质推动力$(y-y_e)$和$1/(y-y_e)$。如图 5-18(b)所示，做$1/(y-y_e)$对 y 的曲线，曲线下的面积即为 N_{OG} 值。

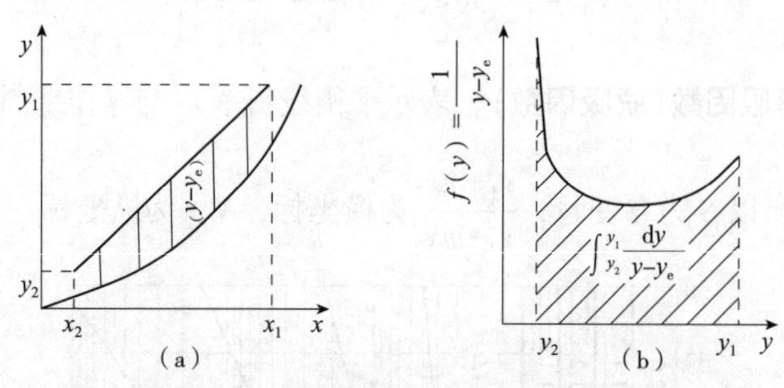

图 5-18 平衡线为曲线时 N_{OG} 的计算法

5.5.3 吸收塔的设计型计算

吸收塔的计算包括设计型和操作型两类，两类问题皆可联立以下 3 个方程式求解。

全塔的物料衡算式
$$G(y_1-y_2)=L(x_1-x_2) \tag{5-41}$$

相平衡方程式
$$y_e=f(x) \tag{5-58}$$

吸收过程基本方程式
$$H=H_{OG}N_{OG}=\frac{G}{K_y a}\int_{y_2}^{y_1}\frac{dy}{y-y_e} \tag{5-45}$$

或
$$H=H_{OL}N_{OL}=\frac{L}{K_x a}\int_{x_2}^{x_1}\frac{dx}{x_e-x} \tag{5-46}$$

5.5.3.1 设计型计算的命题

设计型计算通常给定进塔气体的溶质摩尔分数 y_1、混合气进塔流率 G、吸收剂与溶质组分的相平衡关系以及分离要求，计算达到指定分离要求所需的吸收塔塔高。

当吸收的目的是除去有害物质时，一般要规定离开吸收塔混合气中溶质的残余摩尔分数 y_2；当以回收有用物质为目的时，一般要规定溶质的回收率 η。回收率定义为

$$\eta=\frac{\text{被吸收的溶质量}}{\text{气体进塔的溶质量}}=\frac{G_1y_1-G_2y_2}{G_1y_1} \tag{5-59}$$

式中，G_1、G_2 为气体进、出塔流率，对于低浓度气体而言，$G_1=G_2=G$，则

$$\eta=\frac{y_1-y_2}{y_1}=1-\frac{y_2}{y_1} \tag{5-60}$$

或
$$y_2=(1-\eta)y_1 \tag{5-61}$$

由此可见，吸收塔设计的优劣与吸收流程、吸收剂进塔浓度、吸收剂用量等参数密切相关。

5.5.3.2 吸收过程流向的选择

在微分接触的吸收塔内，气液两相可以做逆流和并流流动。取图 5-19 所示的塔

段为控制体做物料衡算，可得并流时的操作线方程：

$$y=y_1-\frac{L}{G}(x-x_1) \tag{5-62}$$

图 5-19(b)中，直线 AB 为并流时的操作线，其斜率为$-L/G$。

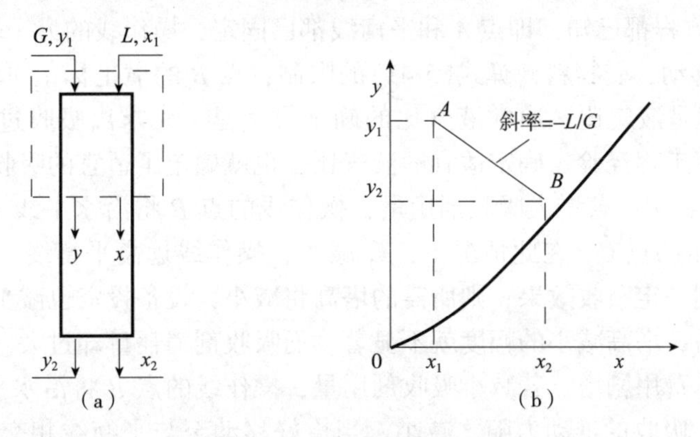

图 5-19　并流吸收的操作线

比较逆流和并流操作过程(图 5-16、图 5-19)，在 y_1 到 y_2 范围内，两相逆流沿塔高均能保持较大的传质推动力，而两相并流从塔顶到塔底沿塔高传质推动力逐渐减小，进、出塔两截面传质推动力相差较大。因此，在气液两相进、出塔组成相等的条件下，逆流操作可获得较大的吸收推动力，对于提高吸收过程的传质速率而言，逆流优于并流，所以工业上多采用逆流吸收操作。但是，就吸收设备而言，在逆流操作过程中，液体在向下流动时受到上升气体的曳力，这种曳力过大会妨碍液体顺利流下，因而限制了吸收塔的液体流率和气体流率。这是逆流操作不利的一面。

本章后面的讨论中如无特殊说明，均为逆流操作。在一些特殊情况下，如相平衡线斜率极小时，逆流并无多大优点，可考虑并流操作。

5.5.3.3　吸收剂进塔浓度的选择及其最高允许浓度

若设计时所选择的吸收剂进塔浓度 x_2 过高，吸收过程的推动力将较小，所需的吸收塔的高度将增加，设备投资必然增大；若吸收剂进塔浓度过低，则吸收剂再生费用必将增大。所以，吸收剂进塔浓度的选择是一个总费用的优化问题，通常 x_2 往往结合多方案的计算和比较才能确定。

除了上述经济上的考虑之外，还有一个技术上的限制，即存在一个技术上允许的最高进塔浓度，超过这一浓度便不可能达到规定的分离要求。

对于气液两相逆流接触的吸收塔，若塔顶气相浓度按设计要求规定为 y_2，与 y_2 成平衡的液相浓度为 x_{2e}(图 5-20)。显然所选择的吸收剂进塔浓度 x_2 必须低于 x_{2e} 才能达到分离要求。当二者相等时，Δy_2 为 0，所需的塔高将为无穷大，这就是 x_2 的上限。

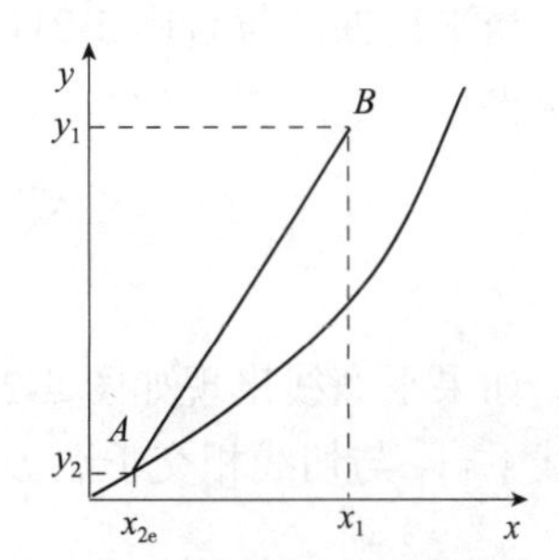

图 5-20　吸收剂进塔浓度的上限

5.5.3.4 吸收剂用量的选择和最小液气比

(1)最小液气比

若规定了分离任务、操作条件和吸收物系，如图5-21(a)所示，G、y_1、y_2(或η)及x_2和平衡线方程都已知，即点A和平衡线都已固定，操作线的另一端点B则在$y=y_1$的水平线上移动，受物料衡算式(5-41)的限制，点B的横坐标x_1取决于操作线的斜率L/G，也就是液气比。通常液气比的确定方法是，先求出吸收过程的最小液气比，然后再根据工程经验，确定适宜的液气比，也就确定了适宜的吸收剂用量。

在图5-21(a)中，若增大吸收剂用量，操作线的点B将沿水平线$y=y_1$向左移动至如图5-21所示的点C。在此情况下，x_1减小，操作线远离平衡线，吸收的推动力增大，若欲达到一定吸收效果，则所需的塔高将减小，设备投资也减少。但液气比增加到一定程度后，塔高减小的幅度就不显著，而吸收剂消耗量却过大，造成输送及吸收剂再生等操作费用剧增。若减小吸收剂用量，操作线的点B将沿水平线$y=y_1$向右移动，x_1增大，吸收的推动力随之减小，当恰好移动至与平衡线相交于点D时，塔底的气液两相组成达到平衡，此时吸收推动力Δy_1为零，所需塔高将为无穷大，此时$x_1=x_{1e}$，这是x_1的上限，或者说是液气比的下限。在此情况下，吸收操作线AD的斜率称为最小液气比，用$(L/G)_{min}$表示，相应的吸收剂用量为最小吸收剂用量L_{min}。

(2)适宜的液气比

考虑吸收剂用量对设备费用和操作费用两方面的综合影响。应选择适宜的液气比，使设备费和操作费之和最小。根据生产实践经验，通常吸收剂用量为最小用量的1.1~2.0倍，即

$$\frac{L}{G}=(1.1\sim2.0)\left(\frac{L}{G}\right)_{min} \tag{5-63}$$

$$L=(1.1\sim2.0)L_{min} \tag{5-63a}$$

须注意，在填料吸收塔中，填料表面必须被液体润湿，才能起到传质作用。为了保证填料表面被液体充分润湿，单位塔截面上单位时间内流下的液体量不得小于某一最低允许值。若式(5-63)算出的吸收剂用量未能满足充分润湿填料，则应采用较大的液气比。

(3)最小液气比的计算

当平衡曲线符合图5-21(a)所示的情况时，最小液气比可根据物料衡算采用图解法求得

$$\left(\frac{L}{G}\right)_{min}=\frac{y_1-y_2}{x_{1e}-x_2} \tag{5-64}$$

如果平衡线出现如图5-21(b)所示的情况，则做过点A作平衡线的切线AD，水平线$y=y_1$与切线相交于点$D(x_{1,max}, y_1)$，则可按下式计算最小液气比

$$\left(\frac{L}{G}\right)_{min}=\frac{y_1-y_2}{x_{1,max}-x_2} \tag{5-65}$$

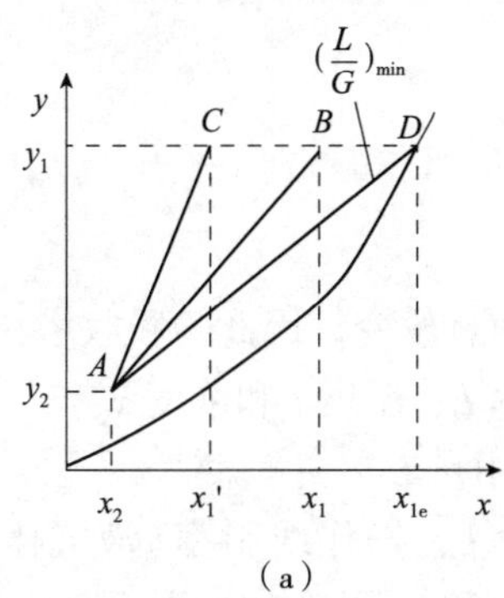

(a)

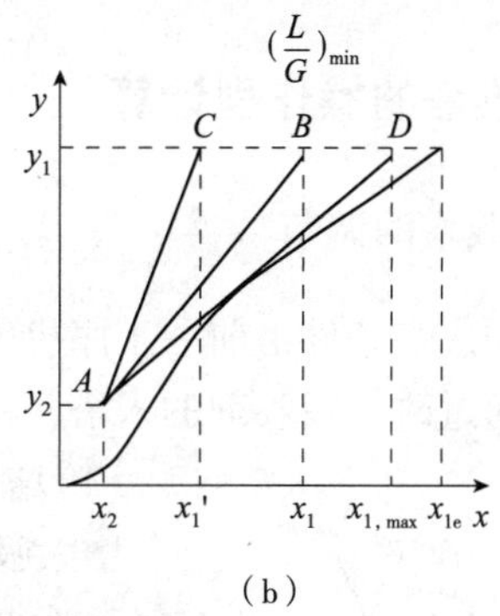

(b)

图5-21 最小液气比

【例5-5】 在一塔径为0.8m的填料塔内用清水逆流吸收空气-丙酮混合气中的丙酮，混合气入塔流量为0.022 2kmol/s，混合气入塔含丙酮摩尔分数为0.05，出塔含丙酮的摩尔分数为0.002 5。吸收操作时的总压为101.3kPa、温度为293K，此操作条件下的气液平衡关系为$y=2.0x$，气相体积总传质系数$K_ya=0.041\ 7\text{kmol/(m}^3\cdot\text{s)}$，实际液气比为最小液气比的1.43倍。试求所需填料层高度。

解：最小液气比

$$\left(\frac{L}{G}\right)_{\min}=\frac{y_1-y_2}{x_{1e}-x_2}=\frac{0.05-0.002\ 5}{0.05/2.0-0}=1.90$$

实际液气比

$$L/G=1.43(L/G)_{\min}=2.72$$

液相出口摩尔分数

$$x_1=\frac{y_1-y_2}{L/G}+x_2=\frac{0.05-0.002\ 5}{2.72}+0=0.017\ 5$$

平均推动力

$$\Delta y_{\mathrm{m}}=\frac{(y_1-mx_1)-(y_2-mx_2)}{\ln\left(\dfrac{y_1-mx_1}{y_2-mx_2}\right)}=\frac{(0.05-2.0\times0.017\ 5)-(0.002\ 5-2.0\times0)}{\ln\dfrac{0.05-2.0\times0.017\ 5}{0.002\ 5-2.0\times0}}=6.98\times10^{-3}$$

气相流率

$$G=\frac{0.022\ 2}{\pi/4\times0.8^2}=0.044\ 2\quad \text{kmol/(m}^2\cdot\text{s)}$$

传质单元高度

$$H_{\mathrm{OG}}=\frac{G}{K_ya}=\frac{0.044\ 2}{0.041\ 7}=1.06\quad \text{m}$$

传质单元数

$$N_{\mathrm{OG}}=\frac{y_1-y_2}{\Delta y_m}=\frac{0.05-0.002\ 5}{6.98\times10^{-3}}=6.81$$

所需塔高

$$H=H_{\mathrm{OG}}N_{\mathrm{OG}}=1.06\times6.81=7.22\quad \text{m}$$

5.5.4　吸收塔的操作型计算

5.5.4.1　吸收塔的调节

吸收塔的入塔条件由前一工序决定，不能随意改变。因此，吸收塔在操作过程中的调节只能通过改变吸收剂的入塔条件，如流率 L、温度 t 和浓度 x_2。

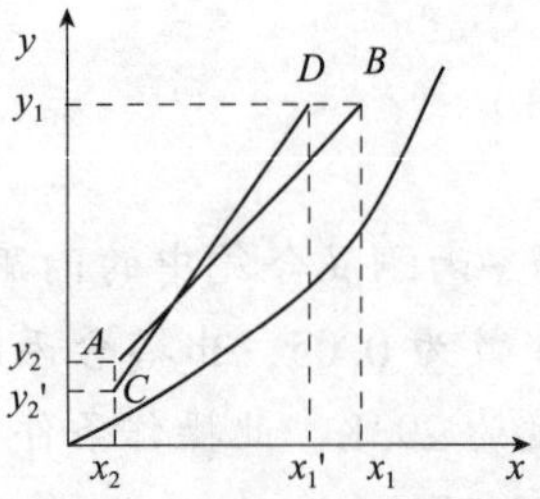

(1)增大吸收剂用量 L

增大吸收剂用量 L，操作线斜率(液气比 L/G)增大，在气、液入塔浓度 y_1 和 x_2 不变的情况下，由图 5-22 可以看出，操作线由直线 AB 变为直线 CD，出塔浓度 y_2 和 x_1 下降，吸收率增加。一方面，因为液气比 L/G 增大，导致吸收因子 A 增加，塔内传质推动力增大，有利于吸收；另一方面，吸收剂用量 L 的增大，使塔内气液两相的湍动传质增强，传质系数 k_x、k_y 增大，传质速率提高，这对液膜控制的吸收过程更加明显。

图 5-22　L/G 增大对出塔气液浓度的影响

须注意，对一定处理量的吸收塔，吸收剂用量 L 的增大，一要考虑液泛条件的限制，二要考虑再生设备的能力。对于吸收和解吸联合流程，如果吸收剂用量增加过多，而使再生不良或冷却不够，均可能引起吸收剂进塔浓度 x_2 和温度 t_2 升高，甚至得不偿失。

此外，增大吸收剂用量 L 的方法调节气体出塔浓度 y_2 是有限定条件的，若平衡线为直线，受吸收因数 $A(L/mG)$ 的影响。假设有一无限高的吸收塔，即塔高 $H=\infty$，在吸收操作中必定在塔顶或塔底达到平衡。如图 5-23(a)所示，若 $A<1(L/G<m)$，即气液两相在塔底达到平衡，增大吸收剂用量可有效地降低 y_2；若 $A>1(L/G>m)$，即气液两相在塔顶达到平衡，增大吸收剂用量则不能有效地降低 y_2，由图 5-23(b)可知，此时只有降低吸收剂入塔浓度或入塔温度才能使 y_2 下降。

(2)降低吸收剂入塔浓度 x_2

在气体入塔浓度 y_1 和液气比 L/G 不变的情况下，如图 5-24 所示，当吸收剂入塔浓度由 x_2 降至 x_2' 时，液相入塔处推动力增大，全塔推动力也随之增大，操作线 AB 向上平移至 CD，有利于吸收，液相出塔浓度 x_1 降至 x_1'，气体出塔浓度则降至 y_2'，回收率增大。

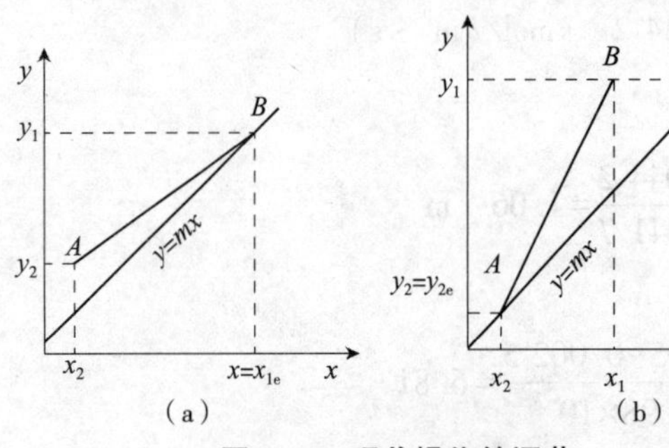

图 5-23　吸收操作的调节

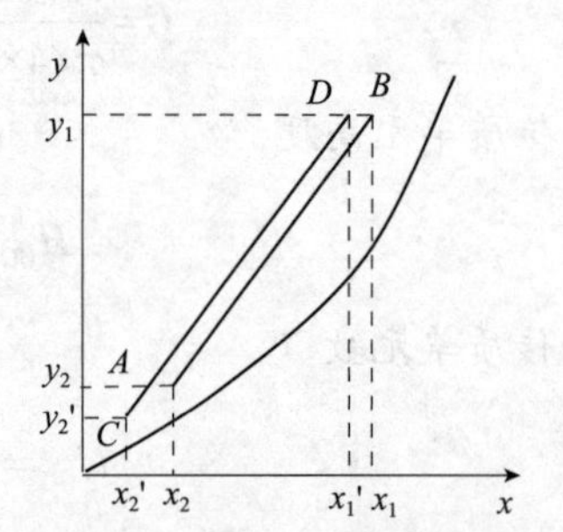

图 5-24　降低 x_2 对出塔气液浓度的影响

(3)降低吸收剂温度

操作温度的变化会影响到物系的相平衡关系。降低吸收剂入塔温度，气体溶解度增大，平衡常数减小，平衡线下移，吸收因数 A 增大，塔内传质推动力增加，有利于吸收。当气、液入塔浓度 y_1、x_2 及液气比 L/G 不变时，降低吸收温度，出塔气体组成 y_2 降低，吸收率增大，液相出塔浓度 x_1 则有所增加。

综上所述，适当调节上述3个变量皆可强化传质过程，从而提高吸收效果。在实际生产过程中影响因素较多，应针对实际情况做具体分析。

5.5.4.2 操作型计算的命题

吸收塔的操作型计算是指吸收塔塔高一定时，吸收操作条件与吸收效果间的分析和计算。如已知塔高 H 及其他相关尺寸，气液两相流率，气、液入塔浓度 y_1 和 x_2，体积传质系数 K_ya 或 K_xa，计算气液两相的出口浓度，来核算指定设备能否完成分离任务。又如操作条件(L、G、t、p、y_1、x_2)其中一个发生变化时，计算吸收效果如何变化。

在一般的情况下，操作型计算的相平衡方程式和吸收过程基本方程式都是非线性的，计算过程变得复杂，需采用试差法或迭代法。

【例5-6】 在一填料塔内用清水逆流吸收空气-丙酮混合气中的丙酮，操作液气比为2.1，丙酮回收率为95%。吸收操作时的总压为101.3kPa、温度为293K，此操作条件下的气液平衡关系为 $y=1.18x$，该传质过程为气膜控制，气相体积总传质系数 K_ya 近似与气体流率的0.8次方成正比。若体系的操作温度和压强不变，现混合气体流率增加为原工况的1.2倍，同时气、液进口摩尔分数和回收率保持不变，试求液体流率为原工况的多少倍?

解： 原工况：$L/G=2.1$，$x_2=0$，$\eta=0.95$

则
$$mx_2=0$$

因为
$$y_2=y_1(1-\eta)$$

所以
$$\frac{y_1}{y_2}=\frac{1}{1-\eta}=\frac{1}{1-0.95}=20$$

解吸因数：

$$S=\frac{mG}{L}=\frac{m}{(L/G)}=\frac{1.18}{2.1}=0.562$$

传质单元数：

$$N_{OG}=\frac{1}{1-S}\ln\left[(1-S)\frac{y_1-mx_2}{y_2-mx_2}+S\right]=\frac{1}{1-0.562}\ln[(1-0.562)\times 20+0.562]=5.10$$

新工况：

$$\frac{H'_{OG}}{H_{OG}}=\frac{\dfrac{G'}{K'_ya}}{\dfrac{G}{K_ya}}=\frac{G'}{G}\times\frac{K_ya}{K'_ya}=\frac{G'}{G}\times\left(\frac{G}{G'}\right)^{0.8}=\left(\frac{G'}{G}\right)^{0.2}=1.2^{0.2}=1.04$$

传质单元高度：

$$H'_{OG}=1.04H_{OG}$$

传质单元数：

$$N'_{OG}=\frac{H}{H'_{OG}}=\frac{H_{OG}N_{OG}}{H'_{OG}}=\frac{5.10}{1.04}=4.90$$

由于 $\eta=\eta'$，所以

$$\frac{y_1}{y'_2}=\frac{1}{1-\eta'}=\frac{1}{1-\eta}=\frac{1}{1-0.95}=20$$

$$N'_{OG}=\frac{1}{1-S'}\ln\left[(1-S')\frac{y_1-mx_2}{y'_2-mx_2}+S'\right]=\frac{1}{1-S'}\ln[(1-S')\times20+S']=4.90$$

解得

$$S'=0.533$$

又因

$$\frac{S'}{S}=\frac{\frac{mG'}{L'}}{\frac{mG}{L}}=\frac{G'}{G}\frac{L}{L'}$$

所以

$$\frac{L'}{L}=\frac{S}{S'}\frac{G'}{G}=\frac{0.562}{0.533}\times1.2=1.27$$

新工况下气体流率增加，液体流率为原来的 1.27 倍时，才能使回收率仍维持 95%不变。

5.5.5　解吸塔的计算

在实际生产中，解吸操作目的有两个，一是使溶剂再生，返回到吸收塔循环使用；二是获得较纯的溶质气体。作为吸收操作的逆过程，常用的解吸操作方法有气提解吸法、减压解吸法和升温解吸法。工程上有时将 3 种解吸方法联合使用，以便取得更好的解吸效果。

5.5.5.1　解吸塔最小气液比

如图 5-25(a)所示，解吸塔进、出口液体组成 x_1、x_2，进、出口气体组成 y_2、y_1，进口吸收液流率为 L、解吸气的流率为 G。取图中虚线为控制体做溶质的物料衡算，可得解吸操作线方程为

$$y=\frac{L}{G}(x-x_2)+y_2 \tag{5-66}$$

与吸收的操作线方程式(5-51)完全一致。不同之处在于，解吸操作线位于相平衡线的下方，如图 5-25(b)所示，A_1B_1 为解吸的操作线，解吸操作线上两端点坐标 $A_1(x_2, y_2)$代表解吸塔塔底的状态，$B_1(x_1, y_1)$代表解吸塔塔顶的状态。

当解吸气量 G 减小时，解吸操作线斜率 L/G 增加，出塔气体 y_1 必增大，操作线的点 B_1 向平衡线靠近，y_1 增大的极限是与 x_1 成平衡，即位于相平衡线上点 B_2。此时，解吸操作线斜率 L/G 最大，则 G/L 为最小，对应最小气液比，即

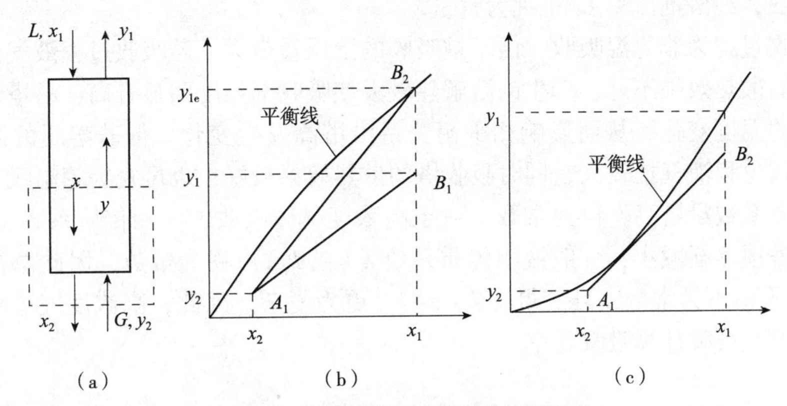

图 5-25 解吸的操作线和最小气液比

$$\left(\frac{G}{L}\right)_{\min}=\frac{x_1-x_2}{y_{1e}-y_2} \tag{5-67}$$

当平衡线为下凹线时，由塔底点 A_1 做平衡线的切线，如图 5-25(c)中所示的 A_1B_2，根据切线的斜率，同样可以确定$\left(\frac{G}{L}\right)_{\min}$。

实际操作时，为使塔顶有一定的推动力，气液比应大于最小气液比。

5.5.5.2 解吸塔填料层高度的计算

解吸塔填料层高度的计算方法与吸收塔的基本相似，不同之处在于解吸推动力与吸收推动力刚好相反。所以，解吸塔填料层高度表示为

$$H=\frac{G}{K_ya}\int_{y_2}^{y_1}\frac{\mathrm{d}y}{y_e-y} \tag{5-68}$$

$$H=\frac{L}{K_xa}\int_{x_2}^{x_1}\frac{\mathrm{d}x}{x-x_e} \tag{5-69}$$

其中，有关传质单元数的计算同样可用对数平均推动力法、脱吸因数法及图解积分法进行求解。

5.6 高浓度气体吸收

在实际化工生产中，有时需要处理溶质摩尔分数大于10%的混合气体，即高浓度的气体吸收。由于气液两相溶质的浓度较高，并且被吸收的溶质量也较大，因此5.5节有关低浓度气体吸收操作过程的简化处理不再适用。

5.6.1 高浓度气体吸收的特点

①气体流率 G、液体流率 L 沿塔高变化较大　在高浓度气体吸收过程中，G、L 沿塔高变化明显，不能再视为常数。但是，惰性气体流率 G_B 沿塔高不变；若忽略吸

收剂的挥发，纯溶剂流率 L_S 也视为常量。

②吸收过程为非等温吸收　由于被吸收的溶质量较大，若吸收过程液气比较小或者吸收塔的散热效果不好，产生的溶解热较大使吸收剂温度明显升高，沿塔高流体存在着明显的温度变化，从而影响相平衡关系沿塔高发生变化。但若溶质的溶解热不大，或吸收过程液气比较大，同时吸收塔的散热效果较好，也可视为等温吸收。

③传质系数沿塔高不再为常数　对于高浓度气体吸收，气相传质系数 k_y（或 k_G）沿塔底到塔顶逐渐减小，一般液相传质系数 k_x（或 k_L）可视为常数，因此总传质系数 K_y（或 K_x）不但不为常数，且变得比 k_y（或 k_x）更为复杂。因此，高浓度气体吸收计算往往以气膜或液膜计算吸收速率。

5.6.2　高浓度气体吸收过程的计算

（1）操作线方程

根据高浓度气体吸收的特点，在吸收过程中，惰性气体流率 G_B 和纯溶剂流率 L_S 为常量，以此作为物料衡算的基础，可得高浓度气体吸收过程的操作线方程：

$$G_B\left(\frac{y}{1-y}-\frac{y_2}{1-y_2}\right)=L_S\left(\frac{x}{1-x}-\frac{x_2}{1-x_2}\right)$$

整理得

$$\frac{y}{1-y}=\frac{L_S}{G_B}\frac{x}{1-x}+\left(\frac{y_2}{1-y_2}-\frac{L_S}{G_B}\frac{x_2}{1-x_2}\right) \tag{5-70}$$

由此可见，高浓度气体吸收的操作线方程在 x-y 坐标系中不再为直线。

令 $Y=\dfrac{y}{1-y}$ 和 $X=\dfrac{x}{1-x}$ 代入式(5-70)，可得

$$Y=\frac{L_S}{G_B}X+Y_2-\frac{L_S}{G_B}X_2 \tag{5-71}$$

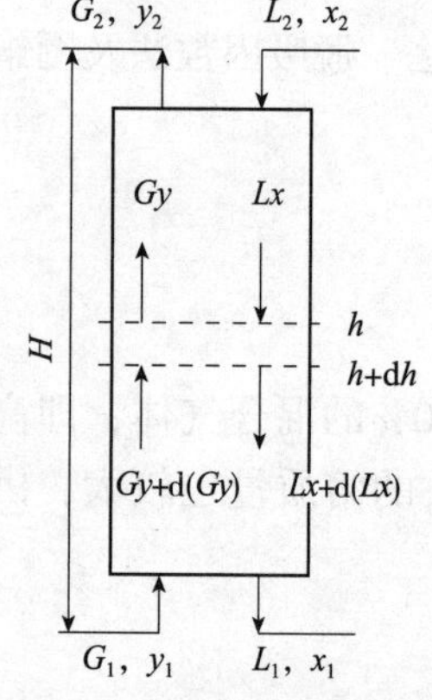

图 5-26　吸收塔内高浓度气体吸收气液两相流率和浓度的变化

对全塔进行物料衡算可得

$$G_B\left(\frac{y_1}{1-y_1}-\frac{y_2}{1-y_2}\right)=L_S\left(\frac{x_1}{1-x_1}-\frac{x_2}{1-x_2}\right) \tag{5-72}$$

或

$$G_B(Y_1-Y_2)=L_S(X_1-X_2) \tag{5-73}$$

（2）相平衡关系

若将高浓度气体吸收过程视为等温过程，则相平衡关系沿塔不变，可用 $y_e=f(x)$ 表示，其不再为直线而是曲线。

（3）填料层高度的计算

如图 5-26 所示，取塔内高度为 dh 的某一微元段为控制体，对气相中的可溶性组分进行物料衡算可得

$$N_A a\mathrm{d}h=\mathrm{d}(Gy) \tag{5-74}$$

因为

$$G_B=G(1-y)$$

所以

$$\mathrm{d}(Gy)=\mathrm{d}\left(\frac{G_B y}{1-y}\right)=\frac{G_B\mathrm{d}y}{(1-y)^2}=\frac{G\mathrm{d}y}{1-y}$$

将上式和气相传质速率方程式 $N_A=k_y(y-y_i)$ 代入式(5-74)可得

$$k_y a(y-y_i)\mathrm{d}h=\frac{G\mathrm{d}y}{1-y}$$

对上式中的 dh 进行积分，可得填料层高度的计算式

$$H=\int_{y_2}^{y_1}\frac{G\mathrm{d}y}{k_y a(1-y)(y-y_i)} \tag{5-75}$$

同理可得

$$H=\int_{x_2}^{x_1}\frac{L\mathrm{d}x}{k_x a(1-x)(x_i-x)} \tag{5-76}$$

$$H=\int_{y_2}^{y_1}\frac{G\mathrm{d}y}{K_y a(1-y)(y-y_e)} \tag{5-77}$$

$$H=\int_{x_2}^{x_1}\frac{L\mathrm{d}x}{K_x a(1-x)(x_e-x)} \tag{5-78}$$

根据具体情况，选用式(5-75)~式(5-78)之一，即可求得所需填料层高度。

5.7　填料塔

填料塔动画

5.7.1　填料塔及填料

5.7.1.1　填料塔的结构特点

填料塔是以塔内的填料作为气液两相间接触构件的传质设备。如图 5-27 所示，填料塔的塔身是一直立式圆筒，填料以乱堆或整砌的方式放置在筒底部的支承板上，填料的上方安装填料压板，以防被上升气流吹动。液体从塔顶经液体分布器喷淋到填料上，并沿填料表面呈膜状流下。气体从塔底进入，经气体分布装置(小直径塔一般不设气体分布装置)分布后，通过填料层的空隙与液体呈逆流连续接触。当液体沿填料层向下流动时，有逐渐向塔壁集中的趋势，使得塔壁附近的液流量逐渐增大，这种现象称为壁流。壁流效应造成气液两相在填料层中分布不均，从而使传质效率下降。因此，当填料层较高时，需要进行分段，中间设置液体再分布器。塔顶上部有时安装除沫器，除去气体可能挟带的少量液沫。填料层的润湿表面是气液两相接触的传质表面。填料塔属于连续接触式气液传质设备，两相组成沿塔高连续变化。

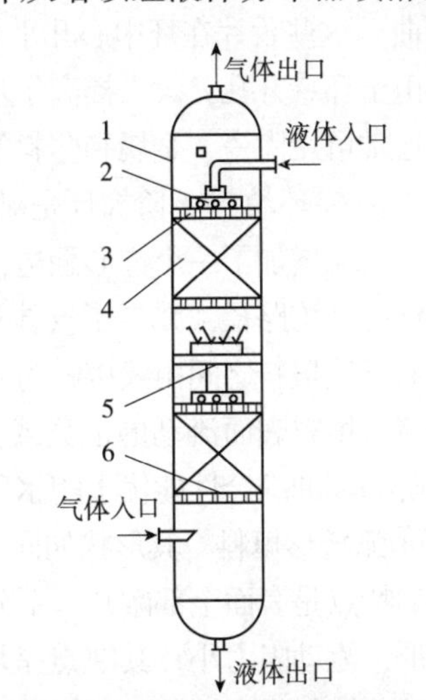

图 5-27　填料塔的结构示意

1-塔壳体；2-液体分布器；3-填料压板；4-填料；5-液体再分布器；6-填料支承板

5.7.1.2　填料的类型

填料的种类很多，根据装填方式的不同，可

分为两大类：散装填料和规整填料。

(1)散装填料

散装填料一般以随机的方式堆积在塔内，是一个个具有一定几何形状和尺寸的颗粒体，又称为乱堆填料或颗粒填料。散装填料根据结构特点不同，又可分为环形填料(拉西环、鲍尔环、阶梯环)、鞍形填料(矩鞍形和弧鞍形)、环鞍形填料及球形填料等。现介绍几种典型的散装填料(图5-28)。

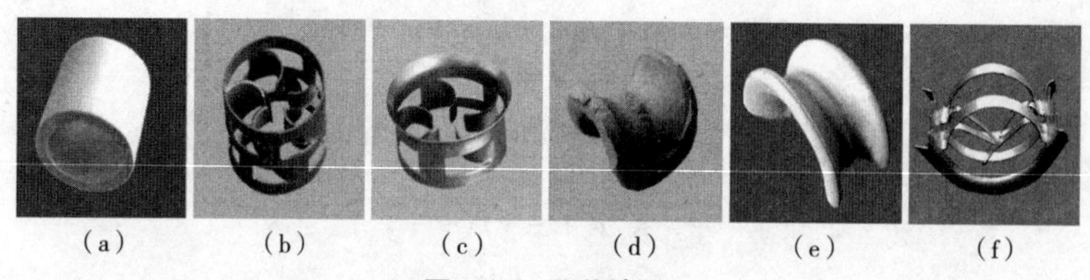

图5-28　散装填料

(a)拉西环　(b)鲍尔环　(c)阶梯环　(d)弧鞍形　(e)矩鞍形　(f)金属环矩鞍

①拉西环填料　1914年由拉西(F. Rashching)发明，如图5-28(a)所示，通常为外径与高度相等的圆环，外形似空心的圆柱体，常用的外径为28~75mm(小至6mm，大至150mm)，瓷质拉西环填料的壁厚为2~9.5mm，75mm尺寸以下的拉西环一般采用乱堆方式装填，大尺寸的拉西环(100mm以上)一般采用整砌方式填充。拉西环可用陶瓷、金属和塑料等制造。与其他填料相比，气体通过能力低，阻力大，同时填料中的液体存在严重的壁流和沟流等现象，气液分布不均，传质效果差，目前工业上已较少应用，逐渐被新型填料所代替。自20世纪初以来，对拉西环填料的研究比较充分，性能数据较多，通常用来作为其他填料性能的比较标准。

②鲍尔环填料　鲍尔环是对拉西环的改进，如图5-28(b)所示，在拉西环的侧壁上开一排或两排长方形或正方形孔，被切开环壁的一侧仍与壁面相连，另一侧呈舌状向环内弯曲，这些舌片在环中心几乎对接起来。填料的比表面积和空隙率并未因此增加。但鲍尔环由于环壁开孔，大大提高了环内空间及环内表面的利用率，气流阻力小，液体分布均匀。通常可用陶瓷、金属和塑料等制造。近年来，因鲍尔环优良的性能，应用越来越广。

③阶梯环填料　阶梯环是对鲍尔环的改进，与鲍尔环相比，阶梯环高度减少了一半，同时在一端增加了一个锥形翻边，如图5-28(c)所示。高径比减少，大大缩短了气体绕填料外壁的平均路径，减少了气体通过填料层的阻力。锥形翻边不仅增加了填料的机械强度，而且使填料之间由线接触为主变为以点接触为主，因而增加了填料间的空隙，同时成为液体沿填料表面流动的汇集或分散点，促进了液膜的表面更新，有利于传质效率的提高。阶梯环的综合性能优于鲍尔环，已成为目前所使用的环形填料中最为优良的一种。

④弧鞍形填料　其形状如同马鞍，如图5-28(d)所示，一般采用瓷质材料制成，弧鞍填料的特点是表面全部敞开，不分内外，液体在表面两侧均匀流动，表面利用率高，流道呈弧形，流动阻力小。其缺点是堆放时易发生重叠，减少了暴露的表面，使传质效率降低。弧鞍填料强度较差，容易破碎，工业生产中应用不多，已逐步被矩鞍填料所代替。

⑤矩鞍形填料　将弧鞍填料两端的弧形面改为矩形面，且两面大小不等，即成为矩鞍填料，如图5-28(e)所示。矩鞍填料堆放时不会重叠，液体分布较均匀。矩鞍填料多采用

瓷质材料制成，且在以陶瓷为材料的填料中，矩鞍填料的水力性能和传质性能都较优越。

⑥金属环矩鞍填料　如图5-28(f)所示，金属环矩鞍填料(国外称为Intalox)将环形填料和鞍形填料两者的优点集于一体，气体压降低，处理能力大。其结构有利于液体在填料表面的分布和促进液体表面更新，其综合性能优于鲍尔环和阶梯环，在散装填料中应用较多。

除上述几种较典型的散装填料外，近年来不断有构型独特的新型填料开发出来，如球形填料、共轭环填料、海尔环填料、纳特环填料等。工业上常用的散装填料的特性数据可查有关手册。

(2)规整填料

规整填料是按一定的几何构形排列，整齐堆砌的填料(图5-29)。目前，规整填料种类很多。其中，金属丝网波纹填料和金属板波纹填料已广泛地用于分离效率要求高的精馏塔中，它们分别是由金属丝网或多孔波纹板片压制而成，其结构不但空隙率高、压降低，而且液体会按照预分布器设定的途径流下，使全塔填料层内的液体分布均匀，传质性能高。其缺点是填料造价高，易被杂物堵塞，不易清洗。

(a)

(b)

图5-29　规整填料

(a)金属丝网波纹填料　(b)金属板波纹填料

5.7.1.3　填料的特性

填料的几何特性数据主要包括比表面积、空隙率、填料因子等，是评价填料性能的基本参数。以上几种填料的特性数据见表5-4。

表5-4　一些常用填料的特性数据

填料名称	规格/mm	材质及堆积方式	比表面积 a/(m^2/m^3)	空隙率 ε/(m^3/m^3)	堆积密度/(kg/m^3)	干填料因子 a/ε^3/(1/m)	填料因子 ϕ/(1/m)	备注
拉西环	10×10×1.5	瓷质乱堆	440	0.70	700	1 280	1 500	(直径)×(高)×(厚)
	10×10×0.5	钢质乱堆	500	0.88	960	740	1 000	
	25×25×2.5	瓷质乱堆	190	0.78	505	400	450	
	25×25×0.8	钢质乱堆	220	0.92	640	290	260	
	50×50×4.5	瓷质乱堆	93	0.81	457	177	205	
	50×50×4.5	瓷质整砌	124	0.72	673	339	—	
	50×50×1	钢质乱堆	110	0.95	430	130	175	
	80×80×9.5	瓷质乱堆	76	0.68	714	243	280	
	76×76×1.5	钢质乱堆	68	0.95	400	80	105	

（续）

填料名称	规格/mm	材质及堆积方式	比表面积 a/(m^2/m^3)	空隙率 ε/(m^3/m^3)	堆积密度/(kg/m^3)	干填料因子 a/ε^3/(1/m)	填料因子 ϕ/(1/m)	备注
鲍尔环	25×25	瓷质乱堆	220	0.76	505	—	300	(直径)×(高)
	25×25×0.6	钢质乱堆	209	0.94	480	—	160	(直径)×(高)×(厚)
	25	塑料乱堆	209	0.90	72.6	—	170	(直径)
	50×50×4.5	瓷质乱堆	110	0.81	457	—	130	
	50×50×0.9	钢质乱堆	103	0.95	355	—	66	
阶梯环	25×12.5×1.4	塑料乱堆	223	0.90	97.8	—	172	(直径)×(高)×(厚)
	38.5×19×1.0		132.5	0.91	57.5	—	115	
弧鞍形	25	瓷质	252	0.69	725	—	360	(名义尺寸)
	25	钢质	280	0.83	1 400	—	—	
	50	钢质	106	0.72	645	—	148	
矩鞍形	25×3.3	瓷质	258	0.775	548	—	320	(名义尺寸)×(厚)
	50×7		120	0.79	532	—	130	
θ网形 鞍形网 压延孔环	8×8	镀锌铁丝网	1 030	0.936	490	—	—	40目，丝径0.23~0.25mm
	10		1 100	0.91	340	—	—	60目，丝径0.152mm
	6×6		1 300	0.96	355	—	—	

①比表面积　单位体积填料的填料表面积称为比表面积，以 a 表示，其单位为 m^2/m^3。填料的比表面积越大，所提供的气液传质面积越大，越有利于传质。对于同种材质的填料，小尺寸填料具有较大的比表面积，但尺寸过小会使气体流动的阻力增大。

②空隙率　单位体积填料中的空隙体积称为空隙率，以 ε 表示，其单位为 m^3/m^3，或以%表示。填料的空隙率越大，气体通过的能力越大且压降低。

③填料因子　填料的比表面积与空隙率三次方的比值，即 a/ε^3，称为填料因子，以 f 表示，其单位为1/m。填料因子分为干填料因子与湿填料因子，填料未被液体润湿时的 a/ε^3，称为干填料因子，它反映填料的几何特性；填料被液体润湿后，填料表面覆盖了一层液膜，a 和 ε 均发生相应的变化，此时的 a/ε^3 称为湿填料因子，它表示填料的流体力学性能，f 值越小，表明流动阻力越小。

5.7.2　填料塔的内部构件

填料塔的内部构件主要有填料支承板、液体分布器和液体再分布器等。合理地选择和设计塔内部构件，对保证填料塔的正常操作及气液传质分离效果十分重要。

5.7.2.1 填料支承板

填料支承板的作用是支承塔内的填料，既要有足够的机械强度，又要有足够的空隙面积保证气液两相顺利流通。若其设计不当，填料的液泛可能首先在支承板上发生，一般要求支承板的自由截面积与塔截面积之比大于填料层的空隙率。如图 5-30 所示，常用的填料支承板有栅板型、孔管型、驼峰型等。

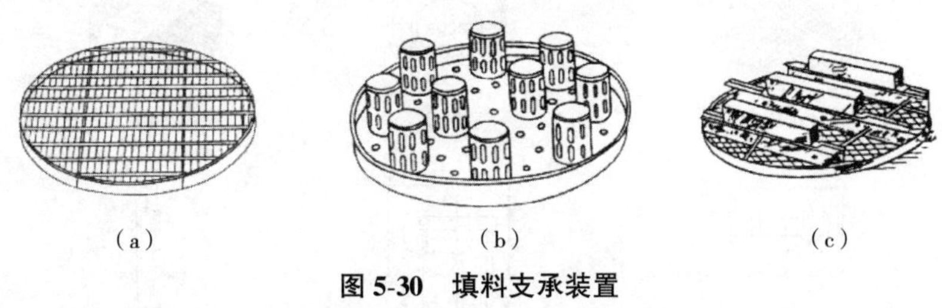

（a） （b） （c）

图 5-30 填料支承装置

(a)栅板型 (b)孔管型 (c)驼峰型

5.7.2.2 液体分布器

液体分布器设计不合理，会导致液体在填料层表面分布不均，在液体流率大的地方因流道变小使气体流率减小，严重降低了塔的传质效果。

液体分布器的种类多样，有喷头式、盘式、管式、槽式及槽盘式等。

喷头式分布器如图 5-31(a)所示。其结构简单，只适用于直径小于 600mm 的塔中。因小孔容易堵塞，一般应用较少。

盘式分布器有盘式筛孔型分布器、盘式溢流管式分布器等形式。如图 5-31(b)(c)所示，液体加至分布盘上，经筛孔或溢流管流下。分布盘直径为塔径的 0.6~0.8 倍，一般用于塔径 $D<800$mm 的塔中。

管式分布器结构如图 5-31(d)(e)所示，有排管式、环管式等不同形状。其结构简单，供气体流过的自由截面大，阻力小。但小孔易堵塞，操作弹性较小。

槽式分布器结构如图 5-31(f)所示，具有较大的操作弹性，且不易被堵塞，对气体的阻力较小，特别适合于直径较大的填料塔，但对这种分布器的安装要求较高。

槽盘式分布器结构如图 5-31(g)所示，它结构紧凑，兼有集液、分液及分气 3 种作用，操作弹性高达 10∶1。气液分布均匀，阻力较小，特别适用于易发生夹带、易堵塞的场合。

5.7.2.3 液体再分布器

液体沿填料层向下流动时有偏向塔壁流动的现象(壁流)，壁流会引起填料层内气液分布不均，传质效率下降。为了改善这一现象，通常在填料层内每间隔一定高度设置一个液体再分布器。间隔高度因填料种类而异，如壁流效应严重的拉西环，每段间隔高度约为塔径的 3 倍。而鞍形填料每段间隔高度为塔径的5~10 倍。常用的液体再分布器如图 5-32 所示。

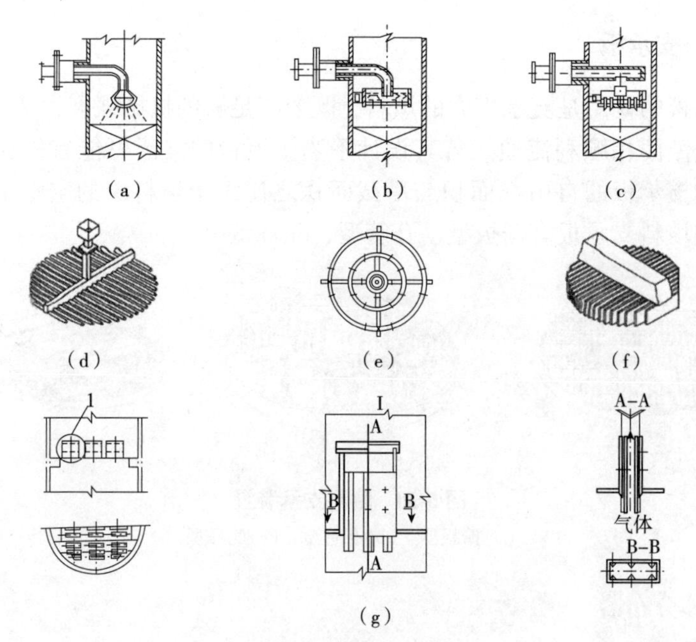

图 5-31 液体分布器

(a)喷头式 (b)盘式筛孔型 (c)盘式溢流管式 (d)排管式 (e)环管式 (f)槽式 (g)槽盘式

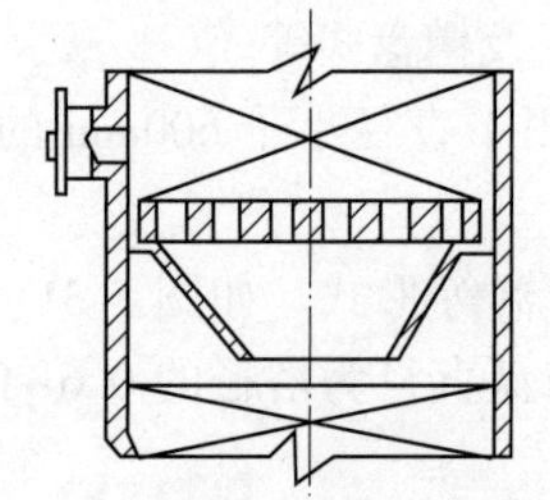

图 5-32 截锥式液体再分布器

5.7.2.4 除沫器

除沫器安装在液体分布器上方，用来除去填料层顶部气体中夹带的液滴。当塔内气速较小(气体中的液滴量很少)，或工艺过程无严格要求时，可不安装除沫器。

常用的除沫器有折板除沫器、丝网除沫器和旋流板除沫器等多种形式。

5.7.3 填料塔的流体力学性能

5.7.3.1 填料层的持液量

一定的操作条件下，单位体积填料层所持有的液体量，称为填料层的持液量，以(m^3 液体)/(m^3 填料)表示。填料层的持液量包括静持液量和动持液量两部分。静持液量是指当填料被充分润湿后，气液两相停止进料，并经排液至无滴液流出时存留于填料层中的液体量。动持液量是指填料塔气液两相停止进料后，经足够长的时间排出的液体量。静持液量取决于填料和液体的物性。动持液量除与填料、液体物性有关外，还与气液负荷有关。

填料层的持液量对填料层的压降、气液通量及传质性能有很大影响，适宜的持液量有利于填料塔操作的稳定性和传质。液体在填料层的平均停留时间与持液量成正比，因此热敏性物系不宜采用持液量大的填料。持液量过大，将减少填料层的空隙和气相流通截面，使压降增大，处理能力下降。

5.7.3.2 填料层的压降

在逆流操作的填料塔中，液体依靠重力沿填料表面成膜状向下流动，上升气体与液膜，以及液膜与填料表面的摩擦构成了流动阻力，形成了填料层的压降。当液体喷洒量$L=0$(干填料层)时，气体通过填料层的压降为干板压降。如图5-33所示，气体通过干填料层的压降与流速呈直线关系，其斜率为1.8~2。当有液体喷淋时，由于液膜占据了填料空隙中一部分体积，因而可供气体流动的自由截面缩小。在气体流量相同的情况下，液膜的存在使填料空隙间气体的实际流速有所增加，压降也相应增大。同理，在气体流量相同的情况下，液体流量越大，液膜越厚，压降越大。

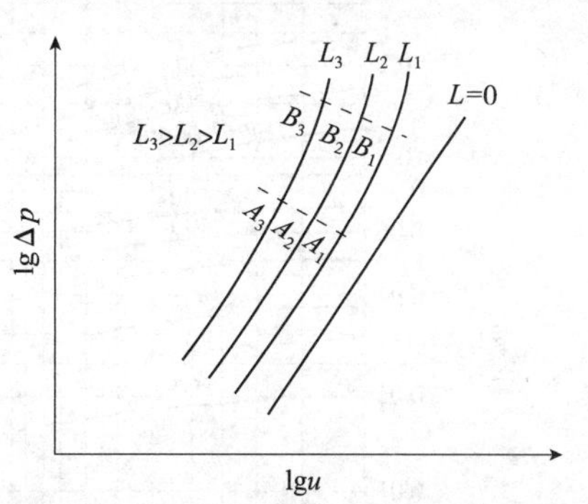

图5-33 填料层压降与空塔气速的关系

在一定的喷淋量下，压降随空塔气速的变化曲线大致可分为3段：恒持液量区、载液区和液泛区。当气速低于A点时，上升气体对液膜的曳力很小，液体流动几乎不受气流的影响，填料表面液膜的厚度基本不变，因而填料层的持液量不变，该区域称为恒持液量区。此时填料层压降与空塔气速的关系线基本上与干填料层的压降与气速关系线平行。当气速超过A点时，气体对液膜的曳力较大，对液膜流动产生阻滞作用，液膜增厚，填料层的持液量随气速的增加而增大，此现象称为拦液。开始发生拦液现象时的空塔气速称为载点气速，曲线上的转折点A称为载点。若气速进一步增大到图中B点时，液体不能顺利向下流动，使填料层的持液量不断增大，填料层内几乎充满液体。气速增加很小便会引起压降的剧增，此现象称为液泛。液泛时，持液量的增多使液相由分散相变为连续相，气相则由连续相变为分散相，气体呈气泡形式通过液层。在液泛状态下，气流出现脉动，液体被大量带出塔顶，塔的操作极不稳定，甚至会被破坏。开始发生液泛现象时的气速称为泛点气速，曲线上的点B称为泛点。从载点到泛点的区域称为载液区，泛点以上的区域称为液泛区。操作气速应控制在载点气速和泛点气速之间。

应予指出，在同样的气液负荷下，不同填料的填料层压降与空塔气速的关系曲线有所差异，但曲线形状基本相近。对于某些填料，载点与泛点并不明显，故上述3个区域间无明显的界限。

5.7.3.3 泛点气速的计算

泛点是填料塔操作的极限条件，泛点气速是填料塔设计与操作的重要参数之一。影响泛点的因素有很多，其中包括填料的种类、尺寸，体系的物性、气液负荷等。目前，工程上普遍采用埃克特(Eckert)通用关联图来求取泛点气速。图5-34为埃克特泛点和压降的通用关联图，通用的含义是不仅可以用于计算泛点气速，还可以用于计算填料层的压降。

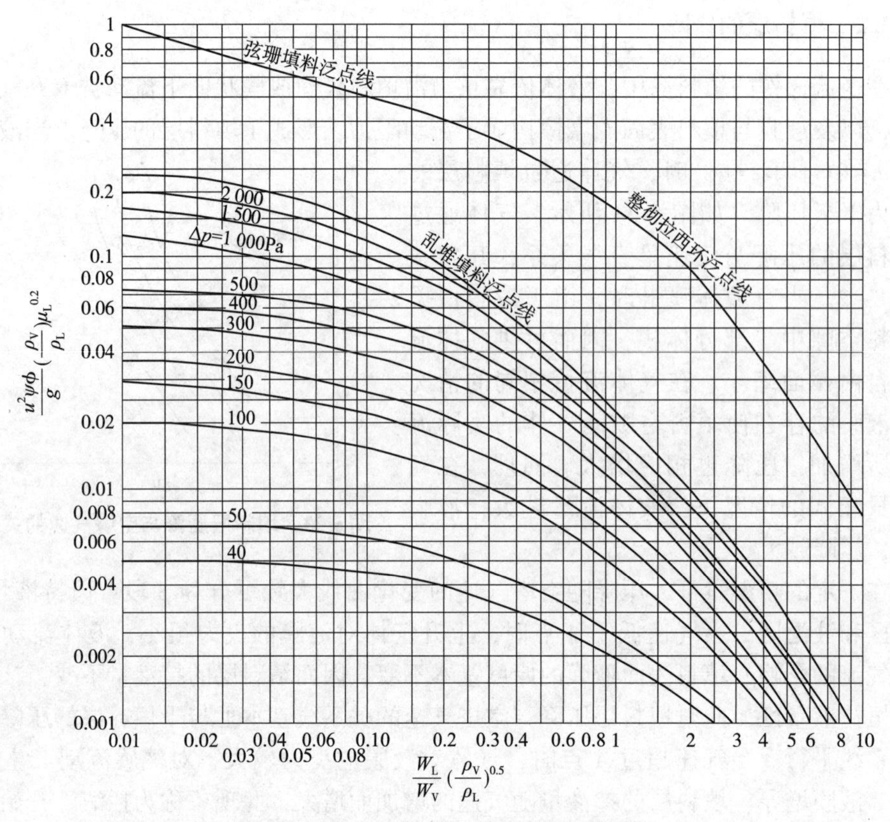

图 5-34　埃克特泛点和压降的通用关联图

埃克特通用关联图横坐标为$\frac{W_L}{W_V}\left(\frac{\rho_V}{\rho_L}\right)^{0.5}$或$\frac{G_L}{G_V}\left(\frac{\rho_V}{\rho_L}\right)^{0.5}$，纵坐标为$\frac{u^2\psi\phi}{g}\left(\frac{\rho_V}{\rho_L}\right)\mu_L^{0.2}$或$\frac{G_V^{\ 2}\psi\phi}{g\rho_V\rho_L}\mu_L^{\ 0.2}$。

式中　W_V，W_L——气体和液体的质量流量，kg/s 或 kg/h；

G_V，G_L——气体和液体的质量流速，kg/(m^2·s)；

ρ_V，ρ_L——气体和液体的密度，kg/m^3；

u——空塔气速，m/s；

μ_L——液体的黏度，mPa·s；

ϕ——填料因子，1/m；

ψ——水的密度和液体的密度之比；

g——重力加速度，9.81m/s^2。

埃克特泛点关联图的特点是使用在液泛条件下实验测定的填料因子 ϕ 代替干填料因子 a/ε^3，这一改进提高了关联结果的准确性。埃克特泛点关联图适用于乱堆颗粒型填料，如拉西环、矩鞍形填料、鲍尔环等，同时还包括整砌拉西环与弦栅填料两种规则填料的泛点线，可用于这两种填料的泛点计算。

【例 5-7】 在一填料吸收塔中，拟用水除去混合气体中的 SO_2，已知混合气流量为 1 000m^3/h，平均气体密度为 1.36kg/m^3，水的流量为 28 000kg/h，水的密度 1 000kg/m^3，黏度为 1mPa·s，若采用 25mm 的乱堆瓷质鲍尔环，试求填料塔直径和每米填料层的压降。

解： 气体流量 $W_V=1\ 000\times1.36=1\ 360\text{kg/h}$

液体流量 $W_L=28\ 000\text{kg/h}$

采用埃克特通用关联图(图 5-34)计算泛点气速，横坐标为

$$\frac{W_L}{W_V}\left(\frac{\rho_V}{\rho_L}\right)^{0.5}=\frac{28\ 000}{1\ 360}\times\left(\frac{1.36}{1\ 000}\right)^{0.5}=0.76$$

查图 5-34，得纵坐标为

$$\frac{u^2\psi\phi}{g}\left(\frac{\rho_V}{\rho_L}\right)\mu_L{}^{0.2}=0.027$$

对于水 $\psi=1$，$\mu=1\text{mPa·s}$

对于 25mm 的瓷质鲍尔环，从表 5-4 查得填料因子 $\phi=300$，所以

$$u_f=\sqrt{\frac{0.027g\rho_L}{\phi\psi\rho_V\mu_L{}^{0.2}}}=\sqrt{\frac{0.027\times9.81\times1\ 000}{300\times1\times1.36\times1^{0.2}}}=0.81\quad\text{m/s}$$

取空塔气速为 $70\%u_F$，则

$$u=70\%u_F=0.70\times0.81=0.57\quad\text{m/s}$$

气体的体积流量

$$q_V=\frac{W_V}{3\ 600\rho_V}=\frac{1\ 360}{3\ 600\times1.36}=0.278\quad\text{m}^3/\text{s}$$

塔径

$$D=\sqrt{\frac{4q_V}{\pi u}}=\sqrt{\frac{4\times0.278}{3.14\times0.57}}=0.79\quad\text{m}$$

在设计气速下

$$\frac{u^2\psi\phi}{g}\left(\frac{\rho_V}{\rho_L}\right)\mu_L{}^{0.2}=\frac{0.57^2\times1\times300\times1.36}{9.81\times1\ 000}\times1^{0.2}=0.013\ 5$$

在图 5-34 中，纵坐标为 0.013 5，查得横坐标为 0.76，确定交点对应每米填料 $\Delta p=0.3\text{kPa}$ 的等压线上，即每米填料层压降为 0.3kPa。

综上，可以对吸收塔改造的实际工程案例进行综合设计。

【例 5-8】 三聚氰胺制备：$6CO(NH_2)_2\rightarrow C_3N_6H_6+3CO_2+6NH_3$

实际工程实例：某人造板厂在三聚氰胺生产工艺(图 5-35)中的氨吸收塔，其直径为 0.6m、内部装填 3.8m 高的 DN38 金属环矩鞍填料，在常压和 22℃条件下，用纯水吸收出洗涤塔气体中的氨。现场测得一组组成数据为 $y_1=0.023$、$y_2=0.000\ 2$、$x_1=0.006$，操作条件下的气液平衡关系为 $y=0.846x$。现因环保要求的提高，要求出塔气体中氨的含量低于 0.000 05(摩尔分数)，试通过计算，提出几种不同的改造方案，并对不同的方案进行比较。

解： 方案 1：保持 L/G 不变，将原塔填料层加高

由
$$H_{OG}=\frac{G}{K_ya}$$

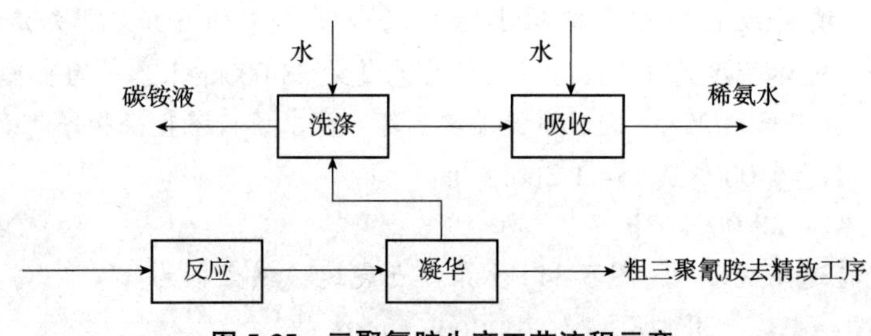

图 5-35 三聚氰胺生产工艺流程示意

$$S=\frac{mG}{L}$$

因保持 L/G 不变，故改造前后气相总传质单元高度 H_{OG} 不变（即 $H_{OG}=H'_{OG}$）、脱吸因数 S 不变。

设：原工况 $\quad H=H_{OG}N_{OG}$

新工况 $\quad H'=H'_{OG}N'_{OG}$

对纯溶剂吸收 $x_2=0$，则 $y_{2e}=0$

故

$$N_{OG}=\frac{1}{1-S}\ln\left[(1-S)\frac{y_1}{y_2}+S\right]$$

$$N'_{OG}=\frac{1}{1-S}\ln\left[(1-S)\frac{y_1}{y'_2}+S\right]$$

$$\frac{H'}{H}=\frac{N'_{OG}}{N_{OG}}=\frac{\ln\left[(1-S)\frac{y_1}{y'_2}+S\right]}{\ln\left[(1-S)\frac{y_1}{y_2}+S\right]}$$

又

$$\frac{L}{G}=\frac{y_1-y_2}{x_1-x_2}=\frac{0.023-0.0002}{0.006-0}=3.8$$

$$S=\frac{mG}{L}=\frac{0.846}{3.8}=0.223$$

故

$$\frac{H'}{H}=\frac{\ln\left[(1-0.223)\frac{0.023}{0.00005}+0.223\right]}{\ln\left[(1-0.223)\frac{0.023}{0.0002}+0.223\right]}=1.308$$

$$H'=1.308\times3.8=4.970\quad \text{m}$$

方案2：保持 L/G 不变，原塔记为塔A，串联相同直径的塔B。

由

$$H_{OG}=\frac{G}{K_y a}$$

因保持 L/G 不变和塔截面积不变，故改造前后气相总传质单元高度 H_{OG} 不变。

设：原工况 $\quad H_A=H_{OG}N_{OG}$

新工况 $\quad H_B=H'_{OG}N'_{OG}$

$$\frac{H_B}{H_A}=\frac{\ln\left[(1-0.223)\times\frac{0.0002}{0.00005}+0.223\right]}{\ln\left[(1-0.223)\times\frac{0.023}{0.0002}+0.223\right]}=0.268$$

故

$$H_B=0.268\times 3.8=1.018\quad \text{m}$$

$$H=H_A+H_B=3.8+1.018=4.818\quad \text{m}$$

比较方案1和方案2可知，单塔增高较双塔串联所需总填料层高度大，但双塔串联所需的吸收剂用量增加。

方案3：保持L/G不变，换比表面积大的填料

设：原工况 $H=H_{OG}N_{OG}$

新工况 $H'=H'_{OG}N'_{OG}$

由

$$H_{OG}=\frac{G}{K_y a}$$

因a改变，$H_{OG}=H'_{OG}$

$$N_{OG}=\frac{1}{1-0.223}\ln\left[(1-0.223)\times\frac{0.023}{0.0002}+0.223\right]=5.785$$

$$N'_{OG}=\frac{1}{1-0.223}\ln\left[(1-0.223)\times\frac{0.023}{0.00005}+0.223\right]=7.567$$

则

$$\frac{H_{OG}}{H'_{OG}}=\frac{N'_{OG}}{N_{OG}}=\frac{7.567}{5.785}=1.308$$

$$\frac{H_{OG}}{H'_{OG}}=\frac{\frac{G}{K_y a}}{\frac{G}{K_y a'}}=1.308$$

$$a'=1.308a$$

由计算结果可知，改用新填料的有效比表面积应为原填料有效比表面积的1.308倍。原采用的DN38金属环矩鞍填料的总比表面积为$a_t=112\text{m}^2/\text{m}^3$，设新填料改用DN25金属环矩鞍填料，其总比表面积为$a'_t=185\text{m}^2/\text{m}^3$。

则

$$a'_t=1.652a_t(1.652\gg 1.308)$$

故可达到要求。

方案4：保持L/G不变，提高操作压力

由

$$H_{OG}=\frac{G}{K_y a}=\frac{G}{K_G aP}$$

$$H'_{OG}=\frac{G}{K_y a}=\frac{G}{K_G aP'}$$

故

$$H'_{OG}=\frac{P}{P'}H_{OG}$$

原工况

$$H=H_{OG}N_{OG}$$

$$N_{OG}=5.785$$

$$H_{OG}=\frac{H}{N_{OG}}=\frac{3.8}{5.785}=0.657$$

新工况
$$H'=H'_{OG}N'_{OG}$$

设
$$P'=2P=2\times101.3=202.6\text{kPa}$$

由

$$m=\frac{E}{P}$$

$$m'=\frac{P}{P'}m=\frac{m}{2}=0.423$$

$$S'=\frac{m'G}{L}=\frac{0.423}{3.8}=0.111$$

$$N'_{OG}=\frac{1}{1-0.111}\ln\left[(1-0.111)\times\frac{0.023}{0.00005}+0.111\right]=6.765$$

$$H'_{OG}=\frac{P}{P'}H_{OG}=\frac{1}{2}\times0.657=0.329$$

$$H'=H'_{OG}N'_{OG}=0.329\times6.765=2.226\quad\text{m}$$

则
$$H'<H$$

故可达到要求。

表5-5 几种方案的比较

改造方案	特点	应注意的工程问题
方案1	1)吸收剂用量不变，操作费未增加； 2)在原塔上加高，施工难度较大； 3)工程造价较高	1)吸收塔增高后，安装的空间高度是否允许； 2)吸收塔增高后，原吸收塔的基础负荷能否满足要求，需进行校核
方案2	1)吸收剂用量增加，且需要增加吸收剂输送泵，操作费增加； 2)增加一个新塔，施工难度较大； 3)工程造价较高	1)串联一个新的吸收塔后，安装的场地条件是否允许； 2)串联一个新的吸收塔后，工艺流程发生变化，需重新考虑工艺管线的布置等
方案3	1)吸收剂用量不变，操作费未增加； 2)施工方便，便于实施； 3)工程造价较低； 4)吸收塔的处理能力下降	改用新填料后，比表面积增加，填料层的压降增加，吸收塔的处理能力下降，故需对吸收塔的处理能力进行校核，能否满足生产要求
方案4	1)吸收剂用量不变，但压力升高，操作费增加； 2)施工方便，便于实施； 3)工程造价较低	提高压力等级后，原吸收塔的强度能否满足要求，需进行校核

通过对不同的改造方案进行比较，结合该人造板厂的实际情况，最终采用的改造方案为方案3。吸收塔改造的具体实施过程：将吸收塔原来装填的3.8m高的DN38

金属环矩鞍填料从吸收塔中取出，改为装填相同高度的DN25金属环矩鞍填料。

思考题

5-1　什么是物理吸收和化学吸收？化学吸收和物理吸收主要区别是什么？

5-2　气体吸收的依据是什么？吸收操作在化工生产中有哪些用途？

5-3　温度和压力对吸收过程的平衡关系如何影响？

5-4　双膜理论的主要论点有哪些？并指出它的优点和不足之处。

5-5　什么是气膜阻力控制？什么是液膜阻力控制？

5-6　适宜液气比如何选择？增大液气比对操作线有何影响？

5-7　传质单元高度和传质单元数有何物理意义？

5-8　吸收剂的进塔条件包括哪3个要素？在吸收操作中如何调节这3个要素来强化吸收过程？

5-9　欲提高填料吸收塔的回收率，试分析应该从哪些方面着手？

5-10　高浓度气体吸收的主要特点有哪些？

5-11　填料有哪些特性？

5-12　什么是填料塔的载点和泛点？

习　题

5-1　总压为101.325kPa、温度为20℃时，1 000kg水中溶解15kg氨，此时溶液上方气相中氨的平衡分压为2.266kPa。试求此时亨利系数E、溶解度系数H、相平衡常数m。

5-2　总压121.6kPa、温度为10℃时，含SO_2摩尔分数为0.03的空气，与含SO_2摩尔分数为4.13×10^4的水溶液充分接触，试判断SO_2的传递方向。

5-3　在常温常压下，含CO_2为0.1(摩尔分数，下同)的CO_2-空气混合气与含CO_2为0.000 1的水溶液充分接触，已知操作条件下气液相平衡关系为$y_e=1\,640x$，试判断CO_2的传递方向。

5-4　用吸收分离某双组分气体均相混合物，操作总压是310kPa，气液相分传质系数为$k_y=3.77\times10^{-3}$kmol/(m^2·s)，$k_x=3.06\times10^{-4}$kmol/(m^2·s)，气液相的平衡关系符合亨利定律$y=34.4x$，求：(1)总传质系数K_y和K_x；(2)分析该过程的控制因素。

5-5　在填料塔内用清水逆流吸收空气-丙酮混合气中的丙酮，混合气入塔含丙酮摩尔分数为0.026 7，要求吸收率为80%。吸收操作时的总压为101.3kPa、温度为293K，此操作条件下的气液平衡关系为$y=1.18x$，求最小液气比为多少？如果要求吸收率为90%，则最小液气比为多少？

5-6　空气和氨的混合气体在直径为0.8m的填料吸收塔中用清水吸收其中的氨。已知送入的混合气流量为47.9kmol/h，其中含氨的摩尔分数为0.013 3，经过吸收后混合气中有99.5%的氨被吸收下来。操作温度为20℃，压力为101.325kPa。在操作条件下，平衡关系为 $y=0.75x$。若吸收剂(水)用量为 52kmol/h。已知氨的气相体积吸收总系数 $K_ya=314\text{kmol}/(\text{m}^3\cdot\text{h})$。试求所需填料层高度。

5-7　在填料塔内用清水逆流吸收净化含 SO_2 空气。空气入塔流量 0.04kmol/s，其中含 SO_2 3%(体积分数)，要求该塔 SO_2 回收率 98%。操作压力为常压，温度 25℃，此时平衡关系 $y=34.9x$。总体积传质系数 K_ya 取为 $0.056\text{kmol}/(\text{m}^3\cdot\text{s})$，塔径为 1.6m。若出塔水溶液中 SO_2 浓度为其饱和浓度的 75%，求：(1)所需水量；(2)所需填料层高度；(3)当回收率提高 1%，即回收率为 99%时，所需填料层高度(清水用量不变)。

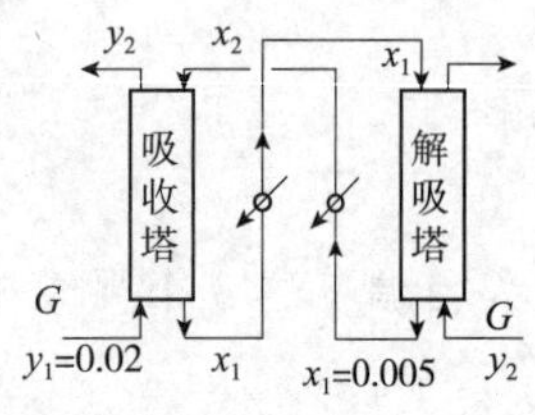

习题 5-8 附图

5-8　含苯摩尔分数为 0.02 的煤气用平均相对分子质量为 260 的洗油在一填料塔中做逆流吸收，以回收其中 95% 的苯，煤气的流量为 1 200kmol/h。塔顶进入的洗油中含苯摩尔分数为 0.005，洗油的流率为最小用量的 1.3 倍。吸收塔在 101.3kPa，27℃下操作，此时气液平衡关系为 $y=0.125x$。

富油由吸收塔底出口经加热后被送入解吸塔塔顶，在解吸塔底送入过热水蒸气使洗油脱苯。脱苯后的贫油由解吸塔底排出被冷却至 27℃再进入吸收塔使用，水蒸气用量取最小用量的 1.2 倍。解吸塔在 101.3kPa、120℃下操作，此时的气液平衡关系为 $y=3.16x$。求洗油的循环流率和解吸时的过热蒸汽耗量。

5-9　在一填料吸收塔内用过热水蒸气使洗油脱苯，入塔洗油中苯的摩尔分数为 0.1，解吸后出塔洗油中含苯摩尔分数为 0.002，已知操作条件下物系相平衡关系为 $y=3x$，采用过热蒸汽用量为最小用量的 1.5 倍，该填料的传质单元高度为 $H_{OG}=0.4\text{m}$，求该塔的填料层高度。

5-10　用纯溶剂逆流吸收混合气中的溶质，气液相平衡关系服从亨利定律。若吸收剂用量为最小用量的 1.3 倍，已知传质单元高度 $H_{OG}=0.7\text{m}$。试求：(1)回收率分别为 90%和 99%时所需的塔高；(2)试分析两种情况下吸收剂用量的关系。

5-11　某填料吸收塔高 2.7m，在常压下用清水逆流吸收混合气中的氨。混合气入塔的摩尔流率为 $0.03\text{kmol}/(\text{m}^2\cdot\text{s})$。清水的喷淋密度 $0.018\text{kmol}/(\text{m}^2\cdot\text{s})$。进口气体中含氨体积分数为 2%，已知气体总传质系数 $K_ya=0.1\text{kmol}/(\text{m}^3\cdot\text{s})$，操作条件下亨利系数为 60kPa。试求排出气体中氨的浓度。

5-12　在一逆流填料吸收塔内，用洗油吸收煤气中的苯，已知操作条件下气液相平衡关系为 $y=0.125x$。煤气的流量为 1 000kmol/h，入塔煤气中含苯摩尔分数为 0.02，塔顶进入的洗油中含苯摩尔分数为 0.007 5，要求出塔煤气中苯残留小于 0.001(摩尔分数)，实际液气比为最小液气比的 1.28 倍，已知 H_{OG} 为 0.2m，试求：(1)最小气液比；(2)溶剂用量及出塔溶剂中溶质的浓度；(3)所需填料层高度；(4)已知传质过程为气膜控制，在操作中，溶剂用量增加了 20%，此时出塔混合气中苯的浓度。

5-13　含氨 1.5%(体积)的气体通过填料塔用清水吸收其中的氨，气液逆流流动，平衡关系为 $y=0.8x$，用水量为最小用水量的 1.2 倍。单位塔截面的气体流量为 $0.024\text{kmol}/(\text{m}^2\cdot\text{s})$，体积总传质系数 $K_ya=0.06\text{kmol}/(\text{m}^3\cdot\text{s})$，填料层高为 6m。试求：(1)出塔气体氨的组成；(2)拟用加大溶剂量以使吸收率达到99.5%，此时液气比应为多少？

5-14 常温下用清水在填料塔内逆流吸收空气–丙酮混合气体中的丙酮，操作温度为20℃。液气比为2∶1，回收率为95%，已知在操作范围内物系的相平衡关系为$y=1.18x$，该吸收过程为气膜控制，$K_ya \propto G^{0.8}$，吸收剂用量L对K_ya的影响可忽略不计。现因处理量增加，混合气体流量增加为原工况的1.2倍，若系统操作温度、压强不变，为保证排出的尾气浓度不升高，故增加10%的填料层高度。试求塔高增加后液体流量应为原工况的多少倍才能使气体出塔浓度不变。

5-15 在一逆流填料吸收塔中，用纯溶剂吸收混合气中的溶质组分。已知入塔气体溶质浓度为0.015(摩尔分数)，吸收剂用量为最小用量的1.2倍，操作条件下气液平衡关系为$y=0.8x$，溶质回收率为98.3%。现要求将溶质回收率提高到99.5%，问溶剂用量应为原用量的多少倍？假设该吸收过程为气膜控制。

5-16 某大型氨厂于填料塔中用碳酸钾溶液逆流吸收变换气中的CO_2，已知入塔混合气流量为7 468kmol/h、平均摩尔质量为15.2kg/kmol、密度为12.8kg/m^3，液体流量为838m^3/h、密度为1 217kg/m^3、黏度为0.52mPa·s。拟采用散堆50mm×50mm×0.9mm的钢鲍尔环。试计算泛点气速，并求填料塔直径。

第6章 蒸馏

图6-1为间歇法生产工业级苯甲醇的工艺流程，在装有回流冷凝器及带有夹套的钢制反应器中加入水、纯碱和氯化苄，搅拌并加热，回流至不再有 CO_2 逸出，冷却反应物加氯化钠至饱和，分层分离，上层得粗醇，粗醇经减压蒸馏可得到工业级苯甲醇。从上述实例可以看出，在化工生产中，对液体混合物的提纯精制过程经常涉及蒸馏操作，因此，掌握蒸馏操作的原理、基本计算以及影响蒸馏操作的因素，了解精馏塔的结构、操作方式是非常必要的。

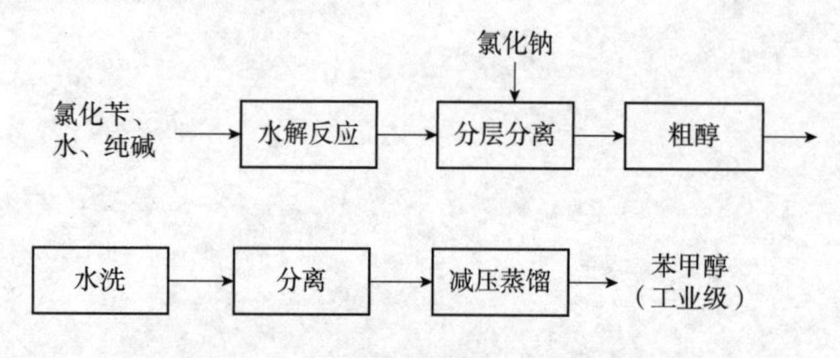

图6-1　工业级苯甲醇生产工艺流程

化工生产中为了提纯或回收有用组分，常需要对均相液体混合物进行分离。例如，从发酵的醪液中提纯饮用酒和医用酒精；在石油的炼制中将原油分为汽油、煤油、柴油、润滑油等一系列产品。所谓蒸馏，就是利用混合物中各组分挥发性的差异，而将混合物中各组分进行分离的单元操作。通常，将沸点低的组分称为易挥发组分，沸点高的称为难挥发组分。在一定温度下，混合液中饱和蒸气压高的组分容易挥发，饱和蒸气压低的组分难挥发。

余国琮

6.1 概述

6.1.1 蒸馏分离的依据

利用液体混合物中各组分挥发性能的差异，以热能为媒介使其部分汽化或混合蒸气部分冷凝，从而在气相中富集易挥发组分，液相中富集难挥发组分，使混合物得以分离的方法，称为蒸馏。例如，对乙醇-正丙醇的混合液，加热使之部分汽化，由于乙醇的沸点较低，挥发度高，所以较正丙醇易于从液相中汽化出来，再将汽化的蒸气进行冷凝，即可得到乙醇组成高于原料的产品，从而使乙醇和正丙醇得以分离。

6.1.2 蒸馏操作的分类

由于待分离混合物中各组分挥发度的差异、要求的分离程度、操作条件等各有不同，因此蒸馏方法也有多种，其分类如下：

①按蒸馏方式　可分为简单蒸馏、平衡蒸馏、精馏及特殊精馏等多种方式。当混合物中各组分的挥发度差别很大，且对分离要求又不高时，可采用简单蒸馏和平衡蒸馏。它们是最简单的蒸馏方法。当混合物中各组分的挥发度相差不大，又要求将组分以非常高的纯度分开时，则必须采用精馏。当混合物中各组分的挥发度差别很小或形成恒沸物，采用普通精馏方法达不到分离要求，此时，需加入第三组分，应采用特殊精馏，根据加入物质的不同，可分为恒沸精馏和萃取精馏。

②按待分离混合物的组分数　可分为双组分精馏和多组分精馏。工业上遇到的大多是多组分精馏，但双组分精馏是多组分精馏的基础，而且有些多组分精馏问题可以用双组分精馏的方法来处理。

③按操作压力　可分为常压蒸馏、加压蒸馏和减压(真空)蒸馏。通常，对在常压下沸点在室温至150℃左右的混合液，可采用常压蒸馏。对在常压下沸点低于室温的混合物，一般用加压的方法以提高其沸点，如常压下的气态混合物，宜采用加压蒸馏。对在常压下沸点较高，或者较高温度下易分解、聚合等变质现象的混合物，常采用减压蒸馏以降低操作温度。

④按操作过程是否连续　可分为间歇精馏和连续精馏。连续精馏为稳态操作，生产中多以连续精馏为主，间歇精馏为非稳态操作，主要应用于小规模生产或某些特殊要求的场合。

6.2 双组分溶液的气液相平衡

在分析蒸馏原理之前，首先要了解气液相平衡关系，气液相平衡是蒸馏过程的热力学基础，是分析精馏原理和进行精馏塔计算的理论依据。

6.2.1　理想物系的气液相平衡

理想物系是指液相为理想溶液、气相为理想气体所组成的物系。根据溶液中同分子间与异分子间作用力的差异，可将溶液分为理想溶液和非理想溶液。所谓理想溶液，是指其中各个组分在全部浓度范围内都服从拉乌尔定律；理想物系的气相应遵循道尔顿分压定律。

严格地说，没有完全理想的物系，实际上，低压下组分分子结构相似的物系接近理想物系。

6.2.1.1　双组分理想物系的温度-组成关系式

根据拉乌尔定律，理想溶液上方的平衡分压为

$$p_A = p_A^0 x_A \tag{6-1}$$

$$p_B = p_B^0 x_B = p_B^0 (1 - x_A) \tag{6-1a}$$

式中　p_A，p_B——溶液上方 A 和 B 两组分的平衡分压，Pa；

p_A^0，p_B^0——同温度下，纯组分 A 和 B 的饱和蒸气压，Pa；

x_A，x_B——混合液组分 A 和 B 的摩尔分数。

只有物性和结构相似、分子大小相近的物系，如苯-甲苯、甲醇-乙醇等有机同系物所形成的溶液，可作为理想溶液处理。若溶液中同种分子间作用力与不同种分子间作用力不等或相差较大，则为非理想溶液。

理想物系气相可视为理想气体，服从道尔顿分压定律，既总压等于各组分分压之和。对双组分物系：

$$p = p_A + p_B \tag{6-2}$$

式中　p——气相总压，Pa；

p_A 和 p_B——A、B 组分在气相的分压，Pa。

将式(6-1)代入式(6-2)，可得

$$x_A = \frac{p - p_B^0}{p_A^0 - p_B^0} \tag{6-3}$$

由于 p_A^0，p_B^0 取决于溶液开始沸腾时的温度（泡点），故式(6-3)表达的是一定总压下液相组成与溶液泡点的关系，因而称为泡点方程。通常，纯液体的饱和蒸气压 p_A^0、p_B^0 仅与温度 t 有关，可采用实测数据或用经验公式安托因方程推算：

$$\lg p^0 = A - \frac{B}{t + C}$$

式中　t——温度，℃；

A、B、C——组分的安托因常数，可从有关数据手册中查取。

根据道尔顿分压定律，组分 A 在气相中的分压为

$$p_A = p y_A \tag{6-4}$$

将式(6-1)和式(6-3)代入式(6-4)，可得到一定总压下气相组成与开始冷凝时的

温度(露点)的关系式

$$y_A=\frac{p_A^0}{p}\frac{p-p_B^0}{p_A^0-p_B^0} \tag{6-5}$$

故式(6-5)也称为露点方程。

在总压一定的条件下，对于理想溶液，只要溶液的饱和温度已知，根据 A、B 组分的蒸气压数据，查出饱和蒸气压 p_A^0 和 p_B^0，则可以采用式(6-3)的泡点方程确定液相组成 x_A，采用式(6-5)的露点方程确定与液相呈平衡的气相组成 y_A。

6.2.1.2 *t-y-x* 图与 *y-x* 图

气液平衡用相图来表达比较直观、清晰，而且影响蒸馏的因素可在相图上直接反映出来。蒸馏中常用的相图为恒压下的温度-组成图和气相、液相组成图。

(1)温度-组成(t-y-x)图

双组分混合物的温度-组成(t-y-x)图是在恒定压力下，由不同温度下两相互呈平衡的气-液组成(x，y)，在温度-组成坐标中标绘的图形。在总压为101.33kPa下，苯-甲苯混合液的平衡温度-组成图如图6-2所示。图中纵坐标表示温度，横坐标表示易挥发组分苯的组成。图中曲线①为饱和液体线，它表示混合液的平衡温度 t 和液相组成 x 之间的关系。曲线②为饱和蒸气线，它表示混合液的平衡温度 t 和气相组成 y 之间的关系。上述两条曲线将 t-y-x 图分成3个区域。饱和液体线以下的区域代表未沸腾的液体，称为液相区；饱和蒸气线上方的区域代表过热蒸气，称为过热蒸气区；二曲线包围的区域表示气液两相同时存在，称为气液共存区。在同一温度下曲线①和②上对应的两点 A 与 B 表示在此温度下呈平衡的液、气相组成。

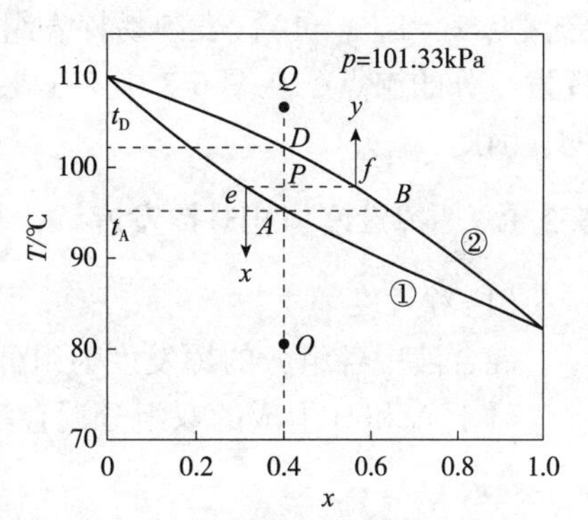

图6-2 苯-甲苯体系的 T-x 图

图中的 O 点表示温度为80℃、苯含量为0.4(摩尔分数)的过冷液体，将此溶液升温至 A 点，溶液开始沸腾，此时产生第一个气泡，相应的温度称为泡点温度，因此饱和液体线又称泡点线，由于出现气相，此时为两相体系，继续升温至 P 点，仍是两相体系，气、液相组成分别用 f 点和 e 点所示。

同样，将 Q 点表示的过热蒸气冷却至 D 点，混合气开始冷凝产生第一滴液体，相应的温度称为露点温度，因此饱和蒸气线又称露点线。

在同一组成下曲线①和②上相应的两点 A 和 D 分别表示液相的泡点 t_A 和气相的露点 t_D。从图6-2中可见，气液两相呈平衡状态时，气相组成总是大于液相组成。若气液两相组成相同，则气相的露点温度总是大于液相的泡点温度。

(2)y-x 图

根据图6-2，在一定温度下可得到一对呈平衡的气、液相组成，将其绘制在直角坐标系中，纵坐标从0~1表示易挥发组分气相组成 y，横坐标从0~1表示易挥发组分的液相组成 x，相应地在图6-3中就可作出一点，这样由 t-y-x 图可直接转换得到

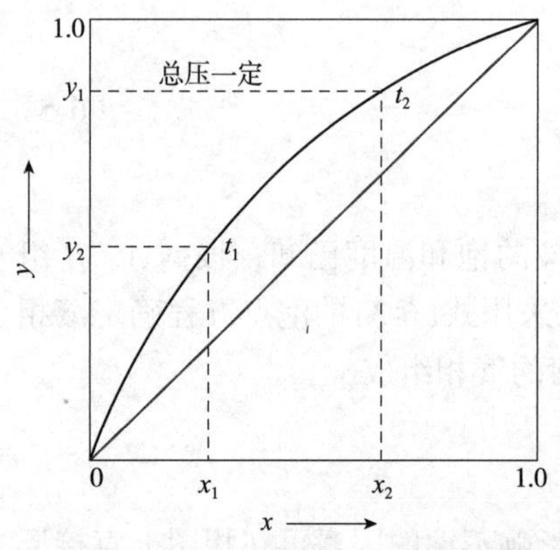

图6-3 苯-甲苯体系的相平衡曲线

y-x 平衡曲线，同时联结对角线作为参考线。图6-3中曲线表示液相组成和与之平衡的气相组成的关系，由于易挥发组分气相组成 y 总大于液相组成 x，所以平衡线居于对角线上方。平衡曲线(y-x)与对角线相对位置的远近，反映了两组分挥发能力差异的大小或分离的难易程度。平衡曲线离对角线越远，说明两组分挥发能力的差异越大，越易于分离，即有利于蒸馏过程；反之，两组分挥发能力差异越小，越不易分离。当平衡曲线趋近或与对角线重合时，则不能采用常规蒸馏方法进行分离。

在图6-3中，点($x=0$，$y=0$)代表纯难挥发组分，点($x=1$，$y=1$)代表纯易挥发组分，因此，两点的温度分别为纯难挥发组分和易挥发组分的沸点。在图6-3中 y-x 平衡曲线上，沿着 x 增大的方向，温度是逐渐降低的，因此，$t_2<t_1$。

6.2.1.3 挥发度与相对挥发度

(1)挥发度

混合液中各组分的挥发度为组分的平衡蒸气分压与其液相摩尔分数之比。

对于A和B组成的双组分混合液有：

$$v_A=\frac{p_A}{x_A} \tag{6-6a}$$

$$v_B=\frac{p_B}{x_B} \tag{6-6b}$$

式中 v_A，v_B——组分A和B的挥发度；

p_A，p_B——气液平衡时，组分A和B在气相中的分压；

x_A，x_B——气液平衡时，组分A和B在液相中的摩尔分数。

对于纯液体，其挥发度就等于该温度下液体的饱和蒸气压。若为理想溶液，因符合拉乌尔定律，则有：

$$v_A=p_A^0,\ v_B=p_B^0$$

即其中组分挥发度的定义与纯液体的蒸气压相同。对于非理想溶液，则拉乌尔定律不适用，必须用式(6-6)表达。

(2)相对挥发度

在蒸馏分离中起决定性作用的是两组分挥发难易的对比，可定量地用其挥发度之比表示，称为相对挥发度，以符号 α 代表。对于两组分溶液，习惯上将易挥发组分的挥发度作为分子：

$$\alpha=\frac{v_A}{v_B}=\frac{\dfrac{p_A}{x_A}}{\dfrac{p_B}{x_B}}=\frac{p_Ax_B}{p_Bx_A} \tag{6-7}$$

若气相遵循道尔顿分压定律，则气相中分压之比 p_A/p_B 等于摩尔分数之比 y_A/y_B，故

$$\alpha=\frac{y_A x_B}{y_B x_A} \quad 或 \quad \frac{y_A}{y_B}=\alpha\frac{x_A}{x_B} \tag{6-8}$$

相对挥发度 α 值是相平衡时两组分在气相中的摩尔分数比与液相中摩尔分数比的比值。相对挥发度 α 值的大小可以用来判断某混合液是否能用蒸馏方法加以分离以及分离的难易程度。若 $\alpha>1$，表示组分 A 较 B 容易挥发，α 越大，挥发度差异越大，分离越易。若 $\alpha=1$，则 $y=x$，说明气相组成与液相组成相等；则普通蒸馏方式将无法分离此混合物。

对于两组分溶液，可用单一变量表示相组成：$x_B=1-x_A$，$y_B=1-y_A$，代入式(6-8)，并略去下标，当总压不高时，可得相平衡方程：

$$y=\frac{\alpha x}{1+(\alpha-1)x} \tag{6-9}$$

对于理想溶液，因其服从拉乌尔定律，则有：

$$\alpha=\frac{v_A}{v_B}=\frac{p_A^0}{p_B^0} \tag{6-10}$$

即理想溶液的相对挥发度等于同温度下两纯组分的饱和蒸气压之比。

(3)平均相对挥发度 $\overline{\alpha}$

纯组分的饱和蒸气压 p_A^0、p_B^0 均系温度的函数，且随温度的升高而增大。因此，α 原则上随温度而变化。但 p_A^0/p_B^0 与温度的关系较 p_A^0、p_B^0 与温度的关系小得多，可在操作温度变化范围内，取某一平均值 $\overline{\alpha}$ 并将其视为常数。$\overline{\alpha}$ 一般由塔两端 α 值计算：

$$\overline{\alpha}=(\alpha_1+\alpha_N)/2 \; 或 \; \overline{\alpha}=\sqrt{\alpha_1\times\alpha_N} \tag{6-11}$$

式中 α_1、α_N——塔两端的相对挥发度。

6.2.2 非理想体系的气液相平衡

在工业生产中，理想溶液很少，原因在于异种分子间的作用力与同种分子间的作用力不同，其表现是溶液中各组分的平衡蒸气压偏离于拉乌尔定律。此偏差可正可负，故将溶液分为对拉乌尔定律具有正偏差的溶液和具有负偏差的溶液，实际溶液中以正偏差溶液居多。

6.2.2.1 具有正偏差的溶液

这种溶液中各组分的蒸气分压均大于拉乌尔定律的计算值，即 $p_A>p_A^0x_A$，$p_B>p_B^0x_B$，属于正偏差的溶液有两种情况。

①无恒沸点的溶液　这种溶液对拉乌尔定律的偏差不太大，如甲醇-水溶液，其 t-y-x 图和 y-x 图与理想溶液的相仿。

②有最低恒沸点的溶液　如乙醇-水溶液。图 6-4(a)为乙醇-水混合液 t-x-y 图。由图可见，液相线和气相线在点 M 重合，即点 M 所示的两相组成相等。常压下点 M 的组成为 0.894，称为恒沸组成；相应的温度为 78.15℃，称为恒沸点。此溶液称为恒沸液。因点 M 的温度较任何组成下溶液的泡点都低，故这种溶液称为具有最低恒

沸点的溶液。图6-4(b)是其 x-y 图，平衡线与对角线的交点 M 与图6-4(a)的点 M 相对应，该点溶液的相对挥发度等于1。

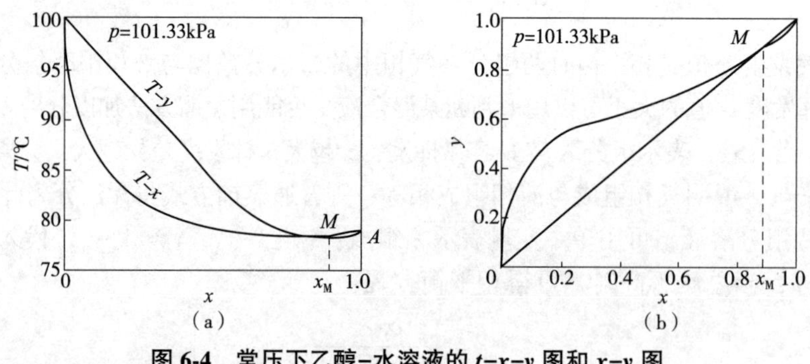

图6-4 常压下乙醇-水溶液的 t-x-y 图和 x-y 图

(a) T-x-y (b) x-y

6.2.2.2 具有负偏差的溶液

这种溶液中各组分的蒸气分压均小于拉乌尔定律的计算值，即 $p_A < p_A^0 x_A$，$p_B < p_B^0 x_B$。属于负偏差的溶液也有两种情况。

①无恒沸点的溶液　这种溶液对拉乌尔定律的偏差不太大，如氯仿-苯溶液。

②有最高恒沸点的溶液　如硝酸-水溶液。图6-5(a)为硝酸-水混合液的 t-x-y 图。该图与图6-4的相似，不同的是在恒沸点 M 处的温度(121.9℃)比任何组成下该溶液的泡点都高，故这种溶液称为具有最高恒沸点的溶液。图中点 M 所对应的恒沸组成为0.383。图6-5(b)是其 x-y 图，平衡线与对角线的交点与图6-5(a)中的点 M 相对应，该点溶液的相对挥发度等于1。

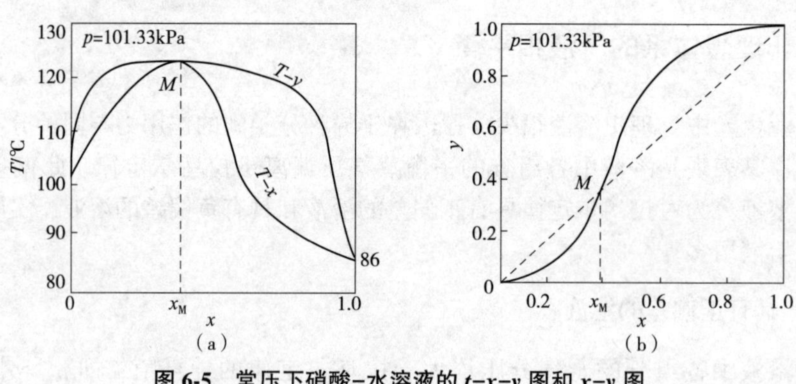

图6-5 常压下硝酸-水溶液的 t-x-y 图和 x-y 图

(a) T-x-y (b) x-y

6.3 简单蒸馏和平衡蒸馏

6.3.1 简单蒸馏

简单蒸馏是一种单级蒸馏过程，常以间歇方式进行。简单蒸馏装置如图6-6所示，混合液在蒸馏釜1中受热后部分汽化，产生的蒸气随即进入冷凝器2中冷凝，冷凝液不断流入接受器3中，作为馏出液产品。由于气相中组成 y 大于液相组成 x(y、x 为易挥发组分在气、液相中的摩尔分数)，因此随着过程的进行，釜中液相组成不断降低，使得与之平衡的气相组成(馏出液组成)也随之降低，而釜内液体中难挥发组分摩尔分数不断增加，使得溶液泡点逐渐升高。由于馏出液的组成开始时最高，随后逐渐降低，故常设有几个接受器，按时间的先后，分别得到不同组成的馏出液。

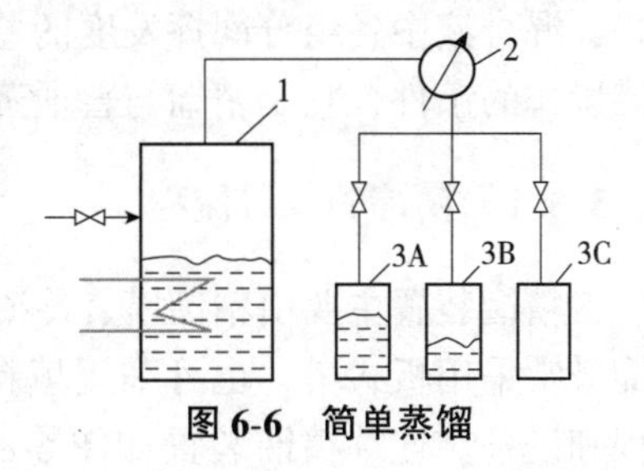

图6-6 简单蒸馏

简单蒸馏是一个不稳定过程，在蒸馏过程中，馏出液和釜液的组成、系统温度随时间而改变，虽然瞬间形成的气液相可视为互相平衡，但全部馏出液的平均组成与剩余釜液的组成并无相平衡关系。

简单蒸馏的分离效果不高，适合于混合物的粗分离，特别适合于挥发度相差较大而分离要求不高的场合，如原油或煤油的初馏。

6.3.2 平衡蒸馏

平衡蒸馏又称闪蒸，也是一种单级蒸馏过程，其操作过程既可以间歇又可以连续方式进行。化工生产中多采用图6-7所示的连续式平衡蒸馏装置。将料液输送并加压至 p_1，经加热器加热至 T，温度 T 低于液体在 p_1 下的平衡温度，通过减压阀减压至 p_2，液体在 p_2 下的平衡温度为 t，因 $t<T$，此时液体处于过热状态，其高于沸点的显热随即使部分液体迅速汽化，最后气液两相的温度和组成趋于平衡，平衡的气、液两相在分离器中分离后，分别从分离器的顶部和底部排出。

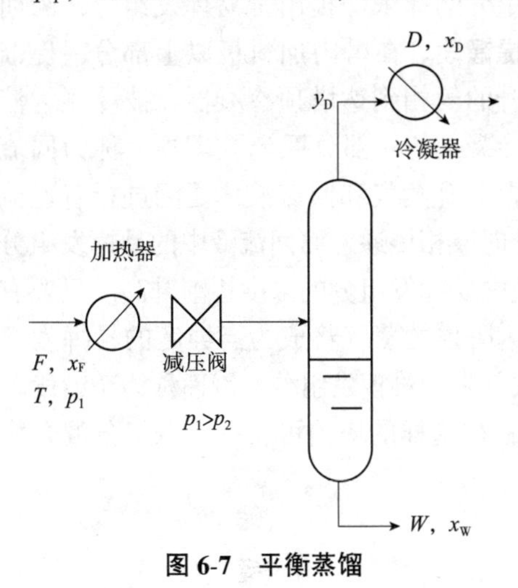

图6-7 平衡蒸馏

例如：在1标准大气压下，水的平衡温度即其沸点100℃，将水加热至150℃，加压至10个标准大气压(该压力下的平衡温度为180℃)，此时水未沸腾，压力减至1标准大气压，此时由温差(100～150℃)引起的显热使部分液体汽化，称为闪蒸。未汽化部分组成 x_W 与气相组成 y_D 达平衡，气相冷凝，分别从容器顶、底排出。

平衡蒸馏在分离器内通过一次部分汽化使混合液得到一定程度的分离，适合于大批量生产且物料只需粗分离的场合。

6.3.3 精馏原理

上述的简单蒸馏和平衡蒸馏都是单级分离过程，即对混合液进行一次部分汽化

(冷凝)，因此只能对混合液部分分离。精馏是多级分离过程，即对混合液同时进行多次部分汽化和部分冷凝，因此可使混合液得到近乎完全的分离。不管何种操作方式，混合液中各组分间挥发度的差异是实现蒸馏分离的前提和基础。回流则是实现精馏操作的条件，它是精馏与普通蒸馏的基本区别。

板式塔—精馏过程动画

6.3.3.1 精馏的装置流程

精馏装置主要由精馏塔、冷凝器和蒸馏釜(或称再沸器)组成。精馏塔常采用板式塔，也可采用填料塔，本章以板式塔为例介绍精馏过程和设备。连续精馏装置如图6-8所示。料液自塔中部附近的进料板连续地加入塔内，向下流动，在塔下部的蒸馏釜中被加热，部分汽化产生上升蒸气，蒸气沿塔上升，与下降的液体逆流接触，因为两相温度不同，组成未达平衡，接触时液相发生部分汽化，气相发生部分冷凝，下降液体中的易挥发组分向气相传递，上升蒸气中的难挥发组分向液相传递，结果使上升的气相中易挥发组分逐渐增多，难挥发组分逐渐减少，而下降的液相中难挥发组分逐渐增多，而易挥发组分逐渐减少，在塔内加料板以下部分完成了下降液体中难挥发组分的提浓即提出了易挥发组分，因而称为**提馏段**。在塔内加料板以上部分，提馏段上升的气相到达塔顶冷凝器，被冷凝为液体，冷凝液的一部分回流入塔顶，称为回流液，其余作为塔顶产品(馏出液)连续排出。塔内上升蒸气和回流液体之间进行着逆流接触和物质传递，上升蒸气中所含的难挥发组分向液相传递，而回流液中的易挥发组分向气相传递。如此物质交换的结果，使上升蒸气中易挥发组分的浓度逐渐升高。只要有足够的相际接触表面和足够的液体回流量，到达塔顶的蒸气将成为高纯度的易挥发组分。塔的上半部完成了上升蒸气的精制，即除去其中的难挥发组分，因而称为**精馏段**。

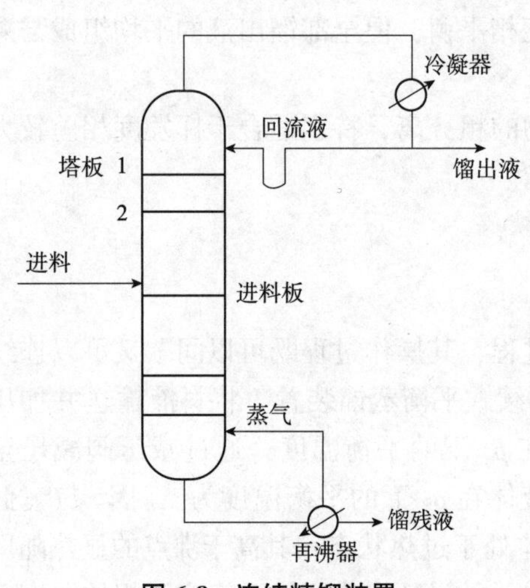

图6-8 连续精馏装置

一个完整的精馏塔应包括精馏段和提馏段，在这样的塔内可将一个双组分混合物连续地、高纯度地分离为易挥发、难挥发两组分。

6.3.3.2 塔板的作用

化工厂中精馏操作是在直立圆形的精馏塔内进行的。精馏塔可分为板式塔和填料塔，填料塔的结构及气液两相的流动特性在吸收一章中介绍，本章主要介绍板式塔。板式塔内装有若干层塔板，塔板数自上而下依次编号，塔板上开有许多小孔，若任意一块塔板为第 n 层板，来自下一层板(第 $n+1$ 层板)上升的蒸气通过板上的筛孔上升，如果气速足够大，蒸气在压差的作用下可将液体托住，而不致漏下来，上一层板(第 $n-1$ 层板)上的液体通过溢流管下降到第 n 层板上，横向流过该层塔板，再由溢流管

流至第 $n+1$ 层，在第 n 层板气液两相密切接触，进行热交换和质交换。设进入第 n 层板的气相的组成和温度分别为 y_{n+1} 和 t_{n+1}，液相的组成和温度分别为 x_{n-1} 和 t_{n-1}，二者在第 n 板上接触，因气相温度 t_{n+1} 高于液相温度 t_{n-1}，气相发生部分冷凝，使其中部分难挥发组分转入液相中；而气相放出的潜热传给液相，使液相部分汽化，其中部分易挥发组分转入气相中。其结果使每一块塔板所产生的气相中易挥发组分的浓度较下一板增加，所产生的液相中易挥发组分的浓度较上一板减少，因此，在精馏塔中，越往上气液两相中易挥发组分越多，温度就越低。即

$$y_{n-1}>y_n>y_{n+1}$$

$$x_{n-1}>x_n>x_{n+1}$$

$$t_{n-1}<t_n<t_{n+1}$$

如果进入塔板的气液两相接触良好，且时间足够长，不论进入理论板的气液两相组成如何，离开该塔板的气液两相在传质与传热两个方面都达到平衡状态：即两相温度相同，气相组成 y_n 和液相组成 x_n 相互平衡，则将这种塔板称为理论板。如果精馏塔的塔板数足够多，即可达到使混合液中各组分进行较完全分离的目的。

6.3.3.3 回流的作用

回流是精馏操作能否顺利进行的必要条件。由前述可知，精馏操作过程中，气相要进行多次部分冷凝，液相要进行多次部分汽化，为此，需要塔顶液体回流和塔底上升的蒸气流。它们为塔板上气液两相进行部分冷凝和部分汽化提供所需要的冷量和热量，精馏和蒸馏的区别就在于回流。

如果只采用液相回流(无塔底的上升蒸气)，即只有精馏段，则只能将料液分离而得到较纯易挥发组分产品和组成接近于料液的混合物；如果只采用上升蒸气(无塔顶回流)，即只有提馏段，则只能将料液分离而得到较纯难挥发组分产品和组成接近料液的混合物。

6.4 双组分连续精馏的计算

精馏过程的计算可分为设计型计算和操作型计算两类。本节将着重讨论双组分连续精馏的设计型计算。精馏的设计型计算，通常已知原料液流量、组成和指定的分离程度，需要计算或确定以下内容：①确定产品的流量或组成。②为完成一定的分离要求所需的塔板数或填料层高度。本节将以板式精馏塔为例加以讨论。

由于精馏过程既涉及传质又涉及传热过程，影响因素较多，为简化计算，引入理论板假设和恒摩尔流假设。

6.4.1 理论板假设和恒摩尔流假设

6.4.1.1 理论板概念

所谓理论板是指离开这种板的气液两相互为平衡，即温度相等，组成达平衡。气

液相平衡是气液传质的极限，实际情况经常是气液两相接触时间有限，混合不够充分，在未达到平衡之前就离开了塔板，因此，理论板是不存在的，理论板仅用作衡量实际板分离效率的标准和依据。通常，在精馏计算中先求得理论板数，然后利用塔板效率予以校正，即可求得实际板数。实际板数要比理论板数多。

6.4.1.2　恒摩尔流假设

(1) 恒摩尔气流

精馏操作时，在精馏段内每层塔板上升的蒸气摩尔流量都相等，在提馏段内每层塔板上升的蒸气摩尔流量也相等，即

$$V_1=V_2=\cdots=V=\text{常数} \qquad V_1'=V_2'=\cdots=V'=\text{常数}$$

式中　V——精馏段上升蒸气的摩尔流量，kmol/h；

V'——提馏段上升蒸气的摩尔流量，kmol/h。

(2) 恒摩尔液流

精馏操作时，在精馏段内每层塔板下降的液体摩尔流量都相等，在提馏段内每层塔板下降的液体摩尔流量也相等，即

$$L_1=L_2=\cdots=L=\text{常数} \qquad L_1'=L_2'=\cdots=L'=\text{常数}$$

式中　L——精馏段下降液体的摩尔流量，kmol/h；

L'——提馏段下降液体的摩尔流量，kmol/h。

由于进料的影响，精馏段和提留段上升蒸气的摩尔流量 V 和 V' 不一定相等，下降液体的摩尔流量 L 和 L' 也不一定相等，视进料热状况而定。

若在精馏塔塔板上气液两相接触时，有 $n$kmol 的蒸气冷凝相应就有 $n$kmol 的液体汽化，这样恒摩尔流的假设才能成立。$n$kmol 气体液化放出的热量为发生相变时放出的汽化潜热与气液两相接触时因温度不同而交换的显热之和，即 $Q=n(r+c_p\Delta t)$，通常汽化潜热远远大于显热。因此，恒摩尔流假设成立所必须满足的条件是：①各组分的摩尔汽化热相等。②气液接触时因温度不同而交换的显热可以忽略。③塔设备保温良好，热损失可以忽略。

6.4.2　物料衡算和操作线方程

6.4.2.1　全塔物料衡算

通过全塔进行物料衡算，可以求出精馏塔顶、底的产量与进料量及各组成之间的关系。

对图6-9所示的连续精馏塔做全塔物料衡算，得到

总物料衡算：
$$F=D+W \tag{6-12}$$

易挥发组分的物料衡算：
$$Fx_F=Dx_D+Wx_W \tag{6-13}$$

式中　F——原料液流量，kmol/h；

D——塔顶产品(馏出液)流量，kmol/h；

W——塔底产品(釜残液)流量，kmol/h；

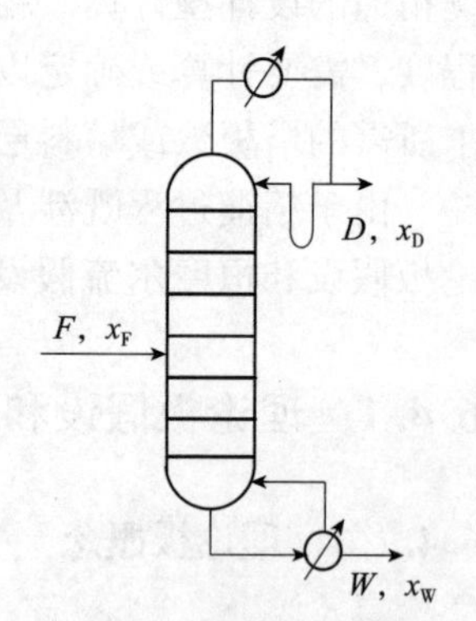

图6-9　全塔物料衡算

x_F——原料液中易挥发组分的摩尔分数；

x_D——塔顶产品中易挥发组分的摩尔分数；

x_W——塔底产品中易挥发组分的摩尔分数。

在精馏计算中，对分离过程除要求用塔顶和塔底的产品组成表示外，有时还用回收率表示。

塔顶易挥发组分的回收率 η_D：
$$\eta_D=\frac{Dx_D}{Fx_F}\times 100\% \tag{6-14}$$

塔釜难挥发组分的回收率 η_W：
$$\eta_W=\frac{W(1-x_W)}{F(1-x_F)}\times 100\% \tag{6-15}$$

也可求出馏出液的采出率 D/F 和釜液采出率 W/F，即

$$\frac{D}{F}=\frac{x_F-x_W}{x_D-x_W} \qquad \frac{W}{F}=\frac{x_D-x_F}{x_D-x_W} \tag{6-16}$$

【例 6-1】 连续精馏塔分离苯和甲苯混合液。料液流量为 12 000kg/h，含苯 40%(质量分数，下同)。要求馏出液组成 97%，釜残液组成 2%。求馏出液和釜残液流量(kmol/h)；馏出液中易挥发组分回收率和釜残液中难挥发组分回收率。

解： 苯相对分子质量为 78，甲苯相对分子质量为 92。

原料液组成：
$$x_F=\frac{40/78}{40/78+60/92}=0.44$$

馏出液组成：
$$x_D=\frac{97/78}{97/78+3/92}=0.975$$

釜残液组成：
$$x_W=\frac{2/78}{2/78+98/92}=0.023\,5$$

料液相对平均分子质量： $M_F=0.44\times 78+0.56\times 92=85.8\quad \text{kg/kmol}$

原料液流量： $F=12\,000/85.8=140\quad \text{kmol/h}$

全塔物料衡算：
$$D+W=F=140$$
$$Dx_D+Wx_W=Fx_F=140\times 0.44$$

解得 $W=78.7\text{kmol/h}\qquad D=61.3\text{kmol/h}$

馏出液中易挥发组分回收率为

$$\eta_D=\frac{Dx_D}{Fx_F}=\frac{61.3\times 0.975}{140\times 0.44}=97\%$$

釜残液难挥发组分回收率为

$$\eta_W=\frac{W(1-x_W)}{F(1-x_F)}=\frac{78.7\times(1-0.023\,5)}{140\times(1-0.44)}=98\%$$

6.4.2.2 精馏段操作线方程

操作线方程是表示相邻两层塔板之间，上层塔板下降液体组成 x_n 与下层塔板上升蒸气组成 y_{n+1} 之间的关系式。在连续精馏塔的精馏段与提馏段之间，因有原料液不断进入塔内，因此两段的操作关系是不同的，应分别进行讨论。

对图 6-10 中虚线所画定的范围（包括精馏段中第 n+1 块塔板以上的塔段及冷凝器在内）做物料衡算。

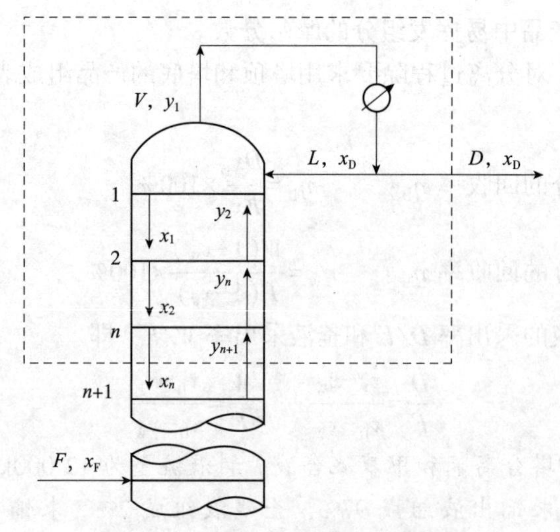

图 6-10　精馏段操作线方程的推导

总物料衡算：
$$V=L+D \tag{6-17}$$

易挥发组分的物料衡算：
$$Vy_{n+1}=Lx_n+Dx_D \tag{6-18}$$

式中　y_{n+1}——精馏段第 n+1 层板上升蒸气中易挥发组分的摩尔分数；

x_n——精馏段第 n 层板下降液体中易挥发组分的摩尔分数。

将式(6-17)代入式(6-18)可得

$$y_{n+1}=\frac{L}{V}x_n+\frac{D}{V}x_D=\frac{L}{L+D}x_n+\frac{D}{L+D}x_D \tag{6-19}$$

令 $\boldsymbol{R=L/D}$，代入上式得

$$y_{n+1}=\frac{R}{R+1}x_n+\frac{1}{R+1}x_D \tag{6-20}$$

式中，R 称为回流比。式(6-19)和式(6-20)均称为精馏段操作线方程。该方程表示在一定操作条件下，从任意板下降的液体组成 x_n 和与其相邻的下一层板上升的蒸气组成 y_{n+1} 之间的关系。

根据恒摩尔流的假设可知，L 和 V 均为常数。稳定操作时，D 及 x_D 为定值，故 R 也为定值。因此，精馏段操作线方程在直角坐标系中为一条直线，其斜率为$\frac{R}{R+1}$，截距为$\frac{x_D}{R+1}$，在 y-x 图中过对角线上的点（x_D，x_D）及 y 轴上的点$\left(0,\frac{x_D}{R+1}\right)$。由精馏段操作线方程可知，回流比 R 越大，则操作线斜率越大，意味着经过一块理论板后，气相的增浓程度变大，液相的减浓程度也变大，故提高精馏段的液气比（或 R），对精馏段的分离是有利的。

6.4.2.3 提馏段操作线方程

对图6-11中虚线所画定的范围(包括提馏段中第m层塔板以下的塔段及再沸器在内)作物料衡算。

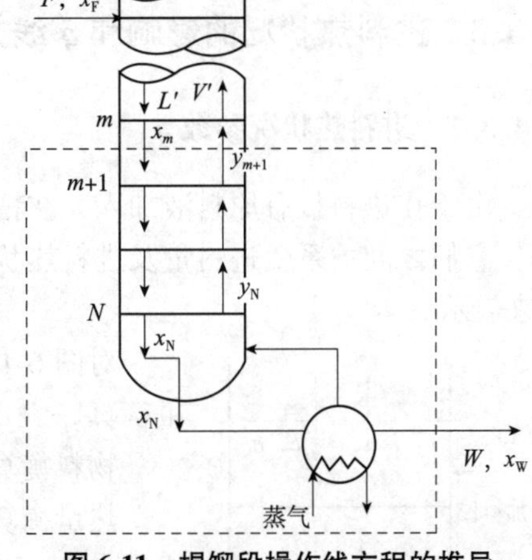

图6-11 提馏段操作线方程的推导

总物料衡算：

$$L'=V'+W \tag{6-21}$$

易挥发组分的物料衡算：

$$L'x_m=V'y_{m+1}+Wx_W \tag{6-22}$$

式中 x_m——提馏段第m层塔板下降液体中易挥发组分的摩尔分数；

y_{m+1}——提馏段第$m+1$层塔板上升蒸气中易挥发组分的摩尔分数。

将式(6-21)代入式(6-22)可得

$$y_{m+1}=\frac{L'}{V'}x_m-\frac{W}{V'}x_W \tag{6-23}$$

$$y_{m+1}=\frac{L'}{L'-W}x_m-\frac{W}{L'-W}x_W \tag{6-24}$$

式(6-23)和式(6-24)均称为提馏段操作线方程。该方程表示在一定操作条件下，提馏段内自任意板下降的液体组成x_m，和与其相邻的下一层板上升蒸汽组成y_{m+1}之间的关系。

根据恒摩尔流的假设，L'为定值，稳定操作时，W和x_W也为定值，因此，提馏段操作线方程在y-x图中也是一条直线，该直线过对角线上点(x_W，x_W)，斜率为$\frac{L'}{V'}$。由提馏段操作线方程可知，若操作线斜率减小，釜液中易挥发组分将减少，有利于釜液的提浓，故减小提馏段的液气比，对提馏段的分离是有利的。

【例6-2】 将含24%(摩尔分数，下同)易挥发组分的某液体混合物送入一连续精馏塔中。要求馏出液含95%易挥发组分，釜液含3%易挥发组分。送入冷凝器的蒸气量为850kmol/h，流入精馏塔的回流液为670kmol/h，试求：(1)每小时能获得多少馏出液(kmol/h)、多少釜液(kmol/h)？(2)回流比R为多少？(3)写出本题条件下的精馏段操作线方程。

解：(1) $V=L+D \Rightarrow D=V-L=850-670=180 \quad \text{kmol/h}$

$$F=D+W=180+W$$

由全塔物料衡算

$$Fx_F=Dx_D+Wx_W$$

得

$$F\times 0.24=180\times 0.95+(F-180)\times 0.03$$

$$F=788.6 \quad \text{kmol/h}$$

所以

$$W=F-D=788.6-180=608.6 \quad \text{kmol/h}$$

(2)回流比

$$R=\frac{L}{D}=\frac{670}{180}=3.72$$

(3)精馏段操作线方程

$$y_{n+1}=\frac{R}{R+1}x_n+\frac{x_D}{R+1}=\frac{3.72}{3.72+1}x_n+\frac{0.95}{3.72+1}=0.788x_n+0.201$$

6.4.3 进料热状况的影响和 q 线方程

6.4.3.1 进料热状况参数 q

由于在进料板有原料液加入，在精馏塔的精馏段和提馏段的气液相流量不一定相等，它们之间关系受进料量及进料热状况的影响。进料热状况通常用进料热状况参数 q 来表示。

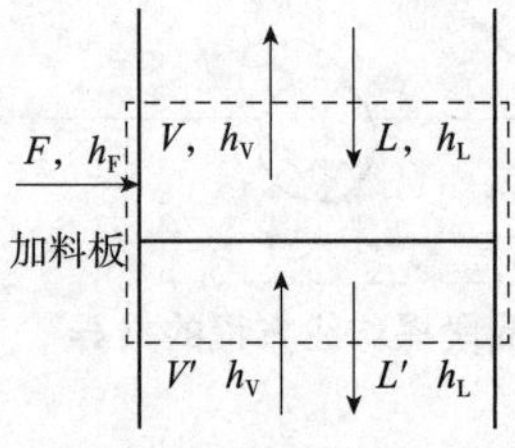

对图 6-12 所示的加料板中的虚线范围做物料衡算和热量衡算。

图 6-12 加料板的示意

物料衡算：
$$F+L+V'=L'+V \tag{6-25}$$

热量衡算：
$$Fh_F+Lh_L+V'h_V=L'h_L+Vh_V \tag{6-26}$$

式中 h_F——原料液的焓，kJ/kmol；

h_L——离开加料板饱和液体的焓，kJ/kmol；

h_V——离开加料板饱和蒸气的焓，kJ/kmol。

将式(6-25)代入式(6-26)，并整理得

$$\frac{L'-L}{F}=\frac{h_V-h_F}{h_V-h_L} \tag{6-27}$$

令

$$q=\frac{h_V-h_F}{h_V-h_L}=\frac{\text{每千摩尔原料液汽化为饱和蒸气所需的热量}}{\text{原料液的摩尔气化潜热}} \tag{6-28}$$

则从式(6-27)、式(6-28)可得

$$L'=L+qF \tag{6-29}$$

$$V'=V+(q-1)F \tag{6-30}$$

式(6-28)所定义的 q 仅与进料状况有关，称为进料状况参数。从式(6-29)和式(6-30)可知，如果 q 值已知，由 F、L、V 可求出 L'、V'。

由式(6-29)可得

$$q=\frac{L'-L}{F} \tag{6-31}$$

因此，q 值也可表示单位进料流量所引起的提馏段下降液体的流量较精馏段下降液体的流量之增量。

6.4.3.2 5 种进料热状况

在实际生产中，引入塔内的原料有 5 种不同的热状况：①温度低于泡点的过冷液体。②泡点下的饱和液体。③温度介于泡点和露点的气液混合物。④露点下的饱和蒸气。⑤温度高于露点的过热蒸气。不同的进料热状态，对精馏段和提馏段的气液相流

量将产生不同的影响。现结合图 6-13 进行分析。设进料温度为 t_F，进料组成下的泡点为 t_b，露点为 t_d。

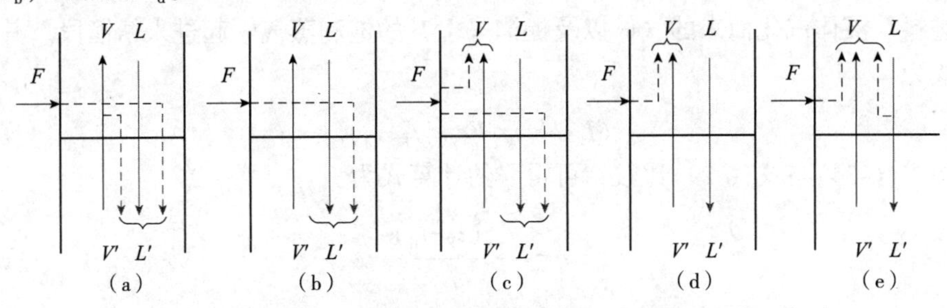

图 6-13 5 种进料热状态下塔内气液相流量关系

(a)过冷液体 (b)饱和液体 (c)气液混合物 (d)饱和蒸气 (e)过热蒸气

(1)饱和液体进料

由于 $t_F=t_b$，所以 $h_F=h_L$，进料与精馏段下降的饱和液体一起进入提馏段，因此，$L'=L+F$，$V'=V$，$q=1$。

(2)饱和蒸气进料

由于 $t_F=t_d$，所以 $h_F=h_V$，进料与提馏段上升的饱和蒸气一起进入精馏段，因此，$L'=L$，$V'=V-F$，$q=0$。

(3)气液混合物进料

由于 $t_B<t_F<t_d$，所以 $h_L<h_F<h_V$。设进料量 $\boldsymbol{F}$ 中含有液相流量为 L_F，气相流量为 V_F，则有

$$F=L_F+V_F$$

且有

$$L'=L+L_F \qquad V=V'+V_F$$

与式(6-29)比较，可得

$$q=\frac{L_F}{F}$$

因此，气液混合进料时，$0<q<1$，$L<L'<L+F$，$V-F<V'<V$。

(4)过冷液体进料

由于 $t_F<t_b$，所以 $h_F<h_L$，料液入塔后在加料板上与提馏段上升的蒸气相遇，被加热至饱和温度，与此同时，蒸气本身有一部分被冷凝下来。其热量衡算式为

$$(V'-V)r=F\bar{c}_{pL}(t_b-t_F) \tag{6-32}$$

式中 r——进料在 t_b 时的摩尔汽化热，kJ/kmol；

$\bar{c}_{pL}$——温度$(t_b+t_F)/2$时的进料液体平均摩尔热容，kJ/(kmol · ℃)。

将式(6-32)与式(6-30)比较，可得 q 的计算式为

$$q=1+\frac{\bar{c}_{pL}(t_b-t_F)}{r} \tag{6-33}$$

因此，过冷液体进料时，$L'>L+F$，$V'>V$，$q>1$。

(5)过热蒸气进料

由于 $t_F>t_d$，所以 $h_F>h_V$，入塔的过热蒸气在加料板上使一部分溢流下来的液体汽化。进料、液体汽化而来的气体以及提馏段上升的饱和蒸气一起进入精馏段。其热量衡算式为

$$(L-L')r=F\bar{c}_{pV}(t_F-t_d) \tag{6-34}$$

将式(6-34)与式(6-29)比较，可得 q 的计算式为

$$q=-\frac{\bar{c}_{pV}(t_F-t_d)}{r} \tag{6-35}$$

式中 r——进料在 t_d 时的摩尔汽化热，kJ/kmol；

$\bar{c}_{pV}$——温度 $(t_d+t_F)/2$ 时的进料蒸气的平均摩尔热容，kJ/(kmol·℃)。

因此，过热蒸气进料时，$L'<L$，$V'<V-F$，$q<0$。

6.4.3.3 q 线方程

从前面进料热状况的讨论可知，进料热状况参数 q 的大小影响提馏段气液相流量 V' 及 L'，$\frac{L'}{V'}$是提馏段操作线的斜率，所以，进料热状况必影响提馏段的操作。由于两段的操作线方程均需满足进料板上的物料衡算关系，即

精馏段物料衡算式：
$$Vy=Lx+Dx_D \tag{6-36}$$

提馏段物料衡算式：
$$V'y=L'x-Wx_W \tag{6-37}$$

联立以上两式，将式(6-37)减去式(6-36)得

$$(V'-V)y=(L'-L)x-(Dx_D+Wx_W) \tag{6-38}$$

将式(6-29)、式(6-30)和式(6-13)代入式(6-38)并整理得

$$y=\frac{q}{q-1}x-\frac{x_F}{q-1} \tag{6-39}$$

式(6-39)为精馏段操作线与提馏段操作线交点 d 的轨迹方程，它是一条过对角线上点 $f(x_F,\ x_F)$，斜率为$\frac{q}{q-1}$的直线。该直线仅与 q、x_F 有关，所以常称之为加料线方程，简称为 q 线方程。不同进料热状态，q 值不同，其对 q 线的影响也不同。5种进料状况下 q 线和提馏段操作线的形状如图6-14所示。当饱和液体进料时，$q=1$，q 线为垂直线；当饱和蒸气进料时，$q=0$，q 线为水平线。

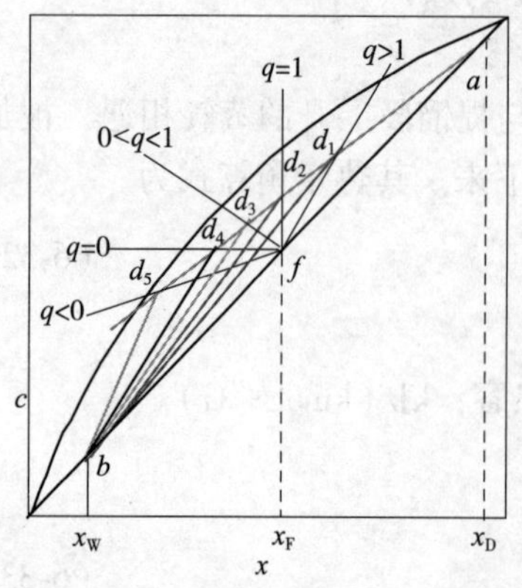

图6-14 不同进料状况对 q 线及提馏段操作线的影响

【例6-3】 在一连续操作的精馏塔中分离苯-甲苯溶液，进料流量为175kmol/h，馏出液流量为80kmol/h，若进料为饱和液体，选用的回流比 $R=2.0$，要求塔顶馏出液中含苯(摩尔分数，下同)不低于0.935，釜残液中含苯不高于0.023 5，试求提馏段操作线方程。

解： 因泡点进料，所以

$$q=1$$

将以上数值代入式(6-23)，得提馏段操作线方程为

$$y_{m+1}=\frac{L'}{V'}x_m-\frac{W}{V'}x_W$$

$$=\frac{L+qF}{L+qF-W}x_m-\frac{W}{L+qF-W}x_W$$

$$=\frac{160+1\times175}{160+175-95}\times x_m-\frac{95}{160+175-95}\times0.0235$$

即 $$y_{m+1}=1.4x_m-0.0093$$

6.4.4 理论板数计算

双组分连续精馏塔所需理论板数的计算，可采用图解法和逐板计算法。

6.4.4.1 图解法

(1)操作线及 q 线的作法(图 6-15)

①在 x-y 图的 x 轴上定出 $x=x_D$、x_F、x_W 的点，并过这 3 点依次作垂线与对角线交于 a、f 及 b 点。

②在 y 轴上定出 $y_c=\dfrac{x_D}{R+1}$的点 c，连线 a、c 绘出精馏段的操作线。

③由进料热状况求出 q 线的斜率$\dfrac{q}{q-1}$，并通过点 f 作 q 线。

④将 q 线与精馏段操作线 ac 的交点 d 与点 b 连成提馏段的操作线 bd。

(2)图解方法(图 6-16)

在 x-y 图中作平衡曲线，从点 a 开始在平衡线和精馏段操作线之间画阶梯，当梯级跨过点 d 时，就改在平衡线和提馏段操作线之间画阶梯，直至梯级跨过点 b 为止；所画

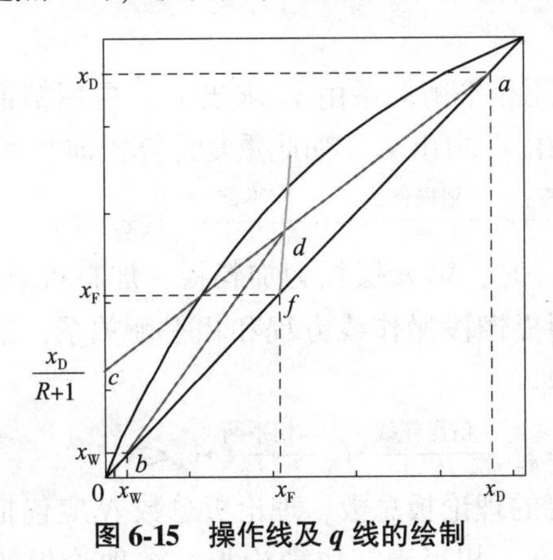

图 6-15 操作线及 q 线的绘制

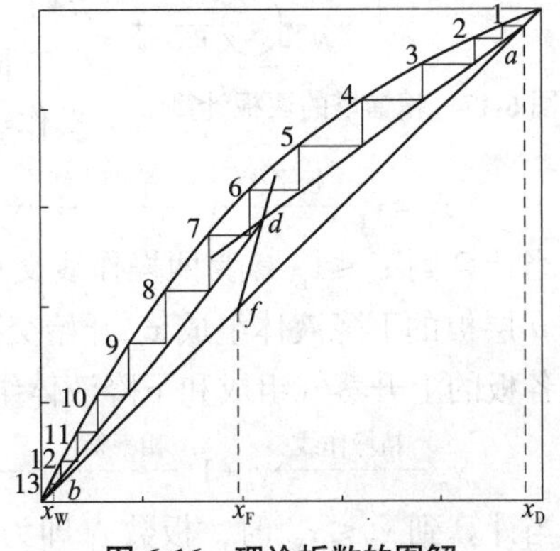

图 6-16 理论板数的图解

的总阶梯数就是全塔所需的理论塔板数，最后的梯级为再沸器，跨过点 d 的那块板就是加料板，其上的阶梯数为精馏段的理论塔板数，从进料板开始为提馏段，故该过程共需13层理论板，其中精馏段5块、提馏段8块(包括再沸器)，加料板在第6块。这种图解理论板层数的方法是由麦卡勃-蒂列(Mccabe-Thiele)提出的，简称 M-T 法。

有时从塔顶出来的蒸气先在分凝器中部分冷凝，冷凝液作为回流产品，未冷凝的蒸气再用全凝器冷凝，冷凝液作为塔顶产品。

因为离开分凝器的气相与液相可视为互相平衡，故分凝器也相当于一层理论板。此时精馏段的理论板层数应比相应的梯级数少1。

最后应注意的是，当某梯级跨越两操作线交点 q 时(此梯级为进料板)，应及时更换操作线，因为对一定的分离任务，此时所需的理论板数最少，这时的加料板为最佳加料板。如果过了交点仍沿用精馏段操作线，或提前改用提馏段操作线，由于所用操作线与平衡线之间的距离更为接近，都会使理论板数增加。

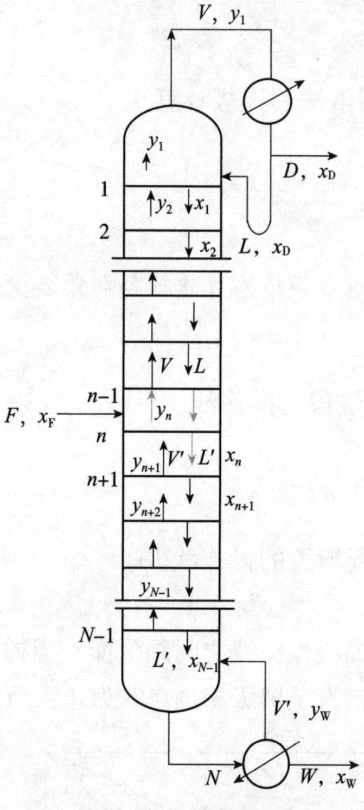

图6-17　精馏塔的逐板计算

6.4.4.2　逐板计算法(图6-17)

当精馏分离要求 x_F、x_D、x_W 已经确定，操作回流比 R 和进料热状态 q 已知的情况下，应用相平衡方程和操作线方程从塔顶(或塔底)开始逐板计算各板的气相与液相组成，即可求得所需要的理论塔板数。

从塔顶第一层塔板上升的蒸气经冷凝器冷凝成饱和液体，因此馏出液 x_D 和蒸气组成 y_1 相同，即 $\boldsymbol{y_1=x_D}$。根据理论塔板的概念，自第一层板下降的液相组成 x_1 与 y_1 互成平衡，由平衡方程得 $\boldsymbol{x_1=\dfrac{y_1}{\alpha-(\alpha-1)y_1}}$。从第二层塔板上升的蒸气组成 y_2 与 x_1 符合精馏段操作关系，故可用精馏段操作线方程由 x_1 求得 y_2，即 $y_2=\dfrac{R}{R+1}x_1+\dfrac{x_D}{R+1}$。

同理，用相平衡关系由 y_2 求出 x_2，再用精馏段操作线方程由 x_2 求出 y_3，如此重复计算，即

$$x_D=y_1\xrightarrow{\text{相平衡}}x_1\xrightarrow{\text{精操作线}}y_2\xrightarrow{\text{相平衡}}x_2\xrightarrow{\text{精操作线}}\cdots\xrightarrow{\text{相平衡}}x_n\leqslant x_f$$

当计算到 $x_n\leqslant x_f$(x_f 为两操作线交点组成)时，第 $\boldsymbol{n}$ 层板为加料板，加料板以下，从第 $\boldsymbol{n}$ 层板的下降液体组成 $\boldsymbol{x_n}$ 开始交替使用提馏段操作线方程和相平衡关系，逐板计算各板的上升蒸气组成和下降液体组成，即

$$x_n\xrightarrow{\text{精操作线}}y_n+1\xrightarrow{\text{相平衡}}\cdots\xrightarrow{\text{相平衡}}x_{N-1}\xrightarrow{\text{精操作线}}y_N\xrightarrow{\text{相平衡}}x_N\leqslant x_W$$

当计算到 $x_N\leqslant x_W$ 时，板数 N 即为所需要的理论板总数，理论板总数 N 应包括蒸馏釜，因为离开蒸馏釜的气液两相达平衡状态，相当于一块理论板。在理论板的计

算过程中，每使用一次相平衡关系，即表示需要一层理论塔板，所以经上述计算得到全塔总理论塔板数为 $N-1$ 块，其中精馏段为 $n-1$ 块，提馏段为 $(N-1)-(n-1)=N-n$ 块。

【例 6-4】 在一常压连续精馏塔内分离苯-甲苯混合物，已知进料液流量为 80kmol/h，料液中苯含量 40%（摩尔分数，下同），泡点进料，塔顶馏出液含苯 90%，要求苯回收率不低于 90%，塔顶为全凝器，泡点回流，回流比取 2，在操作条件下，物系的相对挥发度为 2.47。试用逐板法计算所需的理论板数和加料板位置。

解：（1）根据苯的回收率计算塔顶产品流量：

$$D=\frac{\eta F x_{\mathrm{F}}}{x_{\mathrm{D}}}=\frac{0.9\times 80\times 0.4}{0.9}=32\quad \mathrm{kmol/h}$$

由物料衡算计算塔底产品的流量和组成：

$$W=F-D=80-32=48\quad \mathrm{kmol/h}$$

$$x_{\mathrm{W}}=\frac{F x_{\mathrm{F}}-D x_{\mathrm{D}}}{W}=\frac{80\times 0.4-32\times 0.9}{48}=0.0667$$

已知回流比 $R=2$，所以精馏段操作线方程为：

$$y_{n+1}=\frac{R}{R+1}x_n+\frac{x_{\mathrm{D}}}{R+1}=\frac{2}{2+1}x_n+\frac{0.9}{2+1}=0.667x_n+0.3 \tag{1}$$

提馏段操作线方程：

$$L'=L+qF=L+F=RD+F=2\times 32+80=144\quad \mathrm{kmol/h}$$

$$V'=V+(q-1)F=V=(R+1)D=3\times 32=96$$

$$y_{m+1}=\frac{L'}{V'}x_m-\frac{W x_{\mathrm{W}}}{V'}=\frac{144}{96}x_m-\frac{48\times 0.0667}{96}=1.5x_m-0.033 \tag{2}$$

相平衡方程式可写成：

$$x=\frac{y}{\alpha-(\alpha-1)y}=\frac{y}{2.47-1.47y} \tag{3}$$

利用操作线方程式（1）、式（2）和相平衡方程式（3），可自上而下逐板计算所需理论板数。因塔顶为全凝器，则：$y_1=x_{\mathrm{D}}=0.9$。

由式（3）求得第一块板下降液体组成：

$$x_1=\frac{y_1}{2.47-1.47y_1}=\frac{0.9}{2.47-1.47\times 0.9}=0.785$$

利用精馏段操作线计算第二块板上升蒸气组成：

$$y_2=0.667x_1+0.3=0.667\times 0.785+0.3=0.824$$

交替使用式（1）和式（3）直到 $x_n\leqslant x_{\mathrm{F}}$，然后改用提馏段操作线方程，直到 $x_N\leqslant x_{\mathrm{W}}$

为止。计算结果见下表。

	1	2	3	4	5	6	7	8	9	10
y	0.9	0.824	0.737	0.652	0.587	0.515	0.419	0.306	0.194	0.101
x	0.785	0.655	0.528	0.431	$0.365<x_F$	0.301	0.226	0.151	0.089	$0.044<x_W$

精馏塔内理论塔板数为：10−1=9块，其中精馏段4块，第5块为加料板。

6.4.5 回流比的影响及选择

回流是保证精馏操作的必要条件，当分离任务确定(即 F、x_F、q、x_D、x_W 一定)时，若增大回流比 R，在 $y-x$ 图上，精馏段操作线的截距将减小，两操作线远离平衡曲线，则所需的理论板数会减少。但增大回流比 R，L、L'、V、V'都随之增大，即塔内气液两相的循环量增大，导致冷凝器、再沸器负荷增大，操作费用增加。因此，回流比的选择是一个经济问题，即应在操作费用(能耗)和设备费用(板数及塔釜传热面、冷凝器传热面等)之间做出权衡。回流比有两个极限，一个是全回流时的回流比，一个是最小回流比。生产操作中采用的回流比应介于二者之间。

6.4.5.1 全回流和最少理论塔板数

全回流，即塔顶上升蒸气经冷凝后全部回流至塔内。全回流时塔顶产品量 $D=0$，塔底产品量 $W=0$，为了维持物料平衡，不需加料，即 $F=0$(图6-18)。全塔无精馏段与提馏段之分，故两条操作线应合二为一。全回流时回流比为

$$R=\frac{L}{D}=\infty$$

精馏段操作线的斜率$\frac{R}{R+1}=1$，在 y 轴上的截距$\frac{x_D}{R+1}=0$，此时操作线与 $y-x$ 图上的对角线重合，操作线方程式为 $y_{n+1}=x_n$。由图6-18中可见，全回流时操作线距平衡曲线最远，说明理论板上的分离程度最大，对完成同样的分离任务，所需理论板数可最少，以 N_{min} 表示。

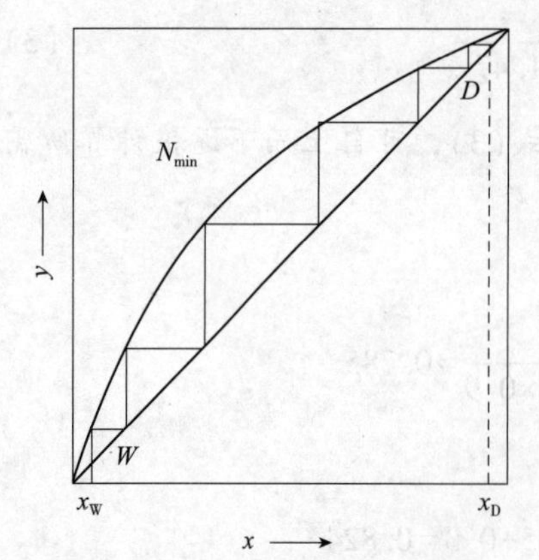

图6-18 全回流时的理论板数

全回流时的理论板数除用上述的($y-x$)图解法和逐板计算法(与前同)外，还可用芬斯克方程计算得到，其公式推导如下：

由相对挥发度的定义：

$$\alpha=\frac{v_a}{v_b}=\frac{p_A/x_A}{p_B/x_B}=\frac{y_A/x_A}{y_B/x_B}$$

可得离开第 n 块理论板的气液平衡关系为

$$\frac{y_n}{1-y_n}=\alpha_n\frac{x_n}{1-x_n}$$

全回流时，操作线与对角线重合，则操作线方程式为 $\boldsymbol{y_{n+1}=x_n}$。

参照图 6-18，从塔顶开始逐板计算全回流时的理论板数 $\boldsymbol{N_{\min}}$：

$$\frac{y_1}{1-y_1}=\alpha_1\left(\frac{x_1}{1-x_1}\right)=\alpha_1\left(\frac{y_2}{1-y_2}\right)=\alpha_1\left(\alpha_2\frac{x_2}{1-x_2}\right)$$

$$=\cdots=\alpha_1\alpha_2\cdots\alpha_{N-1}\left(\alpha_N\frac{x_N}{1-x_N}\right)$$

因此，上式可写为

$$y_1=x_D,\ x_N=x_W$$

$$\frac{x_D}{1-x_D}=a_1\alpha_2\cdots\alpha_{N-1}\alpha_N\frac{x_W}{1-x_W}$$

若取平均的相对挥发度 $\boldsymbol{\alpha}$ 代替各板上的相对挥发度，则

$$\boldsymbol{\alpha}=\sqrt[N]{\boldsymbol{\alpha_1\alpha_2\cdots\alpha_{N-1}\alpha_N}}$$

此时的塔板数 N(包括再沸器)即为全回流时所需的最少理论板数 $N_{\min}$，整理上式，得

$$N_{\min}=\frac{\lg\left[\left(\frac{x_D}{1-x_D}\right)\left(\frac{1-x_W}{x_W}\right)\right]}{\lg\alpha} \tag{6-40}$$

式(6-40)称为芬斯克(Fenske)方程。当塔顶、塔底相对挥发度相差不太大时，$\boldsymbol{\alpha}$ 可近似取塔顶和塔底相对挥发度的几何平均值，即 $\boldsymbol{\alpha}=\sqrt{\boldsymbol{\alpha_1\alpha_N}}$。

全回流是操作回流比的极限，它只是在设备开工、调试及实验研究时采用。

6.4.5.2 最小回流比

由图 6-19 可以看出，若回流比减小，精馏段操作线的截距将随之增大，两操作线向平衡线靠近，为达到一定分离要求(指定 x_D、x_W)所需的理论塔板数增多。当回流比减小到使两操作线交点正好落在平衡曲线(如图 6-19 上点 e 所示)时，所需的理论板数要无穷多。此时，若在平衡线和操作线之间绘梯级，需要无穷多梯级才能达到点 e，这时的回流比称为最小回流比，以 $R_{\min}$ 表示。最小回流比是回流比的下限。在 e 点附近(进料板上下区域)，各板的气液两相组成基本无变化，即无增浓作用，这个区域称为恒浓区，e 点称为夹紧点。最小回流比 $R_{\min}$ 的值，可根据进料状况、x_F、x_D 及相平衡关系等来确定。

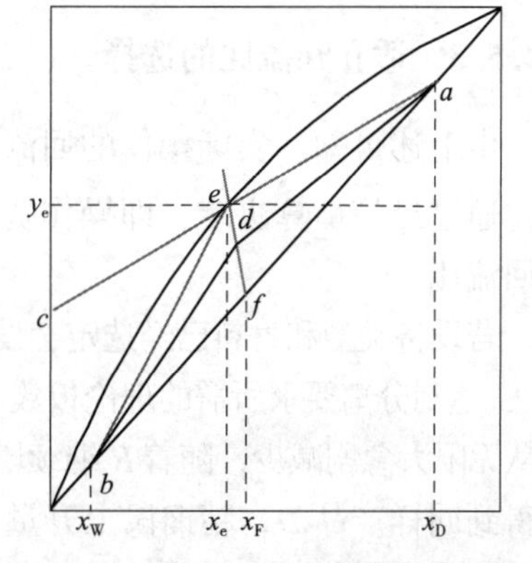

图 6-19 最小回流比操作情况的分析

根据平衡曲线形状不同，$R_{\min}$ 的求法不同。对于理想溶液的正常平衡曲线，如图 6-19 所示，

当操作线 ac 通过 q 线与平衡线的交点 e 时，精馏段操作线的斜率可表示为

$$\frac{R_{\min}}{R_{\min}+1}=\frac{x_D-y_e}{x_D-x_e}$$

解得

$$R_{\min}=\frac{x_D-y_e}{y_e-x_e} \tag{6-41}$$

式中，x_e、y_e 为 q 线与平衡线交点的坐标，可从图中读出，也可由平衡线方程与 q 线方程联立求得。

$$\begin{cases} y_e=\dfrac{\alpha x_e}{1+(\alpha-1)x_e} \\ y_e=\dfrac{q}{q-1}x_e-\dfrac{x_F}{q-1} \end{cases}$$

对于非理想溶液的不正常平衡曲线，如图 6-20 所示，平衡线有下凹部分，操作线与 q 线的交点 d 未落到平衡线上之前，操作线已与平衡线相切（e 点）。此时恒浓区出现在 e 点附近，与此操作线对应的回流比为最小回流比 $R_{\min}$。此时，可从 e 点作平衡曲线的切线，再由切线的斜率或截距求 $R_{\min}$。也可先解出两操作线的交点 d 的坐标（x_q，y_q）以代替（x_e，y_e），同样可用式（6-41）求出 $R_{\min}$。

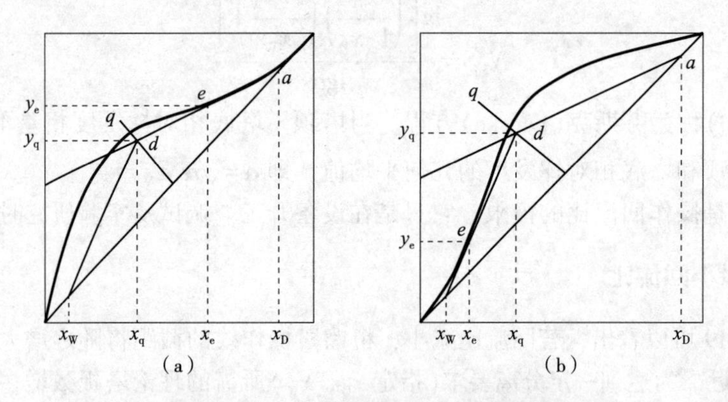

图 6-20　不正常平衡曲线的 $R_{\min}$ 的确定

6.4.5.3　适宜回流比的选择

由上述可知：实际操作的回流比应介于两个极限 $R_{\min}$ 和 $R=\infty$ 之间，适宜的回流比应通过经济衡算决定，即操作费用和设备折旧费用之和为最低时的回流比，为适宜的回流比。

若设备类型和材料已经选定，设备费用主要取决于设备的尺寸和塔板的数目。当 $R=R_{\min}$，达到分离要求所需的理论板数 $N=\infty$，相应的设备费也为无限大；当 R 稍稍增大，N 即从无限大急剧减少，随着 R 继续增大，R 对 N 的影响逐渐减弱。另外，随着 R 的增大，为得到同样产品 D，精馏段上升量 $V=(R+1)D$ 随 R 线性增加，使得再沸器、冷凝器的负荷随之增加，而且塔径和上述换热器也要相应增大。当这些增加的费用超过塔板

数减少的费用时，设备费将开始随 R 的增大而增大。因此，随着 R 从 R_{min} 起逐渐增大，设备费先是由无穷大急剧减小，经过一最小值之后又重新增大，如图 6-21 所示。

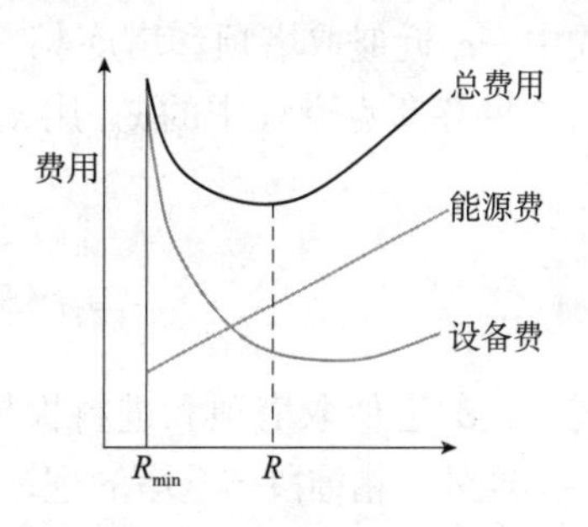

图 6-21 回流比对精馏费用的影响

操作费主要包括再沸器中加热蒸气和冷凝器中冷却水消耗的费用，可称为能源费，它取决于塔内上升蒸气量。因 $V=L+D=(R+1)D$，$V'=V+(q-1)F$，故当 F、q、D 一定时，上升蒸气量 V 及 V' 随回流比成线性增大，如图 6-21 所示。

总费用是操作费用和设备折旧费用之和，它与 R 的大致关系如图 6-21 中总费用曲线所示，其最低点对应的 R 即为适宜回流比。在精馏设备的设计计算中，通常适宜回流比为最小回流比的 1.1~2 倍，即 $R=(1.1\sim2.0)R_{min}$。但对于难分离的混合液，R 值应取得更大一些。

6.4.6 理论板数的简捷计算法

当需要对指定的分离任务所需要的理论板数做出大致的估计，或简略地找出塔板数与回流比之间关系时，可用简捷法求取理论板数。图 6-22 是最常用的关联图，称为吉利兰(Gilliland)关联图。图 6-22 中以 $X=(R-R_{min})/(R+1)$ 表示横坐标，以 $Y=(N-N_{min})/(N+2)$ 表示纵坐标，注意纵坐标中的 N 和 N_{min} 为包括蒸馏釜在内的理论塔板数和最少理论塔板数。关联图中的曲线可近似用下式表示：

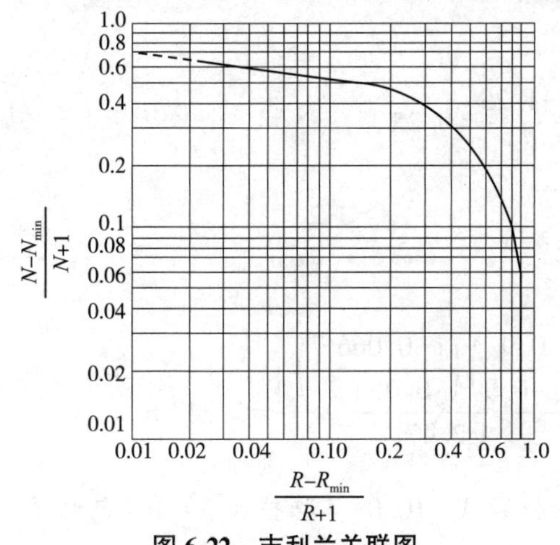

图 6-22 吉利兰关联图

$$Y=0.75\times(1-X^{0.567}) \qquad (6\text{-}42)$$

利用关联图求理论塔板数的步骤如下：

①应用式(6-41)算出最小回流比 R_{min}，并选择适宜回流比作为操作回流比 R。

②应用式(6-40)算出最少理论塔板数 N_{min}。

③根据 R_{min} 及 R 计算出 X，由曲线查出 Y，最后求得理论塔板数 N。N 也可由式(6-42)直接求得。

利用简捷法还可确定进料板位置。进料板的板号要到求得实际板数后才能定出，求理论塔板数时，可在决定总板数 N 之后再求出精馏段所需的板数 N_1。应用芬斯克方程可求得全塔最少理论板数 N_{min}。

$$N_{min}=\frac{\lg\left[\left(\frac{x_D}{1-x_D}\right)\left(\frac{1-x_W}{x_W}\right)\right]}{\lg\alpha}$$

式中，α 近似取塔顶和塔底相对挥发度的几何平均值，即 $\alpha=\sqrt{\alpha_1\alpha_N}$。

将芬斯克方程中的 x_W 用 x_F 替换，即可求得精馏段最少理论板数 $N_{min,1}$：

$$N_{min,1}=\frac{\lg\left[\left(\frac{x_D}{1-x_D}\right)\left(\frac{1-x_F}{x_F}\right)\right]}{\lg\alpha'}$$

式中，$\boldsymbol{\alpha}'$ 近似取塔顶和进料板相对挥发度的几何平均值，即 $\boldsymbol{\alpha}'=\sqrt{\boldsymbol{\alpha}_1\boldsymbol{\alpha}_F}$

此外，精馏段与全塔的理论塔板数之比 N_1/N，与其最少理论塔板数之比 $N_{min,1}/N_{min}$ 近似相等，即 $N_1/N\approx N_{min,1}/N_{min}$，由此可以得出精馏段理论塔板数 N_1 及加料位置。

【例 6-5】 利用例 6-4 的条件和结果，用简捷法计算泡点进料时的理论板数(包括蒸馏釜)。

解： 已知 $x_F=0.4$，$x_D=0.9$，$x_W=0.066\,7$，$R=2$，$\alpha=2.47$

(1) 求最小回流比 R_{min}

泡点进料，q 线为垂直线，与平衡曲线的交点为夹点 p，其坐标为 $x_p=x_F$，将其代入平衡曲线方程，得

$$y_p=\frac{\alpha x_p}{1+(\alpha-1)x_p}=\frac{2.47\times0.4}{1+(2.47-1)\times0.4}=0.622$$

$$R_{min}=\frac{x_D-y_p}{y_p-x_p}=\frac{0.9-0.622}{0.622-0.4}=1.25 \quad 又\ R=2$$

(2) 简捷法求理论板数

$$X=\frac{R-R_{min}}{R+1}=\frac{2-1.25}{3}=0.25$$

查关联图，得

$$Y=0.425$$

由芬斯克方程得

$$N_{min}=\frac{\lg\left[\left(\frac{x_D}{1-x_D}\right)\left(\frac{1-x_W}{x_W}\right)\right]}{\lg\alpha}=\frac{\lg\left[\left(\frac{0.9}{1-0.9}\right)\left(\frac{1-0.066\,7}{0.066\,7}\right)\right]}{\lg2.47}=5.347\,6$$

代入 $Y=\frac{N-N_{min}}{N+1}=0.425$，解得全塔理论板数 $N=10.03$，取整数 $N=10$(包括蒸馏釜)，与例 6-4 的结果一致。

简捷算法可用于双组分和多组分精馏的计算，当物料的挥发度在 1.26~4.05，理论板层数在 2.4~43.1 之间，简捷算法均可适用。

6.4.7 精馏装置的热量衡算

对精馏装置进行热量衡算，通过对再沸器和冷凝器的热量衡算，可以计算加热剂和冷却剂的用量。

6.4.7.1　冷凝器的热负荷

对图 6-23 所示的冷凝器(冷凝器为全凝器)做热量衡算，以单位时间(1h)为基准，忽略热损失，则

$$Q_C=Q_V-Q_D-Q_L=Vh_{VD}-(Lh_{LD}+Dh_{LD})$$

因 $V=L+D=(R+1)D$，代入上式并整理，得

$$Q_C=(R+1)D(h_{VD}-h_{LD}) \tag{6-43}$$

式中　Q_C——冷凝器的热负荷，kJ/h；

Q_V——塔顶上升蒸气带入的热量，kJ/h；

Q_D——塔顶馏出液带出的热量，kJ/h；

Q_L——回流液带出的热量，kJ/h；

h_{VD}——塔顶上升蒸气的焓，kJ/kmol；

h_{LD}——塔顶馏出液的焓，kJ/kmol。

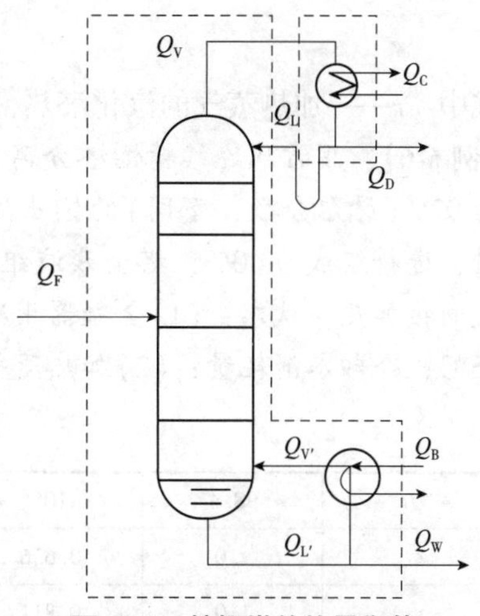

图 6-23　精馏塔的热量衡算

冷却剂的消耗量 W_c：

$$W_c=\frac{Q_C}{c_{pc}(t_2-t_1)} \tag{6-44}$$

式中　W_c——冷却剂的消耗量，kg/h；

c_{pc}——冷却剂的比热容，kJ/(kg · ℃)

t_1，t_2——冷却剂在冷凝器的进、出口温度，℃。

6.4.7.2　再沸器的热负荷

对图 6-24 所示的再沸器做热量衡算，以单位时间(1h)为基准，则

$$Q_B=Q_{V'}+Q_W-Q_{L'}+Q'=V'h_{VW}+Wh_{LW}-L'h_{Lm}+Q'$$

式中　Q_B——再沸器的热负荷，kJ/h；

$Q_{V'}$——再沸器中上升蒸气带出的热量，kJ/h；

$Q_{L'}$——提馏段底层塔板下降液体带入的热量，kJ/h；

Q_W——塔底产品带出的热量，kJ/h；

Q'——再沸器的热损失，kJ/h；

h_{VW}——再沸器中上升蒸气的焓，kJ/kmol；

h_{LW}——釜残液的焓，kJ/kmol；

h_{Lm}——提馏段底层塔板下降液体的焓，kJ/kmol。

若近似取 $h_{LW}=h_{Lm}$，且因 $V'=L'-W$，则

$$Q_B=V'(h_{VW}-h_{LW})+Q' \tag{6-45}$$

加热剂的消耗量 W_B：

$$W_B=\frac{Q_B}{h_{B1}-h_{B2}} \tag{6-46}$$

式中　W_B——加热剂的消耗量，kg/h；

h_{B1}，h_{B2}——分别为加热剂进、出再沸器的焓，kJ/kg。

若用饱和蒸气加热，且冷凝液在饱和温度下排出，则加热蒸气消耗量可按下式计算：

$$W_B = \frac{Q_B}{r} \tag{6-47}$$

式中　r——加热蒸气的汽化潜热，kJ/kg。

【例 6-6】 用常压连续精馏塔分离正庚烷-正辛烷混合液。若每小时可得正庚烷含量为92%(摩尔分数，下同)的馏出液50kmol，操作回流比为2.4，泡点回流。泡点进料，进料组成为40%，塔釜残液组成为5%，塔釜用压强为101.3kPa(绝)的饱和水蒸气间接加热。试求：(1)全凝器用冷却水冷却，冷却水进口、出口温度分别为25℃和35℃，冷却水消耗量；(2)加热蒸气消耗量(热损失取为传递热量的3%)(相平衡关系见下表)。

温度 t/℃	98.4	105	110	115	120	126.6
x_A	1.0	0.656	0.487	0.311	0.157	0
y_A	1.0	0.811	0.674	0.491	0.280	0

解： 首先根据物料衡算求出 V 和 V'

$$V=(R+1)D=(2.4+1)\times 50=170 \quad \text{kmol/h}$$

$$V'=V+(q-1)F=V=170 \quad \text{kmol/h}$$

(1)冷却水消耗量

由于塔顶馏出液几乎为纯正庚烷，作为近似，按正庚烷的性质计算，且忽略蒸气的显热。

$x_D=0.92$ 时，泡点温度 $t_s=99.9$℃，查附录此温度下正庚烷的比汽化焓为 $r_C=310$kJ/kg，正庚烷的摩尔质量为 $M_C=100$kg/kmol。

对于泡点回流，由式(6-43)可计算出冷凝器的热负荷 Q_C，即

$$Q_C=(R+1)D(h_{VD}-h_{LD})=170\times 310\times 100=5.27\times 10^6 \quad \text{kJ/h}$$

冷水消耗量为

$$W_c=\frac{Q_C}{c_{pc}(t_2-t_1)}=\frac{5.27\times 10^6}{4.187\times(35-25)}=1.259\times 10^5 \quad \text{kg/h}$$

(2)加热蒸气用量

同理，因塔釜几乎为纯正辛烷，其焓可按正辛烷的性质计算。

$x_W=0.05$ 时，泡点温度 $t_s=124.5$℃，此时正辛烷的比汽化焓为 $r_W=300$kJ/kg，正辛烷的摩尔质量 $M_W=114$kg/kmol。

由式(6-45)可计算出再沸器的热负荷 Q_B(热损失取为传递热量的3%)为

$$Q_B=V'(h_{VW}-h_{LW})+Q'=1.03\times 170\times 300\times 114=5.99\times 10^6 \quad \text{kJ/h}$$

查附录，$p=101.3$kPa(绝)时水蒸气的比汽化焓为 $r_B=2\,258.7$kJ/kg，于是加热蒸气的消耗量为

$$W_B=\frac{Q_B}{r_B}=\frac{5.99\times 10^6}{2\,258.7}=2.651\times 10^3 \quad \text{kg/h}$$

6.4.8 精馏过程的操作型计算

已知进料状况(进料组成 x_F、流量 F 及进料热状况参数 q)，根据分离要求(塔顶产品组成 x_D、塔底产品组成 x_W)以及操作条件(回流比 R)，确定理论板数及进料板位置，属于精馏过程的设计型计算。对于理论板数和进料位置均已确定的连续精馏过程，寻求其在操作中的分离效果(x_D、x_W)与进料状况(x_F、F、q)、操作条件(R)之间的相互关系，称为精馏过程的操作型计算。例如，由给定的进料条件及操作条件，计算产品的组成，或由产品组成计算所需要的操作回流比。

由于精馏过程的操作型计算较烦琐，进行此类问题的定量计算时，往往采用试差法。

【例 6-7】 分离苯-甲苯混合液的连续操作精馏塔有3层理论板(图 6-24)，塔顶设置全凝器，下面有再沸器，饱和液体进料，进入再沸器，进料组成为0.5(摩尔分数)，要求塔顶产品组成为0.85(摩尔分数)，此物系的平均相对挥发度为2.49。试求所需要的回流比及塔釜产品组成。

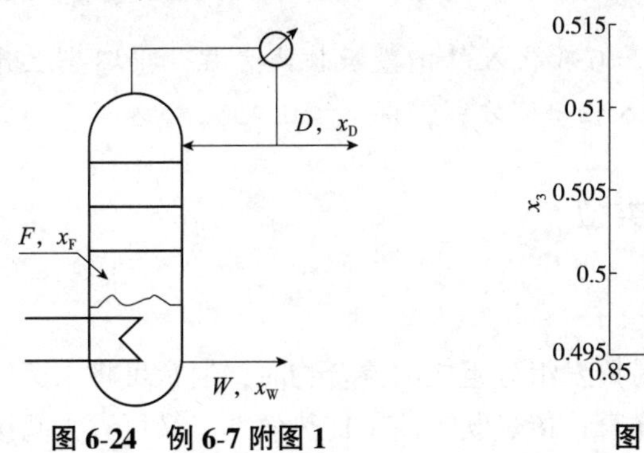

图 6-24 例 6-7 附图 1

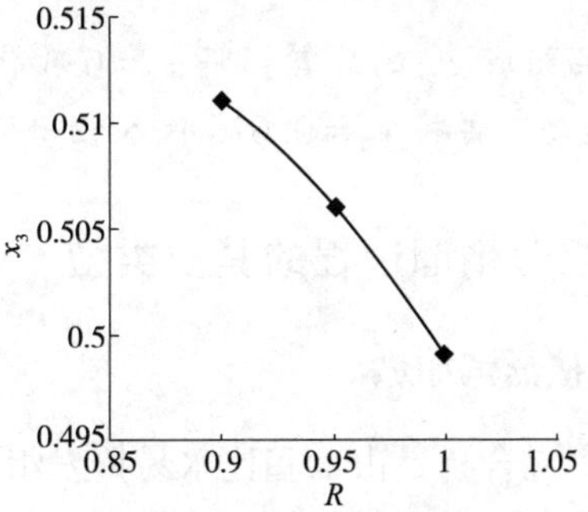

图 6-25 例 6-7 附图 2

解： 先设定 R 的初值，列出精馏段操作线方程，由已知的 $y_1=x_D=0.85$，自第一层理论板开始，用相平衡方程和精馏段操作线方程逐板向下计算，当计算到第三层理论板的液相组成 x_3，等于进料组成 $x_F=0.5$(饱和液体进料，q 线为 $x_F=0.5$ 的垂直线，q 线与精馏段操作线交点的横坐标 $x_f=x_F=0.5$)时，则所设定的 R 为所需要的回流比。否则，需要重新假定 R，再计算。

由 q 线与平衡曲线的交点坐标(x_p，y_p)，可以求出最小回流比 R_{min}，因 $x_p=x_F=0.5$，

$$y_p=\frac{\alpha x_p}{1+(\alpha-1)x_p}=\frac{2.49\times0.5}{1+1.49\times0.5}=0.713$$

$$R_{min}=\frac{x_D-y_p}{y_p-x_p}=\frac{0.85-0.713}{0.713-0.5}=0.643$$

因适宜回流比 $R=(1.2-2)R_{min}$

先设定 $R=0.9$

已知 $x_D=0.85$，精馏段操作线方程为

$$y=\frac{R}{R+1}x+\frac{x_D}{R+1}=\frac{0.9}{1.9}x+\frac{0.85}{1.9}=0.474x+0.447$$

因 $\alpha=2.49$，相平衡方程为

$$x=\frac{y}{\alpha-(\alpha-1)y}=\frac{y}{2.49-1.49y}$$

用相平衡方程和精馏段操作线方程用逐板法计算如下：

$y_1=x_D=0.85$　　$x_1=0.694$

$y_2=0.776$　　$x_2=0.582$

$y_3=0.723$　　$x_3=0.511$　大于 $x_F(0.5)$

从计算结果 $x_3>x_F$ 可知，设定的 R 比所需要的 R 小，再重新假定 R 进行计算。将 3 次计算的 x_3 列于下表，并在图 6-25 中绘成一条曲线。从曲线上可知 $R=0.992$ 时，$x_3=0.5$。故所求的回流比为 $R=0.992$。

计算次数	第一次	第二次	第三次
回流比 R	0.9	1.0	0.95
x_3	0.511	0.499	0.506

塔釜产品组成 x_W 的计算：将 $x_F=0.5$ 代入精馏段操作线方程，得塔釜上升蒸气组成 $y_W=0.676$，再将 $y_W=0.676$ 代入相平衡方程，得 $x_W=0.456$。

6.4.9 双组分精馏过程的其他类型

6.4.9.1 直接蒸汽加热

当所分离混合物是由水和比水易挥发组分组成的混合物时，通常可将水蒸气直接加入塔釜釜液的上方进行加热，这样直接传热既提高了传热效率，又可省去间接加热热设备。图 6-26 为直接蒸汽加热的连续精馏装置，水蒸气以鼓泡方式通入釜液中。进料及加料板以上部分与用间接蒸汽加热相同，故 q 线、精馏段操作线 ac 及交点 d 不变。对图中虚线部分作物料衡算，即

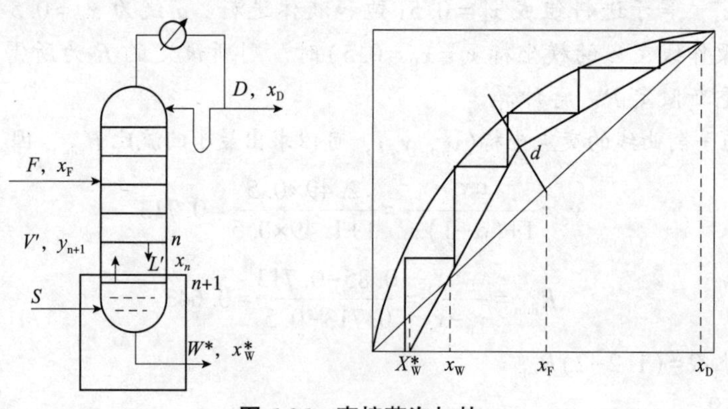

图 6-26　直接蒸汽加热

总物料 $S+L'=V'+W^*$

易挥发组分 $L'x_n=V'y_{n+1}+W^*x_W^*$

式中 S——加热蒸汽量；

W^*——排出废水量。

根据恒摩尔流假设，有 $S=V'$，$L'=W^*$，故 W^* 比间接蒸汽加热时 $W=L'-V'$要大。

提馏段操作线方程为

$$y_{n+1}=\frac{L'}{V'}x_n-\frac{L'}{V'}x_W^* \tag{6-48}$$

由式(6-48)可知，当 $x_n=x_W^*$ 时，$y_{n+1}=0$，即提馏段操作线与 x 轴相交于 x_W^* 处。将式(6-48)与间接蒸汽加热时的提馏段操作线方程式(6-23)对比，可知：两提馏段操作线的斜率(L'/V')相同，此外，点 d 的位置也相同，故两种加热情况下的提馏段操作线重合，但两者端点不同。对间接蒸汽加热，端点在对角线上；对直接蒸汽加热，端点在 x 轴上。

直接蒸汽加热时，由于釜液被水蒸气的冷凝液所稀释，其组成 x_W^* 比间接蒸汽加热时的 x_W 低，因此，直接蒸汽加热时理论板数较间接蒸汽时的稍多。

6.4.9.2 多股进料

两种成分相同但浓度不同的料液可在同一塔内进行分离，两股料液应分别进入塔的不同位置，如图6-27所示。

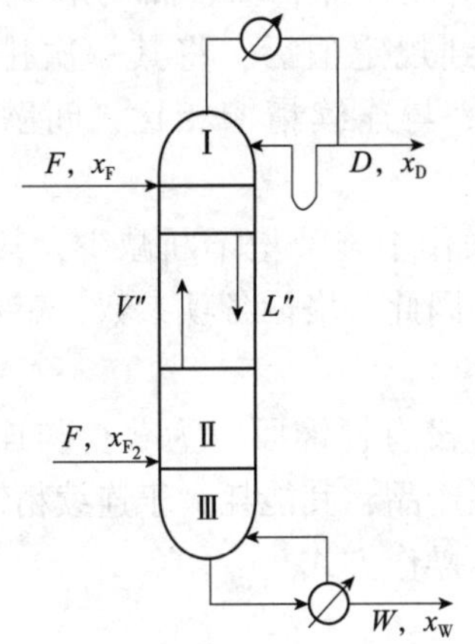

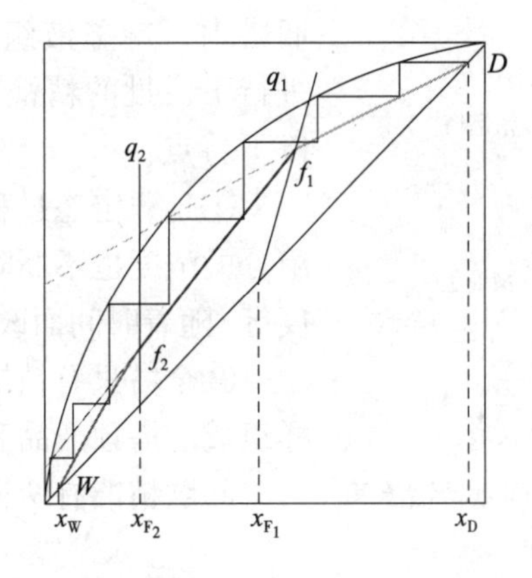

图6-27 两股进料时的精馏

两股进料的精馏塔可分精馏段、中间段、提馏段3段。每段均可用物料衡算推出其操作线方程，精馏段与提馏段的操作线与单股进料时相同。

下面从塔的中间段到塔顶做物料衡算，推导中间段操作线方程：

总物料衡算 $V''+F_1=L''+D$

易挥发组分物料衡算 $V''y+F_1x_{F_1}=L''x+Dx_D$

整理得中间段操作线方程

$$y=\frac{L''}{V''}x+\frac{Dx_D-F_1x_{F_1}}{V''}$$

式中　L''，V''——分别为中间段各层塔板下降液体和上升蒸汽的流量。

两股加料的 q 线方程仍与单股加料时相同，即

$$y=\frac{q_1}{q_1-1}x-\frac{x_{F_1}}{q_1-1} \qquad y=\frac{q_2}{q_2-1}x-\frac{x_{F_2}}{q_2-1}$$

如图 6-27 所示，中间段的操作线可通过 q_1 线与精馏段操作线交点 f_1 作斜率为 L''/V''的直线获得，q_2 线与中间段操作线交点 f_2 与点 W 的连线 Wf_2 为提馏段操作线。塔中从精馏段到中间段以及提馏段操作线的斜率是依次增大的。减少回流比时，3 段操作线均向平衡线靠拢。所需的理论板数将增加。当回流比减小到某一限度，即最小回流比时，挟点可能在精馏段、中间段两操作线的交点。也可能出现在中间段、提馏段两操作线的交点。

当然也可将两股浓度不同的物料预先混合，然后加入塔中某适当位置进行精馏分离。但这样做是不利的。因为精馏分离是以能耗为代价的，而混合与分离是两个相反的过程。在分离过程中任何混合现象，都意味着能耗的增加，会增加蒸馏釜的热负荷。

6.5　间歇精馏

间歇精馏又称分批精馏，所用设备与连续精馏设备的差别在于底部配备容积较大的塔釜，其流程如图 6-28 所示。间歇精馏操作开始时，全部物料加入精馏釜中，再逐渐加热汽化，自塔顶引出的蒸气经冷凝后，一部分作为馏出液产品，另一部分作为回流液送回塔内，待釜液组成降到规定值后，将其一次排出，然后进行下一批的精馏操作。与连续精馏相比，间歇精馏具有以下特点：

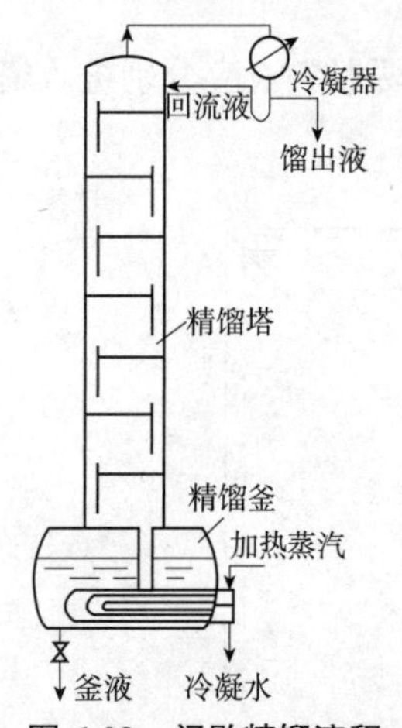

图 6-28　间歇精馏流程

①是非定态过程　操作中釜液量不断减少，其中易挥发组分的浓度也不断降低。因此，塔内各项参数(气液组成及温度等)随着时间而改变。

②全塔只有精馏段，没有提馏段　为获得与连续精馏同样组成的塔顶产品和塔底产品，其能耗大于连续精馏。

间歇精馏有两种基本操作方式。

6.5.1　回流比恒定的操作

在理论板数一定的条件下，间歇精馏釜液的组成随过程进行而不断减小。因此，在恒定回流比下，馏出液组成必将随之减小。

如图 6-29 所示，设精馏塔的分离效果相当于二层理论板(包括塔釜)，a_1c_1 为精馏开始时的操作线，釜液组成 $x=x_{W1}$，馏出液组成 $x_D=x_{D1}$。在精馏过程中，x_W 降低到 x_{W2}，相应的 x_D 降低到 x_{D2}，操作线用 a_2c_2 代表。由于回流比 R 恒定，故操作线的斜率 $R/(R+1)$不变，两操作线相互平行。这样一直到釜液或馏出液组成低于某指定值后，停止精馏。所得馏出液组成是各瞬间组成的平均值。

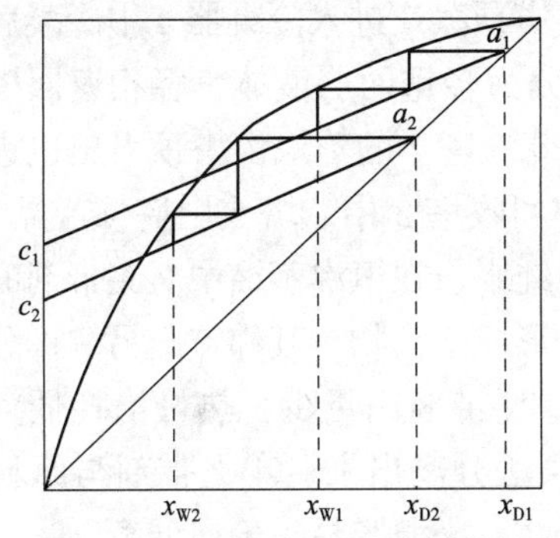

图 6-29　回流比恒定的间歇精馏

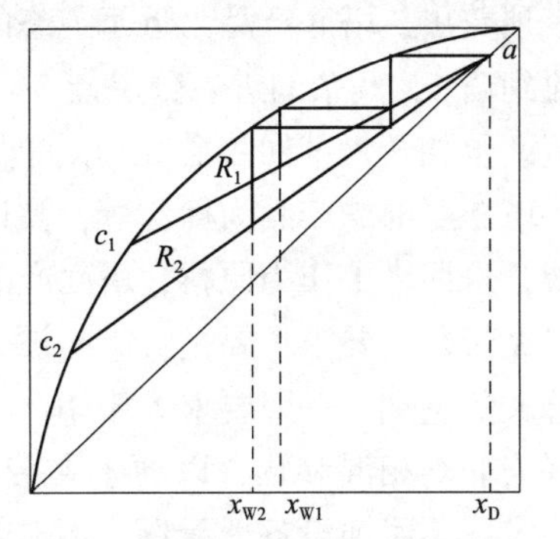

图 6-30　回流液组成恒定的间歇精馏

6.5.2　馏出液组成恒定的操作

在理论板数一定的条件下，间歇精馏的釜液在精馏过程中逐渐减小，如果回流比保持恒定，则馏出液组成必将逐渐减小。但为了保持馏出液组成恒定，必须逐渐增大回流比。

如图 6-30 所示，设精馏塔有二层理论板，初始时釜液组成 $x=x_{W1}$，馏出液组成 $x_D=x_{D1}$，此时的操作线为 ac_1。随着操作进行，x_W 降低到 x_{W2}，由于回流比相应增大，操作线相应移至 ac_2，精馏塔分离效果提高，仍可保持 $x_D=x_{D1}$ 不变。

在实际生产中，经常采用两种操作方式的结合，在操作初期可逐步调大回流比，以保持 x_D 基本不变。当二元精馏到了后期，再保持回流比恒定不变，这时可馏出一部分“中间馏分”，它不符合产品要求，但可与下一次的料液合并，重新蒸馏。

6.6　恒沸精馏和萃取精馏

前已述及，精馏操作是以液体混合物中各组分的相对挥发度差异为依据的，但对某些液体混合物，组分间的相对挥发度接近于 1 或形成恒沸物，以至于不宜或不能用一般精馏方法进行分离。上述情况可采用恒沸精馏和萃取精馏来处理。其原理都是在混合液中加入第三组分，以提高各组分间相对挥发度的差别，使其得以分离。根据第三组分所起作用的不同，又可分为恒沸精馏和萃取精馏。

6.6.1　恒沸精馏

若在两组分恒沸液中加入第三组分(称为夹带剂)，该组分能与原料液中的一个或两个组分形成新的恒沸液，其沸点比原恒沸混合物低得多，与塔底产品之间的差异较大，从而使原料液能用普通精馏方法予以分离，这种精馏操作称为恒沸精馏。

图 6-31 为分离乙醇-水混合液的恒沸精馏流程示意。在原料液中加入适量的夹带剂苯，苯与原料液形成新的三元非均相恒沸液(相应的恒沸点为 64.85℃，恒沸摩尔组成为苯 0.539、乙醇 0.228、水 0.233)。由于常压下此三组分恒沸液的恒沸点为 64.85℃，

故其由塔顶蒸出，塔底产品为近于纯态的乙醇。塔顶蒸汽进入冷凝器4中冷凝后，部分液相回流到塔1，其余的进入分层器5，在器内分为轻重两层液体。轻相返回塔1作为补充回流。重相送入苯回收塔2，以回收其中的苯。塔2的蒸汽由塔顶引出也进入冷凝器4中，塔2底部的产品为稀乙醇，被送到乙醇回收塔3中。塔3中塔顶产品为乙醇-水恒沸液，送回塔1作为原料，塔底产品几乎为纯水。在恒沸蒸馏中对夹带剂的选择很重要，对夹带剂的要求主要是：①与被分离组分形成恒沸物，其沸点与另一被分离组分要有足够大的差别，一般要求大于10℃。②希望夹带剂用量少，热量消耗低。③新恒沸液最好为非均相混和物，以便于夹带剂用分层法分离出来。④夹带剂与原料不起反应，热稳定，不腐蚀设备，无毒，不易着火、爆炸，来源容易，价格低廉。

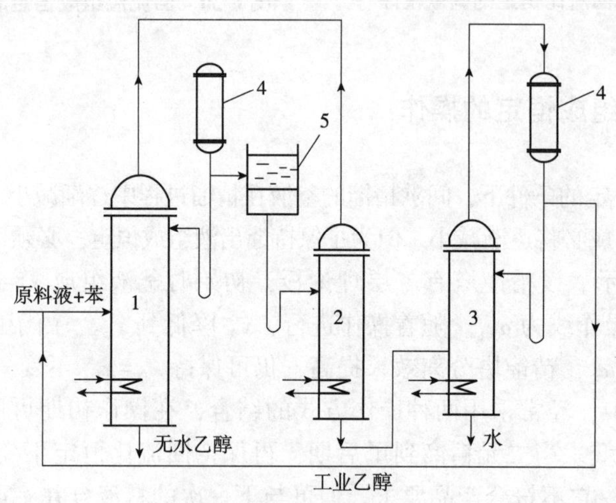

图6-31　恒沸精馏流程示意

1-恒沸精馏塔；2-苯回收塔；3-乙醇回收塔；4-全凝塔；5-分层器

6.6.2　萃取精馏

在原溶液中加入第三组分(称为萃取剂)，以增大原溶液中两个组分间的相对挥发度，从而使混合液的分离变得容易的精馏方法，称为萃取精馏。萃取剂的加入，使原来有恒沸物的也被破坏。

萃取精馏常用于分离各组分沸点(挥发度)差别很小的溶液。例如，常压下苯的沸点为80.1℃，环己烷的沸点为80.73℃，加入萃取剂糠醛(沸点161.7℃)后，使原溶液中两组分的相对挥发度显著增加，见表6-1所列。

表6-1　苯-环己烷溶液加入糠醛后α的变化

溶液中糠醛的摩尔分数	0	0.2	0.4	0.5	0.6	0.7
环己烷对苯的α	0.98	1.38	1.86	2.07	2.36	2.7

由表6-1可见，相对挥发度随萃取剂量加大而增高。图6-32为分离苯-环己烷溶液的萃取精馏流程示意。萃取剂糠醛在塔上部适当位置加入，进料在塔中部适当位置进

入，在糠醛作用下，环己烷成为易挥发组分，从塔顶获得环己烷产品。糠醛和苯从塔底排出，进入第二塔，从塔顶分离出苯产品，塔底回收萃取剂糠醛，返回前塔循环使用。

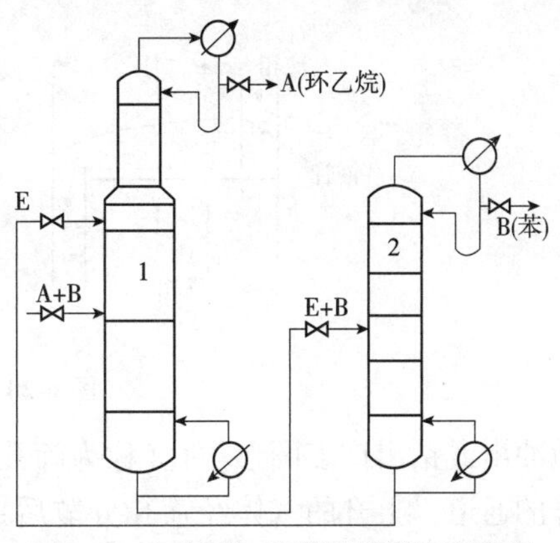

图 6-32 环己烷-苯萃取精馏流程示意

选择适宜萃取剂时，主要应考虑：①选择性强，萃取剂应使原组分间相对挥发度显著增大。②溶解度大，能与任何浓度的原溶液完全互溶，不产生分层现象。③萃取剂的沸点应较原混合液中纯组分高，且不与原组分形成恒沸液。④不与原料液中任一组分发生化学反应，对设备不腐蚀，无毒性，来源方便，价格低廉。

萃取精馏与恒沸精馏的特点比较如下：①萃取剂比夹带剂易于选择。②萃取剂在精馏过程中基本上不汽化，故萃取精馏的耗能量较恒沸精馏的为少。③萃取精馏中，萃取剂加入量的变动范围较大，而在恒沸精馏中，适宜的夹带剂量多为一定，故萃取精馏的操作较灵活，易控制。④萃取精馏需连续向塔上部加入萃取剂，故萃取精馏不宜采用间歇操作，而恒沸精馏则可采用间歇操作方式。⑤恒沸精馏操作温度较萃取精馏低，故恒沸精馏适宜分离不耐热物料。

6.7 板式塔

根据塔内气液接触构件的结构形式，气液传质设备可分为板式塔和填料塔两大类。填料塔的结构及气液两相的流动特性已在吸收一章中作了介绍，本节将介绍板式塔。

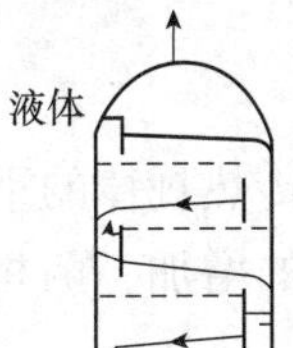

图 6-33 板式精馏塔

如图 6-33 所示，板式塔是在圆柱形壳体中安装若干层水平塔板所构成的，板与板之间有一定的间距。塔板上开有许多孔，正常操作时，气体在压差推动下高速通过小孔上升，板上的液体不能经小孔落下，只能通过降液管流到下一层板。气液两相在塔板上呈错流流动，即气相垂直穿过塔板上的液层，液相水平流过塔板。但对整个塔来说，两相基本上呈逆流流动。塔板是板式塔的主要构件，各种塔板的结构大同小异，下面以图 6-34 所示的筛孔塔板为例，介绍板式塔的基本结构。

6.7.1 塔板的结构及其作用

筛孔塔板上的主要部件有筛孔、溢流堰和降液管(图 6-34)。

(1)筛孔

为保证气液两相在塔板上能够充分接触并在总体上实现两相逆流，在塔板上均匀

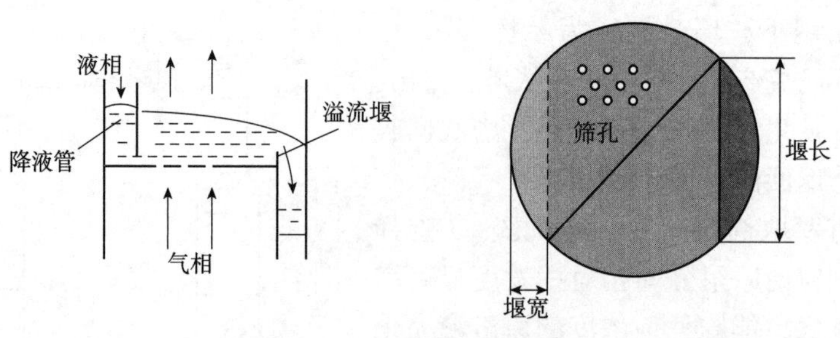

图 6-34 筛孔塔板的构造

地冲出或钻出许多圆形小孔(称为筛孔)供气体上升之用。它是气体上升的通道，上升的气体经筛孔分散后穿过板上液层形成气液两相密切接触的混合体进行传质。

板式塔结构动画

(2)溢流堰

为保证气液两相在塔板上有足够的接触表面，塔板上必须贮有一定量的液体。为此，在塔板的出口端设有溢流堰。塔板上的液层高度在很大程度上由堰高决定。溢流堰板的形状有平直形和齿形两种。

(3)降液管

降液管是液体从上层塔板溢流到下层塔板的管道，每块塔板通常附有一个降液管。板式塔在正常工作时，液体从上层塔板的降液管流出，横向流过筛孔塔板，翻越溢流堰，进入该层塔板的降液管，流向下层塔板。

6.7.2 塔板上气液流动和接触状态

6.7.2.1 塔板上气液两相接触状态

塔板上气液两相的接触状态是决定板上两相流体力学及传质和传热规律的重要因素。实验观察发现，当液体流量一定时，随着气体通过筛孔时速度的增加，两相在塔板上可以出现 3 种不同的接触状态，如图 6-35 所示。

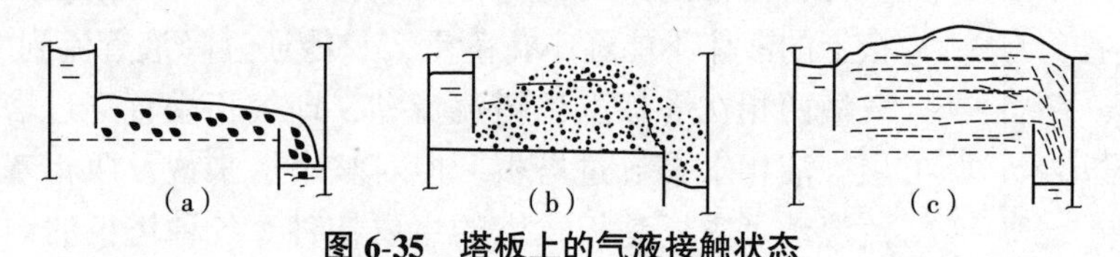

图 6-35 塔板上的气液接触状态

(a)鼓泡接触状态 (b)泡沫接触状态 (c)喷射接触状态

(1)鼓泡接触状态

当气相通过筛孔速度很低时，气体以鼓泡形式通过液层，塔板上两相呈鼓泡接触状态，接触面积为气泡表面。此时，液体为连续相，气体为分散相，由于气泡数量较少，气液接触面积不大，并且气泡表面的湍动程度较弱，所以传质阻力较大。

(2)泡沫接触状态

随着孔中气速的增加，气泡数量急剧增加并形成泡沫，塔板上的液体大部分是以液膜的形式存在，气泡与液膜不断发生碰撞、合并与破裂，又形成泡沫。此时，液体仍为连续相，而气体仍为分散相。

由于泡沫层高度湍动，液膜表面积大且不断更新，有利于传热与传质，是一种较好的接触状态。

(3)喷射接触状态

若孔中气速继续增加，气体以喷射状态穿过液层，将塔板上的液体破碎成许多大小不同的液滴，抛向上方空间。较大的液滴落下以后，在塔板上汇聚成很薄的液层并再次被破碎成液滴抛出；较小的液滴被气相带走，成为液膜夹带。此时，两相接触面为液滴的外表面，液体为分散相而气体为连续相。这是喷射状态与泡沫状态的根本区别。

在喷射状态下，由于液滴的多次形成与合并使液滴表面不断更新，这些都有利于传热与传质。

在工业上实际应用的筛板塔中，经常采用的气液两相接触状态为泡沫状态和喷射状态。

6.7.2.2　塔板上气液两相的非理想流动

塔板上理想的气液流动，是两相在塔板上充分接触，呈均匀的错流，以获得最大的传质推动力。但是，气液两相在塔内的实际流动与希望的理想流动有许多偏离。归纳起来，板式塔内各种不利于传质的流动现象有以下两类：

(1)返混现象

返混是指液体或气体与主流作相反方向流动的现象，返混主要有两种。

①液沫夹带　当气流穿过板上液层时都会产生大量液滴，如果气速过大，这些液滴的一部分会被上升的气流夹带至上层塔板，从而导致塔板效率下降。

液沫夹带量通常用每1kmol(或1kg)干气体所夹带的液体量 e_V 表示，单位为kmol(或kg)。有时也用液沫夹带分数 φ，即被夹带的液体流量占流经塔板总液体量的分数来表示。换算关系为

$$\varphi=\frac{e_V}{\frac{L}{V}+e_V} \tag{6-49}$$

式中　L，V——分别为液体和干气体的摩尔流率或质量流率，kmol/h或kg/h。

②气泡夹带　在塔板上与气体充分接触后的液体，流入降液管时必含有大量气泡。若液体在降液管内的停留时间太短，所含气泡来不及解脱，将被卷入下一层塔板，这种现象称为气泡夹带。

为避免严重的气泡夹带，通常在靠近溢流堰一狭长区域上不开孔(即出口安定区)，使液体在进入降液管前有一定时间脱除其中所含的气体，减少进入降液管的气体量。

(2)气体和液体的不均匀流动

①气体沿塔板的不均匀流动　塔板入口处的液面厚度要高于出口处，其高度差称为液面落差，液面落差是造成塔板上气体分布不均匀的主要原因。因为在塔板入口处，液面高、液层阻力大，气速或气体流量小于平均数值；而在塔板出口处，液面较低，液层阻力小，气速或气体流量大于平均数值。气体的分布不匀会导致传质效果的

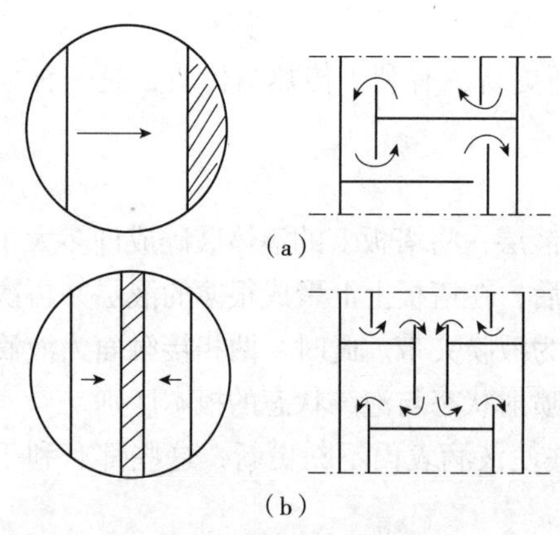

图 6-36 塔板上的液流安排

(a)单流型 (b)双流型

下降，因此板上液体流程必须做适当的折中与安排。

常用的板上液流安排有单流型与双流型，如图 6-36 所示。

单流型：塔板上只有一个降液管，构造简单，制造方便，常用于塔径小于 2m 的塔中。

双流型：塔板上有两个溢流堰，上层塔板的液体分成两半，分别从左右两个降液管流到下层塔板，再分别流向中间的降液管，经中间降液管流到下层塔板后，液体再由中央流向两侧。

②液体沿塔板的不均匀流动 塔截面通常是圆形的，液体自一端流向另一端有多种途径。在塔板中央，液体行程较短而平直，阻力小，流速大。在塔板边缘部分，行程长而弯曲，阻力大，因而流速小。因此，液流量在各条路径中的分配是不均匀的。这种不均匀性发展严重会在塔板上产生一些液体流动不畅的滞留区，液流不均匀分布使塔板的物质传递量减少，属不利因素。

液流分布的不均匀性与液体流量有关，低流量时该问题更为突出。当液体流量很低时，堰上液位很低，因溢流堰安装高度有一定误差，可能只在一端有液体溢液，而另一端堰高于液面，在塔板上造成很大的死区。

6.7.2.3 塔板的不正常操作现象

上面介绍的气液两相在筛板塔内的非理想流动，虽然对传质不利，但基本上还能保持塔的正常操作。如果板式塔设计不良或操作不当，将会使塔产生根本无法工作的不正常现象，下面对这些现象加以说明。

(1)液泛

当塔板上液体流量增大到某个程度，降液管内液体便不能顺畅地下流，管内液体必然积累，直到充满整个板间，从而影响了塔的正常操作，这种现象称为液泛，也称淹塔。促成液泛的原因有以下两种：

①降液管液泛 对于一定的液体流量，气体流量加大，气体穿过板上液层时使两板间压降也随之增加，造成降液管内液体不能顺利向下流动，管内液体积累，甚至溢出倒流回上层塔板，最终导致塔内充满液体。若气体流量一定而液体流量加大，降液管的截面不足以使液体通过，管内液面升高，也会发生液泛现象。

②夹带液泛 上升气流穿过塔板上液层时，必然将部分液体分散成微小液滴，这些液滴中的一部分被气体夹带着在板间的空间上升，如液滴来不及沉降分离，则将随气体进入上层塔板，这种现象称为液沫夹带。发生液沫夹带时，下层塔板上浓度较低的液体被气流带到上层塔板，与液体主流作相反方向流动，造成液相在塔板间的返混，使塔板的提浓作用变差。严重的液沫夹带会引起夹带液泛，从而导致塔板效率严重下降。

液泛的形成与气液两相的流量、塔板结构，尤其是塔板间距有关，设计上采用增大塔板间距的方法，不仅可以减少液沫夹带量，还可提高液泛速度。

(2)漏液

当上升气体通过筛孔时流速过小，液体在重力作用下会直接穿过筛孔漏下，便会出现漏液现象。漏液发生时，气液两相在塔板上的接触时间减少，从而降低塔板的有效利用率和板效率。严重的漏液会使塔板不能积液而无法操作。

造成漏液的主要原因是气速太小和板面上液面落差所引起的气流的分布不均，一般在塔板入口侧的厚液层处气体通过量最少而漏液量最多，所以常在塔板入口处留出一条狭窄的区域不开孔，称为入口安定区。为保证塔的正常操作，漏液量应不大于液体流量的10%，漏液量达10%的气体速度称为漏液速度，它是板式塔操作气速的下限。

6.7.2.4 塔板的负荷性能图

当一定物系在塔板结构尺寸已确定的塔内操作时，只有气体和液体的流量是可能变化的因素。对板式精馏塔而言，气液流量随进料量、进料热状况及回流情况不同而异，这些参数的变化均直接影响到塔能否正常操作以及能否达到规定的分离要求。为了维持塔的正常操作，生产中必须将气液流量控制在一个由塔板结构条件所决定的许可范围内，这个范围就是塔板的负荷(操作)性能图限定的范围。负荷性能图是以气体的体积流量为纵坐标，液体的体积流量为横坐标，在直角坐标系里标绘的，如图6-37所示。

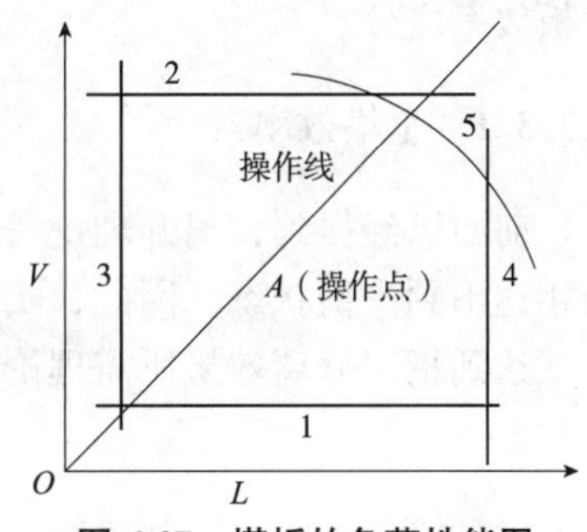

图6-37 塔板的负荷性能图

负荷性能图由以下5条线组成：

①漏液线 线1为漏液线，又称气相负荷下限线。它表示塔板在严重漏液时的气体流量与液体流量之间的关系。当操作的气体流量低于此线时，将发生严重的漏液现象。塔板的适宜操作区应在该线以上。

②液沫夹带线 线2为液沫夹带线，又称气相负荷上限线。如操作的气体流量超过此线时，将产生过量的液沫夹带，使板效率严重下降。塔板的适宜操作区应在该线以下。

③液相负荷下限线 线3为液相负荷下限线。若操作的液相负荷低于此线时，表明液体流量过低，板上液流不能均匀分布，气液接触不良，导致塔板效率的下降。塔板的适宜操作区应在该线以右。

④液相负荷上限线 线4为液相负荷上限线。若操作的液相负荷高于此线时，表明液体流量过大，此时液体在降液管内停留时间过短，进入降液管内的气泡来不及与液相分离而被带入下层塔板，造成气相返混，严重时可能导致降液管内液泛，从而降低塔板效率。塔板的适宜操作区应在该线以左。

⑤液泛线 线5为液泛线。液泛线表示降液管中泡沫层高度达到最大允许值时的气液负荷关系。若操作的气液负荷超过此线时，降液管内泡沫层高度有可能过高而引发液泛现象，使塔不能正常操作。塔板的适宜操作区应在该线以下。

操作时的气相流量 V 与液相流量 L 在负荷性能图上的坐标点 A 称为操作点。在连续精馏塔中，回流比为定值，该板上的 V/L 也为定值。因此，每层塔板上的操作点是沿通过原点、斜率为 V/L 的直线而变化，该直线称为操作线。

操作点位于操作区内的适中位置，可望获得稳定良好的操作效果，如果操作点紧靠某一条边界线，则当负荷稍有波动时，便会使塔的正常操作受到破坏。

对一定的物系，负荷性能图中各条线的相对位置随塔板结构尺寸而变。因此，在设计塔板时，根据操作点在负荷性能图中的位置，适当调整塔板结构参数，以改进负荷性能图，满足所需的弹性范围。例如，加大板间距或增大塔径可使液泛线上移，增加降液管截面积可使液相上限线右移，减少塔板开孔率可使漏液线下移，等等。

6.7.3 塔板效率

塔板效率反映了实际塔板上气液两相间传质的完善程度，塔板效率有全塔效率与单板效率之分。

6.7.3.1 全塔效率

前面已经提到，离开理论塔板的气液两相达到平衡状态，而离开实际塔板的气液两相达不到平衡状态，因此，实际塔板数要比理论塔板数高一些。

达到指定分离效果所需理论板数与实际板数之比称为全塔效率，即

$$E_T=\frac{N_T}{N_P} \tag{6-50}$$

式中 E_T——全塔效率，%；

N_T——理论塔板数；

N_P——实际塔板数。

通常，板式塔内各层塔板的传质效率并不相同，全塔效率反映了整个塔内的平均传质结果，其值恒小于100%。对一定结构的板式塔，若已知在某种操作条件下的全塔效率，就可以从理论板数求出实际板数。

影响塔板效率的因素很多，概括起来有物系性质、塔板结构及操作条件3个方面，这些因素与全塔效率的关系难以定量，因此，全塔效率的可靠数据只能通过实验测定获得。

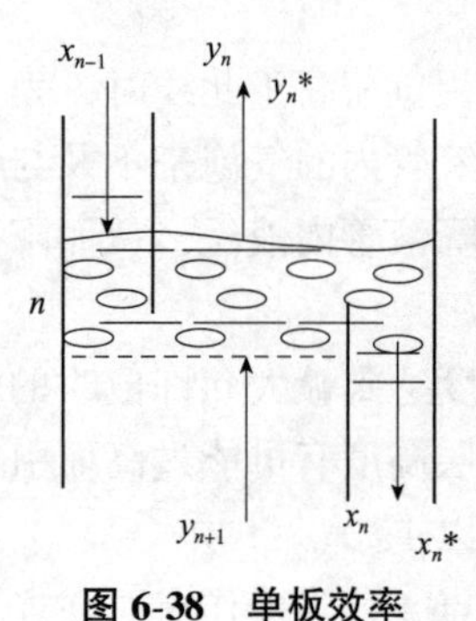

图6-38 单板效率

6.7.3.2 单板效率

单板效率又称默弗里(Murphree)效率，它是以混合物经过实际板的组成变化与经过理论板的组成变化之比来表示的（图6-38），单板效率即可用气相组成表示，也可用液相组成表示，分别称为气相单板效率和液相单板效率。

气相单板效率 E_{mV} 为

$$E_{mV}=\frac{y_n-y_{n+1}}{y_n^*-y_{n+1}} \tag{6-51}$$

式中 y_n——离开第 n 层板的气相组成；

y_{n+1}——离开第 $n+1$ 层板的气相组成；

y_n^*——与离开第 n 层板的液相组成 x_n 平衡的气相组成。

液相单板效率 E_{mL} 为

$$E_{mL}=\frac{x_{n-1}-x_n}{x_{n-1}-x_n^*} \tag{6-52}$$

式中 x_{n-1}——离开第 $n-1$ 层板的液相组成；

x_n——离开第 n 层板的液相组成；

x_n^*——与离开第 n 层板的气相组成 y_n 平衡的液相组成。

单板效率通常由实验测定，它可直接反映该层塔板的传质效果，但各层塔板的单板效率通常不相等。即使塔内各板效率相等，全塔效率在数值上也不等于单板效率。这是因为两者定义的基准不同，全塔效率是基于所需理论板数的概念，而单板效率基于该板理论增浓程度的概念。

【例 6-8】 某双组分混合液在一连续精馏塔中进行全回流操作，已测得离开相邻两板上液相组成分别为 $x_{n-1}=0.7$，$x_n=0.5$（均为易挥发组分的摩尔分数）。已知操作条件下物系的平均相对挥发度为 $\alpha=3.0$。试求以液相组成表示的第 n 板的单板效率。

解：为了计算 E_{mL}，需用气液相平衡方程，由 y_n 求出 x_n^*。在全回流操作条件下，操作线方程为 $y_n=x_{n-1}=0.7$，y_n 与 x_n^* 成平衡关系，由相平衡方程得

$$x_n^*=\frac{y_n}{\alpha-(\alpha-1)y_n}=\frac{0.7}{3.0-(3.0-1)\times0.7}=0.4375$$

由式(6-52)可求出 E_{mL}，即

$$E_{mL}=\frac{x_{n-1}-x_n}{x_{n-1}-x_n^*}=\frac{0.7-0.5}{0.7-0.4375}=0.7619$$

6.7.4 板式塔的设计

板式塔的类型很多，但其板面布置、溢流装置结构、设计原则和程序却基本相同，今以筛板塔为例进行说明。

6.7.4.1 塔高

板式塔的高度包括所有塔板的有效段及塔顶和塔底的高度。

气液接触的有效段高度：

$$Z=\left(\frac{N_T}{E_T}-1\right)H_T \tag{6-53}$$

式中 Z——塔的有效段高度，m；

N_T——塔内所需要的理论塔板数；

E_T——全塔效率；

H_T——塔板间距，m。

塔板间距 H_T 直接影响塔高。此外，板间距还与塔的生产能力、操作弹性及塔板效率有关。在一定的生产任务下，塔板间距越大，允许气速越大，所需塔径越小，但塔高要增加。反之，塔板间距越小，允许气速越小，所需塔径越大，但塔高可降低。因此，存在一个在经济上最佳的板间距。表6-2列出不同塔径所推荐的板间距，可供参考。

表6-2　不同塔径的板间距参考值

塔径 D/mm	800~1 200	1 400~2 400	2 600~6 600
板间距 H_T/mm	300、350、400、450、500	400、450、500、550、600 650、700	450、500、550、600、650、 700、750、800

6.7.4.2　塔径

根据圆管流体的体积流量公式，塔径可表示为

$$D=\sqrt{\frac{4q_{V,g}}{\pi u}} \tag{6-54}$$

式中　D——塔径，m；

$q_{V,g}$——塔内气相的体积流量，m^3/s；

u——气相的空塔速度，m/s。

由式(6-54)可知，计算塔径的关键在于确定适宜的空塔气速。所谓空塔气速是指气相通过塔整个截面时的速度。空塔气速的上限由严重的雾沫夹带或液泛决定，下限由漏液决定，适宜的空塔气速应介于二者之间。

6.7.4.3　溢流装置

板式塔的溢流装置主要包括溢流堰、降液管和受液盘等几部分，如图6-39所示。

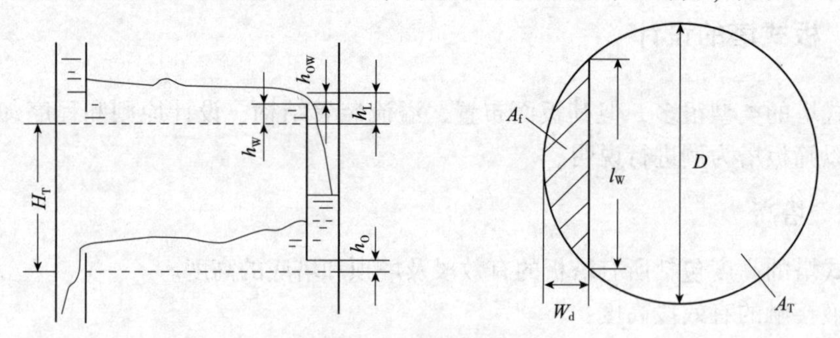

图6-39　溢流装置示意

(1)溢流堰

溢流堰又称出口堰，其作用是维持塔上一定的液层高度，使液体比较均匀地横向流过塔板。

通常溢流堰为平顶的，堰高 h_W 和溢流堰上液层高度 h_{OW} 是塔板液体通道上的两个重要参数，板上液层高度 h_L 为堰高 h_W 与堰上液层高度 h_{OW} 之和，即

$$h_L = h_W + h_{OW} \tag{6-55}$$

堰上液层高度 h_{OW} 取决于液体流量及堰长的大小，可由下式计算：

$$h_{OW} = \frac{2.48}{1\ 000} E \left(\frac{L_h}{l_W} \right)^{2/3} \tag{6-56}$$

式中 L_h——塔内液体流量，m^3/h；

l_W——堰长；

E——液流收缩系数。

(2)降液管

降液管有圆形和弓形两类。早期的板式塔多采用圆形降液管，圆形降液管所能提供的降液面积和两相分离空间很小，常常成为限制塔的生产能力的薄弱环节。弓形降液管由部分塔壁和一块平板围成，其充分利用了塔内空间，能提供很大的降液面积和两相分离空间。

(3)受液盘

受液盘有平受液盘和凹形受液盘两种结构形式。对于直径大于 800mm 的塔板，推荐使用凹形受液盘，如图 6-40 所示。这种结构可使液体进入塔板时更加平稳，防止前几排筛孔因冲击而漏液；在液体流量低时仍能造成良好的液封，且有改变液体流向的缓冲作用。为了保证液体由降液管流出时不致受到很大阻力，进口堰与降液管间的水平距离 h_1 不应小于 h_0，即 $h_1 \geqslant h_0$。凹形受液盘不适于易聚合及有悬浮固体的情况，因易造成死角而堵塞。

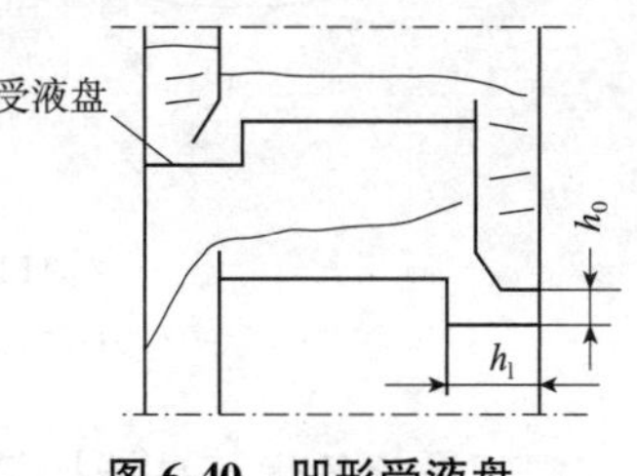

图 6-40 凹形受液盘

6.7.5 板式塔的类型

塔板可分为有降液管式塔板(也称溢流式塔板或错流式塔板)和无降液管式塔板(也称穿流式塔板或逆流式塔板)两类。在工业生产中，以有降液管式塔板应用最为广泛，其中筛孔塔板的结构最为简单，塔板压降和造价都比较低。其缺点是由于气体直接上冲，液沫夹带量较大又易漏液，故操作弹性差，要求精心设计和谨慎操作。工业上普遍采用的板式塔还有其他几种，下面简要介绍。

6.7.5.1 泡罩塔板

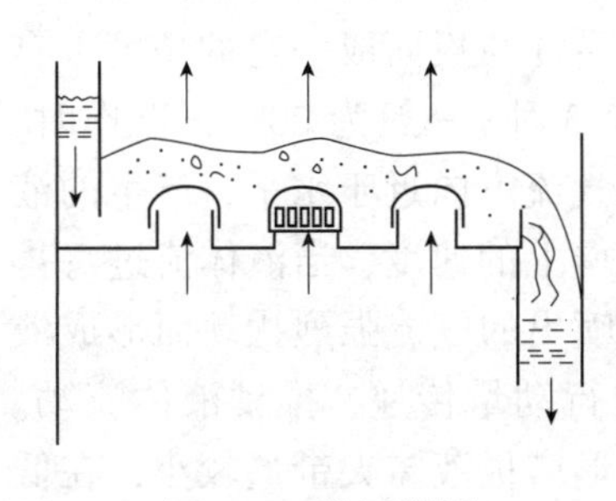

图 6-41 泡罩塔板

泡罩塔板是工业上应用最早的塔板，其结构如图 6-41 所示，它主要由升气管及泡罩构成。泡罩安装在升气管的顶部，泡罩的下部周边开有很多齿缝，操作时，液体横向流过塔板，靠溢流堰保持板上有一定厚度的液层，齿缝浸没于液层之中而形成液封。升气管的顶部应高于泡罩齿缝的上沿，以防止液体从中漏下。

这种塔板的优点是操作弹性较大，塔板不易堵塞，易于操作。其缺点是结构复杂、造价高，塔板压降大，生产能力及板效率较低。现已逐渐被其他类型塔板所取代。

6.7.5.2 浮阀塔板

如图 6-42 所示，浮阀塔板的结构特点是在塔板上开有若干个阀孔，每个阀孔装有一个可上下浮动的阀片，操作时，由阀孔上升的气流经阀片与塔板间隙沿水平方向进入液层，增加了气液接触时间，阀片与塔板的间隙即为气体的通道。浮阀开度随气体负荷而变，即使气体负荷很小，仍能以足够的气速通过缝隙，避免过多的漏液；气量较大时，阀片自动浮起，开度随之增大，使气速不致过大。因此，浮阀塔具有较大的操作弹性和较高的生产能力。

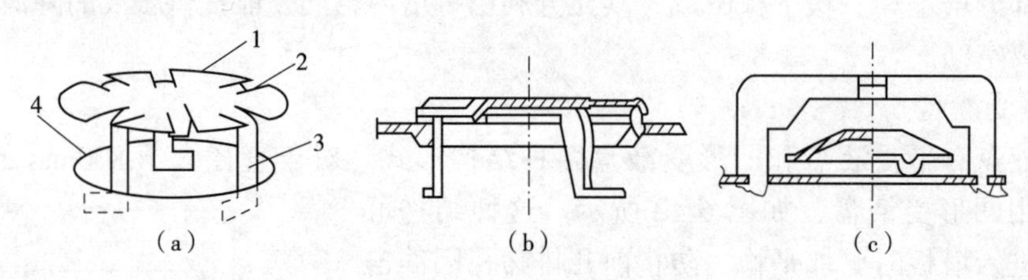

图 6-42 浮阀的主要型式

(a)F1 型浮阀 (b)V-4 型浮阀 (c)T 型浮阀

1-浮阀片；2-凸缘；3-浮阀“腿”；4-塔板上的孔

浮阀塔板的优点是结构简单、造价低，生产能力大，操作弹性大，塔板效率较高。其缺点是处理易结焦、高黏度的物料时，阀片易与塔板黏结；在操作过程中有时会发生阀片脱落或卡死等现象，使塔板效率和操作弹性下降。

6.7.5.3 喷射型塔板

上述几种塔板，气体是以鼓泡或泡沫状态和液体接触，若气速过高，会造成较为严重的液沫夹带，使塔板效率下降，因而生产能力受到一定的限制。为克服这一缺点，近年来开发出喷射型塔板，大致有以下几种类型。

(1)舌形塔板

舌形塔板的结构如图 6-43 所示，在塔板上冲出许多舌孔，方向朝塔板液体流出口一侧张开。舌片与板面成一定的角度，有 18°、20°、25° 3 种(一般为 20°)，操作时，由舌孔喷出的气流方向近于水平，产生的液滴几乎不具有向上的速度，当液体流过每排舌孔时，即被喷出的气流强烈扰动而形成液沫，气液间进行动量传递，推动液体流动。因此，这种舌形塔板液沫夹带量较小，在低液气比下，塔板生产能力较高。

图 6-43 舌形塔板

舌型塔板的优点是生产能力大，塔板压降低，传质效率较高。其缺点是操作弹性较小，气体喷射作用易使降液管中的液体夹带气泡流到下层塔板，从而降低塔板效率。

(2)浮舌塔板

如图6-44所示，与舌型塔板相比，浮舌塔板的舌片可上下浮动。因此，浮舌塔板兼有浮阀塔板和固定舌型塔板的特点，具有处理能力大、压降低、操作弹性大等优点，特别适宜于热敏性物系的减压分离过程。

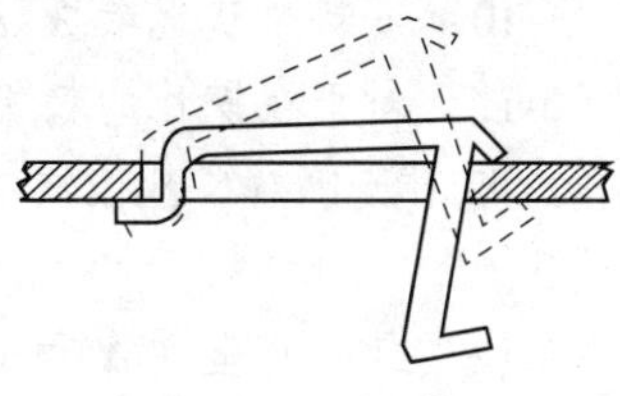

图6-44 浮舌塔板

(3)斜孔塔板

斜孔塔板的结构如图6-45所示。在板上开有斜孔，孔口向上与板面成一定角度，斜孔的开口方向与液流方向垂直，使相邻两排的开孔方向相反，这样既可得到水平方向较大的气速，又使板面上液层低而均匀，气液接触良好，传质效率提高。

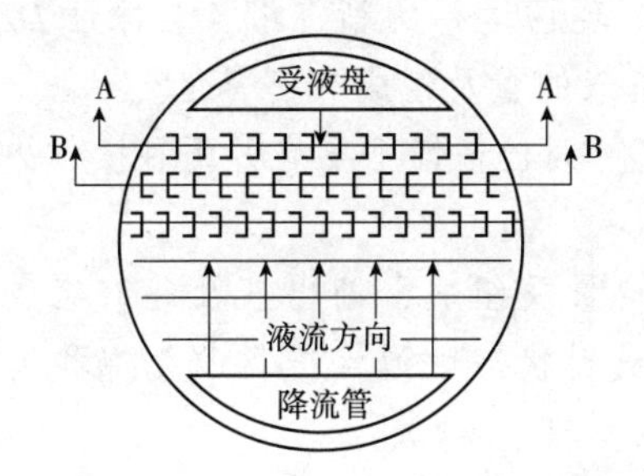

图6-45 斜孔塔板

斜孔塔板克服了筛孔塔板、浮阀塔板和舌型塔板的某些缺点。斜孔塔板的生产能力比浮阀塔板大30%左右，效率与之相当，且结构简单，加工制造方便，是一种性能优良的塔板。

思考题

6-1 蒸馏的目的是什么？蒸馏操作的基本依据是什么？

6-2 非理想物系何时出现最低恒沸点？何时出现最高恒沸点？

6-3 双组分理想溶液的相对挥发度 α 如何计算？α 与什么因素有关？α 的大小对两组分的分离有何影响？

6-4 为什么 $\alpha=1$ 时不能用普通精馏的方法分离混合物？

6-5 实现精馏操作的必要条件是什么？精馏塔的塔顶液相回流及塔底的气相回流对溶液的精馏起什么作用？

6-6 什么是理论板？实际塔板上的气液两相传质情况与理论板有何不同？

6-7 相邻三层塔板的温度、气相组成及液相组成有何变化规律？

6-8 当进料流量 F 和组成 x_F 一定时，若馏出液流量 D 增多而釜液流量 W 减少时，馏出液组成 x_D 及釜液组成 x_W 将如何变化？

6-9　精馏塔的进料热状态有哪几种？它们对精馏段及提馏段的下降液体流量及上升蒸气流量有什么影响？

6-10　进料热状况参数 q 的物理意义是什么？写出5种进料状况下 q 值的范围。

6-11　对正在操作的精馏塔，增大塔顶液相回流比对馏出液组成有何影响？增大塔釜气相回流比对釜液组成有何影响？怎样操作才能增大塔顶液相回流比及塔釜气相回流比？

6-12　什么叫全回流和最小理论塔板数？全回流时回流比和操作线方程是怎样的？全回流应用于什么场合？如何计算全回流时的最小理论塔板数？某塔全回流时，$x_n=0.3$，若 $\alpha=3$，则 y_{n+1} 为何值？

6-13　选择适宜回流比的依据是什么？设备费和操作费分别包括哪些费用？经验上如何选择适宜回流比？

6-14　对于精馏塔的设计问题，在进料热状况和分离要求一定的条件下，回流比增大或减小，所需理论板数如何变化？对于一现场运行的精馏塔，在保证 D/F 不变的条件下回流比增大或减小，塔顶馏出液和釜液的量及组成有何变化？

6-15　间歇精馏与连续精馏相比有何特点？间歇精馏主要有哪两种操作方式？适用于什么场合？

6-16　设计一精馏塔，其物料性质、进料量及组成、馏出液及釜液组成、回流比、冷却水温度、加热蒸汽压力均不变。当进料状态由泡点进料改为饱和蒸气进料时，塔板数是否相同？再沸器所需蒸气量是否改变？

6-17　有一正在操作的精馏塔分离某混合液。若下列条件改变，问馏出液及釜液组成有何改变？假设其他条件不变，塔板效率不变。

(1)回流比下降；

(2)原料中易挥发组分浓度上升；

(3)进料口上移。

6-18　板式塔上气液两相接触状态有哪几种？它们各有什么特点？

6-19　筛板塔负荷性能图受哪几个条件约束？

习　题

6-1　在密闭容器中将 A、B 两组分的理想溶液升温至82℃，在该温度下，两组分的饱和蒸气压分别为 $p_A^0=107.6\text{kPa}$ 及 $p_B^0=41.85\text{kPa}$，取样测得液面上方气相中组分 A 的摩尔分数为0.95。试求平衡的液相组成及容器中液面上方总压。

6-2　试分别计算含苯0.4(摩尔分数)的苯-甲苯混合液在总压100kPa和10kPa的相对挥发度和平衡的气相组成。苯(A)和甲苯(B)的饱和蒸气压和温度的关系为

$$\lg p_A^0=6.032-\frac{1\,206.35}{t+220.24}$$

$$\lg p_B^0=6.078-\frac{1\,343.94}{t+219.58}$$

式中，p^0 的单位为 kPa，t 的单位为℃。苯-甲苯混合液可视为理想溶液。(作为试差起点，100kPa 和 10kPa 对应的泡点分别取 94.6℃和 31.5℃)

6-3 将含 24%(摩尔分数，下同)轻组分的某液体混合物送入一连续精馏塔中。要求馏出液含 95%易挥发组分，釜液含 3%易挥发组分。送至冷凝器的蒸气摩尔流量为 850kmol/h，流入精馏塔的回流液量为 670kmol/h。试求：(1)每小时能获得多少千摩尔的馏出液？多少千摩尔的釜液？(2)回流比 R 为多少？

6-4 在一连续精馏塔中分离某混合液，混合液流量为 5 000kg/h，其中轻组分含量为 30%(摩尔百分数，下同)，要求馏出液中能回收原料液中 88%的轻组分，釜液中轻组分含量不高于 5%，试求馏出液的摩尔流量及摩尔分数。已知 $M_A = 114$kg/kmol，$M_B = 128$kg/kmol。

6-5 在一连续精馏塔中分离正戊烷-正己烷混合液，原料的流量为 100kmol/h，其中正戊烷的含量为 0.5(摩尔分数，下同)。已知馏出液组成为 0.95，釜液组成为 0.05，试求：(1)馏出液的流量和正戊烷的回收率；(2)保持馏出液组成 0.95 不变，馏出液最大可能的流量。

6-6 在常压下将含苯摩尔分数为 25%的苯-甲苯混合液连续精馏，要求馏出液中含苯摩尔分数为 98%，釜液中含苯摩尔分数为 8.5%。操作时所用回流比为 5，泡点加料，泡点回流，塔顶为全凝器，求精馏段和提馏段操作线方程。常压下苯-甲苯混合物可视为理想物系，其相对挥发度为 2.47。

6-7 在常压连续精馏塔中分离 A、B 两组分理想溶液。进料量为 60kmol/h，其组成为 0.46(易挥发组分的摩尔分数，下同)，原料液的泡点为 92℃。要求馏出液的组成为 0.96，釜液组成为 0.04，操作回流比为 2.8。已知：原料液的汽化热为 371kJ/kg，比热容为 1.82kJ/(kg·℃)。试求如下 3 种进料热状态的 q 值和提馏段的气相负荷：(1)40℃冷液进料；(2)饱和液体进料；(3)饱和蒸气进料。

6-8 用一连续精馏塔分离苯-甲苯混合液，原料中含苯 0.4，要求塔顶馏出液中含苯 0.97，釜液中含苯 0.02(以上均为摩尔分数)，若原料液温度为 25℃，求进料热状态参数 q 为多少？若原料为气液混合物，气液比为 3/4，q 值为多少？

6-9 某连续精馏塔，泡点加料，已知操作线方程如下：精馏段 $y=0.8x+0.172$；提馏段 $y=1.3x-0.018$。试求原料液、馏出液、釜液组成及回流比。

6-10 在连续精馏塔中分离 A、B 两组分混合液。进料量为 100kmol/h，进料为 $q=1.25$ 的冷液体，已知操作线方程为：精馏段 $y=0.76x+0.23$；提馏段 $y=1.2x-0.02$。试求轻组分在馏出液中的回收率。

6-11 在一连续操作的精馏塔分离含 50%(摩尔分数)正戊烷的正戊烷-正己烷混合物。进料为气液混合物，其中气液比为 1∶3(摩尔比)。常压下正戊烷-正己烷的平均相对挥发度 $\alpha=2.923$，试求进料中的气相组成和液相组成。

6-12 某理想混合液用常压精馏塔进行分离。进料组成含 A81.5%，含 B18.5%(摩尔百分数，下同)，饱和液体进料，塔顶为全凝器，塔釜为间接蒸气加热。要求塔顶产品为含 A95%，塔釜为含 B95%，此物系的相对挥发度为 2.0，回流比为 4.0。试用逐板计算法求出所需的理论板层数及进料板位置。

6-13 在常压连续精馏塔内分离苯-氯苯混合物。已知进料量为85kmol/h，组成为0.45(易挥发组分的摩尔分数，下同)，泡点进料。塔顶馏出液的组成为0.99，塔底釜残液组成为0.02。操作回流比为3.5。塔顶采用全凝器，泡点回流。苯、氯苯的汽化热分别为30.65kJ/mol和36.52kJ/mol。水的比热容为4.187kJ/(kg·℃)。若冷却水通过全凝器温度升高15℃，加热蒸气绝对压力为500kPa(饱和温度为151.7℃，汽化热为2 113kJ/kg)。试求冷却水和加热蒸气的流量。忽略组分汽化热随温度的变化。

6-14 用一常压连续精馏塔分离含苯0.4的苯-甲苯混合液。要求馏出液中含苯0.97(以上均为质量分数)，苯-甲苯溶液的平均相对挥发度为2.5，试计算下列两种进料热状态下的最小回流比：(1)冷液进料，其进料热状况参数$q=1.36$；(2)进料为气液混合物，气液比为1∶3。

6-15 试用捷算法计算环氧乙烷和环氧丙烷系统的连续精馏塔理论板数。已知：$x_D=0.98$，$x_F=0.60$，$x_W=0.05$(以上均为以环氧乙烷表示的摩尔分数)。取回流比为最小回流比的1.5倍。常压下系统的相对挥发度为2.47，饱和液体进料。

6-16 一常压操作的连续精馏塔中分离某理想溶液，原料液组成为0.4，馏出液组成为0.95(均为轻组分的摩尔分数)，操作条件下，物系的相对挥发度$\alpha=2.0$，若操作回流比$R=1.5R_{min}$，进料热状况参数$q=1.5$，塔顶为全凝器，试计算塔顶向下第二块理论板上升的气相组成和下降液体的组成。

6-17 在常压连续精馏塔中，分离甲醇-水混合液。原料液流量为100kmol/h，其组成为0.3(甲醇的摩尔分数，下同)，冷液进料($q=1.2$)，馏出液组成为0.92，甲醇回收率为90%，回流比为最小回流比的3倍。试比较直接水蒸气加热和间接加热两种情况下的釜液组成和所需理论板层数。甲醇-水溶液的t-x-y数据如下：

温度t/℃	液相中甲醇的摩尔分数	气相中甲醇的摩尔分数	温度t/℃	液相中甲醇的摩尔分数	气相中甲醇的摩尔分数
100	0.0	0.0	75.3	0.40	0.729
96.4	0.02	0.134	73.1	0.50	0.779
93.5	0.04	0.234	71.2	0.60	0.825
91.2	0.06	0.304	69.3	0.70	0.870
89.3	0.08	0.365	67.6	0.80	0.915
87.7	0.10	0.418	66.0	0.90	0.958
84.4	0.15	0.517	65.0	0.95	0.979
81.7	0.20	0.579	64.5	1.0	1.0
78.0	0.30	0.665			

6-18 如附图所示，在连续精馏塔中分离二硫化碳-四氯化碳混合液。原料液在泡点下进入塔内，其流量为4 000kg/h，组成为0.3(摩尔分数，下同)。馏出液组成为0.95，釜液组成为0.025。操作回流比取最小回流比的1.5倍，全塔效率为50%。试求：(1)实际板层数；(2)两产品质量流量。

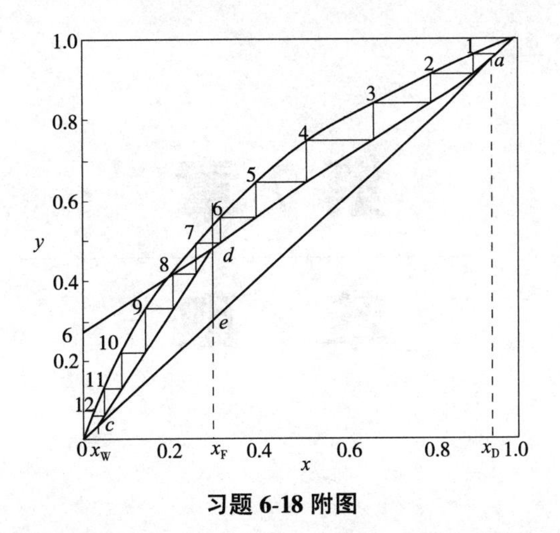

习题 6-18 附图

6-19 在常压连续精馏塔中分离两组分理想溶液。该物系的平均相对挥发度为2.5。原料液组成为0.35(易挥发组分的摩尔分数，下同)，饱和蒸气加料。已知精馏段操作线方程为$y=0.75x+0.20$，试求：(1)操作回流比与最小回流比的比值；(2)若塔顶第一板下降的液相组成为0.7，该板的气相默弗里效率E_{mV}。

6-20 在连续精馏塔中分离苯-甲苯混合液。在全回流条件下测得相邻板上的液相组成分别为0.28、0.41和0.57，试求三层板中较低两层板的液相单板效率。操作条件下苯-甲苯混合液的平均相对挥发度可取2.5。

第 7 章

萃　取

随着高新技术发展的需要，特别是原子能工业、制药工业及生物工程领域发展的推动，使萃取操作在均相液体混合物的分离中得到了广泛的应用。

图 7-1 为某焦化厂萃取脱酚工艺流程，含酚废水经过滤后送至萃取塔上部，采用 N-503 煤油溶液作萃取剂，由循环油泵打入萃取塔底部，萃取剂与酚水在萃取塔中逆流接触传质，绝大部分酚则由水相转移至萃取剂 N-503 中，将萃取塔下部采出的萃余相送至溶剂汽提塔即水塔，塔顶回收萃取剂，塔底采出釜液送后续生化处理。萃取相则由萃取塔顶部溢流进入碱洗塔下部，与碱塔内的稀碱液接触，萃取剂中的酚与碱生成酚钠，从碱洗塔底部排出。萃取剂经碱洗后，由碱洗塔上部溢流排出，循环使用。

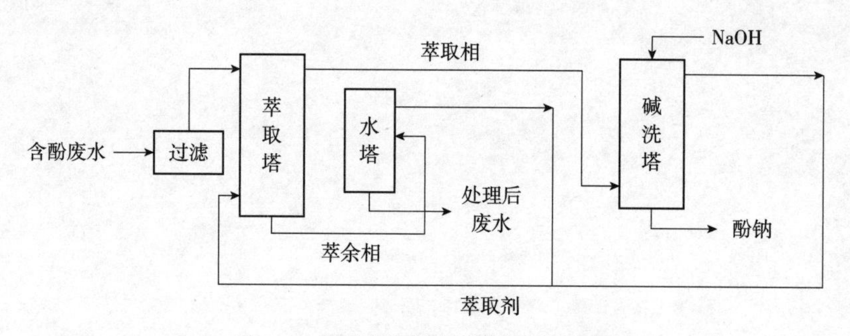

图 7-1　某焦化厂萃取脱酚工艺流程

由以上介绍可知，萃取过程并没有直接将原混合物分离开，而只是通过加入萃取剂，将一个难以分离的混合物转变成两个易于分离的混合物。所谓萃取(extraction)，就是利用混合液中各组分在某溶剂中溶解度的差异而实现分离的单元操作。萃取操作中所用的溶剂称为萃取剂(solvent)，以 S 表示；混合液(feed)中易溶于萃取剂的组分称为溶质，以 A 表示；而不溶或难溶的组分称为原溶剂或稀释剂，以 B 表示。萃取操作具有常温操作、能耗低、选择性好、易于连续操作和自动控制等优点。

7.1 基本概念

从广义上讲，分离液体混合物的萃取操作称为液-液萃取；分离固体混合物的萃取操作称为固-液萃取或提取；以超临界流体作为萃取剂的萃取操作称为超临界流体萃取。本章重点讲述以均相混合液为原料的液-液萃取过程。液-液萃取至少涉及3个组分，即原料液中两个组分A、B和溶剂S。有时原料液中含两个以上组分，溶剂也可能采用两种互不相溶的双溶剂，这时就成为多组元物系，本章只限于讨论三元物系。

将萃取剂加入需分离的混合物中，充分混合后沉淀分层，结果将形成两相，其中含萃取剂较多的一相称为萃取相，以E(extracted)表示；而含原溶剂较多的一相则称为萃余相，以R(roffinate)表示。萃取过程中，混合物中的部分溶质将转移至萃取相中，从而将溶质从混合物中分离出来。当然，萃取过程所获得的萃取相和萃余相仍为均相混合物，还需采用蒸馏、蒸发、结晶等分离手段才能获得所需的溶质，并回收其中的溶剂。萃取相和萃余相脱除溶剂后分别得萃取液和萃余液，以E′和R′表示。

根据萃取操作中各组分的互溶性，可将三元物系分为以下3种情况：

①溶质A可完全溶解于稀释剂B和萃取剂S中，但B与S不互溶。

②溶质A可完全溶解于组分B及S中，但B与S为一对部分互溶组分。

③组分A、B可完全互溶，但B、S及A、S为两对部分互溶组分。

在①和②两种情况下，三元物系可形成一对部分互溶的液相，此类物系在萃取操作中比较常见，如丙酮(A)-水(B)-甲基异丁基酮(S)、乙酸(A)-水(B)-苯(S)以及丙酮(A)-氯仿(B)-水(S)等。本章重点讨论此类物系的相平衡关系。

萃取操作相对于蒸馏、精馏、蒸发、结晶等分离手段在下面几种情况下体现出了技术上的可行性及经济上的合理性：

①混合液中各组分的相对挥发度接近“1”或者形成恒沸物，如芳烃与脂肪族的分离，采用一般蒸馏方法不能分离或很不经济，用萃取方法则更为有利。

②溶质在混合液中浓度很低且为难挥发组分，如稀乙酸水溶液制备无水乙酸，采用精馏方法需将大量稀释剂汽化，热量消耗很大，不经济。

③混合液中有热敏性物质，如从发酵液中提取甾体化合物或从中药材里提取皂苷类有效成分，萃取操作可避免物料受热破坏，因此在微生物发酵、生物化工、生物制药工业中得到广泛应用。

④混合物中含有较多的轻组分，利用精馏方法能耗很大。

⑤分离极难分离的金属及环境污染的治理中萃取操作均优于蒸馏操作。

按溶剂与混合液接触方式不同，萃取可分为微分萃取和级式萃取；按流动方式的不同，萃取可分为单级并流萃取、多级错流萃取、多级逆流萃取、带回流多级逆流萃取。图7-2与图7-3即为单级并流萃取的工艺流程实例，其他的工艺流程如图7-4、图7-5、图7-6所示。具体实例在萃取设备章节中详细叙述。

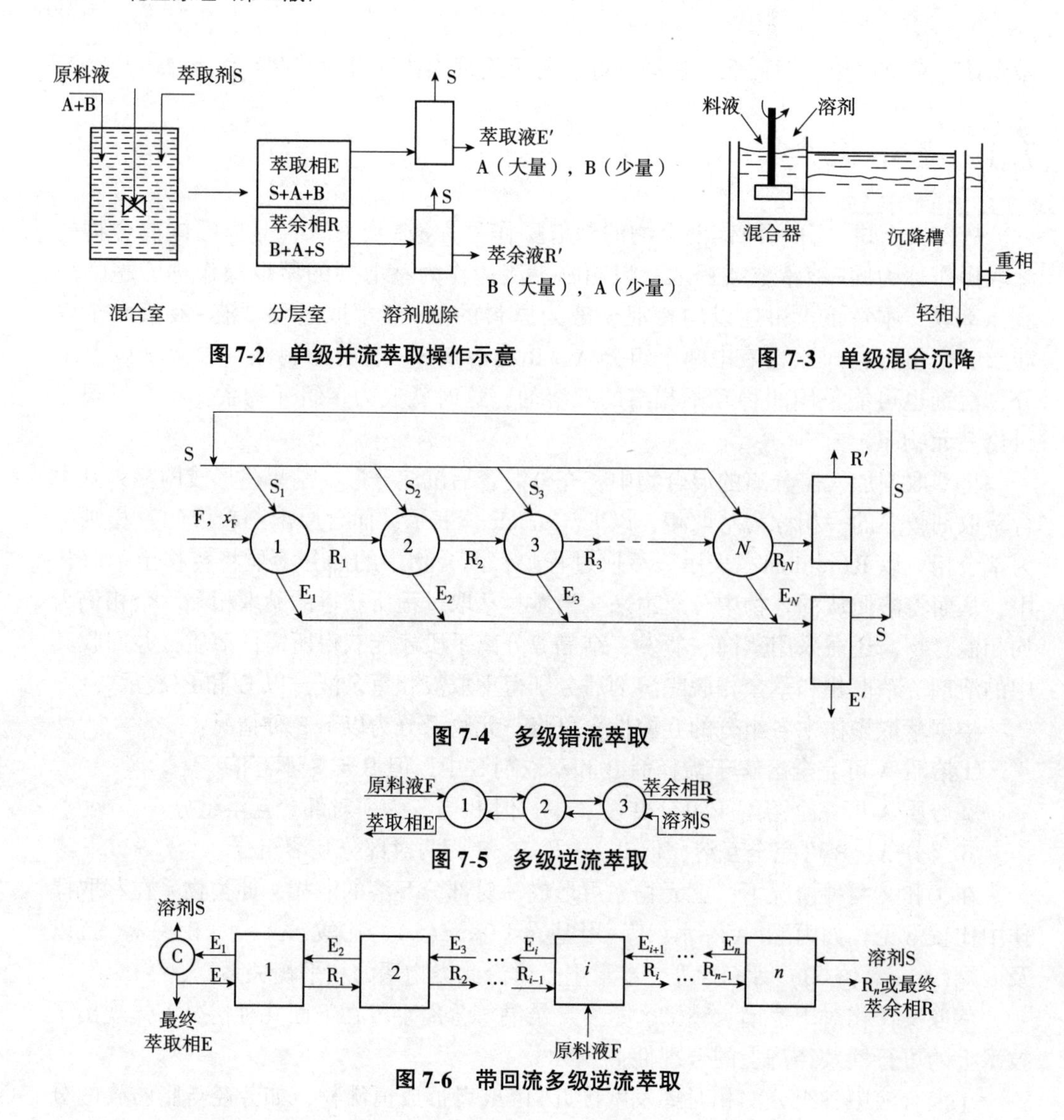

图 7-2　单级并流萃取操作示意

图 7-3　单级混合沉降

图 7-4　多级错流萃取

图 7-5　多级逆流萃取

图 7-6　带回流多级逆流萃取

7.2　液-液相平衡与萃取操作原理

7.2.1　三角形相图

液-液萃取过程是以相际平衡为极限。前已述及，在双组分溶液的萃取分离中，萃取相及萃余相一般均为三组分溶液。如各组分的浓度以质量分数表示，为确定某溶液的组成必须规定其中两个组分的质量分数，而第三组分的质量分数可由归一条件确定。溶质A及溶剂S的质量分数 x_A、x_S 规定后，组分B的质量分数为

$$x_B = 1 - x_A - x_S \tag{7-1}$$

可见，三组分溶液的组成包含两个自由度。这样，三组分溶液的组成须用平面坐标上的一点表示，点的纵坐标为溶质A的质量分数 x_A，横坐标为溶剂S的质量分数

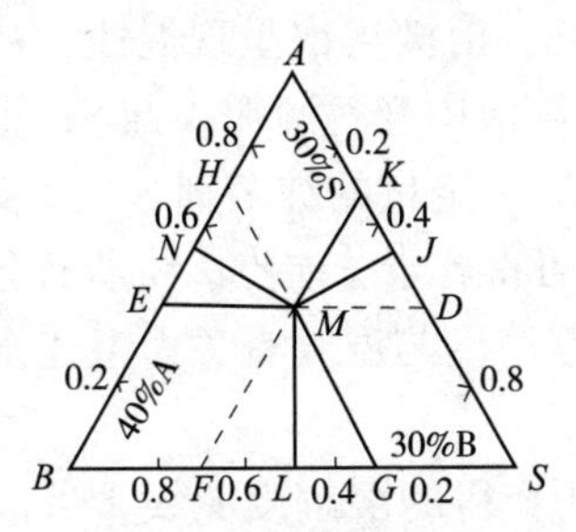

图 7-7 组成在三角形相图上的表示

x_S。因 3 个组分的质量分数之和为 1，故在三角形范围内可表示任何三元溶液的组成。三角形的 3 个顶点分别表示 3 个纯组分，3 条边上的任何一点则表示相应的双组分溶液组成，而位于三角形内的任一点均代表一个三元混合物，构成三角形相图。如图 7-7 中 AB 边上的 E 点，代表 A、B 二元混合物，其中 A 的组成为 40%，B 的组成为 60%，S 的组成为零。三角形内任一点代表三元混合物，图中的 M 点即代表由 A、B、S 3 个组分组成的混合物。过 M 点分别作 3 个边的平行线 ED、HG 与 KF，则线段 $\overline{BE}$（或 $\overline{SD}$）代表 A 的组成，线段 $\overline{AK}$（或 $\overline{BF}$）及 $\overline{AH}$（或 $\overline{SG}$）则分别表示 S 和 B 的组成。由图读得，该三元混合物的组成为

$$x_A=\overline{BE}=\overline{SD}=0.4 \qquad x_B=\overline{AH}=\overline{SG}=0.3 \qquad x_S=\overline{AK}=\overline{BF}=0.3$$

满足三组分之和等于 1。表示溶液组成的三角形相图可以是等腰的或等边的，也可以是非等腰的。当萃取操作中溶质 A 的浓度很低时，常将 AB 边的浓度比例放大，以提高图示的准确度。在处理数据时，我们使用更多的是直角三角形相图，如图 7-8 所示。

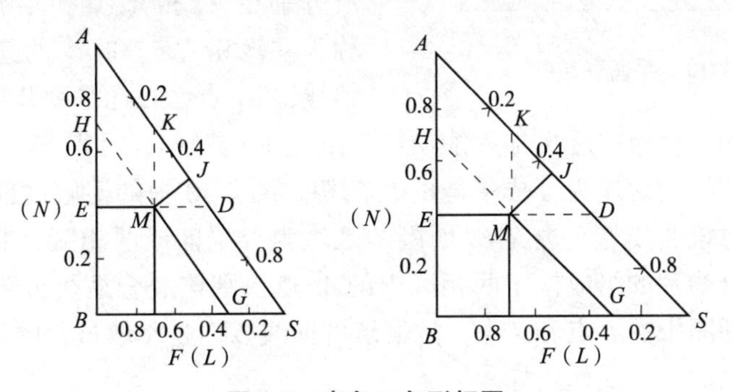

图 7-8 直角三角形相图

7.2.2 溶解度曲线和平衡联结线

设溶质 A 完全溶解于稀释剂 B 和溶剂 S 中，而 B 与 S 部分互溶。在烧瓶中称取一定量的纯组分 B，逐渐滴加溶剂 S，不断摇动使其溶解。由于 B 中仅能溶解少量溶剂 S，故滴加至一定数量后混合液开始发生混浊，出现了溶剂相。记录所滴加的量，即为溶剂 S 在组分 B 中的饱和溶解度。此饱和溶解度可用直角三角形相图（图 7-9）中的 R 点表示，该点称为分层点。在上述溶液中滴加少量溶质 A，溶质 A 的存在增加了 B 与 S 的互溶度，使混合液变成透明，此

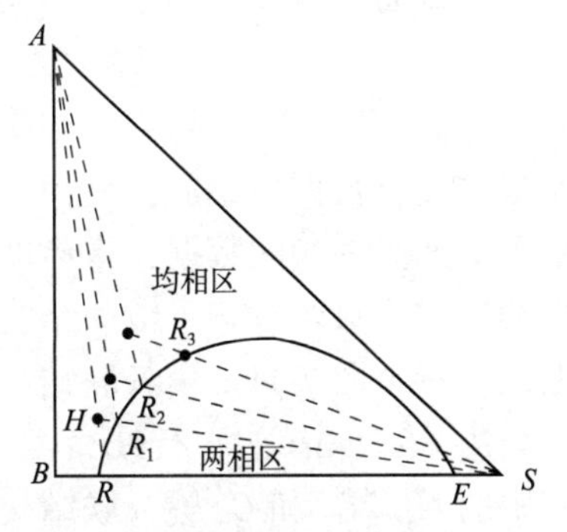

图 7-9 三角形相图上的溶解度曲线

时混合液的组成在 AR 联线上的 H 点。如再滴加数滴 S，溶液再次呈现混浊，从而可算出新的分层点 R_1 的组成，此点必在 SH 联线上。在溶液中交替滴加 A 与 S，重复上述操作，可获得若干分层点。同样，在另一烧瓶中称取一定量的纯溶剂 S，逐步滴加组分 B 可获得分层点 E。再交替滴加溶质 A 与 B，也可得若干分层点。将所有分层点连成一条光滑的曲线，称为溶解度曲线。因 B、S 的互溶度与温度有关，上述全部操作均需在恒定温度下进行。

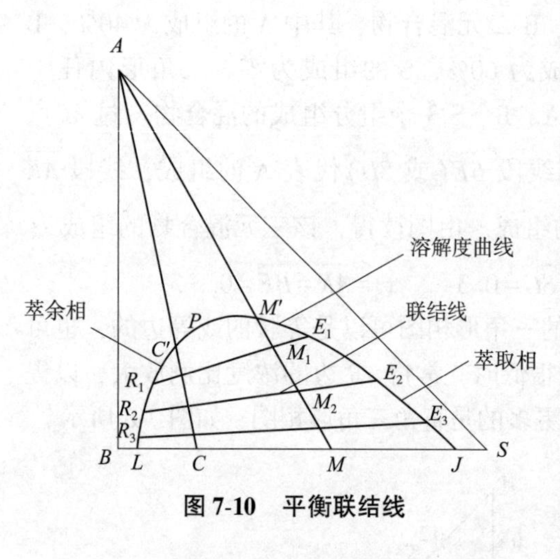

图 7-10 平衡联结线

利用所获得的溶解度曲线，可以方便地确定溶质 A 在互成平衡的两液相中的平衡关系。现取组分 B 与溶剂 S 的双组分溶液，其组成以图 7-10 中的 M_1 点表示，该溶液必分为两层，其组成分别为 E_1 和 R_1。在此混合液中滴加少量溶质 A，混合液的组成将沿联线 $\overline{AM_1}$ 移至 M_2 点。充分摇动，使溶质 A 在两相中的浓度达到平衡。静止分层后，取两相试样进行分析，它们的组成分别在 E_2 和 R_2 点，互成平衡，这两相称为共轭相，E_2 和 R_2 的连线称为平衡联结线，M_2 点必在此平衡联结线上。

在上述两相混合液中逐次加入溶质 A，重复上述操作，可得若干条平衡联结线，每一条平衡联结线的两端为互成平衡的共轭相。图 7-10 中的溶解度曲线将三角形相图分成两个区。该曲线与底边 R_3E_3 所围的区域为分层区或两相区，曲线以外是均相区。若某三组分物系的组成位于两相区内的 M 点，则该混合液可分为互成平衡的共轭相 R 及 E，即图中的 L 点和 J 点。故溶解度曲线以内是萃取过程的可操作范围，在萃取操作中要以此作为操作指导。

同一物系的平衡联结线的倾斜方向一般相同。少数物系，在不同浓度范围内平衡联结线的倾斜方向不同。三组分溶液的溶解度曲线和共轭相的平衡组成均须通过实验获得，有关书籍和手册提供了常见物系的实验数据或文献检索。

7.2.3 辅助曲线和临界混溶点

一定温度下，三元物系的溶解度曲线和联结线是根据实验数据标绘的，使用时若要求与已知相成平衡的另一相的数据，常借助辅助曲线或共轭曲线求得。只要有若干组联结线数据即可作辅助曲线，参考图 7-11。由各联结线的两端点分别作直角边 BS 和 AB 的平行线，可得一系列交点，如图中的 C_1、C_2 和 C_3 等，联结交点所得平滑曲线即为辅助曲线。辅助曲线与溶解度曲线的交点

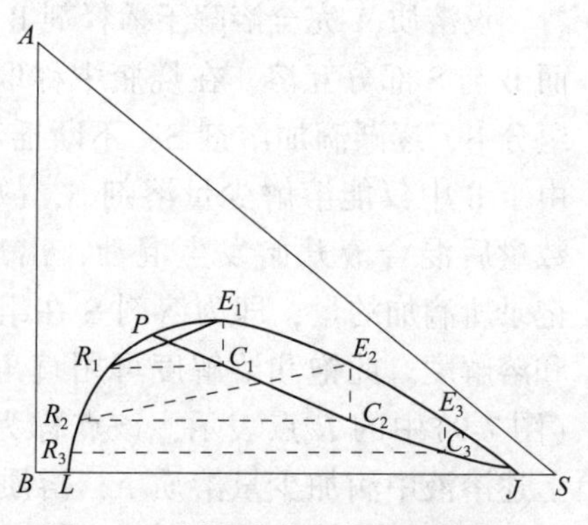

图 7-11 辅助曲线和临界混溶点

P，表明通过该点的联结线为无限短，相当于这一系统的临界状态，故称点 P 为临界混溶点。由于联结线通常都具有一定的斜率，因而临界混溶点一般不在溶解度曲线的顶点。临界混溶点由实验测得。利用辅助曲线便可从已知某相 R(或 E)确定与之平衡的另一相组成 E(或 R)。辅助曲线的另一做法是过联结线的两端点分别做 AB 和 AS 边的平行线得相应的交点，联结交点得平滑曲线。

7.2.4 物料衡算和杠杆定律

设有质量分数组成为 x_A、x_B、x_S 的(R 点)溶液 Rkg 及组成为 y_A、y_B、y_S 的(E 点)溶液 Ekg，将两溶液混合，混合物总质量为 Mkg，组成为 z_A、z_B、z_S，此组成可用图 7-12 中的 M 点表示，则可得总物料衡算式及组分 A、组分 S 的物料衡算式如下

$$\begin{cases} M=R+E \\ Mz_A=Rx_A+Ey_A \\ Mz_S=Rx_S+Ey_S \end{cases} \tag{7-2}$$

由此得出 $$\frac{E}{R}=\frac{z_A-x_A}{y_A-z_A}=\frac{z_S-x_S}{y_S-z_S} \tag{7-3}$$

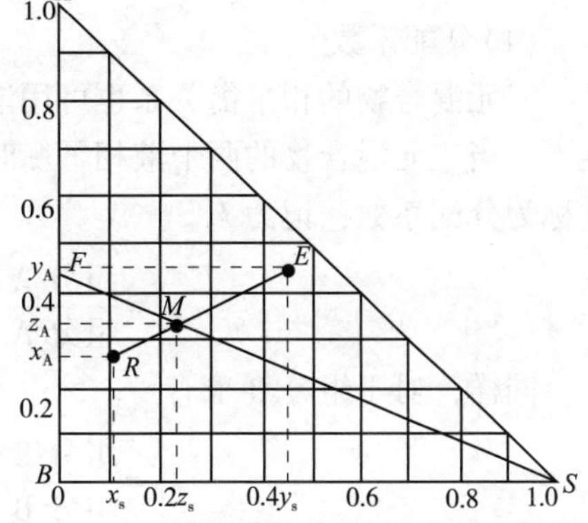

图 7-12 溶液组成的表示方法及杠杆定律

式(7-3)表明，表示混合液组成的 M 点必位于 R 点与 E 点的连线上。且线段 $\overline{RM}$ 与 $\overline{ME}$ 之比与混合前两溶液的质量成反比，即

$$\frac{E}{R}=\frac{\overline{RM}}{\overline{EM}} \tag{7-4}$$

式(7-4)即为物料衡算的杠杆定律，根据杠杆定律可以方便地在图中定出 M 点的位置。进而确定混合液的组成。若两溶液不互溶，M 点仍可代表两相混合物的总组成。杠杆定律是用图解法表示的物料衡算，是萃取操作中物料衡算的基础。若向由 A 和 B 组成的二元混合液 F 中加入纯溶剂 S，则表示混合液总组成的坐标点 M 将沿着 SF 线而变，具体位置由杠杆定律确定：

$$\frac{S}{F}=\frac{\overline{MF}}{\overline{MS}} \tag{7-5}$$

式中 E，R，M，F，S——分别为 E 相、R 相、混合物 M、原料液 F、溶剂 S 的质量或质量流量，kg 或 kg/s；

$\overline{RM}$，$\overline{EM}$，$\overline{MF}$，$\overline{MS}$——分别为相应线段的长度。

图 7-12 中的 M 点可表示溶液 R 与溶液 E 混合之后的数量与组成，称点 M 为 R 和 E 两溶液的和点，反之，当从混合液 M 中移去一定量组成为 E 的液体，表示余下的溶液组成的点 R 必在 $\overline{EM}$ 联线的延长线上，其具体位置同样可由杠杆定律确定：

$$\frac{E}{M}=\frac{\overline{MR}}{\overline{ER}} \tag{7-6}$$

因 R 点表示余下的溶液的数量和组成，故可称为溶液 M 与溶液 E 的差点。当向混合液 F 中加入的纯溶剂 S 逐渐增多时，M 点就会逐渐向 S 点靠近，形成 M_1 点、M_2 点等。所以，M_1、M_2 点即为和点，在 $\overline{FS}$ 线上任一点所代表的溶液中 A、B 两个组分的比值都相同。

7.2.5 相平衡关系的数学描述

7.2.5.1 分配系数及分配曲线

(1)分配系数

三元混合物的相平衡关系也可用溶质在液液两相中的分配关系来描述。在一定温度下，当三元混合物的两个液相平衡时，溶质 A 在萃取相 E 和萃余相 R 中的组成之比称为分配系数，记为 k_A。

$$k_A=\frac{\text{组分 A 在 E 相中的组成}}{\text{组分 A 在 R 相中的组成}}=\frac{y_A}{x_A} \tag{7-7}$$

同样，对于组分 B 也有

$$k_B=\frac{\text{组分 B 在 E 相中的组成}}{\text{组分 B 在 R 相中的组成}}=\frac{y_B}{x_B} \tag{7-8}$$

式中　y_A，y_B——分别为组分 A、B 在萃取相 E 中的质量分数；

x_A，x_B——分别为组分 A、B 在萃余相 R 中的质量分数。

分配系数表达了某一组分在两个平衡液相中的分配关系。显然，k_A 值越大，萃取分离的效果越好。k_A 值与联结线的斜率有关。不同物系具有不同的分配系数 k_A 值，同一物系，k_A 值随温度而变，在恒定温度下，k_A 值随溶质 A 的组成而变。只有在一定溶质 A 的组成范围内温度变化不大或恒温条件下的 k_A 值才可近似视作常数。

在操作条件下，若萃取剂 S 与稀释剂 B 互不相溶，且以质量比表示相组成的分配系数为常数时，则式(7-7)可改写为如下形式，即

$$Y=KX \tag{7-9}$$

式中　Y——萃取相中溶质 A 的质量比组成，$Y=\frac{y}{1-y}$；

X——萃余相中溶质 A 的质量比组成，$X=\frac{x}{1-x}$；

K——以质量比表示相组成的分配系数。

具体采用哪个方程，视题给条件来定。

(2)分配曲线

根据三角形相图，将溶质 A 在萃取相中的组成 y_A 及在萃余相中的组成 x_A 转换至直角坐标系中，可绘出 y_A 与 x_A 的关系曲线，该曲线称为溶质 A 的分配曲线，如图 7-13

所示。在两相区内，溶质A在萃取相中的组成 y_A 总是大于在萃余相中的组成 x_A，即分配系数大于1，因此分配曲线位于直线 $y=x$ 的上方。

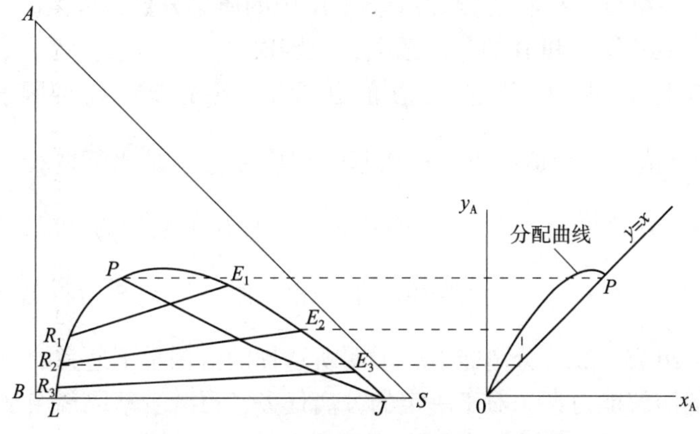

图7-13 有一对组分互溶时的分配曲线

由于分配曲线反映了萃取操作中溶质在互成平衡的萃取相与萃余相中的分配关系，因此也可用分配曲线来确定三角形相图中的任一联结线。

7.2.5.2 温度对溶解度曲线的影响

由于溶质在溶剂中的溶解度随温度的升高而增大，因此温度对溶解度曲线和分配曲线的形状、联结线的斜率及两相区的范围均有重要的影响。图7-14是有一对组分部分互溶的物系在3个不同温度下的溶解度曲线和联结线，从中可以看出，两相区的面积随温度的升高而缩小。萃取操作不适宜在高温条件下进行，要根据物系选择适宜的温度。

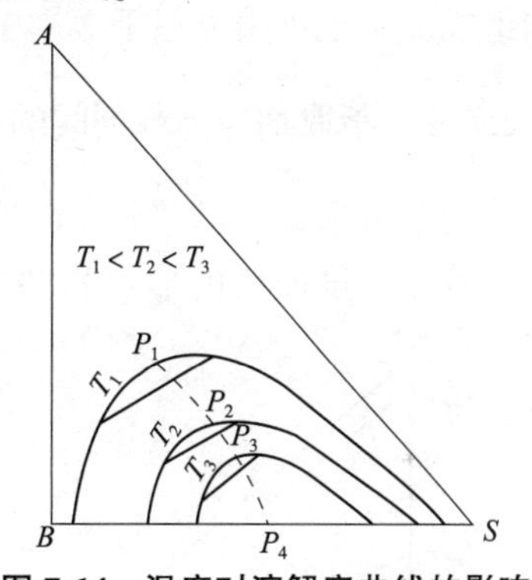

图7-14 温度对溶解度曲线的影响

7.2.6 萃取剂的选择

萃取剂的性质直接关系到萃取操作的分离效果和萃取过程的经济性，选择萃取剂主要从以下几方面来衡量。

7.2.6.1 萃取剂的选择性系数

选择性是指萃取剂对原料液中两个组分溶解能力的差异，用选择性系数来描述。

$$\beta=\frac{\dfrac{\text{溶质A在萃取相E中的质量分数}}{\text{溶剂B在萃取相E中的质量分数}}}{\dfrac{\text{溶质A在萃余相R中的质量分数}}{\text{溶剂B在萃余相R中的质量分数}}}=\frac{\dfrac{y_A}{y_B}}{\dfrac{x_A}{x_B}}=\frac{\dfrac{y_A}{x_A}}{\dfrac{y_B}{x_B}}=\frac{\dfrac{y'_A}{x'_A}}{\dfrac{1-y'_A}{1-x'_A}}=\frac{k_A}{k_B} \quad (7\text{-}10)$$

式中 β——选择性系数，无因次；

y_A，y_B——组分在萃取相E中的质量分数，无因次；

x_A，x_B——组分在萃余相R中的质量分数，无因次；

y'_A，x'_A——组分在萃取液E′和萃余液R′中的质量分数，无因次；

k_A，k_B——组分A和B的分配系数，无因次。

β值直接与k_A有关，k_A值越大，β值也越大。凡是影响k_A的因素(如温度、浓度)也同样影响β值。一般情况下，B在萃余相中浓度总是比萃取相中高，即$\frac{x_B}{y_B}>1$，所以萃取操作中，β值均应大于1。β值越大，越有利于组分的分离，若$\beta=1$，由式(7-10)可知，$\frac{y_A}{x_A}=\frac{y_B}{x_B}$或$k_A=k_B$。萃取相和萃余相在脱除溶剂S后将具有相同的组成，并且等于原料液组成，故无分离能力，说明所选择的溶剂是不适宜的。萃取剂的选择性高，对溶质的溶解能力大，对于一定的分离任务，可减少萃取剂用量，降低回收溶剂操作的能量消耗，并且可获得高纯度的产品A。

由式(7-10)可知，当组分B、S完全不互溶时，$y_B=0$，则选择性系数β趋于无穷大。选择性系数β类似于蒸馏中的相对挥发度α，所以，溶质A在萃取液与萃余液中的组成关系也可用类似于蒸馏中的气-液平衡方程来表示。

7.2.6.2 萃取剂与稀释剂间的互溶度

对于可形成一对部分互溶液相的三元物系，萃取剂与稀释剂间的相互溶解度直接影响着溶解度曲线的形状和两相区的面积。研究表明，萃取剂与原溶剂间的相互溶解度越小，两相区的面积就越大，可能获得的萃取相的最高浓度也越大，萃取分离的效果就越好。图7-15表达了同一种原料液与不同性能两种萃取剂所构成的相平衡关系图。萃取剂S_1与稀释剂B的互溶度大于萃取剂S_2与稀释剂B的互溶度，从图中可以清楚地看出萃取剂S_2的分离效果好于萃取剂S_1。

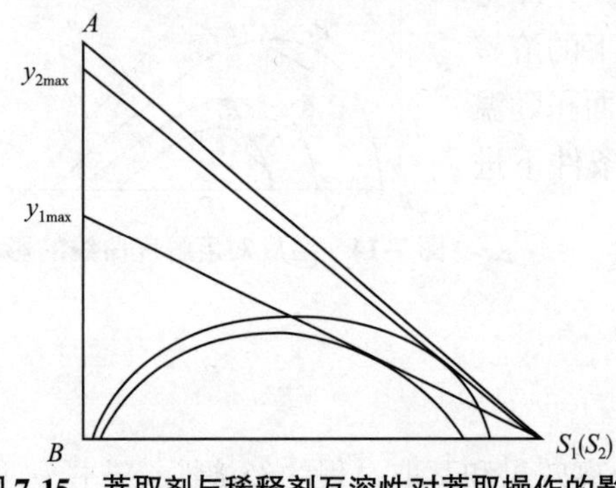

图7-15　萃取剂与稀释剂互溶性对萃取操作的影响

7.2.6.3 萃取剂回收的难易与经济性

生产操作可行性的一个重要决定性因素就是经济衡算。萃取后的萃取相和萃余相不是单一物质，仍然是混合物，需要进一步分离。此问题在前面已经陈述。萃取剂回收的难易直接影响萃取操作的费用。在很大程度上决定了萃取过程的经济性。因此，要求萃取剂S与原料液中组分的相对挥发度要大，不应形成恒沸物，并且最好是组成低的组分为易挥发组分。若被萃取的溶质不挥发或挥发度很低，而萃取剂S为易挥发组分时，则S的汽化热要小，以节省能耗。萃取剂的萃取能力大，可减少其循环量，降低萃取相中溶剂回收费用；萃取剂在被分离混合物中的溶解度小，也可减少萃余相中溶剂回收的费用。

7.2.6.4 萃取剂的其他性质

萃取剂的密度、界面张力、黏度、凝固点等性质也影响着萃取操作的可行性。为使E相和R相能较快地分层并快速分离，要求萃取剂与被分离混合物有较大的密度差，特别是对没有外加能量的萃取设备，较大的密度差可加速分层，以提高设备的生产能力。

两液相间的界面张力对萃取分离效果也有重要影响。物系界面张力较大，分散相液滴易聚结，有利于分层，但若界面张力太大，则液体不易分散，接触不良，降低分离效果；若界面张力过小，则易产生乳化现象，使两相难于分层，所以界面张力要适中。一些物系的界面张力可从相关的物性参考书中查取参考。

此外，选择萃取剂时还应考虑其他一些因素，如萃取剂应具有比较低的黏度和凝固点，具有化学稳定性和热稳定性，对设备腐蚀性要小，来源充分，价格较低廉等。

一般说来，很难找到满足上述所有要求的萃取剂。在选用萃取剂时要根据实际情况加以权衡，以保证满足主要要求。

下面通过例题具体学习一下萃取过程中的一些基本理论知识。

【例7-1】 在一定温度下测得A、B、S三元物系两平衡液相的平衡数据见表7-1所列。试求：(1)溶解度曲线和辅助曲线；(2)临界混溶点的组成；(3)当萃余相中x_A=20%时的分配系数k_A和选择性系数β；(4)在2 000kg含A 30%的原料液中加入多少千克萃取剂S才能使混合液开始分层？(5)对第(4)项的原料液，欲得到含36%的溶质A的萃取相E，试确定萃余相的组成及混合液的总组成。

表7-1 A、B、S三元物系平衡数据(质量分数)

编号		1	2	3	4	5	6	7	8	9	10	11	12	13	14
萃取相E	y_A	0	7.9	15	21	26.2	30	33.8	36.5	39	42.5	44.5	45	43	41.6
	y_B	10	10.1	10.8	11.5	12.7	14.2	15.9	17.8	19.6	24.6	28	33.3	40.5	43.4
萃余相R	x_A	0	2.5	5	7.5	10	12.5	15.0	17.5	20	25	30	35	40	41.6
	x_B	95	92.5	89.9	87.3	84.6	81.9	79.1	76.3	73.4	67.5	61.1	54.5	46.5	43.4

解：(1)依题给数据，在图7-16上做出溶解度曲线LPJ并根据联结线数据做出辅助曲线(共轭曲线)JCP。

(2)辅助曲线和溶解度曲线的交点P即为临界混溶点，由图7-16读出该点处的坐标组成为

$$x_A=41.6\% \quad x_B=43.4\% \quad x_S=15\%$$

(3)分配系数k_A和选择性系数β

根据萃余相中$x_A=20\%$，在图中定出R_1点，利用辅助曲线求出与之平衡的萃取相E_1点，从图中读得两相的组成为

萃取相：$y_A=39\%$ $y_B=19.6\%$

萃余相：$x_A=20\%$ $x_B=73.4\%$

用式(7-7)计算分配系数，即

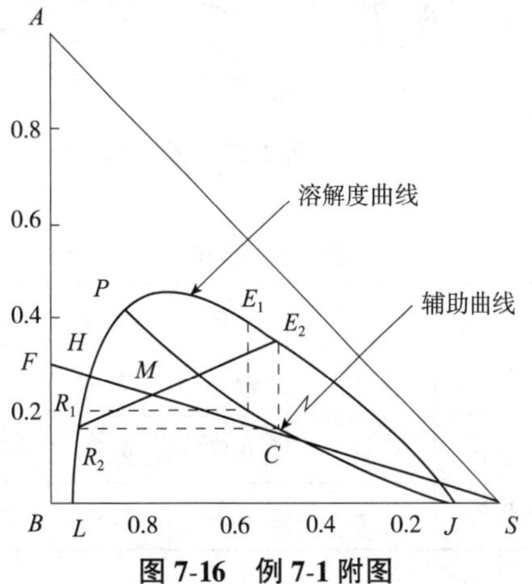

图7-16 例7-1附图

$$k_A=\frac{y_A}{x_A}=\frac{39}{20}=1.95$$

用式(7-10)计算选择性系数，即

$$\beta=\frac{k_A}{\frac{y_B}{x_B}}=k_A\cdot\frac{x_B}{y_B}=1.95\times\frac{73.4}{19.6}=7.303$$

(4)使混合液开始分层的萃取剂用量

根据原料液的组成在AB边上确定点F，连点F、S。当向原料液加入S后，混合液的组成即沿直线FS变化。当S的加入量恰好到使混合液组成落在溶解度曲线的H点时，混合液开始分层。分层时溶剂的用量用杠杆规则求得

$$\frac{S}{F}=\frac{\overline{FH}}{\overline{HS}}=\frac{3.6}{43.2}=0.0833$$

所以 $$S=0.0833F=0.0833\times2000=166.6\quad \text{kg}$$

(5)两相的组成和混合液的总组成

根据萃取相的$y_A=36\%$在溶解度曲线上确定E_2点，借助辅助曲线作联结线获得与E_2平衡的点R_2。由图读得$x_A=17\%$，$x_B=77\%$。R_2E_2线与FS线的交点M为混合液的总组成点，由图读得$x_A=23.5\%$，$x_B=55.5\%$，$x_S=21\%$。

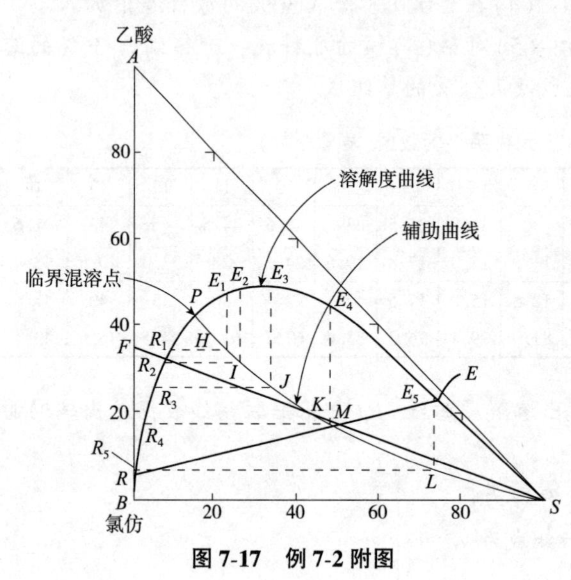

图7-17 例7-2附图

【例7-2】 以水为萃取剂从乙酸与氯仿的混合液中提取乙酸。25℃时，萃取相E与萃余相R以质量分数表示的平衡数据列于表7-2中。试求：(1)在等腰直角三角形坐标图(图7-17)中，作溶解度曲线和辅助曲线，并确定临界混溶点组成；(2)若原料液量为1 200kg，乙酸的质量分数为35%，用1 200kg水为萃取剂，找出和点M及平衡的E相与R相组成；(3)上述平衡液层溶质A的分配系数k_A及选择性系数β。

表7-2 乙酸(A)、氯仿(B)、水(S)三元物系平衡数据(质量分数)

氯仿层 E相	A	0.00	25.10	44.12	50.18	50.56	49.41	47.87	42.50
	S	99.16	73.69	48.58	34.71	31.11	25.39	23.28	16.50
水层 R相	A	0.00	6.77	17.72	25.72	27.65	32.08	34.16	42.5
	S	0.99	1.38	2.28	4.15	5.20	7.93	10.03	16.50

解：(1)溶解度曲线、辅助曲线及临界混溶点组成

依据题给平衡数据在等腰直角三角形坐标图中标出对应的R相与E相组成点，联结各点可得溶解度曲线，如图7-17所示。由各个对应的R_1，E_1，R_2，E_2，R_3，E_3，……诸点作平行于两直角边的直线，各组对应线的交点分别为H，I，J，……L，联结这些点便得到辅助曲线$HIJKLS$。外延辅助曲线与溶解度曲线相交于点P，该点即为临界混溶点。由图读得P点的组成为：$x_A=0.42$，$x_B=0.15$，$x_S=0.43$。

(2)和点M、E相和R相的组成

由$F=600$kg，$S=600$kg，利用杠杆规则确定和点M，由图上读得该点的坐标值为：$x_A=0.175$，$x_B=0.325$，$x_S=0.50$。

利用辅助曲线用试差法找出通过M点的联结线RE，由图读得两相的组成为

萃取相：$y_A=0.225$　$y_B=0.020$　$y_S=0.755$

萃余相：$x_A=0.07$　$x_B=0.92$　$x_S=0.01$

(3)分配系数k_A和选择性系数β

$$k_A=\frac{y_A}{x_A}=\frac{0.225}{0.07}=3.214$$

$$\beta=\frac{y_A/x_A}{y_B/x_B}=\frac{0.225/0.07}{0.02/0.92}=147.9$$

7.3 萃取过程计算

萃取过程可分为逐级接触式和连续接触式两大类，本节主要讨论分级接触式萃取过程计算。为简化计算，一般将每一级均视为一个理论级，即离开各级的萃取相与萃余相成平衡。萃取中的理论级概念与精馏中的理论板概念相当。当然，一个实际级的分离效率达不到一个理论级的分离效果，两者的差异可用级效率来校正。关于级效率的数据针对不同的萃取设备结构形式可以通过实验测定。

7.3.1 单级萃取过程的计算

单级萃取操作的特点是原料液与萃取剂仅在一个萃取器中接触，离开的萃取相与萃余相互为平衡。单级萃取可采用连续方式或间歇方式进行，以间歇方式最为常见。萃取过程的计算常采用图解法，其基础是以三角形相图表示的相平衡关系和杠杆规则。为简便起见，萃取相组成y及萃余相组成x的下标只标注相应的流股，而不标注组分符号，如果没有特别说明，均指溶质A而言。此外，在萃取计算中，还会涉及两股液体，即萃取液E′以及萃余液R′，分别用y'和x'表示。

在单级萃取操作中，常需将处理量为F、组成为x_F的原料液进行分离，并规定萃余相的组成不超过x_R，求所需萃取剂的用量，产生的萃余相的量、萃取相的量及萃取液的量和萃余液的量。此类问题一般可通过图解法来解决。图解时，首先

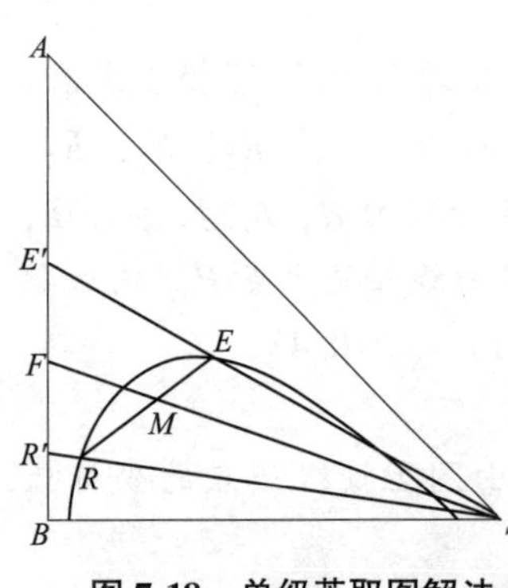

图 7-18 单级萃取图解法

根据 x_F 及 x_R 的值在三角形相图定出 F 点和 R 点，并连接 FS 线，如图 7-18 所示。过点 R 借助辅助曲线通过试差法作联结线 RE 交 FS 于 M 点，交溶解度曲线于 E 点。连接点 S 和 R 并延长交直角边 AB 于 R'点，连接点 S 和 E 并延长交直角边 AB 于 E'点。最后由图中直接读出所需量的坐标数值 x_M、y_E、y'_E、x'_R。前已述及，萃取相的量 E 与萃余相的量 R 之和即为和点 M 所对应的混合液的量 M。

由总物料衡算得

$$F+S=E+R=M \tag{7-11}$$

各股流量可由杠杆定律求得

$$S=F\frac{\overline{MF}}{\overline{MS}} \tag{7-12}$$

$$E=M\frac{\overline{MR}}{\overline{RE}} \tag{7-13}$$

$$R=M\frac{\overline{ME}}{\overline{RE}} \tag{7-14}$$

$$E'=F\frac{\overline{R'F}}{\overline{R'E'}} \tag{7-15}$$

$$R'=F'\frac{\overline{E'F}}{\overline{R'E'}} \tag{7-16}$$

上述计算也可结合物料衡算进行。对溶质 A 进行物料衡算得

$$Fx_F+Sx_S=Ey_E+Rx_R=Mx_M \tag{7-17}$$

由式(7-11)和式(7-17)可得

$$E=\frac{M(x_M-x_R)}{y_E-x_R} \tag{7-18}$$

其中
$$R=M-E \tag{7-19}$$

利用
$$Fx_F=E'x'_E+R'x'_R$$

可得
$$E'=\frac{F(x_F-x'_R)}{y'_E-x'_R} \tag{7-20}$$

其中
$$R'=F-E' \tag{7-21}$$

利用上面的公式我们可以求出在单级萃取操作中涉及的 x_M、y_E、y'_E、x'_R 等相关量。

【例 7-3】 在 25℃的操作条件下，以水作为萃取剂(S)，从原料液乙酸(A)和氯仿(B)的混合物中提取乙酸。已知原料液的处理量为 1 000kg/h，其中乙酸的质量分数为 35%，其余为氯仿；水的用量为原料液量的 80%，操作温度下 E 相和 R 相以质量分数表示的平衡数据见表 7-2 所列。试计算：(1) 经单级萃取后 E 相和 R 相的组成和流量；

(2)E相和R相中的萃取剂完全脱除后，萃取液及萃余液的组成和流量；(3)操作条件下的选择性系数β。

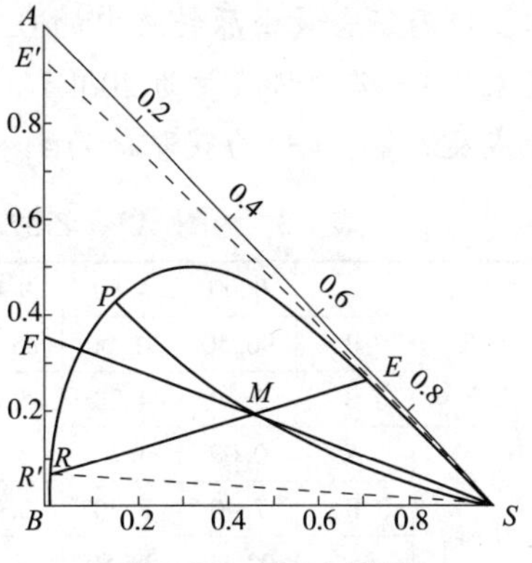

图7-19 例7-3附图

解：根据表7-2中的平衡数据，在等腰直角三角形坐标上绘出溶解度曲线和辅助曲线，如图7-19所示。

(1)E相和R相的组成和流量

根据原料液中乙酸的质量分数为35%，在AB边上定出F点，联结点F和S，并按F和S的流量关系利用杠杆定律在FS线上确定和点M。因为E相和R相的组成均未给出，利用辅助曲线由试差法确定通过和点M的联结线RE。由图中坐标显示直接读出两相的组成为

E相：$y_A=27\%$　$y_B=1.5\%$　$y_S=71.5\%$

R相：$x_A=7.2\%$　$x_B=91.4\%$　$x_S=1.4\%$

由总物料衡算式(7-11)得

$$M=F+S=1\,000+80\%\times1\,000=1\,800\quad \text{kg/h}$$

由图量得$\overline{RM}=24.5\text{mm}$，$\overline{RE}=38.7\text{mm}$，由式(7-13)得萃取相的量为

$$E=M\frac{\overline{MR}}{\overline{RE}}=1\,800\times\frac{24.5}{38.7}=1\,139.6\quad \text{kg/h}$$

所以萃余相的量为

$$R=M-E=1\,800-1\,139.6=660.4\quad \text{kg/h}$$

(2)萃取液及萃余液的组成和流量

连接点S和E，并延长交直角边AB于点E'点，由E'点的坐标读出萃取液的组成为$y'_E=92.5\%$。同理，连接点S和R，并延长交直角边AB于R'点，由R'点的坐标读出萃余液组成为$x'_R=7.5\%$。

由式(7-20)得萃取液的量为

$$E'=\frac{F(x_F-x'_R)}{y'_E-x'_R}=\frac{1\,000\times(0.35-0.075)}{0.925-0.075}=323.6\quad \text{kg/h}$$

所得萃余液的量为

$$R'=F-E'=1\,000-323.6=676.4\quad \text{kg/h}$$

(3)选择性系数β

$$\beta=\frac{\dfrac{y_A}{x_A}}{\dfrac{y_B}{x_B}}=\frac{0.27\times0.914}{0.072\times0.015}=228.5$$

由于稀释剂氯仿与萃取剂水的互溶度很小，因此选择性系数β的值很大，所得萃取液的浓度较高，萃取剂的选择比较理想。

【例7-4】 以水为溶剂从丙酮-乙酸乙酯中萃取丙酮，萃取温度为30℃，通过单级萃

取，使丙酮含量由原料液中的0.3降至萃余液中的0.15(均为质量分数)。平衡数据见表7-3，若原料液量为200kg。试求：(1)溶剂水的用量；(2)所获得的萃取相E的组成及流量；(3)为获取含丙酮浓度最大的萃取液所需的溶剂用量。

表7-3 丙酮(A)、乙酸乙酯(B)、水(S)三元物系平衡数据(质量分数)

乙酸乙酯层E相	A	0.00	4.80	9.40	13.50	16.60	20.0	22.4	26.0	27.8	32.6
	B	96.50	91.00	85.60	80.50	77.20	73.00	70.00	65.00	62.00	51.00
	S	3.50	4.20	5.00	6.00	6.20	7.00	7.20	9.00	10.20	13.40
水层R相	A	0.00	3.20	6.00	9.50	12.80	14.80	17.50	19.80	21.20	26.40
	B	7.40	8.30	8.00	8.30	9.20	9.80	10.20	12.20	11.80	15.00
	S	92.60	88.50	86.00	82.20	78.00	75.40	72.30	68.00	67.00	58.60

解：(1)根据表7-3中的平衡数据，在等腰直角三角形坐标上绘出溶解度曲线，如图7-20所示。根据$x_F=0.3$，R'相中的$x'_R=0.15$，可确定在AB边上的F点与R'点。联结R'点与S点，与溶解度曲线的交点即为R点，借助辅助曲线和平衡联结线确定E点，分别联结F、S两点和R、E两点，其交点即为原料液与萃取剂水的混合点，利用杠杆定律，可求得水的用量为

$$S=F\frac{\overline{FM}}{\overline{SM}}=200\times\frac{33.5}{16.5}=406\quad \text{kg}$$

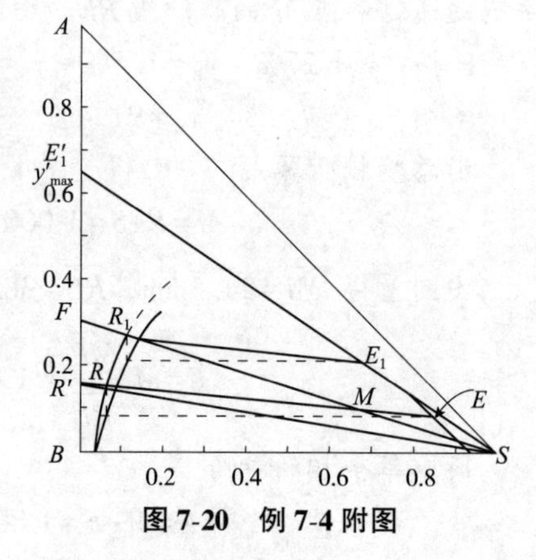

图7-20 例7-4附图

(2)萃取相组成可由图中读出：$y_A=0.07$；$y_B=0.08$；$y_S=0.85$

根据物料衡算与杠杆定律：

$$M=F+S=200+406=606\quad \text{kg}\qquad E=M\frac{\overline{MR}}{\overline{RE}}=606\times\frac{29}{38}=462\quad \text{kg}$$

(3)随着溶剂用量的减少，M点沿SF线上移，E点下移，相应的E'点上移，萃取液浓度增大。能通过萃取正常操作的最上方的M点即FS与溶解度曲线的左交点R_1，求出与R_1平衡的E_1点，E_1点所对应E'_1的组成y'_A有可能为最大的萃取相浓度，这是因为最大的y'还取决于溶解度曲线的右支，需比较由S作溶解度右支曲线切线的切点$E_{切}$与E_1的大小，两者位置低者即为y'_{max}的E点。本题E_1较$E_{切}$稍低，因此E_1对应E'_1的组成y'_1即为y'_{max}。此时的溶剂用量可用杠杆定律求出：

$$S=F\frac{\overline{FR_1}}{\overline{SR_1}}=200\times\frac{5}{45}=22.2\quad \text{kg}$$

7.3.2 多级错流萃取过程的计算

多级错流萃取操作的特点是每级均加入新鲜溶剂，前一级的萃余相作为后一级的

原料。在多级错流萃取操作中，常需将处理量为F、组成为x_F的原料液进行分离，并规定各级萃取剂的用量S_i及最终萃余相的组成x_n，要求完成规定的分离任务所需的理论级数N。此类问题同样可用图解法来解决。

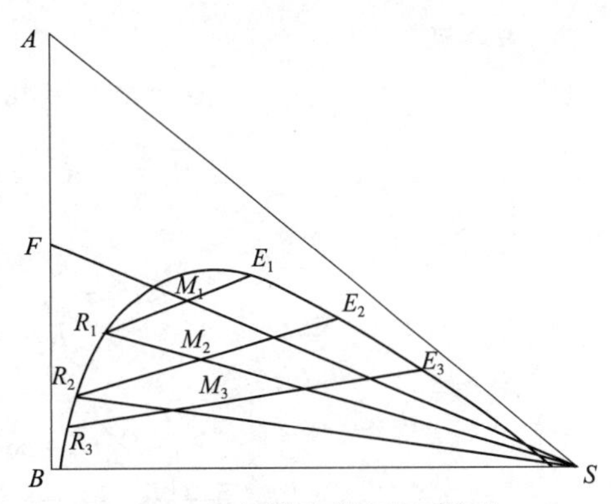

图7-21 多级错流萃取的图解法

如图7-21所示，首先由原料液的流量F、组成x_F和第一级的萃取剂用量S_1确定出第一级中的混合液组成点M_1，然后过M_1借助辅助曲线通过试差法作联结线R_1E_1，且由第一级的物料衡算可求得R_1。接着，根据R_1和S_2的量确定出第二级中的混合液组成点M_2，然后过点M_2作联结线R_2E_2，且由第二级的物料衡算可求得R_2。如此重复进行，直至某一级的萃余相组成x_n达到或低于规定值为止。图解过程中所作的联结线数目即为所需的理论级数。

多级错流萃取操作中的溶剂总用量为各级的溶剂用量之和，各级的溶剂用量可以相等，也可以不等，但只有当各级的溶剂用量相等时，达到规定分离程度所需的总溶剂量才是最少的。

【例7-5】 在25℃时，以水为溶剂，通过三级错流萃取从乙酸–氯仿混合液中萃取乙酸。已知原料液量为800kg，含乙酸0.45(质量分数)，平衡数据见表7-2，若每级加入的溶剂量均为200kg。试求：(1)最终萃余液的乙酸组成能降至多少？(2)若保持溶剂总用量相同，采用单级萃取其萃余液组成能降至多少？并与以上多级错流萃取结果进行比较。

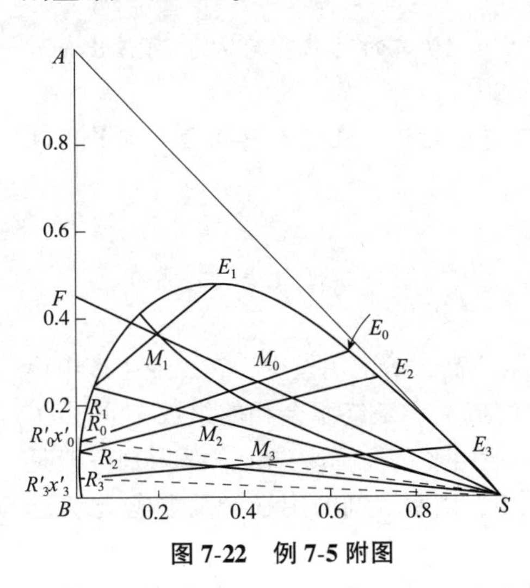

图7-22 例7-5附图

解：(1)对于错流萃取，前一级的萃余相为后一级的进料，对于每一级均使用物料衡算、杠杆定律求出M点，由M利用平衡关系(辅助曲线、联结线)确定R、E点的位置，进而求出R的量。如图7-22所示。

第一级：

$$M_1=F+S=800+200=1\ 000 \quad \text{kg}$$

$$\overline{FM_1}=\frac{S}{M_1}\overline{FS}=\frac{200}{1\ 000}\times\overline{FS}=0.2\overline{FS}$$

M_1点确定，求出R_1、E_1点。

$$R_1=\frac{\overline{M_1E_1}}{\overline{R_1E_1}}M_1=481.5 \quad \text{kg}$$

第二级：

$$M_2=R_1+S=481.5+200=681.5\quad \text{kg}$$

$$\overline{M_2R_1}=\frac{S}{M_2}\overline{R_1S}=\frac{200}{681.5}\times\overline{R_1S}=0.293\overline{R_1S}$$

$$R_2=\frac{\overline{M_2E_2}}{\overline{R_2E_2}}M_2=381.6\quad \text{kg}$$

第三级：

$$M_3=R_2+S=381.6+200=581.6\quad \text{kg}$$

$$\overline{M_3R_2}=\frac{S}{M_3}\overline{R_2S}=\frac{200}{581.6}\times\overline{R_2S}=0.344\overline{R_2S}$$

M_3 点确定，可求出 R_3、E_3 点。连接 R_3、S 与 AB 边的交点即为 R'_3，可读出 $x'_3=0.03$。

(2)单级萃取

$$M_0=F+3S=800+600=1\,400\quad \text{kg}$$

$$\overline{FM_0}=\frac{S}{M_0}\overline{FS}=\frac{600}{1\,400}\times\overline{FS}=0.429\overline{FS}$$

M_0 点确定，可求出 R_0、E_0 点。连接 R_0、S 与 AB 边的交点即为 R'_0，可读出 $x'_0=0.12$。

与多级错流萃取结果对比，可知 $x'_0>x'_3$，可得出结论：在溶剂总用量相同的情况下，多级错流萃取可得到浓度较低的萃余液。

7.3.3　多级逆流萃取过程的计算

多级逆流萃取操作一般是连续的，其分离效率高，溶剂用量少，在工业生产中得到了广泛的应用。在操作中，原料液流量 F 及组成 x_F，最终萃余相的组成 x_n 均由工艺条件所规定。而萃取剂的用量 S 及组成 y_S 一般由经济衡算来选定。萃取剂一般是循环使用的，其中含有少量的溶质 A 和原溶剂 B，当萃取剂的用量 S 及组成 y_S 为已知时，可用图解法确定所需的理论级数。

如图 7-23 所示，首先根据操作条件下的平衡数据做出三元物系的溶解度曲线和辅助曲线，然后根据原料液和萃取剂的组成在图上定出 F 点和 S 点的位置，若萃取剂循环使用，则不是纯态，代表萃取剂组成的点将位于三角形区域内，而不是顶点。然后根据原料液和萃取剂的量由杠杆定律在 FS 线上定出 M 点的位置，再根据最终萃余相的组成 x_n 在相图上定出 R_n 的位置。连接点 R_n 和 M，并延长交溶解度曲线于 E_1 点，该点即为离开第一级的萃取相的组成点。由杠杆定律可知，最终萃取相及萃余相的流量分别为

$$E_1=\frac{\overline{R_nM}}{\overline{R_nE_1}}\tag{7-22}$$

$$R_n=M-E_1 \tag{7-23}$$

根据杠杆定律和物料衡算，结合图7-6用图解法求理论级数。

对全塔做总物料衡算得 $F+S=E_1+R_n$ 或 $F-E_1=R_n-S$

对第一级做物料衡算得 $F+E_2=E_1+R_1$ 或 $F-E_1=R_1-E_2$

对第二级做物料衡算得 $R_1+E_3=E_2+R_2$ 或 $R_1-E_2=R_2-E_3$

对第 i 级做物料衡算得 $R_{i-1}+E_{i+1}=E_i+R_i$ 或 $R_{i-1}-E_i=R_i-E_{i+1}$

由以上各式可得

$$F-E_1=R_1-E_2=\cdots=R_i-E_{i+1}=\cdots=R_{n-1}-E_n=R_n-S=\Delta \tag{7-24}$$

式(7-24)表明离开任一级的萃余相的量 R_i 与进入该级的萃取相的量 E_{i+1} 之差为常数，可视为通过每一级的净流量，以 Δ 表示，它是一个虚拟量，实际上 Δ 点并不存在，其组成可用三角形相图中的 Δ 点来表示。由于点 Δ 分别为 F 与 E_1，R_1 与 E_2，…，R_i 与 E_{i+1}，…，R_{n-1} 与 E_n，R_n 与 S 的差点，因此可根据杠杆定律来确定 Δ 点的位置。在图7-23中，连接点 F 和 E_1 以及点 R_n 和 S 并分别延长，则两线延长线的交点即为 Δ 点。由于点 R_{i-1} 与 E_i 连线的延长线均经过 Δ 点，因此只要知道 R_{i-1} 与 E_i 之一即可定出另一点。这种将第 $i-1$ 级与第 i 级相联系的性质与精馏中的操作线的作用相类似，因此 Δ 点称为操作点，点 R_{i-1} 与 E_i 的连线称为操作线。

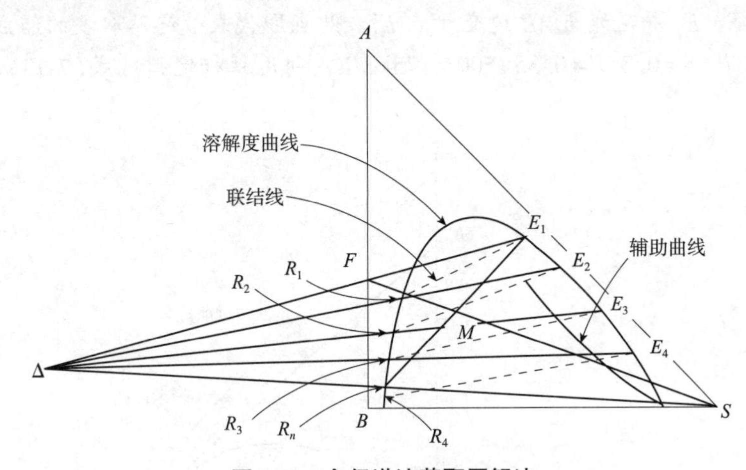

图7-23 多级逆流萃取图解法

由 E_1 点通过平衡关系即可确定第一级中的萃余相组成点 R_1，点 R_1 与 Δ 的连线交溶解度曲线于 E_2 点，该点即为第二级中萃取相的组成点。如此交替使用相平衡关系和操作线关系，直至某一级萃余相中的溶质含量达到或低于规定值为止。图解过程中每使用一次平衡关系即表示需要一个理论级，从而可求出达到规定分离要求时所需的理论级数。

需指出，点 Δ 的位置受物系溶解度曲线、联结线斜率、原料液流量、原料液组成、萃取剂流量、萃取剂组成及最终萃余相组成影响，有可能位于三角形相图的左侧，也可能位于右侧。当其他条件一定时，点 Δ 的位置取决于溶剂比 S/F。若溶剂比较小，则位于三角形的左侧，此时 R 为和点；若溶剂比较大，则点 Δ 位于三角形的右侧，此时 E 为和点。

【例 7-6】 在多级逆流萃取操作中，用纯溶剂 S 处理含 A、B 两组分的原料液。原料液流量 $F=500\text{kg/h}$，其中溶质 A 的质量分数为 30%，要求最终萃余相中溶质组成不超过 7%。操作溶剂比为 0.35。试求：(1) 所需的理论级数；(2) 若将最终萃取相中的溶剂全部脱除，求最终萃取液的流量 E_1' 和组成 y_1'。

操作条件下的溶解度曲线和辅助曲线如图 7-24 所示。

解：(1) 所需理论级数

由 $x_F=30\%$ 在 AB 边上定出 F 点，连接 FS，由操作溶剂比 0.35 在 FS 线上定出点 M。由 $x_n=7\%$ 在相图上定出 R_n 点，延长点 R_n 及 M 的联线与溶解度曲线交于 E_1 点，此点即为最终萃取相组成点。联结点 E_1、F 与点 S、R_n，并延长两联结线交于点 Δ，此点即为操作点。借助辅助曲线过 E_1 作联结线 E_1R_1（平衡关系），点 R_1 即代表与 E_1 成平衡的萃余相组成点。联结点 Δ、R_1 并延长交溶解度曲线于点 E_2（操作关系），此点即为进入第一级的萃取相组成点。

重复上述步骤，过 E_2 作联结线 E_2R_2，联结点 Δ、R_2 的延线交溶解度曲线于 E_3。如此重复，由图看出，当作至联结线 E_5R_5 时，$x_5=5\%\leqslant7\%$，故知用 5 个理论级即可满足萃取分离要求。

(2) 最终萃取液的组成和流量

联结点 S、E_1 并延线与 AB 边交于点 E_1'，此点即代表最终萃取液的组成点。由图读得 $y_1'=0.87$，$S=0.35F=0.35\times500=175\text{kg/h}$，利用杠杆定律或式 (7-13) 求 E_1 的流量，即

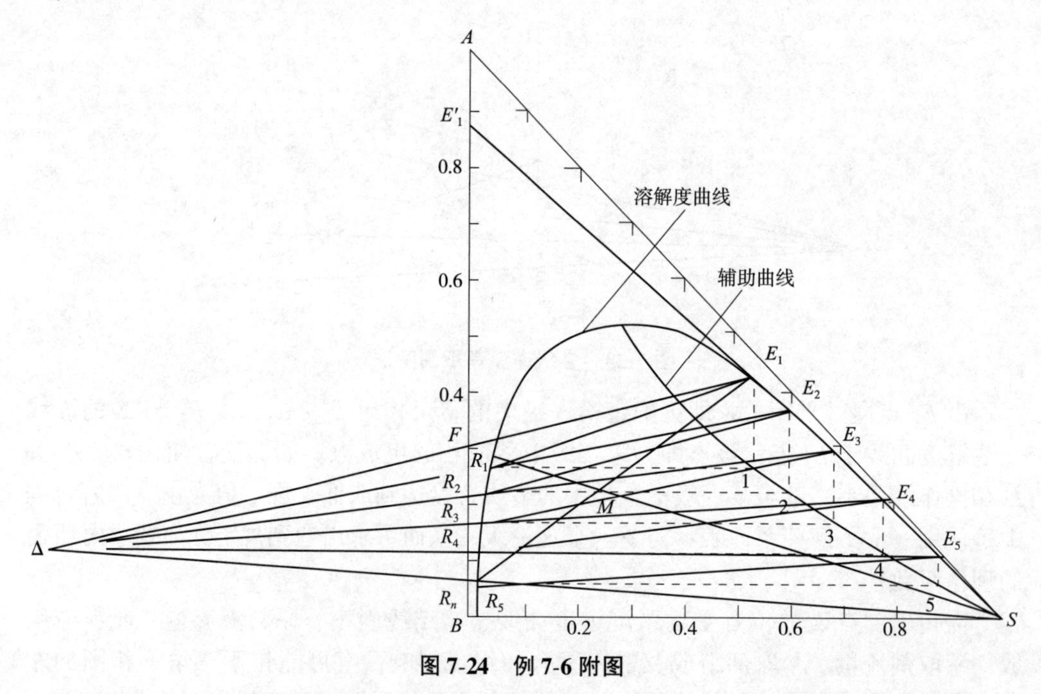

图 7-24 例 7-6 附图

$$E_1=M\frac{\overline{MR_n}}{\overline{E_1R_n}}=(500+175)\times\frac{19.5}{43}=306\quad\text{kg/h}$$

萃取液由 E_1 完全脱除溶剂 S 而得到，故可利用杠杆定律求得 E_1'，即

$$E_1'=E_1\ \frac{\overline{E_1S}}{\overline{SE_1'}}=306\times\frac{44.5}{93.5}=145.6\quad \text{kg/h}$$

E_1'的量也可由 E_1'、F 和 R_n' 3 点利用杠杆定律求得。

7.3.4 梯级法确定理论级数

当萃取过程所需的理论级数很多时，上述作图法的误差可能很大。此时，可在直角坐标系中绘出分配曲线，然后利用精馏过程所用的梯级法来求解所需的理论级数。具体步骤如下：

①绘制分配曲线　在直角坐标系中绘出物系的分配曲线，如图 7-25 所示。

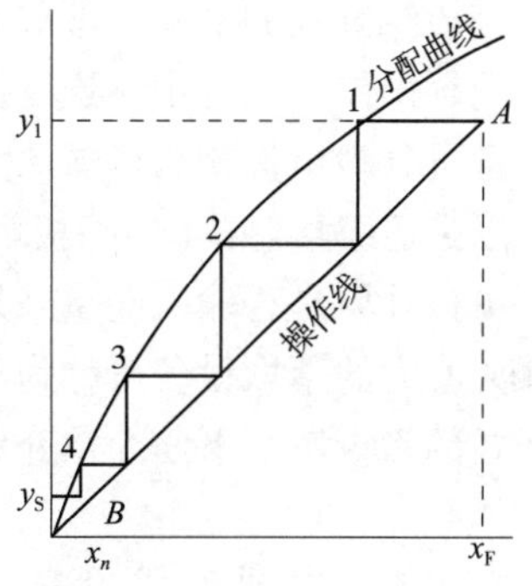

图 7-25　梯级法求理论级数

②绘制操作线　在图 7-23 三角形相图中，于直线 $FE_1\Delta$ 及 $R_nS\Delta$ 之间绘制一系列操作线，每条操作线均与溶解度曲线交于两点，如点 R_1 和 E_2、R_2 和 E_3 等，将各交点所对应的坐标组成(y_{i+1}，x_i)转换至直角坐标系中得到一系列操作点。再将各操作点连接成一条光滑直线，即得操作线，操作线的两个端点坐标分别为 $A(x_F,\ y_1)$ 和 $B(x_n,\ y_S)$。

③确定理论级数　由点 A 开始，在操作线和分配曲线之间绘制由水平线和铅垂线构成的梯级，直至梯级的铅垂线达到或跨过点 B 为止，所得梯级数即为所需的理论级数。

当溶剂比减小时，操作线将向分配曲线靠拢，此时完成规定分离任务所需的理论级数将增加。当溶剂比减小至某一最小值时，操作线与分配曲线将在某点相交或相切，此时所需的理论级数为无穷多，对应的溶剂比称为最小溶剂比。实际溶剂比应大于最小溶剂比，具体数值可通过经济衡算确定。

带回流的多级逆流萃取计算可以参阅精馏的相关知识。

7.3.5 适宜溶剂比 S/F 的确定和萃取剂的最少用量

和吸收操作中的液气比相似，在萃取操作中，对于指定的分离要求，溶剂比 S/F 的大小直接影响到 Δ 点的位置，也会对设备费和操作费产生影响。当完成同样的分离任务时，若加大溶剂比，操作线将远离分配曲线，萃取操作的推动力变大，所需的理论级数可以减少，但回收溶剂所消耗的能量有所增加；反之，溶剂比越小，操作线越向分配曲线靠拢，萃取操作的推动力变小，所需的理论级数越多，而回收溶剂所消耗的能量越少。所以，应根据经济衡算来确定适宜的溶剂比。为达到规定的分离程度，萃取剂用量继续减小到某一程度时，所需的理论级数为无穷多，此时萃取剂用量

减小至 S_{min}，S_{min} 的值可由杠杆定律求得。实际操作中，萃取剂的用量必须大于此极限值。适宜的用量要根据具体的分离体系查阅相关手册。

7.4 萃取设备

与吸收传质过程类似，在液-液萃取过程中，要求在萃取设备内能使两相密切接触并伴有较高程度的湍动，以实现两相之间的质量传递；而后，又能使两相较快地分离。但是，由于液-液萃取中两相间的密度差较小，实现两相的密切接触和快速分离要比气-液系统困难得多。为了适应这种特点，出现了多种结构型式的萃取设备。目前，工业所采用的各种类型设备已超过30种，而且还不断开发出更新的设备。按两相接触方式的不同，萃取设备可分为逐级接触式和连续接触式两大类，前者既可用于间歇操作，又可用于连续操作；后者一般为连续操作。按结构和形状的不同，萃取设备可分为组件式和塔式两大类，前者一般为逐级式，可根据需要增减级数；而后者可以是逐级接触式(如筛板塔)，也可以是连续接触式(如填料塔)。此外，萃取设备还可按外界是否输入能量来划分，如填料塔等不输入能量的设备可称为重力设备，依靠离心力的萃取设备可称为离心萃取器等，目前广泛使用的还有脉冲式、往复式和振动式的筛板塔。下面简单介绍各种设备的基本结构和主要特点。

7.4.1 主要萃取设备

(1)混合澄清槽

混合澄清槽是一种典型的逐级接触式液-液传质设备，可以是单级操作，也可以是组合操作，每一级中包括混合槽和澄清器两部分。混合槽内一般设有机械搅拌装置，此外还可采用脉冲或喷射器来实现两相间的混合，如图7-26所示。澄清器的作用是将已接近平衡状态的两相有效地分离开来。操作时，原料液和萃取剂首先在混合槽内充分混合，然后再进入澄清器澄清分层，形成的轻液和重液分别由上部出口和下部出口排出。

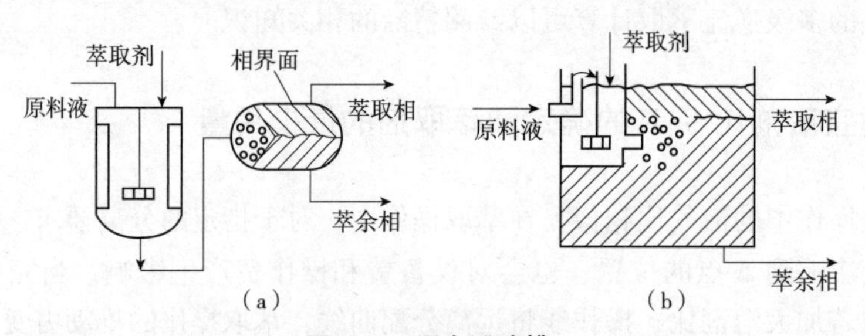

图7-26 混合澄清槽

混合澄清槽具有结构简单、操作容易、运行稳定、处理量大、传质效率高、易调整级数等优点。但由于各级均设有动力搅拌装置，且液体在级间的流动需用泵来输送，因而设备费和操作费均较高。此外，水平排列的设备占地面积较大，且设备内的存液较多，需使用较多的萃取剂。

为了弥补混合澄清槽水平排列设备占地大的不足，现多使用的是塔式萃取设备。

(2)喷洒萃取塔

喷洒萃取塔是由无任何内件的圆形壳体及液体引入和移出装置构成的，是最简单的塔式传质设备。喷洒萃取塔在操作时，轻、重两液体分别由塔底和塔顶加入，并在密度差作用下呈逆流流动。轻、重两液体中，一液体作为连续相充满塔内主要空间，而另一液体以液滴形式分散于连续相，从而使两相接触传质。如图7-27所示，左图重液为分散相，右图轻液为分散相。塔体两端各有一个澄清室，以供两相分离。在分散相出口端，液滴凝聚分层。为提供足够的停留时间，有时将该出口端塔径局部扩大。两相分层界面的位置可由阀门B和管的高度来控制。液体中所含少量固体杂质有在界面上聚集的趋势。这种杂质会附着于液滴的界面上，阻碍液滴的凝聚过程。因此，在界面I–I附近有一接管C，以定期排除集结在界面上的杂质。

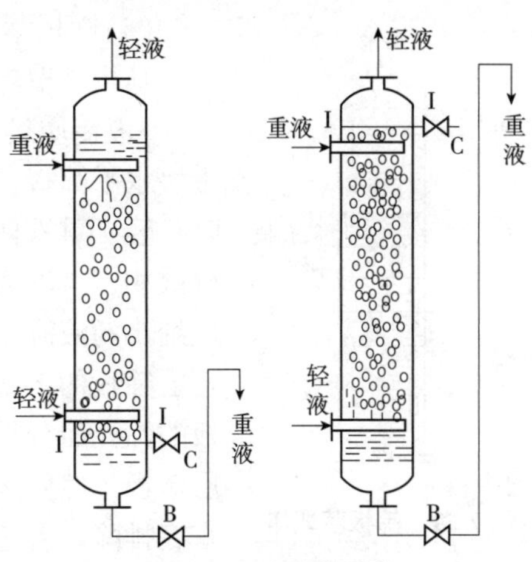

图7-27 喷洒萃取塔

喷洒萃取塔塔内传质效果差，一般不会超过1~2个理论级。目前，喷洒萃取塔在工业上已很少应用。

(3)填料萃取塔

填料萃取塔是一种连续接触式萃取设备，其结构与气–液传质过程中所用的填料塔的结构基本相同，即在塔筒内支撑器上充填一定高度的填料层，如图7-28所示。操作时，轻、重液体分别由塔的下部和上部进入塔体，其中连续相充满全塔，分散相则以液滴状通过连续相。萃取后的轻液和重液由塔顶部和底部排出塔体。

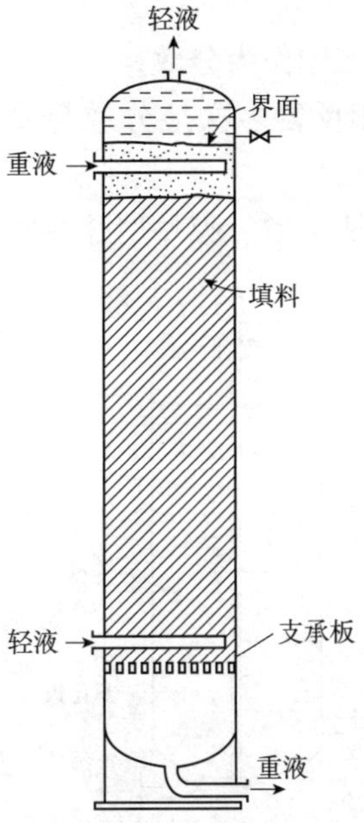

在选择填料时，除应考虑物料的腐蚀性外，还应使填料只能被连续相所润湿，而不被分散相所润湿，以利于液滴的生成和稳定。一般情况下，陶瓷易被水相润湿，塑料和石墨易被有机相润湿，而金属材料则需通过实验来确定。填料的支承器可分为栅板或多孔板。支承器的自由截面积应尽可能的大，以减小压强降和防止沟流。当填料层高度较大时，每隔3~5m高度应设置再分布器，以减小轴向返混，填料尺寸应小于塔径的1/10，以降低壁效应的影响。填料层的存在，增加了相际的接触面积，减少了轴向返混，因而强化了传质，比喷洒萃取塔的萃取效率有较大提高。

填料萃取塔结构简单、操作方便、处理量大，特别适用于处理腐蚀性料液，但不能处理含悬浮颗粒的料液。当工艺要求小于3个萃取理论级时，可选用填料萃取塔。

轻液
界面
重液
填料
轻液
支承板
重液

图7-28 填料萃取塔

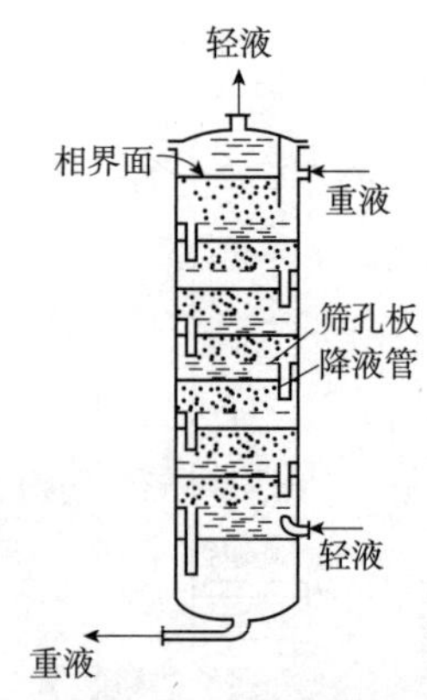

图7-29 筛板萃取塔

（4）筛板萃取塔

筛板萃取塔也是一种连续接触式萃取设备，其结构类似于气-液传质过程中所用的筛板塔的结构，即在塔筒内安装若干块水平筛板，但一般不设置溢流堰，如图7-29所示。操作时，轻、重液体分别由塔的下部和上部进入塔体。若轻液为分散相，重液为连续相，则轻液通过塔板上的筛孔时被分散成细小的液滴，与塔板上的连续相充分接触后便分层凝聚于上层筛板的下部，然后，轻液借助于压强差继续通过上层塔板的筛孔而分散，最后由塔顶部排出。重液经降液管流至下层塔板，然后水平流过筛板至另一端的降液管下降，最后由塔底排除。若选择轻液为连续相，重液为分散相，则应将降液管改装在筛板之上，即将其改为升液管，以便轻液沿升液管由下层筛板流至上层筛板。而重液则通过筛孔来分散。

萃取设备的操作特性与分散相的选择有关。分散相的选择，通常考虑如下基本规律：

①当两相流量相差很大时，将流量大的选作分散相可增加相际传质面积。但是，若所用的设备可能产生严重轴向返混时，应选择流量小的作为分散相，以减小返混的影响。

②应将润湿性差的液体作为分散相。

③当两相黏度差较大时，应将黏度大的液体作为分散相，这样液滴在连续相内沉降或升浮速度较大，可提高设备生产能力。

④为减小液滴尺寸，增加液滴表面的湍动，对于界面张力梯度大于0的物系，应使溶质从液滴向连续相传递；反之，对于界面张力梯度小于0的系统，溶质应从连续相向液滴传递。

⑤为降低成本和保证安全操作，应将成本高和易燃易爆的液体作为分散相。

与填料萃取塔相比，筛板可减少轴向返混，并可使分散相反复多次地分散与凝聚，从而使液滴表面不断得到更新，故筛板萃取塔的分离效率较高。

为了增加相际接触面积和液体的湍动程度，采用风箱型、活塞型、膜片型脉冲发生器产生机械脉冲；或将若干层筛板按一定间距固定在中心轴上，由塔顶的传动装置驱动做往复运动，就可以产生脉冲筛板塔或往复筛板塔。脉冲筛板塔和往复筛板塔可以使传质效率大幅度提高，使塔提供较多的理论级数，在石油化工、食品、制药、生物化工、湿法冶金等行业中广泛应用。

（5）转盘萃取塔

转盘萃取塔是一种输入机械能的连续接触式萃取设备，其结构如图7-30所示。转盘萃取塔的内壁上装有若干块环形挡板（即固定环），从而将塔体沿轴向分割成若干个空间。在中心轴上装有若干个转盘，其直径小于挡

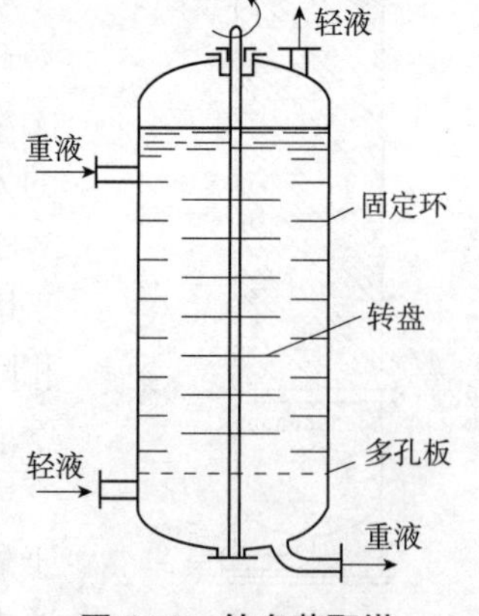

图7-30 转盘萃取塔

板的内径，间距与固定环的间距相同，而位置则处于分割空间的中间。操作时，转盘随中心轴高速旋转，对液体产生强烈的搅拌作用，从而增大了液体的湍动程度和相际接触面积。固定环可在一定程度上抑制轴向返混，因而效率较高。

转盘萃取塔具有结构简单、分离效率高、操作弹性和生产能力大、不易堵塞等特点，适用于处理含悬浮颗粒的料液以及易乳化的场合，在石油和生物化工中应用比较广泛。近年来又开发了不对称转盘塔(又称偏心转盘塔)。不对称转盘塔既保持了原有转盘塔利用转盘进行分散的作用，同时，分开的澄清区可以使分散相液滴反复进行凝聚、分散的操作，减小了轴向返混，从而进一步提高了萃取效率。

转速是转盘萃取塔最重要的设计与操作参数。转速太低，则输入的机械能不足以克服界面张力，因而达不到强化传质的效果。但转速也不能太高，否则不仅会消耗大量的机械能，而且由于分散相的液滴很细，造成澄清缓慢，生产能力下降，甚至发生乳化，使操作无法进行。

7.4.2 萃取设备的选择

萃取设备种类繁多，各种不同类型的萃取设备具有不同的特性，物系性质对操作的影响错综复杂。因此，对于具体的萃取过程选择适宜设备的原则首先考虑满足工艺条件和要求，然后进行经济核算，使设备费和操作费总和趋于最低。萃取设备的选择，综合考虑下列因素：

(1)萃取操作任务

当萃取操作任务所需的理论级数小于3级时，各种萃取设备均可满足生产要求，当所需的理论级数较多时，可选用筛板萃取塔；当所需的理论级数达到10级以上时，可选用有能量输入的设备，如脉冲筛板塔、转盘萃取塔、往复筛板萃取塔等。

(2)物系的物性

对界面张力较小、密度差较大的物系，可选用无外加能量的设备。对界面张力较大、密度差较小的物系，宜选用有外加能量的设备(如脉冲筛板塔、往复筛板塔等)。对密度差甚小、界面张力小、易乳化的难分层物系，应选用离心萃取器。对有较强腐蚀性的物系，宜选用结构简单的填料萃取塔或脉冲填料塔。对于放射性元素的提取，脉冲筛板塔和混合澄清槽用得较多。若物系中有固体悬浮物或在操作过程中产生沉淀物时，需周期停工清洗，一般可选用转盘萃取塔或混合澄清槽。另外，往复筛板塔和液体脉冲筛板塔有一定自清洗能力，在某些场合也可考虑选用。

(3)物系的稳定性和液体在设备内的停留时间

对生产中要考虑物料的稳定性、要求在萃取设备内停留时间短的物系，如抗生素的生产，选用离心萃取器为宜；反之，若萃取物系中伴有缓慢的化学反应，要求有足够的反应时间，则选用混合澄清槽较为适宜。

在选用萃取设备时，还需结合当地的环境、能源供应、环保要求等一些具体情况。

思考题

7-1　对于一种液体混合物，根据哪些因素决定是采用蒸馏方法还是萃取方法进行分离？

7-2　什么是萃取？它与吸收、精馏操作有什么不同？

7-3　如何判断用某种溶剂进行萃取分离的难易和可行性？

7-4　温度对于萃取分离效果有何影响？如何选择萃取操作温度？

7-5　如何确定单级萃取操作中可能获得的最大萃取液组成？

7-6　如何选择萃取剂用量或溶剂比？

7-7　什么是溶解度曲线、平衡联结线、临界混溶点？

7-8　分配系数的定义是什么？它与联结线的斜率有什么关系？

7-9　三角形相图的3个顶点、3条边及三角形内任意点分别代表什么？

7-10　什么是杠杆定律？什么是和点和差点？

7-11　什么是萃取操作的选择性系数β？它的物理意义是什么？什么情况下$\beta=\infty$？

7-12　什么是多级错流萃取？什么是多级逆流萃取？

习　题

7-1　25℃时，以水为萃取剂，从乙酸与氯仿的混合液中提取乙酸，平衡数据见表7-2所列。试确定：(1)在等腰直角三角形相图上绘出辅助曲线和溶解度曲线，并在直角坐标系中绘制分配曲线；(2)由200kg乙酸、800kg氯仿和1 000kg水所组成的混合物在相图上的坐标位置，以及该混合液达到平衡时的两相组成和质量；(3)萃取相液层和萃余相液层的分配系数和选择性系数。

7-2　在25℃条件下，乙酸(A)-庚醇-3(B)-水(S)的平衡数据见下表所列。试确定：(1)在等腰直角三角形相图上绘出溶解度曲线及辅助曲线，并在直角坐标系上绘出分配曲线；(2)由500kg乙酸、500kg庚醇-3和1 000kg水组成的混合液的坐标位置，以及混合液经过充分混合静置分层后平衡的两液层的组成和质量；(3)两个平衡液层的分配系数及选择性系数。

溶解度曲线数据(质量分数)

乙酸	庚醇-3	水	乙酸	庚醇-3	水
0	96.4	3.6	30.7	58.6	10.7
3.5	93.0	3.9	41.4	39.3	19.3
8.6	87.2	4.2	45.8	26.7	27.5
19.3	74.3	6.4	46.5	24.1	29.4
24.4	67.5	7.9	47.5	20.4	32.1

（续）

乙酸	庚醇-3	水	乙酸	庚醇-3	水
48.5	12.8	38.7	24.5	0.9	74.6
47.5	7.5	45.0	19.6	0.7	79.7
42.7	3.7	53.6	14.9	0.6	84.5
36.7	1.9	61.4	7.1	0.5	92.4
29.3	1.1	69.6	0	0.4	99.6

联结线数据（乙酸质量分数）

水层	庚醇-3层	水层	庚醇-3层
6.4	5.3	38.2	26.8
13.7	10.6	42.1	30.5
19.8	14.8	44.1	32.6
26.7	19.2	48.1	37.9
33.6	23.7	47.6	44.9

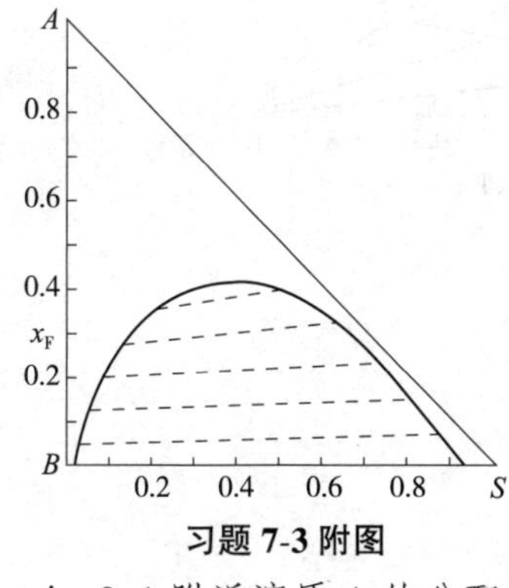

习题7-3附图

7-3 习题7-3附图所示为溶质(A)、稀释剂(B)和溶剂(S)的液液相平衡关系，今有x_F为30%的混合液1 000kg，用1 000kg纯溶剂做单级萃取，试确定：(1)萃取相和萃余相的量和组成；(2)完全脱除溶剂后的萃取液和萃余液的量和组成。

7-4 某混合物含溶质A为20%、稀释剂B为80%，拟用单级萃取进行分离，要求萃余液中A的浓度x'_R不超过10%。在某操作温度下，溶剂S、稀释剂B及溶质A之间的溶解度曲线如习题7-4(a)附图所示，并已知在$x'_R=0.1$附近溶质A的分配系数$k_A=1.0$。试求：(1)此单级萃取所需要的溶剂比S/F为多少？所得萃取液的浓度为多少？过程的选择性系数为多少？(2)若降低操作温度，使两相区域增大为习题7-4(b)附图所示，假定分配系数k_A不变，所需溶剂比S/F、所得萃取液浓度及过程的选择性系数有何变化？

7-5 某混合物含溶质A为30%、稀释剂B为70%，拟用单级萃取进行分离，要求萃余液中A的浓度x'_R不超过10%。在某操作温度下，溶剂S、稀释剂B及溶质A之间的溶解度曲线如习题7-5(a)附图所示，并已知在$x'_R=0.1$附近溶质A的分配系数$k_A=1.0$。试求：(1)此单级萃取所需要的溶剂比S/F为多少？所得萃取液的浓度为多少？过程的选择性系数为多少？(2)当$x_A=0.1$时，溶质A的分配系数$k_A=2.0$，所需溶剂比S/F、所得萃取液浓度及过程的选择性系数有何变化？

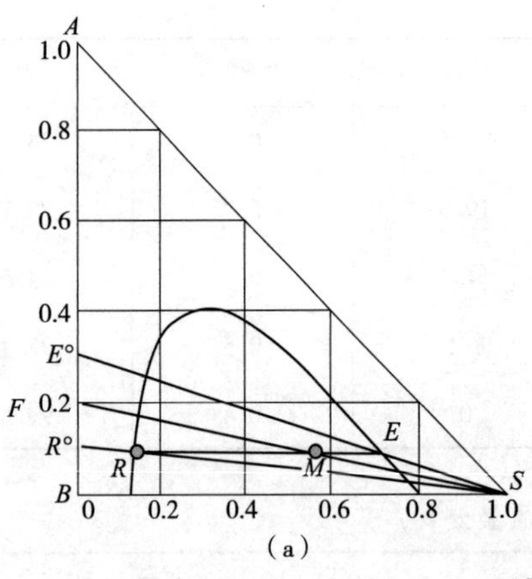

（a）

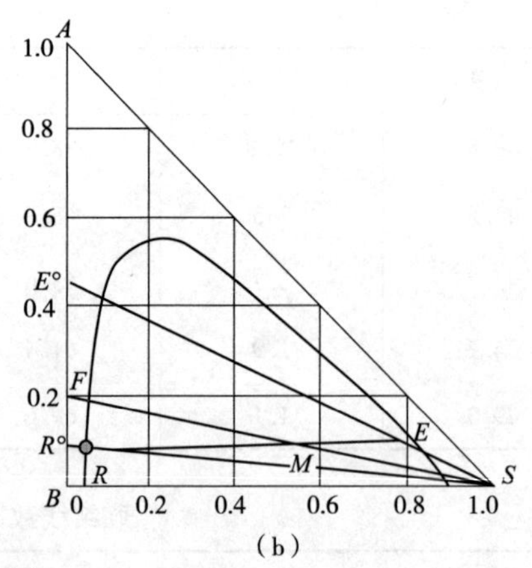

（b）

习题 7-4 附图

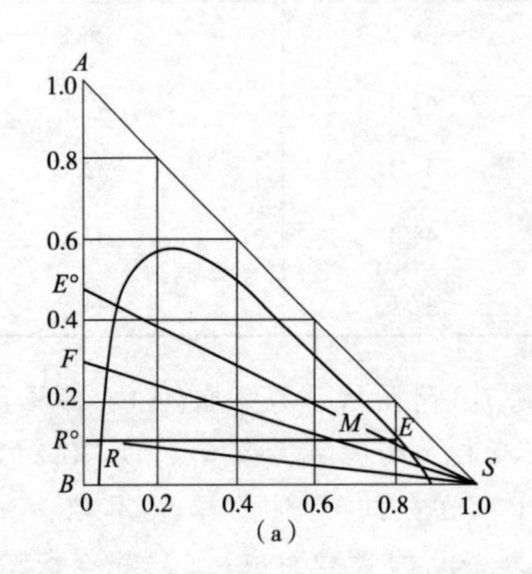

（a）

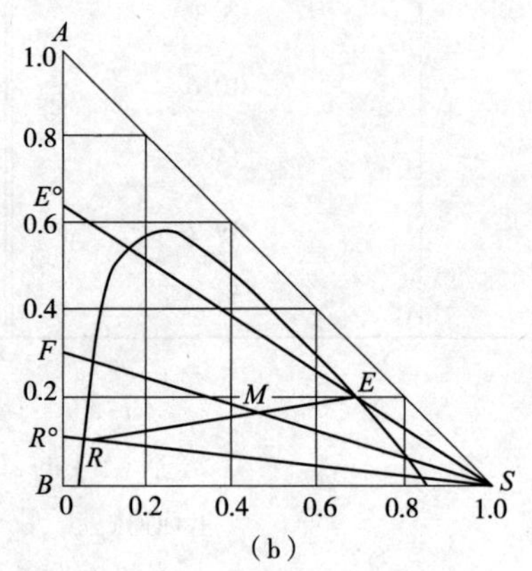

（b）

习题 7-5 附图

第 8 章

膜分离

图 8-1 为膜技术在牛乳和乳清加工中的具体应用。利用特殊制造的、具有选择透过性能的薄膜(半透膜)，在外力推动下对混合物进行分离的一种单元操作即为膜分

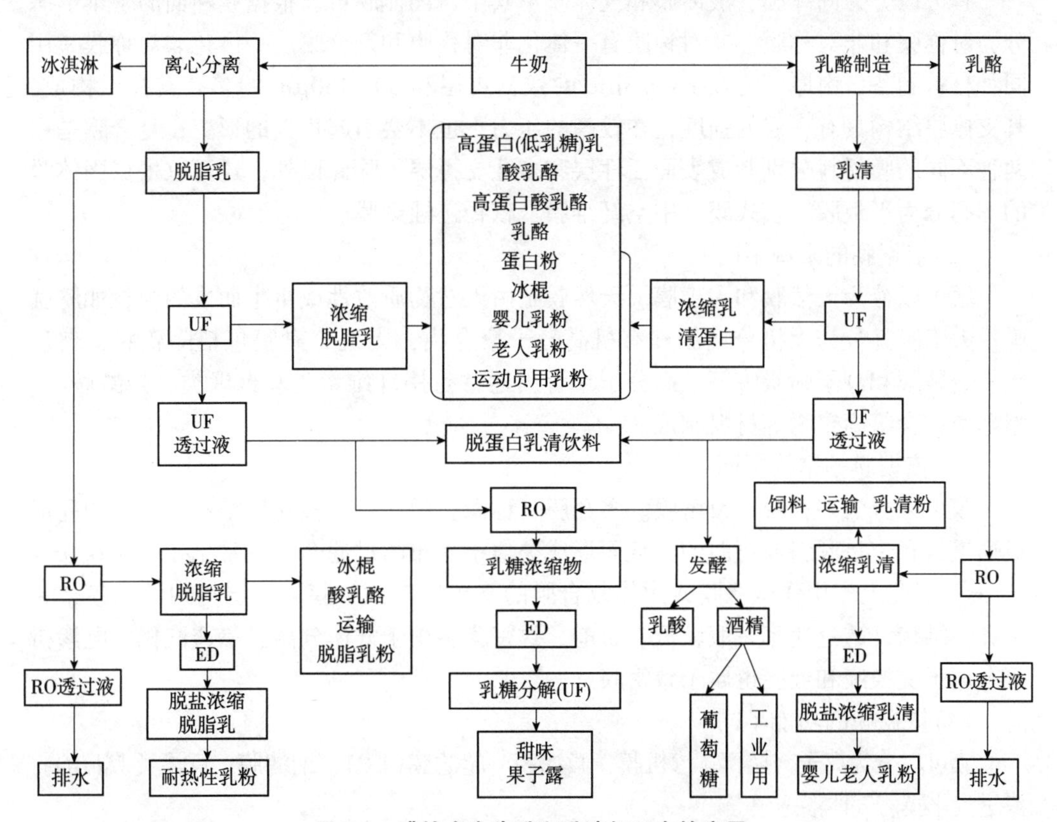

图 8-1 膜技术在牛乳和乳清加工中的应用

离。分离过程中，混合物中至少有一种组分几乎可以无阻碍地透过膜，其他组分则不同程度地被膜截留于原料液一侧。

从 20 世纪初到 20 世纪 90 年代，膜技术基本已经从实验室步入工业化，膜技术的应用领域非常广泛，如使用反渗透膜进行海水和苦咸水的淡化；使用超滤膜分离工业废水的非溶解性杂质使水得到回收利用；使用纳滤膜处理城市垃圾渗滤液、有害废水；使用膜分离技术进行牛奶脱脂、蛋白质浓缩、乳糖含量降低、果汁澄清、果胶酶处理。

纳滤之父

膜分离技术兼有分离、浓缩、纯化和精制的功能，具有高效、节能、环保、分子级过滤及过滤过程简单、易于控制等优点。

8.1　概述

8.1.1　膜的分类

膜的种类繁多，不同的分类依据会有不同的分类结果。

(1) 依据膜的材质不同

膜可以分为固体膜、液体膜和气体膜。其中，固体膜可以根据膜断面的基本形态分为对称膜和非对称膜，非对称膜有一体化非对称膜和复合膜。一体化非对称膜是用同种材料制备，由厚度为 0.1～0.5μm 的致密皮层和 50～150μm 的多孔支撑层构成，其支撑层结构具有一定的强度，在较高的压力下也不会引起很大的形变；复合膜是用两种不同的膜材料分别制成表面活性层和多孔支撑层。除此以外，还可以根据固体膜的形态分为平板膜、管式膜、中空纤维膜、核径迹蚀刻膜。

(2) 依据膜的来源不同

膜可以分为天然膜和人工膜。天然膜是由天然物质改性或再生而成的膜，如膀胱膜。人工膜又分为无机分离膜和有机高分子聚合膜，无机分离膜包括陶瓷膜、玻璃膜、金属膜和分子筛炭膜等。高分子聚合膜通常是用纤维素类、聚砜类、聚酰胺类、聚酯类、含氟高聚物等材料制成。

(3) 依据膜的结构不同

膜可以分为多孔膜、致密膜。多孔膜又称微孔膜，具有多孔性结构。膜内的孔形成通道，孔道是倾斜或弯曲的，从而形成类似于滤布的过滤介质，常见孔径在 0.05～20μm，工业上多用作微滤膜或用作复合膜的支撑层。致密膜为一层均匀的薄膜，无多孔性结构，透过速率一般较低。目前，致密膜多用于气体分离、渗透汽化、电渗析等。离子交换膜和液膜也属于致密膜。

(4) 依据膜的功能不同

膜可以分为离子交换膜、渗析膜、微滤膜、超滤膜(UF)、纳滤膜、反渗透膜(RO)、渗透汽化膜、气体渗透膜等。

在使用膜分离技术时，应根据分离过程的技术要求及膜的特点选用膜装置。

8.1.2 膜分离的特点及优势

与传统的分离操作相比，膜分离具有以下特点：

(1)高效率

选择合适的膜，可以有效地进行物质的分离、提纯和浓缩。其分离颗粒小至纳米级，分离系数高达3位数。例如，在按物质颗粒大小分离的领域，以重力为基础的分离技术最小极限是微米，而膜分离却可以做到将分子质量为几千甚至几百的物质进行分离，相应的颗粒大小为纳米。

(2)低能耗

膜分离过程都不发生相变化。对比之下，蒸发、蒸馏、吸收、吸附等分离过程，都伴随着从液相或吸附相到气相的变化，消耗大量电能及热能，膜分离技术却独占优势，这是因为膜分离过程在常温附近的温度下进行(目前的人工膜材料多是有机聚合物，温度限制在80℃以下)，即使存在工艺要求，被分离物料加热或冷却的显热能耗仍然很小。表8-1为用反渗透法与其他分离方法淡化海水的能耗比较。

表8-1 几种方法淡化海水能耗比较

分离方法	需要消耗的动力/(kW·h/m^3)	需要消耗的热量/(kJ/m^3)
理论值	0.72	2 577
反渗透(水回收率40%)	3.5	16 911
冷冻	9.3	33 472
溶剂萃取	25.6	92 048
多级闪蒸	62.8	225 936

(3)可靠性高

膜分离设备本身没有运动部件，工作温度又在室温附近，所以很少需要维护，可靠性很高，且操作简便，随时启停，物料即投即出。

(4)对热敏性物质无损伤

表8-2体现了膜分离技术对原料成分的保护能力。

表8-2 浓缩技术对西番莲果汁成分的影响

组　分		甲酸乙酯	乙酸乙酯	丁酸乙酯	己酸乙酯	维生素C
蒸发	加工过程中损失	20.6	94.5	99.4	100	100
反渗透	(%质量)	0	0	13.8	31.3	9.9

(5)适用性强

膜材质均为惰性材质，因此具有耐腐蚀性，用来分离的介质可以是酸性、中性、碱性，这使得许多的分离操作能够通过膜分离实现。膜分离装置不仅适用于有机物和无机物，还能实现从病毒、细菌到微粒的广泛分离范围，对于许多特殊溶液体系的分离，如溶液中大分子有机物与无机盐的分离、浊度、色度的分离以及共沸物或近沸点物系的分离等都适用。此外，操作上膜分离过程的规模和处理能力可随时调控。

膜分离优势可归纳为：高效分离；广谱应用；节能环保；运行可靠；操作灵活；维修简易。

8.2 各种膜分离过程简介

8.2.1 膜分离性能

膜分离主要以压差、电位差、浓度差、温度差为推动力，为实现某一分离过程，需通过以下参数来描述分离的性能。

8.2.1.1 透过性能

分离膜的最基本条件是能够使被分离的混合物有选择地透过。表征膜透过性能的参数是透过速率，即单位时间、单位膜面积透过目标产物的流量，对于水溶液体系，又称透水率或水通量，以 J 表示。

$$J=\frac{V}{At} \tag{8-1}$$

式中 J——透过速率，分为体积速率和质量速率，$m^3/(m^2 \cdot s)$ 或 $kg/(m^2 \cdot s)$；

V——透过组分的体积或质量，m^3 或 kg；

A——膜有效面积，m^2；

t——操作时间，s。

膜的透过速率与膜材料的化学特性和膜的形态结构有关，且随操作推动力的增加而增大。此参数决定分离设备结构及生产能力的大小。

8.2.1.2 分离性能

不同膜分离过程中膜的分离性能有不同的表示方法，如截留率、截留相对分子质量、分离因数等。分离性能反映膜的分离效果。

(1) 截留率

对于反渗透过程，通常用截留率表示其分离性能。截留率反映膜对溶质的截留程度，对盐溶液又称为脱盐率，以 R 表示，定义为

$$R=\frac{c_F-c_P}{c_F}\times 100\% \tag{8-2}$$

式中 c_F——原料中溶质的浓度，kg/m^3；

c_P——渗透物中溶质的浓度，kg/m^3。

100%截留率表示溶质全部被膜截留，此为理想的半渗透膜；0%截留率则表示全部溶质透过膜，无分离作用，显然截留率在0%~100%。

(2)截留相对分子质量

在超滤和纳滤中，通常用截留相对分子质量表示其分离性能。截留分子质量是指截留率为90%时所对应的相对分子质量。截留分子质量的高低，在一定程度上反映了膜孔径的大小，通常可用一系列不同相对分子质量的标准物质进行测定。

(3)分离因数

对于气体分离和渗透汽化过程，通常用分离因数表示各组分透过的选择性。对于含有A、B双组分的混合物，分离因数α_{AB}定义为

$$\alpha_{AB}=\frac{\dfrac{y_A}{y_B}}{\dfrac{x_A}{x_B}} \tag{8-3}$$

式中　x_A，x_B——原料中组分A与组分B的摩尔分率；

y_A，y_B——透过物中组分A与组分B的摩尔分率。

通常，用组分A表示透过速率快的组分，因此$\alpha_{AB}\geqslant 1$。分离因数的大小反映该体系分离的难易程度，α_{AB}越大，表明两组分的透过速率相差越大，膜的选择性越好，分离程度越高；α_{AB}等于1，则表明膜没有分离能力。

膜分离过程的应用效率还受到膜的抗污染性、热稳定性、化学稳定性及膜的最大分离纯度等内在因素和膜组件型式、操作条件等外在因素的限制，不同的膜分离过程要选择适合的膜，采用不同的推动力。

8.2.2　膜分离的主要过程

依据膜的分离原理及推动力不同，常使用的膜分离过程有微滤(microfiltration，MF)、电渗析(electrodialysis，ED)、透析(dialysis，DS)、超滤(ultrafiltration，UF)、纳滤(nanofiltration，NF)、反渗透(reverse osmosis，RO)、膜蒸馏(membrane distillation，MD)、膜萃取(membrane extraction，ME)、气体分离(gas separation，GS)、渗透汽化(pervaporation，PV)等。表8-3给出了几种常用膜的分离原理及示意图。其他的膜分离原理可以查阅有关手册。在此重点介绍超滤、反渗透、电渗析。

表8-3　常用膜分离基本原理及特性

膜分离过程	分离目的	透过组分	截留组分	透过组分在料液中含量	推动力	传递机理	膜类型	进料和透过物的物态	示意图
微滤(MF)	溶液脱粒子、气体脱离子	溶液、气体	0.02~10μm	大量溶剂及少量小分子溶质和大分子溶质	压力差10~200kPa	筛分	多孔膜	液体或气体	进料　滤液(水)

（续）

膜分离过程	分离目的	透过组分	截留组分	透过组分在料液中含量	推动力	传递机理	膜类型	进料和透过物的物态	示意图
超滤（UF）	溶液脱大分子、大分子脱小分子、大分子分级	小分子溶质	1~20nm大分子溶质	大量溶剂、少量小分子溶质	压力差0.1~0.5MPa	筛分	非对称膜	液体	进料 浓缩液 滤液
反渗透（RO）	溶剂脱溶质、含小分子溶质的浓缩	溶剂、可被电渗析截留组分	0.1~1nm小分子溶质	大量溶剂	压力差1~10MPa	优先吸附、毛细管流动、溶液扩散	非对称膜或复合膜	液体	进料 高价离子溶质(盐) 低价离子溶剂(水)
电渗析（ED）	溶液脱小离子、小离子溶质的浓缩	小离子组分	同性离子、大离子和水	少量离子组分、少量水	电化学势、电渗透	反离子经离子交换膜的迁移	离子交换膜	液体	浓电解质 产品(溶剂) 正极 负极 阴离子交换膜 进料 阳离子交换膜

8.2.2.1　超滤

（1）超滤原理

超滤又称超过滤，是利用孔径在1~100nm范围内的膜所具有的筛分作用，通过增压使溶剂和某些小分子溶质选择性透过的性质。对溶液侧施加压力，使大分子溶质或细微粒子从溶液中分离出来的过程，属于压力驱动型分离。溶液中直径比膜孔小的分子将透过膜进入低压侧，而直径比膜孔大的分子则被截留下来，透过膜的液体称为透过液，剩余的液体称为浓缩液。为达到高分离效率，待分离组分的大小一般要相差10倍以上。此外，由于超滤膜具有一定的孔径分布，膜的截留摩尔质量应为截留的最小溶质摩尔质量的1/2左右。超滤已被日益广泛地用于某些含有小摩尔质量溶质、高分子物质、胶体物质和其他分散物溶液的浓缩、分离、提纯和净化。尤其适用于热敏性和生物活性物质的分离和浓缩。

超滤常常采用非对称膜。膜孔径为10~50nm，膜孔径的大小是影响超滤效果的主要因素，但不是唯一因素，膜的其他性质（如表面化学特性）有时对截留也有一定影响。膜表面有效截留层的厚度较小，一般为10~1 000μm，操作压差有高有低，根据工艺要求、设备承受能力、增压设备的能耗确定，可分离相对分子质量为500~1 000 000的分子。超滤可有效去除水中的微粒、胶体、细菌及各种有机物，但无机离子无法截留。

(2)超滤阻力

在超滤过程中，单位时间内通过膜的溶液体积称为膜通量。由于膜本身具有阻力，而且在超滤过程中还会因浓差极化、形成凝胶层、受到污染等原因而产生新的阻力。因此，随着超滤过程的进行，膜通量将逐渐下降。膜本身所具有的阻力称为膜阻力，在过滤过程中产生的阻力，对比其原因，分别叫作浓差极化阻力、凝胶层阻力、膜污染阻力。

①膜阻力　包括膜层及支撑层所具有的阻力，大小与膜及支撑层结构有关。

②浓差极化阻力　在超滤过程中，被截留组分的分子在膜表面处将产生累积，从而使这些组分在膜表面附近处液体中的浓度 c_m 要远高于在料液主体中的浓度 c_b，即这些组分在由膜表面至料液主体的液相中存在浓度梯度。由于浓度梯度的存在，被截留组分的分子将从膜表面向料液主体扩散，从而形成浓度边界层，如图8-2所示。当被截留组分由膜表面向料液主体的扩散速度与由料液主体向膜表面的扩散速度达到动态平衡时，在膜表面附近将形成一个稳定的浓度梯度区，该区域称为浓差极化边界层，这种现象称为浓差极化，所产生的阻力称为浓差极化阻力。浓差极化越严重，对膜通量的影响越显著，对膜分离过程产生不良影响。

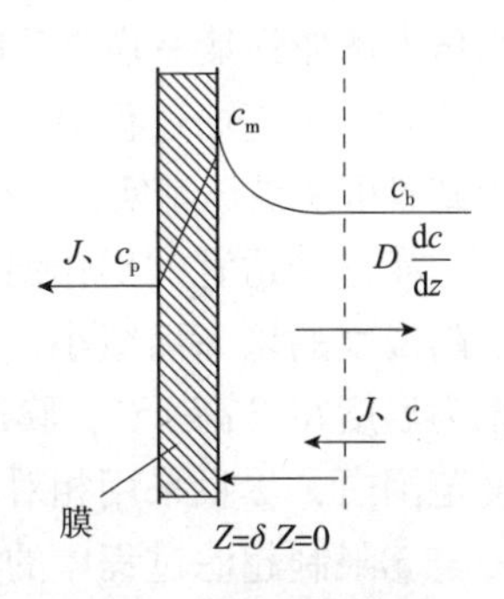

图8-2　超滤过程中的浓差极化

③凝胶层阻力　当料液流速较低，且被截留组分的浓度较高时，浓差极化有可能使膜表面附近达到或超过被截留组分的饱和溶解度，此时被截留组分将在膜表面形成凝胶层，如图8-3所示，其中 c_g 表示凝胶层附近处液体中的浓度。凝胶层所产生的阻力将引起膜通量急剧降低，对膜分离产生非常不利的影响。

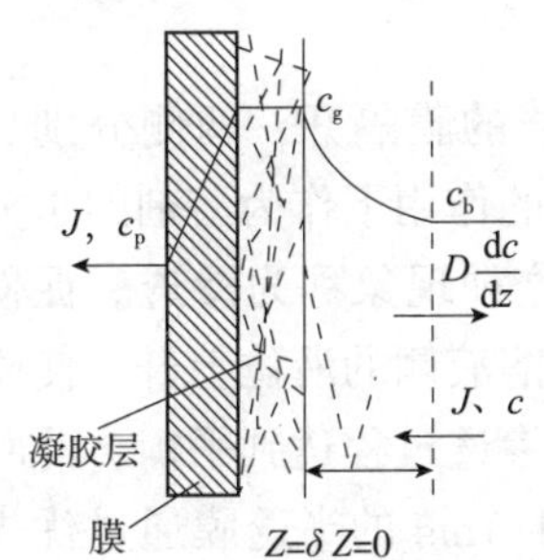

图8-3　凝胶层的形成

④膜污染阻力　在超滤过程中，溶液中的微粒、胶体粒子或溶质大分子等可能被吸附于膜表面或膜孔内，也可能沉积于膜表面上，使膜孔阻塞，从而引起膜通量下降，这种现象称为膜污染。膜污染被认为是超滤过程中的主要障碍。当超滤装置运行一段时间后，必须对膜进行清洗，以除去膜表面的污染物，恢复膜的透过性。

(3)超滤操作

在超滤过程中，料液的性质和操作条件对膜通量均有一定的影响。为提高分离效果，增加膜通量，尽可能减小浓差极化阻力、凝胶层阻力和膜污染造成的阻力，需要采取一些适当的措施。

①进行料液预处理　原料液中常含有一定量的悬浮物，为提高膜通量，在超滤前应对料液进行预处理，以除去料液中的悬浮物。常用的预处理方法一般采用过滤器除去料液中的悬浮物；用絮凝法除去料液中的胶体物；用吸附剂除去料液中的部分有机物等。此外，通过调节料液的酸碱度可使蛋白质、酶、微生物等对膜有污染的组分远

离其等电点，从而减少这些物质在膜面上形成凝胶层的可能性。

②选择适宜的料液流速　提高料液流速，可有效减轻膜表面的浓差极化；但流速也不能太高，否则会产生过大的压力降，并加速膜分离性能的衰退。因此，必须选择适宜的流速。

③选择适宜的操作压力　通常所说的操作压力是指超滤装置内料液进、出口压力的算术平均值。在超滤过程中，在一定的范围内，膜通量随操作压力的增加而增大，但当压力增加到某一临界值时，膜通量将趋于恒定。此时的膜通量称为临界膜通量，以 J_∞ 表示。在超滤过程中，为提高膜通量，可适当提高操作压力。但操作压力不能过高，否则膜可能被压密实，一般情况下，实际超滤操作可维持在临界膜通量 J_∞ 附近进行。

④选择适宜的操作温度　膜通量随着操作温度的提高而增大，这是因为料液的黏度随温度的增高而减小，扩散系数则增大。一般情况下，膜通量随温度升高的变化关系为温度每升高1℃，膜通量提高2.15%。所以对于膜分离操作来说，在膜允许的温度范围内，尽量采用相对较高的温度。

⑤限制超滤过程中的主体浓度　随着超滤过程的进行，料液主体的浓度逐渐增高，料液黏度和边界层厚度也相应增大。实验表明，对超滤而言，料液主体浓度过高无论在技术上还是经济上都是不利的，因此对超滤过程中料液主体的浓度应加以限制。相关参考书中给了超滤过程中不同料液的最高允许浓度，需要时自行查阅。

8.2.2.2 反渗透

(1)反渗透原理

一个容器中间用一张可透过溶剂(水)，但不能透过溶质的膜隔开，两侧分别加入纯水和含有溶质的水溶液。若膜两侧压力相等，在浓度差的作用下作为溶剂的水分子从溶质低(水浓度高)的一侧向溶质浓度高的一侧透过，这种现象称为渗透。促使水分子发生渗透的推动力称为渗透压。随着水的不断渗透，溶液侧的液位上升，使膜两侧的压力差增大。当压力差足以阻止水向溶液侧流动时，渗透过程达到平衡，此时的压力差就是该溶液的渗透压($\Delta\pi$)。反渗透是利用孔径小于1nm的半透膜通过优先吸附和毛细管流动等作用选择性透过溶剂(通常是水)的性质，对溶液侧施加压力，克服溶剂的渗透压，使溶剂通过膜从溶液中分离出来的过程。

若将浓度不同的两种盐溶液分别置于半透膜的两侧，则水将自发地由低浓度侧向高浓度侧流动。若在高浓度侧的液面上方施加一个大于渗透压的压力，则水将由高浓度侧向低浓度侧流动，从而使浓度较高的盐溶液被进一步浓缩，其原理如图8-4所示。和超滤一样，反渗透过程也属于压力驱动分离过程。

(2)影响反渗透的因素

①浓差极化　和超滤过程相似，在反渗透过程中，大部分溶质在膜表面截留，从而在膜的一侧形成溶质的高浓度区。当过程达到定态时，料液侧膜表面浓度显著高于主体溶液浓度，这一现象称为浓差极化。由于浓差极化的存在，加大了渗透压，在一定的压差 Δp 作用下使溶液的透过速率下降。同时，膜表面浓度的增高使溶质的透过速率提高，截留率下降。此外，膜表面浓度的升高，还可能导致溶质的沉降，额外增

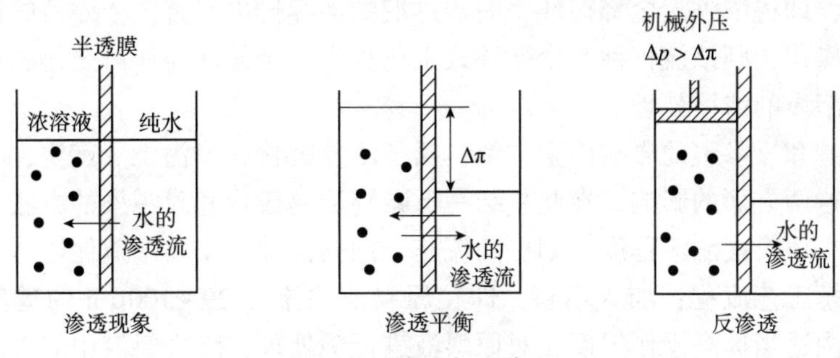

图 8-4　渗透与反渗透

加了膜的透过阻力，因此浓差极化是反渗透过程中的一个不利操作因素。减轻浓差极化的根本途径是提高传质系数。通常采用的方法是提高料液的流速和在流道中加入内插件以增加湍流程度。也可以在料液的定态流动基础上人为加上一个脉冲流动，此外，可以在管状组件内放入玻璃珠，玻璃珠在流动时呈流化状态，不断撞击膜壁从而使传质系数大为增加。

②膜的性能　主要由两个参数体现，即纯溶剂(水)的透过系数 A 和溶质的透过系数 B。显然对膜分离过程而言，希望 A 值大而 B 值小，因此膜的材料和制膜工艺是影响膜分离速率的主要因素。

③混合液的浓缩程度　浓缩程度高，膜两侧浓度差大，渗透压差也大，由于有效推动力的降低，使溶剂的透过通量减少，且料液浓度高还易引起膜的污染。

(3)反渗透操作

根据处理对象和生产规模的不同，反渗透操作主要有连续式和循环式两种流程。

①连续式

a. 一级一段连续式：工作时，泵将料液连续输入反渗透装置，分离所得的透过水和浓缩液由装置连续排出。该流程的缺点是水的回收率不高，因而在实际生产中的应用较少。

b. 一级多段连续式：当采用一级一段连续式工艺流程达不到分离要求时，可采用多段连续式工艺流程。操作时，第 1 段渗透装置的浓缩液即为第 2 段的进料液，第 2 段的浓缩液即为第 3 段的进料液，依此类推，而各段的透过液(水)经收集后连续排出。此种操作方式的优点是水的回收率及浓缩液中的溶质浓度均较高，而浓缩液的量较少。一级多段连续式流程适用于处理量较大且回收率要求较高的场合，如苦咸水的淡化以及低浓度盐水或自来水的净化。

②循环式

a. 部分循环式：在反渗透操作中，将连续加入的原料液与部分浓缩液混合后作为进料液，而其余的浓缩液和透过液则连续排出，此流程即为部分循环式工艺流程。采用部分循环式工艺流程可提高水的回收率，但由于浓缩液中的溶质浓度要比原进料液中的高，因此透过水的水质有可能下降。部分循环式工艺流程可连续去除料液中的溶剂水，常用于废液等的浓缩处理。

b. 全循环式：在反渗透操作中，若将全部浓缩液与原料液混合后作为反渗透装置的进料液，即将浓缩液全部循环，而透过液则连续排出，直至浓缩液的浓度达到要求时，停止操作，则该流程称为全循环式工艺流程。全循环操作可获得高浓度的浓缩液，常用于溶质的浓缩处理。

由于超滤和反渗透的影响因素中都包括了浓差极化和膜污染。其实，其他类型的膜分离也有这两方面的影响。在此总结一下减轻浓差极化和膜污染的方法：适当控制回收率；提高原料液湍流程度，如提高流速、加强搅拌、安装湍流促进器、脉冲发生装置等；缩短工艺流程；加入填料，即在原料液中添加 29～100μm 的玻璃小球；在允许的范围内适当提高操作温度；对原料液进行预处理，除去料液中的大颗粒；定期对膜进行反冲和清洗。

(4)反渗透应用

反渗透技术应用得最广泛的领域之一是海水脱盐，典型的装置可将含盐 3.5%的海水淡化至含盐 0.05%以下供饮用或锅炉使用。此外，反渗透在食品行业(如浓缩甘蔗、浓缩果汁)、制药行业、电子工业用超纯水和电镀废水处理方面都有重要应用。半导体电子工业中使用的漂洗水，对水的含盐量及无菌性有极高的要求。研究表明，反渗透技术对其他水处理技术难以去除的二氧化硅、有机物、胶体、微生物等均具有较好的脱除能力。采用反渗透法制备的高纯水，全系统的菌类等有机物数量，几乎被分离到绝迹的状态，可以满足半导体电子工业对水质的要求。

8.2.2.3 电渗析

(1)电渗析原理

电渗析是以电位差为推动力，利用离子交换膜的选择透过特性使溶液中的离子做定向移动以达到脱除或富集电解质的膜分离操作，是一种专门用来处理溶液中的离子或带电粒子的膜分离技术。

电渗析所用的离子交换膜可分为阳离子交换膜(简称阳膜)和阴离子交换膜(简称阴膜)，一般以高分子材料为基体，在其分子链上接上了一些可电离的活性基团。阳膜的活性基团常为磺酸基，在水溶液中电离后的固定性基团带负电；阴膜中的活性基团常为季胺，电离后的固定性基团带正电。其中，阳膜只允许水中的阳离子通过而阻挡阴离子，阴膜只允许水中的阴离子通过而阻挡阳离子。

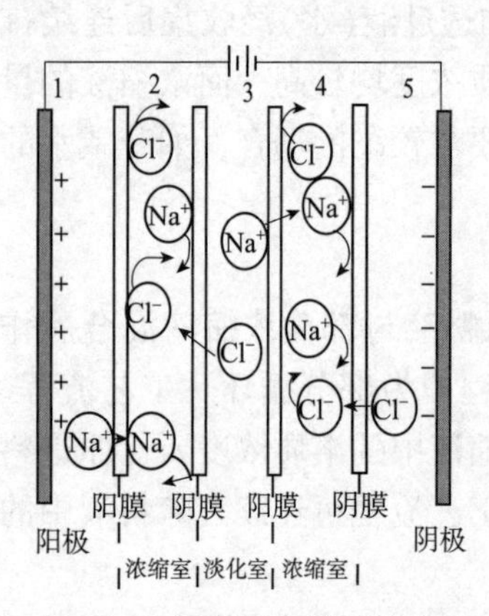

图 8-5 电渗析过程原理示意

参照图 8-5，以 NaCl 盐水为原料，来说明电渗析的主要原理。电渗析系统由一系列平行交错排列于两极之间的阴、阳离子交换膜所组成，这些阴、阳离子交换膜将电渗析系统分隔成若干个彼此独立的小室，其中与阳极相接触的隔离室称为阳极室，与阴极相接触的隔离室称为阴极室，操作中离子减少的隔离室称为淡化室，离子增多的隔离室称为浓缩室。在直流电场的作用下，带负电荷的 Cl^- 阴离子即向正极移动，但它只能通过阴膜进入浓缩室，而不能透过阳膜，因而被截留于浓缩室中。同理，带正电荷的 Na^+ 阳离子向负极移动，通过阳膜进入浓缩室，并在阴膜的阻挡下截留于浓缩室中。这样浓缩室中的盐浓度逐渐升高，出水为浓水；而淡化室中的盐含量逐渐降低，出水为淡水，从而达到分离脱盐的目的。

(2)电渗析中的电化学作用

电渗析的推动力是电位差，为了使电渗析能不断进行，必须在两极施加一定的电压。所需电压的大小与下列因素有关。

①电极反应(以海水淡化为例)　阳极电极反应为

$$H_2O \rightleftharpoons H^+ + OH^-$$

$$2OH^- - 2e \rightarrow [O] + H_2O$$

$$[O] \rightarrow \frac{1}{2}O_2$$

$$Cl^- - e \rightarrow [Cl] \rightarrow \frac{1}{2}Cl_2 \uparrow$$

阳极水呈酸性，对电极有腐蚀。

阴极电极反应为

$$H_2O \rightleftharpoons H^+ + OH^-$$

$$2H^+ + 2e \rightarrow H_2 \uparrow$$

$$Na^+ + OH^- \rightleftharpoons NaOH$$

阴极水呈碱性，当水中有 Ca^{2+}、Mg^{2+} 时形成 $Ca(OH)_2$、$Mg(OH)_2$ 等水垢，增大电阻。

②膜电位　即离子有从浓缩室向淡化室扩散的倾向而产生的电位差。

③电阻　包括膜电阻和溶液电阻(淡室溶液电阻占主要部分)，还有沉淀、结垢、浓差极化等产生的电阻。

④电压　总电压包括电极电位、膜电位和克服各种电阻所需电压。总电压随电流大小而异，电流大，电压高，离子从淡化室向浓缩室迁移量大，耗电量也大。

在电渗析器中，不论串联多少膜组件，电极反应消耗的电能为定值，因此，为了减少电耗，采用多膜组件串联结构，一般采用 200~300 个膜组件，甚至更多。

(3)电渗析操作中的浓差极化

与其他膜分离过程一样，在电渗析过程中也存在浓差极化问题。电渗析仪器运行时，在直流电场的作用下，离子做定向迁移。由于反离子(与膜的电荷符号相反的离子)在膜中的迁移速度比在溶液中的要快，因而溶液主体中的离子将不能迅速补充至膜界面，故从溶液主体至膜界面，反离子的浓度逐渐下降，即存在浓度梯度，这种浓度梯度随着电流强度的增加而增大。在电渗析过程中，不仅存在反离子的迁移过程，还伴随着电解质的浓差扩散、同性离子迁移、水的渗透和水的电解等次要过程，这些次要过程对反离子迁移也有一定的影响。

浓差极化会对膜分离产生重要危害，具体表现在：

①淡化室膜侧离子浓度很低，引起很高的极化电位。

②淡化室阳膜侧和浓缩室阴膜侧呈碱性，易形成 $Ca(OH)_2$、$Mg(OH)_2$ 水垢沉淀。

③水电离产生 H^+ 和 OH^- 代替反离子传递部分电流，使电流效率降低。

④电阻和膜电位增大，所需操作电压增加，电耗大。在电压一定时，电流密度下降，水脱盐率下降或产水量降低。

⑤溶液 pH 值变化，对膜产生腐蚀，影响其使用寿命。

防止电渗析浓差极化的方法有：

①严格控制操作电流，使其低于极限电流密度。

②定期清洗沉淀或采用防垢剂和倒换电极等措施来消除沉淀。

③对水进行预处理，除去 Ca^{2+}、Mg^{2+}，防止沉淀的产生。

④适当提高操作温度，以减小溶液黏度，减薄滞流层厚度，提高离子扩散系数，使电渗析在较高的电流密度下操作。

⑤尽可能提高液体流速，以强化溶液主体与膜表面之间的传质，这也是减小浓差极化效应的重要措施。

⑥控制膜的尺寸，膜的尺寸不宜过大，以使溶液在整个膜表面上能够均匀流动。一般来说，膜的尺寸越大，就越难达到均匀的流动。

⑦采取较小的膜间距，以减小电阻。

(4)电渗析的应用

电渗析以其分离效率高、操作简便、运行费用低、可以同时除去溶液中的阴阳离子等优点，广泛应用于制药、化工、食品等行业中。我们以锅炉用水处理为例加以说明。

大多生产企业设有锅炉，以提供生产、生活所需的蒸汽。为确保锅炉能正常运行，其供水中不能含有污垢物、固体物质和有机物。否则，锅炉的受热面以及与水接触的管壁上容易结垢，从而使受热面的强度下降，并容易引起受热面金属的过热，进一步使锅炉的热效率下降，因此锅炉给水须经除盐或降硬处理后方可送入锅炉。实际应用中，常将电渗析与离子交换组合成电渗析-离子交换或离子交换-电渗析联合系统，用于锅炉给水的处理。采用电渗析技术可除掉水中75%~80%的盐，大大减轻离子交换器的负荷，从而使离子交换器的运行费用大大低于单独采用离子交换系统时的运行费用。

其他的一些膜分离过程中涉及的内容可以根据各自的需要查阅相应的参考书或文献，在此不再详述。

8.3 膜组件

各种膜分离装置主要包括膜组件、泵、过滤器、阀门、仪表和管路等，其中膜组件是膜分离装置的核心。膜组件是由膜、固定膜的支撑体、间隔物以及收纳这些部件的容器构成的一个单元体，在外界推动力作用下实现对混合物中各组分的分离。膜组件又称膜分离器。在膜分离的工业装置中，根据生产需要，可设置数个至数百个膜组件。根据不同体系和不同分离要求，可以采用不同类型的膜组件。目前常见的膜组件有管式、平板式(板框式)、螺旋卷式、中空纤维(毛细管)式4种类型。

一种性能良好的膜组件应具备以下条件：

①对膜能够提供足够的机械支撑并可使高压原料侧和低压透过侧严格分开。

②在能耗最小的条件下，使原料在膜表面上的流动状况均匀合理，以减少浓差极化。

③具有尽可能高的装填密度并使膜的安装和更换方便。

④装置牢固、安全可靠、价格低廉、易于维修。

下面分别介绍不同类型的膜组件的基本特点。

8.3.1　管式膜组件

管式膜组件的结构主要是把膜和支撑体均制成管状，再将膜固定在内径为 10~25mm、长 3m 的多孔支撑体上；或者将膜直接刮在支撑体管内(或管外)，再将一定数量的膜管以串联或并联的方式连成一体而组成，其外形与列管换热器相似，如图 8-6 所示。管式膜组件按其连接方式不同可分为单管式和管束式；按其作用方式不同又可分为内压型管式和外压型管式。当采用内压式安装时，管式膜位于几层耐压管的内侧，料液在管内流动，渗透液穿过膜并由外套环隙中流出，浓缩液则由管内流出。当采用外压式安装时，管式膜位于几层耐压管的外侧，原料液在管外侧流动，渗透液穿过膜进入管内，并由管内流出，而浓缩液则从外套环隙中流出。管式膜组件内径较大，结构简单，适合于处理悬浮物含量较高的料液，分离操作完成后的清洗比较容易。管式膜组件单位体积的过滤面积在各种膜组件中是最小的，这是它的主要缺点。

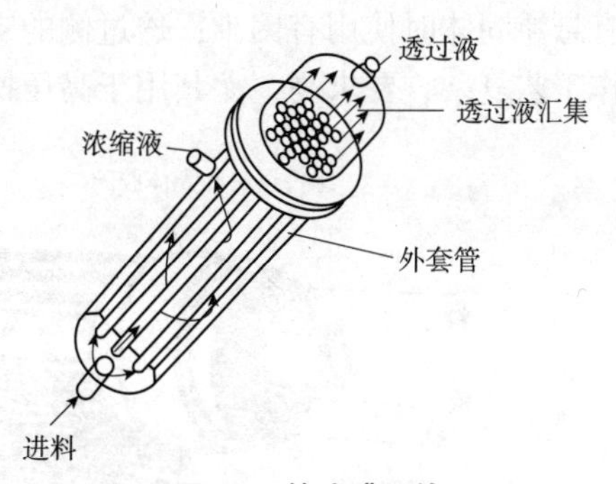

图 8-6　管式膜组件

8.3.2　平板式膜组件

平板式膜组件与板式换热器或叶滤器相似，如图 8-7 所示。在分离器内放置许多支撑板，板的两侧覆以固体膜，再与挡板以适当方式组合在一起。待分离液进入容器后沿着膜表面逐层横向流过，穿过膜的透过液在多孔板中流动并在板端部流出；浓缩液流经许多平板膜表面后流出容器。典型平板膜片的长和宽均为 1m，厚度为 200μm。支撑板的作用是支撑膜，挡板的作用是改变流体的流向，并分配流量，以避免沟流。板框式膜组件的一大优点是任意两片膜之间的渗透液都可被单独引出来，因此可单独更换膜片，消除操作中的障碍。但板框式膜组件中需要个别密封的数量太多，且内部阻力损失较大。和管式膜组件相比，板式膜组件比表面积大得多，原料流通截面积大，不宜堵塞，压降较小。

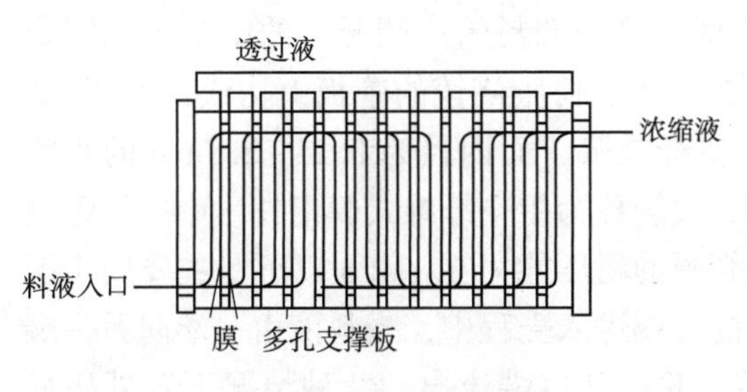

图 8-7　平板式膜组件

8.3.3 螺旋卷式膜组件

螺旋卷式膜组件也由平板膜制成，其结构与螺旋板式换热器类似，如图 8-8 所示。在多孔支撑板的两面覆以平板膜，然后铺一层原水隔网材料，绕中心管一并卷成圆筒状放入压力容器内。我们把缠绕在中心管上的由多孔支撑材料—膜—原水侧隔网材料组成的部分统称为膜袋，膜袋的三边(除了缠在中心管上的一边)都是黏结密封的。原料液由侧边沿着隔网流动，穿过膜的透过液则在多孔支撑板中流动，并汇集入中心管里流出。在实际应用中，通常是把几个膜元件的中心管密封串联起来，一起安装在压力容器中，组成一个单元。为了增加膜的面积，可以增加膜袋的长度。但膜袋长度增加，透过液流向中心集水管的路程就要加长，阻力相应增大。为此，可在一个膜组件内装若干个膜袋，它既能增加膜的面积，又不增大透过液的流动阻力。螺旋卷式膜组件的主要优点是结构紧凑、单位体积内的有效膜面积大。缺点是当原料液中含有悬浮固体时使用有困难；透过侧的支撑材料较难满足要求，不易密封；膜组件的制作工艺复杂，要求高，尤其用于高压操作时难度更大。

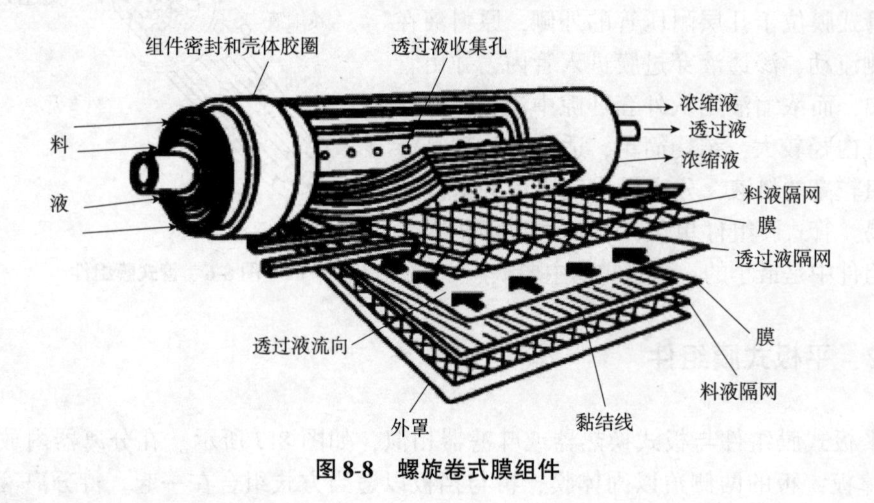

图 8-8 螺旋卷式膜组件

8.3.4 中空纤维式膜组件

中空纤维(或毛细管)式膜组件是由数百万根一端封闭一端开口的中空纤维固定在耐压的圆筒形容器内，并将开口端固定在由环氧树脂浇铸的管板上构成，如图 8-9 所示。一般将内径为 0~80μm 的膜称为中空纤维膜，而内径为 0.25~2.5mm 的膜称为毛细管膜，两种膜组件的结构基本相同，故统称为中空纤维式膜组件。中空纤维膜的耐压能力较强，常用于反渗透。而毛细管膜的耐压能力在 1MPa 以下，主要用于超滤和微滤；工作时，加压原料液由膜组件的一端进入壳程中，当料液由一端向另一端流动时，渗透液经纤维管壁进入管内通道，并由开口端流出，此种情况下系外压操作。当然也可采用内压操作，此时料液走管内，为防止堵塞，需对料液进行预处理，除去其中的固体微粒。中空纤维膜在分布管上的排列方式主要有轴流式、径流式、纤维卷筒式，不同的排列方式会影响到中空纤维束的装填密度和流体的合理分布。由于中空纤维极细，故膜组件不需要支撑材料，所以结构紧凑，这是其优点，但压差大、清洗困难、制作复杂也是影响其使用的主要缺点。

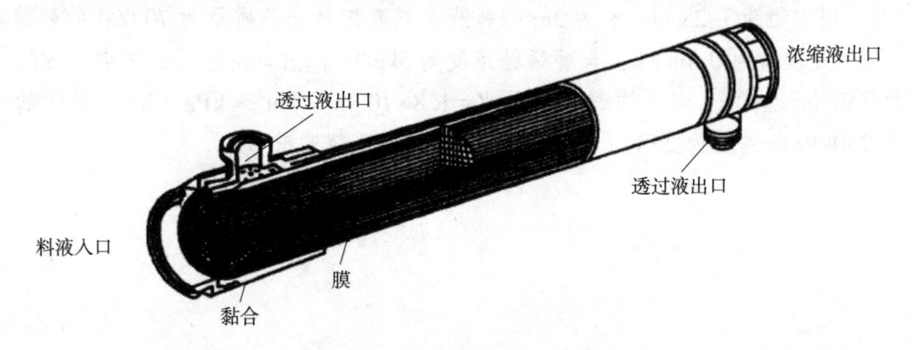

图 8-9 中空纤维(毛细管)式膜组件

采用何种膜组件形式，应根据原料液和产品要求等实际条件具体分析、全面权衡、择优选用。另外，在实际应用中，不同的过程对应不同的分离要求，为此，可以通过膜组件的不同配置方式来满足不同的场合。

思考题

8-1 简述膜的分类。

8-2 简述膜分离过程相比其他分离过程的优势所在。

8-3 分析膜分离过程的主要性能参数。

8-4 比较反渗透、超滤和电渗析的异同点。

8-5 分析超滤过程中浓差极化对透过通量的影响。

8-6 简述反渗透中的浓差极化的形成过程及影响。

8-7 试述避免浓差极化的主要方法。

8-8 简述膜污染产生的原因、减小膜污染控制方法以及膜的清洗方法。

8-9 了解重要的膜组件原理及特点。

习 题

8-1 用醋酸纤维膜连续地对盐水做反渗透脱盐处理，如习题附图。操作在温度 25℃、压差 10MPa 条件下进行，处理量为 $100m^3/h$。盐水的密度为 $1\ 022kg/m^3$，含氯化钠质量分数为 3.5%。经处理后，淡水含盐为 0.05%，水的回收率为 60%(以质量计)。膜的纯水透过系数为 $9.7\times10^{-5}kmol/(m^2 \cdot s \cdot MPa)$。试确定淡水量、浓盐水的浓度及纯水在进、出膜分离器两端的透过速率。

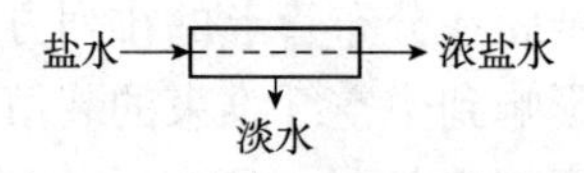

习题 8-1 附图

8-2　用内径为 1.25cm、长为 3m 的超滤管浓缩相对分子质量为 70 000 的葡萄糖水溶液。料液处理量为 $0.4m^3/h$，含葡萄糖浓度为 $5kg/m^3$，出口浓缩液的浓度为 $50kg/m^3$。膜对葡萄糖全部截留，纯水的透过系数 $Z=1.8\times10^{-4}m^3/(m^2\cdot kPa\cdot h)$。操作的平均压差为 250kPa，温度为 25℃，试求所需的膜面积及超滤管数。

第 9 章

干 燥

图 9-1 是阿司匹林的生产工艺流程。阿司匹林即乙酰水杨酸，是一种常用的退热镇痛药和抗风湿类药，其生产工艺为：水杨酸和乙酸酐经酰化反应、酸洗离心、水洗后得到的湿品乙酰水杨酸中含有大量的水，为脱除其中的水分，先将物料进行离心分离，再将湿料经螺旋加料器送入气流干燥器中；冷空气经过加热器加热到 78~84℃也送入气流干燥器中，在引风拉动下物料呈流化态干燥 45min 至水分为 3%~4%；干燥后的乙酰水杨酸经旋风分离器分离物料颗粒，并经过筛机整粒，得成品阿司匹林。从上述流程可以看出，乙酰水杨酸中的大量水分是经离心分离除去的，然后再经干燥处理，得最终合格产品。化工生产中的固体产品为便于贮存、运输，需要除去其中的水分。例如，药物中含水过多，会影响其保质期，因此，有必要掌握物料干燥过程的基本原理，了解干燥设备的结构、性能。

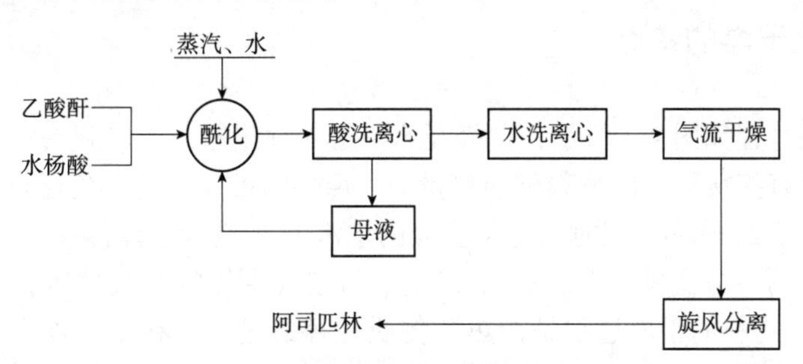

图 9-1　阿司匹林的生产工艺流程

为了满足贮存、运输、进一步加工和使用等方面的不同需要，对化工生产中涉及的固体物料，一般对其湿分(水分或有机溶剂)含量都有一定的要求，常常需要将其中所含的湿分去除至规定指标，这种操作简称“去湿”。常用“去湿”的方法有 3 种：①机械除湿，如离心分离。②物理除湿，如实验室使用干燥剂(无水氯化钙、硅胶等)来吸附湿物料中的水分。③干燥，即利用热能来除去湿物料中湿分的方法。

9.1 概述

9.1.1 干燥方法的分类

干燥是最为常用的“去湿”方法，干燥过程的本质是被除去的湿分从固相转移到气相中(固相为被干燥的物料，气相为干燥介质)。在去湿过程中，湿分发生相变，耗能大、费用高，但湿分去除较为彻底。

干燥方法的分类：

(1)按操作压力不同

干燥方法可分为常压干燥和真空干燥。

(2)按操作方式不同

干燥方法可分为连续式干燥和间歇式干燥。

(3)按照热能供给湿物料的方式不同

①热传导干燥　热能通过传热壁面以传导方式加热物料，产生的蒸气被干燥介质带走。

②对流传热干燥　干燥介质直接与湿物料接触，热能以对流方式传递给物料，产生蒸气被干燥介质带走。

③辐射干燥　热能以电磁波的形式由辐射器发射到湿物料表面，被物料吸收转化为热能，使湿分汽化。

④介电加热干燥　将需要干燥的物料放在高频电场内，利用高频电场的交变作用，将湿物料加热，并汽化湿分。

本章主要讨论干燥介质是空气，湿分是水的对流干燥过程。

9.1.2 对流干燥的特点

对流干燥过程如图9-2所示，空气经风机送入预热器，加热到一定温度后送入干燥器与湿物料直接接触，向物料传递热量 Q。传热的推动力为空气温度 t 与物料表面温度 θ 的温度差 $\Delta t=t-\theta$。同时，物料表面的水汽 W 向空气主体传递，并被空气带走。水汽传递的推动力为物料表面的水汽分压 p_V 与空气主体的水汽分压 p_w 的差值 $\Delta p_V=p_w-p_V$。因此，物料的干燥过程是传热和传质并存的过程。在干燥器中，空气既要为物料提供水分汽化所需热量，又要带走所汽化的水汽，因此空气既是载热体，又是载湿体。干燥过程进行的必要条件是湿物料表面水汽压力大于干燥介质水汽分压；干燥介质将汽化的水汽及时带走。

干燥若为连续过程，物料被连续地加入与排出，物料与气流接触可以是并流、逆流或其他方式。若为间歇过程，湿物料被成批放入干燥器内，达到一定的要求后再取出。

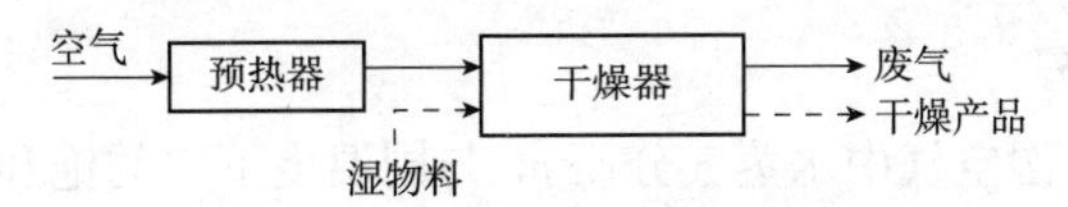

图9-2 对流干燥过程示意

干燥过程所需空气用量、热量消耗及干燥时间均与湿空气的性质有关。为此，以下介绍湿空气的性质。

9.2 湿空气的性质与湿度图

9.2.1 湿空气的性质

湿空气是干空气和水汽的混合物。干燥过程中湿空气中的水分含量是不断变化的，但绝干空气量不变，故湿空气的各性质参数均以1kg绝干空气作为基准。

通常用两个参数表征空气中所含水分的量：湿度和相对湿度。

节气与湿度变化

9.2.1.1 湿度 H

湿度又称湿含量，为湿空气中水汽的质量与绝干空气的质量之比，以 H 表示，单位为kg水汽/kg绝干空气。

(1)定义式

$$H=\frac{M_V n_V}{M_g n_g}=\frac{18n_V}{29n_g}=0.622\frac{n_V}{n_g} \quad \text{kg 水汽/kg 绝干空气} \tag{9-1}$$

式中 M_g——干空气的摩尔质量，kg/kmol；

M_V——水蒸气的摩尔质量，kg/kmol；

n_g——湿空气中干空气的千摩尔数，kmol；

n_V——湿空气中水蒸气的千摩尔数，kmol。

(2)以分压比表示

$$H=0.622\frac{p_V}{p-p_V} \tag{9-2}$$

式中 p_V——水汽分压，N/m^2；

p——湿空气总压，N/m^2。

(3)饱和湿度 H_s

若湿空气中水蒸气分压恰好等于该温度下水的饱和蒸汽压 p_s，此时的湿度为在该温度下空气的最大湿度，称为饱和湿度，以 H_s 表示。

$$H_s=0.622\frac{p_s}{p-p_s} \tag{9-3}$$

由于水的饱和蒸汽压只与温度有关，故饱和湿度是湿空气总压和温度的函数。

9.2.1.2 相对湿度 φ

在一定总压下，湿空气中水蒸气分压 p_V 与同温度下水的饱和蒸汽压 p_s 之比称为相对湿度百分数，简称相对湿度，以 φ 表示。

$$\varphi=\frac{p_V}{p_s}\times 100\% \tag{9-4}$$

相对湿度表明了湿空气的不饱和程度，反映湿空气吸收水汽的能力。$\varphi=1$(或100%)，表示空气已被水蒸气饱和，不能再吸收水汽，已无干燥能力。φ 越小，即 p_V 与 p_s 差距越大，表示湿空气偏离饱和程度越远，干燥能力越大。

将式(9-4)代入式(9-3)，得 H、φ、t 之间的函数关系：

$$H=0.622\frac{\varphi p_s}{p-\varphi p_s} \tag{9-5}$$

可见，对水蒸气分压相同，而温度不同的湿空气，若温度越高，则 p_s 值越大，φ 值越小，干燥能力越大。

以上介绍的是表示湿空气中水分含量的两个性质，下面介绍与热量衡算有关的性质。

9.2.1.3 比热容 c_H

常压下，将1kg绝干气的体积和其相应的 H kg水汽的温度升高(或降低)1℃所吸收(或放出)的热量，称为湿空气的比热容，又称湿热，以 c_H 表示。

$$c_H=c_g+c_VH=1.01+1.88H \quad \text{kJ/(kg 干空气·℃)} \tag{9-6}$$

式中 c_g——干空气比热容，其值约为1.01kJ/(kg干空气·℃)；

c_V——水蒸气比热容，其值约为1.88kJ/(kg干空气·℃)。

9.2.1.4 焓 I

湿空气中1kg绝干空气的焓与相应 H kg水汽的焓之和称为湿空气的焓，以 I 表示。以0℃时干空气与液态水的焓等于0为计算基准，湿空气的焓值计算式为

$$I=I_g+HI_V$$

故 $$I=c_gt+(r_0+c_Vt)H=r_0H+(c_g+c_VH)t=2\,490H+(1.01+1.88H)t \quad \text{kJ/(kg 干空气)} \tag{9-7}$$

式中 r_0——0℃时水蒸气汽化潜热，其值为2 490kJ/kg。

9.2.1.5 湿空气比体积 v_H

含1kg绝干气的体积和相应 H kg水汽体积之和称为湿空气的比体积，又称湿容积，以 v_H 表示。若视湿空气为理想气体，在总压为 p kPa、温度为 t K时，则有

$$v_H=1\text{kg 绝干气的体积}+H\text{ kg 水汽的体积}$$

$$v_H=v_g+v_wH=(0.773+1.244H)\frac{273+t}{273}\times\frac{101.3}{p} \quad \text{m}^3\text{/kg} \tag{9-8}$$

由式(9-8)可见，湿容积随其温度和湿度的增加而增大。

9.2.1.6 露点 t_d

一定压力下，将不饱和空气等湿降温至饱和，出现第一滴露珠时的温度称为露点，以 t_d 表示，此时湿空气的湿度为露点下的饱和湿度，以 H_s 表示。

$$H_s = 0.622\frac{p_d}{p-p_d} \tag{9-9}$$

$$p_d = \frac{H_s p}{0.622+H_s} \tag{9-10}$$

式中 H_s——湿空气在露点下的饱和湿度，kg/(kg 绝干气)；

p_d——露点时的饱和蒸汽压。

由式(9-10)计算得到 p_d，查其相对应的饱和温度，即为该湿度 H 和总压 p 时的露点 t_d。

同样地，由露点 t_d 和总压 p 可确定湿度 H。

$$H = 0.622\frac{p_d}{p-p_d} \tag{9-11}$$

9.2.1.7 干、湿球温度

(1)干球温度

在空气流中放置一支普通温度计，所测得空气的温度为 t，相对于湿球温度而言，此温度称为空气的干球温度。

(2)湿球温度

如图9-3所示，用水润湿纱布包裹温度计的感温球，即成为一湿球温度计。将它置于一定温度和湿度的流动的空气中，达到稳态时所测得的温度称为空气的湿球温度，以 t_w 表示。

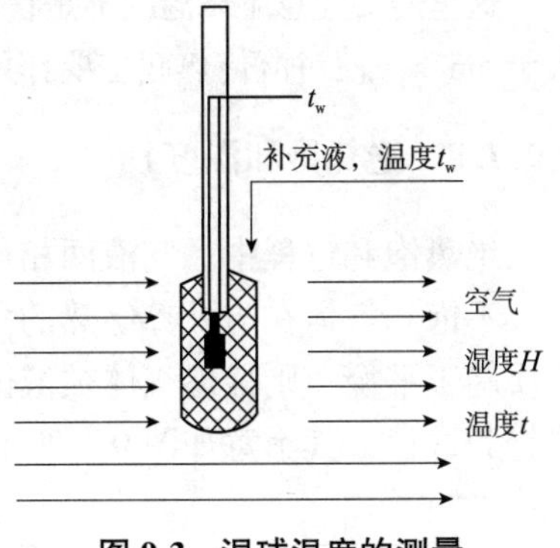

图9-3 湿球温度的测量

当不饱和空气流过湿球表面时，由于湿纱布表面的饱和蒸汽压 p_s 大于空气中的水蒸气分压 p_V，在湿纱布表面和气体之间存在着湿度差，这一湿度差使湿纱布表面的水分汽化被气流带走，水分汽化带走部分热量，使湿球上的水温下降，于是在湿纱布表面与气流之间又形成了温度差，这一温度差将引起空气向湿纱布传递热量。因传递的热量尚不够水分汽化所需热量，湿球的水温将继续下降，传递的热量继续增大。同时，因湿球的水温下降，其表面水的饱和蒸汽压减小，汽化量也随之减小。当单位时间由空气向湿纱布传递的热量恰好等于单位时间自湿纱布表面汽化水分所需的热量时，湿纱布表面就达到一稳态温度，这个动态平衡条件下的稳定温度就是该空气状态(温度 t，湿度 H)下的湿球温度 t_w。

当湿球温度达到稳定时，从空气向湿球表面的对流传热速率为

$$Q=\alpha A(t-t_w)$$

式中 Q——传热速率，W；

α——空气与湿球表面之间的对流传热系数，W/(m^2·℃)；

A——湿球表面积，m^2。

湿球表面的水汽向空气主体的对流传质速率为

$$N=k_{H}A(H_{w}-H)$$

式中 N——传质速率，kg水/s；

k_H——以湿度差为推动力的对流传质系数；

H_w——湿球表面出的空气在湿球温度 t_w 下的饱和湿度，kg水/(kg干气)。

当湿球温度达到稳定时，单位时间内从空气主体向湿球表面传递的热量 Q 刚好等于湿球表面水汽化带回空气主体的热量 $N\cdot r_w$，则有

$$\alpha A(t-t_{w})=k_{H}A(H_{w}-H)\cdot r_{w}$$

$$t_{w}=t-\frac{k_{H}r_{w}}{\alpha}(H_{w}-H) \tag{9-12}$$

式中 H_w——湿空气在温度为 t_w 下的饱和湿度，kg水/(kg干气)；

H——空气的湿度，kg水/(kg干气)；

r_w——湿球温度 t_w 下水的比汽化热，kJ/kg。

实验表明，当流速足够大时，热量、质量传递均以对流为主，且 k_H 及 α 都与空气速度的0.8次幂成正比，一般在气速为3.8~10.2m/s的范围内，比值 α/k_H 近似为一常数(对水蒸气与空气的系统，$\alpha/k_H=0.96\sim1.005$)。此时，湿球温度 t_w 为湿空气温度 t 和湿度 H 的函数。

这里需要注意湿球温度不是状态函数，另外，在测量湿球温度时，空气速度一般需要大于5m/s，使对流传热起主要作用，相应减少热辐射和传导的影响，使测量较为精确。

9.2.1.8 绝热饱和温度 t_{as}

绝热饱和过程中，气液两相最终达到的平衡温度称为绝热饱和温度。

不饱和气体在与外界绝热的条件下和大量的液体接触，若时间足够长，使传热、传质趋于平衡，则最终气体被液体蒸气所饱和，气体与液体温度相等，此过程称为绝热饱和过程，其示意如图9-4所示。

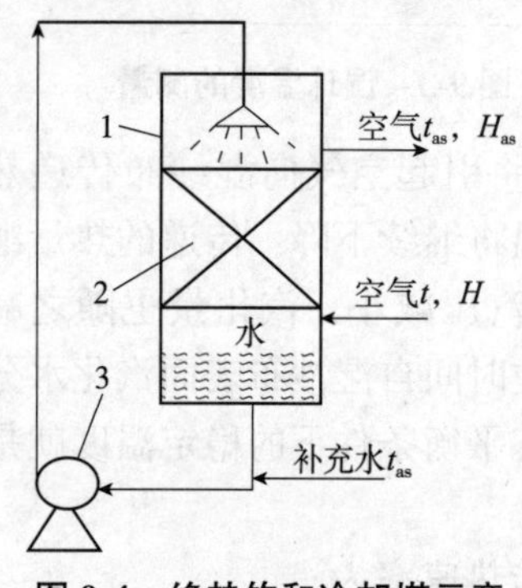

图9-4 绝热饱和冷却塔示意

1-塔身；2-填料；3-循环泵

图9-4表示了在一绝热良好的绝热饱和冷却塔中，湿度 H、温度 t 的不饱和空气由塔底引入，水由塔底经循环泵送往塔顶，喷淋而下，与空气成逆流接触，然后回到塔底再循环使用。在该过程中，水量很大，达到稳定后，全塔的水温相同，设为 t_{as}。气液在逆流接触中，由于空气处于不饱和状态，水分不断汽化进入空气。又由于系统与外界无热量交换，水分汽化所需汽化潜热只能取自空气的显热，于是气体沿塔上升时，不断地冷却和增湿，若塔足够高，使气、液有充足的接触时间，气体到塔顶后将与液体趋于平衡，达到过程的极限。此时，

空气已被水分所饱和，液体不再汽化，气体的温度也不再降低，达到入口气体在绝热增湿过程的极限温度，其值与水温 t 相同，即为该空气的绝热饱和温度 t_{as}。

此时气体的湿度为 t_{as} 下的饱和湿度 H_{as}。塔内底部的湿度差和温度差最大，顶部为零。除非进口气体是饱和湿空气，否则，绝热饱和温度总是低于气体进口温度，即 $t_{as}<t$。由于循环水不断汽化至空气中，所以需向塔内补充一部分温度为 t_{as} 的水。

以单位质量的干空气为基准，在稳态下对全塔做热量衡算，气体放出的显热等于液体汽化的潜热，即

$$c_H(t-t_{as})=(H_{as}-H)r_{as} \tag{9-13}$$

或

$$t_{as}=t-\frac{r_{as}}{c_H}(H_{as}-H) \tag{9-14}$$

上式表明，空气的绝热饱和温度 t_{as} 是空气湿度 H 和温度 t 的函数，是湿空气的状态参数，也是湿空气的性质。当 t、t_{as} 已知时，可用上式来确定空气的湿度 H。

绝热饱和过程又可当作等焓过程处理。在绝热条件下，空气放出的显热全部变为水分汽化的潜热返回气体中，对于1kg 空气来说，水分汽化的量等于其湿度差($H_{as}-H$)，由于这些水分汽化时，除潜热外，还将温度为 t_{as} 的显热也带至气体中。所以，绝热饱和过程终了时，气体的焓比原来增加了 $4.187t_{as}(H_{as}-H)$。但此值和气体的焓相比很小，可忽略不计，故绝热饱和过程又可当作等焓过程处理。

湿球温度 t_w 与绝热饱和温度 t_{as} 的关系：

(1)相同点

①湿球温度和绝热饱和温度都不是湿气体本身的温度，但都和湿气体的温度 t 和湿度 H 有关，且都表达了气体入口状态已确定时与之接触的液体温度的变化极限。

②对于空气和水的系统，两者在数值上近似相等。

比较式 $t_{as}=t-\frac{r_{as}}{c_H}(H_{as}-H)$ 和式 $t_w=t-\frac{k_H r_w}{\alpha}(H_w-H)$ 可以看出，当 $\frac{\alpha}{k_H}\approx c_H$ 时，$t_{as}=t_w$。前已述及，对空气和水的系统，$\alpha/k_H=0.96\sim1.005$，湿含量 H 不大的情况下(一般干燥过程 $H<0.01$)，$c_H=1.01+1.88H=1.01\sim1.03$。由此可知，对于空气和水的系统，湿球温度可视为等于绝热饱和温度。但对其他物系，$\alpha/k_H=1.5\sim2$，与 c_H 相差很大，如对空气和甲苯系统 $\alpha/k_H=1.8c_H$，此时，湿球温度高于绝热饱和温度。

因为在绝热条件下，用湿空气干燥湿物料的过程中，气体温度的变化是趋向于绝热饱和温度 t_{as} 的。如果湿物料足够润湿，则其表面温度也就是湿空气的绝热饱和温度 t_{as}，即为湿球温度 t_w，而湿球温度是很容易测定的，因此湿空气在等焓过程中的其他参数的确定就比较容易了。

(2)不同点

①t_{as} 是由热平衡得出的，是空气的热力学性质；t_w 则取决于气液两相间的动力学因素——传递速率。

②t_{as} 是大量水与空气接触，最终达到两相平衡时的温度，过程中气体的温度和湿度都是变化的；t_w 是少量的水与大量的连续气流接触，传热传质达到稳态时的温度，过程中气体的温度和湿度是不变的。

③绝热饱和过程中，气、液间的传递推动力由大变小，最终趋近于零；测量湿球温度时，稳定后的气、液间的传递推动力不变。

以上介绍了表示湿空气的4种温度：干球温度 t；湿球温度 t_w；绝热饱和温度 t_{as}；露点 t_d，它们之间有如下关系：

不饱和湿空气　　$t>t_w(t_{as})>t_d$

饱和湿空气　　$t=t_w(t_{as})=t_d$

【例9-1】 某常压空气的温度为30℃、湿度为0.025 6kg/kg 绝干空气，试求：(1)相对湿度、水汽分压、比体积、比热容及焓；(2)若将上述空气在常压下加热到50℃，再求上述各性质参数。

解：(1)30℃时的性质

由附录1查得30℃时水的饱和蒸汽压 $p_s=4.246\,4$kPa。用式(9-5)求相对湿度，即

$$H=0.622\frac{\varphi p_s}{p-\varphi p_s}$$

$$0.025\,6=0.622\times\frac{4.246\,4\varphi}{101.3-4.246\,4\varphi}$$

解得　　$\varphi=94.3\%$

水汽分压　　$p=\varphi p_s=0.943\,0\times4.246\,4=4.004\quad \text{kPa}$

由式(9-8)求比体积，即

$$\upsilon_H=(286.6+461.8\times0.025\,6)\times\frac{273+30}{1.013\times10^5}=0.892\,6\quad \text{m}^3\text{湿空气/kg绝干空气}$$

由式(9-6)求比热容，即

$$c_H=1.01+1.88H=1.01+1.88\times0.025\,6=1.058\quad \text{kJ/(kg绝干空气·℃)}$$

由式(9-7)求湿空气的焓，即

$$I=2\,490H+(1.01+1.88H)t$$

$$I=2\,490\times0.025\,6+(1.01+1.88\times0.025\,6H)\times30=95.49\quad \text{kJ/kg绝干空气}$$

(2)50℃时的性质参数

查出50℃时水蒸气的饱和蒸汽压为12.340kPa。当空气被加热时，湿度并没有变化，若总压恒定，则水汽的分压也将不变，故

$$\varphi=\frac{p}{p_s}\times100\%=\frac{4.004}{12.34}\times100\%=32.44\%$$

因空气湿度没变，故水汽分压仍为4.004kPa。

因常压下湿空气可视为理想气体，故50℃时的比体积为

$$\upsilon_H=0.892\,6\times\frac{273+50}{273+30}=0.955\quad \text{m}^3\text{湿空气/kg绝干空气}$$

由式(9-6)知湿空气的比热容只是湿度的函数，因此，湿空气被加热后，其比热容不变，为1.058kJ/(kg绝干空气·℃)。

$$I=2\,490\times0.025\,6+(1.01+1.88\times0.025\,6)\times50=116.7\quad \text{kJ/kg绝干气}$$

由以上计算可看出，湿空气被加热后虽然湿度没有变化，但相对湿度降低了，所

以在干燥操作中，总是先将空气加热后再送入干燥器内，目的是降低相对湿度以提高吸湿能力。

9.2.2 湿空气的湿度图及其应用

9.2.2.1 焓湿图（I–H 图）

湿空气性质的各项参数 p_V、φ、H、I、t、t_d、t_w（等于 t_{as}），在一定的总压力下，只要规定其中两个相互独立的参数，湿空气状态即可确定。

工程上为了方便起见，将各参数之间的关系标绘在坐标图上，只要知道湿空气任意两个独立参数，就能从图上迅速查到其他参数，这种图通常称为湿度图。下面介绍工程上常用的一种湿度图——焓湿图（I–H 图）。

如图9-5所示的 I–H 图是在总压 $p = 101.325\text{kPa}$ 下，以湿空气的焓 I 为纵坐标，湿度 H 为横坐标绘制的。图9-5中共有5种线，分别介绍如下。

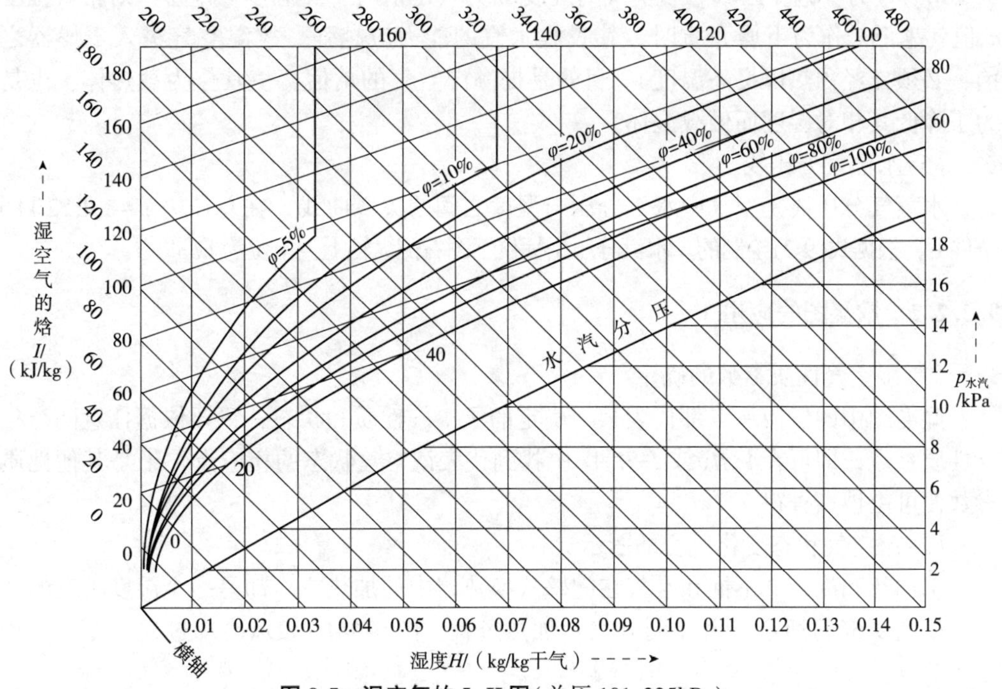

图9-5 湿空气的 I–H 图（总压101.325kPa）

（1）等干球温度线（等 t 线）

由式(9-7)可知，当 t 为定值，I 与 H 呈直线关系。因直线斜率（$1.88t+2\,492$）随 t 的升高而增大，所以这些等 t 线互不平行。

（2）等湿线（等 H 线）

等 H 线是一系列平行于纵轴的直线。同一条等 H 线上，不同点代表不同状态的湿空气，但具有相同的湿度。

露点 t_d 是湿空气在等 H 条件下冷却到饱和状态（相对湿度 $\varphi = 100\%$）时的温度。

因此，状态不同而湿度 H 相同的湿空气具有相同的露点。

(3) 等焓线(等 I 线)

等 I 线是一系列与水平线呈 45°的斜线。同一条等 I 线上，不同点代表不同状态的湿空气，但具有相同的焓值。

空气的绝热降温增湿过程近似为等 I 过程。因此，等 I 线也是绝热降温增湿过程中空气状态点变化的轨迹线。

空气绝热降温增湿过程达到饱和状态时的温度为绝热饱和温度 t_{as}，试求温度 $t_w \approx t_{as}$。

(4) 等相对湿度线(等 φ 线)

等 φ 线是由式(9-5)绘制的。式中的总压力 $p=101.325\text{kPa}$，因 $\varphi=f(H, p_s)$，$p_s=f(t)$，所以对于某一 φ 值，在 $t=0\sim100℃$ 范围内给出一系列 t 值，可求得一系列 p_s 值，根据式(9-5)计算出相应的一系列 H 值，绘制等 φ 线。图中标绘了 $\varphi=5\%\sim100\%$ 的一组等 φ 线。

$\varphi=100\%$ 的等 φ 线为饱和空气线，此时空气完全被水汽所饱和。饱和线以上($\varphi<100\%$)为不饱和区域。当空气的湿度 H 为一定值时，其温度 t 越高，则相对湿度 φ 值就越低。作为干燥介质时，其吸收水汽的能力应越强。故湿空气进入干燥器之前，必须先经预热以提高温度 t。目的是提高湿空气的焓值，使其作为载热体，也是为了降低其相对湿度而做载湿体。

(5) 水蒸气分压线

水蒸气分压线是空气中水汽分压与湿度之间的关系曲线，在总压力 $p=101.325\text{kPa}$ 条件下，根据式(9-2)绘制的。水汽分压坐标位于图右侧纵轴上，单位为 kPa。

9.2.2.2 焓湿图的应用

(1) 湿空气性质参数的确定

湿度图中的任何一点都代表某一确定的湿空气性质和状态，只要依据任意两个独立性质参数，即可在 t-H(或 I-H)图中找到代表该空气状态的相应点，于是其他性质参数便可由该点查得。

(2) 湿空气状态变化过程的图示

①加热和冷却　不饱和空气在间壁式换热器中的加热或冷却是一个湿度不变的过程。如图 9-6(a)所示，由 A 到 B 表示加热过程；图 9-6(b)表示冷却过程。冷却先是

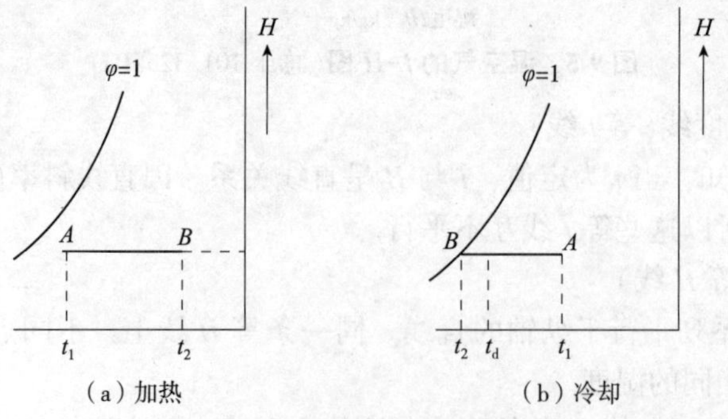

图 9-6　加热、冷却过程

由温度 t_1 始沿等 H 线降温，使温度下降至露点 t_d，空气达到饱和。再继续降温，则有冷凝水析出，然后湿空气沿饱和线减湿降温。

②绝热饱和过程 湿空气与水或湿物料的接触传递系统中，若为绝热过程，则如图 9-7 所示，空气将沿着绝热冷却线 AB 增湿降温。如前所述，若忽略蒸发水分在初始状态下的显热，绝热饱和过程可近似认为是一个等焓过程。

③非绝热的增湿过程 在实际干燥过程中，空气的增湿降温过程大多不是等焓的，如有热量补充，则焓值增加，如图 9-7 中 AB'所示的过程；如有热损失，则焓值降低，如图 9-7 中 AB''所示的过程。

④不同温度、湿度的气流的混合过程 如图 9-8 所示，状态为 A 和 B 的两股气流，其温度和湿度分别为 t_1、H_1 和 t_2、H_2，现 A 与 B 按 $m:n$(质量)混合。显然，两股气流混合后的状态 C 必然在点 A、B 的联线上，其位置可按杠杆定律求出。

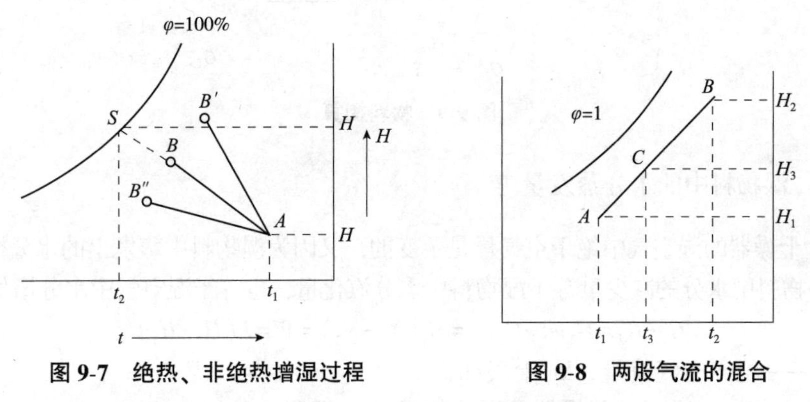

图 9-7 绝热、非绝热增湿过程　　图 9-8 两股气流的混合

9.3 干燥过程的物料衡算与热量衡算

干燥过程是热量和质量同时传递的过程。进行干燥计算，必须解决干燥中湿物料去除的水分量及所需的热空气量。下面介绍湿物料中水分量的表示方法。

9.3.1 湿物料中的含水量

湿物料中的含水量有两种表示方法

(1)湿基含水量 w

$$w=\frac{\text{湿物料中水分的质量}}{\text{湿物料总质量}} \quad \text{kg 水/kg 湿料} \tag{9-15}$$

(2)干基含水量 X

$$X=\frac{\text{湿物料中水分的质量}}{\text{湿物料中绝干物料的质量}} \quad \text{kg 水/kg 绝干物料} \tag{9-16}$$

在工业生产中，通常用湿基含水量表示物料中含水量的多少。但在干燥计算中，由于湿物料中的绝干物料的质量在干燥过程中是不变的，故用干基含水量计算较为方便。这两种含水量之间的换算关系为

$$w=\frac{X}{1+X}\quad \text{kg 水/kg 湿料},\ X=\frac{w}{1-w}\quad \text{kg 水/kg 湿料} \tag{9-17}$$

9.3.2 干燥过程的物料衡算

通过干燥过程的物料衡算(图9-9)，可确定出将湿物料干燥到指定的含水量所需除去的水分量及所需的空气量。从而确定在给定干燥任务下所用的干燥器尺寸，并配备合适的风机。

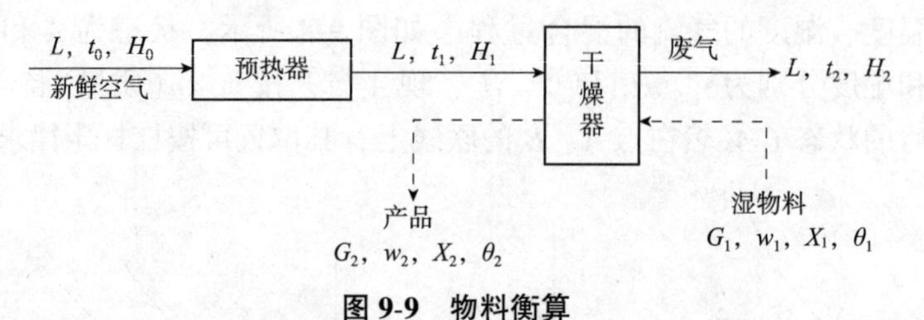

图9-9 物料衡算

9.3.2.1 湿物料中的水分蒸发量 W

通过干燥器的湿空气中绝干空气量是不变的，又因为湿物料中蒸发出的水分被空气带走，故湿物料中水分的减少量等于湿物料中水分汽化量，也等于湿空气中水分增加量。即

$$G_1-G_2=G_1w_1-G_2w_2=G_c(X_1-X_2)=W=L(H_2-H_1) \tag{9-18}$$

式中 L——绝干空气流量，kg 干气/h；

G_1，G_2——进、出干燥器的湿物料量，kg 湿料/h；

G_c——湿物料中绝干物料量，kg 干料/h；

W——湿物料中水分蒸发量。

所以

$$W=G_1-G_2=G_1\frac{w_1-w_2}{1-w_2}=G_2\frac{w_1-w_2}{1-w_1}\quad \text{kg 水/h} \tag{9-19}$$

9.3.2.2 干空气用量 L

因为

$$W=L(H_2-H_1)$$

故

$$L=\frac{W}{H_2-H_1}\quad \text{kg 水/h} \tag{9-20}$$

令

$$l=\frac{L}{W}=\frac{1}{H_2-H_1}\quad \text{kg 干气/(kg 水)}$$

式中，l 称为比空气用量，即每汽化1kg的水所需干空气的量。

因为空气在预热器中为等湿加热，所以 $H_0=H_1$，$l=\frac{1}{H_2-H_1}=\frac{1}{H_2-H_0}$，因此 l 只与空气的初、终湿度有关，而与路径无关，是状态函数。

湿空气用量：$L'=L(1+H_0)$ kg 湿气/h 或 $l'=l(1+H_0)$ kg 湿气/kg 水

湿空气体积：$V_s=Lv_H$ m^3 湿气/h 或 $V'_s=lv_H$ m^3 湿气/(kg 水)

【例9-2】 现有一台干燥器，处理湿物料量为1 000kg/h，要求物料干燥后含水量由30%减至5%(均为湿基)。干燥介质为空气，初温为15℃，相对湿度为50%，经预热器加热至120℃进入干燥器，出干燥器时降温至45℃，相对湿度为80%。求：(1)水分蒸发量W；(2)空气消耗量L；(3)如果鼓风机装在进口处，求鼓风机的风量q_V。

解：(1)水分蒸发量W

已知$G_1=1\ 000$kg/h，$w_1=30\%$，$w_2=5\%$，则

$$G_c=G_1(1-w_1)=1\ 000\times(1-0.3)=700\quad \text{kg/h}$$

$$X_1=\frac{w_1}{1-w_1}=\frac{0.3}{1-0.3}=0.429$$

$$X_2=\frac{w_2}{1-w_2}=\frac{0.05}{1-0.05}=0.053$$

$$W=G_c(X_1-X_2)=700\times(0.429-0.053)=263.2\quad \text{kg/h}$$

(2)空气消耗量L

由I-H图中查得，空气在$t_0=15$℃，$\varphi_0=50\%$时的湿度$H_0=0.05$kg水/kg干气。在$t_2=45$℃，$\varphi_2=80\%$时的湿度$H_2=0.052$kg水/kg干气。

空气通过预热器湿度不变，即$H_0=H_1=0.005$kg水/kg干气

干空气消耗量$L=\dfrac{W}{H_2-H_1}=\dfrac{W}{H_2-H_0}=\dfrac{263.2}{0.052-0.005}=5\ 600$kg干气/h

原湿空气消耗量$L'=L(1+H_1)=5\ 600\times(1+0.005)=5\ 628$kg湿气/h

(3)鼓风机的风量q_V

20℃、101.325kPa下湿空气比体积为

$$\upsilon_H=(0.773+1.244H_0)\frac{20+273}{273}=(0.773+1.244\times0.005)\times\frac{293}{273}=0.836\quad \text{m}^3/\text{kg干气}$$

则有
$$q_V=L\upsilon_H=5\ 600\times0.836=4\ 681.6\quad \text{m}^3/\text{h}$$

9.3.3 干燥过程热量衡算

通过干燥器的热量衡算，可以确定物料干燥所消耗的热量或干燥器排出废气的湿度与焓等状态参数，作为计算空气预热器和加热器的传热面积、加热剂的用量、干燥器的尺寸或热效率的依据。

9.3.3.1 外加总热量

如图9-10所示，温度为t_0、湿度为H_0、焓为I_0的新鲜空气，经加热后的状态为t_1、H_1、I_1，进入干燥器与湿物料接触，增湿降温，离开干燥器时状态为t_2、H_2、I_2，固体物料进、出干燥器的流量为G_1、G_2，温度为θ_1、θ_2，含水量为X_1、X_2。通过流程图可知，整个干燥过程需外加热量有两处，预热器内加入热量Q_p，干燥器内加入热量Q_D。外加总热量：

$$Q=Q_p+Q_D \tag{9-21}$$

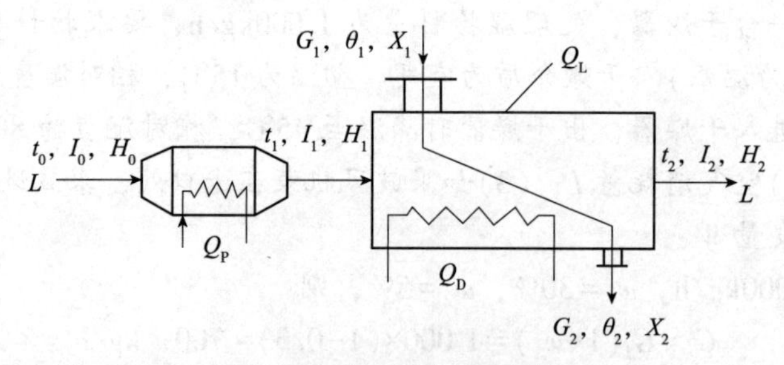

图 9-10 干燥器热量衡算

将 Q 折合为汽化 1kg 水分所需热量

$$q=\frac{Q}{W}=\frac{Q_p+Q_D}{W}=q_p+q_D \tag{9-22}$$

9.3.3.2 预热器的加热量

空气流量为 L(kg 干气/s)，不计热损失，则预热器的加热量为

$$Q_p=L(I_1-I_0) \tag{9-23}$$

预热器热量衡算

$$q_p=\frac{Q_p}{W}=\frac{L(I_1-I_0)}{W}=l(I_1-I_0) \tag{9-24}$$

9.3.3.3 干燥器的热量衡算

(1)输入量

①湿物料带入热量 q_M

$$q_M=\frac{G_2}{W}c_M\theta_1+c_w\theta_1$$

式中 G_2——物料出干燥器的流量；

c_M——干燥后物料比热，$c_M=w_2c_w+(1-w_2)c_s$，kJ/(kg 湿料·℃)；

c_w——水的比热，kJ/(kg 水·℃)；

c_s——绝干物料比热，kJ/(kg 干料·℃)；

θ_1——湿物料温度。

②空气带入的焓值

$$\frac{LI_1}{W}=lI_1$$

③干燥器补充的热量

$$q_D=\frac{Q_d}{W}$$

(2)输出量

①干物料带出焓值 $\frac{G_2c_M\theta_2}{W}$。

②废气带出焓值 lI_2。

③热损失 q_L。

在稳定干燥过程中，输入量等于输出量，干燥器热量衡算式为

$$q_D = l(I_2 - I_1) + \frac{G_2}{W}c_M(\theta_2 - \theta_1) + q_L - c_w\theta_1 \tag{9-25}$$

9.3.4 干燥器的热效率

干燥器的热效率是干燥器操作性能的一个重要指标。热效率高，表明热的利用程度好，操作费用低，同时可合理利用能源，使产品成本降低。因此，在操作过程中，希望获得尽可能高的热效率。

9.3.4.1 定义

$$\eta = \frac{\text{汽化湿物料中 1kg 水分所需的热量}}{\text{汽化湿物料中 1kg 水分外界所需补充的热量}} = \frac{q'}{q_{补}} \times 100\% \tag{9-26}$$

9.3.4.2 提高热效率途径

①当 t_0、t_1 一定时，降低离开干燥器时的湿空气温度 t_2，可提高干燥器的热效率 η；升高离开干燥器时的湿空气湿度 H_2，也可提高干燥器的热效率 η。

但当 t_2 下降时，传热推动力 $(t_2 - t_w)$ 下降，传质推动力 $(H_w - H)$ 也下降。

因此，在设计干燥器时注意 t_2 应比热空气进入干燥器时的湿球温度 t_w 高 20~50℃。

②当 t_0、t_2 一定时，提高空气的预热温度 t_1，可提高热效率 η。空气预热温度高，单位质量干空气携带的热量多，干燥过程所需要的空气量少，废气带走的热量相应减少，故热效率得以提高。但是，空气的预热温度应以湿物料不致在高温下受热破坏为限。对不能经受高温的材料，采用中间加热的方式，即在干燥器内设置一个或多个中间加热器，往往可提高热效率。

③尽量利用废气中的热量，如用废气预热冷空气或湿物料，减少设备和管道的热损失，都有助于热效率的提高。

9.4 干燥速率与干燥时间

通过干燥器的物料衡算及热量衡算可以计算出完成一定干燥任务所需的空气量及热量。但需要多大尺寸的干燥器以及干燥时间长短等问题，则必须通过干燥速率计算方可解决。对于物料的去湿过程经历了两步：首先是水分从物料内部迁移至表面，然后再由表面汽化而进入空气主体。故干燥速率不仅取决于空气的性质及干燥操作条件，而且与物料中所含水分的性质有关。

9.4.1　物料中所含水分的性质

根据物料在一定干燥条件下，其所含水分能否用干燥的方法除去来划分，水分可分为平衡水分与自由水分(图9-11)。

平衡水分：当物料表面的水汽分压等于用于干燥的空气的蒸气压时，此部分水分即为平衡水分，物料的含水量即为平衡含水量。物料表面的水汽分压小于或等于干燥空气的蒸气压时，则无法用该空气干燥。

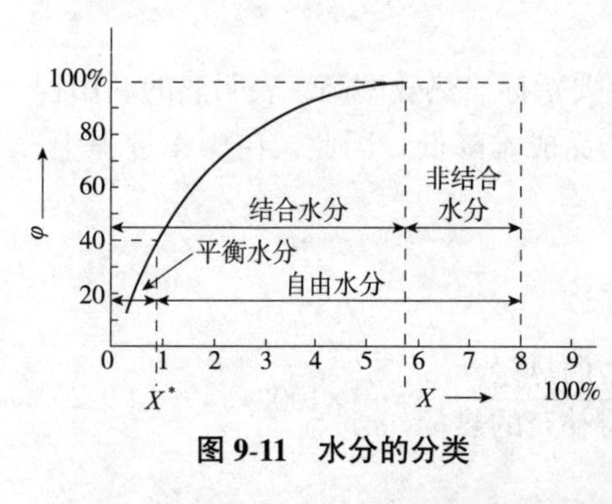

图9-11　水分的分类

自由水分：湿物料中大于平衡含水量，有可能被该湿空气干燥除去的那部分水分为自由水分。

根据物料与水分结合力的状况，可分为结合水分和非结合水分(图9-11)。

结合水分：凡湿物料的含水量小于饱和蒸汽含水量 X_s 的那部分水分称为结合水分。此时，其蒸汽压都小于同温度下纯水的饱和蒸汽压。

非结合水分：含水量超过饱和蒸汽含水量 X_s 的那部分水分称为非结合水分。此时，湿物料中的水分的蒸汽压等于同温度下纯水的饱和蒸汽压。

两种分类方法的不同：平衡水分与自由水分、结合水分与非结合水分是两种概念不同的区分方法。自由水分是在干燥中可以除去的水分，而平衡水分是不能除去的，自由水分和平衡水分的划分除与物料有关外，还决定于空气的状态。非结合水分是在干燥中容易除去的水分，而结合水分较难除去。是结合水还是非结合水仅决定于固体物料本身的性质，与空气状态无关。

9.4.2　恒定干燥条件下的干燥速率

干燥速率的大小直接影响物料干燥所需要的时间，所以干燥速率是影响干燥操作的重要条件。

9.4.2.1　干燥速率定义

干燥速率指单位时间、单位干燥面积汽化的水分量。

$$u=\frac{dW}{Ad\tau}=\frac{d[L_c(X_1-X)]}{Ad\tau}=-\frac{L_c dX}{Ad\tau} \tag{9-27}$$

式中　u——干燥速率，kg水/($m^2\cdot h$)；

W——水分蒸发量，kg；

A——物料的干燥面积，m^2；

τ——干燥时间，h；

L_c——湿物料中绝干物料质量，kg；

X_1，X——干燥前后湿物料干基含水量，kg水/kg干料。

9.4.2.2 干燥曲线与干燥速率曲线

通过干燥曲线可以了解干燥过程中物料的含水量与温度随时间的变化关系。干燥曲线的测定方法：在恒定条件(即空气温度、湿度、流速及其与物料的接触状况等保持恒定)下的大量空气中将少量湿物料置于干燥实验装置上(悬挂式天平)；定时测量物料的质量及其表面温度，直到物料质量恒定为止；然后将物料放入电烘箱内烘干到质量恒定，即可得到绝干物料的质量，并求得干基含水量。试样的含水量 X 及其表面温度 θ 随时间 τ 的变化关系如图9-12所示。

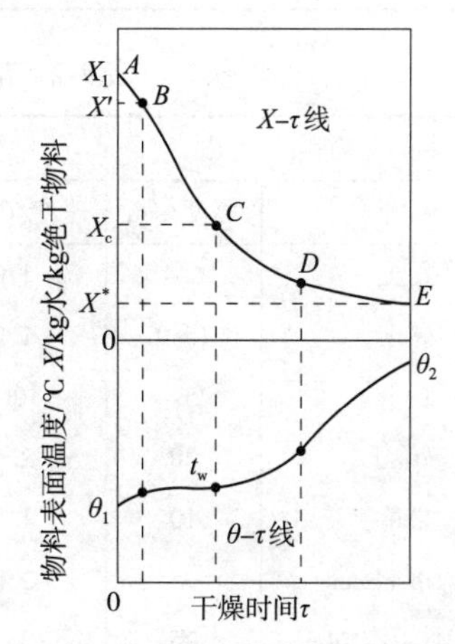

图9-12 恒定干燥条件下干燥速率曲线

预热阶段 AB：A 点代表时间为零时的情况，AB 为湿物料不稳定的加热过程，在该过程中，物料的含水量及其表面温度均随时间而变化。物料含水量由初始含水量降至与 B 点相应的含水量，而温度则由初始温度升高(或降低)至与空气的湿球温度相等的温度。一般该过程的时间很短，在分析干燥过程中常可忽略，将其作为恒速干燥的一部分。

恒速干燥阶段 BC：在 BC 段内干燥速率保持恒定，称为恒速干燥阶段。在该阶段，湿物料表面温度为空气的湿球温度 t_w。

临界点 C：由恒速阶段转为降速阶段的点称为临界点，所对应湿物料的含水量称为临界含水量，用 X_c 表示。临界含水量与湿物料的性质及干燥条件有关。表9-1、表9-2给出了不同物料临界含水量的范围。

表9-1 不同物料临界含水量的范围

有机物料		无机物料		临界含水量/%水分(干基)
特征	例子	特征	例子	
很粗的纤维	未染过的羊毛	粗核无孔的物料大于50[筛目]	石英	3~5
		晶体的、粒状的、孔隙较少的物料、颗粒大小为50~325[筛目]	食盐、海沙、矿石	5~15
晶体的、粒状的、孔隙较小的物料	麸酸结晶	结晶体有孔物料	硝石、细沙、黏土料、细泥	15~25
粗纤维细粉	粗毛线、醋酸纤维、印刷纸、碳素颜料	细沉淀物，无定形和胶体形态的物料，无机颜料	碳酸钙、细陶土、普鲁士蓝	25~50

（续）

有机物料		无机物料		临界含水量/%水分（干基）
特征	例子	特征	例子	
细纤维、无定形的和均匀状态的压紧物料	淀粉、亚硫酸、纸浆、厚皮革	浆状，有机物的无机盐	碳酸钙、碳酸镁、二氧化钛、硬脂酸钙	50~100
分散的压紧物料、胶体状态和凝胶状态的物料	鞣制皮革、糊墙纸、动物胶	有机物的无机盐媒触剂、吸附剂	硬脂酸锌、四氯化锡、硅胶、氢氧化铝	100~3 000

表9-2　某些物料的临界含水量(大约值)

物料		空气条件			临界含水量/(kg 水/kg 干料)
品种	厚度/mm	速度/(m/s)	温度/℃	相对湿度	
黏土	6.4	1.0	37	0.10	0.11
黏土	15.9	1.2	32	0.10	0.13
黏土	25.4	10.6	25	0.40	0.17
高岭土	30	2.1	40	0.40	0.181
铬革	10	1.5	49	—	1.25
沙<0.44mm	25	2.0	54	0.17	0.21
沙0.044~0.074mm	25	3.1	53	0.014	0.10
沙0.149~0.177mm	25	3.5	53	0.15	0.053
沙0.288~0.295mm	25	3.5	55	0.17	0.053
新闻纸	—	0.0	19	0.35	1.0
铁杉木	25	4.0	22	0.34	1.28
羊毛织物	—	—	25	—	0.31
白墨粉	3.18	1.0	39	0.20	0.084
白墨粉	6.4	1.0	37	—	0.04
白墨粉	16	9~11	26	0.40	0.13

降速干燥阶段*CDE*：随着物料含水量的减少，干燥速率下降，*CDE*段称为降速干燥阶段。干燥速率主要取决于水分在物料内部的迁移速率。不同类型物料结构不同，降速阶段速率曲线的形状不同。某些湿物料干燥时，干燥曲线的降速段中有一转折点*D*，把降速段分为第一降速阶段和第二降速阶段。*D*点称为第二临界点，如图9-13所示。但也有一些湿物料在干燥时不出现转折点，整个降速阶段形成了一个平滑曲线，如图9-14所示。降速阶段的干燥速率主要与物料本身的性质、结构、形状、尺寸和堆放厚度有关，而与外部的干燥介质流速关系不大。

*E*点：*E*点的干燥速率为0，X^*即为操作条件下的平衡含水量。

需要指出的是，干燥曲线或干燥速率曲线是在恒定的空气条件下获得的，对指定的物料，空气的温度、湿度不同，速率曲线的位置也不同。

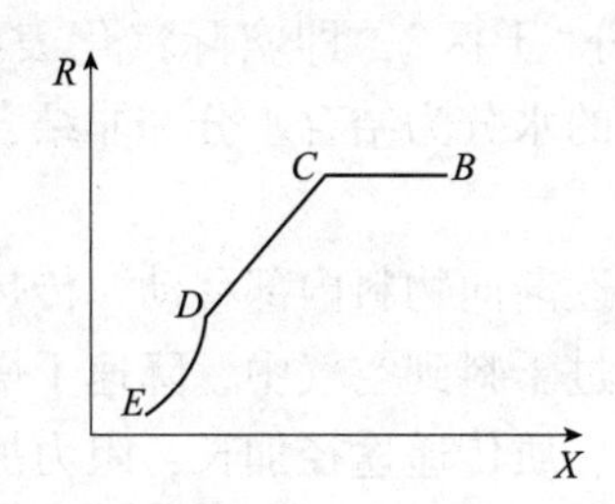

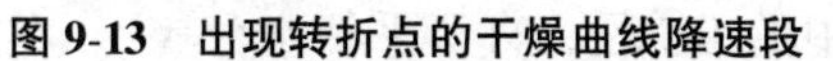
图 9-13 出现转折点的干燥曲线降速段

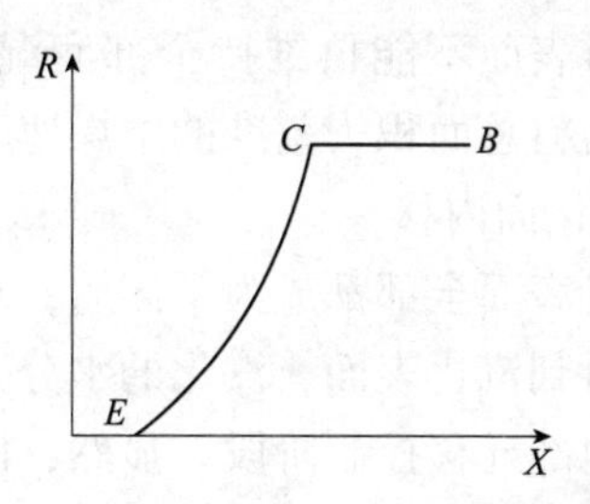

图 9-14 不出现转折点的干燥曲线降速段

9.4.2.3 恒速干燥阶段的干燥速率

恒速干燥的前提条件：湿物料表面全部润湿，即湿物料水分从物料内部迁移至表面的速率大于水分在表面汽化的速率。

若物料最初潮湿，在物料表面附着一层水分，这层水分可认为全部是非结合水分，物料在恒定干燥条件下干燥时，物料表面的状况与湿球温度计湿纱布表面状况相似，物料表面温度 θ 即为 t_w。

若维持恒速干燥，必须使物料表面维持润湿状态，水分从湿物料到空气中实际经历两步：首先由物料内部迁移至表面，然后从表面汽化到空气中。若水分由物料内部迁移至表面的速率大于或等于水分从表面汽化的速率，则物料表面保持完全润湿。由于此阶段汽化的是非结合水分，故恒速干燥阶段的干燥速率大小取决于物料表面水分的汽化速率。因此，恒速干燥阶段又可称为表面控制阶段。

恒定干燥条件下，恒速干燥速率 u 由传质速率和传热速率可得

$$u=\frac{\alpha}{r_w}(t-t_w)=k_H(H_w-H) \tag{9-28}$$

式中 t——湿空气温度；

α——对流传热系数，W/(m^2·℃)；

t_w——湿物料表面温度；

H_w——湿物料表面湿度；

H——湿空气湿度。

恒速干燥的特点：

①$u=u_c$=常数。

②物料表面温度为 t_w。

③在该阶段除去的水分为非结合水分。

④恒速干燥阶段的干燥速率只与空气的状态有关，而与物料的种类无关。

9.4.2.4 降速干燥阶段

到达临界点以后，即进入降速干燥阶段，此阶段分为两个过程：

(1)实际汽化表面减小

随着干燥过程的进行，物料内部水分迁移到表面的速率已经小于表面水分的汽化

速率。物料表面不能再维持全部润湿，而出现部分“干区”，即实际汽化表面减少。因此，以物料总面积为基准的干燥速率下降。去除的水分为结合水分和非结合水分。

(2)汽化面内移

当物料表面全部都成为干区后，水分的汽化面逐渐向物料内部移动，传热是由空气穿过干料到汽化表面，汽化的水分又从湿表面穿过干料到空气中，降速干燥阶段又称为物料内部迁移控制阶段。显然，固体内部的热、质传递途径加长，阻力加大，造成干燥速率下降。降速干燥阶段即为图9-13中的DE段，直至平衡水分X^*。在此过程，空气传给湿物料的热量大于水分汽化所需要的热量，故物料表面的温度升高。

降速干燥阶段特点：

①随着干燥时间的延长，干基含水量X减小，干燥速率降低。

②物料表面温度大于湿球温度。

③除去的水分为非结合水分和结合水分。

④降速干燥阶段的干燥速率与物料种类、结构、形状及尺寸有关，而与空气状态关系不大。

9.4.2.5 临界含水量X_c

物料在干燥过程中经历了预热、恒速、降速干燥阶段，用临界含水量X_c加以区分，X_c越大，越早地进入降速阶段，使完成相同的干燥任务所需的时间越长，X_c的大小与干燥速率和时间的计算有关，因此确定X_c值对强化干燥过程也有重要意义。

9.4.3 恒定干燥条件下干燥时间的计算

在恒定干燥条件下，物料从初始含水量X_1干燥到临界含水量X_c所需时间τ_1，可根据式(9-27)干燥速率定义式求取：

$$\mathrm{d}\tau=-\frac{L_c\mathrm{d}X}{Au_c}$$

分离积分变量
$$\int_0^{\tau_1}\mathrm{d}\tau=-\frac{L_c}{Au_c}\int_{X_1}^{X_c}\mathrm{d}X$$

得恒速阶段干燥时间
$$\tau_1=\frac{L_c}{Au_c}(X_1-X_c) \tag{9-29}$$

式中 τ_1——恒速干燥阶段的干燥时间，h；

L_c——湿物料中的绝干物料量，kg；

A——物料的干燥表面积，m^2；

X_1——物料的初始含水量，kg水/kg干料；

X_c——物料的临界含水量，kg水/kg干料；

u_c——物料的临界干燥速率，kg水/($m^2\cdot h$)。

降速阶段物料含水量由X_c下降到X_2所需的时间τ_2，由式(9-27)积分求取：

$$\tau_2 = \int_0^{\tau_2} d\tau = \frac{L_c}{A}\int_{X_2}^{X_c} \frac{dX}{u} \tag{9-30}$$

式中，u 是变量，需由图解积分法或数值积分法获得。

（1）图解积分法

当 u 与 X 不呈直线关系式，式(9-30)可根据干燥速率曲线的形状用图解积分的方法求解 τ_2。以 X 为横坐标，$1/u$ 为纵坐标，绘制 $X-1/u$ 曲线，由纵线 $X=X_c$ 与 $X=X_2$，横坐标轴及 $X-1/u$ 曲线所包围的面积为积分项的值。

（2）解析法

当 u 与 X 呈线性关系时，任一时刻的 u 与对应的 X 有如下关系：

$$u=K_X(X-X^*) \tag{9-31}$$

式中　K_X——降速阶段干燥速率线的斜率，kg 干料/($m^2 \cdot h$)。

将式(9-31)代入式(9-30)，积分得降速阶段干燥时间的计算式：

$$\tau_2 = \frac{L_c}{AK_X}\int_{X_2}^{X_c} \frac{dX}{X - X^*} = \frac{L_c}{AK_X}\ln\frac{X_c - X^*}{X_2 - X^*} \tag{9-32}$$

K_X 可用临界干燥速率 u_c 计算得到：

$$K_X = \frac{u_c}{X_c - X^*}$$

总干燥时间为恒速阶段与降速阶段的干燥时间之和，即

$$\tau = \tau_1 + \tau_2 \tag{9-33}$$

【例 9-3】 某湿物料 10kg，均匀地平铺在面积为 0.50m^2 的平底浅盘内，在恒定干燥条件下进行干燥。物料的初始含水量为 $w_1=15\%$，已知在此条件下物料的平衡含水量为 1%，临界含水量为 6%（均为湿基），并已测出在恒速阶段的干燥速率为 0.394kg/($m^2 \cdot h$)，假设降速阶段的干燥速率与物料的自由含水量（干基）呈线性关系。试求：将物料干燥至含水量为 2%（湿基），所需的总干燥时间为多少小时？

解： 因恒速与降速阶段干燥时间的计算公式不同，首先应确定 X_2 与 X_c 的关系

$$X_2 = \frac{w_2}{1-w_2} = \frac{0.02}{1-0.02} = 0.0204 \quad \text{kg 水/kg 干料}$$

$$X_c = \frac{w_c}{1-w_c} = \frac{0.06}{1-0.06} = 0.0638 \quad \text{kg 水/kg 干料}$$

$$X^* = \frac{w^*}{1-w^*} = \frac{0.01}{1-0.01} = 0.0101 \quad \text{kg 水/kg 干料}$$

$$X_1 = \frac{w_1}{1-w_1} = \frac{0.15}{1-0.15} = 0.176 \quad \text{kg 水/kg 干料}$$

由于 $X_2<X_c$，故干燥过程共分两个阶段：

①将物料干燥至 X_c 所需时间

$$\tau_1 = \frac{L_c}{Au_c}(X_1-X_c) = \frac{G(1-w_1)}{Au_c}(X_1-X_c) = \frac{10\times(1-0.15)}{0.5\times0.394}\times(0.176-0.0638) = 4.84 \quad h$$

②继续将物料干燥至 X_2 所需时间

$$\tau_2=\frac{L_c}{Au_c}(X_c-X^*)\ln\frac{X_c-X^*}{X_2-X^*}$$

$$=\frac{10\times(1-0.15)}{0.5\times0.394}\times(0.0638-0.0101)\times\ln\frac{0.0638-0.0101}{0.0204-0.0101}=3.82\quad h$$

总干燥时间 $\tau=\tau_1+\tau_2=8.66\quad h$

9.5 干燥器

在工业生产中，由于被干燥物料的形状(块状、粒状、溶液、浆状及膏糊状等)和性质(耐热性、含水量、分散性、黏性、耐酸碱性、防爆性及湿度等)不同，生产规模或生产能力也相差较大，对干燥产品的要求(如含水量、形状、强度及粒度等)也不尽相同，因此，所采用干燥器的型式也是多种多样的。通常，干燥器可按加热方式分成表 9-3 所列的类型。

表 9-3 常用干燥器的分类

类型	干燥器
对流干燥器	厢式干燥器、气流干燥器、沸腾干燥器、转筒干燥器、喷雾干燥器
传导干燥器	滚筒干燥器、真空盘架式干燥器
辐射干燥器	红外线干燥器
介电加热干燥器	微波干燥器

9.5.1 厢式干燥器

厢式干燥器又称盘式干燥器，是一种典型的常压间歇操作干燥设备。一般小型的称为烘箱，大型的称为烘房。

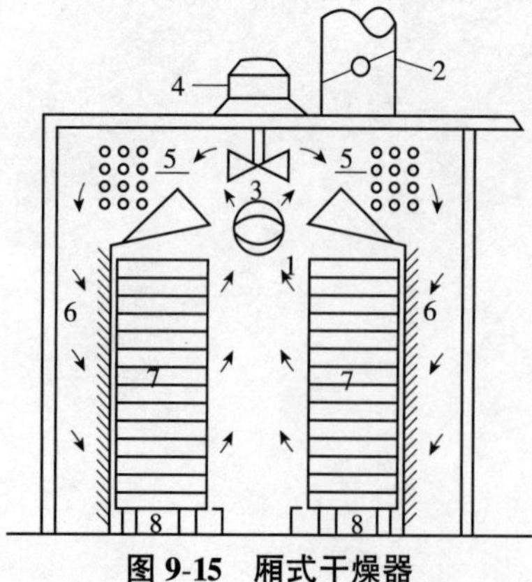

图 9-15 厢式干燥器

1-空气入口；2-空气出口；3-风机；4-电动机；5-加热器；6-挡板；7-盘架；8-移动轮

厢式干燥器的基本结构如图 9-15 所示，干燥器外壁由砖墙并内衬适当的绝热材料构成，厢内支架上放有许多矩形浅盘，被干燥物料放在盘架 7 上的浅盘内，物料的堆积厚度为 10~100mm。风机 3 吸入的新鲜空气，经加热器 5 预热后沿挡板 6 均匀地水平掠过各浅盘内物料的表面，对物料进行干燥。部分废气经空气出口 2 排出，余下的循环使用，以提高热效率。废气循环量由吸入口或排出口的挡板进行调节。空气的流速根据物料的粒度而定，应使物料不被气流挟带出干燥器为原则，一般为 1~10m/s。这种干燥器的浅盘也可放在能移动的小车盘架上，以方便物料的装卸，减轻劳动强度。若对干燥过程有特殊要求，如干燥热敏性物料、易燃易爆物料或物料的湿分需要回收等，厢式干燥器可在真空下操作，称为厢式真空干燥器。干燥厢是密封的，将浅盘架制成空心的，加热蒸汽从中通过，干燥时以传导方式加热物料，使盘中物料所含水分或溶剂汽化，汽化出的水汽或溶剂蒸气用真空泵抽出，以维持厢内的真空度。

厢式干燥器的优点是结构简单，适应性强，可同时干燥多种物料，且设备费用低。其缺点是装料和卸料的劳动强度和热损失大，另外热空气只与表面物料直接接触，产品干燥不均匀。厢式干燥器一般应用于少量、多品种物料的干燥，物料允许在干燥器内停留时间长且不影响产品质量，尤其适合于实验室应用。

9.5.2 转筒干燥器

如图9-16所示，转筒干燥器的主体为一略微倾斜的横卧旋转圆筒，物料从较高一端加入，低端排出。物料在转筒的旋转过程中被壁面上的抄板不断举起、撒落，使得物料与干燥介质充分接触，同时随着圆筒的转动物料受重力作用逐渐向低端运动，至低端时干燥完毕而排出。当转筒旋转一周时，物料被举起和抛洒一次，并向前运动一段距离。在转筒干燥器中，被干燥的物料多为经真空过滤所得的滤渣、团块物料以及较大的颗粒，常用的干燥介质一般为热空气、烟道气或水蒸气等。

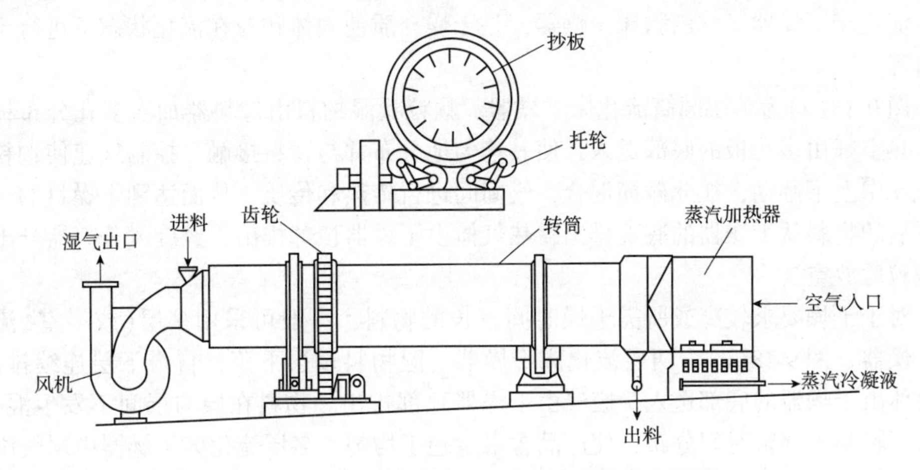

图9-16 热空气直接加热的逆流操作转筒干燥器

转筒干燥器的优点是连续操作，机械化程度高，生产能力大，适用范围广。其缺点是结构复杂，传动部件需要经常维修，钢材消耗量大，设备投资高，占地面积大。

9.5.3 气流干燥器

图9-17所示为一种气流干燥器，主要用于干燥在潮湿状态时仍能在气体中自由流动的颗粒物料。

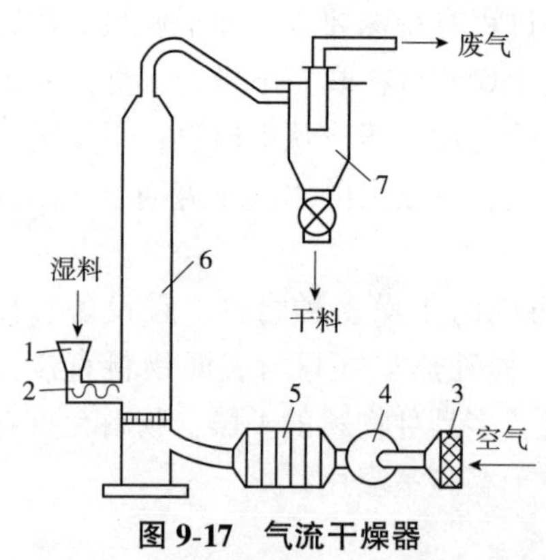

图 9-17　气流干燥器

1-加料斗；2-螺旋加料器；3-空气过滤器；4-风机；5-预热器；6-干燥管；7-旋风分离器

空气由风机吸入，经预热后进入干燥管底部。湿物料经料斗由螺旋加料器连续送入干燥管，在干燥管中被高速上升的热气流分散，并呈悬浮状和热气流一起向上运动，在输送过程中进行干燥。干燥后的物料随气流进入旋风分离器，与湿空气分离后被收集。为使湿物料在干燥管内被气流分散，管内热气体向上的流速应大于单个颗粒的沉降速度，常用的气速为 10~25m/s，而干燥管的长度一般为 10~20m，因此，物料停留时间极短。在干燥管中，物料颗粒在气流中高度分散，使气、固间的接触面积大大增加，故适用于热敏性物料除去其非结合水分。

气流干燥器的优点是处理量大，干燥时间短；热损失小，热效率高；设备结构简单，占地面积小。其缺点是干燥的同时，对物料颗粒有破碎作用，对粉尘的回收要求较高；系统的流体阻力和动力消耗较大。

9.5.4　流化床干燥器

流化床干燥器又称沸腾床干燥器，是干燥介质使固体颗粒在流化状态下进行干燥的过程。

图 9-18(a)为单层圆筒流化床干燥器。颗粒状湿物料由进料器加入多孔分布板上方，热空气由多孔板的底部送入，使其均匀地分布并与物料接触。控制气速使颗粒在流化床中上下翻动，彼此碰撞混合，气固间进行传热和传质，从而达到干燥目的。经干燥后的物料从干燥器的底部排出，热气体由干燥器顶部排出，经旋风分离器分出细小颗粒后放空。

对于干燥要求较高或所需干燥时间较长的物料，一般可采用多层(或多室)流化床干燥器。图 9-18(b)为两层流化床干燥器。湿物料逐层下落，自最下层连续排出。热气体由干燥器的底部送入，废气由干燥器顶部排出。物料在层与层间不发生混合，改善了物料的停留时间分布，使产品含水量趋于均匀。多层流化床干燥器中尾气湿度大，热效率较高；但设备结构复杂，流体阻力较大。

图 9-18(c)所示为卧式多室流化床干燥器，其主体为长方体，一般在器内用垂直挡板分隔成 4~8 室。挡板下端与多孔板之间留有几十毫米的间隙，使物料能逐室通过，最后越过堰板而卸出。热空气分别通过各室，各室的温度、湿度和流量均可调节，同时可设置搅拌器使物料分散，最后一室可通入冷空气冷却干燥产品，以便于贮存。这种型式的干燥器与多层流化床干燥器相比，操作稳定可靠，流体阻力较小，但热效率较低，耗气量大。

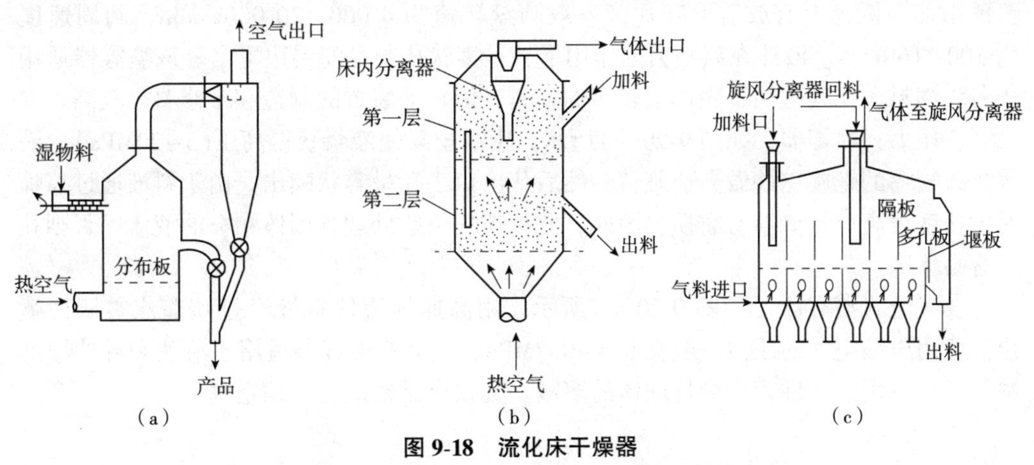

图 9-18　流化床干燥器

(a)单层圆筒流化床　(b)双层流化床　(c)卧式多室流化床

9.5.5　喷雾干燥器

喷雾干燥器是将溶液、悬浮液或糊状物通过喷雾器而形成雾状细滴并分散于热气流中，使水分迅速汽化而达到干燥目的的热力过程。雾化可以通过旋转式雾化器、压力式雾化喷嘴和气流式雾化喷嘴实现。这种干燥方法不需要将原料预先进行机械分离，且干燥时间很短(一般为 5~30s)。因此，喷雾干燥器适用于热敏性物料、生物制品和药物制品的干燥。

常用的喷雾干燥流程如图 9-19 所示。浆液用送料泵压至喷雾器(喷嘴)，经喷嘴喷成雾滴而分散在热气流中，雾滴中的水分迅速汽化，成为微粒或细粉落到器底。产品由风机吸至旋风分离器中而被回收，废气经风机排出。喷雾干燥的干燥介质多为热空气，也可用烟道气。

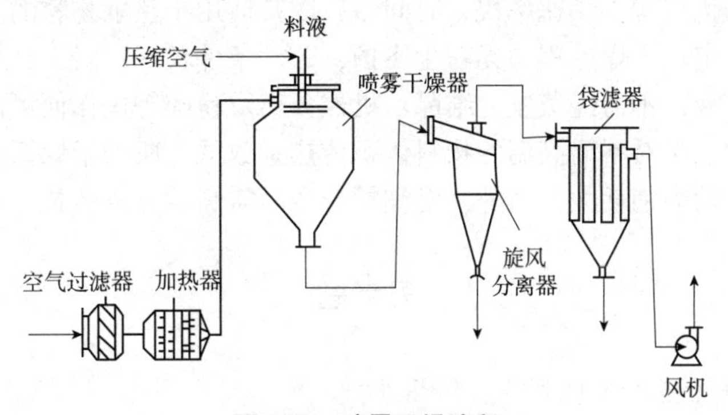

图 9-19　喷雾干燥流程

喷雾器是喷雾干燥的关键部分。液体通过喷雾器分散成 10~60μm 的雾滴，提供了很大的蒸发面积(每立方米溶液具有的表面积为 100~600m^2)。常用的喷雾器有以下 3 种基本型式：

①旋转式喷雾器　图 9-20(a)所示为旋转式喷雾器，料液被送到一高速旋转圆

盘的中部，圆盘上有放射形叶片，一般圆盘转速为4 000~20 000r/min，圆周速度为100~160m/s。液体在离心力的作用下，呈雾状从圆盘的周边甩出。该喷雾器适用于各种物料，尤其适用于固体量较多的物料，但转动装置的制造和维修要求较高。

②压力式喷雾器　如图9-20(b)所示。用高压泵使液浆获得高压(3~20MPa)，液浆进入喷嘴的螺旋室并做高速旋转，然后从出口小孔呈雾状喷出。由于料液通过喷嘴时的速度很高，孔口容易磨损，因此，此种喷嘴不能处理含固体颗粒的液体，否则孔口容易堵塞。

③气流式喷雾器　如图9-20(c)所示。用高速气流使料液经过喷嘴成雾滴而喷出。所用压缩空气的压力一般在0.3~0.7MPa。气流式喷雾器适用于溶液和乳浊液的喷洒，也可用于处理含有少量固体的溶液。其缺点是要消耗压缩空气。

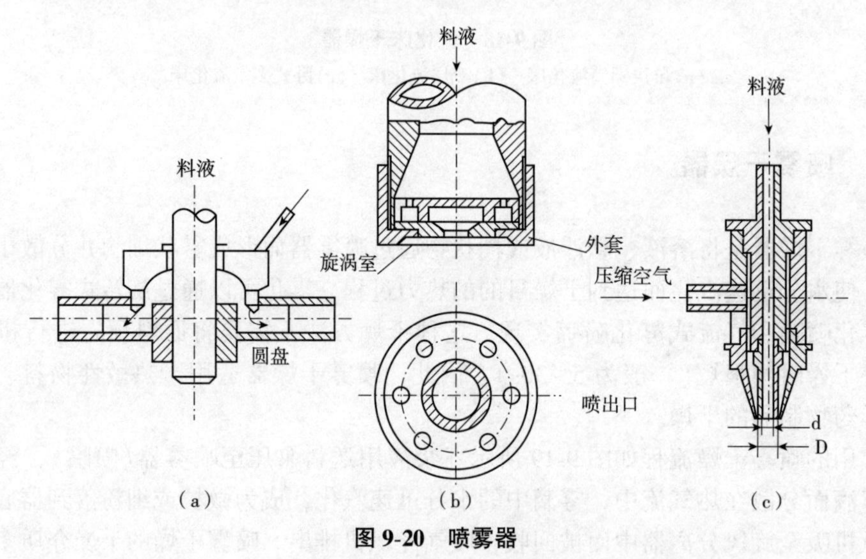

图9-20　喷雾器

(a)旋转式　(b)压力式　(c)气流式

喷雾干燥的优点是干燥速率快、时间短，尤其适用于热敏物料的干燥；可连续操作，产品质量稳定；干燥过程中无粉尘飞扬，劳动条件较好；对于其他方法难于进行干燥的低浓度溶液，不需经蒸发、结晶、机械分离及粉碎等操作便可由料液直接获得干燥产品。其缺点是对不耐高温的物料体积传热系数低，所需干燥器的容积大；单位产品耗热量大及动力消耗大，另外，对细粉粒产品需高效分离装置，费用较高。

思考题

9-1　什么是干燥？干燥可分为哪几类？

9-2　当湿空气的总压变化时，湿空气 H–I 图上的各线将如何变化？

9-3　在 t、H 相同的条件下，提高压强对干燥操作是否有利？为什么？

9-4　为什么要对进入空气干燥器的空气进行预热？

9-5　测定湿球温度 t_w 和等焓饱和温度 t_{as} 时，若水的初温不同，对测定的结果是否有影响？为什么？

9-6 湿空气的相对湿度大，其湿度也大，这种说法是否正确？为什么？

9-7 对一定的水分蒸发量及空气离开干燥时的温度，试问应按夏季还是按冬季的大气条件来选择干燥系统的风机？

9-8 何谓被干燥物料的临界含水量、平衡含水量？

9-9 如何区别结合水分和非结合水分？

9-10 什么是等焓干燥？等焓干燥过程空气的出口状态如何确定？

9-11 什么是恒速干燥段、降速干燥段？在恒速干燥和降速干燥过程中，影响物料干燥速率的主要因素分别有哪些？

9-12 当空气的 t、H 一定时，某物料的平衡湿含量为 X^*，若空气的 H 下降，试问该物料的 X^* 有何变化？

9-13 选择干燥器需考虑哪些因素？

习 题

9-1 湿空气的总压为100kPa，(1)试计算空气为30℃、相对湿度 φ 为40%时的湿度与焓；(2)已知湿空气中水蒸气分压为9.3kPa，求该空气在50℃时的相对湿度 φ 与湿度 H。

9-2 湿空气的总压为101.3kPa，相对湿度为50%，干球温度为20℃，试计算湿空气的湿度与水汽分压。

9-3 已知湿空气的总压为101.3kPa，相对湿度为50%，干球温度为20℃，利用 I-H 图，试求：(1)水汽分压 p；(2)湿度 H；(3)焓 I；(4)露点 t_d；(5) t_w；(6)如将含500kg/h干空气的湿空气预热至117℃，求所需热量 Q。

9-4 某干燥作业如附图所示。现测得温度为50℃，露点为20℃，湿空气流量为1 000m³/h的湿空气在冷却器中除去水分2.5kg/h后，再经预热器预热到60℃后进入干燥器。操作在常压下进行。试求：(1)出冷却器的空气的温度与湿度；(2)出预热的空气的相对湿度。

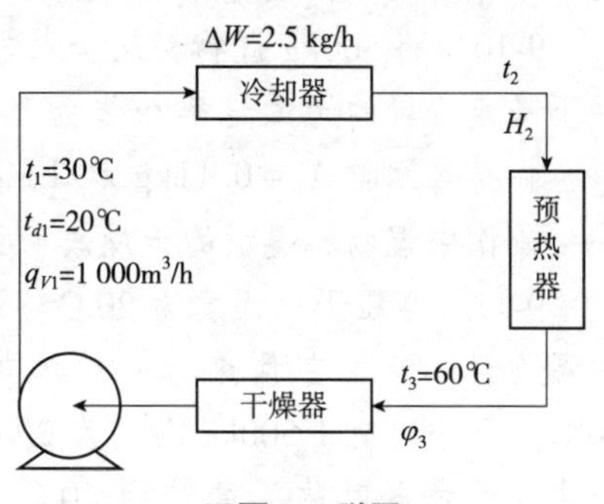

习题 9-4 附图

9-5 试求将某湿物料由含水率50%干燥到30%所逐走的水分 w_1 与继续从30%干燥至10%逐走的水分 w_2 之比。

9-6 某干燥器的湿物料处理量为150kg湿料/h，其湿基含水量为12%(质量分数)，干燥产品湿基含水量为1%(质量分数)。进干燥器的干燥介质为流量700kg湿空气/h、温度90℃、相对湿度10%的空气，操作压力为101.3kPa。试求物料的水分蒸发量和空气出干燥器时的湿度 H_2。

9-7 常压逆流干燥器如附图所示，用温度为20℃，相对湿度为50%的新鲜空气为介质干燥肥料。空气经预热器加热后进入干燥器，离开干燥器时空气的湿度为0.01kg水/kg绝干气。每小时有2 000kg，湿基含水量为0.03的湿物料送入干燥器，物料离开干燥器时湿基含水量降到0.001。试求：(1)水分蒸发量W；(2)干燥产品量G_2；(3)新鲜空气消耗量L_0。

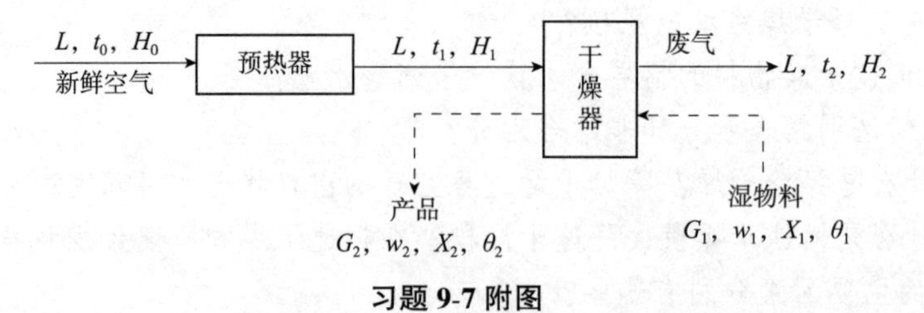

习题 9-7 附图

9-8　在常压连续干燥器中干燥某固体湿物料。已知新鲜空气温度为15℃，湿度为0.007 3kg水/kg干空气，焓为35kJ/kg干空气，该空气在预热器中预热至90℃后送入干燥器，离开干燥器的废气温度为50℃，湿度为0.023kg水/kg干空气，固体湿物料初始含水量为13%(湿基，下同)，干燥产品含水量为0.99%，干燥产量为237kg/h。已知水蒸气比热容为1.88kJ/(kg·℃)，干空气比热容为1.01kJ/(kg干空气·℃)，0℃下水的汽化热为2 490kJ/kg。试求：(1)预热后湿空气的湿度和焓；(2)干燥过程中除去的水分量；(3)绝干空气消耗量；(4)预热器传热量。预热器的热损失可忽略不计。

9-9　对10kg某湿物料在恒定干燥条件下进行间歇干燥，物料平铺在1.0m×1.0m的浅盘中，温度t=75℃，湿度H=0.018kg水/kg绝干气的常压空气以2m/s的速率垂直穿过物料层。现将物料的含水量从0.25kg水/kg绝干料干燥至0.15kg水/kg绝干料。试求：(1)所需干燥时间；(2)若空气的t、H不变，而流速加倍，干燥时间如何变化？(3)若物料量加倍，而浅盘面积不变，所需干燥时间又为多少？(假设3种情况下干燥均处于恒速干燥阶段。)

9-10　将500kg湿物料从含水量为15%(湿基)降至0.8%(湿基)。已测得干燥条件下降速阶段的干燥速率曲线为直线，物料的平衡含水量X^*=0.002kg水/kg绝干料，临界含水量X_c=0.11kg水/kg绝干料，以及恒速阶段干燥速率为1kg/(m^2·h)，一批操作中湿物料提供的干燥表面积为40m^2，试求所需干燥时间。

9-11　常压下以温度为20℃、湿度为0.012kg水/kg绝干气的空气为介质干燥某种湿物料，空气在预热器中被加热到120℃后送入干燥器，离开干燥器的温度为70℃。每小时有1 500kg温度为20℃，湿基含水量为0.01的湿物料进入干燥器，物料离开干燥器时的温度升到60℃，湿基含水量降到0.001。绝干物料的比热容为1.3kJ/(kg·℃)。忽略预热器向周围的热损失。假设干燥器为理想干燥器，试求新鲜空气消耗量L_0和预热器耗热量Q_p。

参考文献

柴诚敬，贾绍义，张凤宝，等，2022. 化工原理[M]. 4版. 北京：高等教育出版社.

陈敏恒，丛德滋，方图南，等，2020. 化工原理[M]. 5版. 北京：化学工业出版社.

大连理工大学，2015. 化工原理[M]. 3版. 北京：高等教育出版社.

管国锋，赵汝溥，2015. 化工原理[M]. 4版. 北京：化学工业出版社.

康为清，时历杰，赵有璟，等，2014. 水处理中膜分离技术的应用[J]. 无机盐工业，46(5)：6-9.

谭天恩，窦梅，2013. 化工原理[M]. 4版. 北京：化学工业出版社.

王志魁，刘丽英，刘伟，2010. 化工原理[M]. 4版. 北京：化学工业出版社.

许开天，2016. 酒精蒸馏技术[M]. 4版. 北京：中国轻工业出版社.

姚玉英，2010. 化工原理[M]. 3版. 天津：天津大学出版社.

余国琮，2003. 化工机械工程手册[M]. 北京：化学工业出版社.

陶文铨，2019. 传热学[M]. 5版. 北京：高等教育出版社.

杨祖荣，刘丽英，刘伟，2021. 化工原理[M]. 4版. 北京：化学工业出版社.

钟秦，2018. 化工原理[M]. 4版. 北京：国防工业出版社.

MCCABE W L, SMITH J C, HARRIOTT P, 2005. Unit Operations of Chemical Engineering[M]. 7th ed. New York：McGraw-Hill.

附　录

附录 1　水及蒸汽的物理性质

1. 水的物理性质

温度/℃	饱和蒸汽压/kPa	密度/(kg/m^3)	焓/(kJ/kg)	比热容/[kJ/(kg·℃)]	热导率($\times10^2$)/[W/(m·℃)]	黏度($\times10^5$)/(Pa·s)	体积膨胀系数($\times10^4$)/$℃^{-1}$	表面张力($\times10^3$)/(N/m)	普朗特数 Pr
0	0.608 2	999.9	0	4.212	55.13	179.21	−0.63	75.6	13.66
10	1.226 2	999.7	42.04	4.191	57.45	130.77	+0.70	74.1	9.52
20	2.334 6	998.2	83.90	4.183	59.89	100.50	1.82	72.6	7.01
30	4.247 4	995.7	125.69	4.174	61.76	80.07	3.21	71.2	5.42
40	7.376 6	992.2	167.51	4.174	63.38	65.60	3.87	69.6	4.32
50	12.34	988.1	209.30	4.174	64.78	54.94	4.49	67.7	3.54
60	19.923	983.2	251.12	4.178	65.94	46.88	5.11	66.2	2.98
70	31.164	977.8	292.99	4.187	66.76	40.61	5.70	64.3	2.54
80	47.379	971.8	334.94	4.195	67.45	35.65	6.32	62.6	2.22
90	70.136	965.3	376.98	4.208	68.04	31.65	6.95	60.7	1.96
100	101.33	958.4	419.10	4.220	68.27	28.38	7.52	58.8	1.76
110	143.31	951.0	461.34	4.238	68.50	25.89	8.08	56.9	1.61
120	198.64	943.1	503.67	4.260	68.62	23.73	8.64	54.8	1.47
130	270.25	934.8	546.38	4.266	68.62	21.77	9.17	52.8	1.36
140	361.47	926.1	589.08	4.287	68.50	20.10	9.72	50.7	1.26
150	476.24	917.0	632.20	4.312	68.38	18.63	10.3	48.6	1.18
160	618.28	907.4	675.33	4.346	68.27	17.36	10.7	46.6	1.11
170	792.59	897.3	719.29	4.379	67.92	16.28	11.3	45.3	1.05
180	1 003.5	886.9	763.25	4.417	67.45	15.30	11.9	42.3	1.00
190	1 255.6	876.0	807.63	4.460	66.99	14.42	12.6	40.0	0.96
200	1 554.77	863.0	852.43	4.505	66.29	13.63	13.3	37.7	0.93
210	1 917.72	852.8	897.65	4.555	65.48	13.04	14.1	35.4	0.91
220	2 320.88	840.3	943.70	4.614	64.55	12.46	14.8	33.1	0.89
230	2 798.59	827.3	990.18	4.681	63.73	11.97	15.9	31	0.88
240	3 347.91	813.6	1 037.49	4.756	62.80	11.47	16.8	28.5	0.87
250	3 977.67	799.0	1 085.64	4.844	61.76	10.98	18.1	26.2	0.86
260	4 693.75	784.0	1 135.04	4.949	60.48	10.59	19.7	23.8	0.87
270	5 503.99	767.9	1 185.28	5.070	59.96	10.20	21.6	21.5	0.88
280	6 417.24	750.7	1 236.28	5.229	57.45	9.87	23.7	19.1	0.89
290	7 443.29	732.3	1 289.95	5.485	55.82	9.42	26.2	16.9	0.93
300	8 592.94	712.5	1 344.80	5.736	53.96	9.12	29.2	14.4	0.97
310	9 877.6	691.1	1 402.16	6.071	52.34	8.83	32.9	12.1	1.02
320	11 300.3	667.1	1 462.03	6.573	50.59	8.3	38.2	9.81	1.11
330	12 879.6	640.2	1 526.19	7.243	48.73	8.14	43.3	7.67	1.22
340	14 615.8	610.1	1 594.75	8.164	45.71	7.75	53.4	5.67	1.38
350	16 538.5	574.4	1 671.37	9.504	43.03	7.76	66.8	3.81	1.60
360	18 667.1	528.0	1 761.39	13.984	39.54	6.67	109	2.02	2.36
370	21 040.9	450.5	1 892.43	40.319	33.73	5.69	264	0.471	6.80

2. 水在不同温度下的黏度

温度/℃	黏度/(mPa·s)	温度/℃	黏度/(mPa·s)	温度/℃	黏度/(mPa·s)
0	1.792 1	34	0.737 1	68	0.417 4
1	1.731 3	35	0.722 5	69	0.411 7
2	1.672 8	36	0.708 5	70	0.406 1
3	1.619 1	37	0.694 7	71	0.400 6
4	1.567 4	38	0.681 4	72	0.395 2
5	1.518 8	39	0.668 5	73	0.390 0
6	1.472 8	40	0.656 0	74	0.384 9
7	1.428 4	41	0.643 9	75	0.379 9
8	1.386 0	42	0.632 1	76	0.375 0
9	1.346 2	43	0.620 7	77	0.370 2
10	1.307 7	44	0.609 7	78	0.365 5
11	1.271 3	45	0.598 8	79	0.361 0
12	1.236 3	46	0.588 3	80	0.356 5
13	1.202 8	47	0.578 2	81	0.352 1
14	1.170 9	48	0.568 3	82	0.347 8
15	1.140 4	49	0.558 8	83	0.343 6
16	1.111 1	50	0.549 4	84	0.339 5
17	1.082 8	51	0.540 4	85	0.335 5
18	1.055 9	52	0.531 5	86	0.331 5
19	1.029 9	53	0.522 9	87	0.327 6
20	1.005 0	54	0.514 6	88	0.323 9
20.2	1.000 0	55	0.506 4	89	0.320 2
21	0.981 0	56	0.498 5	90	0.316 5
22	0.957 9	57	0.490 7	91	0.313 0
23	0.935 8	58	0.483 2	92	0.309 5
24	0.914 2	59	0.475 9	93	0.306 0
25	0.893 7	60	0.468 8	94	0.302 7
26	0.873 7	61	0.461 8	95	0.299 4
27	0.854 5	62	0.455 0	96	0.296 2
28	0.836 0	63	0.448 3	97	0.293 0
29	0.818 0	64	0.441 8	98	0.289 9
30	0.800 7	65	0.435 5	99	0.286 8
31	0.784 0	66	0.429 3	100	0.283 8
32	0.767 9	67	0.423 3		
33	0.752 3				

3. 饱和水蒸气表(按温度排列)

温度/℃	绝对压力/kPa	蒸汽密度/(kg/m^3)	焓/(kJ/kg)		相变焓/(kJ/kg)
			液体	蒸汽	
0	0.608 2	0.004 84	0	2 491	2 491
5	0.873 0	0.006 80	20.9	2 500.8	2 480
10	1.226	0.009 40	41.9	2 510.4	2 469
15	1.707	0.012 83	62.8	2 520.5	2 458
20	2.335	0.017 19	83.7	2 530.1	2 446
25	3.168	0.023 04	104.7	2 539.7	2 435
30	4.247	0.030 36	125.6	2 549.3	2 424
35	5.621	0.039 60	146.5	2 559.0	2 412
40	7.377	0.051 14	167.5	2 568.6	2 401
45	9.584	0.065 43	188.4	2 877.8	2 389
50	12.34	0.083 0	209.3	2 587.4	2 378
55	15.74	0.104 3	230.3	2 596.7	2 366
60	19.92	0.130 1	251.2	2 606.3	2 355
65	25.01	0.161 1	272.1	2 615.5	2 343
70	31.16	0.197 9	293.1	2 624.3	2 331
75	38.55	0.241 6	314.0	2 633.5	2 320
80	47.38	0.292 9	334.9	2 642.3	2 307
85	57.88	0.353 1	355.9	2 651.1	2 295
90	70.14	0.422 9	376.8	2 659.9	2 283
95	84.56	0.503 9	397.8	2 668.7	2 271
100	101.33	0.597 0	418.7	2 677.0	2 258
105	120.85	0.703 6	440.0	2 685.0	2 245
110	143.31	0.825 4	461.0	2 693.4	2 232
115	169.11	0.963 5	482.3	2 701.3	2 219
120	198.64	1.119 9	503.7	2 708.9	2 205
125	232.19	1.296	525.0	2 716.4	2 191
130	270.25	1.494	546.4	2 723.9	2 178
135	313.11	1.715	567.7	2 731.0	2 163
140	361.47	1.962	589.1	2 737.7	2 149
145	415.72	2.238	610.9	2 744.4	2 134
150	476.24	2.543	632.2	2 750.7	2 119
160	618.28	3.252	675.8	2 762.9	2 087
170	792.59	4.113	719.3	2 773.3	2 054
180	1 003.5	5.145	763.3	2 782.5	2 019
190	1 255.6	6.378	807.6	2 790.1	1 982
200	1 554.8	7.840	852.0	2 795.5	1 944
210	1 917.7	9.567	897.2	2 799.3	1 902
220	2 320.9	11.60	942.4	2 801.0	1 859
230	2 798.6	13.98	988.5	2 800.1	1 812
240	3 347.9	16.76	1 034.6	2 796.8	1 762
250	3 977.7	20.01	1 081.4	2 790.1	1 709
260	4 693.8	23.82	1 128.8	2 780.9	1 652
270	5 504.0	28.27	1 176.9	2 768.3	1 591
280	6 417.2	33.47	1 225.5	2 752.0	1 526
290	7 443.3	39.60	1 274.5	2 732.3	1 457
300	8 592.9	46.93	1 325.5	2 708.0	1 382

4. 饱和水蒸气表(按压力排列)

绝对压力/kPa	温度/℃	蒸汽密度/(kg/m³)	焓/(kJ/kg)		相变焓/(kJ/kg)
			液体	蒸汽	
1.0	6.3	0.007 73	26.5	2 503.1	2 477
1.5	12.5	0.011 33	52.3	2 515.3	2 463
2.0	17.0	0.014 86	71.2	2 524.2	2 453
2.5	20.9	0.018 36	87.5	2 531.8	2 444
3.0	23.5	0.021 79	98.4	2 536.8	2 438
3.5	26.1	0.025 23	109.3	2 541.8	2 433
4.0	28.7	0.028 67	120.2	2 546.8	2 427
4.5	30.8	0.032 05	129.0	2 550.9	2 422
5.0	32.4	0.035 37	135.7	2 554.0	2 418
6.0	35.6	0.042 00	149.1	2 560.1	3 411
7.0	38.8	0.048 64	162.4	2 566.3	2 404
8.0	41.3	0.055 14	172.7	2 571.0	2 398
9.0	43.3	0.061 56	181.2	2 574.8	2 394
10.0	45.3	0.067 98	189.6	2 578.5	2 389
15.0	53.5	0.099 56	224.0	2 594.0	2 370
20.0	60.1	0.130 7	251.5	2 606.4	2 355
30.0	66.5	0.190 9	288.8	2 622.4	2 334
40.0	75.0	0.249 8	315.9	2 634.1	2 312
50.0	81.2	0.308 0	339.8	2 644.3	2 304
60.0	85.6	0.365 1	358.2	2 652.1	2 294
70.0	89.9	0.422 3	376.6	2 659.8	2 283
80.0	93.2	0.478 1	390.1	2 665.3	2 275
90.0	96.4	0.533 8	403.5	2 670.8	2 267
100.0	99.6	0.589 6	416.9	2 676.3	2 259
120.0	104.5	0.698 7	437.5	2 684.3	2 247
140.0	109.2	0.807 6	457.7	2 692.1	2 234
160.0	113.0	0.829 8	473.9	2 698.1	2 224
180.0	116.6	1.021	489.3	2 703.7	2 214
200.0	120.2	1.127	493.7	2 709.2	2 205
250.0	127.2	1.390	534.4	2 719.7	2 185
300.0	133.3	1.650	560.4	2 728.5	2 168
350.0	138.8	1.907	583.8	2 736.1	2 152
400.0	143.4	2.162	603.6	2 742.1	2 138
450.0	147.7	2.415	622.4	2 747.8	2 125
500.0	151.7	2.667	639.6	2 752.8	2 113
600.0	158.7	3.169	676.2	2 761.4	2 091
700.0	164.7	3.666	696.3	2 767.8	2 072
800	170.4	4.161	721.0	2 773.7	2 053
900	175.1	4.652	741.8	2 778.1	2 036
1×10^3	179.3	5.143	762.7	2 782.5	2 020
1.1×10^3	180.2	5.633	780.3	2 785.5	2 005
1.2×10^3	187.8	6.124	797.9	2 788.5	1 991
1.3×10^3	191.5	6.614	814.2	2 790.9	1 977
1.4×10^3	194.8	7.103	829.1	2 792.4	1 964
1.5×10^3	198.2	7.594	843.9	2 794.5	1 951
1.6×10^3	201.3	8.081	857.8	2 796.0	1 938
1.7×10^3	204.1	8.567	870.6	2 797.1	1 926
1.8×10^3	206.9	9.053	883.4	2 798.1	1 915
1.9×10^3	209.8	9.539	896.2	2 799.2	1 903
2×10^3	212.2	10.03	907.3	2 799.7	1 892
3×10^3	233.7	15.01	1 005.4	2 798.9	1 794
4×10^3	250.3	20.10	1 082.9	2 789.8	1 707
5×10^3	263.8	25.37	1 146.9	2 776.2	1 629
6×10^3	275.4	30.85	1 203.2	2 759.5	1 556
7×10^3	285.7	36.57	1 253.2	2 740.8	1 488
8×10^3	274.8	42.58	1 299.2	2 720.5	1 404
9×10^3	303.2	48.89	1 343.5	2 699.1	1 357

附录2　黏度

1. 液体黏度共线图

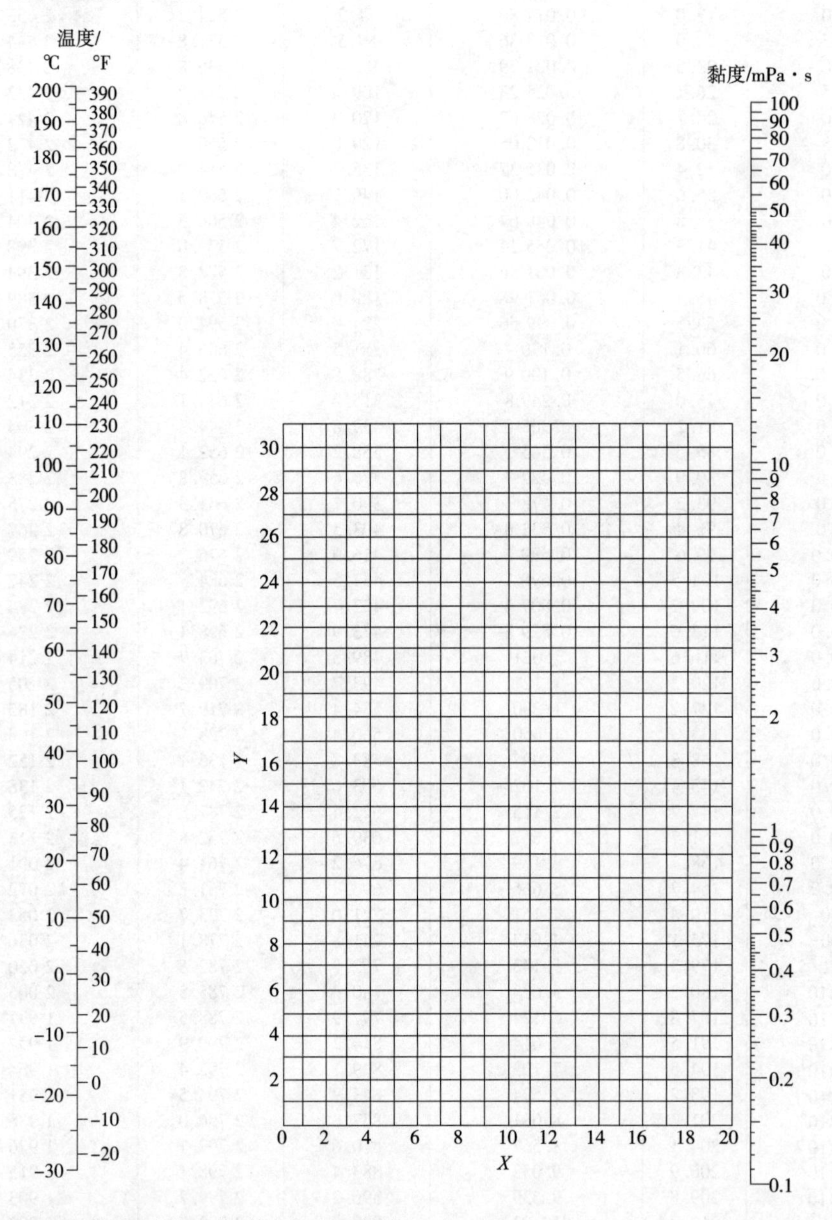

液体黏度共线图的坐标值列于下表中。

用法举例：求苯在60℃时的黏度，从本表序号26查得苯的$X=12.5$，$Y=10.9$。根据这两个数值标在共线图的X-Y坐标上得一点，把这点与图中左方温度标尺上60℃的点取成一直线，延长，与右方黏度标尺相交，由此交点定出60℃苯的黏度为0.42mPa · s。

序号	名称	*X*	*Y*	序号	名称	*X*	*Y*
1	水	10. 2	13. 0	31	乙苯	13. 2	11. 5
2	盐水(25%NaCl)	10. 2	16. 6	32	氯苯	12. 3	12. 4
3	盐水(25%$CaCl_2$)	6. 6	15. 9	33	硝基苯	10. 6	16. 2
4	氨	12. 6	2. 2	34	苯胺	8. 1	18. 7
5	氨水(26%)	10. 1	13. 9	35	酚	6. 9	20. 8
6	二氧化碳	11. 6	0. 3	36	联苯	12. 0	18. 3
7	二氧化硫	15. 2	7. 1	37	萘	7. 9	18. 1
8	二硫化碳	16. 1	7. 5	38	甲醇(100%)	12. 4	10. 5
9	溴	14. 2	18. 2	39	甲醇(90%)	12. 3	11. 8
10	汞	18. 4	16. 4	40	甲醇(40%)	7. 8	15. 5
11	硫酸(110%)	7. 2	27. 4	41	乙醇(100%)	10. 5	13. 8
12	硫酸(100%)	8. 0	25. 1	42	乙醇(95%)	9. 8	14. 3
13	硫酸(98%)	7. 0	24. 8	43	乙醇(40%)	6. 5	16. 6
14	硫酸(60%)	10. 2	21. 3	44	乙二醇	6. 0	23. 6
15	硝酸(95%)	12. 8	13. 8	45	甘油(100%)	2. 0	30. 0
16	硝酸(60%)	10. 8	17. 0	46	甘油(50%)	6. 9	19. 6
17	盐酸(31. 5%)	13. 0	16. 6	47	乙醚	14. 5	5. 3
18	氢氧化钠(50%)	3. 2	25. 8	48	乙醛	15. 2	14. 8
19	戊烷	14. 9	5. 2	49	丙酮	14. 5	7. 2
20	己烷	14. 7	7. 0	50	甲酸	10. 7	15. 8
21	庚烷	14. 1	8. 4	51	乙酸(100%)	12. 1	14. 2
22	辛烷	13. 7	10. 0	52	乙酸(70%)	9. 5	17. 0
23	三氯甲烷	14. 4	10. 2	53	乙酸酐	12. 7	12. 8
24	四氯化碳	12. 7	13. 1	54	乙酸乙酯	13. 7	9. 1
25	二氯乙烷	13. 2	12. 2	55	乙酸戊酯	11. 8	12. 5
26	苯	12. 5	10. 9	56	氟里昂-11	14. 4	9. 0
27	甲苯	13. 7	10. 4	57	氟里昂-12	16. 8	5. 6
28	邻二甲苯	13. 5	12. 1	58	氟里昂-21	15. 7	7. 5
29	间二甲苯	13. 9	10. 6	59	氟里昂-22	17. 2	4. 7
30	对二甲苯	13. 9	10. 9	60	煤油	10. 2	16. 9

2. 气体黏度共线图

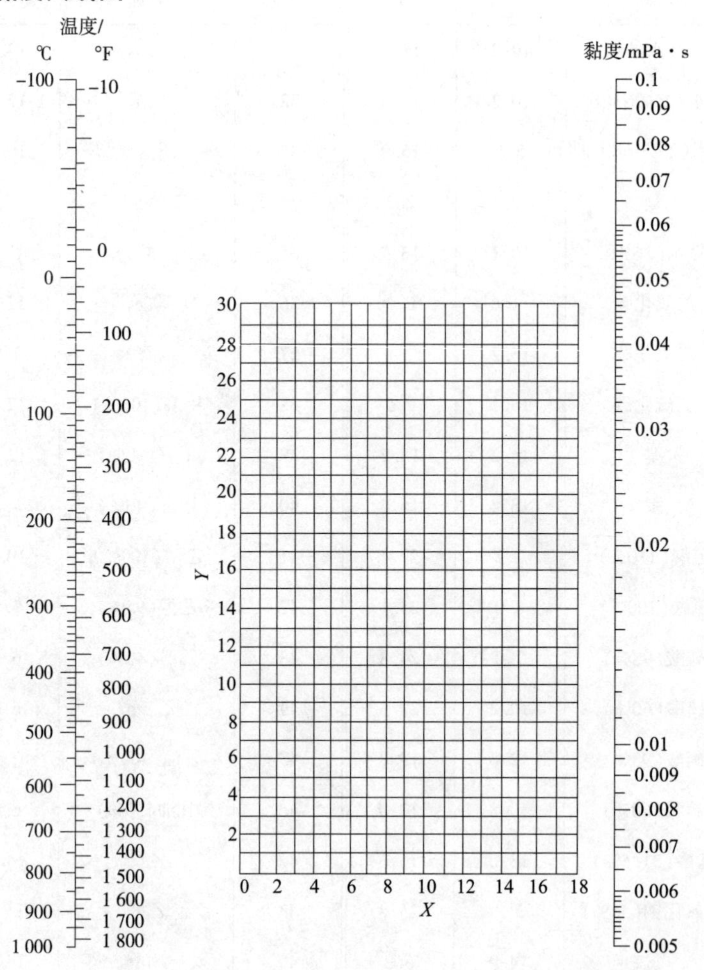

气体黏度共线图坐标值列于下表中。

序号	名称	X	Y	序号	名称	X	Y	序号	名称	X	Y
1	空气	11.0	20.0	15	氟	7.3	23.8	29	甲苯	8.6	12.4
2	氧	11.0	21.3	16	氯	9.0	18.4	30	甲醇	8.5	15.6
3	氮	10.6	20.0	17	氯化氢	8.8	18.7	31	乙醇	9.2	14.2
4	氢	11.2	12.4	18	甲烷	9.9	15.5	32	丙醇	8.4	13.4
5	$3H_2+1N_2$	11.2	17.2	19	乙烷	9.1	14.5	33	醋酸	7.7	14.3
6	水蒸气	8.0	16.0	20	乙烯	9.5	15.1	34	丙酮	8.9	13.0
7	二氧化碳	9.5	18.7	21	乙炔	9.8	14.9	35	乙醚	8.9	13.0
8	一氧化碳	11.0	20.0	22	丙烷	9.7	12.9	36	醋酸乙酯	8.5	13.2
9	氨	8.4	16.0	23	丙烯	9.0	13.8	37	氟里昂-11	10.6	15.1
10	硫化氢	8.6	18.0	24	丁烯	9.2	13.7	38	氟里昂-12	11.1	16.0
11	二氧化硫	9.6	17.0	25	戊烷	7.0	12.8	39	氟里昂-21	10.8	15.3
12	二硫化碳	8.0	16.0	26	己烷	8.6	11.8	40	氟里昂-22	10.1	17.0
13	一氧化二氮	8.8	19.0	27	三氯甲烷	8.9	15.7				
14	一氧化氮	10.9	20.5	28	苯	8.5	13.2				

附录3 比热容

1. 液体比热容共线图

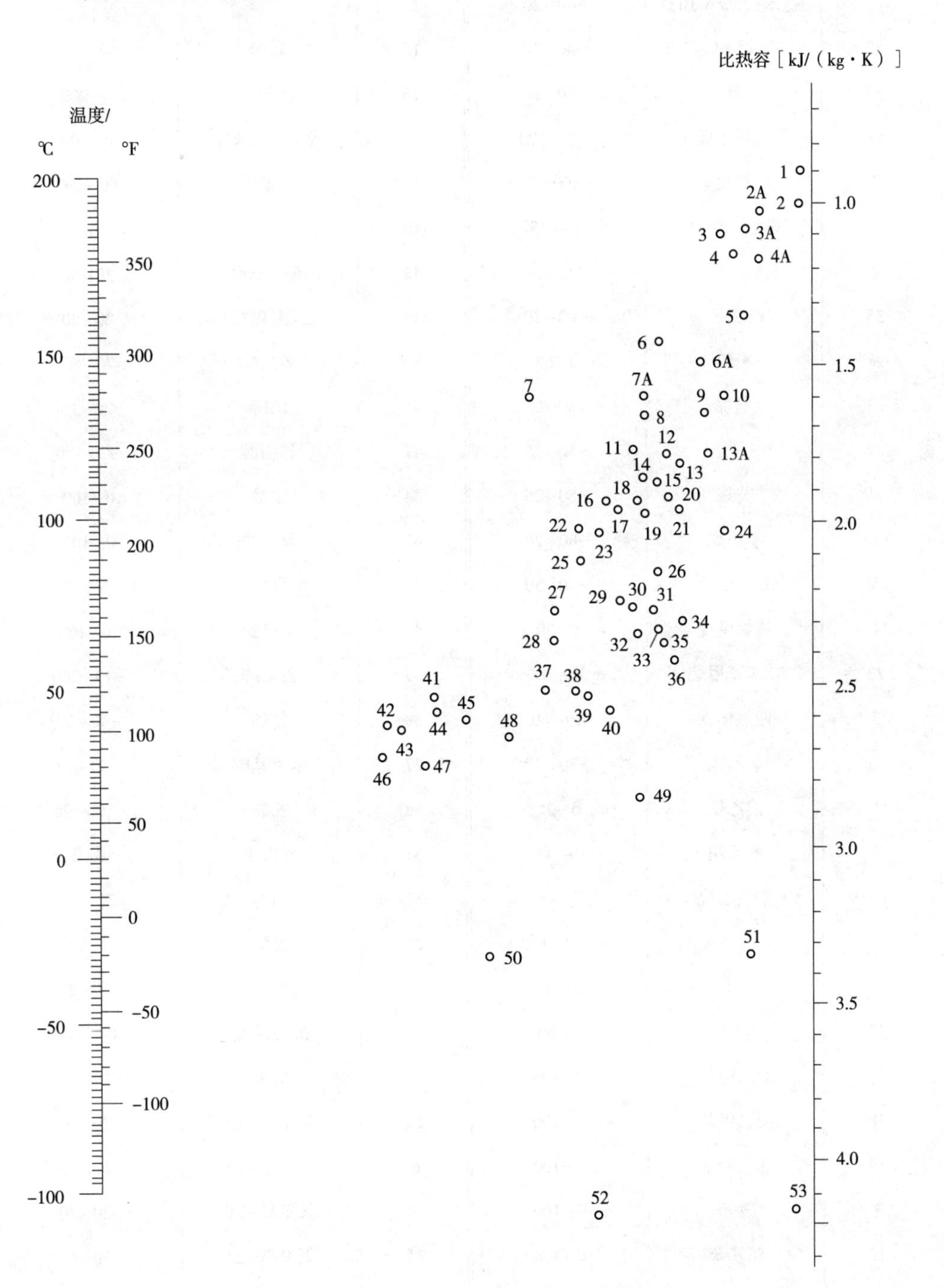

液体比热容共线图中的编号见下表。

编号	名称	温度范围/℃	编号	名称	温度范围/℃
53	水	10~200	10	苯甲基氯	-20~30
51	盐水(25%NaCl)	-40~20	25	乙苯	0~100
49	盐水(25%$CaCl_2$)	-40~20	15	联苯	80~120
52	氨	-70~50	16	联苯醚	0~200
11	二氧化硫	-20~100	16	联苯-联苯醚	0~200
2	二氧化碳	-100~25	14	萘	90~200
9	硫酸(98%)	10~45	40	甲醇	-40~20
48	盐酸(30%)	20~100	42	乙醇(100%)	30~80
35	己烷	-80~20	46	乙醇(95%)	20~80
28	庚烷	0~60	50	乙醇(50%)	20~80
33	辛烷	-50~25	45	丙醇	-20~100
34	壬烷	-50~25	47	异丙醇	-20~50
21	癸烷	-80~25	44	丁醇	0~100
13A	氯甲烷	-80~20	43	异丁醇	0~100
5	二氯甲烷	-40~50	37	戊醇	-50~25
4	三氯甲烷	0~50	41	异戊醇	10~100
22	二苯基甲烷	30~100	39	乙二醇	-40~200
3	四氯化碳	10~60	38	甘油	-40~20
13	氯乙烷	-30~40	27	苯甲基醇	-20~30
1	溴乙烷	5~25	36	乙醚	-100~25
7	碘乙烷	0~100	31	异丙醚	-80~200
6A	二氯乙烷	-30~60	32	丙酮	20~50
3	过氯乙烯	-30~140	29	醋酸	0~80
23	苯	10~80	24	醋酸乙酯	-50~25
23	甲苯	0~60	26	醋酸戊酯	0~100
17	对二甲苯	0~100	20	吡啶	-50~25
18	间二甲苯	0~100	2A	氟里昂-11	-20~70
19	邻二甲苯	0~100	6	氟里昂-12	-40~15
8	氯苯	0~100	4A	氟里昂-21	-20~70
12	硝基苯	0~100	7A	氟里昂-22	-20~60
30	苯胺	0~130	3A	氟里昂-113	-20~70

2. 气体比热容共线图(101.3kPa)

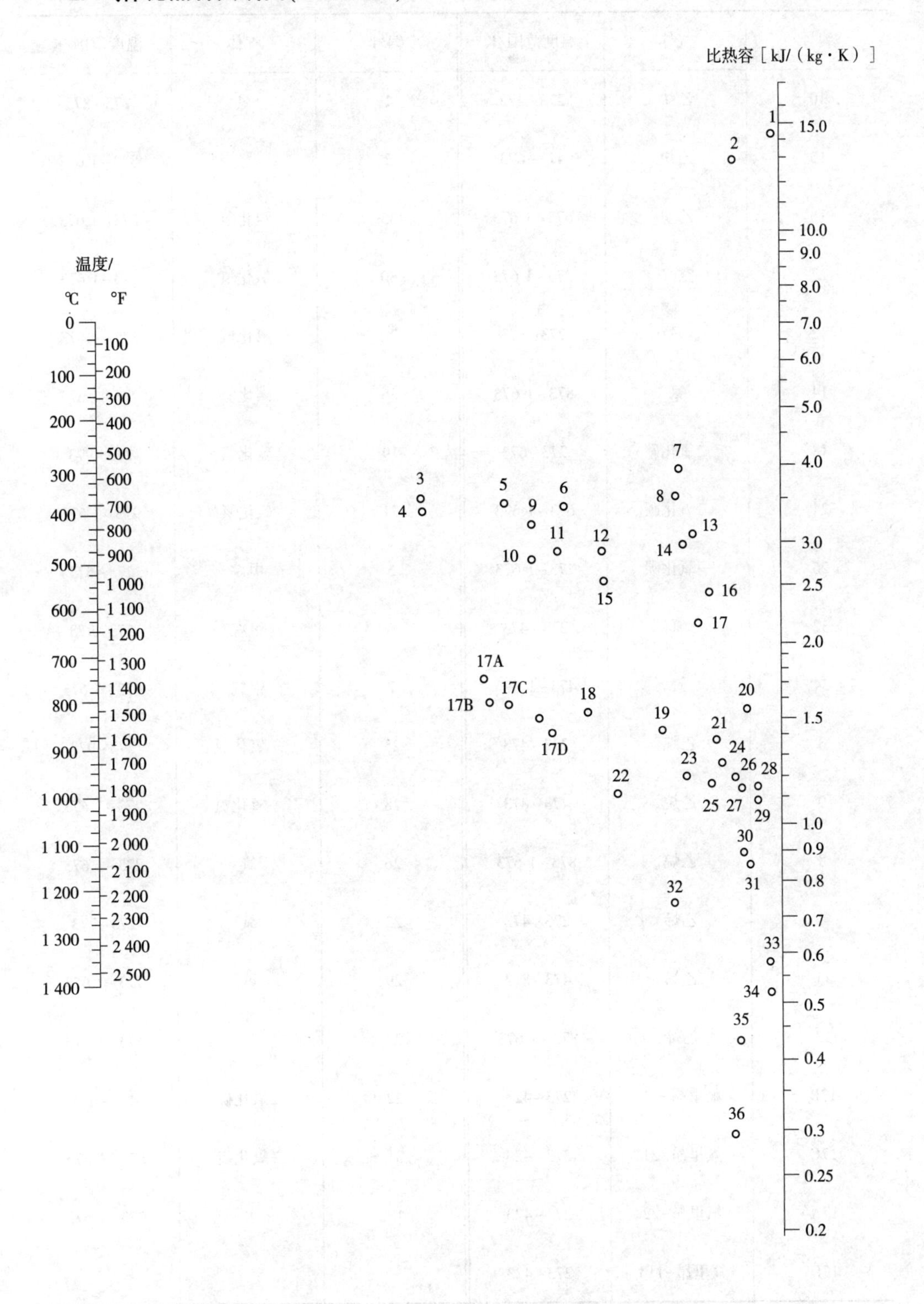

气体比热容共线图的编号见下表。

编号	气体	温度范围/K	编号	气体	温度范围/K
10	乙炔	273~473	1	氢	273~873
15	乙炔	473~673	2	氢	873~1 673
16	乙炔	673~1 673	35	溴化氢	273~1 673
27	空气	273~1 673	30	氯化氢	273~1 673
12	氨	273~873	20	氟化氢	273~1 673
14	氨	873~1 673	36	碘化氢	273~1 673
18	二氧化碳	273~673	19	硫化氢	273~973
24	二氧化碳	673~1 673	21	硫化氢	973~1 673
26	一氧化碳	273~1 673	5	甲烷	273~573
32	氯	273~473	6	甲烷	573~973
34	氯	473~1 673	7	甲烷	973~1 673
3	乙烷	273~473	25	一氧化氮	273~973
9	乙烷	473~873	28	一氧化氮	973~1 673
8	乙烷	873~1 673	26	氮	273~1 673
4	乙烯	273~473	23	氧	273~773
11	乙烯	473~873	29	氧	773~1 673
13	乙烯	873~1 673	33	硫	573~1 673
17B	氟里昂-11	273~423	22	二氧化硫	273~673
17C	氟里昂-21	273~423	31	二氧化硫	673~1 673
17A	氟里昂-22	273~423	17	水	273~1 673
17D	氟里昂-113	273~423			

附录 4　热导率

1. 固体热导率

(1)常用金属材料的热导率/[W/(m·℃)]

温度/℃	0	100	200	300	400
铝	228	228	228	228	228
铜	384	379	372	367	363
铁	73.3	67.5	61.6	54.7	48.9
铅	35.1	33.4	31.4	29.8	—
镍	93.0	82.6	73.3	63.97	59.3
银	414	409	373	362	359
碳钢	52.3	48.9	44.2	41.9	34.9
不锈钢	16.3	17.5	17.5	18.5	—

(2)常用非金属材料的热导率/[W/(m·℃)]

名称	温度/℃	热导率	名称	温度/℃	热导率
石棉绳	—	0.10~0.21	云母	50	0.430
石棉板	30	0.10~0.14	泥土	20	0.698~0.930
软木	30	0.043 0	冰	0	2.33
玻璃棉	—	0.034 9~0.069 8	膨胀珍珠岩散料	25	0.021~0.062
保温灰	—	0.069 8	软橡胶	—	0.129~0.159
锯屑	20	0.046 5~0.058 2	硬橡胶	0	0.150
棉花	100	0.069 8	聚四氟乙烯	—	0.242
厚纸	20	0.14~0.349	泡沫塑料	—	0.046 5
玻璃	30	1.09	泡沫玻璃	-15	0.004 80
	-20	0.76		-80	0.003 40
搪瓷	—	0.87~1.16	木材(横向)	—	0.14~0.175
木材(纵向)	—	0.384	酚醛加玻璃纤维	—	0.259
耐火砖	230	0.872	酚醛加石棉纤维	—	0.294
	1 200	1.64	聚碳酸酯	—	0.191
混凝土	—	1.28	聚苯乙烯泡沫	25	0.041 9
绒毛毡	—	0.046 5		-150	0.001 74
85%氧化镁粉	0~100	0.069 8	聚乙烯	—	0.329
聚氯乙烯	—	0.116~0.174	石墨	—	139

2. 某些液体的热导率

液体		温度/℃	热导率/[W/(m·℃)]
醋酸	100%	20	0.171
	50%	20	0.35
丙酮		30	0.177
		75	0.164
丙烯醇		25~30	0.180
氨		25~30	0.50
氨，水溶液		20	0.45
		60	0.50
正戊醇		30	0.163
		100	0.154
异戊醇		30	0.152
		75	0.151
苯胺		0~20	0.173
苯		30	0.159
		60	0.151
正丁醇		30	0.168
		75	0.164
异丁醇		10	0.157
氯化钙盐水	30%	30	0.55
	15%	30	0.59
二硫化碳		30	0.161
		75	0.152
四氯化碳		0	0.185
		68	0.163
氯苯		10	0.144
三氯甲烷		30	0.138
乙酸乙酯		20	0.175
乙醇	100%	20	0.182
	80%	20	0.237
	60%	20	0.305
	40%	20	0.388
	20%	20	0.486
	100%	50	0.151
硝基苯		30	0.164
		100	0.152
硝基甲苯		30	0.216
		60	0.208
正辛烷		60	0.14
		0	0.138~0.156
石油		20	0.180
蓖麻油		0	0.173
		20	0.168
橄榄油		100	0.164
正戊烷		30	0.135
		75	0.128
氯化钾	15%	32	0.58
	30%	32	0.56
氢氧化钾	21%	32	0.58
	42%	32	0.55
硫酸钾	10%	32	0.60
乙苯		30	0.149
		60	0.142
乙醚		30	0.138
		75	0.135
汽油		30	0.135
三元醇	100%	20	0.284
	80%	20	0.327
	60%	20	0.381
	40%	20	0.448
	20%	20	0.481
	100%	100	0.284
正庚烷		30	0.140
		60	0.137
正己烷		30	0.138
		60	0.135
正庚醇		30	0.163
		75	0.157
正己醇		30	0.164
		75	0.156
煤油		20	0.149
		75	0.140
盐酸	12.5%	32	0.52
	25%	32	0.48
	38%	32	0.44
水银		28	0.36
甲醇	100%	20	0.215
	80%	20	0.267
	60%	20	0.329
	40%	20	0.405
	20%	20	0.492
	100%	50	0.197
氯甲烷		-15	0.192
		30	0.154
正丙醇		30	0.171
		75	0.164
异丙醇		30	0.157
		60	0.155
氯化钠盐水	25%	30	0.57
	12.5%	30	0.59
硫酸	90%	30	0.36
	60%	30	0.43
	30%	30	0.52
二氧化硫		15	0.22
		30	0.192
甲苯		30	0.149
		75	0.145
松节油		15	0.128
二甲苯	邻位	20	0.155
	对位	20	0.155

3. 气体热导率共线图(101. 3kPa)

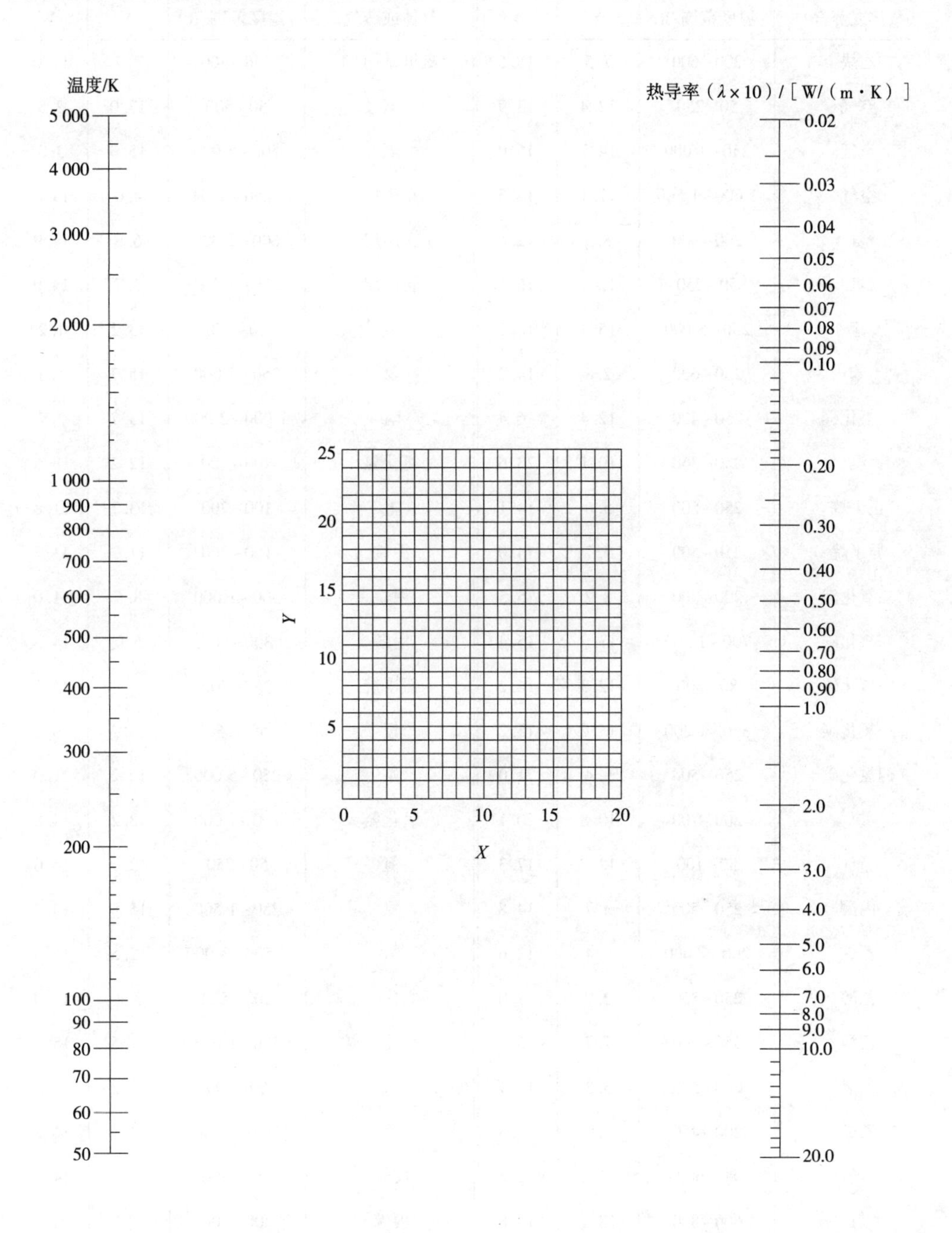

气体的热导率共线图坐标值(常压下用)见下表。

气体或蒸汽	温度范围/K	X	Y	气体或蒸气	温度范围/K	X	Y
乙炔	200~600	7.5	13.5	氟里昂-113	250~400	4.7	17.0
空气	50~250	12.4	13.9	氦	50~500	17.0	2.5
空气	250~1 000	14.7	15.0	氦	500~5 000	15.0	3.0
空气	1 000~1 500	17.1	14.5	正庚烷	250~600	4.0	14.8
氨	200~900	8.5	12.6	正庚烷	600~1 000	6.9	14.9
氩	50~250	12.5	16.5	正己烷	250~1 000	3.7	14.0
氩	250~5 000	15.4	18.1	氢	50~250	13.2	1.2
苯	250~600	2.8	14.2	氢	250~1 000	15.7	1.3
三氟化硼	250~400	12.4	16.4	氢	1 000~2 000	13.7	2.7
溴	250~350	10.1	23.6	氯化氢	200~700	12.2	18.5
正丁烷	250~500	5.6	14.1	氪	100~700	13.7	21.8
异丁烷	250~500	5.7	14.0	甲烷	100~300	11.2	11.7
二氧化碳	200~700	8.7	15.5	甲烷	300~1 000	8.5	11.0
二氧化碳	700~1 200	13.3	15.4	甲醇	300~500	5.0	14.3
一氧化碳	80~300	12.3	14.2	氯甲烷	250~700	4.7	15.7
一氧化碳	300~1 200	15.2	15.2	氖	50~250	15.2	10.2
四氯化碳	250~500	9.4	21.0	氖	250~5 000	17.2	11.0
氯	200~700	10.8	20.1	氧化氮	100~1 000	13.2	14.8
氘	50~100	12.7	17.3	氮	50~250	12.5	14.0
丙酮	250~500	3.7	14.8	氮	250~1 500	15.8	15.3
乙烷	200~1 000	5.4	12.6	氮	1 500~3 000	12.5	16.5
乙醇	250~350	2.0	13.0	一氧化二氮	200~500	8.4	15.0
乙醇	350~500	7.7	15.2	一氧化二氮	500~1 000	11.5	15.5
乙醚	250~500	5.3	14.1	氧	50~300	12.2	13.8
乙烯	200~450	3.9	12.3	氧	300~1 500	14.5	14.8
氟	80~600	12.3	13.8	戊烷	250~500	5.0	14.1
氩	600~800	18.7	13.8	丙烷	200~300	2.7	12.0
氟里昂-11	250~500	7.5	19.0	丙烷	300~500	6.3	13.7
氟里昂-12	250~500	6.8	17.5	二氧化硫	250~900	9.2	18.5
氟里昂-13	250~500	7.5	16.5	甲苯	250~600	6.4	14.8
氟里昂-21	250~450	6.0	17.5	氟里昂-22	250~500	6.5	18.6

附录 5 液体相变焓共线图

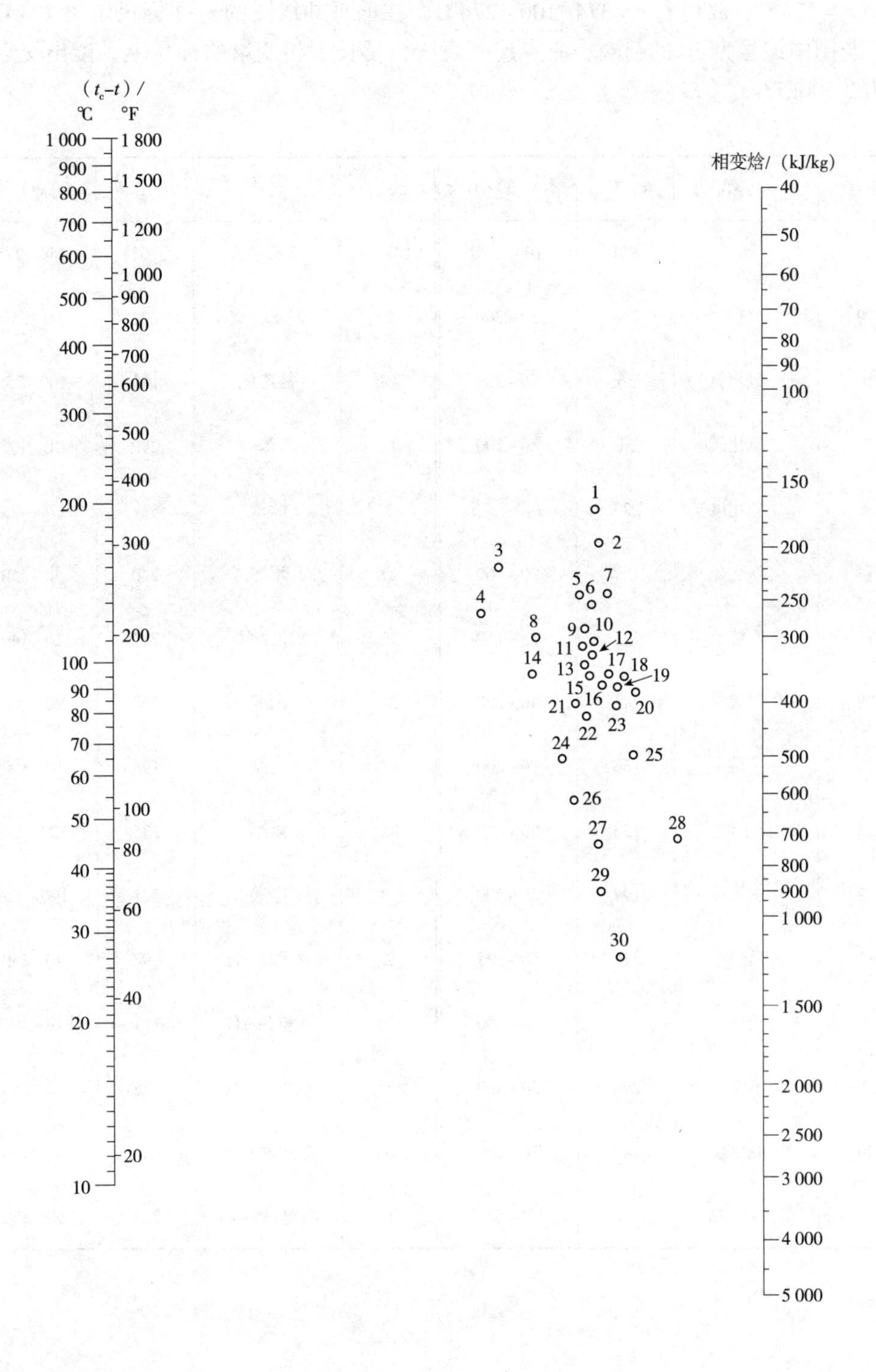

液体相变焓共线图中编号见下表。

编号用法举例：求水在$t=100$℃时的相变焓，从下表查得水的编号为30，又查得水的$t_c=374$℃，故得$t_c-t=374-100=274$℃，在前页共线图的t_c-t标尺定出274℃的点，与图中编号为30的圆圈中心点连一直线，延长到相变焓的标尺上，读出交点读数为2 300kJ/kg。

编号	名称	t_c/℃	(t_c-t)/℃	编号	名称	t_c/℃	(t_c-t)/℃
30	水	374	100~500	7	三氯甲烷	263	140~275
29	氨	133	50~200	2	四氯化碳	283	30~250
19	一氧化氮	36	25~150	17	氯乙烷	187	100~250
21	二氧化碳	31	10~100	13	苯	289	10~400
4	二硫化碳	273	140~275	3	联苯	527	175~400
14	二氧化硫	157	90~160	27	甲醇	240	40~250
25	乙烷	32	25~150	26	乙醇	243	20~140
23	丙烷	96	40~200	24	丙醇	264	20~200
16	丁烷	153	90~200	13	乙醚	194	10~400
15	异丁烷	134	80~200	22	丙酮	235	120~210
12	戊烷	197	20~200	18	醋酸	321	100~225
11	已烷	235	50~225	2	氟里昂-11	198	70~250
10	庚烷	267	20~300	2	氟里昂-12	111	40~200
9	辛烷	296	30~300	5	氟里昂-21	178	70~250
20	一氯甲烷	143	70~250	6	氟里昂-22	96	50~170
8	二氯甲烷	216	150~250	1	氟里昂-113	214	90~250

附录 6 某些液体的重要物理性质

名称	分子式	密度(20℃)/(kg/m³)	沸点(101.3kPa)/℃	相变焓/(kJ/kg)	比热容(20℃)/[kg/(kg·℃)]	黏度(20℃)/(mPa·s)	热导率(20℃)/[W/(m·℃)]	体积膨胀系数($\beta\times10^4$,20℃)/℃$^{-1}$	表面张力($\alpha\times10^3$,20℃)/(N/m)
水	H_2O	998	100	2 258	4.183	1.005	0.599	1.82	72.8
氯化钠盐水(25%)	—	1 186(25℃)	107	—	3.39	2.3	0.57(30℃)	(4.4)	
氯化钙盐水(25%)	—	1 228	107	—	2.89	2.5	0.57	(3.4)	
硫酸	H_2SO_4	1 831	340(分解)	—	1.47(98%)		0.38	5.7	
硝酸	HNO_3	1 513	86	481.1		1.17(10℃)			
盐酸(30%)	HCl	1 149			2.55	2(31.5%)	0.42		
二硫化碳	CS_2	1 262	46.3	352	1.005	0.38	0.16	12.1	32
戊烷	C_5H_{12}	626	36.07	357.4	2.24(15.6℃)	0.229	0.113	15.9	16.2
己烷	C_6H_{14}	659	68.74	335.1	2.31(15.6℃)	0.313	0.119		18.2
庚烷	C_7H_{16}	684	98.43	316.5	2.21(15.6℃)	0.411	0.123		20.1
辛烷	C_8H_{18}	763	125.67	306.4	2.19(15.6℃)	0.540	0.131		21.3
三氯甲烷	$CHCl_3$	1 489	61.2	253.7	0.992	0.58	0.138(30℃)	12.6	28.5(10℃)
四氯化碳	CCl_4	1 594	76.8	195	0.850	1.0	0.12		26.8
1,2-二氯乙烷	$C_2H_4Cl_2$	1 253	83.6	324	1.260	0.83	0.14(60℃)		30.8
苯	C_6H_6	879	80.10	393.9	1.704	0.737	0.148	12.4	28.6
甲苯	C_7H_8	867	110.63	363	1.70	0.675	0.138	10.9	27.9
邻二甲苯	C_8H_{10}	880	144.42	347	1.74	0.811	0.142		30.2
间二甲苯	C_8H_{10}	864	139.10	343	1.70	0.611	0.167	10.1	29.0
对二甲苯	C_8H_{10}	861	138.35	340	1.704	0.643	0.129		28.0

（续）

名称	分子式	密度（20℃）/（kg/m^3）	沸点（101.3kPa）/℃	相变焓/（kJ/kg）	比热容（20℃）/[kg/（kg·℃）]	黏度（20℃）/（mPa·s）	热导率（20℃）/[W/（m·℃）]	体积膨胀系数（$\beta\times10^4$，20℃）/$℃^{-1}$	表面张力（$\alpha\times10^3$，20℃）/（N/m）
苯乙烯	C_8H_9	911（15.6℃）	145.2	352	1.733	0.72			
氯苯	C_6H_5Cl	1 106	131.8	325	1.298	0.85	0.14（30℃）		32
硝基苯	$C_6H_5NO_2$	1 203	210.9	396	1.47	2.1	0.15		41
苯胺	$C_6H_5NH_2$	1 022	184.4	448	2.07	4.3	0.17	8.5	42.9
酚	C_6H_5OH	1 050（50℃）	181.8（熔点40.9℃）	511		3.4（50℃）			
萘	$C_{10}H_8$	1 145（固体）	217.9（熔点80.2℃）	314	1.80（100℃）	0.59（100℃）			
甲醇	CH_3OH	791	64.7	1 101	2.48	0.6	0.212	12.2	22.6
乙醇	C_2H_5OH	789	78.3	846	2.39	1.15	0.172	11.6	22.8
乙醇（95%）		804	78.2			1.4			
乙二醇	$C_2H_4(OH)_2$	1 113	197.6	780	2.35	23			47.7
甘油	$C_3H_5(OH)_3$	1 261	290（分解）	—		1 499	0.59	5.3	63
乙醚	$(C_2H_5)_2O$	714	34.6	360	2.34	0.24	0.14	16.3	8
乙醛	CH_3CHO	783（18℃）	20.2	574	1.9	1.3（18℃）			21.2
糠醛	$C_5H_4O_2$	1 168	161.7	452	1.6	1.15（50℃）			43.5
丙酮	CH_3COCH_3	792	56.2	523	2.35	0.32	0.17		23.7
甲酸	$HCOOH$	1 220	100.7	494	2.17	1.9	0.26		27.8
醋酸	CH_3COOH	1 049	118.1	406	1.99	1.3	0.17	10.7	23.9
醋酸乙酯	$CH_3COOC_2H_5$	901	77.1	368	1.92	0.48	0.14（10℃）		
煤油		780~820				3	0.15	10.0	
汽油		680~800				0.7~0.8	0.19（30℃）	12.5	

附录7 某些气体的重要物理性质

名称	分子式	密度(0℃, 101.3kPa)/(kg/m³)	比热容/[kJ/(kg·℃)]	黏度(μ×10⁵)/(Pa·s)	沸点(101.3kPa)/℃	相变焓/(kJ/kg)	临界点		热导率/[W/(m·℃)]
							温度/℃	压力/kPa	
空气		1.293	1.009	1.73	-195	197	-140.7	3 768.4	0.024 4
氧	O_2	1.429	0.653	2.03	-132.98	213	-118.82	5 036.6	0.024 0
氮	N_2	1.251	0.745	1.70	-195.78	199.2	-147.13	3 392.5	0.022 8
氢	H_2	0.089 9	10.13	0.842	-252.75	454.2	-239.9	1 296.6	0.163
氦	He	0.178 5	3.18	1.88	-268.95	19.5	-267.96	228.94	0.144
氩	Ar	1.782 0	0.322	2.09	-185.84	163	-122.44	4 862.4	0.017 3
氯	Cl_2	3.217	0.355	1.29(16℃)	-33.8	305	+144.0	7 708.9	0.007 2
氨	NH_3	0.771	0.67	0.918	-33.4	1 373	+132.4	11 295	0.021 5
一氧化碳	CO	1.250	0.754	1.66	-191.48	211	-140.2	3 497.9	0.022 6
二氧化碳	CO_2	1.976	0.653	1.37	-78.2	574	+31.1	7 384.8	0.013 7
硫化氢	H_2S	1.539	0.804	1.166	-60.2	548	+100.4	19 136	0.013 1
甲烷	CH_4	0.717	1.70	1.03	-161.58	511	-82.15	4 619.3	0.030 0
乙烷	C_2H_6	1.357	1.44	0.850	-88.5	486	+32.1	4 948.5	0.018 0
丙烷	C_3H_8	2.020	1.65	0.795(18℃)	-42.1	427	+95.6	4 355.0	0.014 8
正丁烷	C_4H_{10}	2.673	1.73	0.810	-0.5	386	+152	3 798.8	0.013 5
正戊烷	C_6H_{12}	—	1.57	0.874	-36.08	151	+197.1	3 342.9	0.012 8
乙烯	C_2H_4	1.261	1.222	0.935	+103.7	481	+9.7	5 135.9	0.016 4
丙烯	C_3H_8	1.914	2.436	0.835(20℃)	-47.7	440	+91.4	4 599.0	—
乙炔	C_2H_2	1.171	1.352	0.935	-88.66(升华)	829	+35.7	6 240.0	0.018 4
氯甲烷	CH_3Cl	2.303	0.582	0.989	-24.1	406	+148	6 685.8	0.008 5
苯	C_6H_6	—	1.139	0.72	+80.2	394	+288.5	4 832.0	0.008 8
二氧化硫	SO_2	2.927	0.502	1.17	-10.8	394	+157.5	7 879.1	0.007 7
二氧化氮	NO_2	—	0.315	—	+21.2	712	+158.2	10 130	0.040 0

附录8　干空气的物理性质(101.3kPa)

温度/℃	密度/(kg/m^3)	比热容/[kJ/(kg·℃)]	热导率(×10^2)/[W/(m·℃)]	黏度(×10^5)/(Pa·s)	普朗特数 Pr
-50	1.584	1.013	2.035	1.46	0.728
-40	1.515	1.013	2.117	1.52	0.728
-30	1.453	1.013	2.198	1.57	0.723
-20	1.395	1.009	2.279	1.62	0.716
-10	1.342	1.009	2.360	1.67	0.712
0	1.293	1.005	2.442	1.72	0.707
10	1.247	1.005	2.512	1.77	0.705
20	1.205	1.005	2.593	1.81	0.703
30	1.165	1.005	2.675	1.86	0.701
40	1.128	1.005	2.756	1.91	0.699
50	1.093	1.005	2.826	1.96	0.698
60	1.060	1.005	2.896	2.01	0.696
70	1.029	1.009	2.966	2.06	0.694
80	1.000	1.009	3.047	2.11	0.692
90	0.972	1.009	3.128	2.15	0.690
100	0.946	1.009	3.128	2.15	0.690
120	0.898	1.009	3.338	2.29	0.686
140	0.854	1.013	3.489	2.37	0.684
160	0.815	1.017	3.640	2.45	0.682
180	0.779	1.022	3.780	2.53	0.681
200	0.746	1.026	3.931	2.60	0.680
250	0.674	1.038	4.288	2.74	0.677
300	0.615	1.048	4.605	2.97	0.674
350	0.566	1.059	4.908	3.14	0.676
400	0.524	1.068	5.210	3.31	0.678
500	0.456	1.093	5.745	3.62	0.687
600	0.404	1.114	6.222	3.91	0.699
700	0.362	1.135	6.711	4.18	0.706
800	0.329	1.156	7.176	4.43	0.713
900	0.301	1.172	7.630	4.67	0.717
1 000	0.277	1.185	8.041	4.90	0.719
1 100	0.257	1.197	8.502	5.12	0.722
1 200	0.239	1.206	9.153	5.35	0.724

附录9 管子规格

1. 低压流体输送用焊接钢管(GB/T 3091—2008)

公称直径/mm	外径/mm	钢管壁厚/mm		公称直径/mm	外径/mm	钢管壁厚/mm	
		普通钢管	加厚钢管			普通钢管	加厚钢管
6	10.2	2.0	2.5	40	48.3	3.5	4.5
8	13.5	2.5	2.8	50	60.3	3.8	4.5
10	17.2	2.5	2.8	65	76.1	4.0	4.5
15	21.3	2.8	3.5	80	88.9	4.0	5.0
20	25.9	2.8	3.5	100	114.3	4.0	5.0
25	33.7	3.2	4.0	125	139.7	4.0	5.5
32	42.4	3.5	4.0	150	168.3	4.5	6.0

注：表中的公称直径系近似内径的名义尺寸，不表示外径减去两个壁厚所得的内径。

2. 输送流体用无缝钢管(GB/T 8163—2008 摘录)

外径/mm	壁厚/mm	外径/mm	壁厚/mm	外径/mm	壁厚/mm	外径/mm	壁厚/mm
10	0.25~3.5	48	1.0~12	219	6.0~55	610	9.0~120
13.5	0.25~4.0	60	1.0~16	273	6.5~85	711	12~120
17	0.25~5.0	76	1.0~20	325	7.5~100	813	20~120
21	0.4~6.0	89	1.4~24	356	9.0~100	914	25~120
27	0.4~7.0	114	1.5~30	406	9.0~100	1 016	25~120
34	0.4~8.0	140	3.0~36	457	9.0~100		
42	1.0~10	168	3.5~45	508	9.0~110		

注：壁厚系列有 0.25mm、0.30mm、0.40mm、0.50mm、0.60mm、0.80mm、1.0mm、1.2mm、1.4mm、1.5mm、1.6mm、1.8mm、2.0mm、2.2mm、2.5mm、2.8mm、3.0mm、3.2mm、3.5mm、4.0mm、4.5mm、5.0mm、5.5mm、6.0mm、6.5mm、7.0mm、7.5mm、8.0mm、8.5mm、9.0mm、9.5mm、10mm、11mm、12mm、13mm、14mm、15mm、16mm、17mm、18mm、19mm、20mm、22mm、24mm、25mm、26mm、28mm、30mm、32mm、34mm、36mm、38mm、40mm、42mm、45mm、48mm、50mm、55mm、60mm、65mm、70mm、75mm、80mm、85mm、90mm、95mm、100mm、110mm、120mm。

附录 10　离心泵规格(摘录)

型号	转速/(r/min)	流量/(m³/h)	流量/(L/s)	压头/m	效率/%	功率/kW 轴功率	功率/kW 电机功率	必需汽蚀余量/m	质量(泵/底座)/kg
IS50-32-125	2 900	7.5	2.08	22	47	0.96	2.2	2.0	32/46
		12.5	3.47	20	60	1.13		2.0	
		15	4.17	18.5	60	1.26		2.5	
	1 450	3.75	1.04	5.4	43	0.13	0.55	2.0	32/38
		6.3	1.74	5	54	0.16		2.0	
		7.5	2.08	4.6	55	0.17		2.5	
IS50-32-160	2 900	7.5	2.08	34.3	44	1.59	3	2.0	50/46
		12.5	3.47	32	54	2.02		2.0	
		15	4.17	29.6	56	2.16		2.5	
	1 450	3.75	1.04	8.5	35	0.25	0.55	2.0	50/38
		6.3	1.74	8	4.8	0.29		2.0	
		7.5	2.08	7.5	49	0.31		2.5	
IS50-32-200	2 900	7.5	2.08	52.5	38	2.82	5.5	2.0	52/66
		12.5	3.47	50	48	3.54		2.0	
		15	4.17	48	51	3.95		2.5	
	1 450	3.75	1.04	13.1	33	0.41	0.75	2.0	52/38
		6.3	1.74	12.5	42	0.51		2.0	
		7.5	2.08	12	44	0.56		2.5	
IS50-32-250	2 900	7.5	2.08	82	23.5	5.87	11	2.0	88/110
		12.5	3.47	80	38	7.16		2.0	
		15	4.17	78.5	41	7.83		2.5	
	1 450	3.75	1.04	20.5	23	0.91	1.5	2.0	88/64
		6.3	1.74	20	32	1.07		2.0	
		7.5	2.08	19.5	35	1.14		3.0	
IS65-50-125	2 900	15	4.17	21.8	58	1.54	3	2.0	50/41
		25	6.94	20	69	1.97		2.5	
		30	8.33	18.5	68	2.22		3.0	
	1 450	7.5	2.08	5.35	53	0.21	0.55	2.0	50/38
		12.5	3.47	5	64	0.27		2.0	
		15	4.17	4.7	65	0.30		2.5	
IS65-50-160	2 900	15	4.17	35	54	2.65	5.5	2.0	51/66
		25	6.94	32	65	3.35		2.0	
		30	8.33	30	66	3.71		2.5	
	1 450	7.5	2.08	8.8	50	0.36	0.75	2.0	51/38
		12.5	3.47	8.0	60	0.45		2.0	
		15	4.17	7.2	60	0.49		2.5	
IS65-40-200	2 900	15	4.17	53	49	4.42	7.5	2.0	62/66
		25	6.94	50	60	5.67		2.0	
		30	8.33	47	61	6.29		2.5	
	1 450	7.5	2.08	13.2	43	0.63	1.1	2.0	62/46
		12.5	3.47	12.5	55	0.77		2.0	
		15	4.17	11.8	57	0.85		2.5	

（续）

型号	转速/(r/min)	流量		压头/m	效率/%	功率/kW		必需汽蚀余量/m	质量(泵/底座)/kg
		/(m^3/h)	/(L/s)			轴功率	电机功率		
IS65-40-250	2 900	15	4.17	82	37	9.05	15	2.0	82/110
		25	6.94	80	50	10.89		2.0	
		30	8.33	78	53	12.02		2.5	
	1 450	7.5	2.08	21	35	1.23	2.2	2.0	82/67
		12.5	3.47	20	46	1.48		2.0	
		15	4.17	19.4	48	1.65		2.5	
IS65-40-315	2 900	15	4.17	127	28	18.5	30	2.5	152/110
		25	6.94	125	40	21.3		2.5	
		30	8.33	123	44	22.8		3.0	
	1 450	7.5	2.08	32.2	25	2.63	4	2.5	152/67
		12.5	3.47	32.0	37	2.94		2.5	
		15	4.17	31.7	41	3.16		3.0	
IS80-65-125	2 900	30	8.33	22.5	64	2.87	5.5	3.0	44/46
		50	13.9	20	75	3.63		3.0	
		60	16.7	18	74	3.98		3.5	
	1 450	15	4.17	5.6	55	0.42	0.75	2.5	44/38
		25	6.94	5	71	0.48		2.5	
		30	8.33	4.5	72	0.51		3.0	
IS80-65-160	2 900	30	8.33	36	61	4.82	7.5	2.5	48/66
		50	13.9	32	73	5.97		2.5	
		60	16.7	29	72	6.59		3.0	
	1 450	15	4.17	9	55	0.67	1.5	2.5	48/46
		25	6.94	8	69	0.79		2.5	
		30	8.33	7.2	68	0.86		3.0	
IS80-50-200	2 900	30	8.33	53	55	7.87	15	2.5	64/124
		50	13.9	50	69	9.87		2.5	
		60	16.7	47	71	10.8		3.0	
	1 450	15	4.17	13.2	51	1.06	2.2	2.5	64/46
		25	6.94	12.5	65	1.31		2.5	
		30	8.33	11.8	67	1.44		3.0	
IS80-50-250	2 900	30	8.33	84	52	13.2	22	2.5	90/110
		50	13.9	80	63	17.3		2.5	
		60	16.7	75	64	19.2		3.0	
	1 450	15	4.17	21	49	1.75	3	2.5	90/64
		25	6.94	20	60	2.27		2.5	
		30	8.33	18.8	61	2.52		3.0	
IS80-50-315	2 900	30	8.33	128	41	25.5	37	2.5	125/160
		50	13.9	125	54	31.5		2.5	
		60	16.7	123	57	35.3		3.0	
	1 450	15	4.17	32.5	39	3.4	5.5	2.5	125/66
		25	6.94	32	52	4.19		2.5	
		30	8.33	31.5	56	4.6		3.0	
IS100-80-125	2 900	60	16.7	24	67	5.86	11	4.0	49/64
		100	27.8	20	78	7.00		4.5	
		120	33.3	16.5	74	7.28		5.0	
	1 450	30	8.33	6	64	0.77	1	2.5	49/46
		50	13.9	5	75	0.91		2.5	
		60	16.7	4	71	0.92		3.0	

附录11　液体饱和蒸气压 p° 的 Antoine（安托因）常数

液体	A	B	C	温度范围/℃
甲烷	5.820 51	405.42	267.78	-181~-152
乙烷	5.959 42	663.7	256.47	-143~-75
丙烷	5.928 88	803.81	246.99	-108~-25
丁烷	5.938 86	935.86	238.73	-78~19
戊烷	5.977 11	1 064.63	232.00	-50~58
己烷	6.102 66	1 171.53	224.366	-25~92
庚烷	6.027 30	1 268.115	216.900	-2~120
辛烷	6.048 67	1 355.126	209.517	19~152
乙烯	5.872 46	585.0	255.00	-153~91
丙烯	5.944 5	785.85	247.00	-112~-28
甲醇	7.197 36	1 574.99	238.86	-16~91
乙醇	7.338 27	1 652.05	231.48	-3~96
丙醇	6.744 14	1 375.14	193.0	12~127
醋酸	6.424 52	1 479.02	216.82	15~157
丙酮	6.356 47	1 277.03	237.23	-32~77
四氯化碳	6.018 96	1 219.58	227.16	-20~101
苯	6.030 55	1 211.033	220.79	-16~104
甲苯	6.079 54	1 344.8	219.482	6~137
水	7.074 06	1 657.46	227.02	10~168

注：$\lg p^{\circ}=A-B/(t+C)$，式中 p° 的单位为 kPa，t 为℃。

习题答案

第1章

1-1　874. 8kg/m^3
1-2　1. 251kg/m^3
1-3　633mmHg
1-4　91. 3kPa，266. 3kPa，-175kPa
1-5　(1)3. 51×10^4N/m^2(表压)；(2)0. 554m
1-6　(1)-876. 4Pa(表压)；(2)0. 178(mmHg 柱)
1-7　(1)1. 28×10^5Pa(绝压)；(2)2. 66×10^4Pa(表压)
1-8　(1)3. 04kPa；(2)45. 5mm；(3)98. 1Pa
1-9　(1)0；(2)47. 4kPa，37. 6kPa
1-10　略
1-11　(1)81 580Pa；(2)-19 620Pa；(3)2. 5m
1-12　(1)0. 1m；(2)1. 053m/s
1-13　9. 5m/s，1. 94kg/s，226. 2kg/(m^2·s)
1-14　191mm
1-15　0. 17m
1-16　0. 234m
1-17　(1)7. 69m^3/h；(2)0. 58m
1-18　(1)左侧高，0. 34m；(2)压差计读数不变
1-19　(1)3. 1m/s；(2)58. 9m^3/h
1-20　25. 8m^3/h
1-21　湍流
1-22　(1)6. 54×$10^{-4}$$m^3$/s；(2)0. 135m/s
1-23　Re=1. 37×10^4，湍流
1-24　略
1-25　12. 04m
1-26　23. 26m
1-27　(1)4. 87m^3/h；(2)压力表 A 的读数减少，压力表 B 的读数增加
1-28　4. 62×10^4kg/h
1-29　(1)23m^3/h；(2)12. 37m
1-30　0. 057 8Pa·s
1-31　3. 26kW
1-32　38. 86m
1-33　25. 56m^3/h；3. 5m
1-34　(1)48. 2m^3/h；(2)11%
1-35　17. 6m^3/h
1-36　1. 34
1-37　1. 16
1-38　19. 39m/s
1-39　8. 78kg/s
1-40　5 224L/h

第2章

2-1 11.2m
2-2 2.38kW
2-3 53.1%
2-4 （1）$H_e=18+6.22\times10^4q_V^2$；（2）14.3%
2-5 44.4h
2-6 并联组合
2-7 （1）$q_V=17.32m^3/h$；（2）串联 $q_V=28.03m^3/h$；并联 $q_V=20.70m^3/h$
2-8 （1）≤3.77m；（2）≤2.1m
2-9 负压下：低于-0.38m；敞口：低于2.64m
2-10 （1）3kW；（2）合适
2-11 IS65-50-160
2-12 （a）IS100-65-250；（b）合适
2-13 $0.494m^3/min$，116.38m，13.05kW
2-14 此风机合用

第3章

3-1 0.397m/s
3-2 3.382Pa · s
3-3 61.3μm
3-4 2.2m
3-5 $u_r/u_t=50$
3-6 0.083m，50层
3-7 （1）0.28m/s；（2）$6052.3m^3/h$；（3）$302.6m^3/h$
3-8 （1）$128.6m^2$；（2）12块
3-9 （1）$80m^3$；（2）$56.6m^3$；（3）2h
3-10 （1）$28.43m^2$；（2）15个，0.04m
3-11 （1）509s；（2）$0.621m^3$
3-12 $1.19\times10^{-5}m^2/s$，$6.1\times10^{-3}m^3/m^2$，$20.7m^2$
3-13 （1）$6.72m^3/h$；（2）$6.9m^3/h$

第4章

4-1 267.5℃
4-2 0.31m，0.15m
4-3 750℃
4-4 -34.4W/m，-39W/m
4-5 13.1kW
4-6 387W，586K
4-7 40℃
4-8 $330W/(m^2 \cdot ℃)$
4-9 4 370$W/(m^2 \cdot ℃)$
4-10 （1）$18.3W/(m^2 \cdot K)$；（2）$31.7W/(m^2 \cdot K)$；（3）57.9℃
4-11 1 267$W/(m^2 \cdot ℃)$

4-12　1 221. 88W/(m² · ℃)
4-13　453. 8W/(m² · ℃)
4-14　1. 31×10⁴kJ/(m² · h)
4-15　842W/(m² · K), 1 790W/(m² · K)
4-16　(1)1 443kW; (2)70kW; (3)83. 8kW; (4)1 630kW
4-17　2. 68kg/s
4-18　60. 83℃, 51. 3℃
4-19　$\Delta t'_m = 49.5$, $t'_2 = 161.41$℃, $T'_2 = 155.443$℃
4-20　38. 7℃
4-21　541W/(m² · K)
4-22　1. 85m
4-23　1. 99×10³kg/h, 76. 2m³
4-24　(1)3 000kg/h; (2)30. 8℃, 3. 4m; (3)40℃, 2. 6m
4-25　(1)0. 3%; (2)49. 0W/(m² · K); (3)82. 2W/(m² · K)
4-26　(1)30. 7W/(m² · K); (2)92. 8%; (3)0. 7%
4-27　1. 9×10⁻³m² · ℃/W
4-28　360W/(m² · K), 99. 5℃
4-29　能满足
4-30　238. 1℃, 233. 6℃
4-31　-8. 27W/m²
4-32　(1)4. 75kW; (2)4. 74kW

第5章

5-1　145. 3kPa, 0. 382kmol/(kPa · m³), 1. 436
5-2　吸收过程
5-3　解吸过程
5-4　(1)8. 87×10⁻⁶kmol/(m² · s), 3. 05×10⁻⁴kmol/(m² · s); (2)液膜控制
5-5　0. 944, 1. 062
5-6　4. 1m
5-7　(1)1. 823kmol/s; (2)3. 85m; (3)4. 86m
5-8　192kmol/h, 70. 1kmol/h
5-9　2. 40m
5-10　(1)4. 03m, 9. 87m; (2)$L'/L = 1.1$
5-11　0. 002
5-12　(1)0. 125; (2)160kmol/h, 0. 126; (3)3. 82m; (4)0. 000 946
5-13　(1)0. 000 255; (2)1. 08
5-14　1. 12
5-15　1. 16
5-16　0. 672m/s, 3. 056m

第6章

6-1　0. 880 8, 99. 76kPa
6-2　2. 46, 0. 621 2; 3. 203, 0. 681
6-3　(1)$D = 180$kmol/h, $W = 608.61$kmol/h; (2)3. 72
6-4　11. 31kmol/h, 0. 943
6-5　(1)50kmol/h, 95%; (2)52. 63kmol/h

6-6 $y=0.833x+0.163$，$y=1.737x-0.063$

6-7 (1)1.255，119.4kmol/h；(2)1，104.1kmol/h；(3)0，44.1kmol/h

6-8 1.35，0.57

6-9 $x_F=0.38$，$x_D=0.86$，$x_W=0.06$，$R=4$

6-10 $\frac{Dx_D}{Fx_F}=91.17\%$

6-11 $y=0.6929$，$x=0.4357$

6-12 达到指定分离程度需10层理论板，第3层理论板进料

6-13 8.33×10^4kg/h，2.95kg/h

6-14 (1)1.32；(2)1.62

6-15 15块理论板

6-16 $y_2=0.92$，$x_2=0.85$

6-17 直接水蒸气加热需5层理论板(不含再沸器)$x_W=0.0425$；间接加热共需理论板7层 $x_W=0.0172$

6-18 (1)22块；(2)$D=727.89$kg/h，$W=3272.12$kg/h

6-19 (1)1.152；(2)58.3%

6-20 0.73，0.68

第7章

7-1 (1)根据表中所给的平衡数据绘制溶解度曲线、辅助曲线及分配曲线。

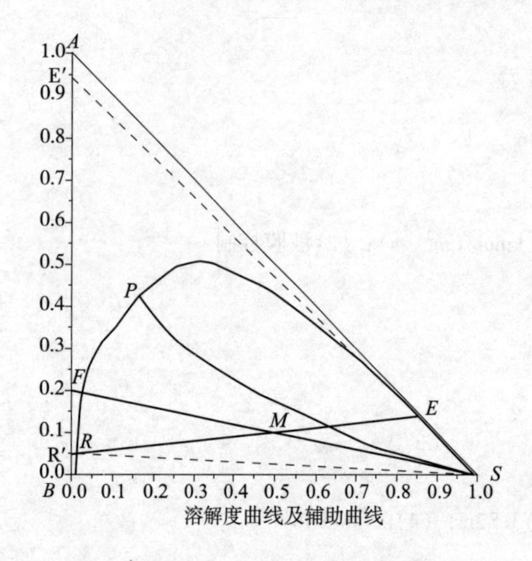

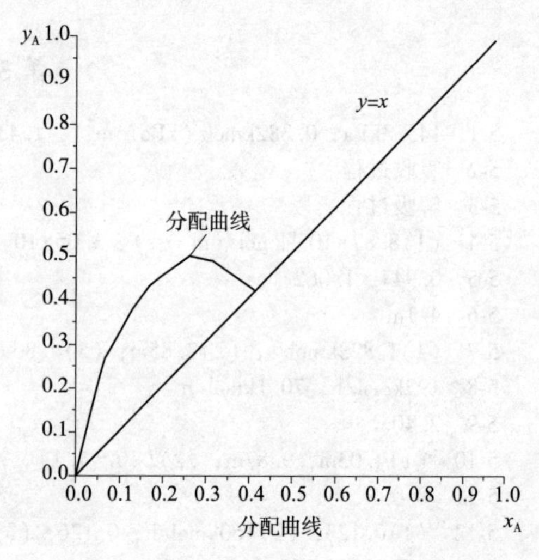

(2)E相：$y_A=13.69\%$，$y_B=0.81\%$，$y_S=85.5\%$，$E=1163.64$kg；R相：$x_A=4.92\%$，$x_B=93.99\%$，$x_S=1.09\%$，$R=836.36$kg

(3)分配系数$k_A=2.78$，$k_B=0.0086$，选择性系数$\beta=323.3$

7-2 (1)溶解度曲线、辅助曲线及分配曲线如下图

(2)F(50%A，50%B)，M(25%A，25%B，50%S)

E相：$y_A=27\%$，$y_B=1\%$，$y_S=72\%$，$E=1260$kg；R相：$x_A=20\%$，$x_B=74\%$，$x_S=6\%$，$R=740$kg

(3)$k_A=1.35$，$\beta=100$

7-3 (1)F(30%A，70%B) M(15%A，35%B，50%S)

E相：$y_A=16\%$，$y_B=3.5\%$，$y_S=80.5\%$，$E=1201$kg；R相：$x_A=13.5\%$，$x_B=80.5\%$，$x_S=6\%$，$R=799$kg；

(2)$y'_E=78.5\%$，$x'_R=16.5\%$，$E'=217.7$kg，$R'=782.3$kg

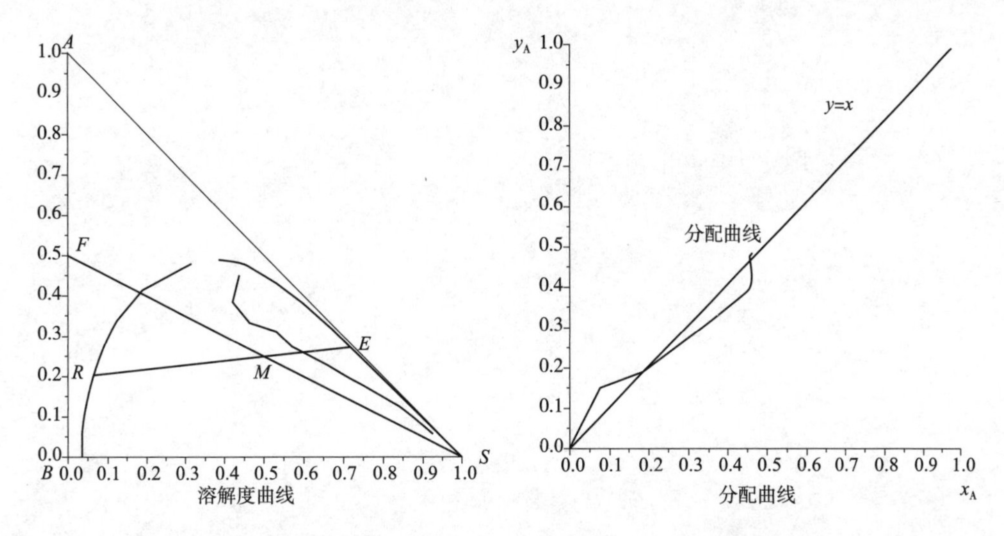

7-4 (1)$S/F=1.27$，$y'_A=0.3$，$\beta=3.86$；(2)$S/F=1.13$，$y'_A=0.45$，$\beta=8.0$

从以上计算结果可以看出，降低温度，溶剂S与稀释剂B的互溶度减小，对萃取过程有重要影响，互溶度越小，过程的选择性系数越大，分离效果越好，因此，一个良好的溶剂，它与稀释剂的互溶度应尽可能的小。同时也说明萃取操作不适宜在高温下进行。

7-5 (1)$S/F=2.03$，$y'_A=0.48$，$\beta=7.5$；(2)$S/F=0.887$，$y'_A=0.63$，$\beta=13.8$

从以上结果看出，当萃余液浓度一定时，溶质的分配系数 k_A 越大，所需溶剂比越小。

第8章

8-1 淡水量 $q_{m2}=16.45$kg，浓盐水浓度 $c_{浓盐水}=8.25\%$，透过速率 $J=9.7\times10^{-4}$kmol/(m^2·s)

8-2 $A=8$m^2，$n=68$ 根

第9章

9-1 (1)0.010 7kg 水/kg 干空气，57.57kJ/kg；(2)0.754；0.063 8kg 水/kg 干空气

9-2 0.007 27kg 水/kg 干空气；1.17kPa

9-3 (1)1.2kPa；(2)0.007 5kg 水/kg 绝干气；(3)39kJ/kg 绝干气；(4)10℃；(5)14℃；(6)13.8kW

9-4 (1)17.5℃，0.012 5kg 水/kg 干空气；(2)10%

9-5 1.8

9-6 16.67kg 水/h；0.1kg 水/kg 干空气

9-7 (1)58kg/h；(2)1 941.9kg/h；(3)45 707.6kg 新鲜空气/h

9-8 (1)10.007 3kg 水/kg 干空气，110.3kJ/kg 干空气；(2)234.7kg 水/h；(3)2 078kg 干空气/h；(4)43.5kW

9-9 (1)0.418h；(2)0.323h；(3)0.836h

9-10 4.012h

9-11 694.37kg；70 848kJ